· 稻田耕作制度研究系列著作 ·

U0256413

稻田保护性耕作：
理论、模式与技术

黄国勤 等 著

中国农业出版社
农村读物出版社
北 京

图书在版编目（CIP）数据

稻田保护性耕作：理论、模式与技术 / 黄国勤等著
. —北京：中国农业出版社，2020.5
　ISBN 978-7-109-26009-2

　Ⅰ．①稻…　Ⅱ．①黄…　Ⅲ．①稻田－资源保护－土壤
耕作　Ⅳ．①S511

中国版本图书馆 CIP 数据核字（2019）第 222665 号

中国农业出版社出版
地址：北京市朝阳区麦子店街 18 号楼
邮编：100125
责任编辑：张丽四　丁瑞华　　文字编辑：史佳丽
版式设计：杜　然　　责任校对：刘丽香
印刷：北京中兴印刷有限公司
版次：2020 年 5 月第 1 版
印次：2020 年 5 月北京第 1 次印刷
发行：新华书店北京发行所
开本：700mm×1000mm　1/16
印张：32
字数：600 千字
定价：130.00 元

著作者名单

主要著作人：黄国勤

撰 稿 成 员：黄国勤　章秀福　孙卫民　钱海燕

杨滨娟　黄小洋　张兆飞　姚　珍

彭剑锋　熊传伟　黄禄星　王翠玉

林　青　张立进　汪金平

（注：撰稿成员系由论文第一作者组成）

顾　　　问：赵其国　高旺盛

前　言

　　保护性耕作是农田养地制度的一种类型或方式，是耕作制度的重要组成部分，是耕作学研究的重要内容。稻田是重要的耕地资源，是耕地资源的"精华"部分，是粮食生产特别是水稻生产的主要场所。稻田在一定时期内（1～2 年或 3～5 年）有计划地实行合理地保护性耕作，不仅有利于增加粮食产量、提高经济效益，还有利于节约资源、保护环境，实现稻田经济效益、生态效益和社会效益的协调发展与同步增长。

　　笔者从 20 世纪 80 年代中、后期开始从事保护性耕作，尤其是少耕、免耕的研究。1990 年 10 月，中国耕作制度研究会（现中国农学会耕作制度分会）在北京香山召开了"全国少耕、免耕与覆盖技术学术讨论会"，笔者与会并作了会议发言，提交的会议交流论文《少、免耕及其在中国的实践》一文，入选会议论文集《中国少耕免耕与覆盖技术研究》。

　　2002—2003 年，笔者承担了江西省农业厅的课题"水稻免耕种植技术体系研究与示范"的试验和示范推广工作，取得了积极成效。

　　2004—2006 年，笔者与中国水稻研究所研究员章秀福共同承担了由中国农业大学教授高旺盛主持的"十五"国家科技攻关计划"粮食丰产科技工程"项目——"粮食主产区保护性耕作制与关键技术研究"课题（编号：2004BA520A14）第 14 子课题"长江中下游江西省双季稻保护性耕作技术集成示范"（编号：2004BA520A14 - C14）的研究工作。该课题成果于2010 年 6 月 30 日通过了由江西省科技厅组织的专家鉴定，研究成果达到"国内领先水平"。该项成果分别于 2012 年 12 月获得江西省农科教突出贡献奖三等奖（赣农科教奖字〔2012〕2 号，证书号：2012012901）、2013 年5 月 28 日获得 2012 年度江西省科学技术进步奖三等奖（赣府发〔2013〕14 号，证书号：J-12-3-05）。

2007—2010年，笔者主持完成国家科技支撑计划课题"江南丘陵区农田循环生产综合技术集成研究与示范"（编号：2007BAD89B18）的第3专题"双季稻田周年多作复合共生种植技术研究与示范"（编号：2007BAD89B18-03）；2012—2016年，主持完成国家科技支撑计划课题"鄱阳湖生态经济区绿色高效循环农业技术集成与示范"（编号：2012BAD14B4）的研究任务1"冬季绿色高效循环模式技术集成研究与示范"（2012BAD14B4-01）等课题（专题或研究任务），都将"稻田保护性耕作"作为重要内容进行试验研究和示范推广。

为了全面、系统地总结笔者及研究团队从20世纪80年代中、后期至今近30年来在"稻田保护性耕作"方面所做的工作及取得的研究成果，以便今后更好地开展相关科学研究工作，现将笔者（包括团队成员或相关合作者）所撰写的论文进行梳理、汇编，并以《稻田保护性耕作：理论、模式与技术》为书名结集出版，以期促进稻田耕作制度研究向前发展。

全书共分三部分，由36篇论文及技术报告组成。第一部分为保护性耕作理论与进展，由4篇论文组成，内容涉及保护性耕作的起源、概念、特征、基本原理及研究进展，以及区域农田保护性耕作的模式、实践与成效等；第二部分为稻田保护性耕作模式与效益，共由22篇研究论文组成，主要对稻田保护性耕作的模式和技术措施（如少耕、免耕、直播、抛秧、秸秆还田、冬季绿色覆盖等）及其经济效益、生态效益和社会效益等进行了深入研究，旨在探明稻田不同保护性耕作模式和措施的增产、增收、增效机理，以及综合评价的指标体系与方法等；第三部分为稻田保护性耕作技术与实践，由10篇技术报告（技术模式或技术规程）组成，旨在反映稻田保护性耕作的技术体系及其实践成效。总体而言，本书内容既具理论性，又具实践性和可操作性；既有深度，又有宽度和广度。可以说，这是一部理论联系实际的学术著作。

本书由江西农业大学黄国勤为主要著作人，黄国勤、章秀福、孙卫民、钱海燕、杨滨娟等为撰稿人员，赵其国院士、高旺盛教授担任顾问。在课题研究和本书撰写、出版过程中，得到了国家科技部、农业农村部，江西省科技厅、农业农村厅，以及中国科学院南京土壤研究所、中国农业大学、中国水稻研究所、江西农业大学等单位领导、专家的大力支持和帮助，得到国家重点研发计划课题"长江中下游双季稻三熟区资源优化配置与高效种植模式"（编号：2016YFD0300208）、国家自然科学基金项目"秸秆还田条件下紫云英施氮对土壤有机碳和温室气体排放的影响"（编号：41661070）、江西省重点研发计划项目"江西省稻田冬季循环农业模式及关键技术研究"（编号：20161BBF60058）的经费资助，得到了中国农业出版社的鼎力支持，笔者谨此一并表示由衷的感谢！

　　今年是中华人民共和国成立 70 周年！笔者谨将此书作为"薄礼"，献给伟大的祖国！祝愿祖国更加繁荣昌盛！

黄国勤

2019 年 4 月 9 日于南昌

目　录

第三部分　稻田保护性耕作技术与实践

附　　录

第一部分
保护性耕作理论与进展

保护性耕作及其生态效应研究进展[*]

摘　要：保护性耕作以少耕、免耕、残茬覆盖为主要方式，具有保持水土、改善土壤理化性状、改善生态环境等优点。本文回顾了保护性耕作的发展过程，介绍了它的优缺点，对国内外关于保护性耕作的生态研究进展从保护性耕作与水土保持，保护性耕作与土壤理化性状，保护性耕作与土壤微生物区系、土壤酶活性和土壤动物，保护性耕作对土壤中有机碳储量的影响及对大气中 CO_2 的贡献 4 个方面进行了概括和分析。最后，讨论了我国保护性耕作的发展前景。

关键词：保护性耕作；生态效应；研究进展；前景

1　保护性耕作概述

1.1　保护性耕作的提出

20 世纪，美国西部和苏联都发生了大规模"黑风暴"，给当地农业生产造成了极大的损失。特别是 1935 年 5 月，美国爆发了震惊世界的"黑风暴"，持续了 3 天，横扫美国 2/3 国土，把 3×10^8 t 土壤卷进大西洋，仅这一年美国就损毁耕地 3×10^6 km^2，冬小麦减产 5.1×10^6 $t^{[1]}$。近年来，我国北方多次出现沙尘暴天气，严重影响北京、天津等城市的生态环境。这些现象的出现，其主要原因是不合理的土壤耕作。经陈印军等[2]的研究表明，在我国北方，沙尘主要来自沙化土地、裸露地和农田。这时人们才重新思考传统的耕作方式中存在的问题，寻求新的耕作方式，保护性耕作自此越来越受到人们的重视，并得到大面积的推广。目前，山西已经成为我国保护性耕作试验示范基地，全省 30 多个县示范推广保护性耕作面积近 12 万 $hm^{2[3]}$。在美国，保护性耕作更是得到大力推广，并且政府对实施保护性耕作的农民给予补贴。

1.2　保护性耕作的定义

保护性耕作有各种各样的说法，目前还没有一个统一的定义。S. H. 菲利普、H. M. 杨在《免耕农作制》中把保护性耕作定义为相对于传统翻耕的一

---

　*　作者：黄禄星、黄国勤；通讯作者：黄国勤（教授、博导，E - mail：hgqjxes@sina.com）。

　本文原载于《江西农业学报》2007 年第 19 卷第 1 期第 112～115 页。

种新型耕作技术。它是指用大量秸秆残茬覆盖地表，将耕作减少到只要能保证种子发芽即可，主要用农药来控制杂草和病虫害的耕作和种植技术体系[1]。也有人认为，凡是有利于减少水土流失、防止土壤侵蚀的耕作方式都是保护性耕作。国外也有人把秸秆残茬覆盖量作为衡量是否是保护性耕作的标准。张海林等认为：保护性耕作是指通过少耕、免耕、地表微地形改造技术及地表覆盖、合理种植等综合配套措施，从而减少农田土壤侵蚀，保护农田生态环境，并获得生态效益、经济效益及社会效益协调发展的可持续农业技术[4]。笔者认为，张海林等的这一定义比较符合我国的实际情况。

1.3 保护性耕作的优点

保护性耕作有许多精细农业和传统农业没有的优点：

（1）节约成本，提高效益。实施保护性耕作一年可减少作业工序 2～5 道，降低作业成本 20% 左右。

（2）可保持长久的生产率。土壤中的碳大约占土壤有机物成分的 1/2。经最新研究表明，耕作次数越少，土壤中保留的碳就越多，可以用来制造更多的有机物，这样就对生产率的提高有了保证。

（3）提高水的质量。作物秸秆残茬能帮助保持土壤团粒结构和养分，并且能使杀虫剂、除草剂随水流动的速率减半。另外，微生物在有机质丰富的土壤中，能快速降解杀虫剂，更好地保护水质。

（4）减少土壤侵蚀和空气污染。作物秸秆残茬能有效减少风蚀、水蚀，根据残茬量的不同，与没有采取保护的精细耕作地相比，结果最多可以减少90% 的土壤侵蚀；作物秸秆残茬覆盖能减少空气中的扬尘，有利于空气清洁。

（5）提高水分的渗透。作物秸秆残茬就像微型坝一样，能减缓水从田中流失，让水分更好地渗入土壤。由蚯蚓和枯死的树根留下的穴道，也能帮助水分下渗。

（6）增加生物多样性。作物秸秆残茬为野生动物提供了掩体和食物，如鸟类、小型动物等。

（7）减少 CO_2 气体的排放。这在国外已成为研究的热点。精细耕作、传统耕作以 CO_2 的方式释放土壤中的碳到大气中，造成全球气温上升；而少耕、免耕能保持土壤中的碳合成有机物，减少 CO_2 气体的排放。

1.4 保护性耕作的缺点

同时，保护性耕作也存在一些缺点，如：

（1）降低表层土壤温度。据 Willis[5] 报道，10cm 土层的平均温度，免耕比常规耕作低 0.1～1.5℃。

（2）降低土壤酸碱度（pH）。大量研究表明，免耕 3～5 年，会导致表层土壤酸化，影响作物正常生长。Dalal[6]研究结果显示，30cm 土层内土壤 pH 免耕明显低于常规耕作。

（3）在保护性耕作条件下，杂草、病虫害都比常规耕作发生率要高。

另外，保护性耕作还需要相关机械研制的跟进，才能有利于大面积的推广。

2 保护性耕作的生态效应及国内外研究进展

经过多年的研究和发展，保护性耕作的生态效应研究取得了长足的进展，研究领域从一般性的土壤理化分析，发展到微观的微生物区系、酶活性和宏观上的全球 CO_2 循环等。综合国内外对保护性耕作生态效应的研究进展，可以概括为以下几个方面：①保护性耕作与水土保持；②保护性耕作与土壤理化性状；③保护性耕作与土壤微生物区系、土壤酶活性及土壤动物；④保护性耕作对土壤中有机碳储量的影响及对大气中 CO_2 的贡献。

2.1 保护性耕作与水土保持

由于我国是一个缺水国家，保护性耕作对水分影响的研究，在我国开展得较早，研究较为成熟。王晓燕等[7]在田间试验和对现有径流模型及土壤水分平衡模型改进的基础上，建立了适用于保护性耕作的地表径流和土壤水分平衡模型。该模型以天为步长，根据气象数据、土壤水分状况、作物生长发育及耕作管理措施，模拟不同耕作管理体系下地表径流和田间水分平衡的变化。秦红灵等[8]研究了农牧交错地区不同农田耕作方式对其水分环境的影响过程及规律，选择翻耕地和免耕地两种土地耕作类型，分析不同耕作方式下土壤水分的时空变化情况，结果表明，土壤贮水能力免耕地大于翻耕地。杜兵等[9]对 6 种保护性耕作法和传统耕作法进行了连续 6 年的田间对比试验研究，结果表明，采用保护性耕作法的冬小麦地夏休闲期蓄水量明显高于传统耕作，平均多蓄水 9%，水分利用效率比传统耕作平均高 13.2%。苏子友等[10]在豫西黄土坡耕地上，采用田间模拟小区和田间自然小区试验相结合的方法，研究了不同处理条件下降水入渗、休闲期降水的贮存率、不同土壤层次间接纳降水的增量、冬小麦产量及水分利用效率等因素，结果表明，保护性耕作有延缓径流、增加降水入渗的作用，其稳定入渗率是未采取保护性耕作的 1.22～6.67 倍，在降水强度为 68mm/h 时其地表产生径流时间比传统耕作晚 6～15min；免耕和深松处理土体内的含水量、接纳降水的能力明显高于传统耕作，休闲期两个处理降水贮存率分别比对照高出 6.5％和 7.4％，冬小麦产量分别高 17.78％、16.10％。这些研究结果比较一致，都认为保护性耕作有涵养水分的作用。

2.2 保护性耕作与土壤理化性状

刘亚俊等[11]研究了赤峰市松山区连续 3 年采取保护性耕作各种技术模式下的土壤化学指标，结果表明，其土壤化学指标均高于传统耕作田。保护性耕作技术的实施，增加了秸秆还田量，秸秆在水分和土壤微生物的作用下，不断腐烂分解，从而培肥了地力，使土壤肥力增加比较明显。宜水地和旱地有机质含量平均提高 73.9％和 37.8％，全氮含量平均提高 77.6％和 28.6％。孙海国等[12]研究了不同耕作和秸秆还田方式对一年两熟（冬小麦—玉米）条件下壤质潮土养分含量的影响，结果表明，随着土壤耕翻程度的降低，土壤养分含量逐渐增加。免耕表层（0～10cm）土壤有机质、全氮和有效磷含量显著（$P<0.05$）高于常规耕作（浅耕）方式，其速效钾含量也明显高于其他耕作方式。郑家国等[13]针对四川省两熟制［水稻—小麦（油菜）］秸秆资源丰富但处理难的现状，研究了在稻田保护性耕作技术体系下，秸秆还田种类（小麦秸秆、油菜秸秆）和还田数量（全量、半量）的稻田生态效应，结果表明，秸秆还田能有效培肥土壤，土壤全氮、全磷、速效养分及微量元素含量显著提高。

2.3 保护性耕作与土壤微生物区系、土壤酶活性和土壤动物

预测和防止土壤退化，首要解决的问题是寻求能较早指示各种措施对土壤肥力影响的敏感指标。土壤有机质的活性部分微生物量作为土壤肥力水平的活指标，日渐受到土壤科学工作者的关注[14]。樊丽琴等[15]用氯仿熏蒸提取法测定了不同耕作处理（传统耕作、传统耕作＋秸秆覆盖、免耕、免耕＋秸秆覆盖）下小麦田的土壤微生物量碳，并探讨了其与土壤有机碳、全氮、小麦产量之间的关系，结果表明，水土保持耕作第 3 年较传统耕作可以有效地增加小麦田土壤微生物量碳含量。范丙全等[16]研究了保护性耕作与秸秆还田对土壤微生物及其溶磷特性的影响，认为免耕和秸秆还田均能促进土壤麦角固醇的增加，而少耕却显著提高土壤微生物量。耕作方式间土壤有机碳水平无明显差异，但秸秆还田可提高土壤有机碳含量。免耕处理土壤微生物量显著增加，深耕处理土壤微生物量则较低，秸秆还田土壤微生物量显著高于对照（无秸秆）。浅耕处理溶磷细菌数量最高，免耕最少；但少耕和免耕处理溶磷微生物的溶磷能力大于深耕及浅耕，秸秆还田对溶磷微生物群体和高效溶磷菌生长均有促进作用。Dumontet 等[17]在意大利南部半干旱地区进行了相关研究，结果表明，少耕、免耕比轮作对土壤有机碳、微生物量碳影响更大，土壤酶与季节不同有较大的关系。总的来说，土壤有机碳、微生物量碳与耕作方式有较大的相关

性。Höflich 等[18]对壤土、沙质壤土采取保护性耕作和常规耕作进行了长期研究，结果发现，保护性耕作能明显提高冬小麦、冬燕麦、玉米根际微生物量，特别是土壤杆菌、极毛杆菌的量得到较大提高。Alvarez 等[19]对采取保护性耕作（特别是免耕）的土壤剖面的有机碳库的分配进行了研究，结果表明，在土壤剖面表层（5cm）的土壤内，活性微生物量和无机碳在免耕条件下比常耕要高，但总的土壤微生物量在不同处理下无差异，活性土壤生物量与秸秆残茬覆盖量呈显著正相关关系（$r^2=0.617$，$P<0.01$），活性微生物量在秸秆残茬处理下在早期就表现得明显，然而总的微生物量在他们的试验中，在早期表现不明显。Acosta-Martínez 等[20]研究了美国得克萨斯州西部半干旱地区土壤酶活性与不同耕作方式的相关性，他的结论是：相对于常规耕作，保护性耕作能提高酶活性，并且酶活性与土壤有机碳呈极显著相关关系（$r=0.90$，$P<0.001$）。Steinkellner 等[21]对长期实行常规耕作和保护性耕作土壤中的镰刀菌属的发生率和多样性进行了研究，结果发现，保护性耕作比用犁翻耕土壤中有更多的镰刀菌种数，并且镰刀菌属发生率也得到提高。Langmaack 等[22]研究了不同耕作方式土壤中的蚯蚓和蚯蚓穴位的数量得出，保护性耕作相对于常规耕作，土壤中有更多的蚯蚓和蚯蚓穴位，而这对重造土壤结构有极大的作用。

2.4 保护性耕作对土壤中有机碳储量的影响以及对大气中 CO_2 的贡献

Reicosky[23]对位于美国北部的玉米带壤土进行 5 种耕作方式（翻耕、翻耕＋圆耙、圆耙、深松耕、免耕）的研究，在耕作后的 19d 内进行 CO_2 散失量的测定，结果表明：5 种耕作方式释放的 CO_2 分别占当年秸秆残茬碳的 134％、70％、58％、54％和 27％。在耕作 5h 后测定短期的 CO_2 散失量时，采取了保护性措施的 4 种耕作方式散失的 CO_2 量只占翻耕的 31％。保护性耕作能提高土壤碳的含量，减少耕作强度。秸秆残茬还田有利于碳在土壤中积累，从而减少温室气体的排放，有利于改善环境质量。Allmaras 等[24]认为，土壤有机碳占陆地生物圈碳库的 2/3，扣除碳在土壤中的沉积，土壤中的碳每年以 CO_2 的形式分解到大气中，占到土壤有机碳的 4％。为了保持土壤中的有机碳和改善大气质量，改土壤有机碳源为碳汇，必须改变耕作方式。经过长期的试验，他认为不同耕作方式对有机碳的储存影响表现为免耕＞不翻耕＞翻耕。自 1970 年后，美国 92％的土地采取了不翻耕，这有利于碳的储存。Lal[25-27]认为，减少陆地上温室气体（主要是 CO_2）排放的措施，除了植树造林以外，加强农田的管理，如采取保护性耕作等，也能有效减少温室气体的排放，使陆地有机碳成为碳汇。

黄国勤[28]对江西稻田保护性耕作的模式和效益进行了研究，提出了 12 种常见的模式，认为江西保护性耕作特色明显，效益显著，前景广阔。张兆飞等[29]对江西保护性耕作的现状进行了分析。黄小洋等[30]研究了免耕对水稻产量、生长动态及害虫数量的影响，得出了免耕抛秧水稻的产量性状优于对照（常规耕作移栽）和其他处理，产量比对照高 3.95%～11.57%，常规耕作处理的二化螟和稻纵卷叶螟比免耕处理分别多 16% 和 94%。黄国勤等[31]研究了免耕对水稻根系活力和产量性状的影响，得出结论：与常规耕作栽培水稻相比，免耕水稻根系活力高 7.4%～34.9%，各生育时期的干物质占黄熟期干物质之比高，有效穗数、每穗实粒数、千粒重和实际产量分别高 1.1%、5.1%、0.6% 和 10.0%，产量与根系活力和干物质积累的相关系数分别达到 0.90 和 0.87 以上。

3 保护性耕作的发展前景

我国发展保护性耕作是在生态环境恶化的背景下起步，经过各地示范、推广，保护性耕作技术已取得了显著成效。农业农村部计划在今后 5 年时间里，将这项先进技术推广到我国西北、华北和东北地区的 1 050 个县（国营农场），建设 300 个示范区，完成示范面积 $1.33 \times 10^6 \, hm^2$ 以上。

另外，我国保护性耕作可以借鉴美国等国家的成熟经验和技术，在技术上可实现跨越式发展。我国地域广阔，各地条件差别很大，必须根据当地实际情况在灵活借鉴的基础上试验探索技术模式和研发机具，才能更好地推广保护性耕作。

保护性耕作以节约资源、保护环境、实现农业可持续发展为出发点，将生态、经济和社会效益三者很好地结合起来。推行保护性耕作，生产农机的企业将从机具的生产、推广和服务中获得经济利益，农民将从节省种子、降低作业成本和增加产量中增加收入，而国家最为关心的生态环境建设和农业的可持续发展问题将会得到解决。发展保护性耕作是提高耕地质量、增强农业综合生产能力、保护环境、促进农民增收、推进农业可持续发展的重要措施，是对传统农业耕作制度的一次革命，必须坚持经济效益和生态效益并重，走有中国特色的保护性耕作之路。可以肯定，这项技术在我国将得到快速发展，具有很好的推广前景。

参考文献

[1] S. H. 菲利普，H. M. 杨．免耕农作制 [M]．陈士平，译．北京：农业出版社，1983.
[2] 陈印军，张燕卿，徐斌，等．调整治沙方略，抑制沙尘暴危害 [J]．中国农业资源区划，2002，3（4）：7-9.

［3］ 高焕文．保护性耕作概念、机理与关键技术［J］．四川农业与农机，2005（4）：22－23．

［4］ 张海林，高旺盛，陈阜，等．保护性耕作研究现状、发展趋势及对策［J］．中国农业大学学报，2005，10（1）：16－20．

［5］ WILLS W O．Corn growth as affected by soil temperature and mulch［J］．Agronomy，1957，49：323－328．

［6］ DALAL R L．Long－term effects of no－tillage，crop residue，and nitrogen application on properties of a vertisol［J］．Soil Science Society of America Journal，1989，53（3）：1511－1515．

［7］ 王晓燕，高焕文，李洪文．旱地保护性耕作地表径流和土壤水分平衡模型［J］．干旱地区农业研究，2003，21（3）：97－103．

［8］ 秦红灵，李春阳，高旺盛，等．北方农牧交错带干旱区保护性耕作对土壤水分的影响研究［J］．干旱地区农业研究，2005，23（6）：22－26．

［9］ 杜兵，邓健，李问盈，等．冬小麦保护性耕作法与传统耕作法的田间对比试验［J］．中国农业大学学报，2000，5（2）：55－58．

［10］ 苏子友，杨正礼，王德莲，等．豫西黄土坡耕地保护性耕作保水效果研究［J］．干旱地区农业研究，2004，22（3）：6－9．

［11］ 刘亚俊，侯国青，周景奎．保护性耕作对土壤理化性质的影响分析［J］．农村牧区机械化，2003（4）：13－15．

［12］ 孙海国，LARNEY F J．保护性耕作和植物残体对土壤养分状况的影响［J］．生态农业研究，1997，5（1）：47－51．

［13］ 郑家国．谢红梅．姜心禄，等．南方丘区两熟制稻田保护性耕作的稻田生态效应［J］．农业现代化研究，2005，26（4）：295－296．

［14］ 闫晓玲．甘肃西峰牧草引种试验［J］．草原与草坪，2004（2）：53－56．

［15］ 樊丽琴，南志标，沈禹颖，等．保护性耕作对黄土高原小麦田土壤微生物量碳的影响［J］．草原与草坪，2005（4）：51－54．

［16］ 范丙全，刘巧玲．保护性耕作与秸秆还田对土壤微生物及其溶磷特性的影响［J］．中国生态农业学报，2005，13（3）：130－132．

［17］ DUMONTET S，MAZZATURA A，CASUCCI C，et al．Effectiveness of microbial indexes in discriminating interactive effects of tillage and crop rotations in a Vertic Ustorthens［J］．Biology and Fertility of Soils，2001，34（6）：411－416．

［18］ HÖFLICH G，TAUSCHKE M，KÜHN G，et al．Influence of long－term conservation tillage on soil and rhizosphere microorganisms［J］．Biology and Fertility of Soils，1999，29（1）：81－86．

［19］ ALVAREZ C R，ALVAREZ R．Short－term effects of tillage systems on active soil microbial biomass［J］．Biology and Fertility of Soils，2000，31（2）：157－161．

［20］ ACOSTA－MARTÍNEZ V，ZOBECK T M，GILL T E，et al．Enzyme activities microbial community structure in semiarid agricultural soils［J］．Biology and Fertility of Soils，2003，38（4）：216－227．

［21］ STEINKELLNER S，LANGER I. Impact of tillage on the incidence of *Fusarium* spp. in soil ［J］. Plant and Soil，2004，267（1-2）：13-22.

［22］ LANGMAACK M，SCHRADER S，RAPP-BERNHARDT U，et al. Quantitative a-nalysis of earthworm burrow systems with respect to biological soil structure regenera-tion after soil compaction ［J］. Biology and Fertility of Soils，1999，28（3）：219-229.

［23］ REICOSKY D C. Tillage-induced CO_2 emission from soil ［J］. Nutrient Cycling in Agroecosystems，1997，49（1-3）：273-285.

［24］ ALLMARAS R R，SCHOMBERG H H，DOUGLAS C L，et al. Soil organic carbon sequestration potential of adopting conservation tillage in U. S. croplands ［J］. Journal of Soil and Water Conservation，2000，55（3）：365-373.

［25］ LAL R，GRIFFIN M，APT J，et al. Managing soil carbon ［J］. Science，2004，304（5669）：393.

［26］ LAL R. Soil carbon sequestration impacts on global climate change and food security ［J］. Science，2004，304（5677）：1623-1627.

［27］ LAL R. Agricultural activities and the global carbon cycle ［J］. Nutrient Cycling in Agroecosystems，2004，70（2）：103-116.

［28］ 黄国勤. 江西稻田保护性耕作的模式及效益 ［J］. 耕作与栽培，2005（1）：16-18.

［29］ 张兆飞，黄国勤，黄小洋，等. 江西省保护性耕作的现状与分析 ［J］. 中国农学通报，2005，21（5）：366-369.

［30］ 黄小洋，漆映雪，黄国勤，等. 稻田保护性耕作研究：I. 免耕对水稻产量、生长动态及害虫数量的影响 ［J］. 江西农业大学学报，2005，27（4）：530-534.

［31］ 黄国勤，黄小洋，张兆飞，等. 免耕对水稻根系活力和产量性状的影响 ［J］. 中国农学通报，2005，21（5）：170-174.

秸秆还田及其研究进展[*]

摘　要： 在提倡高产、高效和生态农业的背景下，秸秆还田作为一项有效的农业措施得到了大力推广应用。为此，本文从秸秆还田的基本概念开始，综合阐述了国内、国外秸秆还田的研究进展情况，重点分析了秸秆还田对土壤有机质、土壤容重和毛管孔隙度、土壤温度、土壤微生物、稻草腐解规律、水稻稻米品质以及田间杂草情况等的影响，指出了秸秆还田在生理生态效应方面的广泛应用，提出了秸秆还田的未来发展方向及研究重点，以期为保护农业生态环境、促进现代农业的可持续发展提供一定的理论依据。

关键词： 秸秆还田；国内；国外；研究进展

0　引言

鄱阳湖区是重要的农业产区，每年产生大量的秸秆，占作物生物产量的50％左右[1]。大量研究表明，稻草作为一种廉价的有机肥料，含有丰富的有机碳和大量的氮、磷、钾、硅等矿质营养元素，以及大量微量元素和有机物[2]。从现有的秸秆产量计算，6亿t秸秆中，氮、磷、钾养分含量相当于尿素300万t以上、过磷酸钙70万t以上、硫酸钾700万t以上[3]。而且，秸秆还田能够有效增加土壤中有机质的含量，改善土壤肥力状况，提高农田生态环境质量，特别对缓解我国农田氮、磷、钾肥比例失调的矛盾，弥补磷、钾肥不足有十分重要的意义[2,4,5]。随着农村生活水平的逐步提高和现代农民经济意识的增强，传统的秸秆利用方式效益低、费工、费时、劳动强度大，而秸秆利用的现代科技手段滞后，造成在部分地区尤其在一些城郊地区作物秸秆被大量无效焚烧[2]，使得土壤肥力逐年下降，农田生态平衡受到破坏，而且严重污染空气，对农业生态环境造成严重影响。因此，探索秸秆还田的优化方式势在必行，任务艰巨。

秸秆还田与土壤肥力状况、作物生长品质以及农田生态环境保护等密切相关，已经成为可持续农业和生态农业的重要内容[2]，具有广阔的发展和研究前

　＊作者：杨滨娟、钱海燕、黄国勤、樊哲文、方豫；通讯作者：黄国勤（教授、博导，E-mail：hgqjxes@sina.com）。

　本文原载于《农学学报》2012年第2卷第5期第1～4页。

景。笔者从秸秆还田的基本概念入手，综合阐述了国内、国外秸秆还田的研究进展情况，并重点分析了秸秆还田对土壤养分状况、土壤结构、稻田生物学效应、稻田生态学效应以及水稻农艺性状、生理特性等方面的影响，以期为保护农业生态环境、促进现代农业的可持续发展提供一定的理论依据。

1 秸秆还田概述

秸秆还田是一种把不适宜直接作饲料的秸秆（玉米秸秆、水稻秸秆等）直接或堆积腐熟后施入土壤的方法[6]。关于秸秆还田的方式有多种分类，我国主要的秸秆还田方式有 4 种，即秸秆覆盖还田、秸秆粉碎还田、秸秆堆肥还田和秸秆过腹还田。

1.1 秸秆覆盖还田

秸秆覆盖还田就是将秸秆整秆覆盖，随着时间的延长，秸秆逐渐腐解于土壤中，腐解后能够增加土壤中有机质含量，补充土壤氮、磷、钾和微量元素，改善土壤的理化性状，有利于加速土壤物质的生物循环，而且秸秆覆盖还田可使土壤饱和导水率提高，土壤蓄水能力增强，能够调控土壤供水，提高水分利用率，促进植株地上部生长。秸秆在覆盖情况下，能够形成低温时的"高温效应"和高温时的"低温效应"两种双重效应，调节土壤温度，有效缓解气温激变对作物生长造成的伤害[2,7-11]。另外，秸秆覆盖还对干旱地区的节水农业有特殊意义。

1.2 秸秆粉碎还田

采用机械化作业将田间直立或铺放的秸秆直接粉碎还田的生产效率比普通的秸秆利用方式可提高 40～120 倍。秸秆粉碎还田后，能够加速秸秆在土壤中的腐解速度，从而被作物快速吸收；改善土壤的团粒结构和理化性状，提高土壤肥力；促进作物持续增产增收[2,7,9-11]；节约化肥用量，促进农业可持续发展。

1.3 秸秆堆肥还田

秸秆堆肥还田就是将作物茎秆、绿肥、杂草等植物性物质与泥土、人粪尿、垃圾等混合堆置，经好气微生物分解而成的肥料还田，可提供多种营养元素并改良土壤理化性状，尤其对改良沙土、黏土和盐渍土有较好效果，具有良好的经济效益、社会效益和生态效益[12]。秸秆堆肥还田是解决我国当前有机肥源短缺的主要途径，也是中低产田土壤改良、培肥地力的一项重要措施。

1.4 秸秆过腹还田

秸秆过腹还田就是将作物秸秆作为饲料喂养家畜，通过家畜消化吸收，以粪尿形式归还土壤，从而增加土壤中的养分，改善土壤状况。目前，普遍推广应用的主要有青贮氨化过腹还田技术，实现了秸秆—饲料—牲畜—肥料—粮食的良性循环[2,9-11,13]。

2 国内外秸秆还田研究进展

2.1 国外秸秆还田研究进展

世界上各农业发达国家大都非常重视土地的用养结合和发展生态农业，秸秆还田和农家肥占施肥总量的 2/3。秸秆还田作为一项先进的保护性耕作技术，受到了世界上各农业发达国家足够的重视和支持。其中，美国把秸秆还田当作农作制度中的一项关键技术，坚持常年实施秸秆还田，不但玉米、小麦等秸秆大量还田，而且像大豆、番茄等秸秆也尽量还田[2]。英国的洛桑试验站每年每公顷翻压玉米秸秆 7～8t，18 年后土壤有机质含量提高了 2.2%～2.4%。该试验站经过连续 18 年的试验还发现，作物秸秆直接还田的效果优于堆腐后再还田；并且随着地力的改善、作物产量的提高，可供还田的秸秆量也相应增加[2,14,15]。

丹麦是世界上首个使用秸秆发电的国家。位于丹麦首都哥本哈根以南的阿维多发电厂建于 20 世纪 90 年代，被誉为全球效率最高、最环保的热电联供电厂之一。这里的技术人员告诉记者，农民收获粮食后把秸秆卖给电厂，电厂每年燃烧 15 万 t 秸秆，可满足几十万用户的供热和用电需求[3,16]。与煤炭、石油、天然气相比，秸秆成本低、污染少，可称得上是电厂最划算的一笔买卖。此外，秸秆燃烧后的草木灰还可以无偿返还给农民作肥料，串联起了一个"黄金圈"[3,16]。

日本把秸秆直接还田当作农业生产中的法律去执行。日本微生物学家研究出了一种秸秆分解菌技术，可以用于秸秆肥的制作，达到秸秆还田的目的，具有良好的经济效益和社会效益[2,3,16]。德国等发达国家则有严格的法律禁止焚烧秸秆，而南亚、东南亚国家的作物秸秆是动物饲料和燃料的主要原料[2]。

秸秆还田的问题已经引起各界的重视，国内外众多学者进行了广泛的研究，使得秸秆还田面积逐年扩大。实践证明，秸秆还田为发展高产、优质、高效农业发挥了重要的作用。

2.2 国内秸秆还田研究进展

我国利用作物秸秆的历史悠久。20 世纪 80 年代以来，随着农业生产的发展，粮食产量大幅提高，秸秆数量也增多，加之省柴节煤技术的推广，烧煤和使用液化石油气的普及，农村中有大量富余秸秆[2]；但人们没有充分利用秸秆还田的效用，大多是将其焚烧，使得土壤肥力逐年下降，环境质量逐年降低，对农业生态环境造成严重影响。因此，为培肥地力，确保农业持续稳定发展，农业部把秸秆直接还田或秸秆过腹还田作为"沃土计划"的主要措施，并列入全国丰收计划工程[17]，鼓励农民积极增施有机肥、种植绿肥、实行秸秆还田。在水稻种植地区，稻草还田对提高资源利用率、持续增加粮食作物产量具有重要的影响，是我国农业生产面临的重大现实问题，是保障国家粮食安全的重大需求。

3 秸秆还田的应用及研究进展

秸秆还田技术在当代社会推广应用广泛，笔者着重介绍秸秆还田对土壤有机质、土壤容重和毛管孔隙度、土壤温度、土壤微生物、稻草腐解规律、水稻稻米品质以及田间杂草情况等方面的影响的研究进展。

3.1 秸秆还田对土壤有机质的影响

土壤有机质不仅是土壤中各种营养元素的重要来源，而且还能刺激植物的生长，改善土壤的理化性状[7]，而秸秆是土壤有机质的一项主要来源[7,18]。有研究表明：以同等数量的秸秆覆盖和翻压还田 3 年后，覆盖还田的土壤有机质增加 30.1%，翻压还田的增加 19.0%[18,19]。也有学者通过对水稻高留茬还田的研究发现，还田土壤中的有机质含量明显增加，其中易氧化态有机质所占的比例为 77%。由于增加的有机质主要是易氧化态有机质，从而使土壤有机质氧化稳定系数下降，土壤有机质的化学性增强、老化程度降低，有助于改善土壤质量、增强土壤养分供应[18,20]。

3.2 秸秆还田对土壤容重和毛管孔隙度的影响

土壤容重与毛管孔隙度呈负相关关系，容重越小表示毛管孔隙度越大。土壤容重和毛管孔隙度都是反映土壤结构特性的重要指标[18]。李新举等[21]研究发现：无论秸秆覆盖还是秸秆翻压都可以增加土壤孔隙度、降低土壤容重，还田 3 年后，秸秆覆盖 0～10cm 土层土壤总孔隙度增加 4.16%，土壤容重降低 0.11g/cm²；翻压还田 0～10cm 土层土壤总孔隙度增加 3.4%，土壤容重降低 0.09%。张晶[18]、吴婕等[22]发现，秸秆覆盖处理的土壤容重降低幅度为 3.73%～11.86%。这些研究都表明，秸秆还田后土壤的孔隙度明显增加，大孔隙占总孔隙的比例较大，土壤容重降低，使得土壤疏松，通气透水条件良好，从而可以促进土壤微生物活动，增强土壤养分的供应[20,23]。

3.3 秸秆还田对土壤温度的影响

秸秆还田对土壤温度的影响通常体现在温度的日变化幅度与季节性变化方面。首先，秸秆还田尤其是秸秆覆盖还田可以使土壤温度日变化幅度减小，另外秸秆覆盖下的土壤温度的变化因日光照射的强度而有差异，白天多以降温为主，夜间则多以保温为主[18,24]；其次，秸秆还田对土壤温度的季节性变化也有一定的影响，一般情况下夏季有降温作用，而冬季则有一定的保温作用[18]。肖国华等[25]测定，夏季采用稻草免耕覆盖还田较无草犁耙插秧水温降低 3.4～4.1℃，5cm 土层土温降低 1.2～4.2℃，10cm 土层土温降低 1.5～2.0℃；而早春土壤含水量增加 6.44%～8.58%，0～5cm 土层土壤温度提高 0.7～1.0℃。稻草覆盖还田夏季降低土壤温度、早春升高土壤温度，分别有利于晚稻、早稻插秧后水稻秧苗的返青、分蘖。

3.4 秸秆还田对土壤微生物的影响

秸秆还田为土壤微生物的活动提供了丰富的碳源和氮源，促进了微生物的生长、繁殖，从而使土壤微生物区系、数量发生很大变化，提高了土壤的生物活性[18]。谭周进等[26]研究表明：水稻秸秆还田后不利于好氧性的霉菌和放线菌迅速大量繁殖，覆草土壤中细菌总数要高于无草土壤，这是由于施入土壤的水稻秸秆促进了土壤细菌的繁殖，提高了土壤细菌的活性。张晶[18]、金海洋等[27]研究表明，秸秆还田后土壤微生物的总量由 $4.0×10^7$ 个/g 急剧上升为 $1.2×10^8$ 个/g，而且以细菌和放线菌为主。焚烧秸秆对土壤微生物量的影响非常显著，焚烧后土壤中的细菌、放线菌和真菌数量分别较焚烧前减少了85.95%、78.58%和 87.28%。此外，焚烧秸秆所造成的土壤水分的蒸发及土壤结构的破坏，也不利于土壤微生物的生存[28]。

3.5 秸秆腐解、养分释放的研究

秸秆腐解主要靠土壤中微生物的作用，土壤中微生物主要集中在 0～10cm 土层[29]。有学者研究得出：秸秆埋深 5cm 腐解最快，埋深 15cm 腐解稍慢，而覆盖在表面腐解最慢。埋深 5cm 秸秆 32 周内腐解 65%以上，埋深 15cm 腐解 62%左右，而覆盖在表面的腐解只有 50%左右[30,31]。秸秆腐解总的趋势是前期快、后期慢，秸秆腐解主要集中在前 8 周[32]，前 4 周主要腐解根、叶，4 周后腐解茎，16～32 周基本不腐解。有机物的碳氮比（C/N）对于它在土壤中的分解与养分的释放有很大的影响[33]。稻草还田后，由于 C/N 较高，秸秆分解较缓慢，氮的释放也很少；而有研究表明，调节 C/N 能够促进秸秆分解，但 C/N 不是越低越好，一般认为稻草还田后 C/N 调至 25～30 即可[34]。温度对有机物料的腐解具有很大影响。一般来说，土温为 20～30℃物料分解最快，<10℃分解较弱，<5℃则基本不分解。温度过低，微生物活性减弱，物料腐解缓慢；温度过高，抑制微生物活性，甚至使土壤中的酶失去活性[35]。

3.6　秸秆还田对水稻稻米品质的影响

顾丽[36]研究表明，长期和短期秸秆还田使稻米蛋白质含量呈上升的趋势、直链淀粉含量呈下降的趋势。在长期定位试验下，垩白度随土壤全氮的增加呈上升的趋势；短期秸秆还田中，则表现出先升后降的趋势。徐国伟[37]、刘阳[38]等的试验研究都表明，稻草还田和实地氮素管理对稻米的加工品质没有明显的影响，但降低了垩白米粒、垩白度和稻米直链淀粉的含量，有效地改善了稻米的外观品质和蒸煮品质；还可以使淀粉的最高黏滞度和崩解值变小，消碱值变低，提高了稻米的食味品质。

3.7　秸秆还田对田间杂草情况的影响研究

韩慧芳等[39]的试验结果表明，秸秆全量还田时，免耕显著增加杂草的总密度；无秸秆还田时，常规耕作的杂草密度高于免耕、旋耕、耙耕和深松。秸秆全量还田后，免耕和深松条件下杂草优势种为马唐和稗，旋耕和耙耕条件下为马唐、稗和牛筋草，常规耕作条件下为马唐、苘麻、稗和香附子。无秸秆还田时，免耕和常规耕作增加了杂草优势种的数量。秸秆全量还田后，免耕、耙耕和深松等耕作措施下杂草群落的物种丰富度及均匀度均较高。无论哪种耕作条件，5 年连续秸秆还田能够显著提高夏玉米籽粒产量和生物学产量，其中尤以常规耕作秸秆全量还田处理产量最高，且田间杂草的生物学产量与夏玉米的生物学产量呈显著负相关关系。

4　小结

随着低碳农业的大力推行，秸秆还田在可持续农业和生态农业的发展中具有举足轻重的作用。稻草还田是增加土壤有机质与速效氮、磷、钾含量，改善土壤理化性状和提高稻谷产量的一项有效措施。秸秆还田后，土壤生物活性得到明显提高，降低了土壤容重，改善了土壤结构，形成有机质覆盖，达到了抗旱保墒的目的。另外，稻草还田必须配合施用化肥，特别是氮肥，这样有利于稻草分解，并能提高当年的稻谷产量。稻草的综合利用、稻草和氮肥混合施用时氮素的固定、稻草的分解，对氮磷钾的影响和利用等问题仍有待于进一步研究。而且，在今后的研究中，展开对秸秆-土壤-作物这个复合系统的养分积累、释放和循环过程的研究非常重要。

参考文献

[1] 黄国勤. 江南丘陵区农田循环生产技术研究：Ⅱ. 江西农田作物秸秆还田技术与效果 [J]. 耕作与栽培，2008（3）：1-2，18.

[2] 杨文钰，王兰英. 作物秸秆还田的现状与展望 [J]. 四川农业大学学报，1999，17（2）：211-216.

[3] 雷达，席来旺，李文政，等. 浅析国外秸秆的综合利用 [J]. 现代农业装备，2007（7）：67-68.

[4] 周鸣铮. 土壤肥力概论 [M]. 杭州：浙江科学技术出版社，1985：18-154.

[5] PATHAK H，SINGH R，BHATIA A，et al. Recycling of rice straw to improve wheat yield and soil fertility and reduce atmospheric pollution [J]. Paddy Water Environment，2006（4）：111-117.

[6] 薛玉华. 玉米秸秆还田机械化技术 [J]. 北京农业，2010（9）：39.

[7] 卜毓坚. 不同耕作方式和稻草还田量对晚稻生长发育与土壤肥力的影响 [D]. 长沙：湖南农业大学，2007.

[8] 贾大林，司徒淞，王和洲. 节水农业持续发展研究 [J]. 生态农业研究，1994，2（2）：30-36.

[9] 卜毓坚，屠乃美. 水稻秸秆还田的效应与技术及其展望 [J]. 作物研究，2005（5）：428-431.

[10] 吕小荣，努尔夏提·朱马西，吕小莲. 我国秸秆还田技术现状与发展前景 [J]. 现代化农业，2004（9）：41-42.

[11] 高梦祥，许育彬，熊雪峰，等. 玉米秸秆的综合利用途径 [J]. 陕西农业科学（自然科学版），2000（7）：29-31.

[12] 陈太飞，张作跃. 秸秆快速腐熟还田技术 [J]. 农技服务，2009，26（6）：135-136.

[13] 金成龙，全允基，马永凤，等. 稻草还田定位试验初报 [J]. 黑龙江农业科学，1993（1）：21-23.

[14] 张贞奇. 英国农作物秸秆综合利用 [J]. 世界农业，1992（2）：39.

[15] 张贞奇. 英国农作物秸秆的综合利用 [J]. 科技园地，1993（2）：21.

[16] 孙永明，袁振宏，孙振钧. 中国生物质能源与生物质利用现状与展望 [J]. 可再生能源，2006（2）：78-82.

[17] 葛永红，刘颖，刘胜国. 水稻机械化秸秆直接还田及机具发展趋势 [J]. 垦殖与稻作，2000（S1）：46-47.

[18] 张晶. 秸秆还田土壤中与纤维素降解相关的微生物的分子生态学研究 [D]. 上海：上海交通大学，2007.

[19] 李阜棣. 土壤微生物学 [M]. 北京：中国农业出版社，1996：143.

[20] 徐国伟，常二华，蔡建. 秸秆还田的效应及影响因素 [J]. 耕作与栽培，2005 (1)：6-9.

[21] 李新举，张志国. 秸秆覆盖对土壤水分蒸发及土壤盐分的影响 [J]. 土壤通报，1999，30 (6)：257-258.

[22] 吴婕，朱钟麟，郑家国，等. 秸秆覆盖还田对土壤理化性质及作物产量的影响 [J]. 西南农业学报，2006，19 (2)：192-195.

[23] 王振忠，董百舒，吴敬民. 太湖稻麦地区秸秆还田增产及培肥效果 [J]. 安徽农业科学，2002，30 (2)：269-271.

[24] 李富宽，姜慧新. 秸秆覆盖的作用与机理 [J]. 牧草开发，2003 (6)：38-40.

[25] 肖国华，欧阳先辉，陈同旺，等. 稻草覆盖还田晚稻免耕节水栽培技术应用研究 [J]. 作物研究，2006，20 (3)：220-222.

[26] 谭周进，李倩，陈冬林，等. 稻草还田对晚稻土微生物及酶活性的影响 [J]. 生态学报，2006，26 (10)：3385-3392.

[27] 金海洋，姚政，徐四新，等. 秸秆还田对土壤生物特性的影响研究 [J]. 上海农业学报，2006，22 (1)：39-41.

[28] 刘天学，纪秀娥. 焚烧秸秆对土壤有机质和微生物的影响研究 [J]. 土壤，2003，35 (4)：347-348.

[29] 何虎. 稻草全量还田下氮肥运筹对晚稻产量形成的影响及其机理 [D]. 南昌：江西农业大学，2010.

[30] 李新举，张志国，李贻学. 土壤深度对还田秸秆腐解速度的影响 [J]. 土壤学报，2001，38 (1)：135-138.

[31] 李正风，张晓海，夏玉珍，等. 秸秆还田改良土壤提高烟叶品质的应用初探 [J]. 农业网络信息，2007 (5)：237-240.

[32] 李正风，张晓海，夏玉珍，等. 秸秆还田在植烟土壤性状改良上应用的研究进展 [J]. 中国农学通报，2007，23 (5)：165-170.

[33] 志贺一，龙习才，杨国治. 水稻土中各种有机物质的分解过程 [J]. 土壤学进展，1991，19 (6)：34-39.

[34] 王维敏. 麦秸、氮肥与土壤混合培养时氮素的固定、矿化与麦秸的分解 [J]. 土壤学报，1986，23 (2)：97-104.

[35] 陈尚洪. 还田秸秆腐解规律特征及其对稻田土壤碳库的影响研究 [D]. 成都：四川农业大学，2007.

[36] 顾丽. 长期与短期秸秆还田后稻米品质的差异性变化研究 [D]. 扬州：扬州大学，2008.

[37] 徐国伟. 种植方式、秸秆还田与实地氮肥管理对水稻产量与品质的影响及其生理的研究 [D]. 扬州：扬州大学，2007.

[38] 刘阳. 不同生态条件下稻米品质对施氮反应的差异 [D]. 扬州：扬州大学，2006.

[39] 韩惠芳，宁堂原，田慎重，等. 土壤耕作及秸秆还田对夏玉米田杂草生物多样性的影响 [J]. 生态学报，2010，30 (5)：1140-1147.

南方红壤区农田保护性耕作的进展[*]

摘 要：保护性耕作是一种科学环保、可持续发展的现代农作制度，在国内外都得到了广泛的推广和应用。南方红壤区是我国重要的粮棉油生产基地，农田保护性耕作得到了多方重视。本文综述了近几十年来红壤区保护性耕作的研究和发展状况，并针对当前红壤区保护性耕作仍存在的问题提出了相应的解决措施。

关键词：保护性耕作；红壤区；稻田；旱地；水浇地；农业可持续发展

1 概述

随着人类对农业与生态环境关系认识的逐渐加深，保证农业生态平衡和可持续发展成为发展现代农作制度的前提。20 世纪 30 年代，美国"黑风暴"的发生使得保护性耕作（conservation tillage）应运而生，并在这 70 多年里逐步发展成熟。其国际公认的定义是"用大量秸秆残茬覆盖地表，将耕作减少到只要能保证种子发芽即可，主要用农药来控制杂草和病虫害的耕作技术"[1-3]。保护性耕作的核心目的是保水保土，主要包括 5 个方面内容或环节：少耕免耕、沟垄耕作、以松代翻、地面覆盖和化学除草。

据统计，目前全世界保护性耕作面积接近 1 亿 hm^2。其中，80% 以上集中在美洲国家。美国作为最早研究保护性耕作的国家，70 多年来做了大量的研究工作。随着农具、农药、技术的改进，保护性耕作技术已经发展得十分成熟，推广面积也逐年提高。2000 年采用保护性耕作的面积占总耕地面积的21%，2002 年增加到占总耕地面积的 60%，2004 年实行免耕、垄作、覆盖耕作和少耕的耕地面积占总耕地面积的 62.3%[2,4,5]。澳大利亚和加拿大也是世界上农业发达的国家，其保护性耕作的推广面积也分别超过了其国土面积的73.0% 和 30.5%。除此之外，拉丁美洲的巴西、阿根廷、智利等国也是世界上较发达的保护性耕作区，采用保护性耕作比例较高，面积仅次于北美洲。可见，保护性耕作已经是世界上现代农业中的一项重要耕作技术，并已经得到大量的研究和广泛的推广。

---

* 作者：王翠玉、黄国勤；通讯作者：黄国勤（教授、博导，E-mail：hgqjxes@sina.com）。
本文原载于《中国人口·资源与环境》2008 年第 18 卷（专刊）第 485~489 页。

我国传统农业中早已有"保护性耕作"理论与技术的记载，但真正开展保护性耕作的研究则起步较晚。20 世纪 60 年代，我国开始引进研究保护性耕作的单项技术，在山西设置农机农艺结合的保护性耕作系统试验研究课题，直到 2003 年才开始在全国大面积推广。我国保护性耕作的研究起步较晚，且疆土辽阔，跨越的经度和纬度范围较大，全国的地理气候环境和作物生态环境差异显著，使得我国的保护性耕作至今没有形成一个详细的农业区划体系。因此，对于不同生态型区的保护性耕作的研究，将为我国的保护性耕作农业区划提供重要的理论依据。

红壤区主要分布在我国南方的 14 个省份，总面积达 218 万 hm^2，占我国耕地总面积的 28%，养活我国 43% 的人口，是我国粮棉油的重要产区。红壤区土壤的主要特征是酸、瘦、黏，水土流失问题严重。近年来，该区的保护性耕作取得了很大进展。红壤区的种植模式主要有 3 种：水田、旱地和水浇地，分别占该区总耕地面积的 78%、19% 和 3%；作物有水稻、小麦、油菜、玉米、棉花、薯类、豆类和菜瓜等。不同种植模式、不同作物的农业生态特征及土壤状况不同，其保护性耕作的技术措施也各有不同[6]。

2 红壤区水田保护性耕作的进展

2.1 保护性耕作技术的推广应用

红壤区水田栽培的作物主要是水稻。红壤区稻田保护性耕作的研究始于 20 世纪 60 年代，主要研究了垄作、厢作等稻田保护性耕作技术。

20 世纪 70 年代，稻田保护性耕作的研究日趋成熟，尤其是水稻旱育秧抛栽技术与水稻少耕（旋耕）、免耕轻型耕作栽培技术和机械收获技术效果显著。仅湖南省晚稻免耕栽培面积已达 26.67 万 hm^2，占晚稻种植面积的 15.77%。20 世纪 80 年代初，针对早稻大面积烂秧和 5 月低温僵苗不发等问题而研究的"水稻少耕分厢撒直播栽培技术"，于 90 年代在洞庭湖区域得到大面积推广应用，每年推广面积达 7 万 hm^2，现已将该技术推广到一季中稻、一季晚稻和连作晚稻的种植上。20 世纪 80 年代，西南农业大学土壤学专家侯光炯等农业科学家，以水稻土为研究对象进行自然免耕法的模拟，结合免耕形成了具有我国南方稻区特色的"稻田自然免耕技术"[7]。20 世纪 80 年代末，为促进稻草综合利用而研究的"稻草覆盖免耕栽培晚稻保护性耕作技术"，可使每公顷增产水稻 5.7%～14.8%。该技术已在湖南省湘中、湘南大面积推广应用，每年推广 10 万 hm^2 左右。

20 世纪 90 年代后，加强了免耕与秸秆覆盖相结合的稻田保护性耕作栽培技术的研究与推广，近年成都平原已广泛应用"小麦免耕露播稻草覆盖栽培技术"和"水稻免耕覆盖抛秧技术",长江中下游平原积极示范推广"稻麦套播免耕秸秆覆盖技术"和"水稻免少耕旱育抛秧技术",对稻田越冬休闲期的绿色覆盖技术研究也取得了一定的成果。20 世纪 90 年代末,为适应农村劳动力转移、促进农业机械的应用而研究的"快速除草灭茬、少(旋)免耕栽培保护性耕作技术",可使早稻产量达 6 400~6 750kg/hm²,晚稻产量达 6 750~7 500kg/hm²,现已在湖南双季稻区得到大面积推广应用,每年推广面积可达 15 万 hm²[8]。

21 世纪初,针对双季稻特点,国家科技攻关项目"粮食主产区保护性耕作与关键技术研究"研究推广的"冬闲田绿色生物覆盖栽培保护性耕作技术",其简单、省工、高效、增收和养土的特点,既得到群众认可,也在大面积推广应用。2000 年以来,南方红壤区各省份开展"水稻免耕抛秧技术"的定点试验推广示范,在未经翻耕犁耙的稻田上经适当处理后[9,10],连续多年免耕还可减少施肥量。如都江堰市青城乡万安村连续 8 年试验结果,从第 3 年起每年减少 10%~15% 的施肥量[11],各省份的定点试验具体情况如表 1 所示[12-27]。

表 1　南方红壤区水稻免耕抛秧定点试验情况

省份	时间(年)	地点	节支增收(元/hm²)	增产(kg/hm²)
浙江	1997—2000	富阳镇牌楼村	510~660	97.5
江苏	2000—2002	扬州市	1 581	571.5
四川	2000	川西平原	1 500	45.0
安徽	2000	广德县	1 650~2 250	72.0~142.5
广西	2001—2009	14 个县(市)	900~1 000	247.5~840.0
江西	2004	36 个县(市、区)	675~1 575	67.5~429.0
福建	2005	菜舟镇、官桥镇	714	141.0~430.5

注:江西的定点试验地点包括泰和、高安、分宜、临川、湖口、弋阳、兴国、上高、乐平、玉山、南昌、贵溪、广昌、余干等 36 个县(市、区)的农技中心,广西的定点试验地点包括博白县、容县、福绵县、阳朔县、北流市、百色市、浦北县等 14 个县(市)。

2004 年后,随着水稻免耕抛秧、免耕直播等保护性耕作技术的推广应用,其栽培技术、播种量、施肥量等方面的研究逐渐深化、细化。陈宜构等人于 2004 年在福建省沙县凤岗镇长角进行田间试验得出,免耕直播稻的最适播种量为每 667m² 0.75~1.00kg,匀播种量 0.75~1.50kg。随播种量增加,产量下降,两者呈负相关关系;并得出相关系数和回归方程:$r = -0.95$,$y = 528.9 - 28.6x$[28]。周生林等人于 2005 年在江苏省吴江区桃源镇采用大田示范对比方法对水稻免耕直播栽培技术进行了深入细致的研究,总结出早播稀播、平整开沟、化学除草和合理肥水运筹等水稻免耕直播栽培的关键技术[29]。除此之外，还涌现出很多新型的保护性耕作技术，如免耕抛秧"稻＋灯＋鸭"生态技术、免耕抛秧"稻＋灯＋鱼"生态技术、免用除草剂免耕抛秧（即"双免法"）技术、冬种红花草还田早稻免耕抛秧技术等的研究都取得了一定的进展，不断推动我国保护性耕作的发展。

2.2 保护性耕作技术的试验研究

红壤区稻田保护性耕作技术对作物农艺性状、土壤理化性状和土壤微生物等方面的影响，是反映保护性耕作是否真实有效，起到科学、环保、生态经济效益同时并举的促进农业可持续发展的耕作技术。

稻田保护性耕作在我国推广应用的过程中，很多农业机构、学校、研究所等进行了大量的研究和探索，其中稻田保护性耕作推广走在我国前列的广西，对水稻免耕抛秧技术进行了系统深入的研究。李如平从生育特点、生理生态特性、土壤理化性状和施肥方法等多个角度对比了常耕抛秧研究水稻免耕抛秧的优势[30]。黄小洋等人通过对水稻免耕与常耕栽培对比试验得出：免耕抛秧水稻的产量性状优于常耕移栽（对照）、常耕抛秧和免耕移栽，产量比对照高3.95％～11.57％，免耕抛秧水稻的有效穗数多于其他处理，叶面积指数和干物质积累均大于其他处理。在分蘖盛期、拔节期、孕穗期和黄熟期，免耕处理的根系活力比常耕处理分别强 28.1％、7.4％、28.3％和 34.9％。常耕处理的二化螟和稻纵卷叶螟比免耕处理分别多 16％和 94％[10]。王英等人采用基因指纹图谱扩增性 rDNA 限制性酶切片段分析（ARDRA）和限制性片段长度多态性（RFLP）分析，对免耕水稻土壤中的细菌多样性及其在 0～5cm、5～10cm、10～15cm 土层的空间分布进行了研究，结果表明，不同土层的土壤环境间细菌群落的相似性较低。表层土壤的细菌克隆文库与 5～10cm 的文库的Jaccard 指数是 20.65％，与 10～15cm 的文库的 Jaccard 指数仅为 8.31％；5～10cm 的文库与 10～15cm 的文库的 Jaccard 指数为 38.75％。这表明细菌群落结构以及土壤空间隔离的复杂性[31]。

3 红壤区旱地保护性耕作的进展

红壤区旱地大面积种植的作物主要有小麦、玉米、油菜、棉花等，各种作物的保护性耕作经多年的研究，已经取得了很大的进展。旱田保护性耕作主要涉及免耕直播、地面覆盖、化学除草这几项内容，而且针对不同作物，各项技术又各有不同。

浙江省安吉县在 20 世纪 60 年代，最早研究了油菜的免耕直播，此后四川和湖南等地也陆续展开了这方面的研究。张琼瑛等人于 2002—2004 年在石门县新关镇阎家溶村进行油菜免耕直播试验，研究播种期和播种方式对免耕直播油菜生长与产量影响的同时，试验还得出以下结论：不同栽培方式中，免耕直播油菜的产值与纯收入均超过翻耕直播和板田移栽的平均水平，增产幅度达14.9%～21.7%。不同栽培方式中，免耕直播产量比翻耕直播每公顷增加481.5kg，增产 35.6%，比板田移栽每公顷增加 586.5kg，增产 47.1%；产值比翻耕直播高 1 054.5 元，比板田移栽增加 1 285.5 元；纯收入比翻耕直播高1 204.5 元，比板田移栽高 1 060.5 元[32]。稻草覆盖技术可广泛用于油菜、马铃薯、小麦、蔬菜、果树和其他经济作物，不仅具有养地、保温、节水、保墒、减少污染、保护环境等生态效益，还具有节本增收、提高资源利用率和无公害等经济效益与社会效益。孙进等人于 1998 年在江苏省东海县双店乡进行田间试验，研究稻草覆盖对旱地小麦产量与土壤环境的影响，试验显示：稻草覆盖保护性耕作明显减少土壤水分蒸发，土壤含水率增加 13.5%～59.0%，小麦平均增产 12.5%，而且能提高后茬作物产量，改善土壤物理性状，并在其试验条件下得出最佳稻草覆盖用量为 6 000kg/hm²[33]。杨显云针对稻草覆盖免耕直播油菜对地力与产量的影响进行研究，结果显示：稻草覆盖免耕直播油菜能有效改善土壤理化性状，培肥地力，促进油菜植株生长，提高油菜籽产量；并得出最宜覆盖量为 1.32 万 kg/hm²，最适施肥量氮（N）150.0kg/hm²、磷（P_2O_5）586.5kg/hm²[34]。还有研究显示，对比常耕玉米，采取留茬（免耕）和除草剂结合人工除草的保护性耕作可有效提高玉米的产量和吸收肥料的能力，提高氮肥的利用率，促进作物源器官的营养物质向库器官转移，提高有机物在籽粒中的转化合成效率[35]。姚宗路等人通过试验研究证明，"机械粉碎播种后秸秆覆盖地表"的方法，不仅可以节水、增温保墒、提高出苗率，还可以减少作业工序，节本增收，具有较高的经济效益[36]。据《农家之友》期刊报道，2006 年广西壮族自治区农业厅在贵港市平南县全区推广"三免"技术，实践证明，免耕玉米栽培平均每 667m² 增产 25～50kg，节本增收 50～150 元；免耕覆盖稻草马铃薯栽培平均每 667m² 增产 10%～40%，节本增收100～500 元。全区计划推广玉米免耕技术 103 万 hm²，冬种马铃薯稻草覆盖免耕技术 6.67 万 hm² 以上。小麦—水稻和油菜—水稻两种轮作方式下土壤有机质与微生物数量、类群的变化情况的相关研究，试验显示，试验区种植小麦和水稻的土壤中，与常耕相比，秸秆全量还田和半量还田均可有效增加微生物总数，增加 5.4%～34.2%不等[37]。各种土地覆盖的保护性耕作技术已经广泛应用到多种作物的栽培技术中，如江苏省大丰区将小麦秸秆覆盖技术应用到大蒜的种植中，有效促进了大蒜地上部蒜白的伸长。

4 红壤区水浇地保护性耕作的进展

山东地区水浇地种植作物主要是小麦、玉米等作物，不同于其他省份的水浇地，红壤区的水浇地大面积种植的作物主要是菜瓜和其他果蔬，菜瓜的保护性耕作主要是地膜覆盖技术和无公害化治理病虫害的方法。

早在 20 世纪 90 年代，素有种菜传统的江苏省响水县七套乡梅湾村，就已经掌握了大棚菜瓜早熟技术，其中菜农普遍采用的"三膜一帘"保温育苗技术为之后的菜瓜保护性耕作奠定了基础。该技术保证了出苗所需的相对较高温度，缩短了定植时间，增温保墒作用也十分明显[38]。江苏省张家港市的菜瓜种植，采用银灰色地膜覆盖避蚜和保护天敌方法的同时，采用抗霉菌素 120、农用链霉素、新植霉素等生物药剂，采用高效低毒的杀菌（虫）剂异菌脲、百菌清、三唑酮、氟虫脲、吡虫啉防治病虫害。坚持"以农业防治、物理防治、生物防治为主，化学防治为辅"的无公害化治理原则，并且禁止使用剧毒、高毒农药，保护当地生态环境的同时推动了菜瓜保护性耕作技术的发展[39]。瓜蚜、斜纹夜蛾等害虫严重危害菜瓜果蔬，为防除这些害虫，付秋华[40]等采用的生物和物理防治方法是：①利用性引诱剂的趋性诱集成虫，人工采卵或捕捉低龄幼虫。②采用多佳频振式杀虫灯或黑光灯诱杀成虫。③结合田间管理进行挑治，不必全田喷药，是一种科学环保的田间无公害化治理病虫害的方法。据张福星等人研究，嘉兴市农业科学研究院研制的微生物土壤消毒剂（8597－1 号），在不污染土壤环境和蔬菜瓜果食用部分的同时能防治病虫害，综合试验结果表明：土壤消毒剂分别对番茄、茄子与草莓 3 种作物的防治灰霉病的叶发病率为 5％～100％，花发病率为 16.3％～90％，果发病率为 21％～100％，株发病率为 20.5％～90％；使 3 种作物分别增产 2 826kg/hm^2、3 664kg/hm^2 和 21 600kg/hm^2，3 种作物的平均增产率为 86.5％左右；使 3 种作物分别增收 13 002 元/hm^2、21 900 元/hm^2 和 35 468 元/hm^2 左右，3 种作物的平均增值率为 68.9％以上[41]。采用保护性耕作的菜瓜果蔬具有早熟、高产、污染少的特点，深受农民喜爱，露天地膜覆盖、膜棚和大棚高垄技术在红壤区都已得到了广泛推广应用[42]。

5 红壤区农田保护性耕作存在的问题

保护性耕作经过几十年的试验研究到推广应用，专家、学者和农田劳动者不断改进创新各种保护性耕作技术，研究各项技术的可操作性，从微观研究保护性耕作条件下作物的农艺性状及土壤的理化性状、微生物、酶等各项指标，从宏观上研究保护性耕作技术的生态、经济和社会效益。经过多年努力，红壤区的保护性耕作无论在技术还是在推广面积上都取得了可喜的进展，但在生态效益、科学技术创新和应用等方面仍然存在一些亟待解决的问题。

5.1 长期少免耕导致地力下降

长期少免耕栽培，导致耕作层变浅，泥面板结，土壤蓄水保肥能力下降，影响作物正常的生长发育，同时也影响耕地的综合生产能力，因此必须加紧研究和建立少免耕、翻耕、轮耕相结合的土壤耕作技术体系。同时，随着生物技术和化学工艺等科学技术的发展，土壤调理剂的出现也是解决这个问题的一个途径。"免深耕"土壤调理剂是国家级重点新产品、国家发明专利技术、国家科技部星火计划发展项目，能提高土壤的适种性、改善作物的生长环境，为作物健康生长提供一个良好的土壤条件，可以解决长期少免耕造成的地力下降问题。

5.2 少免耕稻田病虫草害有加重趋势

稻田长期少免耕，病虫草害均有加重的趋势。有研究表明，在不采取防治措施的情况下，免耕土壤的害虫比深耕、浅耕分别增加19.1％和23.3％，从而影响出苗率[43]。因此，为广泛推广少免耕，解决地下虫害，研究建立稻田保护性耕作性病虫草害综合防治体系是当前亟待解决的问题。

5.3 地膜覆盖造成白色污染

地膜覆盖造成严重的白色污染。塑料薄膜不可降解，长期存留在田间土壤中，严重影响土壤结构、功能，造成土壤板结、地力下降。为解决这个问题人们开展了很多研究，比较有效的方法有：生物农膜或者可降解农膜的使用可以有效减少地膜覆盖对农田造成的污染，如光降解聚乙烯农膜、生物降解聚乙烯农膜、植物纤维农膜、几丁质农膜及其他生物农膜。新近推出的农田残膜清除机也可以减轻人工拣拾残膜的劳动强度，提高回收率。推广使用国家规定厚度的标准地膜，厚度小于0.008mm的超薄地膜易老化破裂成碎片，很难拣拾回收，引导农民使用0.008～0.010mm的韧性强、不易破碎的地膜，以利于残膜回收。在田间管理上适时揭膜，也可有效防止地膜造成的白色污染，如棉田可在头水前3～5d揭膜。有研究显示，棉田头水前揭膜与不揭膜相比较，土壤温度及含水量差别不明显，对棉花生长发育及产量的影响不大。

5.4 化学除草污染严重

化学除草剂在去除杂草的同时，严重污染农业环境（土壤等生态环境），同时对作物也有一定的危害，而且长期使用化学除草剂还会使杂草具有一定的抗药性。因此，无污染的除草方法值得推广，如机械除草、覆盖压制除草、生物除草、臭氧除草等方法正在研究试用，国内外许多致力于这方面的研究值得我们学习借鉴。

5.5 机械化推广难度大

研发、组配适用的机械化技术及机器系统可以促进秸秆深埋覆盖，均衡雨水拦蓄，有效改善作物的土壤和水分条件。高效、优质的新型机械化保护性耕作体系，可以达到保水、保土、保肥，降低生产成本，提高农民收入，改善农业生态环境的目的。但是，红壤区 78% 的耕地是水田，水田土壤含水量高，机械行走易下陷、阻力大，土壤易压实，而且水稻、小麦等秸秆还田具有量大、难度高等特点，使得红壤区的机械化保护性耕作发展相对滞后。

实现保护性耕作的机械化才有利于保护性耕作技术的推广和大面积应用。现今，许多适于水田机械化保护性耕作的农机正陆续研发，并逐渐投入市场。红壤区应尽快示范应用这些新机械、新技术，以早日普及推广机械化技术和机器系统的保护性耕作体系。

参考文献

[1] 张海林，高旺盛，陈阜，等. 保护性耕作研究现状、发展趋势及对策 [J]. 中国农业大学学报，2005，10 (1)：16-20.

[2] 高焕文. 保护性耕作概念、机理与关键技术 [J]. 四川农机，2005 (4)：22-23.

[3] 关跃辉. 保护性耕作研究现状与发展趋势 [J]. 内蒙古农业科技，2008 (1)：78-80.

[4] 李安宁，范学民，吴传云，等. 保护性耕作现状及发展趋势 [J]. 农业机械学报，2006，37 (10)：177-180.

[5] 常春丽，刘丽平，张立峰，等. 保护性耕作的发展研究现状及评述 [J]. 中国农学通报，2008，24 (2)：167-172.

[6] 刘巽浩，陈阜. 中国农作制 [M]. 北京：中国农业出版社，2005：3.

[7] 侯光炯. 种养结合培肥地力：从传统农业到生态农业的变革 [J]. 世界研究与发展，1993 (5)：31-37.

[8] 黄凤球，肖小平，杨光立，等. 稻田保护性耕作技术的应用现状与发展对策 [J]. 当代农机，2008 (2)：18-20.

[9] 刘军. 水稻免耕抛秧的特点及高产技术 [J]. 杂交水稻，1999，14 (3)：33-34.

[10] 黄小洋，漆映雪，黄国勤，等. 稻田保护性耕作研究：Ⅰ. 免耕对水稻产量生长动态及害虫数量的影响 [J]. 江西农业大学学报，2005，27 (4)：530-534.

[11] 四川省农业厅土肥生态处. 稻田保护性耕作技术模式 [J]. 四川农业科技，2003

（6）：39.

[12] 袁明，凌曹睿，沈牡鸿，等．水稻免耕抛秧技术示范总结 [J]．江西农业科技，2005（S1）：71-73.

[13] 周培建，曹开蔚，陈凤梅，等．2004年水稻免耕抛秧技术示范推广实施方案 [J]．江西农业科技，2004（S1）：4-7.

[14] 韦柏林，黄业葵，庞巍，等．水稻免耕抛秧栽培技术初探 [J]．广西农学报，2003（1）：12-17.

[15] 顾志权．水稻免耕套播生态技术与应用效果 [J]．土壤肥料，2004（1）：31-33.

[16] 胡超潜，陈荔宁，陈建森，等．水稻免耕直播高产栽培技术 [J]．福建农业，2004（3）：8.

[17] 王文锋．水稻免耕直播栽培技术示范结果 [J]．福建农业科技，2006（5）：12-13.

[18] 何庆富，叶江富，应婉琴，等．水稻免耕直播栽培技术探析 [J]．中国稻米，2001（3）：24-25.

[19] 黄新民，罗秀华．宜黄县2004年水稻免耕抛秧技术的示范与推广 [J]．江西农业科技，2004（S1）：82-83.

[20] 张明沛．水稻免耕抛秧技术创新与推广应用 [J]．中国农学通报，2007，23（4）：164-168.

[21] 陈启生，雷明娇．水稻免耕直播栽培试验小结 [J]．福建稻麦科技，2006，24（1）：11-12.

[22] 刘凯，汪雪平．弋阳县2004年水稻免耕抛秧技术示范推广工作总结 [J]．江西农业科技，2004（S1）：68-70.

[23] 刘诚，曾林泉．安福县2004年水稻免耕抛秧栽培技术推广工作总结 [J]．江西农业科技，2004（S1）：70-71.

[24] 吴炳根，董礼胜，毛海富．玉山县水稻免耕抛秧技术示范推广工作总结 [J]．江西农业科技，2004（S1）：31-32.

[25] [佚名]．江西省水稻免耕抛秧技术推广专辑 [J]．江西农业科技，2005（S1）．

[26] 冷景连，阮长兵，朱金湖，等．丘陵地区水稻免耕直播高产栽培技术 [J]．河北农业科技，2008（3）：5.

[27] 张曾凡，陈显文．不同类型水稻免耕抛秧技术及其应用效果 [J]．中国稻米，2002（4）：33-34.

[28] 陈宜构，郑履端，方辉，等．免耕直播稻优化播种量试验 [J]．福建稻麦科技，2004，22（4）：13-14.

[29] 周生林，庄玉坤，杨金龙，等．免耕直播稻栽培技术初探 [J]．上海农业科技，2006（2）：31-32.

[30] 李如平．广西水稻免耕抛秧技术研究与创新应用 [J]．杂交水稻，2006，21（S1）：9-15.

[31] 王英，滕齐辉，崔中利，等．免耕水稻土壤中细菌多样性及其空间分布的研究 [J]．土壤学报，2007，44（1）：137-143.

[32] 张琼瑛，周桂清，王国槐，等．播种期和播种方式对免耕直播油菜生长与产量的影响

[J]. 作物研究，2004（3）：167-169.

[33] 孙进，王义炳. 稻草覆盖对旱地小麦产量与土壤环境的影响 [J]. 农业工程学报，2001，17（6），53-55.

[34] 杨显云. 稻草覆盖免耕直播油菜对地力与产量的影响 [J]. 土壤肥料，2001（6）：38-41.

[35] 常旭虹，赵广才，张雯，等. 保护性耕作及氮肥运筹对玉米生长的影响 [J]. 植物营养与肥料学报，2006，12（2）：273-275.

[36] 姚宗路，李洪文，高焕文，等. 一年两熟区玉米覆盖地小麦免耕播种机设计与试验 [J]. 农业机械学报，2007，38（8），57-61.

[37] 谢桌霖. 稻田保护性耕作土壤微生物特性研究 [D]. 成都：四川农业大学，2006.

[38] 刘成军，祁克琳，张昌德，等. 大棚菜瓜早熟栽培技术要点 [J]. 农村实用工程技术，1999（1）：9.

[39] 赵永年，季汉民. 菜瓜无公害栽培技术 [J]. 长江蔬菜，2004（6）：24.

[40] 付秋华. 蔬菜瓜蚜、斜纹夜蛾的发生与防治新技术 [J]. 吉林蔬菜，2007（4）：50.

[41] 张福星，蒋炳生，沈葛君，等. 微生物土壤消毒剂（8597-1号）的生产工艺与其在蔬菜瓜果上的应用 [J]. 安徽农业科学，2000，28（3）：357-358，360.

[42] 柯习海，王鸿，江波，等. 和县蔬菜瓜果设施栽培发展态势与思考 [J]. 安徽农业科学，2001，29（6）：800-801.

[43] 李金峰，许春林，初江，等. 水稻节水保护性耕作栽培的技术效果 [J]. 中国水稻科学，2005，19（6）：567-569.

我国免耕农作制研究进展[*]

摘　要：免耕栽培可以省工、节能，改善土壤结构，防止水土流失，加上适度的秸秆覆盖，喷施有效、低毒的除草剂，不仅可以保墒、保湿，有效提高土壤有机质含量，增加土壤动物和微生物数量，而且可以提高作物产量，改善农业生态环境，这对我国乃至世界的农业可持续发展都有重要的现实意义。

关键词：免耕；旱地；水田；草害防除；研究进展

1　概述

自人类耕种土地以来，从原始社会用木棒、石块掘土，刀耕火种开始发展至用犁耙、镇压、中耕等机械动力作业，经历了漫长的历史时期。因为都是用物理的机械方法进行土壤耕作，称之为传统耕作（conventional tillage）。后来，人口数量日益增长，需要更多的土地栽培作物以满足生活的需要。因而大量开垦土地，破坏了天然植被，致使水蚀和风蚀愈来愈严重，引起了大量的水土流失。20 世纪 30 年代，由于滥垦引起严重的风暴灾害之后，美国对水土流失问题引起了广泛的重视。1943 年，美国俄亥俄州农学家 Edward H. Faulknor 曾用圆盘耙（不用犁）整地，并把残茬留在地面，减少了水土流失。他写了《犁耕者的愚蠢》（*Plowman's Folly*）一书，书中明确提出反对耕犁，引起各国农业科学家的重视[1]。50 年代初，各国开始进行了减少耕作环节和次数的少耕（reduced tillage or minimum tillage）试验。随后又发展到除了将种子播入土中的措施外，不进行任何土壤耕作的免耕（no‑tillage or zero‑tillage）。少耕和免耕由于对防止水土流失有显著的效果，已在美国的丘陵地带和风沙干旱地区迅速推广。80 年代初，全世界有将近 40 个国家开展少耕、免耕试验，并已得到大面积的应用，取得了一定的增产效果。国外一些学者认为，采取合理轮作和施肥，茎秆还田，种植覆盖作物，施用化学除草剂和杀虫

　　[*] 作者：黄小洋、黄国勤、余冬晖、刘宝林、胡恒凯、刘隆旺；通讯作者：黄国勤（教授、博导，E‑mail：hgqjxes@sina.com）。

　　本文原载于《粮食安全与农作制度建设》，中国农学会耕作制度分会编，湖南科学技术出版社出版，2004 年 9 月，第 189～193 页。

剂，以及运用喷灌新技术等，则可使土壤耕作量减少到最小限度。可见，免耕法不是简单地减少耕作量，而是多种先进技术措施的综合。目前，免耕已成为一套新的土壤管理技术体系，被看成是土壤耕作的改革和发展[2]。

免耕之所以得到大面积的试验与推广，是因为其有以下优点：第一，免耕很少搅动或不搅动耕层土壤，土壤结构少受破坏。特别是在冲刷严重的斜坡地，由于耕层表面常有覆盖物保护，可以大大减少水土流失。因此，免耕可以防止土壤被侵蚀，减少水土流失，使地势倾斜较大的土地得以利用。第二，免耕可以使耕层土壤紧密，有机质分解缓慢、肥效持久，有助于团粒结构的形成，并减少了由于机械压力或雨水冲击形成的板结以及反复犁耕形成的硬盘。再加上土壤的干湿、冻融交替作用和蚯蚓的松土活动以及作物根系的穿插，使土壤通气性良好，保水力也较强，有利于作物根系的生长[2]。第三，通过覆盖秸秆，表层土壤有机质增加。另外，农耗时间减少，节约成本也是免耕的优点[3]。但在其他情况下，免耕是否都优于传统耕作，各国的试验结果和认识尚不一致，有些问题待继续研究解决。美国农业部曾设想，到2000年全国45%的耕地面积采用免耕，45%以上面积采用少耕[4]；但实际进展并不快，这与免耕本身存在的问题有关。首先，多年免耕后多数土壤仍有变紧实的趋势，有机质含量少的土壤更明显，不利于根系发育与增产；但短期内仍在允许的容重与孔隙范围内，不同土壤表现不一致。其次，耕作表层（0~10cm）富化，而下层（10~20cm）贫化。初期大量试验表明，免耕有利于土壤有机质与氮磷养分的增加，有利于根系的生长与微生物的活动，有利于毛管孔隙度的维持。但后来发现，随着表层的富化，耕层下部则趋向贫化，土壤有机质与养分减少，持水量变差，土壤变紧，根系变少，最后不利于作物的生长发育，出现早发早衰的现象。最后，免耕影响有机肥、化肥与残茬的翻埋，土肥难于融合，肥料利用率低，氮素损失加重。针对上述情况，刘世平等研究认为[5]，连续免耕后，必须适期轮耕，以改善土壤理化性状，培肥地力，为作物高产稳产创造有利条件。

随着化学除草剂研制成功和农业机械工艺的发展，到20世纪70年代，免耕法在世界各国的研究进展很快，并大面积应用于生产。到80年代初，美国免耕面积已达 $4 \times 10^6 \mathrm{hm}^2$，少耕面积 $2.5 \times 10^7 \mathrm{hm}^2$，应用作物主要是玉米和大豆。此外，英国在小麦、油菜上推行免耕的面积达几千万公顷；但不强调覆盖，只喷洒除草剂直接播种。加拿大、澳大利亚、联邦德国、苏联在旱田，日本、菲律宾、印度在水田也都有一些少（免）耕的研究和应用[6]。

我国农民在长期的土壤耕作实践中，形成了多种类型的免耕技术。如东北地区的扣种，华北地区的接茬播种与套种，西北地区的沙田种植，南方地区的稻板麦、稻板油菜和绿肥[6]。然而，少耕、免耕作为一套新的土壤耕作体系，

20 世纪 70 年代以来才引起农学界的重视。在北方不少地区已经开展了少耕和免耕的试验研究，并取得了一定的增产效果；在南方地区也开展了稻田的少耕、免耕试验研究，在理论和增产效果上都取得了一定的成果。

2 旱地的免耕

旱地农业是我国农业的重要组成部分。旱地是与水田相对而言的一类农耕地。旱地土壤在免耕后，物理性状、化学性质、生物学性质都发生了变化，其内部各种过程的强度及方向也有了变化。有人从物理、化学、生物学 3 个方面对旱地免耕进行了述评[7]。旱地土壤免耕后最显著的变化就是土壤结构的变化。常规耕作下，翻耕扰乱了土层结构，土壤团聚体被粉碎，耕层内有机质矿化速度加快，有机-无机-微生物复合胶体含量下降，使得土粒间黏合力下降、水稳性团聚体减少；免耕后，土壤各级水稳性团聚体增加，其中大团聚体数量增加显著，团聚体中碳、氮含量增加[8-10]。土壤团聚体被认为是土壤养分"储藏库"，它的数量增加标志着土壤供储养分的能力增强。土壤团聚体中的碳、氮含量则代表了土壤有机质含量的水平，其数值大小反映了土壤肥力高低，是土壤肥力指标之一[11]。此外，土壤大团聚体的增加，降低了土壤容重，有利于土壤水分与土壤空气的平衡，提高了土壤对环境水、热变化的缓冲能力，为植物生长、微生物生命活动创造了良好的环境。

国内对旱地免耕土壤的化学性质方面的研究范围较窄，集中在土壤氮、磷、钾变化上。对土壤速效性养分的研究显示，免耕条件下麦棉两熟田的土壤碱解氮含量在作物各生长期与常规耕作下的土壤碱解氮含量持平，能够保证土壤氮素供应水平；有效磷、速效钾含量则明显提高，提高幅度为 17%～40%，依作物类别和生长时期的不同而有起伏。土壤养分含量免耕条件下表现出表土层富集的特点，其浓度梯度随深度的增加而加大[12]。近年来，不少学者对旱地免耕覆盖技术进行了大量的研究，其结果也与上述结论相同[13-16]。

3 水田的免耕

水田免耕的试验研究落后于旱地，但也有相当进展，并且大部分是研究水稻的免耕栽培，如日本的最省力栽培法[17]，国内的免耕直播栽培[18-21]、旋耕栽培[22,23]、半旱式垄作栽培[24]、免耕抛秧[25-29]等，均已取得成效。有人对免耕稻作的类型、生产效应及发展前景做了探讨，认为因地制宜采用适宜的免耕技术均能增产节支[17]。而且，对水稻免耕增产机制、免耕高产的系列配套技术均做了探讨，结果表明，免耕的增产是由土壤效应、生理效应和耕作栽培技术效应三者综合作用所致[30]。认为水稻免耕高产技术的要点有：选用高产良种；育多蘖壮秧；带土移栽；两季田免耕时湿润撬窝，绞好田边防漏水[31]。

3.1 水稻的免耕直播

由于我国南北纬度跨度大，而且地形多变，南北气候差异大，特别是高温多雨的南方地区，适合北方地区的耕作方法不一定适合南方地区。因此，有人对南方水田免耕直播做了比较全面的研究认为[22]，免耕水稻的产量比常规耕作增产并达到显著差异，免耕成本低，而且实际收入远高于成本的降低。其试验结果表明，耕作所创造的土壤疏松状态是短暂的，在没有机械扰动的情况下，由于胶体的膨胀或收缩，作物根系及动物的作用，土壤的物理环境也在自然地发生变化，并不断地与环境处于动态平衡中。不论水稻、小麦或棉花既能适应免耕条件下的土壤自然变化状态，同时还能利用自身积极改变环境，从而创造更理想的生长条件。免耕保持了土壤的自然结构，使土壤孔隙和前茬作物根系的网络不受破坏，构成了上下连通的体系，这对改善水田的通气性、协调水气矛盾都具有重要作用。同时，这些自然孔隙体系在时间和空间上都具有相对的稳定性，这对抵抗外来不良条件和稳定土壤肥力也有重要意义。其他研究人员的研究也得出以上相似的结论[20,32]。对免耕条件下的水稻根系状况研究表明，免耕条件下的水稻根系粗壮而活力强，其可能与 Eh 较高、有较好的通气性、根系放射角度大、分布范围广、扎根深等有关。从根系分布比例情况看，免耕对水稻高产有其有利的一面。对土壤肥力的研究结果显示，免耕区土壤肥力的特点为上高下低，这与水稻对养分的供求相一致，这样的肥力分布能使水稻前期早发、中期稳长、群体适中、株型紧凑，对水稻高产非常有利。并且有人研究认为，免耕水稻从化肥中吸收氮的能力相比传统耕耙水稻的强[33]。

邹应斌等认为，免耕直播稻同样具有翻耕直播稻的营养生长、物质生产和产量优势[34]。陈友荣研究认为，免耕直播有利于分蘖发生，且具有低位分蘖及成穗优势，生育后期功能叶片和根系的生理活性强，比翻耕移栽增产 1.4%～6.5%，降低生产成本 22%～44%[35]。顾掌根等研究认为，免耕直播稻具有分蘖节位低、够苗期早、有效分蘖多，根系发达、根系活力强，群体与个体协调、光合效率高等特点，因而能实现稳产增产[36]。

3.2 水稻的免耕抛秧栽培

免耕直播适合种植一季稻和晚稻，对于南方双季稻区的早稻来说，免耕直播受气候条件的制约。因为早稻播种期存在茬口矛盾，而且该季节气候多变、气温较低，早稻直播容易造成烂秧。近年来，随着高效低毒除草剂的广泛使用，稻田杂草被有效控制，免耕与抛秧相结合的高效省工的新农作制——双季稻免耕抛秧农作制成为可能。因为抛秧秧苗带土，无移植返青期，可解决多数双季稻区直播稻无法解决的种植茬口矛盾。

1996年，李康活等[37]率先开展了双季稻连续免耕试验，并得出以下结论：双季稻田完全除去犁翻耕耙的免耕抛秧栽培是可行的；在以传统耕作抛秧施肥和栽培管理条件下，免耕抛秧栽培的产量会略低于传统耕作抛秧栽培，但种稻经济效益并不会低。随后，他们又对免耕抛秧稻田处理技术与大田免耕抛秧做了试验，并初步提出双季稻免耕抛秧栽培稻田的稻茬与杂草灭生处理技术（除草剂百草枯*和草甘膦），首次在不同生态类型大田验证了双季稻田采用完全除去犁翻耕耙的免耕抛秧栽培技术的可行性，同时提出通过改进传统耕作栽培技术以适应免耕抛秧稻生育特性对免耕抛秧栽培穗粒数与产量水平的可能性[38]。1996—2000年，通过试验研究和示范，探明了免耕抛秧稻的生育特点、高产机理、栽培技术效应等，制定了广东水稻免耕抛秧高产栽培技术规程，包括免耕稻田处理、播种育苗、移植抛秧、水肥管理和病虫害防治等关键技术[39]。李锐等对此技术进行了验证[27,40]，认为该技术规程是可行的。莫凡对桂林晚稻免耕抛秧研究结果表明，水稻免耕栽培比翻耕栽培产量高[41]。

刘军等[42]对水稻免耕抛秧高产稳产的生理基础做了研究，认为免耕抛秧水稻前期分蘖稍慢、无效分蘖时间短、营养损耗少，个体发育健壮、群体发育协调，有利于提高成穗率与穗型质量，穗大粒多。免耕抛秧水稻各个生育时期植株根系活力均高于对照。免耕抛秧水稻灌浆期叶片光合能力较强，后期不早衰，有利于同化物的运输，提高结实率。

3.3 水稻的免耕覆盖栽培

稻田长期实行免耕直播与免耕抛秧以及复种指数的提高，必然造成绿肥种植面积下降，草塘泥、农家积肥日趋减少，土壤有机质入不敷出的情况，而稻草还田是提高土壤有机质含量、改善土壤理化性状、培肥地力的一种有效方法，特别是在水田绿色食品生产和有机肥施用量不足的情况下，因此实行稻草还田更有现实意义。宋国强等[43]对常规耕作稻草还田及氮肥配施做了试验研究，认为稻草还田对水稻生长生育初期的影响表现最明显，表现为：返青较迟，叶色淡，株高和干物质重下降。幼穗分化前后，这种现象不明显。进入抽穗期以后，稻草还田的水稻无论在株高、穗数、干物质重等方面都有所增加。但并未涉及免耕抛秧。刘代银将免耕栽培原理、秸秆改良土壤及抛秧增产机理结合起来，提出秸秆覆盖连作免耕水稻抛秧技术，分析了理论依据，并做了试验研究，归纳出该项技术的操作要点[44]。其适合地区是轮作方式为小麦（油

---

* 据农业农村部2019年公布的《禁限用农药名录》，百草枯现已被禁用。

菜）—水稻—小麦（油菜）的成都地区。对于双季稻区来说，晚稻移栽并覆盖稻草后，若初期稻草腐烂过程对水稻生长有影响，则不利于晚稻的营养生长，并有可能影响晚稻的增产。为了增加土壤有机质、改善土壤结构而覆盖稻草但又不影响晚稻的初期生长，胡玉信[45]选用能促使作物秸秆快速腐烂还田的 301 菌种，对秸秆进行堆沤研究，并获得成功。此项技术，堆沤时间短，不受季节限制，常年均可堆沤；且秸秆腐烂效果好，省工、快速、简便易行，是解决我国土壤有机质含量缺乏的有效途径。目前，该方法是稻草覆盖还田的一种较为理想的方法。

4　免耕田的杂草防除问题

免耕田块的杂草控制是免耕技术体系中的重要组成部分。免耕在为作物提供稳态土壤环境的同时也同样为杂草提供生长条件，杂草又具有生命力强、繁殖快的特点，控制不当则会导致作物减产，使免耕失败。一般情况下，使用除草剂可以获得较满意的防治效果。有试验表明，麦田由于杂草生长旺盛，人工除草无法进行，对大麦不同生长时期分别用草甘膦水剂、绿麦隆粉剂、丁草胺乳油做处理，大麦播种前后施用缘麦隆＋丁草胺混合剂除草效果最好。从目前的研究与使用情况来看，稻田除草剂的类型很多。季兴祥等[46]对抛秧稻田杂草防除研究表明，草甘膦、丙氧噁草酮、丙草胺精、异丙甲草胺等对禾本科、莎草科和阔叶杂草有较好的防除效果，其总体防效均在 90％以上。刘都才等[47]连续 4 年对丙草胺与磺酰脲类除草剂混用效果研究表明，丙草胺混用对表现为增效或加成效应，同时能拓宽杀草谱，弥补单用时的不足，具有对水稻安全、广谱、高效，使用方便等特点，符合一次用药全季有效、确保高产稻田的化学除草目标，是水稻田一次性化学除草的优选配方。近年来，对水稻免耕除草剂百草枯[48]的研究较多，其除草效果也较好。百草枯是触杀型除草剂，见绿就杀，见效快，而且遇土就钝化，不会对土壤造成污染，但不能有效除掉杂草的根部。而草甘膦等除草剂则是内吸型除草剂，能有效除去杂草的根部，但见效慢。因此，可以结合使用这两类除草剂对抛秧田进行前期除草，这样既能快速除掉杂草，又能防其再生，也是一种较为理想的除草方法。但抛秧后还需施一次除草剂，以防除杂草种子萌发的新生杂草。

5　小结

传统的常规耕作方式虽然可以使土壤变松，防除一些杂草，但长期下去，不仅破坏土壤结构、增加水土流失，使土壤表层有机质含量下降，而且耕作成本高、耗时长，不利于连作下一茬的抢时；而免耕恰好能弥补常规耕作的这些缺点，有较好的生态效益、经济效益和社会效益。

旱地的免耕栽培可以省工、节能，改善土壤结构，防止水土流失，加上适度的秸秆覆盖，不仅可以有效提高土壤有机质含量，而且可以保墒、保湿，提高旱地作物的抗旱能力，为稳定旱地作物的产量提供了一定的保障。水稻栽培采用免耕抛秧技术，使用一定的除草剂防除杂草，用301菌种堆沤稻草覆盖还田，并且适期翻耕，这对我国农业的可持续发展非常有利。

综上所述，免耕在国内外农业生产的试验、示范、推广方面，已是蓬勃发展。它的采用决不只涉及土壤耕作，而是整个耕作制度的改革。这将对我国提高复种指数和粮、油、棉产量，实行农业机械化，降低成本，转移劳动力，以及由传统农业迅速向现代农业转变具有重要而深远的意义。

参考文献

[1] 娄成后. 免耕法 [M]. 北京：科学出版社，1997.

[2] 浙江农业大学. 耕作学（南方本）[M]. 上海：上海科学技术出版社，1984.

[3] 刘巽浩. 耕作学 [M]. 北京：中国农业出版社，1994.

[4] 中国耕作制度研究会. 中国少耕免耕与覆盖技术研究 [M]. 北京：北京科学技术出版社，1991.

[5] 刘世平，沈新平，黄细喜. 长期少免耕土壤供肥特征与水稻吸肥规律的研究 [J]. 土壤通报，1996，27（3）：133-135.

[6] 刘巽浩，牟正国，等. 中国耕作制度 [M]. 北京：农业出版社，1993.

[7] 谢先举. 我国旱地免耕研究 [J]. 耕作与栽培，1995（1）：16-20.

[8] 蔡典雄，王小彬，高绪科. 关于持续性保持耕作体系的探讨 [J]. 土壤学进展，1993，21（1）：1-8.

[9] 李保普. 耕作技术研究的进展 [J]. 河北农作物研究，1990（4）：42-46.

[10] 倪瑜娟，余同海，谢仁兴. 冬作免耕栽培对土壤理化性质及麦子后期生长的影响 [J]. 耕作与栽培，1989（6）：3-5.

[11] 彭琳. 旱地农业生理生态基础系列专题之二：旱地土壤培肥原理与实践 [J]. 山西农业科学，1990（5）：30-33.

[12] 张强，元生朝，苏峥. 麦棉两熟田免耕对土壤速效养分的影响 [J]. 耕作与栽培，1990（6）：1-2，4.

[13] 李洪文，陈君达，高焕文. 旱地农业三种耕作措施的对比研究 [J]. 干旱地区农业研究，1997，15（1）：7-11.

[14] 白大鹏，赵建强，陈明昌，等. 整秸覆盖免耕条件下黄土高原旱地的养分消长研究 [J]. 土壤学报，1997，34（1）：103-106.

[15] 康红，朱保安，洪利辉，等. 免耕覆盖对旱地土壤肥力和小麦产量的影响 [J]. 陕西

农业科学（自然科学版），2001（9）：1-3.

[16] 骆文光. 免耕垄作覆盖技术的水土保持及经济效益分析 [J]. 水土保持通报，1994，14（3）：35-38.

[17] 杜金泉，方树安，蒋泽芳，等. 水稻少免耕技术研究 Ⅰ. 稻作少免耕类型、生产效应及前景的探讨 [J]. 西南农业学报，1990，3（4）：26-32.

[18] 新疆阿克苏地区农垦六团试验站. 水稻"免耕法"试验简结 [J]. 土壤肥料，1978（6）：20-22.

[19] 张洪程，黄以澄，戴其根，等. 麦茬机械少（免）耕旱直播稻产量形成特性及高产栽培技术的研究 [J]. 江苏农学院学报，1988，9（4）：21-26.

[20] 黄锦法，俞慧明，陆建贤，等. 稻田免耕直播对土壤肥力性状与水稻生长的影响 [J]. 浙江农业科学，1995（5）：226-228.

[21] 黄绍民，莫海玲. 水稻连年免耕直播高产栽培 [J]. 广西农业科学，2002（1）：31-32.

[22] 邵达三，黄细喜，陶嘉玉，等. 南方水田少（免）耕法研究报告 [J]. 土壤学报，1985，22（4）：305-319.

[23] 何付春. 单季稻不同耕作法研究 [J]. 耕作与栽培，1986（4）：1-5.

[24] 张磊，肖剑英，谢德体，等. 长期免耕水稻田土壤的生物特征研究 [J]. 水土保持学报，2002，16（2）：111-114.

[25] 刘怀珍，黄庆，李康活，等. 水稻连续免耕抛秧对土壤理化性状的影响初报 [J]. 广东农业科学，2000（5）：8-13.

[26] 刘敬宗，李云康，王树军，等. 杂交水稻免耕抛秧增产原因及栽培技术 [J]. 杂交水稻，2000，14（3）：33-34.

[27] 李锐，潘明波. 双季稻免耕抛秧栽培技术应用效果试验初报 [J]. 广东农业科学，2000（6）：7-9.

[28] 区伟明，陈润珍，黄庆. 水稻免耕抛秧经济效益及生态效益分析 [J]. 广东农业科学，2000（6）：5-6.

[29] 付华，陆秀明，刘怀珍，等. 免耕抛秧稻籽粒灌浆结实特性研究 [J]. 广东农业科学，2000（5）：11-13.

[30] 刘然金，杜金泉. 水稻少免耕技术研究 Ⅲ. 水稻少免耕增产机制的探讨 [J]. 西南农业学报，1998，11（2）：45-51.

[31] 杜金泉，帅志希，胡开树，等. 水稻少免耕技术研究 Ⅱ. 高产的系列配套技术 [J]. 西南农业学报，1992，5（3）：18-22.

[32] 刘世平，庄恒扬，陆建飞，等. 免耕法对土壤结构影响的研究 [J]. 土壤学报，1998，35（1）：33-37.

[33] 廖兆熊，汪羞德，林金元. 水稻免耕栽培氮肥用量与施肥技术 [J]. 上海农业学报，1993，9（2）：48-52.

[34] 邹应斌，李克勤，任泽民. 水稻的直播与免耕直播栽培研究进展 [J]. 作物研究，2003（1）：52-59.

[35] 陈友荣，侯任昭，范仕容，等. 水稻免耕法及其生理生态效应的研究 [J]. 华南农业

大学学报，1993，14（2）：10-17.

[36] 顾掌根，王岳钧.水稻直播高产机理研究初报 [J]. 浙江农业科学，2001（2）：51-54.

[37] 李康活，黄庆，陆秀明，等.双季稻免耕抛秧栽培技术试验初报 [J]. 广东农业科学，1997（3）：2-5.

[38] 黄庆，李康活，刘怀珍，等.免耕抛秧稻田处理方法与大田免耕抛秧试验初报 [J]. 广东农业科学，1997（3）：6-7.

[39] 黄庆，李康活，刘怀珍，等.广东水稻免耕抛秧高产栽培技术规程 [J]. 广东农业科学，2000（6）：12-14.

[40] 陈应炤.水稻免耕抛秧栽培技术在清新县的应用效果 [J]. 广东农业科学，2000（6）：10-12.

[41] 莫凡.桂林市晚稻免耕抛秧关键技术探讨 [J]. 耕作与栽培，2003（3）：15，26.

[42] 刘军，黄庆，付华，等.水稻免耕抛秧高产稳产的生理基础研究 [J]. 中国农业科学，2002，35（2）：152-156.

[43] 宋国强，慕永红.稻草还田及氮肥配施试验报告 [J]. 垦殖与稻作，2003（6）：25-27.

[44] 刘代银.秸秆覆盖连作免耕水稻抛秧新技术 [J]. 中国稻米，2001（3）：29-30.

[45] 胡玉信.快速秸秆还田　改善土壤结构 [J]. 农业科技通讯，1994（3）：32-33.

[46] 季兴祥，陈龙，徐进，等.水稻抛秧田化学除草技术 [J]. 杂草科学，2000（2）：32-36.

[47] 刘都才，李璞.瑞飞特与磺酰脲类除草剂混用防除稻田杂草技术研究 [J]. 杂草科学，1999（4）：24-29.

[48] 刘军，陆秀明，黄庆，等.免耕抛秧稻田化学除草研究 [J]. 农药，2000，39（8）：29-30.

第二部分
稻田保护性耕作模式与效益

稻田实行保护性耕作对水稻产量、土壤理化及生物学性状的影响[*]

摘　要： 在江西双季稻田进行长期田间定位试验，分析了多年保护性耕作对水稻产量、土壤理化性状及生物学性状的影响。连续 8 年稻田保护性耕作处理的平均产量比传统耕作高 4.5%～8.8%，各处理的有效穗数、每穗粒数和结实率均高于对照，但各处理间穗长和千粒重差异不显著。实行稻田保护性耕作处理的土壤容重比传统耕作低 3.6%～5.6%，而总孔隙度、毛管孔隙度分别高出传统耕作 1.6%～17.4%、2.4%～16.7%。与传统耕作相比，连续 8 年保护性耕作处理显著提高了土壤有机质（2.9%～10.0%）、有效磷（4.8%～31.6%）、速效钾（9.7%～25.7%）含量。免耕＋插秧处理的土壤真菌数量 2005 年最多，显著高于对照 51.6%；免耕＋抛秧处理土壤真菌数量在 2008 年达到最大值，显著高于对照 54.1%；2012 年免耕＋抛秧、免耕＋插秧处理显著高于对照 126.1%、121.1%。另外，各处理间过氧化氢酶、脲酶活性均差异不显著。8 年间土壤转化酶活性（24h）变化范围为 0.292～0.451mg/g，其中 2005—2007 年、2012 年均是免耕＋抛秧处理最大，与对照相比，增加范围为 72.7%～137.7%，且差异显著（$P<0.05$）。因此，实行稻田保护性耕作是适合江南丘陵区双季稻田农业可持续发展的有效模式之一，其中免耕＋抛秧和免耕＋插秧两种方式效果最为显著。

关键词： 长期定位试验；保护性耕作；水稻产量；土壤性状；稻田

可持续农业已成为世界农业的发展趋势，而保护性耕作是可持续农业中的关键技术[1]。保护性耕作是以减轻水土流失和保护土壤与环境为主要目标，采用保护性种植制度和配套栽培技术形成一套完整的农田保护性耕作技术体系，如免耕栽培技术、秸秆残茬利用技术和绿色覆盖技术。王昌全等[2]连续 8 年不同免耕方式的试验结果表明，与翻耕相比，免耕在第 1 年产量基本持平，第 2 年产量即开始增加，并随着免耕时间的增加而日趋明显。李继明等[3]长期（26 年）施用绿肥定位试验结果表明，绿肥与化肥长期配合施用水稻产量平均

---

　* 作者：黄国勤、杨滨娟、王淑彬、黄小洋、张兆飞、姚珍、黄禄星、赵其国；通讯作者：黄国勤（教授、博导，E-mail：hgqjxes@sina.com）。

　本文原载于《生态学报》2015 年第 35 卷第 4 期第 1225～1234 页。

增产 64.5%，土壤有机质、全氮和全磷含量均有所积累，积累的量与有机肥种类有关。高菊生等[4]连续 30 年双季稻田绿肥轮作定位试验结果表明，种植绿肥作物对提高水稻产量、增加土壤有机质含量和提高土壤有机质活性具有重要意义。余晓鹤等[5]研究结果显示，在免耕条件下，表层（0～5cm）土壤的全氮、铵态氮含量明显增加，5～15cm 土层则迅速下降，在不同土壤层次中差异明显。目前，关于不同耕作方式对作物产量及土壤养分的研究较多，但对于综合探讨长期保护性耕作体系下水稻产量、土壤理化性状及生物学性状的年际变化以及各成分之间相关性的报道较少。本文通过研究不同耕作方式下水稻产量的变化趋势、土壤理化性状及生物学性状的变化特征，探讨稻田长期实行保护性耕作在水稻产量和稻田土壤肥力等方面的优势效应，为合理调整和大力推广稻田保护性耕作技术提供理论支持和科学依据。

1　材料与方法

1.1　试验地基本概况

2005—2012 年在江西农业大学科技园试验田进行双季稻定位试验，试验基地年均太阳总辐射量为 $4.79 \times 10^{13} \mathrm{J/hm^2}$，年均日照时数为 1 852h，年日均温≥0℃的积温达 6 450℃，无霜期约 272d，年均温为 17.6℃，年降水量 1 624mm。供试地土壤发育于第四纪的红黏土，为亚热带典型红壤分布区。试验前供试土壤（0～20cm）基本化学性质：pH 5.40，有机质 26.32g/kg，全氮 1.42g/kg，有效磷 4.73mg/kg，速效钾 34.05mg/kg。

1.2　试验设计

试验共设 4 个处理：①传统耕作＋插秧（CT＋P），即按传统方法耕田（对照）；②保护性耕作处理 1：传统耕作＋抛秧（CT＋T），即按传统方法耕田，整平后进行抛秧；③保护性耕作处理 2：免耕＋插秧（NT＋P），即不进行翻耕，插秧前用除草剂灭茬；④保护性耕作处理 3：免耕＋抛秧（NT＋T），即不进行翻耕，抛秧前用除草剂灭茬。每个处理重复 3 次，随机区组排列，共 12 个小区。每个小区面积 33m²（11m×3m），小区间用高 30cm 的水泥田埂隔开，独立排灌。不同年份各处理水稻品种不同，2005—2006 年早稻品种为株两优 02，晚稻为中优 253；2007—2009 年早稻品种为金优 213，晚稻为金优 284；2010 年早稻品种为金优 1176，晚稻为中优 161；2011—2012 年早稻品种为淦鑫 203，晚稻为新香优 96。早稻在每年的 4 月中下旬移栽，7 月中旬收获；晚稻在 7 月下旬移栽，10 月下旬收获。各处理栽插密度为 29.4×10⁴ 蔸/hm²（移栽行株距为 20cm×17cm，每蔸 2～3 株）。早、晚稻所用化肥为尿素

（N 46%）、钙镁磷肥（P_2O_5 12%）、氯化钾（K_2O 60%），周年 N、P_2O_5、K_2O 用量为 150kg/hm²、90kg/hm²、120kg/hm²。氮肥早稻按基肥：分蘖肥：穗肥＝6：3：1 施用，晚稻按基肥：分蘖肥：穗肥＝5：3：2 施用；磷肥全部作基肥，一次性施入；钾肥均按分蘖肥：穗肥＝7：3 施用。基肥在插秧前一天施入，分蘖肥在水稻移栽后 5～7d 时施用，穗肥在主茎幼穗长 1～2cm 时施用。其他田间管理措施同一般大田栽培。

1.3 测定指标与方法

1.3.1 水稻考种与测产

水稻成熟期，在各小区普查 50 蔸作为有效穗计算的依据。然后用平均数法在各小区中随机选取有代表性的水稻植株 5 蔸，作为考种材料，清水漂洗去除空、秕粒晒干后用 1/100 分析天平测千粒重。并用 1/10 天平测各小区实际产量（干重）。

1.3.2 土壤理化性状测定

晚稻收获后采集 0～20cm 土样（五点法）进行分析。土壤物理性状：土壤容重、总孔隙度、毛管孔隙度采用环刀法测定，总孔隙度＝1－土壤容重/2.65，毛管孔隙度＝[（吸水后全筒土重－全筒烘干土重）/总体积]×100；土壤吸湿水采用烘干法。土壤化学性质：土壤 pH 采用 pH 计测定，有机质采用重铬酸钾-浓硫酸外加热法测定，全氮采用半微量开氏定氮法，有效磷采用 $NaHCO_3$ 浸提-钼锑抗比色法，速效钾采用 NH_4OAc 浸提-火焰光度法。

1.3.3 土壤微生物数量及活度测定

每年于晚稻成熟期 10 月底采集土样，各小区 5 点取样并混匀为一个样品，置阴凉处风干后过 1mm 筛，并置于 4℃ 冰箱中保存。细菌、真菌、放线菌计数采用平板稀释涂布法。细菌培养用牛肉膏蛋白胨培养基，真菌用马丁氏培养基，放线菌用高氏 1 号培养基，具体测定方法参考相关文献[6]。土壤过氧化氢酶活性采用高锰酸钾滴定法测定，脲酶活性采用苯酚-次氯酸钠比色法测定，转化酶采用 3，5-二硝基水杨酸比色法[7]。土壤过氧化氢酶活性以单位土重的 0.05mol/L 高锰酸钾质量表示，脲酶活性以 24h 后 1g 土壤中铵态氮的质量表示，转化酶活性以 24h 后 1g 土壤中葡萄糖的质量表示。

1.4 数据处理

运用 Microsoft Excel 2010 处理原始数据，用 SPSS13.0 软件进行数据处理和统计分析，用最小显著性差异法（LSD）进行样本平均数的差异显著性比较，用主成分分析（PCA）、皮尔逊（Pearson）相关系数和逐步线性回归进行相关分析。

2 结果与分析

2.1 稻田保护性耕作对水稻产量及产量构成要素的影响

稻田保护性耕作显著提高了水稻产量（图1）。总体来看，2005—2012年连续8年保护性耕作各处理（CT＋T、NT＋P、NT＋T）的平均产量均高于对照（CT＋P），增产范围为4.5%～8.8%。另外，除了2010年NT＋P处理产量达到最高以外，其他年份均是NT＋T处理最高，与对照相比增产幅度为7.7%～11.4%。随着试验年份的推进，各处理水稻产量的差异也发生了明显的变化，均呈现逐渐增加的趋势；但各处理增加幅度略有不同，其中NT＋P处理的增产幅度最大，为28.9%。这说明长期实行保护性耕作能够提高水稻产量，增加经济收益。

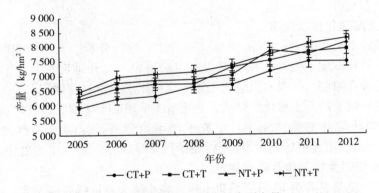

图1 稻田保护性耕作的水稻产量

注：CT＋P为传统耕作＋插秧；CT＋T为传统耕作＋抛秧；NT＋P为免耕＋插秧；NT＋T为免耕＋抛秧。

由表1可以看出，连续8年保护性耕作各处理的有效穗数、每穗粒数和结实率均高于对照，而各处理间穗长和千粒重差异不显著。8年间保护性耕作处理的有效穗数（均值，下同）显著高于对照3.0%～11.6%（$P<0.05$），2005—2008年以NT＋T处理最大，高出其他处理2.3%～14.9%；NT＋P处理在2009年、2010年、2012年达到最大；2011年则是CT＋T处理最大。这说明稻田保护性耕作总体上能促进水稻形成有效穗，从而影响产量。对于每穗粒数，与对照相比，8年间保护性耕作处理增加幅度为2.3%～8.2%，但仅在2006—2008年、2010年与对照差异显著（$P<0.05$）。2006—2008年表现为NT＋T＞NT＋P＞CT＋T＞CT＋P，2010年表现为NT＋T＞CT＋T＞NT＋P＞CT＋P。对于结实率，2005年、2008年、2011年均是NT＋T处理显著高于对照（$P<0.05$），增

加幅度分别为 3.4％、3.6％、3.3％；2010 年则是 NT＋P 处理显著高于对照。

表 1　稻田保护性耕作处理的水稻产量构成

年份	处理	穗长（cm）	有效穗数（万个/hm²）	每穗粒数（个）	结实率（％）	千粒重（g）
2005	CT＋P	21.54a	288.10d	94.21b	73.30b	22.57a
	CT＋T	21.67a	294.00c	95.89ab	74.37ab	22.93a
	NT＋P	21.83a	323.40b	96.21a	73.40b	23.03a
	NT＋T	21.69a	346.90a	97.71a	75.77a	23.97a
2006	CT＋P	20.68a	294.19d	96.30d	74.35a	23.03a
	CT＋T	21.07a	313.28c	98.60c	74.72a	23.17a
	NT＋P	21.49a	318.26b	101.50c	74.88a	23.14a
	NT＋T	21.28a	321.42a	105.70a	75.86a	23.67a
2007	CT＋P	20.34b	265.33c	93.25b	79.65a	22.72a
	CT＋T	21.40ab	269.18b	97.15a	80.23a	23.22a
	NT＋P	21.28ab	275.71a	98.57a	81.46a	23.33a
	NT＋T	22.56a	276.14a	98.86a	81.07a	23.51a
2008	CT＋P	20.82a	284.98d	92.20c	77.07b	24.42a
	CT＋T	21.50a	292.55b	96.92b	78.54ab	24.49a
	NT＋P	21.18a	290.24c	98.17b	79.18a	24.55a
	NT＋T	21.78a	297.53a	104.10a	79.86a	24.54a
2009	CT＋P	20.56a	385.14c	97.93b	79.04ab	26.97a
	CT＋T	21.46a	391.02b	98.94b	80.72a	28.73a
	NT＋P	20.99a	415.88a	99.50b	79.54ab	27.57a
	NT＋T	21.26a	389.90b	102.09a	78.33b	28.27a
2010	CT＋P	20.54a	398.37c	124.29c	79.66c	25.72a
	CT＋T	21.67a	421.89b	129.66ab	79.84c	26.01a
	NT＋P	21.69a	445.41a	129.16b	84.63a	26.66a
	NT＋T	20.68a	420.42b	131.31a	82.58b	25.91a
2011	CT＋P	20.49b	396.90d	125.93b	81.34c	25.82a
	CT＋T	23.28a	449.82a	126.44b	83.84ab	26.79a
	NT＋P	21.40ab	416.01c	127.62b	82.03bc	26.34a
	NT＋T	21.28b	426.30b	135.88a	84.02a	26.82a
2012	CT＋P	20.56b	349.55d	121.66c	83.61b	26.13a
	CT＋T	22.50a	365.99b	124.25b	87.37a	27.91a
	NT＋P	21.78ab	419.33a	122.67bc	86.92a	27.26a
	NT＋T	20.82ab	352.49c	128.36a	84.09b	26.62a

注：表中数据为平均值；同列不同小写字母表示不同处理同一年份差异达 5％显著水平（$P<0.05$）。

2.2　稻田保护性耕作对土壤理化性状的影响

从表 2 可以看出，连续 8 年实行稻田保护性耕作各处理的土壤容重均低于对照，而总孔隙度和毛管孔隙度均高于对照，这有利于土壤中水、肥、气、热的流通和储存，有利于水稻根系的穿插和水稻的生长发育。对于土壤容重，8 年间保护性耕作各处理低于对照 3.6%～5.6%；而总孔隙度的增加幅度为 1.6%～17.4%，毛管孔隙度为 2.4%～16.7%。因此，采用保护性耕作能起到调控土壤物理性状的作用。另外，整体来看，随着试验时间的延长，各处理稻田表层土壤的容重有逐渐升高的趋势，2012 年较 2005 年增加 0.16g/cm³，增加幅度为 14.6%；而稻田表层土壤的总孔隙度和毛管孔隙度有所降低，较 2005 年降低幅度分别为 19.1% 和 18.7%。由此可见，长期耕作后容易导致土壤板结，需要适时翻耕土壤，增加土壤中养分的积累。

表 2　稻田保护性耕作对土壤理化性状的影响

| 年份 | 处理 | 土壤壤物理性状 | | | | 土壤化学性质 | | | |
		SB (g/cm³)	TP (%)	CP (%)	pH	OM (g/kg)	TN (g/kg)	AP (mg/kg)	AK (mg/kg)
2005	CT+P	1.15a	53.97d	51.26d	5.61a	28.61b	1.35b	19.43b	34.72b
	CT+T	1.14a	58.24c	56.74c	5.69a	28.73b	1.45b	21.14b	34.98b
	NT+P	1.09a	64.52b	60.33b	5.58a	29.68ab	1.90a	27.13a	44.61a
	NT+T	1.07a	67.32a	62.42a	5.71a	31.08a	1.93a	27.63a	45.19a
2006	CT+P	1.18a	53.40a	50.62b	5.61a	29.22b	1.46a	26.11c	34.56c
	CT+T	1.16a	54.30b	50.93b	5.70a	30.19ab	1.53b	27.50c	35.77c
	NT+P	1.13a	56.70b	52.14ab	5.67a	30.87ab	1.60a	29.41b	40.18b
	NT+T	1.12a	56.94a	53.79a	5.73a	32.01a	1.71a	35.89a	44.15a
2007	CT+P	1.20a	53.10b	49.98b	5.63a	28.30b	1.45a	22.04c	34.65b
	CT+T	1.19a	53.34b	51.22b	5.69a	28.73b	1.85b	25.09b	42.68a
	NT+P	1.15a	55.82a	53.66a	5.68a	29.94ab	2.07a	28.39a	43.61a
	NT+T	1.13a	55.64a	53.90a	5.71a	31.25a	2.19a	28.39a	44.34a
2008	CT+P	1.23a	52.76b	48.86c	5.34a	27.36b	1.52a	19.50c	35.10b
	CT+T	1.21a	53.03a	50.33bc	5.36a	27.88ab	1.55a	20.64c	35.30b
	NT+P	1.18a	55.01a	52.11ab	5.69a	29.66a	1.97a	27.63a	45.01a
	NT+T	1.16a	55.67a	53.03a	5.73a	29.71a	2.05a	25.47b	44.80a
2009	CT+P	1.25a	50.69a	48.05b	5.19a	30.50b	1.94a	17.94c	43.20c
	CT+T	1.21a	51.88ab	48.84ab	5.20a	31.75b	2.05a	18.36c	45.36a
	NT+P	1.17a	52.63a	50.04a	5.32a	32.30b	2.19a	22.93b	49.51a
	NT+T	1.16a	52.93a	50.72a	5.56a	34.70a	2.31a	25.31a	50.25a

（续）

年份	处理	土壤壤物理性状				土壤化学性质			
		SB (g/cm³)	TP (%)	CP (%)	pH	OM (g/kg)	TN (g/kg)	AP (mg/kg)	AK (mg/kg)
2010	CT+P	1.26a	50.07b	47.43a	5.11a	30.80b	1.07a	17.98c	32.57c
	CT+T	1.24a	51.22ab	48.20a	5.14a	34.80a	1.50a	19.25bc	36.86b
	NT+P	1.18a	51.76ab	48.65a	5.15a	31.80b	2.58a	20.26b	38.40b
	NT+T	1.17a	51.98a	47.03a	5.18a	35.00a	2.62a	25.60a	42.26a
2011	CT+P	1.28a	49.82a	47.03a	4.90a	32.00b	1.81a	19.37c	43.19c
	CT+T	1.25a	50.20a	48.22a	4.95a	35.00a	2.03a	20.13c	44.37c
	NT+P	1.21a	50.88a	48.45a	4.95a	36.20a	2.41a	20.27a	47.20b
	NT+T	1.19a	51.27a	45.73b	5.04a	31.50b	2.67a	20.52a	55.36a
2012	CT+P	1.33a	48.78a	46.07b	4.76a	34.72a	2.31a	20.12d	39.50b
	CT+T	1.31a	49.12a	46.07b	4.94a	35.34a	2.55a	22.75c	40.50b
	NT+P	1.24a	49.23a	47.48ab	4.92a	36.45a	2.62a	25.12b	41.25b
	NT+T	1.22a	50.33a	48.24a	4.96a	35.39a	2.59a	31.55a	48.25a

注：表中数据为平均值；同列不同小写字母表示不同处理同一年份差异达 5% 显著水平（$P<0.05$）。SB 为土壤容重，TP 为总孔隙度，CP 为毛管孔隙度；OM 为有机质，TN 为全氮，AP 为有效磷，AK 为速效钾。

由表 2 可知，与对照相比，连续 8 年稻田保护性耕作处理提高了土壤有机质、有效磷、速效钾含量，但土壤 pH、全氮含量差异不显著。连续 8 年保护性耕作处理土壤有机质含量均高于对照，增加范围为 2.9%～10.0%。其中，2005—2010 年均是 NT+T 处理最大，高于其他处理 5.0%～10.1%；NT+P 处理在 2011 年、2012 年达到最大，高于其他处理 10.3%、3.7%。8 年间保护性耕作处理土壤有效磷含量均高于对照，提高幅度为 4.8%～31.6%。这说明保护性耕作能促进土壤有效磷的提高，有利于增加土壤中的速效养分，使土壤的性状朝着有利于水稻生长的方向改善。与对照相比，连续 8 年保护性耕作处理土壤速效钾含量增加了 9.70%～25.67%。除 2008 年 NT+P 处理达到最大外，其余年份均是 NT+T 处理效果最好，高于其他处理 10.0%～23.2%。

2.3 稻田保护性耕作对土壤生物学性状的影响

从表 3 可以看出，对于土壤真菌，NT+P 处理在 2005 年数量最多，与对照相比增加了 51.6%，且差异显著（$P<0.05$）；CT+T 处理在 2008 年达到最大，显著高于对照 54.1%。2005—2011 年连续 7 年间各处理的硝化细菌数

量差异不显著，仅在 2012 年 NT＋T、NT＋P 处理显著高于对照 126.1%、121.1%，增加幅度较大。各处理间细菌、放线菌数量均差异不显著。从表 3 还可以看出，各处理间过氧化氢酶、脲酶活性均差异不显著。8 年间土壤转化酶活性（24h）变化范围为 0.292~0.451mg/g，其中 2005 年、2006 年、2007 年、2012 年 NT＋T 处理达到最大，与对照相比，分别依次增加了 105.2%、82.6%、137.7%、72.7%，且差异显著（$P<0.05$）。

表3　稻田保护性耕作对土壤生物学性状的影响

年份	处理	微生物数量（CFU/g）				酶活性（mg/g）		
		细菌	真菌	放线菌	硝化细菌	过氧化氢酶（1h）	脲酶（24h）	转化酶（24h）
2005	CT＋P	0.41×10^7a	0.62×10^5b	0.82×10^6a	0.85×10^5a	0.638a	0.192a	0.194b
	CT＋T	1.02×10^7a	0.75×10^5ab	0.85×10^6a	1.11×10^5a	0.829a	0.225a	0.305ab
	NT＋P	1.40×10^7a	0.94×10^5a	0.91×10^6a	1.08×10^5a	0.948a	0.240a	0.352ab
	NT＋T	1.63×10^7a	0.66×10^5ab	0.97×10^6a	1.20×10^5a	1.003a	0.251a	0.398a
2006	CT＋P	0.55×10^7a	0.56×10^5a	0.71×10^6a	0.76×10^5a	0.631a	0.174a	0.298b
	CT＋T	0.89×10^7a	0.97×10^5a	0.93×10^6a	1.17×10^5a	0.648a	0.259a	0.359ab
	NT＋P	1.12×10^7a	1.18×10^5a	0.76×10^6a	2.21×10^5a	1.038a	0.277a	0.517a
	NT＋T	1.76×10^7a	1.63×10^5a	1.03×10^6a	1.35×10^5a	1.427a	0.231a	0.544a
2007	CT＋P	0.75×10^7a	0.68×10^5a	0.72×10^6a	0.81×10^5a	0.567a	0.151b	0.255b
	CT＋T	0.94×10^7a	1.06×10^5a	0.96×10^6a	1.32×10^5a	0.699a	0.179b	0.421ab
	NT＋P	1.22×10^7a	1.64×10^5a	1.13×10^6a	1.59×10^5a	0.786a	0.217ab	0.521a
	NT＋T	1.61×10^7a	1.33×10^5a	1.25×10^6a	1.21×10^5a	1.210a	0.381a	0.606a
2008	CT＋P	0.77×10^7a	0.61×10^5b	0.66×10^6a	0.69×10^5a	0.766a	0.133a	0.221a
	CT＋T	0.82×10^7a	0.94×10^5a	0.84×10^6a	1.82×10^5a	0.745a	0.133a	0.283a
	NT＋P	1.13×10^7a	0.93×10^5a	1.05×10^6a	2.15×10^5a	0.748a	0.138a	0.292a
	NT＋T	1.23×10^7a	0.68×10^5b	1.36×10^6a	2.04×10^5a	0.780a	0.144a	0.372a
2009	CT＋P	0.93×10^7a	0.65×10^5a	0.88×10^6a	1.43×10^5a	0.808a	0.119a	0.278a
	CT＋T	1.17×10^7a	0.93×10^5a	1.28×10^6a	2.28×10^5a	0.820a	0.133a	0.286a
	NT＋P	1.54×10^7a	0.82×10^5a	1.32×10^6a	2.47×10^5a	0.850a	0.140a	0.303a
	NT＋T	1.56×10^7a	1.07×10^5a	1.02×10^6a	1.47×10^5a	0.904a	0.142a	0.383a
2010	CT＋P	1.50×10^7a	0.79×10^5a	1.24×10^6a	1.22×10^5a	0.799a	0.140a	0.192a
	CT＋T	1.88×10^7a	0.93×10^5a	1.45×10^6a	1.48×10^5a	0.805a	0.204a	0.271a
	NT＋P	1.97×10^7a	0.94×10^5a	1.89×10^6a	2.19×10^5a	0.873a	0.235a	0.314a
	NT＋T	2.75×10^7a	1.16×10^5a	1.98×10^6a	3.02×10^5a	0.940a	0.251a	0.373a

（续）

年份	处理	微生物数量（CFU/g）				酶活性（mg/g）		
		细菌	真菌	放线菌	硝化细菌	过氧化氢酶（1h）	脲酶（24h）	转化酶（24h）
2011	CT+P	1.63×10^7b	0.97×10^5a	1.61×10^6a	1.57×10^5a	1.001a	0.212a	0.237a
	CT+T	1.95×10^7b	1.01×10^5a	1.69×10^6a	1.75×10^5a	1.055a	0.219a	0.278a
	NT+P	2.83×10^7ab	1.29×10^5a	1.82×10^6a	2.69×10^5a	1.070a	0.237a	0.354a
	NT+T	3.85×10^7a	1.45×10^5a	1.88×10^6a	2.74×10^5a	1.114a	0.263a	0.373a
2012	CT+P	1.75×10^7b	0.96×10^5a	2.34×10^6a	1.61×10^5b	0.967a	0.202a	0.275b
	CT+T	2.30×10^7ab	1.05×10^5a	2.75×10^6a	1.99×10^5ab	1.149a	0.226a	0.376ab
	NT+P	3.80×10^7a	1.53×10^5a	2.94×10^6a	3.56×10^5a	1.057a	0.236a	0.392ab
	NT+T	2.67×10^7ab	1.91×10^5a	3.20×10^6a	3.64×10^5a	1.177a	0.250a	0.475a

注：表中数据为平均值；同列不同小写字母表示不同处理同一年份差异达 5%显著水平（$P < 0.05$）。

2.4 水稻产量、土壤理化性状及土壤生物学性状的相关性

对水稻产量、产量各构成要素与土壤理化性状、生物学性状进行相关性分析（表 4）可以看出，水稻产量与土壤容重、pH、有机质含量、全氮含量、硝化细菌数量呈极显著相关关系（$P < 0.01$），与总孔隙度、毛管孔隙度、速效钾含量、放线菌数量呈显著相关关系（$P < 0.05$），而与有效磷含量、细菌数量、真菌数量、过氧化氢酶活性、脲酶活性、转化酶活性相关性不显著（$P > 0.05$）。在产量构成要素中，穗长与真菌数量、过氧化氢酶活性呈极显著相关关系；有效穗数与土壤容重呈极显著负相关关系，与总孔隙度、毛管孔隙度、硝化细菌数量呈极显著相关关系，与 pH、全氮含量呈显著相关关系；每穗粒数与土壤容重呈显著负相关关系，与全氮含量、速效钾含量、放线菌数量呈极显著相关关系，与 pH、有机质含量、总孔隙度、毛管孔隙度、细菌数量、硝化细菌数量呈显著相关关系；结实率与土壤容重呈极显著负相关关系，与 pH、有机质含量、全氮含量、硝化细菌数量呈极显著相关关系，与总孔隙度、毛管孔隙度、速效钾含量、真菌数量、放线菌数量呈显著相关关系；千粒重与土壤容重呈显著负相关关系，与总孔隙度、毛管孔隙度、有效磷含量、硝化细菌数量呈显著相关关系。综上所述，通过采取一定的农田管理措施提高土壤理化性状、生物学性状，能够促进水稻生长发育、增加水稻产量，而保护性耕作对于有效提高土壤养分含量和增加土壤活性方面发挥着重要的作用。

表 4　水稻产量、产量各构成因素与土壤理化性状、生物学性状之间的相关性

项目	SB	TP	CP	pH	OM	TN	AP
RY	−1.00**	0.98*	0.98*	1.00**	0.99**	1.00**	0.79
EL	−0.48	0.36	0.35	0.58	0.65	0.6	0.08
EP	−0.99**	1.00**	1.00**	0.96*	0.93	0.95*	0.92
NP	−0.98*	0.95*	0.95*	1.00**	1.00*	1.00**	0.73
SR	−0.99**	0.97*	0.97*	1.00**	0.99**	1.00**	0.77
GW	−0.96*	0.98*	0.99*	0.91	0.87	0.9	0.96*

项目	AK	BA	FU	AC	NB	CA	UA	IA
RY	0.98*	0.94	0.57	0.97*	1.00**	0.57	0.12	0.54
EL	0.69	0.79	1.00**	0.73	0.48	1.00**	0.77	0.41
EP	0.91	0.83	0.35	0.89	0.99**	0.35	0.36	0.73
NP	1.00**	0.97*	0.65	0.99**	0.98*	0.65	0.02	0.45
SR	0.99*	0.95*	0.6	0.98*	0.99**	0.65	0.09	0.51
GW	0.84	0.75	0.22	0.82	0.95*	0.22	0.48	0.82

注：* 为显著相关（$P < 0.05$），** 为极显著相关（$P < 0.01$）。RY 为水稻产量，EL 为穗长，EP 为有效穗数，NP 为每穗粒数，SR 为结实率，GW 为千粒重；SB 为土壤容重，TP 为总孔隙度，CP 为毛管孔隙度；OM 为有机质，TN 为全氮，AP 为有效磷，AK 为速效钾；BA 为细菌，FU 为真菌，AC 为放线菌，NB 为硝化细菌；CA 为过氧化氢酶，UA 为脲酶，IA 为转化酶。

3　讨论

3.1　多年稻田保护性耕作体系下的土壤性状变化

　　土壤氮、磷、钾元素是表征土壤肥力（健康）的重要指标，在提供作物生长所需的养分、改善土壤结构、提高土壤保水保肥性能以及缓冲性能等方面发挥着重要作用[8,9]。徐阳春等[10]连续 14 年的水旱轮作免耕试验结果表明，长期免耕和施肥造成土壤养分表层富集，0～5cm 土层土壤有机碳、全氮、速效氮含量显著增加，而 5～10cm 和 10～20cm 土层则明显低于传统耕作。这是因为稻田免耕土壤没有经过人为的干扰松动，肥料施在土壤表层，难于下渗到亚表层和底土层，因而造成土壤养分在表土层富集[11,12]。本研究结果也表明，与传统耕作相比，连续 8 年稻田保护性耕作处理提高了土壤有机质（2.9%～10.0%）、有效磷（4.8%～31.6%）、速效钾（9.7%～25.7%）含量，且以免耕＋抛秧和免耕＋插秧效果最为显著。姚珍[8]研究表明，与传统耕作相比，秸秆覆盖可使土壤总孔隙度增加 0.3%～2.0%，容重降低 0.02～0.06g/cm³。

本研究与上述结果一致，实行稻田保护性耕作土壤容重低于传统耕作 $3.6\%\sim$ 5.6%，总孔隙度和毛管孔隙度分别高出传统耕作 $1.6\%\sim17.4\%$、$2.4\%\sim$ 16.7%。而吴建富等[13]研究表明，稻田免耕 1 年有利于改善土壤物理性状，随着免耕时间（2 年）的延长，稻田表层土壤容重开始增加，非毛管孔隙度较翻耕处理下降 $18.7\%\sim23.3\%$；免耕 3 年，稻田土壤容重较翻耕增加更明显，增幅达 8.10%。说明稻田免耕 2 年后土壤开始板结。本研究结果也表明，随着试验时间的延长，稻田表层土壤容重较 2005 年增加了 14.6%，总孔隙度和毛管孔隙度降低了 19.1% 和 18.7%。总体上，多年稻田保护性耕作有利于改变土壤中的速效养分，使土壤朝着有利于水稻生长的方向改善。

土壤微生物推动着土壤的物质转化和能量流动，它可以代表土壤中物质代谢的旺盛程度，是土壤肥力的一个重要指标[14,15]。保护性耕作可以增加土壤某些微生物数量或提高其活性。殷士学等[16]经过 7 年的试验结果显示，沙壤土上免耕土壤中的微生物数量明显高于传统耕作。李华兴等[17]研究结果表明，免耕土壤中的放线菌和真菌数量减少，而细菌数量增加，酶活性增强。攀晓刚等[18]、张星杰等[19]研究发现，全生育期保护性耕作处理土壤细菌、放线菌、真菌和纤维素分解菌数量分别比传统耕作提高 41.9%、470.1%、67.9% 和 65.7%。本试验研究结果表明，2012 年免耕＋抛秧、免耕＋插秧处理的硝化细菌数量显著高于对照 126.1%、121.1%，增加幅度较大；但各处理间细菌、放线菌数量均差异不显著。另外，2005—2007 年、2012 年土壤转化酶活性均以免耕＋抛秧处理最大，显著高于对照 $72.7\%\sim137.7\%$；但各处理过氧化氢酶、脲酶活性均差异不显著。免耕后水稻根茬丰富的有机质可以促使细菌和真菌大量繁殖，能够有效促进土壤中营养元素的转化，有利于水稻的吸收和生长[20]。

3.2 产量与土壤性状关系

水稻产量和稻米品质不仅受品种遗传因素影响，也与土壤肥力、气温等环境条件关系密切。王秋菊[21]通过探讨土壤性状影响水稻产量及稻米品质指标形成的机理，结果表明，水稻产量因土壤肥力水平不同而差异显著。水稻产量与土壤有机质、全氮、碱解氮含量呈显著正相关关系，而与土壤有效磷、速效钾含量相关性不显著。刘淑霞等[22]分析不同耕作施肥措施下土壤速效养分和作物产量的变化规律及其相互关系，结果表明，土壤速效钾含量对作物产量的影响相对较大，而碱解氮含量对作物产量的影响相对较小。本研究结果表明，水稻产量与土壤容重、pH、有机质含量、全氮含量、硝化细菌数量呈极显著相关关系，与总孔隙度、毛管孔隙度、速效钾含量、放线菌数量呈显著相关关系（$P<0.05$），而与有效磷含量、细菌数量、真菌数量、过氧化氢酶活性、

脲酶活性、转化酶活性相关性不显著。

随着我国现代农业的发展，省工、省力、轻简、环境友好型技术越来越受到欢迎和重视。中央 1 号文件连续多年将保护性耕作技术列为重要的可持续技术加以推广[23]，基于保护性耕作对作物产量及土壤肥力状况和微生物的积极效益，长期稻田保护性耕作是适合江南丘陵区双季稻田农业可持续发展的有效模式之一，其中免耕＋抛秧和免耕＋插秧两种方式效果最为显著。但南方部分地区耕地规模小，机械化水平低，且作物产量高，秸秆量大，保护性耕作秸秆处理技术难度较大，导致保护性耕作难以大范围推广与应用。

4　结论

（1）在本试验条件下，稻田保护性耕作显著提高了水稻产量，8 年间保护性耕作处理的平均产量高于传统耕作 4.5%～8.8%；各处理的有效穗数、每穗粒数和结实率均高于对照，而穗长和千粒重差异不显著。

（2）连续 8 年稻田保护性耕作处理的土壤容重低于传统耕作 3.6%～5.6%，而总孔隙度和毛管孔隙度分别高出传统耕作 1.6%～17.4%、2.4%～16.7%。与传统耕作相比，连续 8 年稻田保护性耕作处理提高了土壤有机质（2.9%～10.0%）、有效磷（4.8%～31.6%）、速效钾（9.7%～25.7%）含量。

（3）免耕＋插秧处理在 2005 年的土壤真菌数量最多，显著高于对照 51.6%；免耕＋抛秧处理在 2008 年达到最大，显著高于对照 54.1%；免耕＋抛秧、免耕＋插秧处理在 2012 年显著高于对照 126.1%、121.1%。8 年间土壤转化酶活性（24h）变化范围为 0.292～0.451mg/g，其中 2005—2007 年、2012 年均以免耕＋抛秧处理最大，显著高于对照 72.7%～137.7%。

参考文献

[1] 邹应斌，黄见良，屠乃美，等.“旺壮重”栽培对双季杂交稻产量形成及生理特性的影响 [J]. 作物学报，2001，27（3）：343-350.

[2] 王昌全，魏成明，李廷强，等. 不同免耕方式对作物产量和土壤理化性状的影响 [J]. 四川农业大学学报，2001，19（2）：152-154，187.

[3] 李继明，黄庆海，袁天佑，等. 长期施用绿肥对红壤稻田水稻产量和土壤养分的影响 [J]. 植物营养与肥料学报，2011，17（3）：563-570.

[4] 高菊生，曹卫东，李冬初，等. 长期双季绿肥轮作对水稻产量及稻田土壤有机质的影响 [J]. 生态学报，2011，31（16）：4542-4548.

[5] 余晓鹤，黄东迈. 土壤表层管理对部分土壤化学性质的影响 [J]. 土壤通报，1990（4）：158-161.

[6] 中国科学院南京土壤研究所微生物室．土壤微生物研究法［M］．北京：科学出版社，1985：59-63.

[7] 关松荫．土壤酶及其研究法［M］．北京：农业出版社，1986：27-30.

[8] 姚珍．保护性耕作对水稻生长和稻田环境质量的影响［D］．南昌：江西农业大学，2007.

[9] 徐玲，张杨珠，周卫军，等．不同施肥结构下稻田产量及土壤有机质和氮素营养的变化［J］．农业现代化研究，2006，27（2）：153-156.

[10] 徐阳春，沈其荣，雷宝坤，等．水旱轮作下长期免耕和施用有机肥对土壤某些肥力性状的影响［J］．应用生态学报，2000，11（4）：549-552.

[11] 刘怀珍，黄庆，李康活，等．水稻连续免耕抛秧对土壤理化性状的影响初报［J］．广东农业科学，2000（5）：8-11.

[12] 江泽普，黄绍民，韦广泼，等．不同连作免耕稻田土壤肥力变化与综合评价［J］．西南农业学报，2007，20（6）：1250-1254.

[13] 吴建富，潘晓华，石庆华，等．水稻连续免耕抛栽对土壤理化和生物学性状的影响［J］．土壤学报，2009，46（6）：1132-1139.

[14] 徐琪，杨林章，董元华，等．中国稻田生态系统［M］．北京：中国农业出版社，1998：158-170.

[15] 张鼎华，叶章发，范必有，等．抚育间伐对人工林土壤肥力的影响［J］．应用生态学报，2001，12（5）：672-676.

[16] 殷士学，宋明芝，封克．免耕法对土壤微生物和生物活性的影响［J］．土壤学报，1992，29（4）：370-376.

[17] 李华兴，卢维盛，刘远金，等．不同耕作方法对水稻生长和土壤生态的影响［J］．应用生态学报，2001，12（4）：553-556.

[18] 樊晓刚，金轲，李兆君，等．不同施肥和耕作制度下土壤微生物多样性研究进展［J］．植物营养与肥料学报，2010，16（3）：744-751.

[19] 张星杰，刘景辉，李立军，等．保护性耕作对旱作玉米土壤微生物和酶活性的影响［J］．玉米科学，2008，16（1）：91-95，100.

[20] 倪国荣，涂国全，魏赛金，等．稻草还田配施催腐菌剂对晚稻根际土壤微生物与酶活性及产量的影响［J］．农业环境科学学报，2012，31（1）：149-154.

[21] 王秋菊．黑龙江地区土壤肥力和积温对水稻产量、品质影响研究［D］．沈阳：沈阳农业大学，2012.

[22] 刘淑霞，刘景双，赵明东，等．土壤活性有机碳与养分有效性及作物产量的关系［J］．吉林农业大学学报，2003，25（5）：539-543.

[23] 高旺盛．中国保护性耕作制［J］．北京：中国农业大学出版社，2011.

稻田保护性耕作研究

——Ⅰ. 免耕对水稻产量、生长动态及害虫数量的影响*

摘　要：通过对水稻免耕与常耕栽培对比试验，结果表明，免耕抛秧处理（处理4）水稻的产量性状优于对照（常耕移栽）和其他处理，产量比对照高3.95%～11.57%，处理4与对照之间差异达到5%显著水平，其他处理间差异不显著。处理4的水稻有效穗数多于其他处理，叶面积指数和干物质积累均大于其他处理。在分蘖盛期、拔节期、孕穗期和黄熟期，免耕处理的根系活力比常耕分别高28.1%、7.4%、28.3%和34.9%。

关键词：免耕；水稻产量；群体质量；害虫

保护性耕作是相对于传统耕作而言的一种新型土壤耕作技术，其主要内容是用秸秆残茬覆盖土地，减少耕作次数，实行免耕播种、化学除草。水稻免耕栽培是由少耕发展起来的一种省工、节本、生态、环保的新型耕作方式，即由尽量减少土壤耕作次数到在一定年限内免除一切耕作，不进行任何方式的田间翻耕直至收获，是保护性耕作研究的重要内容。水稻免耕栽培的研究已有不少报道[1-4]。本试验是在前期试验[5]的基础上进一步研究免耕对水稻群体质量和产量以及水稻害虫数量的影响，以对保护性耕作的推广进一步提供技术依据。

1　材料与方法

1.1　试验材料与设计

试验在江西农业大学试验站试验田进行，种植模式为绿肥（紫云英）—早稻—晚稻，2003年晚稻试验品种为中优207，2004年早稻为神农101。土壤基本肥力状况为：有机质含量26.32g/kg，全氮1.42g/kg，有效磷4.73mg/kg，

---

　　* 作者：黄小洋、漆映雪、黄国勤、张兆飞、刘隆旺、章秀福、高旺盛；通讯作者：黄国勤（教授、博导，E-mail：hgqjxes@sina.com）。

　　本文原载于《江西农业大学学报》2005年第27卷第4期第530～534页。

速效钾 34.05mg/kg，pH 5.40。

试验设计见表1。每个处理设2个重复，共8个小区，小区面积为33.35m²，采用随机区组设计。各处理栽插密度为每公顷2.94万蔸（移栽行株距为20cm×17cm，抛秧按此密度抛栽）。施肥按基肥∶分蘖肥∶孕穗肥为7∶2∶1施用，各处理施肥种类、施肥量与施肥时间相同，管理方法按常规进行，并且各处理应均匀一致。

表1 稻田保护性耕作田间试验设计

处理	名称
1（对照）	常耕＋移栽
2	常耕＋抛秧
3	免耕＋移栽
4	免耕＋抛秧

1.2 田间管理

2003年7月26日收割早稻，免耕小区收割后，每667m²用20%百草枯水剂250mL兑清水50kg喷施稻桩。各处理均于7月28日移栽或抛秧，移栽时每蔸栽一粒谷（平均带蘖6个）。8月4日施分蘖肥，同时施除草剂丁·苄，9月12日施孕穗肥，10月10日收割测产。

2004年4月7日免耕小区用20%百草枯喷施紫云英（同上），24h后灌水将其淹没，保持3cm水层（使紫云英腐烂）至移栽日。常耕田也于4月7日翻耕并保持2cm水层15d后再整田。3月31日播种，免耕秧采用抛秧盘育秧，每穴播5粒，出苗后间苗至3棵，常耕秧采用水田育秧。4月27日施基肥（各处理相同），4月28日移栽，移栽时每蔸栽3棵秧（基本没有分蘖）。5月9日混施分蘖肥和除草剂丁·苄，6月11日施孕穗肥，7月23日收割测产。

1.3 项目测定方法

成熟期分小区收割测产，同时每小区取5蔸考种，计算理论产量。2003年晚稻试验过程中每5d进行1次茎蘖动态调查，于主要生育时期（分蘖盛期、拔节期、孕穗期、抽穗期、黄熟期）数苗取样测定干物质积累总量和叶面积指数（LAI）。每次取平均茎蘖数5兜，105℃杀青15min，80℃烘48h后称干重，叶面积指数测定采用小样干重法。2004年早稻试验过程中于其主要生育时期（分蘖盛期、拔节期、孕穗期、黄熟期）取根样测定根系活力。根系活力采用α-萘胺法[6]。每个处理3个重复，求各处理的平均值。数据处理采用DPS数据处理系统[7]。害虫调查每小区随机取5个样点，每样点100株，调查水稻害虫虫苞数。

2　结果与分析

2.1　对水稻产量的影响

从表 2 可见，各季水稻有效穗数差异较大，2003 年晚稻单位面积有效穗数处理 4 比处理 3、处理 2、处理 1 分别多 1.9 万穗/hm²（0.74%）、1.9 万穗/hm²（0.74%）、5.1 万穗/hm²（2.01%），2004 年早稻处理 4 比处理 3、处理 2、处理 1 分别多 3.5 万穗/hm²（1.23%）、3.8 万穗/hm²（1.33%）、5.9 万穗/hm²（2.87%）。各季水稻各处理间每穗颖花数有差异，但不显著。从每穗实粒数来看，2003 年晚稻处理 4 比处理 3、处理 2、处理 1 分别多 3 粒（2.1%）、8 粒（5.93%）、8 粒（5.93%），2004 年早稻处理 4 比处理 3、处理 2、处理 1 分别多 3 粒（2.67%）、6 粒（5.50%）、8 粒（7.48%）。对于千粒重，2003 年晚稻处理 4 比处理 3、处理 2、处理 1 分别多 0.1g（0.43%）、0.4g（1.72%）、0.2g（0.85%），2004 年早稻处理 4 比处理 3、处理 2、处理 1 分别多 0.3g（1.26%）、0.2g（0.84%）、0.4g（1.69%）。对于实际产量，2003 年晚稻处理 4 比处理 3、处理 2、处理 1 分别高 21.1kg/hm²（0.29%）、239.1kg/hm²（3.34%）、280.6kg/hm²（3.95%），2004 年早稻处理 4 比处理 3、处理 2、处理 1 分别高 398.8kg/hm²（5.25%）、579.1kg/hm²（7.81%）、829.3kg/hm²（11.57%）。

各季水稻各处理间实际产量的方差显著性检验结果显示，2003 年晚稻处理 4 与处理 1、处理 2 之间差异显著（5%），处理 1 与处理 2、处理 2 与处理 3 之间无显著性差异。2004 年早稻处理 4 与处理 1、处理 2 之间差异显著（5%），其余处理间差异均不显著。

表 2　不同处理水稻产量构成及方差分析

水稻	处理	有效穗数（万个/hm²）	每穗颖花数（个）	每穗实粒数（个）	结实率（%）	千粒重（g）	实际产量（kg/hm²）	显著性水平 5%	显著性水平 1%
2003 年晚稻	1	253.2	170	135	79.4	23.4	7 111.5	c	A
	2	256.4	171	135	78.9	23.2	7 153.0	bc	A
	3	256.4	175	140	80.0	23.5	7 371.0	ab	A
	4	258.3	177	143	80.8	23.6	7 392.1	a	A
2004 年早稻	1	282.6	142	107	75.4	23.7	7 166.5	c	A
	2	284.7	144	109	75.7	23.9	7 416.7	bc	A
	3	285.0	147	112	76.2	23.8	7 597.0	ab	A
	4	288.5	150	115	76.7	24.1	7 995.8	a	A

注：实际产量为各处理 2 个重复的平均值，显著性为各季水稻各处理间 2 个重复产量的方差显著性检验结果。

2.2　对水稻茎蘖动态的影响

从图1（2003年晚稻）可知，水稻生长的前期各个处理的茎蘖数相差较大，总体上是免耕处理比常耕处理茎蘖数多。处理2比处理1、处理4比处理3茎蘖数均多，说明与移栽相比，抛秧水稻发育早，分蘖出现早，营养生长比较茂盛。原因是抛秧水稻是带土移栽，返青期短，所以分蘖出现早。而处理1、处理2均比处理3和处理4有效穗数多，表明免耕水稻均比常耕水稻有效穗数多。因此，从水稻茎蘖动态来看，免耕水稻比常耕水稻分蘖出现早、分蘖数量多、够苗早、有效穗数多。本试验结果与刘怀珍等研究结果一致[3]。

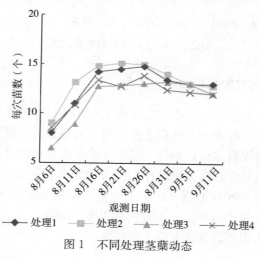

图1　不同处理茎蘖动态

2.3　对水稻叶面积指数的影响

从图2（2004年早稻）可知，水稻LAI变化曲线呈抛物线规律。总体来看，处理1和处理2的LAI均比处理3和处理4大，并且处理2在整个生育期内都比处理1大，表明免耕抛秧水稻比免耕移栽水稻的LAI大，免耕水稻比常耕水稻的LAI都要大。从返青到孕穗阶段，处理1和处理2 LAI曲线的斜率均比处理3和处理4大。这说明免耕水稻比常耕水稻的LAI增长快，光合作用能力强，有利于干物质积累和水稻高产。抽穗期以后，由于叶片已经不能进行较强的光合作用，叶片不断将养分转移到穗部，并逐渐衰老，植株下部的叶片逐渐枯黄干死，LAI迅速减小，但总体上还是处理1和处理2比处理3和处理4大，说明在水稻生育后期，尽管LAI都在减小，但免耕水稻LAI比常耕水稻还要大。因此，免耕水稻整个生育期内的LAI均比常耕水稻的要大。

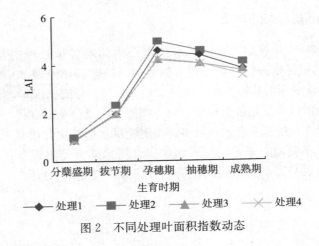

图 2　不同处理叶面积指数动态

2.4　对水稻干物质积累的影响

不同处理的水稻干物质积累变化见图 3。处理 1 和处理 2 的水稻干物质积累一直比处理 3 和处理 4 大，处理 2 和处理 4 又分别比处理 1 和处理 3 大。结果表明，在干物质积累方面，免耕水稻比常耕水稻大，而且这个差异在水稻孕穗期至成熟期表现尤为突出。究其原因，可能是免耕土壤理化性状得到改良，水稻根系活力提高，叶片迟衰[2]；加上免耕水稻的 LAI 比常耕水稻的大，光合作用旺盛，合成的产物多，干物质积累也多。因此，在相同的栽插密度下，免耕水稻的干物质积累总量比常耕水稻的多。

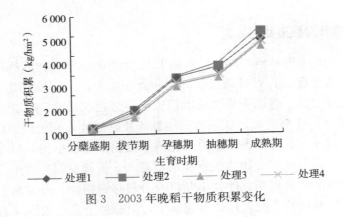

图 3　2003 年晚稻干物质积累变化

2.5　对水稻根系活力的影响

从图 4 可知，整体来看，不同生育时期水稻的根系 α-萘胺氧化力以分蘖期最高，分蘖盛期根系活动最强烈，根系活力达最大；然后随水稻从营养生长转入生殖生长，根系活力逐渐降低；孕穗期以后，下降最快。从各处理情况来看，处理 2 明显比其他处理的根系活力强，处理 1、处理 4 次之，处理 3 最弱，处理 1 和处理 3 在拔节期都比其他处理弱。这表明在整个生育期内，抛秧水稻的根系活力比移栽水稻强，免耕抛秧水稻强于常耕移栽水稻；营养生长期内强于免耕移栽水稻，但在生殖生长期相差不大。从表 3 可以看出，在整个生育期内，处理 2 比处理 1 根系活力提高 25.5%～45.7%，处理 4 比处理 3 根系活力提高 5.0%～34.5%，免耕水稻比常耕水稻根系活力提高 7.4%～34.9%。这一结果表明，免耕和抛秧栽培一定程度上提高了水稻根系的活力，使根系能够更活跃地从土壤吸收水分和养分，从而为水稻生长和进行光合作用提供了充足的物质保证。

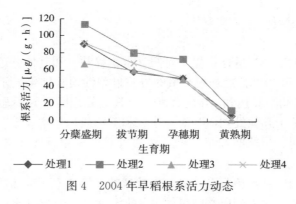

图 4　2004 年早稻根系活力动态

表 3　根系活力提高比

项目	分蘖盛期	拔节期	孕穗期	成熟期
处理 2 比处理 1	25.5%	40.3%	45.7%	26.0%
处理 4 比处理 3	34.50%	13.6%	5.0%	8.1%
免耕比常耕	28.1%	7.4%	28.3%	34.9%

注：免耕对常耕的提高比是指处理 3、4 的平均值对处理 1、2 的平均值的提高百分比。

2.6　对水稻虫害数量的影响

由表 4 可见，免耕种植可以减少稻田二化螟的发病数，因此可以减少使用农药，减少农业环境污染，保护农业生态系统的生物多样性，从而可以起到一定的生态效益。

本试验田实行水稻连作，主要水稻害虫有二化螟、稻纵卷叶螟。2004 年早稻调查（表 4）发现，早稻二化螟免耕移栽比免耕抛秧多 5 只/丛，常耕移栽比常耕抛秧多5只/丛，免耕比常耕多19％；稻纵卷叶螟免耕移栽比免耕抛秧多6头/丛，常耕移栽比常耕抛秧多3头/丛，免耕比常耕多94％。

表4　2004年不同处理害虫调查情况

处理	二化螟（5月16日）（只/丛）	稻纵卷叶螟（7月22日）（头/丛）
处理1	13	36
处理2	8	33
处理3	15	70
处理4	10	64

3　小结与讨论

免耕抛秧水稻的产量性状优于对照（常耕移栽）和其他处理，产量比对照高3.95％～11.57％。各处理间产量的方差显著性检验结果显示，处理4与处理1、处理2之间差异达到5％显著水平，其他处理间差异不显著。处理4水稻的有效穗数多于其他处理，叶面积指数和干物质积累均大于其他处理。在分蘖盛期、拔节期、孕穗期和黄熟期，免耕处理的根系活力比常耕处理分别高28.1％、7.4％、28.3％和34.9％。

免耕栽培能促进水稻分蘖，增加有效穗数，提高水稻群体质量，增强水稻的根系活力，这与前人的研究结果[8-11]一致。这是因为免耕水稻移栽后返青时间短，分蘖早，而且免耕稻田的土壤有机质和全氮在上层富集，耕层土壤速效钾含量也明显高于常规耕作[4]，有利于免耕水稻的生长。成熟期常耕水稻比免耕水稻叶绿素含量高，而稻纵卷叶螟成虫喜趋向嫩绿茂密、湿度大的稻田，因此常耕水稻中后期比免耕水稻易受稻纵卷叶螟侵害。而杜金泉对免耕水稻纹枯病的研究结果[9]也表明，免耕水稻轻于常耕水稻。水稻在成熟期叶片受到侵害后，必然影响光合作用，从而影响千粒重，水稻产量也因此受到影响。

参考文献

[1] 刘怀珍，黄庆，刘军，等. 畦式免耕抛秧栽培的产量效应和产量构成分析 [J]. 广东农业科学，2002（4）：10-12.

[2] 王永锐，李小林. 免少耕水稻的根系活力和叶片衰老研究 [J]. 耕作与栽培，1992（4）：32-34.

[3] 刘怀珍，黄庆，李康活，等. 水稻连续免耕抛秧对土壤理化性状的影响初报 [J]. 广

东农业科学，2000（5）：8-10.

[4] 刘世平，沈新平，黄细喜．长期少免耕土壤供肥特征与水稻吸肥规律的研究 [J]．土壤通报，1996，27（3）：133-135.

[5] 黄小洋，黄国勤，余冬晖，等．免耕对水稻群体质量及产量的影响 [J]．江西农业学报，2004，16（3）：1-4.

[6] 山东农学院，西北农学院．植物生理学实验指导 [M]．济南：山东科学技术出版社，1980.

[7] 唐启义，冯明光．实用统计分析及其 DPS 数据处理系统 [M]．北京：科学出版社，2002.

[8] 刘军，黄庆，付华，等．水稻免耕抛秧高产稳产的生理基础研究 [J]．中国农业科学，2002，35（2）：152-156.

[9] 杜金泉．少免耕稻作高产的原理及技术对策研究 [J]．耕作与栽培，1991（4）：1-6，26.

[10] 刘然金，杜金泉．水稻少免耕技术研究 Ⅲ．水稻少免耕增产机制的探讨 [J]．西南农业学报，1998，11（2）：45-51.

[11] 严光彬，李彦利，王万成，等．水稻早熟品种分蘖生产力的初步分析Ⅸ．免耕条件下的分蘖生产能力 [J]．吉林农业科学，1999，24（1）：29-31.

稻田保护性耕作研究

——Ⅱ. 不同耕作方式对水稻产量及
生理生态的影响[*]

摘　要： 不同耕作方式的田间小区试验结果表明，早免晚耕和双季免耕的耕作方式能有效提高水稻群体质量和叶面积指数，同时能提高水稻产量。一般免耕可以增加有效穗数，经济效益显著提高，有助于提高农民收入；免耕抛秧保护性耕作措施能有效改善生态环境，增加水稻千粒重，促进水稻增产。

关键词： 不同保护性耕作方式；水稻产量；生理生态；病害

保护性耕作（conservation tillage）现已成为我国南方双季稻区主要农业耕作模式之一。江西作为我国南方典型的双季稻区之一，近年来大力发展与推广稻田保护性耕作模式和技术，对确保农业发展、农民增收和生态环境安全起到了积极作用[1,2]。本文拟在黄小洋的保护性耕作研究基础上[3]，结合最新田间试验结果，研究分析稻田不同耕作方式（如常规耕作、少免耕、抛秧等）对水稻产量及生理生态的影响，寻求适合江西乃至南方稻区的保护性耕作措施，为实现南方稻区水稻高产高效和稻田生态系统的可持续发展提供依据和参考模式。

1　材料和方法

1.1　试验区概况

为研究双季稻区不同耕作方式对水稻产量及生理生态的影响，特选择具有典型性和代表性的江西省余江县农业科学研究所为定位试验点。该地属亚热带湿润季风气候，光热资源丰富。地处 $28°12'$N，$116°49'$E，年均降水量为 1 700mm 左右，年均气温 17.5℃，极端最高气温 40.6℃，极端最低气温 9.3℃，年均无霜期 291d，年均日照时数 1 700h 左右。

---

　* 作者：姚珍、黄国勤、张兆飞、彭剑锋、吴孙娟、章秀福、高旺盛；通讯作者：黄国勤（教授、博导，E‐mail：hgqjxes@sina.com）。

　本文原载于《江西农业大学学报》2007 年第 29 卷第 1 期第 182～186 页。

1.2　试验设计

　　本试验从 2004 年 11 月开始在余江县农业科学研究所实施，种植模式为绿肥（紫云英）—早稻—晚稻，2005 年早稻试验品种为中选 181，晚稻为鹰优晚2 号。试验小区采用随机区组设计，每个小区面积 33.3m²，共设 4 个处理，重复 4 次，具体情况如表 1 所示。

表 1　不同耕作方式的试验设计

试验处理	名称
处理 1（对照）	常规耕作
处理 2	早耕晚免
处理 3	早免晚耕
处理 4	双季免耕

　　各处理栽插密度为每公顷 2.94 万蔸（移栽行株距为 20cm×17cm，抛秧按此密度抛栽）。施肥方法按基肥∶分蘖肥∶孕穗肥为 7∶2∶1 施用，各处理施肥种类、施肥量与施肥时间相同。早稻于 2005 年 3 月 24 日播种，免耕采用抛秧盘育秧，常耕采用水田育秧。4 月 2 日免耕小区用 200g/L 百草枯喷施紫云英，24h 后灌水将其淹没，保持 3cm 水层（使紫云英腐烂）至移栽日。常耕田也于 4 月 2 日翻耕并保持 2cm 水层 15d 后再耕翻、耙平。4 月 22 日施基肥，4 月 23 日移栽，5 月 4 日混施分蘖肥和除草剂丁·苄，6 月 4 日施孕穗肥，7月 20 日收割测产。早稻收割后，晚稻每 667m² 用 200g/L 百草枯水剂 250mL兑清水 50kg 喷施稻桩，各处理均于 7 月 28 日移栽或抛秧，移栽时每蔸栽一棵秧，8 月 4 日施分蘖肥，同时施除草剂丁·苄，9 月 12 日施孕穗肥，10 月 10日收割测产。

1.3　研究方法

　　（1）田间试验小区测定项目与方法。田间试验小区于水稻主要生育时期（分蘖期、拔节期、孕穗期、齐穗期、黄熟期）取样测定，叶面积指数（LAI）测定采用小样干重法[4]；干物质积累的测定，每次取平均茎蘖数 5 蔸，105℃杀青 15min，80℃烘 48h 后称量；水稻根系活力的测定，抽穗后根系活力用水稻抽穗期茎基部伤流量作指标，通过收集伤流液进行测定[5]。水稻收获期取样10 株进行考种测产，测定的主要指标有水稻茎鞘重、有效穗数、每穗颖花数、每穗实粒数、千粒重和实际产量。

　　（2）小区杂草发生情况调查方法。抛秧后第 3d 开始，前期每 2d、中期每

5d、后期每 10～20d 调查杂草发生动态和杂草种类。

（3）数据处理。试验所有数据采用 Excel 和 DPS 数据处理系统分析[6]。

2 结果与分析

2.1 对水稻产量的影响

不同的耕作方式会直接影响作物的产量，Mika 和 Wicks 研究表明，不同免耕方式之间作物产量以及与翻耕相比均有差异，而且免耕具有较大的优势[7]。从表 2 可以看出，各季水稻不同处理的颖花数有一定差异，但表现不明显；水稻结实率变化表现也不显著。就实际产量变化而言，以处理 4 效果最明显，产量达 13 440.90kg/hm²，比处理 1 增加 8.46%，方差分析表现为差异极显著；其次为处理 3，产量为 13 117.20kg/hm²，较处理 1 增加5.85%，方差分析表现为差异显著；而处理 2 的产量为 12 882.90kg/hm²，较处理 1 增加 3.96%。由以上分析可得，免耕处理效果优于常耕，水稻产量在 3种不同的保护性耕作方式中，以双季免耕处理为最佳，其次为早免晚耕处理。

表 2　不同处理水稻产量构成与方差分析

处　理		有效穗数 （万个/hm²）	每穗颖花 数（个）	结实率 （%）	千粒重 （g）	实际产量 （kg/hm²）	总产 （kg/hm²）	增减 （%）
处理 1	早稻	278.55	132.84	82.24	21.81	5 641.50	12 392.10	
	晚稻	290.70	140.53	87.53	22.21	6 750.60		
处理 2	早稻	278.70	132.82	82.26	21.82	5 647.65	12 882.90	3.96
	晚稻	302.70	145.29	87.34	22.16	7 235.25		
处理 3	早稻	287.70	138.37	82.37	21.71	6 051.00	13 117.20*	5.85
	晚稻	304.95	146.19	87.13	22.12	7 066.20		
处理 4	早稻	287.70	138.24	82.59	21.52	6 008.40	13 440.90**	8.46
	晚稻	310.05	145.37	87.27	22.23	7 432.35		

注：** 为差异极显著水平（$P<0.01$），* 为差异显著水平（$P<0.05$）。

2.2 对水稻叶面积指数的影响

图 1 是试验中不同处理条件下，早晚两季水稻主要生育时期 LAI 的变化情况，可以看出：无论早稻还是晚稻，在 4 种处理中，免耕处理都表现出较高的叶面积指数和较快的叶面积增长速度，并且在抽穗期达到最大值，早稻最大值依次为：处理 4＞处理 3＞处理 2＞处理 1；晚稻依次为：处理 4＞处理 2＞

处理 3＞处理 1。处理 4 的 LAI 一直都是 4 个处理中最大的。从变化动态来看，各处理在生育前期表现出较大的增长幅度，这与该阶段的光合作用强有关，叶片能充分利用光能进行干物质积累，有利于叶片成长；而生育后期（灌浆期至成熟期）LAI 则呈下降趋势，这说明在水稻生育后期叶片已不能进行强烈的光合作用，能量、养分也不断输送到穗粒，叶片逐渐衰老枯黄。

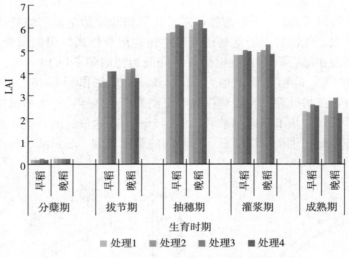

图 1　不同处理水稻叶面积指数变化

2.3　对水稻茎鞘重的影响

从表 3 可以看出，免耕处理的水稻茎鞘重比常规耕作要重。早稻抽穗期，植株单茎茎鞘重以处理 4 最大，其次为处理 3；晚稻抽穗期，植株单茎茎鞘重以处理 2 最大，其次为处理 4。免耕处理的单茎茎鞘重比常规耕作要高，说明免耕有利水稻植株的生长发育。

表 3　不同处理水稻茎鞘重

生育时期	处理 1		处理 2		处理 3		处理 4	
	早稻	晚稻	早稻	晚稻	早稻	晚稻	早稻	晚稻
分蘖期	2.07	2.64	2.08	2.65	2.01	2.65	1.98	2.64
拔节期	64.56	74.35	64.51	74.30	65.65	74.29	65.64	74.35
抽穗期	184.71	199.93	184.73	201.95	186.88	201.39	186.91	201.87
灌浆期	162.47	197.87	162.55	197.85	168.53	197.28	168.52	197.87
成熟期	109.58	110.78	109.61	110.75	105.85	110.14	108.72	110.78

2.4 对水稻根系活力的影响

根系是作物吸收水分和养分的重要器官，而且能合成多种生理活性物质，与植株衰老、物质生产、同化物的运输与分配等关系密切，对产量形成有举足轻重的影响[8]。本试验以水稻穗后茎基部的伤流量为根系活力指标进行分析。

从图2可以看出，4个处理整体来看，早稻和晚稻茎基伤流量均呈下降趋势；具体来看，免耕处理的茎基伤流量均比常规耕作高。根据试验数据可得，早稻免耕处理在穗后第14d平均伤流量降低为穗后第7d的92.03%，而常规耕作为88.78%；晚稻免耕处理为92.14%，常规耕作为88.56%。这说明在穗后14d内，免耕处理比常规耕作具有更高的伤流强度，这为植株供给充足的养分奠定了基础。从下降速率来看，穗后15～25d这段时间，茎基伤流量下降速度最快，因此在生产上应注意该段时间的肥水管理，尽量减小伤流强度降低的速度。

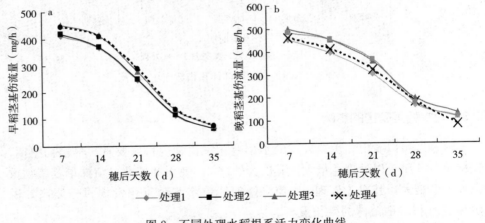

图 2 不同处理水稻根系活力变化曲线

2.5 对杂草发生情况的影响

从表4可知，无论早稻还是晚稻，免耕处理的杂草种类和覆盖度都比常规耕作的高。虽然早稻免耕处理的杂草种类较多，但两次测定间杂草覆盖度的增幅却比常规耕作的小。早稻杂草覆盖度增幅处理1、处理2、处理3、处理4依次为42.9%、42.9%、39.4%、38.2%，晚稻依次为66.7%、64.9%、32.1%、65.0%。这与免耕处理水稻分蘖出现早、快，叶面积系数增长比常耕处理水稻大，水稻封行早不利于杂草生长有关。

表 4　不同处理对杂草种类及覆盖度变化的影响

| 处理 | 调查日期 | | | | | | | |
| | 5 月 18 日 | | 6 月 17 日 | | 8 月 25 日 | | 9 月 9 日 | |
	种类（个）	覆盖度（%）	种类（个）	覆盖度（%）	种类（个）	覆盖度（%）	种类（个）	覆盖度（%）
处理 1	6	28	9	40	10	30	12	50
处理 2	6	28	9	40	13	37	16	61
处理 3	8	33	11	46	14	53	17	70
处理 4	8	34	11	47	10	40	13	66

2.6　对减少农民投入的影响

在目前生产和科技水平条件下，作物产量不会在短期内有较大幅度的提高，因此降低生产成本也就成了提高农民收入的最主要、最直接的方法。在农业生产成本中，物质费用所占比例较大，主要包括种子、农药、肥料、机械投入等。据笔者实地调查结果，江西省的物质费用投入各项所占比例如图 3 所示。可见，如果去除或减少耕翻一项的投入，农民可以直接减少物质投入费用达 20%，这为农民增产增收提供了最直接的途径。而保护性耕作措施中最主要的一项措施是实行少、免耕技术，而且此技术已经比较成熟，可以进行大面积推广应用。因此，应用保护性耕作技术是提高农民收入的一种有效方法。

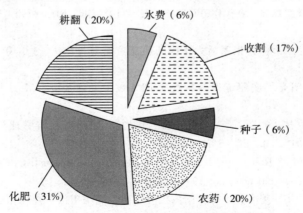

图 3　江西省稻田生产的物资成本构成

3　小结与讨论

由上述试验和分析可以看出：

（1）保护性耕作方式可以提高水稻产量，促进水稻早发，使水稻提前进入生殖生长，增加有效穗数、结实率、千粒重等[10]；但对提高产量贡献最大的是提高水稻的有效穗数，一般免耕可以增加有效穗数 7% 左右。

（2）免耕可以优化水稻的群体质量，有利于水稻植株的生长发育，早晚两季水稻主要生育时期的 LAI 表现出较快的增长速度，并且茎基伤流量均比常规耕作高。

（3）与常规耕作相比，保护性耕作方式（免耕、抛秧）可以降低稻曲病的发病率和危害程度，改善稻田生态环境。在相同防治措施条件下，实行保护性耕作措施的稻田，水稻的千粒重比常规耕作高 5.5%。此外，试验数据还表明，不同播期对病虫害的发生也有影响。

（4）保护性耕作方式可以明显提高农民收入。实践证明，实行少、免耕技术可有效降低生产成本，提高劳动生产率，增加产量，从而可明显增加农民收入，具有良好的经济效益、生态效益和社会效益[11]。

参考文献

[1] 刘巽浩，牟正国. 中国耕作制度 [M]. 北京：农业出版社，1993.

[2] 黄国勤. 江西稻田保护性耕作的模式及效益 [J]. 耕作与栽培，2005（1）：16-18.

[3] 黄小洋，漆映雪，黄国勤，等. 稻田保护性耕作研究 I. 免耕对水稻产量、生长动态及害虫数量的影响 [J]. 江西农业大学学报，2005，27（4）：530-534.

[4] 浙江农业科学编辑部. 农作物田间试验记载项目及标准 [M]. 杭州：浙江科学技术出版社，1981.

[5] 金成忠，许德威. 作为根系活力指标的伤流液简易收集法 [J]. 植物生理学通讯，1959（4）：51-53.

[6] 唐启义，冯明光. 实用统计分析及其 DPS 数据处理系统 [M]. 北京：科学出版社，2002.

[7] 高祥照，胡克林，郭焱，等. 土壤养分与作物产量的空间变异特征与精确施肥 [J]. 中国农业科学，2002，35（6）：660-666.

[8] EDWARDS W M. Role of lumbriens terrestrials burrows on quality of infiltration water [J]. Soil Biology Biochemical，1992，24（2）：1555-1561.

[9] 郑家国，谢红梅，姜心禄，等. 南方丘陵区两熟制稻田保护性耕作的稻田生态效应 [J]. 农业现代化研究，2005，26（4）：294-297.

[10] 张兆飞，黄国勤，黄小洋，等. 江西省余江县保护性耕作现状的调查 [J]. 耕作制度通讯，2004（3）：31-32.

[11] 王淑彬，黄国勤，黄海泉，等. 稻田水旱轮作的生态经济效应研究 [J]. 江西农业大学学报，2002，24（6）：757-761.

稻田保护性耕作研究

——Ⅲ. 秸秆覆盖还田的土壤生态效应*

摘　要：通过田间定位试验和土壤理化性状的测定，探讨了秸秆覆盖还田对土壤的改良效果及对作物产量的影响。研究结果表明，与常规耕作相比，秸秆覆盖可使土壤总孔隙度增加 0.28%～2.02%，土壤容重降低 0.02～0.06g/cm³，同时秸秆覆盖还田可以明显减少土壤径流量和侵蚀量。试验还表明，随秸秆覆盖量的增加，作物增产效果越明显。

关键词：秸秆覆盖；容重；总孔隙度；土壤侵蚀；水稻产量

长期以来，我国的保护性耕作技术研究重点集中在北方，导致研究多集中在旱地（因我国北方分布大量旱地），而针对南方稻田的研究相对较少。大量研究表明[1-3]，稻田秸秆覆盖还田后，土壤的水、肥、气、热状况重新组合，其生态、社会和经济效益显著提高，是农业可持续发展的有效措施和途径之一。江西省是典型的双季稻种植区，结合当地种植制度与特点，将秸秆覆盖、免耕栽培融于一体能有效解决稻田地力下降、生态环境趋向恶化等一系列问题。结合笔者前期稻田保护性耕作研究的试验基础，探讨秸秆覆盖还田对土壤生态的影响，并以此进一步阐明秸秆还田的重要性及其对改良土壤、减少土壤侵蚀、提高农田生产力的重要作用，为大规模推广应用稻田保护性耕作技术提供科学依据。

1　材料和方法

1.1　试验区概况

试验在江西农业大学农学院试验站水田进行，地处 28°46′N、115°55′E。年均温为 17.6℃，日均温≥10℃的活动积温达 5 600℃，持续天数 255d。年均日照总辐射量为 20.05×10⁵kJ/cm²，年均日照时数为 1 820.4h，无霜期约 272d，

---

　　* 作者：姚珍、黄国勤、张兆飞、彭剑锋、吴孙娟、章秀福、高旺盛；通讯作者：黄国勤（教授、博导，E-mail：hgqjxes@sina.com）。
　　本文原载于《耕作与栽培》2006 年第 6 期第 1～2 页，第 10 页。

年均降水量 1 624.4mm。试验前土壤肥力基本状况为：有机质 26.32g/kg，全氮 1.42g/kg，有效磷 4.73mg/kg，速效钾 34.05mg/kg，pH 5.40。

1.2 试验设计

本试验自 2003 年 10 月开始进行，采用绿肥（紫云英）—早稻—晚稻复种方式，共设 4 个处理，每个处理重复 2 次，每个小区面积 33.3m²。具体情况见表 1。

表 1 不同覆盖还田方式的试验设计与方法

处理	具体方法
常规耕作（CK）	试验地在前茬收获后耕翻耙平，采用手插方式移栽，但不进行任何覆盖
免耕（NT）	整个试验期不耕作，采用手插等方式移栽，不覆盖任何材料
免耕秸秆覆盖半量还田（NT＋S_1）	整个试验期不耕作，采用手插等方式移栽，秸秆半量还田
免耕秸秆覆盖全量还田（NT＋S_2）	整个试验期不耕作，采用手插等方式移栽，秸秆全量还田

1.3 测定项目与方法

1.3.1 土壤理化性状测定

水稻种植前及收获后采集土样（五点法），每次取 0～5cm、5～10cm 和 10～15cm 3 个层次土样进行分析。土壤容重用环刀法测定，总孔隙度和非毛管孔隙度用环刀浸泡法。有机质用重铬酸钾-浓硫酸外加热法测定，全氮用开氏蒸馏法，有效磷用 $NaHCO_3$-钼锑抗比色法；速效钾用火焰光度法，pH 用电位法[4]。

1.3.2 土壤侵蚀观测实验

记录每次降雨产生的径流量并均匀采集水样，室内过滤、烘干并称量，测定单位体积径流的含沙量。根据每次降雨的径流量，计算小区土壤侵蚀量，并换算成单位面积土壤侵蚀量。同时，采用比重计法测定侵蚀土壤的颗粒组成[5,6]。

1.3.3 考种测产

水稻成熟期，在各小区中随机选取有代表性的水稻 5 株，作为考种材料（考种项目包括有效穗数、每穗颖花数、每穗实粒数和结实率），清水漂洗去空、秕粒晒干后用 1/100 分析天平测千粒重[7]。

此外，试验所有数据采用 Excel 和 DPS 数据系统分析[8]。

2　结果与分析

2.1　秸秆覆盖还田对土壤容重、总孔隙度的影响

容重、孔隙度是反映土壤结构特性的重要指标，土壤容重的大小直接表现为总孔隙度和通气孔隙度的大小。土壤通气透水条件良好能促进土壤微生物活动，从而增强土壤养分的供应，有利于作物生长[9]。从图 1、图 2 可以看出，在 2 年的耕作过程中，秸秆还田后土壤总孔隙度逐渐增加，容重逐渐降低。CK 土壤容重和总孔隙度变化幅度较小，其变化趋势（趋势线）较为平缓，说明在连年耕翻操作的条件下，这两个指标年际间变化不大。与 CK 相比，各免耕覆盖处理的土壤容重则有较明显的下降趋势。容重下降趋势依次为 $NT+S_2 > NT+S_1 > NT > CK$，容重降低值依次为 $0.06g/cm^3$、$0.04g/cm^3$、$0.03g/cm^3$、$0.02g/cm^3$；总孔隙度降低幅度依次为 $NT+S_2 > NT+S_1 > NT > CK$，总孔隙

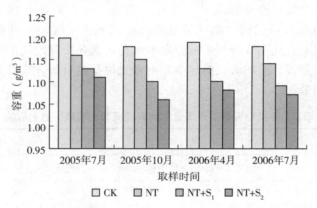

图 1　不同秸秆覆盖还田量的土壤容重变化

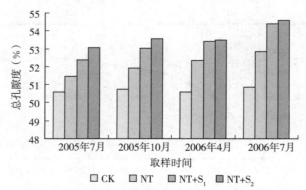

图 2　不同秸秆覆盖还田量的土壤总孔隙度变化

度值依次为 0.28%、1.35%、2.02%、1.55%。二者均以 $NT+S_2$ 处理效果最好，$NT+S_1$ 处理次之。

2.2 秸秆覆盖还田对土壤侵蚀的影响

土壤水土流失主要包括水力侵蚀和耕作侵蚀。耕作过程中土壤受翻耕作用而导致耕作侵蚀发生，同时犁耕扰动表层土壤，破坏土壤结构，改变成土环境，加速土壤中多糖有机黏合剂的分解，从而使土壤易被侵蚀[10]。坡耕地水蚀主要从雨水溅击开始，之后形成面状水流进而汇集成股，发展成细沟、浅沟侵蚀[11]，加之人为耕作管理活动，最终表现为土壤层状剥蚀，并导致土壤肥力降低、土层变薄。

从表 2 可以看出，冬季径流量较夏季整体要高，土壤侵蚀量夏季较冬季偏高。受各种侵蚀力的作用，小区坡面水土流失存在较大差异，可见秸秆覆盖对减少土壤径流量和侵蚀量有较显著的效应。夏季免耕秸秆覆盖全量还田的径流量、侵蚀量比常规耕作分别减少 1.4cm、37.2t/hm²，而冬季减少量则分别为7.5cm、21.6t/hm²。这说明秸秆覆盖可以明显减少土壤径流量和侵蚀量，冬季效果更为明显。从图 3 分析来看，随着秸秆覆盖还田量的增加，土壤损失减少越大。也就是说，土壤流失量越少，对水土保持越有效，当秸秆全量覆盖返田时效果达到最大。

表 2 不同秸秆覆盖还田量对地表径流和土壤流失量的影响

处 理	夏 季		冬 季	
	径流量（cm）	侵蚀量（t/hm²）	径流量（cm）	侵蚀量（t/hm²）
CK	2.5	40.3	10.6	21.8
NT	3.7	38.1	8.3	7.6
$NT+S_1$	2.5	24.6	8.3	8.2
$NT+S_2$	1.1	3.1	3.1	0.2

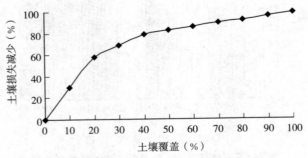

图 3 秸秆覆盖还田量与土壤侵蚀的关系

2.3 秸秆覆盖还田对水稻产量的影响

秸秆中含有大量的有机质，其对土壤理化性状、微生物区系及生态环境等方面都有影响，秸秆还田在提高土壤肥力、增加作物产量等方面已被许多研究证实。秸秆还田方法和数量都在不断变化，尤其是部分地区禁烧秸秆和留高茬直接还田技术的推广，使秸秆直接还田的数量增加[12]。表3是不同秸秆覆盖还田方式下水稻的产量，可以看出，秸秆还田比对照有明显的增产作用。其中，以免耕秸秆覆盖全量还田处理的产量效益提升最为明显，早、晚稻分别比对照增产 2.74%、3.19%；其次为免耕秸秆覆盖半量还田处理，分别比对照增产 1.43%、1.68%。由此可见，秸秆覆盖还田对水稻增产有显著效应。

表3 不同秸秆覆盖还田量对水稻产量的影响

处理	项目	有效穗数（万个/hm²）	每穗颖花数（个）	结实率（%）	千粒重（g）	产量（kg/hm²）	产量增减（%）
CK	早稻	273.43	127.64	79.63	22.87	5 910.97	
	晚稻	275.52	131.79	80.59	23.27	6 264.71	
NT	早稻	270.70	127.84	80.12	22.72	5 980.40	1.17
	晚稻	277.05	132.37	81.47	22.83	6 351.35	1.38
NT+S₁	早稻	267.02	127.43	80.37	23.17	5 995.47	1.43
	晚稻	280.73	133.56	82.69	23.28	6 369.96	1.68
NT+S₂	早稻	280.67	126.83	80.59	23.31	6 072.93	2.74
	晚稻	285.96	129.32	82.34	23.57	6 464.55	3.19

从图4可知，秸秆还田量与增产量间的简单相关系数达到了 0.952 4**，说

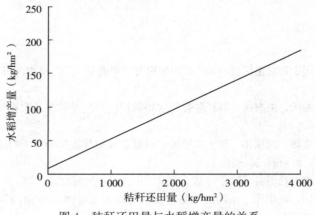

图4 秸秆还田量与水稻增产量的关系

明二者之间具有高度相关性。以秸秆还田量为自变量（x），增产量为因变量（y）建立回归方程，得到 $y = 8.85 + 0.044\,12x$（$0 < x < 3\,900$）。回归方程显示：秸秆还田量与增产量间呈正相关关系。即在一定范围内，随秸秆还田量的增加，水稻增产量随之增加。因此，秸秆还田不仅有利于提高作物产量，而且效果很明显。

3 小结

（1）与常规耕作相比，免耕秸秆覆盖处理的土壤容重有较明显的下降趋势，降低幅度为 $0.02 \sim 0.06 \text{g/cm}^3$；总孔隙度呈增加趋势，增加幅度为 $0.28\% \sim 2.02\%$。二者均以免耕秸秆覆盖全量还田处理效果最好，免耕秸秆覆盖半量还田处理次之。

（2）秸秆覆盖还田可以明显减少土壤径流量和侵蚀量，冬季效果更为明显。随着秸秆覆盖还田量的增加，土壤流失量越少，对水土保持越有效。

（3）秸秆覆盖还田具有较好的增产效应，全量还田早、晚稻分别比对照增产 2.74%、3.19%。秸秆还田量与增产量间呈正相关关系，在一定范围内，随秸秆还田量的增加，水稻曾产量也随之增加，二者简单相关系数 $R = 0.9524$，说明具有高的相关性。

总的来说，秸秆覆盖可以改善土壤结构，减少土壤径流量和侵蚀量，具有显著的增产效应。秸秆资源的综合利用是一种农业的"循环经济"或称循环农业模式，它使资源实现低消耗、低污染，提高利用率和循环率，把经济活动对自然环境的影响降低到尽可能小的程度，以尽可能小的成本获得尽可能大的经济效应和环境效应[9]。由此可见，稻田保护性耕作技术是提高稻田生产力的有效保护性耕作措施，它实现了经济效益、生态效益和社会效益的统一。

参考文献

[1] 罗永藩. 我国少耕与免耕技术推广应用情况与发展前景 [J]. 耕作与栽培，1991（2）：1-7.

[2] 沈裕琥，黄相国，王海庆. 秸秆覆盖的农田效应 [J]. 干旱地区农业研究，1998，16（1）：45-50.

[3] 梁银丽，张成娥，郭东伟. 黄土高原区农田覆盖效应与前景分析 [J]. 中国生态农业学报，2001，9（1）：55-57.

[4] 鲍士旦. 土壤农化分析 [M]. 3 版. 北京：中国农业出版社，1999.

[5] 方岚，符素华，刘宝元. 前期含水量对北京山区土壤可蚀性 K 值的影响 [EB/OL]. 中国科技论文在线 [2006-01-28]. http://www.paper.edu.cn/html/releasepaper/

2006/01/306/.

[6] [佚名]. 万县生态环境实验站监测方法 [EB/OL]. [2006 - 10 - 17]. http：//www. tgenviron. org/sysintro/sysintro _ method18. html.

[7] 南京农学院. 田间试验和统计方法 [M]. 北京：农业出版社，1996.

[8] 唐启义，冯明光. 实用统计分析及其 DPS 数据处理系统 [M]. 北京：科学出版社，2002.

[9] 吴婕，朱钟麟，郑家国，等. 秸秆覆盖还田对土壤理化性质及作物产量的影响 [J]. 西南农业学报，2006，19（2），192 - 195.

[10] 郭跃. 试论农业耕作对土壤侵蚀的影响 [J]. 水土保持学报，1995，9（4）：94 - 97.

[11] 唐克丽. 黄土高原坡耕地土壤侵蚀 [C] //第四次国际河流泥沙学术会文集. 青岛：海洋出版社，1989.

[12] 刘世平，张洪程，戴其根，等. 免耕套种与秸秆还田对农田生态环境及小麦生长的影响 [J]. 应用生态学报，2005（16）：393 - 396.

保护性耕作对水稻生长和稻田环境质量的影响*

摘　要： 农业是国民经济的基础，而江西是典型的以种植双季稻为主的农业区。本文结合保护性耕作综合技术措施和产地水稻生长与环境质量状况，以江西农业大学农学院试验站水田为供试田块，优选出免耕条件下秸秆覆盖还田的最佳模式。同时，对稻田土壤环境质量进行监测，并进行相关性分析与评价，掌握了试验区土壤污染状况。

本研究得到以下主要结果：

（1）秸秆覆盖还田能提高作物生产力，具体表现为：水稻叶面积指数（LAI）方面，$NT+S_2$ 处理在水稻整个生育期内均比 CK 要大，较 CK、NT、$NT+S_1$ 分别高 10.8%～11.3%、6.7%～9.7%、3.4%～4.6%；水稻干物质积累方面，$NT+S_2$ 处理较 CK、NT、$NT+S_1$ 分别高 9.7%～10.5%、7.6%～9.6%、1.1%～3.0%；水稻产量方面，试验结果折算后的产量（不含冬季作物）以 $NT+S_2$ 处理最高，早、晚两季各达 6 540.32kg/hm²、7 108.17kg/hm²。以秸秆还田量与水稻产量建立了线性回归方程，两个变量之间的线性相关关系呈极显著。

（2）秸秆覆盖还田能改善土壤理化性状，具体表现为：$NT+S_2$ 处理的容重呈下降趋势，总孔隙度随着还田量的增加而增加，团聚体数量上升幅度也较其他处理大。秸秆覆盖还田状况下，土壤有机质、全氮、有效磷以及速效钾 4 个指标含量均显著高于秸秆不还田处理，土壤 pH 略微下降。

（3）Cd 和 As 是试验区土壤重金属污染的主要元素，Cd、Hg 受外来污染影响较大，高残留农药（六六六、滴滴涕）在试验区土壤中普遍存在。试验区土壤环境质量评价结果表明：从单项污染指数来看，试验区总体土壤重金属污染的污染程度依次为 Cd＞Cu＞Cr＞Pb＞As＞Hg，六六六的残留明显高于滴滴涕，但都低于国家Ⅲ级土壤质量标准，仍属于安全范围。从土壤污染综合评价结果来看，CK 处于警戒级状态，而 $NT+S_2$ 处理则处于安全状态。

（4）秸秆覆盖还田的综合效益评价分析。单项效益指数：经济效益为 NT＋

　＊　作者：姚珍、黄国勤；通讯作者：黄国勤（教授、博导，E-mail：hgqjxes@sina.com）。

　本文是第一作者于 2007 年 6 月完成的硕士学位论文的主要内容，是在导师黄国勤教授指导下完成的。

S_2＞NT＋S_1＞NT＞CK；生态效益为 NT＋S_2＞NT＋S_1＞NT＞CK；社会效益为 NT＋S_1＞NT＋S_2＞NT＞CK。综合效益指数排序为：NT＋S_2＞NT＋S_1＞NT＞CK，表明免耕秸秆全量覆盖还田处理效果最佳。

关键词：保护性耕作；秸秆覆盖；土壤污染；环境质量评价；综合效益

前言

长江中下游双季稻主产区是我国农业生产力最高的区域之一，在我国农业生产中占有重要的地位，是国家农产品安全的重要保障力量，也是我国稻米的主要调出区域和出口基地。但随着近几年种粮经济效益的下降，粮食总产值有下降趋势，农民增收得不到有效解决，农民种粮积极性严重受挫[1-3]；另外随着生产力的不断发展，农业面源污染给产地环境造成严重污染与破坏的不利影响也逐渐显现，如稻田土壤重金属污染、农药污染，作物秸秆、残留物等资源浪费，周边水域淤积和富营养化问题，及其引发的严重环境问题等[4-6]。保护性耕作是针对传统耕作弊端而发展的一种耕作技术，起源于 20 世纪 30 年代的美国。其指导思想是在保护环境、减少污染和实现农业可持续发展的前提下，最有效地利用和节约资源，提高作物产量，提高劳动生产率，达到高产、高效、优质、低耗、可持续发展的目的[7-11]。农业是国民经济的基础，农田环境是农业生产的基本条件，农田环境质量的好坏直接关系到生态平衡、农产品质量安全乃至人类生存质量的好坏，因此对产地环境质量状况进行综合评价研究，是农业发展乃至国民经济持续发展的重要依据。产地环境质量综合评价既是环境管理的重要手段，也是生态学研究的重要内容。从 20 世纪六七十年代汞污染事件起，产地环境污染问题便引起全世界的高度关注[12-14]。

江西省是我国中部地区的重要农业省份之一，地处长江中下游南岸[3]。现有人口 4 200 万人，耕地面积 210.618 万 hm^2，人均耕地面积只有 0.05hm^2，是典型的以种植双季稻为主的农业区，稻田面积历年占耕地总面积的 85％左右。2005 年，水稻种植面积为 318.77 万 hm^2[4]，占全省粮食播种面积的 90.59％，占全省作物总播种面积的 59.8％。历史上，江西水稻生产素有"精耕细作"的优良传统，其中也包含着少耕、免耕、覆盖等多种保护性耕作的模式和技术，可以说，这些保护性耕作的模式和技术为江西的水稻生产发挥了重要作用。江西有 78％的地形属山地和丘陵，如果实行常规耕作，雨季对土壤的冲刷严重，容易造成水土流失；在少雨季节又易干旱，对环境和作物的生长都不利。近些年，生产中片面追求产量而大量施用化肥，导致土壤生产力退化，土壤有机质含量不断下降。因此，要稳定粮食产量、保持可持续发展，实行秸秆覆盖还田的保护性耕作是切实可行的。实行保护性耕作还可降低劳动强度，提高劳动效率。由于外出务工人员大量增长，部分地区农村人均实际耕地面积已经远远超过了 $667m^2$，"双抢"时节的劳动力不足已成为双季稻生产的最主要不利因素，而保护性耕作中的少、免耕技术恰好可以解决这一困难。此外，近几年，在国家大力发展小城镇建设的政策下，农业劳动力转移增多，农业劳动强度要求也逐渐降低。这些都为实行保护性耕作提供了很好的条件。

本书拟在前人的研究基础上，从生理生态以及环境评价的角度，分析免耕条件不同秸秆还田量对水稻产量及各项生理生态指标的影响，筛选出适于长江中下游地区应用的保护性耕作综合技术措施，从而有效提高稻田生产的经济效益，促进和稳定粮食作物的播种面积。

本文的创新点在于对保护性耕作措施下的稻田环境质量进行监测，并根据试验数据定量化评价，对土壤环境质量在单个指标分级的基础上又进行了综合评价和分级，为合理控制稻田环境污染，及解决农业结构调整和由于稻田生产所引起的生态环境恶化等问题，提供合理、科学的理论依据和实践经验。

1   文献综述

1.1   稻田保护性耕作的研究

保护性耕作（conservation tillage）是相对于传统耕作而言的一种新型耕作技术。保护性耕作在国际上尚无统一概念，国外通常以秸秆残茬覆盖度为标准[15,16]，指在一季作物之后地表留茬覆盖至少 30%，如覆盖耕作、免耕、起垄、带状耕作等。保护性耕作的概念并不十分明确，不仅仅指少耕、免耕。与国外保护性耕作的概念相比，我国的保护性耕作内涵更广泛。保护性耕作是指通过少耕、免耕、地表微地形改造技术及地表覆盖、合理种植等综合配套措施，从而减少农田土壤侵蚀，保护农田生态环境，并获得生态效益、经济效益及社会效益协调发展的可持续农业技术。其核心技术包括少耕、免耕、残茬覆盖耕作、秸秆覆盖、缓坡地等高耕作、沟垄耕作等农田土壤表面耕作技术及其配套的专用机具等，配套技术包括绿色覆盖种植、作物轮作、带状种植、多作种植、合理密植、沙化草地恢复以及农田防护林建设等。保护性耕作技术有利于旱区保水保土、增产增收和保护环境[17]。

1.1.1   稻田保护性耕作的主要技术类型及原理

我国地域辽阔，种植制度多样，因此保护性耕作技术类型也较为繁多。根据对土壤的影响程度大致可以将南方稻田的保护性耕作技术划分为以下 3 种类型[18-21]。

（1）秸秆覆盖保护性耕作技术。这是保护性耕作的核心技术，是指前作收获后，将秸秆均匀撒施田面后栽培水稻的技术。在下茬作物种植时，利用免耕播种机进行破茬、深施肥、播种、覆盖。该技术具有明显的蓄水保墒作用，覆盖物腐烂后可显著改善土壤耕层结构，培肥地力，活化土壤，保持地力常新。根据水稻移栽方式，又可分为秸秆覆盖免耕直播、栽插和抛秧技术。目前，研究较多的是秸秆覆盖栽培技术。同时，秸秆覆盖技术操作简单易行、劳动强度低，深受农民欢迎。

（2）少耕、免耕播种技术。目前，采用的主要技术为水稻免耕直播栽培技术和水稻免耕抛秧技术。水稻免耕直播栽培技术是指稻田未经翻耕犁耙，用灭生性除草剂灭除稻田内的稻茬、杂草和落粒谷芽苗后，放水沤田，然后进行直播栽培的一项轻型稻作新技术。它是免耕技术与直播技术的进一步发展。水稻免耕抛秧技术是指在未经翻耕犁耙的稻田上进行水稻抛栽的保护性耕作方法，是继抛秧栽培技术之后发展起来的更为省工、节本、高效、环保的轻型栽培技术。

（3）杂草、病虫害控制和防治技术。防治病虫草害是保护性耕作技术的重要环节之一。为了保证覆盖田作物正常生长，主要用化学除草剂防治病虫草害对作物的危害。为了能充分发挥化学药品的有效作用，尽量防止可能产生的危害，一般使用高效、低毒、低残留化学药品，严格按照操作规程进行施药作业。同时，除草剂主要有乳剂、颗粒剂和微粒剂，施用化学除草剂的时间可在播后出苗前，在播种的同时用除草剂喷施留茬覆盖的地表。

保护性耕作的基本原理是：通过增加地表粗糙度和地表覆盖（包括植被、秸秆、人工制品等），减轻由于降水、风等对土壤的侵蚀，减少水分蒸发，延长地表水的入渗时间，减少地表径流，达到保水保土、培肥地力和高产稳产的目的。

1.1.2 稻用保护性耕作的效应

（1）有效改善稻田土壤环境。多数研究证明，保护性耕作能改善土壤理化性状。据袁家富[22]荆门试验表明，稻草覆盖于麦田 30d 后，秸秆中钾的下降率为 69.13%，60d 后为 85.0%。陈兰详[23]认为，每 666.7m^2 覆盖 200kg 稻草所带入的钾相当于 7.5kg 氧化钾的肥效。秸秆连续覆盖对免耕土壤有机质组分变化研究表明[24]，作物覆盖种植体系中颗粒状有机质和矿物结合状有机质的 C 和 N 储量比裸露土壤中多，矿物结合状有机质中的 C 和 N 比颗粒状有机质的分别高 5～9 倍和 13～26 倍。藉增顺等[25]在进行 6 年试验后认为，秋耕覆盖和秋耕秸秆还田是调控土壤氮强度的两条主要措施，秸秆覆盖能直接补充一部分氮素。黄东迈等[26]研究表明，在稻麦轮作中，第一季化肥的残留氮为 19%～26%；而有机肥的残留量为 47%～62%，有机肥与无机肥配合区为

40%～44%，而且有效持续时间长，肥效可延续 3～4 季作物。杨玉爱等研究[27]秸秆还田对连续种植多季作物和土壤 Zn、Mn 有效性的影响，试验表明，秸秆是为作物提供 Zn、Mn 营养的良好肥源，秸秆还田可提高土壤 Zn 和 Mn 的有效性。也有研究表明[28]，免耕与传统耕作的 0～15cm 或 0～30cm 土层中有机质和全氮含量无差别。农业部保护性耕作研究中心的试验测定：保护性耕作技术增加土壤有机质含量 0.03%～0.06%[29]。

保护性耕作由于减少了对土壤的扰动，可以保持和改善土壤结构。朱文珊[30]等研究表明，免耕土壤的孔隙分布较合理，在整个生育期内都能保持稳定的土壤孔隙度；且土壤同一孔隙孔径变化小、连续性强，有利于土壤上下层的水流运动和气体交换。免耕可以显著改善土壤化学性质，土壤有机碳含量显著提高，同时可提高表层土壤氮、磷和钾含量，但下层土壤变化不大[31,32]。免耕还可增加土壤动物和微生物数量。Balesdent 和 Edwards 等人认为[33,34]，免耕使土壤中动物特别是蚯蚓的数量增加。蚯蚓在土体中活动可改善土壤结构，其残体可增加土壤有机质含量。

（2）提高水分利用效率，减少土壤侵蚀。保护性耕作在增加蓄水、提高水分利用效率等方面的作用基本取得一致结论，但众多研究结果有一定差异。张海林等[35,36]研究表明，免耕覆盖使夏玉米前期耗水量减少，后期耗水量增加，蒸散量加大，且有效减少株间土壤蒸发，增加了作物的蒸腾量，变非生产性耗水为有效耗水，提高了水分利用效率。蔡典雄等等认为，免耕、深松等可增加降水入渗，提高土壤贮水量与水分利用效率[37,38]。于舜章等[39]研究表明，降水充足时秸秆覆盖保墒效果不太明显，但水分利用效率有较大的提高。秸秆覆盖对 0～30cm 表层土壤保墒效果明显，但在 100～110cm 土层中会形成一个缺水带。

在加拿大的安大略[40]，夏季土壤流失量与免耕后的作物残留物覆盖地表关系密切，但冬季不明显。据 Lopez 等[41]研究，在西班牙半干旱地区采用少耕结合秸秆覆盖可以有效保护土地免受风蚀，特别是在作物休闲期，少耕可以使地表受到保护，有效防止大风侵蚀。臧英等[42]研究表明，秸秆覆盖和少（免）耕结合可明显减少农田土壤损失，覆盖可减少 71.24% 的沙尘量，耕作仅能减少 14.17% 的沙尘量。王晓燕等[43]研究保护性耕作对农田地表径流与水蚀影响表明，在暴雨情况下，秸秆覆盖与少（免）耕结合具有明显的水土保持作用，少（免）耕而无秸秆覆盖的水土流失量高于对照；免耕覆盖不压实的保水保土效果最佳，压实次之。李洪文等[44]研究耕作措施对产流影响表明，1.375mm/min 降水强度下，传统耕作 5min 产生径流；而免耕 25min 产生径流，且径流量最少。刘刚才等[45]研究表明，聚土免耕法对水土流失的削减能力更好。T. C. Kaspar 等研究发现，覆盖作物能减轻雨滴溅蚀和冻融侵蚀[46]。

Smika 和 Wicks[47]在坡度为 8％的坡地上研究得出，残茬覆盖和免耕可减少 80％的土壤损失和 76％的径流，免耕可提高约 30％的水分入渗。

（3）增加作物产量，提高农民经济效益。免耕产量与效益研究（经济产量与经济效益）是作物生产的目的，而投入与生态效益越来越成为重要的方面，这也就使免耕技术得以推广应用成为可能。

大多学者认为，免耕有利于提高产量。Tiscareno－Lopez 等[48]研究表明，免耕不同方式间产量差异不大，但与翻耕相比，免耕具有较大的优势。顾克礼等[49]在江苏稻麦两熟区的研究表明，超高产麦田套稻产量由于无须秧田，比常规稻作增加种植面积 10％～15％，复种指数提高 10％以上，通过合理的水肥运筹，具有较大的增产潜力。杨光立等[50]在湖南双季稻区对稻草免耕覆盖还田栽培晚稻的研究表明，采用该耕作方法每公顷比无草翻耕增产稻谷 948kg，增产 14.8％；比稻草翻耕增产 582kg。李有忠等[51]研究表明，半干旱地区免耕地膜覆盖、免耕秸秆覆盖和少耕分别比对照增产 49.2％、29.4％和 14.5％。田秀平等[52]研究表明，免耕、深松、翻耕的玉米、小麦和大豆产量均以免耕最低，而玉米、小麦以深松产量最高。王光明[53]研究表明，免耕垄作稻比常耕稻增产，免耕 2～3 年比免耕 1 年增产 6.6％～16.2％。付国占等[54]研究表明，开花后干物质和籽粒产量均为覆盖显著高于不覆盖。澳大利亚相关试验表明，少耕、免耕和秸秆覆盖分别较对照增产 25％、30％和 20％[55]。

保护性耕作可以减少土壤耕作次数，减少机械动力和燃油消耗成本，降低农民劳动强度，具有省工、省时、节约费用等特点。以北美洲为例[56]，一个 203hm² 的农场，免耕可节省 225h 工作时间，相当于节省 4 周工作时间，可节省油耗 6 624L。李洪文研究认为，保护性耕作节本增收总效益在一年一熟地区达 225 元/hm² 以上，一年两熟地区达 945 元/hm² 以上[57]。杨光立等[50]认为，免耕覆盖每公顷可省用工量 12～15 个，明显降低了劳动强度。保护性耕作技术与翻耕相比，节约人畜用工量 50％～60％，增加纯收入 20％～30％。作物残茬覆盖免耕法可降低燃油消耗 50L 以上，节约劳动力 30％以上[58]。

（4）可能引起的负面效应。免耕条件下增加了化学除草剂的用量，同时进行覆盖可能会带来一些病菌和害虫。籍增顺[59]在山西一年一熟地区进行的免耕整秸秆半覆盖试验中发现，免耕覆盖可使玉米螟安全越冬；免耕覆盖田比常规覆盖田地下害虫（如蝼蛄、地老虎、金针虫等）多，危害率增加。而这一情况反过来又加大了农田农药的施用量，会造成一定的环境污染[60-62]，应采取一定的措施予以防范。已有报道说[63]，免耕对土壤酶活性有一定的影响，并且秸秆覆盖降低了机械化程度，不利于大型机械的使用，给施肥增加了难度。在水田的研究表明[64]，长期免耕会造成土壤容重的增加，对水田土壤潜育化不利。还有研究表明，秸秆的覆盖量过大，会造成作物根系呼吸减弱，有害气体增加；且有些作物秸秆会产生他感化合物，在抑制杂草的同时，也会对所覆盖的作物产生抑制作用及自毒作用。因此，应该合理安排秸秆种类和秸秆覆盖量[65]。

1.2　农田生态环境质量评价的研究

1.2.1　我国农田污染现状

稻田是农业生态系统的重要组成部分，是人类赖以生存和发展的基础。我国农业污染主要表现为：过度施用化肥、农药造成的土壤、水源污染，温室农业产生的塑料薄膜等废弃物对环境的污染，焚烧秸秆造成的环境污染和土壤氮、磷、钾的缺失，以及大量畜禽粪便排放对水体的污染等。以上农业污染由于发生范围广、持续时间长，并疏于治理，已给农业生态环境乃至社会经济的可持续发展亮起了红灯[66-68]。因此，对稻米产地的环境质量状况进行综合评价显得尤为重要，也是农业发展乃至国民经济持续发展的重要依据[69]。

（1）重金属污染。产地环境中的污染物特别是重金属既可以通过植物体的积累，以食物链富集到人体和动物体中，也可以由它产生的水体、大气污染直接危害人畜健康。众所周知，20 世纪 50 年代中期日本出现了震惊世界的痛痛病，其原因是受害者食用了受到镉（Cd）污染的大米，损害肾器官，造成人体钙大量流失，继而出现骨软化、骨萎缩，甚至弯曲变形、骨折，重病者的身体比健康时缩短 10～30cm，病人全身骨痛难忍。水误湾地区由于食用重金属汞（Hg）污染的鱼造成疫区妇女生下的婴儿多数患先天性麻痹痴呆症。瑞典也发现在排放镉、铅（Pb）、砷（As）冶炼厂工作的女工，其自然流产率和胎儿畸形率均明显增高。据报道，在我国东北松花江流域地区，鱼受到重金属汞的污染后汞含量高，导致当地居民体内含汞较高，也出现幼儿痴呆症。研究表明，当今人类 80％～90％的癌症成因均与环境污染物有关，其中因化学污染诱发的癌症达 90％以上[70-75]。调查表明，大多数城郊产地环境都受到不同程度的污染，长江三角洲地区有的城市连片的农田受到镉、铅、砷、铜（Cu）、汞等多种重金属污染，致使 10％以上的农田基本丧失生产力[76]。2000 年，研究人员对 30 万 hm² 基本农田保护区的土壤进行有害金属抽样监测，其中 3.6 万 hm² 土壤重金属超标，超标率达 12.1％[73]。

（2）农用化学品污染。根据 2002 年国家环保总局对淮河、海河、辽河、太湖、巢湖污染的测定，农用化学品的贡献率占 50％，因农业化肥污染带入滇池的总磷和总氮分别占到这些污染物入湖总量的 64％和 52.7％[66]。研究表明，我国氮肥利用率仅为 30％～50％，磷肥为 10％～20％，钾肥为 35％～50％，未被利用的养分通过径流、淋溶、反硝化吸附和侵蚀等方式进入环境，污染水体、土壤和大气[76]。大量盲目施用化肥不仅难以促进作物增产，反而使土壤有机质含量不断下降。新中国成立初期，我国大部分土地有机质含量为7%，现在下降至3%～4%，流失速度是美国的5倍[77]。

化肥的过量施用已经导致我国地表及地下水污染加剧，而农药的滥用又致使其在环境及农副产品中的残留现象日益严重。全国每年农药用量达30多万t，集约化农区施用水平每公顷低则300kg，高则450kg，除30%～40%被作物吸收外，大部分多余的药液进入水体和土壤及农产品中[78,79]。而且我国农药使用以杀虫为主，在蔬菜上使用高毒农药的种植户已占到32.8%，令人忧心的是，我国的农药施用量每年仍以10%的速度递增[68]。

（3）农用废弃物污染。我国每年产生数量庞大的农业废弃物，其中作物秸秆6.5亿t，畜禽粪便及粪水19亿t，蔬菜废弃物1.0亿t[80]。目前作物秸秆还田的只有1亿多t，还田面积只占全国耕地面积的1/3，像农业大省河南，每年几乎有1/2的秸秆被焚烧[81]。另外，每年有上百万吨的农膜投放到农田，且其使用量还在逐年增加。2003年农膜使用量已经达到159.2万t，比2002年增长了3.44%，而且使用的农膜绝大部分不可降解[82]。据统计，覆膜5年的农田每公顷农膜残留量可达78kg。目前，我国有670万hm²覆盖农膜的农田污染状况已日趋严重，农膜成为农田污染的主要来源之一[83]。

我国面临的土壤环境安全问题日益突出。据报道，重金属污染的土壤面积占耕地总面积的1/6[82]，沿海地区尤为严重，重金属元素超标面积占污染总面积的45.5%。土壤污染对农产品安全带来严重隐患，每年因重金属污染导致粮食减产和农产品损失巨大。近年来，一方面，我国在"三废"处理、污灌控制、低毒新农药应用等方面做出了显著的成绩；另一方面，随着人们环境意识和生活水平的提高，目前国内对土壤污染和食品污染问题也更加关注。综合治理大田耕地污染，发展优质安全农产品成为当前急迫的工作，农业部于2002年起试点实施了耕地质量调查项目，国家重点基础研究发展计划（973计划）项目对太湖流域土壤污染情况开展了调查。

综上所述，产地环境污染问题已成为农业和农村经济可持续发展和生态环境建设的重要制约因素。因此，对产地环境质量开展科学评价，并研究切实可行的保护对策是十分必要的。本研究通过采样监测与评价，摸清江西省水稻主产区产地环境质量状况和变化趋势，提出水稻主产区产地环境保护对策，为江西省水稻主产区建设提供科学决策依据。这对保障农产品质量安全，保护水稻主产区生态环境，实现本地区农业和农村经济可持续发展具有重要意义。

1.2.2 农田重金属污染的影响因素

（1）土壤基本性质。pH：除砷、硒（Se）等含氧酸根阴离子外，一般酸性土壤能增加重金属在土壤中的有效性。pH是影响淹水土壤中重金属转移和对植物有效性的一个重要因子。不同 pH（5、6、7、8）情况下的研究结果表明，水稻对镉的吸收总量随着 pH 的降低而增加，许多试验均证实了这一点。不同农业管理措施，如水肥管理也可造成 pH 的差异。如在淹水条件下，随着 pH 的降低，植物吸收重金属的量增加，有可能归因于一些固相盐类溶解度的增加，以及土壤溶液中 Cu^{2+}、Hg^{2+}、Mn^{2+}、Zn^{2+} 的增加而增加了对交换位的竞争，使得重金属的吸附减少。重金属污染的生物效应与其在土壤中的溶解度有着十分密切的关系，Moen[84] 对这一问题进行了较为系统的评述。他从层状硅酸盐的离子交换、矿物表面的化学吸附、沉淀、固体溶液、氧化还原过程、有机质对金属的吸附、溶液中金属的形态等方面对土壤中金属溶解度的问题进行了阐述。这些研究有助于理解重金属在土壤-水-生物体系中的迁移、转化及其归宿，但如何将这种关系由定性描述转化为定量判断仍然是一个需要加强研究的课题。

阳离子代换量（CEC）：一般土壤的 CEC 越高，制定最高容许量时可较宽。不过根据 CEC 的大小来制定标准在美国尚有争论。此外，土壤黏粒含量高时，最高容许量也可稍高，我国在这方面的研究较少。

土壤有机质：土壤中有机质与重金属的毒性及作物吸收的关系很复杂。一般有机质易吸附污染物，从而减弱它们的毒性。土壤腐殖质中的胡敏酸和胡敏素与重金属形成的结合物不易被溶解，这种结合可减轻重金属的危害；但富里酸和重金属的络合物较易溶，在一定条件下将增加重金属的有效性和有害性。

（2）作物效应。农业环境中重金属污染对植物的影响近年来已从大面积的调查转为较深入细致的研究，特别是重金属在土壤-水体-植物-动物体系中的循环。从化学角度看，进入土壤的重金属有些可以溶解于土壤溶液中，吸附于胶体的表面，积蓄于土壤矿物之内，或与土壤中其他化合物产生沉淀，这都影响到生物体的积累。土壤不同组分之间的重金属形态，是决定重金属对植物有效性的基础。一种离子由固相形态转移到土壤溶液中，是土壤中增加该离子对植物有效性的前提。控制土壤中固、液相平衡的因子十分复杂，而且至今尚未完全弄清楚。但研究表明，在这样一个复杂体系中，受 pH、温度、有机质含量、氧化还原电位、矿物成分和类型以及其他可溶性成分浓度的影响，重金属对植物的有效性也与影响吸收、解吸等平衡浓度的因子有关。

有关根系的吸收和植物对重金属的抗性（耐受性）机制也有很多报道。重金属的形态不同，对植物的毒性及吸收积累也不同。一般来说，植物吸收重金属的浓度有随土壤中浓度的增高而增高的趋势，如在污染土壤中生产的糙米重金属含量平均较高。重金属浓度的增加可对植物的生长产生抑制作用，其原因可能有 3 方面：①减小了光合作用速度；②引起植物缺水；③抑制了有机养分的矿化而使土壤中氮和磷的供应量降低。有些重金属，如铜、锌、镍和砷等，在土壤中过量时，首先会影响作物的生长、发育以及产量；另一些如镉、汞和铅等，则易被作物吸收积累，使可食部位超过食品标准，它们在土壤中的浓度更高时，才会影响作物的生长、发育以及产量。作物幼苗一般吸收和积累更多的重金属，通过监测幼苗来诊断土壤污染具有一定的实用意义。此外，还有许多研究涉及重金属影响土壤中的有益微生物、酶和藻类的生存[85]。

1.2.3　环境质量评价研究概况及发展趋势

为了衡量和描述环境质量状况，研究人类活动对环境产生的影响，20世纪60年代中期，加拿大和美国学者提出了"环境评价"（environmental assessment）的概念。对环境进行评价，是由人类社会可持续发展的需要决定的。人们已经清醒地认识到，人类社会的发展不能以牺牲环境为代价，土壤是人类赖以生存的基础，是自然界赋予我们的最宝贵的不可再生资源，牺牲这一资源将会受到环境无情的报复。

环境评价分类，从时序上可分为环境质量现状评价和环境影响评价[87,89]，从评价要素方面可分为单一环境要素（大气、水、土壤）评价、多个环境要素联合评价（土壤和作物联合评价、区域环境综合评价），等等。环境影响评价（environmental impact assessment，EIA）是对一项社会活动、经济建设活动，在它实施之前，对它的选址、使其实现活动的行为及活动结束后所遗留的可能对环境造成的影响进行分析、评估和预测[86-88]。就土壤环境评价而言，依据不同标准和侧重点，分为土地资源评价、土壤生态评价和土壤污染评价。土地资源评价是以土壤肥力变化、土地价值变化为基础，侧重于土地质量以及生产、利用等问题；土壤生态评价是以土壤生态平衡状况为依据，侧重于土地利用结构、物质与能量利用水平；土壤污染评价是以土壤背景值、土壤环境容量为依据，侧重于土壤有害物质危害程度。三者之间客观上是相互关联、密不可分的。

生态环境质量评价研究由来已久，从传统地理学对区域自然、社会经济的描述性评价，发展到涉及各生态要素、不同尺度的综合性评价，但仍没有一套标准、公认的指标体系和评价方法，仍处于探索阶段。美国是最早开展环境质量评价工作的国家之一，其对大气、水体污染综合评价早在20世纪60年代中期就已开始。日本工业发展快，污染负荷重，在部分借鉴美国的基础上，也提出了一系列环境评价模型，如环境污染分析模型等。西欧各国则不同程度地受到美国的影响。20世纪80年代以来，随着模糊数学、灰色系统、层次分析和人工神经网络等理论的兴起，国外许多学者提出了新的环境质量综合评价方法，并广泛运用于环境科学研究领域。纵观环境影响评价方法的发展，表现出由单目标向多目标、由单环境因素向多环境因素、由单纯的自然环境系统向自然环境与社会环境的综合系统、由静态分析向动态分析发展的趋势。

环境影响评价的数学模式开始注重环境质量评价研究，东欧各国同欧盟、美国、日本等地区的双边协作与学术交流十分活跃。美国、英国、日本等国之间都有定期的专题讨论会，并有相应的会议纪要出版。东欧及俄罗斯等环境评价研究的方向是[89]：①综合研究人类活动及其后果对自然环境的影响，包括它们之间的相互作用（包括正负两个方面的效应）；②研究自然、经济、社会及亚系统对人类经济活动的反应机制；③研究由于人类经济活动所造成的经济损失的数量评价；研究人类对环境影响的综合评价方法问题[89-93]。国外围绕大气、水体和土壤单因素评价研究较多，但就产地环境质量整体多因素评价研究报道较少。我国的环境质量评价研究工作始于20世纪70年代，至今主要经历了探索阶段、发展阶段和深入阶段。

农业生态环境质量评价主要考虑农业生态系统属性信息，根据选定的指标体系，运用综合评价的方法评定某区域农业生态环境的优劣，作为环境现状评价或环境影响评价的参考标准，或为环境规划和环境建设提供基本依据[94-97]。值得指出的是，迄今为止我国对水稻产地环境质量进行综合评价的研究不多，这说明我国在农产品产地环境质量综合评价领域的研究已经落后于国际水平，应该引起足够的重视。

1.3　稻田保护性耕作的综合效益评价

稻田保护性耕作系统的综合效益由经济效益、生态效益、社会效益综合而成，对它的正确评价不仅在理论上，而且在生产实践中都具有很大的意义[97]。

稻田保护性耕作系统评价是稻田保护性耕作系统建设的重要组成部分，它能科学评估稻田保护性耕作系统改革的有效性。国内外诸多学者对稻田保护性耕作生态系统的评价指标、指标体系、指标权重以及评价方法等方面进行了较周详的研究。国外的生态系统评价侧重于系统的稳定性、自我维持能力和持续性等，寻求实现系统的生态良性循环，但缺乏完整的耕作制度综合评价体系和综合定量评价研究[98]。我国的稻田生态系统评价主要涉及评价指标体系及其研究原则、指标权重的确定方法以及综合评价方法等，突出了综合评价和定量方法，可操作性强，已得到广泛应用。迄今为止，许多学者在评价体系的建立、评价因子权重的确定以及综合评价方法的选用方面做了大量的研究，如经验权数法、专家咨询法、主成分分析法、层次分析法、抽样权数法、灰色关联分析法、模糊综合评价法及密切值法，等等[99,100]。

纵观前人研究发现，许多研究都仅局限于某一或某几部分，对整个过程缺乏系统完整的研究，尤其是对稻田保护性耕作的试验缺乏系统、新角度的研究。本文通过小区试验的方法，对稻田保护性耕作进行较为系统的研究，并从环境污染评价的角度进行监测与分析，优选出较佳的保护性耕作综合技术措施，以期为提高稻田生产的经济效益、促进和稳定粮食生产、解决由农业生产所引起的生态环境污染恶化等问题，提供合理、科学的理论依据和实践经验。

2 材料与方法

2.1 试验设计

本试验在江西农业大学科技园水田进行，试验基地地处 28°46′N、115°55′E。年均温为 17.6℃，日均温≥10℃的活动积温达 5 600℃，持续天数 255d。年均日照辐射总量为 $4.79 \times 10^5 kJ/cm^2$，年均日照时数为 1 820.4h，无霜期约 272d，年降水量 1 624.4mm。种植模式为绿肥（紫云英）—早稻—晚稻、绿肥（苕子）—早稻—晚稻。试验前土壤肥力基本状况为：有机质 26.32g/kg，全氮 1.42g/kg，有效磷 4.73mg/kg，速效钾 34.05mg/kg，pH 5.40。

本试验主要对保护性耕作免耕与秸秆覆盖下的稻田生态环境效应进行研究，设 4 个处理，各处理具体情况见表 1。小区面积为 33.3m²，各处理均设 2 个重复，采用随机区组设计。2006 年早稻于 3 月 28 日播种，早稻品种为株两优 02，4 月 29 日移栽，7 月 21 日收割；2006 年晚稻于 6 月 28 日播种，晚稻品种为中优 253，7 月 25 日移栽，10 月 26 日收割。各处理栽插密度为每公顷 2.94 万蔸（移栽行株距为 20cm×17cm）。施肥方法按基肥：分蘖肥：孕穗肥为 6：2：2 施用。早稻于 4 月 28 日施基肥，每个小区施尿素 0.75kg、磷肥 1.25kg、钾肥 0.30kg；5 月 11 日施分蘖肥，每个小区施尿素 0.375kg、钾肥 0.375kg；6 月 12 日施孕穗肥，每个小区施尿素 0.50kg、钾肥 0.25kg。晚稻于 7 月 24 日施基肥，每个小区施尿素 0.50kg、磷肥 1.25kg、钾肥 0.50kg；8 月 4 日施分蘖肥，每个小区施尿素 0.50kg、钾肥 0.25kg；9 月 18 日施孕穗肥。

表 1　不同覆盖还田方式的试验设计与方法

处　理	具　体　方　法
常规耕作（CK）	前茬收获后耕翻耙平，采用手插方式移栽，不进行任何覆盖
免耕（NT）	整个试验期不耕作，采用手插等方式移栽，不覆盖任何材料
免耕秸秆覆盖半量还田（NT+S₁）	整个试验期不耕作，采用手插等方式移栽，秸秆半量还田
免耕秸秆覆盖全量还田（NT+S₂）	整个试验期不耕作，采用手插等方式移栽，秸秆全量还田

2.2 测定项目与方法

2.2.1 水稻叶面积指数与干物质积累的测定

水稻主要生育时期（分蘖期、拔节期、孕穗期、齐穗期、黄熟期）数苗取样测定干物质累积总量和叶面积指数（LAI），每次取平均茎蘖数 5 蔸，105℃杀青 15min，80℃烘 48h 后称干重，叶面积指数测定采用小样干重法[101]。

2.2.2 水稻考种与测产

水稻成熟期，在各小区普查 50 蔸作为有效穗数计算的依据，然后用平均数法在各小区中随机选取有代表性的水稻植株 5 蔸，作为考种材料（考种项目包括有效穗数、每穗颖花数、每穗实粒数和结实率），清水漂洗去空、秕粒晒干后用 1/100 分析天平测千粒重。并用 1/10 天平测每小区实际产量（干重）。

2.2.3 土壤理化性状的测定

土壤物理性状：水稻种植前及收获后采集土样（五点法），对各小区分别取样进行分析。土壤容重用环刀法测定，总孔隙度和非毛管孔隙度用环刀浸泡法测定[102]。

土壤化学性质：分别于冬作物播种前和每茬作物收获前后取样，再对各指标进行测定。测定方法如下[102-104]：

有机质：重铬酸钾-浓硫酸外加热法；全氮：开氏蒸馏法；有效磷：$NaH-CO_3$-钼锑抗比色法；速效钾：火焰光度法；pH：电位法；阳离子交换量：指带负电荷的土壤胶体，借静电引力而对溶液中的阳离子所吸附的数量，采用乙酸铵法测定。

2.2.4 稻田土壤重金属含量监测项目及分析方法

（1）采样方法。根据农业行业标准《农田土壤环境质量监测技术规范》[105]，各小区均在 0~20cm 耕作层采集土壤样品，梅花点采样，采样点的样品为混合样。各样品装入袋中运回实验室，在白纸上摊开，自然风干并去除杂物（植物根、石砾等），磨碎过 0.25mm 尼龙网筛，再分别进行重金属含量测定。样品的混合、粉碎、研磨等处理都采用木头用具。

（2）样品监测项目及分析方法。土壤样品监测项目主要是铬、砷、铜、铅、汞、镉 6 种金属元素。分析测定均按照国家标准执行，并重复 3 次，具体指标及分析方法[106-108]见表 2。

表 2　土壤监测项目及分析方法

监测项目	分析方法	依据标准	监测范围	最低检出限
Cr	火焰原子吸收分光光度法	GB/T 17137—1997	≥2.5mg/kg	0.05mg/L
As	二乙基二硫代氨基甲酸银分光光度法	GB/T 17134—1997	0.2~4.0mg/L	0.004mg/L
Cu	火焰原子吸收分光光度法	GB/T 17138—1997	0.3~20mg/L	0.06mg/L
Pb	石墨炉原子吸收分光光度法	GB/T 17141—1997	0.3~20mg/L	0.05mg/L

（续）

监测项目	分析方法	依据标准	监测范围	最低检出限
Hg	冷原子吸收分光光度法	GB/T 17136—1997	0.2～20mg/L	0.04mg/L
Cd	KI - MIBK 萃取火焰原子吸收分光光度法	GB/T 17140—1997	0.5～4.0μg/L	0.1μg/L

2.2.5 稻田农药残留量监测项目及分析方法

（1）采样方法。根据农业行业标准《农田土壤环境质量监测技术规范》[105]，各小区均在 0～20cm 耕作层采集土壤样品，梅花点采样，采样点的样品为混合样。各样品装入袋中运回实验室，在白纸上摊开，自然风干并去除杂物（植物根、石砾等），磨碎过 0.25mm 尼龙网筛，再分别进行农药残留量测定。

（2）样品监测项目及分析方法。农药残留量监测主要对六六六、滴滴涕进行测定，六六六为 4 种异构体总量，滴滴涕为 4 种衍生物总量。按照 GB/T 14550—93 所描述的方法对土样进行前处理。用丙酮、石油醚浸提—硫酸净化—气相色谱法进行测定，气相色谱仪在样品测试前应进行必要的校准、核对和条件化，并需对同一浓度标样5～7 次后进行样品测试，以确保气相色谱仪的准确性，试验通过测定添加回收率来确认结果的准确性。

2.2.6 数据处理与评价方法

试验所得数据采用 Excel、DPS 数据处理系统进行分析[109]，用 Excel 程序绘图。对试验中水稻产量、重金属含量、农药残留量各指标采用方差、标准差做显著性分析，各个指标间采用皮尔逊（Pearson）相关系数进行相关性分析。对水稻产量与秸秆还田量进行回归分析，建立线性回归方程，用 Duncan 提出的新复极差法进行多重比较。对于表格同列数据来说，字母相同表示处理间无显著差异，字母不同表示有显著差异。土壤环境质量评价在单因子指数评价基础上，用内梅罗污染指数多因子评价法[110]，分析 6 个重金属污染指标以及六六六、滴滴涕综合污染指数，对各污染因子进行综合评价。

3 结果与分析

3.1 保护性耕作对水稻生长的影响

水稻的生长是指一定时期内叶面积指数、分蘖发生、干物质积累、颖花分化等不断增加，具有连续性，直至生育阶段或生命周期完成。本文主要对叶面积指数与干物质积累、产量进行分析研究。

3.1.1 对水稻叶面积指数的影响

从图 1 可看出，尽管各处理由于秸秆还田模式的不同，LAI 有差异；但是

2006 年 4—10 月两季水稻各处理 LAI 的变化趋势基本一致，呈现向纵轴倾斜的单峰曲线。整体来看，NT＋S_1 处理和 NT＋S_2 处理在整个生育期内都比 NT 处理和 CK 大。各季水稻抽穗期（此期水稻的 LAI 最大）LAI 比较结果显示：2006 年早稻 NT＋S_2 处理比 CK 和 NT、NT＋S_1 处理分别大 10.8％和 6.7％、3.4％；2006 年晚稻 NT＋S_2 处理比 CK 和 NT、NT＋S_1 处理分别大 11.3％和 9.7％、4.6％。从返青到抽穗阶段，NT＋S_2 处理和 NT＋S_1 处理 LAI 的折线斜率均比 CK 的大，表明免耕秸秆覆盖水稻的 LAI 比常耕水稻增长快，而且免耕秸秆覆盖比免耕水稻 LAI 增长快。光合作用能力同样也是 NT ＋S_2＞NT＋S_1＞NT＞CK。到抽穗期后，由于叶片已不能进行较强的光合作用，叶片不断将养分转移到穗部，并逐渐衰老，植株下部的叶片逐渐枯黄干死，LAI 迅速减小，但总体上还是 NT＋S_2 处理和 NT＋S_1 处理比 CK 大，表明在水稻生育后期，尽管 LAI 都在减小，但免耕秸秆覆盖水稻的 LAI 仍比常耕的大。因此，免耕秸秆覆盖水稻整个生育期内的 LAI 均比常耕水稻的大，免耕秸秆覆盖水稻的 LAI 比免耕水稻的大。

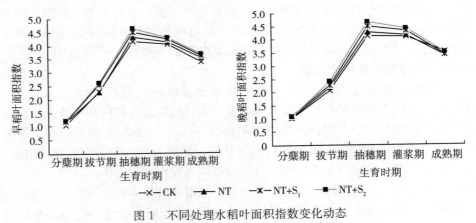

图 1　不同处理水稻叶面积指数变化动态

3.1.2　对水稻干物质积累的影响

　　从图 2 可知，总体来看，NT＋S_2、NT＋S_1、NT 处理的水稻干物质积累一直比 CK 的大。各季水稻成熟期的干物质积累结果显示：2006 年早稻 NT＋S_2 处理的干物质积累平均每株分别比 NT＋S_1、NT 处理和 CK 高 3.0％、7.6％和 9.7％；2006 年晚稻 NT＋S_2 处理分别比 NT＋S_1、NT 处理和 CK 高 1.1％、9.6％和 10.5％。这表明在干物质积累上，免耕秸秆覆盖还田水稻干物质积累比常耕水稻大，而且这个差异在水稻的齐穗期和成熟期表现尤为突出。因为免耕稻田土壤理化性状得到改善，水稻根系活力提高，叶片迟衰，加上免耕水稻的 LAI 比常耕水稻的大，光合作用旺盛，合成的产物多，干物质积累也多。显然，在相同的栽插密度下，免耕秸秆覆盖还田水稻的干物质积累总量比常耕水稻的多。

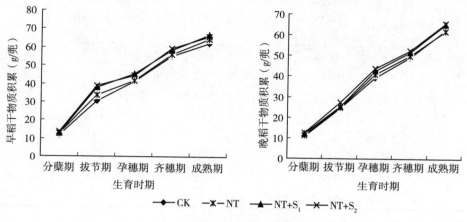

图 2　不同处理水稻干物质积累变化动态

3.1.3　对水稻产量的影响

秸秆还田后土壤总孔隙度增加，容重降低，使土壤的不良通透性和僵硬性状得到改善，有利于水分和养分的传输，从而使得作物生长良好，产量增加[111]。

（1）水稻的产量性状。水稻的产量直接受有效穗数、每穗粒数、千粒重等因素影响，还受秸秆还田数量的间接影响。稻田保护性耕作秸秆还田对土壤耕层养分含量的增加作用将会影响到水稻的成长，最终影响作物的产量。由表 3 可知，秸秆还田处理的有效穗数及千粒重均高于不还田处理的有效穗数和千粒重。2006 年 NT＋S$_2$ 处理水稻产量两季水稻分别达 6 540.32kg/hm²、7 108.17kg/hm²，早稻 NT＋S$_2$ 处理分别比 NT＋S$_1$、NT 处理和 CK 高 219.45kg/hm²（3.5%）、542.61kg/hm²（9.7%）和 927.08kg/hm²（16.5%），晚稻 NT＋S$_2$ 处理分别比 NT＋S$_1$、NT 处理和 CK 高 225.79kg/hm²（3.3%）、543.88kg/hm²（8.3%）和 938.61kg/hm²（15.2%）。由此可见，秸秆覆盖处理的水稻产量较未覆盖好，水稻各农艺性状均好于对照，增产效果比较明显，且免耕秸秆不还田也优于对照，全量还田优于半量还田。

从表 3 还可看出，通过对各处理水稻实际产量进行方差分析后表明，NT＋S$_2$ 处理与 CK 间实际产量存在极显著差异（$P<0.01$），秸秆全量还田下水稻产量显著高于传统耕作处理，具体表现为 NT＋S$_2$＞NT＋S$_1$＞NT＞CK，说明不同秸秆还田量及耕作方式对水稻产量的影响是明显的。

表 3　不同保护性耕作处理水稻产量性状

处理		有效穗数（万个/hm²）	每穗颖花数（个）	每穗粒数（个）	结实率（%）	千粒重（g）	理论产量（kg/hm²）	实际产量（kg/hm²）	显著性水平 5%	显著性水平 1%
早稻	CK	265.33	128.63	96.3	79.65	22.77	5 818.02	5 613.24	c	B
	NT	269.18	128.83	98.6	80.23	23.19	6 154.89	5 997.71	bc	AB
	NT+S₁	275.71	128.14	101.5	81.46	23.31	6 523.21	6 320.87	ab	AB
	NT+S₂	276.14	129.79	105.7	81.07	23.54	6 870.85	6 540.32	a	A
晚稻	CK	273.26	130.21	99.8	80.64	23.26	6 343.31	6 169.56	c	B
	NT	275.57	133.05	106.2	81.88	23.48	6 871.54	6 564.29	bc	AB
	NT+S₁	279.89	134.28	107.9	82.77	23.71	7 160.45	6 882.38	ab	AB
	NT+S₂	283.45	130.57	110.5	83.21	23.83	7 463.84	7 108.17	a	A

（2）水稻产量与秸秆还田量的相关性分析。根据以上产量性状分析可知，秸秆全量还田和秸秆半量还田水稻增产较明显。现对秸秆还田量与水稻产量进行回归分析，秸秆还田量与水稻产量的相关系数达到了 0.938 9，反映了二者之间具有高度的相关关系。以秸秆还田量为自变量（x）、水稻产量为因变量（y）建立回归方程，得到 $y=0.288\ 8X+5\ 979.9$（$0<x<2\ 500$）（图 3）。回归方程显示了秸秆还田量与水稻产量之间呈正相关关系，即在一定范围内水稻产量随秸秆还田量的增加而增加。如表 4 所示，回归系数的显著性水平为 0.000 00、0.005 49，表明用 t 统计量检验假设"回归系数等于 0"的概率非常小，说明两变量之间的线性相关关系极显著，建立回归方程是有效的。这个结果可以用来预测稻田保护性耕作不同秸秆还田量对水稻产量的影响，用于指导生产。

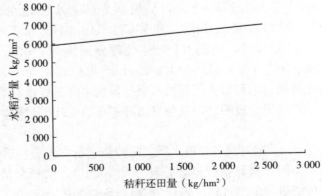

图 3　秸秆覆盖还田量与水稻产量相关性分析

表 4　秸秆还田量与水稻产量模型回归系数

变量	变异系数		标准系数		显著性水平
	方程系数	标准误差	R	t	
水稻产量	5979.876	85.423		70.002 86	0.000 00
秸秆还田量	0.289	0.053	0.938 9	5.454 88	0.005 49

3.2　保护性耕作对稻田土壤环境质量的影响

　　农田土壤环境质量包括土壤环境的组成、结构、功能特性、元素背景值、土壤环境容量等相对稳定的基本属性，在人类活动影响下发生的农田土壤环境污染和农田土壤生态状态变化等。受试验条件限制，本研究仅对土壤理化性状，以及稻田重金属、农药污染进行分析与研究。

3.2.1　土壤物理性状分析

　　（1）土壤容重。土壤容重是土壤的重要物理性状，它影响土壤的孔隙度数量与孔隙度分配，以及土壤的穿透阻力，进而影响土壤水肥气热条件与作物根系在土壤中的穿插[112]。由于试验小区搬迁对土壤采样造成影响，因此土壤容重数据和常规值有一定偏差。从表 5 和图 4 可以看出，保护性耕作处理的土壤容重皆小于 $1.22g/cm^3$，处在较为适宜的容重范围；常规耕作的容重大于保护性耕作处理，而无秸秆还田的容重略大于秸秆覆盖处理。同时，随着免耕秸秆覆盖还田量的增加，土壤容重有较大的减小趋势。总体来看，NT＋S_2 处理的土壤容重减少 $0.08g/cm^3$，NT＋S_1 处理的土壤容重减少 $0.06g/cm^3$，NT 处理容重减少 $0.05g/cm^3$；而 CK 减少则不明显，为 $0.01g/cm^3$。

　　（2）土壤总孔隙度。从表 5 和图 4 可以看出，土壤总孔隙度 CK 的变化较无序，而免耕各处理均有较明显的上升趋势，增加幅度分别为：CK 0.28％、NT 处理 0.47％、NT＋S_1 处理 0.56％、NT＋S_2 处理 0.66％。以 2006 年 4 月试验数据为转折点，之后总孔隙度增加幅度较之前快。秸秆覆盖还田也具有

表 5　不同处理土壤物理性状的变化

处理	取样时间	土壤容重（g/cm³）	土壤总孔隙度（％）	土壤团聚体（％）
CK	2005 年 7 月	1.22	50.73	53.48
	2005 年 10 月	1.21	50.70	54.12
	2006 年 4 月	1.19	51.03	53.43
	2006 年 7 月	1.18	50.68	53.97
	2006 年 10 月	1.21	51.01	54.61

（续）

处理	取样时间	土壤容重 （g/cm³）	土壤总孔隙度 （%）	土壤团聚体 （%）
NT	2005 年 7 月	1.18	51.72	57.82
	2005 年 10 月	1.16	51.92	57.97
	2006 年 4 月	1.13	52.38	58.31
	2006 年 7 月	1.14	52.84	58.24
	2006 年 10 月	1.13	52.96	59.69
NT＋S_1	2005 年 7 月	1.13	52.47	63.24
	2005 年 10 月	1.11	53.02	63.45
	2006 年 4 月	1.12	53.49	64.03
	2006 年 7 月	1.09	64.68	64.52
	2006 年 10 月	1.07	55.05	65.48
NT＋S_2	2005 年 7 月	1.11	53.11	66.32
	2005 年 10 月	1.06	53.66	66.87
	2006 年 4 月	1.09	53.58	66.96
	2006 年 7 月	1.07	54.64	67.32
	2006 年 10 月	1.03	55.37	68.97

较显著的效果，总孔隙量随着秸秆还田量的增加而有较大增加，NT＋S_2 处理最大总孔隙度较 CK 同期高 14.4%。由此可见，免耕秸秆覆盖条件总孔隙度的增大无疑使土壤的通气透水能力得到提高，进而增强土壤微生物的活力，有利于作物根系下扎，增强作物抗倒伏能力，从而有利于提高作物产量。

（3）土壤团聚体。土壤团聚体是土壤养分的"储藏库"，其数量的多少一定程度上反映了土壤供储养分能力的高低[64]。不同处理下土壤团聚体分析结果见表 5 和图 4。总体来看，常规耕作下的土壤团聚体数量明显低于保护性耕作下的土壤团聚体数量，具体表现为 NT＋S_2＞NT＋S_1＞NT＞CK。从表 5 试验数据看，免耕秸秆全量还田处理和免耕秸秆半量还田处理的土壤团聚体数量在早稻种植阶段的变化不大，早稻收割后，团聚体数量则不断增大。NT＋S_2 处理的团聚体数量上升幅度最大（2.65%），NT＋S_1 处理为 2.24%，NT 处理为 1.87%，CK 为 1.13%。而秸秆全量还田的最大团聚体数量为 68.97%，常耕处理最大为 54.61%。由此可见，秸秆覆盖由于增加了土壤有机质含量，而有机质又是土壤团聚体形成的重要物质基础，土壤结构由此得到改善。

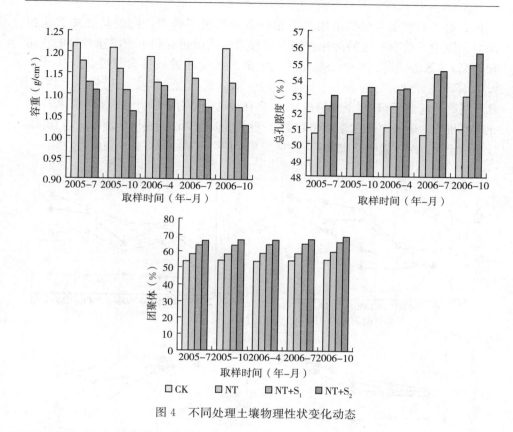

图4　不同处理土壤物理性状变化动态

3.2.2　土壤化学性质分析

　　农业生产体系基本宗旨之一在于有效利用各种自然资源，维持营养物质的良性循环，实现营养物质损失的最小化。土壤有机质含量是衡量土壤肥力水平的一个重要指标，氮、磷、钾元素也是表征土壤肥力（健康）的重要指标，还是各种作物生长的主要限制因子。因此，关注土壤有机质、氮、磷和钾含量十分必要。秸秆作为一种有机肥料，肥效发挥缓慢且持久，除能供给作物所需的养分外，还能为土壤微生物生命活动提供必要的能源和营养物质。秸秆还田最根本的作用是增加土壤有机质含量[112]。

　　从图5可以看出，2005年7月至2006年10月，土壤有机质含量增加了0.04～3.36g/kg，CK及NT、NT+S_1、NT+S_2处理的变化幅度分别为0.2%、1.8%、5.7%、11.8%。土壤有机质含量增加，经矿化后使土壤全氮得到明显改善，CK及NT、NT+S_1、NT+S_2处理分别增加了0.06g/kg、0.68g/kg、0.67g/kg、0.83g/kg，以NT+S_2处理效果最为明显。CK及NT、NT+S_1、NT+S_2处理的土壤有效磷含量变化分别为0.17g/kg、1.73g/kg、2.12g/kg、

2.46g/kg，有效磷含量的增加在于秸秆本身提供了磷素，同时秸秆覆盖还田还对土壤中的磷有一定的活化作用。秸秆覆盖还田还有利于土壤速效钾的积累和提高，CK 及 NT、NT+S$_1$、NT+S$_2$ 处理的土壤速效钾含量变化分别为－0.01g/kg、5.43g/kg、5.58g/kg、6.05g/kg。而土壤 pH 变化趋势各不相同，秸秆还田处理土壤 pH 呈下降趋势，CK 则在波动中略有下降。但从实际规律来看，土壤有机质、全氮含量的增加幅度偏大，这可能是因为试验小区地址搬迁、土壤翻挖影响土层，对试验取点造成了一定的影响，使得试验结果存在一定偏差。

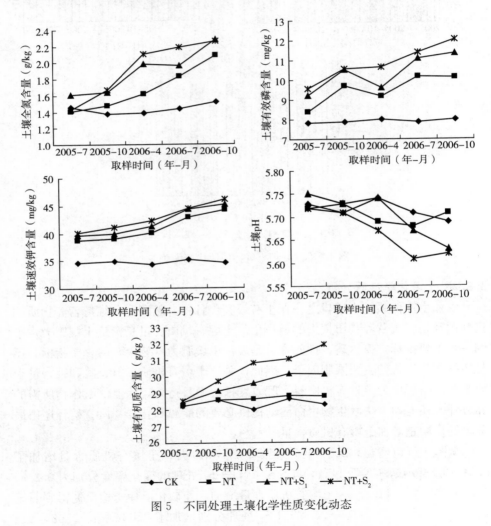

图 5　不同处理土壤化学性质变化动态

　　从 CK 及 NT、NT+S$_1$、NT+S$_2$ 各处理来看，由于采取了不同的耕作方式，土壤有机质、全氮、有效磷以及速效钾等指标均发生了显著变化。表 6 方差分析结果表明，土壤有机质、全氮、有效磷以及速效钾各指标之间的差异均达到了极显著水平（$P<0.01$）；而只有 pH 结果为 $P=0.110\,56$，各处理间差异不显著。同时，如表 7 所示，这 5 个指标在 CK 及 NT、$NT+S_1$、$NT+S_2$ 处理之间的差异性也达到显著水平，除 NT 处理和 $NT+S_1$ 处理之间表现为差异显著外，其他处理之间均表现为差异极显著。由此可知，秸秆覆盖还田状况下土壤有机质、全氮、有效磷以及速效钾 4 个指标含量均显著高于秸秆不还田，可见秸秆覆盖还田能有效维持甚至提高土壤有机质、全氮、有效磷以及速效钾肥力指标的含量。

表 6   不同处理土壤化学性质各因子均值、标准差及方差分析结果

因子	CK	NT	$NT+S_1$	$NT+S_2$	F 值	P
有机质 （g/kg）	28.30±0.32	28.73±0.10	29.94±0.32	31.25±0.57	39.477 2	0.000 04
全氮 （g/kg）	1.45±0.07	1.85±0.24	2.07±0.18	2.19±0.08	13.009 1	0.001 92
有效磷 （mg/kg）	7.91±0.02	10.00±0.74	10.68±0.93	11.46±0.55	16.277 5	0.000 91
速效钾 （mg/kg）	34.65±0.44	42.68±2.43	43.61±2.10	44.34±1.91	17.160 7	0.000 76
pH	5.71±0.03	5.69±0.02	5.68±0.06	5.63±0.03	2.773 3	0.110 56

表 7   各处理间差异性显著检验

处理	NT	$NT+S_1$	$NT+S_2$
CK	10.30**	11.37**	21.22**
NT		5.11*	44.51**
$NT+S_1$			11.07**

注：* 和 ** 分别表示 5% 和 1% 的显著性水平。

3.2.3 土壤重金属污染

（1）土壤重金属含量统计分析。由于大气沉降、施用化肥农药、灌溉水、农地土壤库等各种污染方式，重金属不断进入土壤继而富集，使得土壤中一种或几种重金属的含量超过农用地标准，土壤即被污染[113,114]。在农田中，重金属污染对农业生产影响较大[115]。

试验区土壤重金属含量统计见表 8。土壤中 As 的含量范围为 7.31～9.06mg/kg，平均值为 8.57mg/kg，95% 的置信区间为 7.66～9.49mg/kg，高于南昌市土壤背景值（7.99mg/kg），最大值超出 18.8%。在 95% 的置信区间内，Cd 的含量也高于土壤背景值，最大值是背景值的 1.6 倍，含量浓度范

围为 0.12～0.31mg/kg，平均值为 0.21mg/kg。Pb 和 Cu 的最大值也略高于土壤背景值，分别超出 3.4％ 和 0.4％；而 Cr、Hg 的最大值却略低于背景值。这表明，Cd 和 As 是试验区土壤重金属污染的主要元素，对该区域进行土壤环境质量控制，应重点关注这两个元素。元素变异系数作为反映统计数据波动特征的参数，在一定程度上可以描述元素的污染状况，一般来说二者呈正相关关系。从变异系数来看，Cd 的最大，达到 36.2％，其次分别为 Hg（20.4％）、As（8.6％）、Pb（8.1％），Cr、Cu 变异系数较小，说明 Cd、Hg 受外来污染影响较大，多年来大量施用化肥、农药可能是其主要原因。从基本结果统计分析来看，各试验小区受到重金属污染的影响还不严重。在数据统计中，一些采样点的污染物含量远远超出 95％ 的置信区间。这是由于土壤是一个非均匀的介质，污染物的分布很不均匀，检测数据的离散度很大。这些离散数据的存在显示了该处的土壤存在着环境质量的隐患，需要重点关注。

表 8　试验区土壤重金属含量特征值统计

元素名称	浓度范围 （mg/kg）	平均值 （mg/kg）	标准差 （mg/kg）	变异系数 （％）	95％的置信区间 （mg/kg）	土壤背景值 （mg/kg）
Cr	45.19～54.25	50.20	3.371	6.7	46.01～54.38	64.25
As	7.31～9.06	8.57	0.734	8.6	7.66～9.49	7.99
Cu	23.21～23.52	23.82	0.618	2.6	23.057～24.59	24.5
Pb	29.14～34.83	32.76	2.637	8.1	29.49～36.04	34.84
Hg	0.04～0.07	0.05	0.011	20.4	0.042～0.070	0.07
Cd	0.12～0.31	0.21	0.076	36.2	0.155～0.263	0.16

注：土壤背景值使用刑新丽[115]所测南昌市郊区土壤重金属含量平均值。

（2）土壤重金属含量相关性分析。地球化学条件的相似性及造成耕地土壤污染的污染源中金属元素共存，导致土壤中重金属元素在总量上存在相关性。研究土壤重金属含量之间的相关性，可以推测重金属的来源是否相同。通常若元素间相关性显著，说明它们出自同一来源的可能性较大。这一来源既有可能出自天然，即地球化学来源，也有可能是人为活动造成的复合污染所致[116]。

通过对试验区土样重金属元素两两进行相关分析，结果表明（表 9），试验区土壤重金属含量在部分元素间存在着一定的相关性。其中，土壤重金属 Cu 和 Cr、As 和 Pb、As 和 Hg、As 和 Cd、Hg 和 Pb 之间存在极显著相关性，表明它们之间同源性很高；Cd 和 Cr、As 和 Cu、Pb 和 Cu、Hg 和 Cu 之间存在显著相关性，表明它们也有一定的同源性；而 As 和 Cr、Cr 和 Pb、Cr 和 Hg、Cu 和 Cd、Cu Cr、Cu 和 Pb、Pb 和 Cd、Hg 和 Cd 之间无明显的相关性。数据表明，Cr 和 Cd 与其他元素的相关性最低，表示它们的积累元素积累独特。Cu 和 As 是伴随污染最多的元素，应当引起注意。同时，Cu、As、Pb 元素之间的相关系数都超过 0.5，表明试验区耕地土壤同时受到这 3 种重金属元素污染的可能性较大，即土壤污染存在复合污染的特性，这与其他复合污染研究结论相一致。

表 9　土壤重金属 Pearson 相关系数

元素名称	Cr	As	Cu	Pb	Hg	Cd
Cr	1.000 0					
As	−0.062 7	1.000 0				
Cu	0.844 5 **	0.368 5 *	1.000 0			
Pb	−0.090 0	0.904 9 **	0.368 6 *	1.000 0		
Hg	−0.049 4	0.971 6 **	0.430 5 *	0.969 0 **	1.000 0	
Cd	−0.346 7 *	0.088 4 **	−0.003 5	0.058 5	0.162 2	1.000 0

注：* 和 ** 分别表示 5% 和 1% 的显著性水平。

（3）土壤重金属含量与土壤理化性状的相关性分析。土壤重金属含量除与污染源有关外，还与土壤性质，特别是土壤 pH、有机质含量、阳离子交换量等因素有关。相关分析表明，土壤重金属的含量与土壤的基本理化性状存在着不同程度的相关性。

由表 10 可知，Pb 和团聚度、有机质、CEC、pH 均呈正相关关系，Hg 与团聚度、有机质、CEC 也呈正相关关系。Cr 与团聚度、有机质、CEC、pH 之间的相关性表现较为显著，同样 As、Hg 与团聚度、有机质、CEC、pH 之间的相关性也较为显著。相对而言，Cu、Cd 与各土壤因素间的相关性不是很显著。

表 10　重金属元素与土壤性质间相关系数

污染元素	团聚度	有机质	CEC	pH
Cr	−0.975	−0.847	−0.854	0.94
As	−0.81	−0.948	−0.775	0.667
Cu	0.334	0.174	0.019	−0.318
Pb	0.07	0.485	0.368	0.082
Hg	0.762	0.943	0.914	−0.646
Cd	0.137	−0.086	−0.198	−0.164

经逐步回归分析表明，团聚度（a）、有机质（b）、CEC（c）、pH（d）与

Cr、As、Cu、Pb、Hg、Cd 相互间有着良好的相关性，它们之间的回归方程分别为：

$$y_{Cr} = -8.619b + 6.037c + 23.26 \qquad R^2 = 0.991$$
$$y_{As} = 0.515a - 2.778c + 10.49 \qquad R^2 = 0.916$$
$$y_{Cu} = 2.334b - 2.281c - 17.93 \qquad R^2 = 0.902$$
$$y_{Pb} = 3.754c + 10.128d - 58.60 \qquad R^2 = 0.973$$
$$y_{Hg} = 0.008\,6c + 0.100\,2d - 0.62 \qquad R^2 = 0.958$$
$$y_{Cd} = -0.023\,1a - 2.999d + 18.60 \qquad R^2 = 0.907$$

F 检验值表明，上述 6 个方程均可达极显著（$P < 0.01$）。

（4）不同耕作方式下土壤重金属含量特征分析。由于耕作方式不同，土壤重金属含量也不同，而且土壤条件也有差异，因而影响土壤中重金属的残留量状况。从图 6 可见，CK 的 Cr、Pb、Cd 含量均大于 NT+S$_2$ 处理，这主要与土壤中 Cr、Pb 的含量与有机质、CEC 呈正相关关系有关，而 NT+S$_2$ 处理的有机质、CEC 含量均明显大于 CK。但 As、Cu、Hg 在不同耕作方式下含量相差不大。虽然土壤类型相同，但不同耕作方式使土壤母质、生物、理化性状等诸多因素受到影响，重金属在同类土壤中的积聚能力不同，其分布特征也相应有差异。

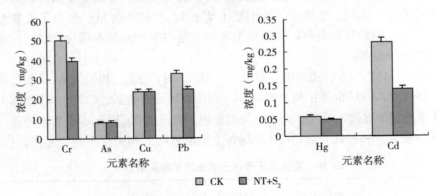

图 6　不同耕作方式下土壤重金属含量

3.2.4　土壤农药污染

（1）土壤农药残留量。化学农药特别是有机氯农药，虽然已经被禁止使用多年，但是由于这类农药脂溶性高、化学性质稳定且难以降解，因而在土壤、水体等农田环境中仍常被检出。化学农药污染因具有高残留、高富集等特性，易通过食物链进入农产品中，影响农产品质量安全，危害人体健康[117-119]。因此，针对农田土壤中高残留的有机氯农药的状况进行调查，并进行土壤环境质量的评价已是国内外广泛关注的问题。

可从表 11 得知，由试验区土壤中有机氯农药残留的一般状况可见：监测的采样点中污染物检出率相当高，六六六的检出率为 80%，滴滴涕的检出率为 100%，表明六六六、滴滴涕高残留农药在土壤中普遍存在。六六六和滴滴涕的变异系数较大，其中六六六的变异系数为 76.9%，滴滴涕的变异系数为 100.2%，较高的变异系数反映出这些土壤污染物受环境条件与人为因素影响较大。试验区土壤中有机氯农药残留水平波幅较大，其中 90% 的土样中六六六含量<20μg/kg，60% 的土样中滴滴涕含量<20μg/kg。六六六和滴滴涕在土壤中的残留存在较大的差异，六六六在土壤中的残留相对较低，占总残留量的13%；滴滴涕残留量明显高于六六六，滴滴涕的 95% 的置信区间为 0.018 9～0.114mg/kg，而六六六为 0.004 3～0.014 7mg/kg。

表 11　试验区土壤六六六和滴滴涕残留特征值统计

农药名称	浓度范围 （mg/kg）	平均值 （mg/kg）	标准差 （mg/kg）	变异系数 （%）	95%的置信区间 （mg/kg）	检出率 （%）
六六六	0.000～0.021	0.013	0.007 3	76.9	0.004 3～0.014 7	80
滴滴涕	0.001～0.160	0.067	0.066 7	100.2	0.018 9～0.114	100

（2）不同耕作方式下土壤农药残留量特征分析。从图 7 可以看出，不同耕作方式下土壤中六六六、滴滴涕残留量也有一定差异，NT＋S_2 处理中六六六、滴滴涕含量均高于 CK。种植方式不同相应施用的农药也有一定差异。NT＋S_2 处理的农田中秸秆覆盖还田而引起的病虫害，同时不翻耕相应施除草剂和农药，这些都造成 NT＋S_2 处理的土壤中六六六、滴滴涕含量大于 CK。因此，应当进一步加强秸秆覆盖还田的处理方式研究，尽量减少免耕秸秆覆盖处理的病虫草害，从而减少农药、除草剂的污染。

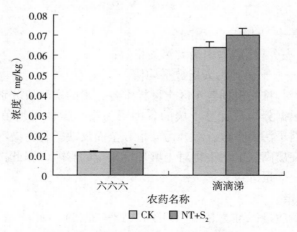

图 7　不同耕作方式下土壤农药残留量

3.3 土壤环境质量现状评价

3.3.1 评价方法

常用的土壤环境质量评价方法有[120]：T 值分析法、等差指数法、综合指数法、模糊数学综合评价法、回归分析法等。综合指数法是国内目前应用最多的方法，可操作性强，便于各评价结果之间进行比较，对于其均值或简单累加的缺点可通过分析单因子污染指数来弥补。综合污染指数可以全面反映各种污染物对土壤环境质量的贡献，是一种兼顾极值和突出最大值的计权型多因子环境质量指数，还特别考虑了污染最严重的因子，而且在加权过程中避免了权系数中主观因素的影响，使得评价结果更加客观。因此，本文采用单因子指数评价基础上的内梅罗综合指数法。

单因子污染指数模式：由式（1）可看出哪种元素超标及超标的程度。

$$P_i = C_i / S_i \qquad (1)$$

式中：P_i —— 土壤单项污染指数；

$\quad\quad\ C_i$ —— 土壤污染物 i 浓度；

$\quad\quad\ S_i$ —— 土壤污染物 i 评价标准。

$P_i < 1$ 表示土壤未受污染物的污染，$P_i > 1$ 表示土壤受污染，P_i 越大受污染程度越严重。

综合污染指数模式：采用内梅罗污染指数公式计算土壤综合污染指数，见式（2）、式（3）。

$$P_{综} = \sqrt{\frac{P_{i_{\max}}^2 + \overline{P_i}^2}{2}} \qquad (2)$$

$$\overline{P_i} = \frac{1}{n} \sum_{i=1}^{n} P_i \qquad (3)$$

式中：$P_{综}$ —— 土壤综合污染指数；

$\quad\quad\ P_{i_{\max}}$ —— 污染物中最大污染指数；

$\quad\quad\ \overline{P_i}$ —— 土壤各污染指数平均值。

计算方法为：首先根据各小区土壤样本各元素的实测值分别求出各因子的分指数，然后根据分指数计算土壤的各因子污染指数的平均值和最大污染指数，计算出多因子污染指数。综合污染指数全面反映了各污染物对土壤的不同作用，同时又突出高浓度污染物对土壤环境质量的影响，因此按综合污染指数最终评定、划定质量等级。

3.3.2 评价标准

以土壤环境质量标准为依据（GB 15618—1995），如表 12 所示，由于试验区的土壤 pH 小于 6.5，因此采用适用于农田土壤环境的Ⅱ级指标的 pH<

6.5 的指标作为评价标准进行评价[121]。

　　根据对各小区 5 种重金属元素含量及数理统计，同时按照土壤环境质量标准（GB 15618—1995），再根据土壤综合污染程度分级标准按综合污染指数大小共分为 5 级，其分级标准具体内容见表 13[122]。

表 12　土壤单项指标评价标准

级别	利用方式	pH	Cu	Pb	Cd	Cr	As	Hg	六六六	滴滴涕
						mg/kg				
Ⅰ级（优）	旱田	<6.5	50	50	0.3	120	25	0.25	0.1	0.1
		6.5～7.5	60	50	0.3	120	20	0.3	0.1	0.1
		>7.5	60	50	0.4	120	20	0.35	0.1	0.1
	水田	<6.5	50	50	0.3	120	20	0.3	0.1	0.1
		6.5～7.5	60	50	0.3	120	20	0.4	0.1	0.1
		>7.5	60	50	0.4	120	15	0.4	0.1	0.1
Ⅱ级（良）	不分	<6.5	100		0.3	150	40	0.3	0.5	0.5
		6.5～7.5	150			200	30	0.5	0.5	0.5
		>7.5	150		0.6	250	25	1	0.5	0.5
Ⅲ级（不合格）	不分	<6.5	150		0.3	150	40	0.3	0.5	0.5
		6.5～7.5	150		0.3	200	30	0.5	0.5	0.5
		>7.5	150		0.6	250	25	1	0.5	0.5

表 13　土壤污染分级标准

等级划分	单因子污染指数	综合污染指数	污染等级	污染水平
Ⅰ	$P_i \leqslant 0.7$	$P_综 \leqslant 0.7$	安全	清洁
Ⅱ	$0.7 < P_i \leqslant 1$	$0.7 < P_综 \leqslant 1$	警戒级	尚清洁
Ⅲ	$1 < P_i \leqslant 2$	$1 < P_综 \leqslant 2$	轻度污染	土壤污染物超过背景值，视为轻度污染
Ⅳ	$2 < P_i \leqslant 3$	$2 < P_综 \leqslant 3$	中度污染	土壤、作物均受到中度污染
Ⅴ	$P_i > 3$	$P_综 > 3$	重度污染	土壤、作物受污染已相当严重

3.3.3　评价结果与分析

　　（1）单因子污染指数评价结果。根据我国土壤环境质量标准（GB 151618—1995），将农田土壤单项指标质量分为Ⅰ级（优）、Ⅱ级（良）和Ⅲ级（不合格）。从表 14 可以看出，各样点土壤的污染程度测定结果从各污染因子的单项污染指数来看，试验区总体土壤重金属污染的污染程度依次为 Cd＞Cu＞Cr＞Pb＞As＞Hg。CK 和 NT＋S_2 处理的各项污染因子的单因子污染指数范围分别为：Cd 为 0.83～1.03 和 0.40～0.57；Cu 为 0.31～0.44 和 0.36～0.43；Cr 为 0.23～0.36 和 0.22～0.34；Pb 为 0.29～0.35 和 0.18～0.28；As 为 0.17～0.26 和 0.18～0.25；Hg 为 0.13～0.23 和 0.13～0.20。其中，Cd 的污染最严重，CK 1 号点位污染达到轻度污染，单项污染指数达 1.03，其他 4 个点位也均为警戒级。Cu、Cr、Pb、As、Hg 的污染相对较轻，范围也较小，单因子评价值都小于 0.7。

表 14　试验区不同耕作方式土壤部分单因子污染指数

处理	点位	Cr	As	Cu	Pb	Hg	Cd	六六六	滴滴涕
CK	1	0.29	0.20	0.44	0.34	0.230	1.03	0.220	0.036
	2	0.33	0.17	0.31	0.35	0.200	0.97	0.002	0.042
	3	0.23	0.26	0.42	0.31	0.200	0.83	0.260	0.030
	4	0.34	0.19	0.38	0.35	0.130	0.93	0.200	0.000
	5	0.36	0.22	0.43	0.35	0.170	0.87	0.016	0.022
	均值	0.31	0.21	0.40	0.33	0.186	0.93	0.140	0.026
NT＋S_2	1	0.22	0.18	0.40	0.28	0.200	0.57	0.018	0.038
	2	0.34	0.22	0.40	0.28	0.200	0.50	0.280	0.000
	3	0.27	0.21	0.36	0.25	0.170	0.40	0.320	0.024
	4	0.24	0.18	0.39	0.24	0.200	0.43	0.014	0.036
	5	0.24	0.25	0.41	0.18	0.130	0.43	0.002	0.018
	均值	0.26	0.21	0.40	0.180	0.180	0.47	0.127	0.023

两种有机氯农药在土壤中的差异较大，六六六的残留要明显高于滴滴涕，CK 和 NT＋S_2 处理的六六六、滴滴涕的残留量均值分别为 0.140、0.026 和 0.127、0.023，但都低于国家 III 级土壤质量标准，仍属于安全范围。自 1983 年我国政府禁止使用这两种农药以来，经过 20 年的降解，土壤中含量已经显著降低，对人类健康的危害也降低到可以接受的程度。总体来看，试验区不同耕作方式土壤单因子污染指数均处于安全范围之内。

（2）综合污染指数评价结果。从表 15 可清楚看出，总体而言，试验区土壤综合污染指数为 0.445～0.842，平均值为 0.680。CK 5 个点位的平均值为 0.712，NT＋S_2 处理为 0.647，说明 CK 处于警戒级状态，而 NT＋S_2 处理则处于安全状态。其中，CK 5 个点位的综合污染指数分别为 0.842、0.784、0.451、0.711、0.770，4 个点位处于警戒级水平，只有一个是安全水平；而

NT＋S$_2$ 处理的综合污染指数分别为 0.615、0.770、0.683、0.724、0.445，3 个点位处于安全水平，另两个为警戒级水平。从图 8 可以看出，NT＋S$_2$ 处理综合污染指数较 CK 小，污染程度更小。

表 15　试验区不同耕作方式土壤综合污染指数及污染状况

处理	点位	综合污染指数	污染程度	污染水平
CK	1	0.842	警戒级	尚清洁
	2	0.784	警戒级	尚清洁
	3	0.451	警戒级	尚清洁
	4	0.711	安全	清洁
	5	0.770	警戒级	尚清洁
	均值	0.712	警戒级	尚清洁
NT＋S$_2$	1	0.615	警戒级	尚清洁
	2	0.770	安全	清洁
	3	0.683	安全	清洁
	4	0.724	警戒级	尚清洁
	5	0.445	安全	清洁
	均值	0.647	安全	清洁

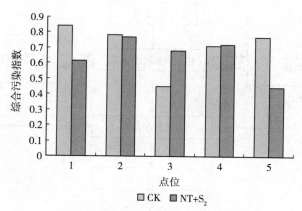

图 8　土壤环境综合污染指数

　　综合上述评价指数可看出，大多数的试验土壤属于尚清洁土壤，少数为清洁土壤，其中的主要污染因子为金属 Cd 和农药六六六。Cd 的污染与土壤磷肥施用有关，六六六农药残留则是由过去有机氯农药的过量施用所致。而 NT＋S$_2$ 处理的污染程度较 CK 轻，与采取保护性耕作措施有关，同时采取秸秆覆盖还田，不同程度地影响土壤有机质、pH 等理化性状，加上各种污染物之间相互效应（结论来自前文的土壤污染物含量的相关性分析），从而影响土壤中重金属污染物的浓度。

3.4 保护性耕作的综合效益评价

3.4.1 综合效益评价因素的选择及指标体系的确定

稻田保护性耕作的综合效益[97]即经济效益、生态效益和社会效益这三大效益的综合。经济效益因素包括总产值、纯产值、总成本、产投比等因子，生态效益因素包括能量效益、肥料效益等因子，社会效益包括劳工效益、农产品多样性及农产品的商品率等因子。为保证评价因素的科学性和完备性，可采用频度统计、理论分析、专家咨询等方法设置和筛选因子[100]。频度统计法是对目前相关稻田生态系统综合评价研究的报告、论文进行频度统计，选择那些使用频率较高的因子；理论分析法是对稻田生态系统的内涵、特征进行分析综合，选择那些具有重要特征的因子；专家咨询法是在初步提出评价因素体系的基础上，征询有关专家的意见，对因子进行调整。在上述方法的基础上，将初步建立起来的具体因素因子进行主成分分析，对影响微小或不太关联的指标进行合并或者淘汰，最后选择内涵丰富并且在实践中简便实用的因素，构成最终评价因素指标体系。评价指标筛选程序见图 9。

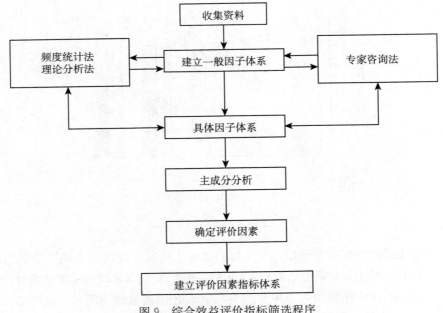

图 9　综合效益评价指标筛选程序

3.4.2 综合效益评价因子权重及其综合评价方法的确定

为确保因子权重的科学性，在对稻田保护性耕作综合效益评价中，结合已有的资料和其他研究者的经验，采用层次分析法（AHP）确定各因子权重。

通过筛选后的指标体系和采用 AHP 计算得到的各指标权重见表 16。

表 16 稻田保护性耕作综合效益评价指标权重

目标层	准则层及权重	指标层及权重
综合效益	经济效益 （0.417 5）	经济总产值 （0.063 1）
		纯产值 （0.110 7）
		物资费用出益率 （0.079 8）
	生态效益 （0.381 2）	经济产投比 （0.163 9）
		氮素产投比 （0.103 5）
		土地当量比 （0.044 4）
		养地作物指数 （0.072 3）
		光能利用率 （0.085 2）
	社会效益 （0.201 3）	辅助功能利用率 （0.078 1）
		劳动净产值率 （0.045 1）
		科技进步贡献率 （0.063 7）
		粮食产量 （0.092 5）

本文采用综合指数法对保护性耕作系统的综合效益进行评价。其计算公式（4）为：

$$V_i = \sum W_j F_j(X_i) \tag{4}$$

式中：V_i ——综合效益的综合评价指数；

W_j ——第 j 指标权重；

$F_j(X_i)$ ——第 j 指标的评价函数。

在评价过程中，由于各指标的量纲不一样，所以不能直接将指标权重和指标观测值相乘来求综合指数。为此，本文采用标准化将各指标的观测值变换到同一水平上，消除量纲的影响。这种变换称为指标 X_i 观测值的评价函数 $F_j(X_i)$，即 $F_j(X_i) = X_{ij}/X_{j_{\max}}$。

3.4.3 综合效益评价

经过评价指标的筛选、指标权重的确定后，利用综合指数法对稻田保护性耕作进行评价，具体结果见表 17。

通过表 17 可以明显看出各综合效益评价指标的初始值：①粮食产量。即土地产出率，NT＋S$_2$＞NT＋S$_1$＞NT＞CK。②产值。按目前市场上早稻、晚稻价格计算，以 NT＋S$_2$ 处理的总产值和纯产值为最高，分别为 19 818.70 元/hm^2、12 067.70 元/hm^2。③劳动净产值率、经济产投比。NT＋S$_2$ 处理均比 NT＋S$_1$、NT 处理和 CK 高，NT＋S$_2$ 处理劳动净产值率、经济产投比分别为 116.41 元/d、2.56，而 CK 分别为 87.78 元/d、2.01。④成本。NT＋S$_2$、NT＋S$_1$、NT 处理和 CK 成本分别为 7 751 元/hm^2、7 988 元/hm^2、8 143 元/hm^2 和 8 512元/hm^2，NT＋S$_2$ 处理可比 CK 节约成本9.8％。

表 17　不同处理综合效益评价指标原始值

指标	CK	NT	NT＋S$_1$	NT＋S$_2$
粮食产量（kg/hm^2）	11 782.80	12 562.00	13 203.25	13 648.49
经济总产值（元/hm^2）	17 112.88	18 243.23	19 172.79	19 818.70
成本（元/hm^2）	8 512	8 143	7 988	7 751
纯产值（元/hm^2）	8 600.88	10 100.23	11 184.79	12 067.70
物资费用出益率（元/元）	3.17	3.39	3.56	3.55
经济产投比	2.01	2.24	2.40	2.56
氮素产投比	0.57	0.65	0.78	0.81
土地当量比	2.11	2.48	2.79	2.78
养地作物指数	0.39	0.56	0.67	0.68
辅助能效率	3.59	3.67	3.88	3.86
生物产量光能效率（％）	1.77	2.03	2.15	2.31
劳动净产值率（元/d）	87.78	90.46	105.23	116.41
农业科技进步贡献率（％）	0.00	74.32	76.14	79.51

注：经济总产值指各处理 2006 年两季水稻产值之和（不包括紫云英、苕子），表中数据未扣除农业税（2006 年 1 月 1 日取消农业税），稻谷 2006 年市场价格分别为：早稻 1.4 元/kg、晚稻 1.5 元/kg；劳动净产值率＝净产值/劳动消耗，劳工价格为 20 元/d；农业科技进步贡献率＝农业科技年均增长率/农业总产值年均增长率（表中 CK 由于没有采取其他耕作措施，其科技年均增长率记为 0）；劳动净产值率＝单位面积土地净产值/单位面积投入的劳动用工。

通过表 17 和表 18 中的数据计算可得出如表 19 所示的不同系统综合效益的评价指数，并根据计算结果对 CK 及 NT、NT＋S$_1$、NT＋S$_2$ 处理进行排序，优选出较佳的试验处理。如表 19 所示，单项效益指数：经济效益为 NT＋S$_2$＞NT＋S$_1$＞NT＞CK，生态效益为 NT＋S$_2$＞NT＋S$_1$＞NT＞CK，社会效益为 NT＋S$_1$＞NT＋S$_2$＞NT＞CK。单项效益指数只能反映某一方面的效益功能，难以反映稻田生态系统的综合效益，如果仅根据单项效益指数进行评价，将得出不同的结论。而综合效益指数能更好反映各系统的整体效益功能，它能将各单项效益结合在一起，通过综合指数加以排序或判别，从而能够科学客观地对稻田生态系统进行评价。

表 18　不同处理各指标的无量纲化值

指标	CK	NT	$NT+S_1$	$NT+S_2$
粮食产量	0.863 3	0.921 4	0.967 4	1.000 0
经济总产值	0.863 5	0.920 5	0.965 3	1.000 0
成本	1.000 0	0.956 7	0.938 4	0.910 6
纯产值	0.712 7	0.836 9	0.926 8	1.000 0
物资费用出益率	0.890 4	0.952 2	1.000 0	0.997 2
经济产投比	0.785 2	0.875 0	0.937 5	1.000 0
氮素产投比	0.703 7	0.802 5	0.962 9	1.000 0
土地当量比	0.756 3	0.888 9	1.000 0	0.996 4
养地作物指数	0.573 5	0.823 5	0.985 3	1.000 0
辅助能效率	0.925 3	0.945 9	1.000 0	0.994 8
生物产量光能效率	0.766 2	0.878 8	0.930 7	1.000 0
劳动净产值率	0.754 1	0.777 1	0.903 9	1.000 0
科技进步贡献率	0.000 0	0.934 7	0.957 6	1.000 0

注：表中数据为不同系统各指标的无量纲化值。

从表 19 可知，经济效益最好的处理为 $NT+S_2$，经济效益指数为 0.438 2；生态效益最好的处理为 $NT+S_2$，生态效益指数为 0.342 9；社会效益最好的处理为 $NT+S_1$，社会效益指数为 0.210 6。各系统的综合效益指数排序为 $NT+S_2>NT+S_1>NT>CK$，具体数值依次为 0.991 2、0.955 0、0.886 9、0.781 1，表明免耕秸秆全量覆盖还田处理效果最佳，能兼顾三大效益（经济效益、生态效益、社会效益），有利于农业生产的可持续发展。

表 19　不同处理的评价指数

处理	经济效益指数	生态效益指数	社会效益指数	综合效益指数	综合效益排序
CK	0.367 2	0.285 4	0.128 5	0.781 1	4
NT	0.389 4	0.290 8	0.197 7	0.886 9	3
$NT+S_1$	0.421 7	0.322 7	0.210 6	0.955 0	2
$NT+S_2$	0.438 2	0.342 9	0.210 1	0.991 2	1

综上所述，秸秆覆盖还田处理能兼顾三大效益（经济效益、生态效益和社会效益），不仅考虑了粮食安全问题，而且考虑了农业结构调整及农民增收等社会问题，有利于自然资源的充分利用和农业生产的可持续发展，因此秸秆覆盖还田处理模式是适合在我国南方双季稻区大面积发展推广的稻田种植模式。

4 结论与展望

4.1 秸秆覆盖保护性耕作有助于水稻的生长

综上所述，秸秆覆盖还田保护性耕作措施有利于提高作物的产量，促进作物生长发育及群体生长，4 个处理中 NT＋S_2 处理表现最佳，具体反映在：①水稻干物质积累方面，NT＋S_2 处理较 CK、NT、NT＋S_1 分别高 9.7％～10.5％、7.6％～9.6％、1.1％～3.0％；②水稻叶面积指数方面，NT＋S_2 处理在水稻整个生育期内均比 CK 要大，较 CK、NT、NT＋S_1 分别高 10.8％～11.3％、6.7％～9.7％、3.4％～4.6％；③水稻产量方面，试验折算结果后的产量（不含冬季作物）以 NT＋S_2 处理最高，早晚两季各达 6 540.32kg/hm^2、7 108.17kg/hm^2。同时，对各处理的实际产量进行方差分析表明，处理间实际产量存在极显著差异（$P < 0.01$），具体表现为 NT＋$S_2 >$ NT＋$S_1 >$ NT＞CK，说明不同秸秆还田量及耕作方式对水稻产量的影响是明显的；并以秸秆还田量为自变量（x），水稻产量为因变量（y），建立回归方程，得到 $y = 0.288\ 8X + 5\ 979.9$（$0 < x < 2\ 500$），回归系数的显著性水平为 0.000 00、0.005 49，说明了两变量之间的线性相关关系极为显著，建立回归方程是有效的。这个结果可以用来预测稻田保护性耕作不同秸秆还田量对水稻产量的影响，用于指导生产。

以上研究结果与顾克礼等[49]、王昌全等[112]的研究结果一致，许多研究结果表明秸秆覆盖保护性耕作有助于水稻生长，与之相反的研究结果很少报道。对秸秆覆盖条件下水稻产量与秸秆还田量关系进行拟合，建立回归方程是对前人研究的进一步补充，为保护性耕作推广提供有效的理论依据。但受试验条件限制，只采用了不还田、全量、半量 3 个处理，在今后试验中需开展更多还田量处理的研究。

4.2 秸秆覆盖保护性耕作能提高稻田土壤环境质量

4.2.1 改善土壤理化性状

从秸秆覆盖保护性耕作试验结果中可看出，NT＋S_2 处理土壤容重呈下降趋势，而 CK 土壤容重则在一定范围内波动；同时可看出随着秸秆覆盖还田量的增加，土壤容重有较大的减小趋势。总孔隙度也随着还田量的增加而有较大增加，NT＋S_2 处理最大总孔隙度较 CK 高 4.7％。土壤团聚体数量在早稻种植阶段的变化不大，早稻收割后团聚体数量则不断增大。NT＋S_2 处理的团聚度上升幅度最大，达 2.65％，CK 为 1.13％。秸秆覆盖还田还有利于土壤速效氮、有效磷、速效钾含量的提高，各处理以 NT＋S_2 效果最为明显；而土壤 pH 变化趋势各不相同，秸秆还田处理土壤 pH 呈下降趋势，CK 则在波动中略有下降。土壤有机质、全氮、有效磷、速效钾、pH 5 个指标在 CK 及 NT、NT＋S_1、NT＋S_2 处理之间的差异性也达到显著水平，除 NT 处理和 NT＋S_1 处理之间表现为差异显著，其他处理之间均表现为差异极显著。由此可知，秸秆覆盖还田状况下，土壤有机质、全氮、有效磷以及速效钾 4 个指标含量均显著高于秸秆不还田，可见秸秆覆盖还田能有效提高土壤有机质、全氮、有效磷以及速效钾肥力指标的含量。

4.2.2 土壤污染物含量统计及相关性分析

试验区土壤中的污染物含量统计结果分析表明，Cd、As 含量范围高于土壤背景值，平均值为土壤背景值的 1.3 倍、1.1 倍；Pb、Cu 的最大值也略高于土壤背景值，分别超出 3.4％、0.3％；而 Cr、Hg 含量略低于土壤背景值。这表明，Cd 和 As 是试验区土壤污染的主要元素，对这个区域进行土壤环境质量控制，应重点关注这两个元素。从变异系数来看：Cd 的最大，达到 36.2％，其次分别为：Hg（20.4％）、As（8.6％）、Pb（8.1％），Cr、Cu 变异系数较小。这说明 Cd、Hg 受外来污染影响较大，多年来大量施用化肥、农药可能是其重要原因。土壤重金属 Cu 和 Cr、As 和 Pb、As 和 Hg、As 和 Cd、Hg 和 Pb 之间存在极显著相关性，Cu 和 As 是伴随污染最多的元素；同时 Cu、As、Pb 元素之间的 Pearson 相关系数都超过 0.5，应当引起注意。经逐步回归分析表明，团聚度、有机质、CEC、pH 与 Cr、As、Cu、Pb、Hg、Cd 相互间有着良好的相关性。而从统计结果分析来看，试验区中，受到重金属污染的影响还不严重。

从试验区土壤中有机氯农药残留的一般状况可见：六六六的检出率为 80％，滴滴涕的检出率为 100％，表明六六六、滴滴涕高残留农药在试验区土壤中普遍存在。六六六的变异系数为 76.9％，滴滴涕的变异系数为 100.2％，反映出这些土壤污染物受环境条件与人为因素影响较大。六六六和滴滴涕在土壤中的残留分别为 13％、78％。

同样，耕作方式不同，土壤污染物含量也不同，而且土壤条件也有差异，因而影响土壤中污染物的残留量状况。CK 的 Cr、Pb、Cd 含量均大于 NT＋S_2 处理，而 As、Cu、Hg 在不同耕作方式下含量相差不大。NT＋S_2 处理中六六六、滴滴涕含量均高于 CK，可能是因为 NT＋S_2 处理的农田中秸秆覆盖还田而引起病虫害，同时不翻耕相应施用除草剂和农药，这些都造成 NT＋S_2 处理中六六六、滴滴涕含量大于 CK。

4.2.3 土壤环境质量现状评价结果

本文采用单因子指数评价基础上的内梅罗综合指数法，结果如下：从各污染因子的单项污染指数来看，试验区总体土壤重金属污染的污染程度依次为 Cd>Cu>Cr>Pb>As>Hg，六六六的残留要明显高于滴滴涕，但都低于国家Ⅲ级土壤质量标准，仍属于安全范围。总体来看，试验区不同耕作方式土壤单因子污染指数均处于安全范围之内。从试验区土壤综合污染指数评价结果来看，CK 5 个点位的平均值为 0.770，NT+S_2 处理为 0.647，则 CK 处于警戒级状态，而 NT+S_2 处理处于安全状态。其中，CK 5 个点位的综合污染指数中有 4 个点位处于警戒级水平，只有一个是安全水平；而 NT+S_2 处理的综合污染指数中有 3 个点位处于安全水平，另两个为警戒级水平。

综上所述，本研究结合保护性耕作对稻田土壤环境质量进行监测与分析，结果表明，试验区有部分小区处于警戒级状态，今后施用除草剂、杀虫剂、化肥等应引起注意，为合理控制稻田环境污染状况提供了依据。本研究结果与冯恭衍等[92]、张孝飞等[94]、邢新丽等[115]的研究有相似之处，但由于试验监测期较短，部分数据还不是很具代表性，需在今后继续监测。另外，目前大部分研究所做均为对大面积的农田进行环境监测，因此本研究可以逐步推广到大面积的稻田。

4.3 秸秆覆盖保护性耕作能提高稻田综合效益水平

结果表明，各处理粮食产量、总产值和劳动净产值率、经济产投比各指标原始值大小比较均为 NT+S_2 处理最佳，单项效益指数：经济效益为 NT+S_2>NT+S_1>NT>CK，生态效益为 NT+S_2>NT+S_1>NT>CK，社会效益为 NT+S_1>NT+S_2>NT>CK。经综合效益评价分析，各系统的综合效益评价指数排序为 NT+S_2>NT+S_1>NT>CK，具体数值依次为 0.991 2、0.955 0、0.886 9、0.781 1，表明免耕秸秆全量覆盖还田处理效果最佳。一方面，保护性耕作由于只需要进行秸秆地表覆盖、深松、免耕施肥播种、除草等，比常规耕作工序减少 1/2 以上，效率高、能耗低，生产成本降低 9.8% 左右；另一方面，保护性耕作可以实现粮食增产和生产成本降低，使农民收入增加。其能兼顾三大效益（经济效益、生态效益以及社会效益），有利于自然资源的充分利用和农业生产的可持续发展，因此是最适宜在我国南方双季稻区大面积推广应用的稻田种植模式。

4.4 结束语

本研究主要对双季稻主产区农田生态系统进行了研究、分析和综合效益评价，筛选出适合长江中下游双季稻主产区大面积推广应用的保护性耕作综合技术措施，研究显示秸秆覆盖还田有助于提高水稻的生理生态指标、稻田生产的经济效益。通过将农药残留与重金属污染因素结合起来，综合反映试验区土壤环境质量状况的总体水平，为更好地控制农田环境污染、农产品质量安全管理提供科学依据。由于时间与试验条件的限制，本研究仍存在一些问题，需在今后研究中进一步深入。

（1）本研究由于历时较短，对试验区的环境污染指标的监测还不够系统，应对稻田大气环境、水环境同步进行监测，因此今后研究中进行持续的试验是非常必要的。

（2）本研究缺乏秸秆覆盖可能对病虫害、杂草生长的影响研究，应配合除草剂、灭虫剂对稻田环境污染的影响做进一步研究与探索。

（3）需进一步对秸秆处理进行研究，优选出较佳的秸秆还田的秸秆处理方式，结合不同量秸秆还田模式综合研究秸秆覆盖还田的生理、生态效益。

参考文献

[1] 农业部农村经济研究中心.中国农村研究报告［M］.北京：中国财政经济出版社，2000.

[2] 段学军.长江流域粮食产量影响因素灰色关联分析［J］.农业系统科学综合研究，2000，16（1）：30-34，39.

[3] 黄国勤.江西粮食生产与粮食安全［J］.中国农业科技导报，2004，6（4）：28-32.

[4] 李祖章，刘光荣，袁福生.江西省农业生产中化肥农药污染的状况及防治策略［J］.江西农业学报，2004，16（1）：49-54.

[5] 黄国勤，王兴祥，钱海燕，等.施用化肥对农业生态环境的负面影响及对策［J］.生态环境，2004，13（4）：656-660.

[6] 曹仁林.关于我国土壤重金属污染对农产品安全性影响的思考［C］//中国土壤学会会议论文集.［出版者不详］，2001：3-6.

[7] 张海林，高旺盛，陈阜，等.保护性耕作研究现状、发展趋势及对策［J］.中国农业大学学报，2005，10（1）：16-20.

[8] 常旭虹.保护性耕作技术的效益和应用前景分析［J］.耕作与栽培，2004（1）：1-3，44.

[9] 王长生，王遵义，苏成贵，等.保护性耕作技术的发展现状［J］.农业机械学报，2004，35（1）：167-169.

[10] 章秀福，王丹英，符冠富，等.南方稻田保护性耕作的研究进展与研究对策［J］.土壤通报，2004，37（2）：346-351.

[11] 师江澜，刘建忠，吴发启.保护性耕作研究进展与评述［J］.干旱地区农业研究，2006，24（1）：205-211.

[12] 叶文虎，栾胜基．环境质量评价学 [M]．北京：高等教育出版社，1994．

[13] 余文涛．我国乡镇企业发展对农村环境的影响及发展趋势分析 [J]．环境科学丛刊，1988 (5)：18-24．

[14] 刘宝生．农业环境污染对农产品的危害与防治对策 [J]．江西农业科技，1997，11 (2)：7-38．

[15] 高焕文，李问盈，李洪文．中国特色保护性耕作技术 [J]．农业工程学报，2003，19 (3)：1-4．

[16] 崔向红，王树奇．保护性耕作技术的发展现状 [J]．农业机械学报，2004 (1)：165-169．

[17] 刘巽浩，牟正国．中国耕作制度 [M]．北京：农业出版社，1993．

[18] 吉林省农机推广站．保护性耕作技术 [J]．农机具之友，2004 (4)：36-37．

[19] 刘振友．我国保护性耕作的发展应用 [J]．农机化研究，2005 (7)：312．

[20] 张林鹤，王春香，姚忠臣．保护性耕作技术的现状及推广 [J]．农机化研究，2005 (1)：264-265．

[21] 贾延明，尚长青，张振国．保护性耕作适应性试验及关键技术研究 [J]．农业工程学报，2002，18 (1)：78-81．

[22] 袁家富．麦田秸秆覆盖效应及增产作用 [J]．生态农业研究，1996，4 (3)：61-65．

[23] 陈兰详，许松林．小麦—玉米轮作覆盖稻草对土壤肥力及产量的影响 [J]．土壤，1996，28 (3)：56-59．

[24] 李淑芬．巴西对亚热带免耕土壤有机质组分变化的研究 [J]．水土保持科技情报，2002 (4)：4-8．

[25] 籍增顺，张树梅，薛宗让，等．旱地玉米免耕系统土壤养分研究 Ⅰ．土壤有机质、酶及氮变化 [J]．华北农学报，1998，13 (2)：42-47．

[26] 黄东迈，朱培立．有机无机态肥料氮在水田和旱地的残留效应 [J]．中国科学，1985 (19)：907-912．

[27] 杨玉爱，薛建明．微量元素肥料研究与应用 [M]．武汉：湖北科技出版社，1986：297-306．

[28] NEEDEMAN B A, WANDER M M, BOLLERO G A, et al. Interaction of tillage and soil texture：biologically active soil organic matter in Illinois [J]．Soil Sciences Society of America Journal，1999，63 (5)：1326-1334．

[29] 胡伟．保护性耕作推广项目简介 [J]．农机市场，2002 (7)：29．

[30] 朱文珊．地表覆盖种植与节水增产 [J]．水土保持研究，1996 (3)：141-145．

[31] STALEY T E. Soil microbial biomass and organic component alteration in a no-tillage chrono sequence [J]．Soil Sciences Society of America Journal，1988，52 (4)：998-1005．

[32] 翟瑞常．耕作对土壤生物 C 动态变化的影响 [J]．土壤学报，1996，33 (2)：201-210．

[33] BALESDENT J. Effects of tillage on soil organic carbon mineralization estimated from 13 C abundance in maize fields [J]．Journal of Soil Science，1990，41 (4)：587-598．

[34] EDWARDS W M. Role of lumbriens terrestrials burrows on quality of infiltration water

[J]. Biology Biochemistry, 1992, 24 (2): 1555 - 1561.

[35] 张海林, 陈阜, 秦耀东, 等. 覆盖免耕夏玉米耗水特性的研究 [J]. 农业工程学报, 2002, 18 (2): 36 - 40.

[36] 张海林, 秦耀东, 朱文珊. 覆盖免耕土壤棵间蒸发的研究 [J]. 土壤通报, 2003, 34 (4): 259 - 261.

[37] 蔡典雄, 张志田, 高绪科, 等. 半湿润偏旱区旱地麦田保护性耕作技术研究 [J]. 干旱地区农业研究, 1995, 13 (4): 67 - 74.

[38] 徐福利, 严菊芳, 王渭玲. 不同保墒耕作方法在旱地上的保墒效果及增产效应 [J]. 西北农业学报, 2001, 10 (4): 80 - 84.

[39] 于舜章, 陈雨海, 周勋波, 等. 冬小麦期覆盖秸秆对夏玉米土壤水分动态变化及产量的影响 [J]. 水土保持学报, 2004, 18 (6): 175 - 178.

[40] KETCHESON J. Conservation tillage in eastern Canada [J]. Journal of Soil and Water Conservation, 1997 (32): 57 - 60.

[41] LOPEZ M V, GRACIA R, ARRUE J L. Effects of reduced tillage on soil surface properties affecting wind erosion in semiarid fallow lands of Central Aragon [J]. European Journal of Agronomy, 2000, 12 (3): 191 - 199.

[42] 臧英, 高焕文, 周建忠. 保护性耕作对农田土壤风蚀影响的试验研究 [J]. 农业工程学报, 2003, 19 (2): 56 - 60.

[43] 王晓燕, 高焕文, 李洪文, 等. 保护性耕作对农田地表径流与土壤水蚀影响的试验研究 [J]. 农业工程学报, 2000, 16 (3): 66 - 69.

[44] 李洪文, 陈君达. 旱地农业三种耕作措施的对比研究 [J]. 干旱地区农业研究, 1997, 15 (1): 7 - 11.

[45] 刘刚才, 高美荣, 张建辉, 等. 川中丘陵区典型耕作制下紫色土坡耕地的土壤侵蚀特征 [J]. 山地学报, 2001, 19 (增刊): 65 - 70.

[46] 李俊华, 王立青. 美国有关覆盖作物对水土流失影响的研究 [J]. 水土保持科技情报, 2002 (1): 15 - 17.

[47] SMIKA D E, WICKS G A. Soil water during fallow in the central Great Plains as influenced by tillage and herbicide treatments [J]. Soil Sciences Society of America Journal, 1968 (32): 591 - 595.

[48] TISCARENO - LOPEZ M, BAZ - GONZALEZ A D, VELAZQUEZ - VALLE M, et al. 墨西哥中部流域农地生产力恢复的研究 [J]. 水土保持科技情报, 2001 (1): 1 - 3.

[49] 顾克礼, 蒋植宝, 叶新华. 麦秸还田麦田套稻新技术研究 [M] //刘巽浩, 高旺盛, 朱文珊. 秸秆还田的机理与技术模式. 北京: 中国农业出版社, 2001: 158 - 68.

[50] 杨光立, 李林, 孙玉桃, 等. 湖南省稻草还田利用现状及利用模式 [M] //刘巽浩, 高旺盛, 朱文珊. 秸秆还田的机理与技术模式. 北京: 中国农业出版社, 2001: 169 - 177.

[51] 李有忠, 陈垣, 胡恒觉, 等. 半干旱地区覆盖少耕免耕的保墒效应 [J]. 甘肃农业科技, 1997 (6): 1 - 3.

[52] 田秀平，陶永香，王立军，等. 不同耕作处理对白浆土养分状况及农作物产量的影响 [J]. 黑龙江八一农垦大学学报，2002，14（3）：9-11.

[53] 王光明. 冬水田水旱复种连续免耕的效益及土壤肥力和杂草动态研究 [J]. 西南农大学报，1995，17（4）：344-347.

[54] 付国占，李潮海，王俊忠，等. 残茬覆盖与耕作方式对夏玉米叶片衰老代谢和籽粒产量的影响 [J]. 西北植物学报，2005，25（1）：155-160.

[55] 亨耳. 国外农机 [J]. 农村机械化，1998（12）：42.

[56] 杨学明，张晓平，方华军，等. 北美保护性耕作及对中国的意义应用 [J]. 生态学报，2004，15（2）：335-340.

[57] 中国网. 国家将投 3000 万巨资在北方主产粮区推广保护性耕作 [EB/OL]．［2004-04-13］（2006-09-18）. http：//www. China. com. cn/Zhuanti2005/txt/2004-04-13/content 5543677. htm.

[58] 张飞，赵明，张宾. 我国北方保护性耕作发展中的问题 [J]. 中国农业科技导报，2004，6（3）：36-39.

[59] 籍增顺. 旱地玉米免耕整秸秆半覆盖技术及其评价 [J]. 干旱地区农业研究，1995，13（2）：14-19.

[60] 牛灵安. 曲周试区秸秆还田配施氮磷肥的效应研究 [J]. 土壤肥料，1998（6）：32-35.

[61] STILES H S，REINSCHMIEDT L L，TRIPLETT G B，et al. Tillage system for cotton on silty upland soils [J]. Agronomy Journal，1996，88（4）：507-512.

[62] YUSUF R，SCIEMENS J C，BULLO CK D，et al. Growth analysis of soybean under no-tillage and conventional tillage systems [J]. Agronomy Journal，1999，91（6）：928-933.

[63] 籍增顺. 国外免耕农业研究 [J]. 山西农业科学，1994，22（3）：63-68.

[64] 魏朝富. 垄作免耕下稻田土壤团聚体和水热状况变化的研究 [J]. 土壤学报，1990，27（2）：172-178.

[65] 沈裕虎. 秸秆覆盖的农田效应 [J]. 干旱地区农业研究，1998，16（1）：41-50.

[66] 贺峰，雷海章. 论生态农业与中国农业现代化 [J]. 中国人口·资源与环境，2005（2）：23-26.

[67] 高士平，王瑞君，阳小兰，等. 河北省农田环境问题与生态保育 [J]. 地理与地理信息科学，2006，22（4）：89-92.

[68] 贾蕊，陆迁，何学松. 我国农业污染现状、原因及对策研究 [J]. 中国农业科技导报，2006，8（1）：59-63.

[69] 李远，王晓霞. 我国农业面源污染环境管理：公共政策展望 [J]. 环境保护，2005（11）：23-26.

[70] 夏立江，王宏康. 土壤污染及其防治 [M]. 上海：华东理工大学出版社，2001：32-68.

[71] 汪雅各. 上海农业环境污染研究 [M]. 上海：上海科学技术出版社，1991：266-274.

[72] CHATTERJEE D K. World commission on environment and development [J]. Envi-

ronmental Policy and Law，1987，14（1）：26－30.

[73] ALLOWAY B J. Effects of heavy metal in soil on microbial processes and Populations [J]. Water，Air and Soil Pollution，1990，47（2）：189－215.

[74] FERGUSSON J E. The heavy elements：chemistry，environmental impact and health effects [M]. London：Pergamon Press，1990：112－126.

[75] BRAUN S，FLUCKIGER W. Effect of ambient ozone and acid mist on aphid development [J]. Environmental Pollution，1989，56（4）：177－187.

[76] 方淑荣，刘正库. 论农业面源污染及其防治对策 [J]. 农业科技管理，2006，25（3）：22－23.

[77] 彦景辰，雷海章. 世界生态农业的发展趋势和启示 [J]. 世界农业，2005（1）：7－10.

[78] 章力建，朱立志，蔡典雄，等. 农业立体污染防治中循环经济的运作机制及模式 [J]. 农业技术经济，2005（3）：2－5.

[79] 张维理，武淑霞，冀宏杰，等. 中国农业面源污染形势估计及控制对策 Ⅰ. 21 世纪初期中国农业面源污染的形势估计 [J]. 中国农业科学，2004，37（7）：1008－1017.

[80] 孙永明，李国学，张夫道，等. 中国农业废弃物资源化现状与发展战略 [J]. 农业工程学报，2005（8）：169－173.

[81] 刘飞燕. 关注农产品安全倡导绿色消费 [J]. 商业研究，2002，12（下半月版）：147－148.

[82] 章力建，朱立志，蔡典雄，等. 农业立体污染防治中循环经济的运作机制及模式 [J]. 农业技术经济，2005（3）：2－5.

[83] 张毓琪. 环境生物毒理学 [M]. 天津：天津大学出版社，1993.

[84] MOEN J E T，CORNET J P，EVERS C W A. Soil protection and remedial actions：Criteria for decision making and standardization of requirements [J]. Contaminated Soil，1986：441－448.

[85] 廖白基. 微量元素的环境化学及生物效应 [M]. 北京：中国环境科学出版社，1992.

[86] 蔡艳荣. 环境影响评价 [M]. 北京：中国环境科学出版，2004.

[87] RIKI T，ELIZABETH W，STEWARD T，et al. Strategic environmental assessment [M]. London：Earthscan Publication，1992.

[88] BEANLANDS G E，DUINKER P N. Ecological framework for environmental impact assessment [J]. Journal of Environment Manage，18：267－277.

[89] 祝绯飞，李秀央. 环境质量评价的研究与进展 [J]. 中国公共卫生，2001，16（5）：23－28.

[90] 万良碧. 鄱阳湖区农田环境质量评价方法研究 [J]. 农业环境保护，1989，8（2）：25－28.

[91] 曹洪法，许嘉琳. 污水灌溉区农业环境质量评价 [J]. 环境科学，1979，7（4）：32－36.

[92] 冯恭衍，张炬，吴建平. 宝山区菜区土壤重金属污染的环境质量评价 [J]. 上海农学院学报，1993，11（1）：35－42.

[93] 赵振纪，杨仁斌．农业环境质量评价 [M]．北京：中国农业科技出版社，1993：8-12.

[94] 张孝飞，林玉锁，石利利，等．江苏高邮市农田土壤环境质量状况研究 [J]．环境科学学报，2006，26 (1)：684-693.

[95] 程胜高，张聪辰．环境影响评价与环境规划 [M]．北京：中国环境科学出版社，1999：103-126.

[96] 王冬朴．项目层次环境影响评价与环境影响经济评价的对比分析 [J]．内蒙古环境保护，2004，16 (4)：18-20.

[97] 张壬午．生态农业综合评价方法及应用 [J]．江苏农业经济，1992 (增刊)：24-27.

[98] ZHANG R W, WANG H Q, FENG Y C, et al. A review on overseas alternate agriculture assessment [J]. Overseas Agronomy Environmental Protection, 1989 (1): 20-24.

[99] 黄国勤，钟树福，刘隆旺．鄱阳湖区旱地耕作制度效益的模糊综合评判 [J]．耕作与栽培，1990 (1)：7-10，15.

[100] 陈杰，胡秉民．德清县生态农业建设综合评价 [J]．应用生态学报，2003，14 (8)：1317-1321.

[101] 浙江农业科学编辑部．农作物田间试验记载项目及标准 [M]．杭州：浙江科学技术出版社，1981.

[102] 中国土壤学会农业化学专业委员会．土壤农业化学常规分析方法 [M]．北京：科学出版社，1983.

[103] 中国土壤学会农业化学专业委员会．土壤理化分析 [M]．上海：上海科学技术出版社，1981.

[104] 南京农学院．土壤农化分析 [M]．北京：农业出版社，1982.

[105] 农业部科技教育司．农田土壤环境质量监测技术规范：NY/T 395—2000 [S]．北京：中国标准出版社，2000.

[106] 方禹之，金利通．环境分析与监测 [M]．上海：华东师范大学出版社，1987：124-152.

[107] 刘风枝．农业环境监测实用手册 [M]．北京：中国标准出版社，2001.

[108] 环境污染分析方法科研协作组．环境污染分析方法：第1卷 无机物分析 [M]．2版．北京：科学出版社，1997.

[109] 唐启义，冯明光．实用统计分析及其 DPS 数据处理系统 [M]．北京：科学出版社，2002.

[110] 李祚泳，丁晶，彭荔红．环境质量评价原理与方法 [M]．北京：化学工业出版社，2004.

[111] 黄丽芬，庄恒扬．长期少免耕对稻麦产量与土壤肥力的影响 [J]．扬州大学学报，1999，2 (1)：48-52.

[112] 王昌全，魏成明．不同免耕方式对作物产量和土壤理化性状的影响 [J]．四川农业大学学报，2001，19 (2)：152-154.

[113] 张乃明．大气沉降对土壤重金属累积的影响 [J]．土壤与环境，2001，10 (2)：91-93.

［114］章明洪．对肥料中重金属元素含量测定的研究［J］．磷肥与复肥，2003，18（2）：61-63．

［115］邢新丽，周爱国，梁合诚，等．南昌市土壤环境质量评价［J］．贵州地质，2005，22（3）：171-175．

［116］郑振华，周培强，吴振斌．复合污染研究的新进展［J］．应用生态学报，2001，12（3）：469-473．

［117］刘沙滨，黄雅琴，朝克金．呼和浩特市近郊蔬菜、土壤有机氯（六六六、滴滴涕）农药污染现状调查［J］．农村生态环境，1991，7（4）：63-65．

［118］KABATA-PENDIAS A. Soil-plant transfer of trace elements an environmental issue［J］. Geoderma，2004，122（2-4）：143-149．

［119］董元华，张桃林．基于农产品质量安全的土壤资源管理与可持续利用［J］．土壤，2003，35（3）：182-186．

［120］刘崇红．几种土壤质量评价方法的比较［J］．干旱环境监测，1996，10（1）：26-29．

［121］国家环境保护总局．土壤环境质量标准：GB 15618—1995［S］．北京：中国标准出版社，2006．

［122］皮广洁，唐书源．农业环境监测原理与应用［M］．成都：成都科技大学出版社，1998：56-65．

免耕对水稻根系活力和产量性状的影响[*]

摘　要： 对早稻进行了免耕与常规耕作（以下简称常耕）栽培对比试验。研究结果表明：与常耕栽培水稻相比，免耕水稻根系活力高 7.4%～34.9%，各生育时期的干物质占黄熟期干物质之比高，有效穗数、每穗实粒数、千粒重和实际产量分别高 1.1%、5.1%、0.6% 和 10.0%。产量与根系活力和干物质积累的相关系数分别为 0.90 和 0.87 以上。

关键词： 免耕；根系活力；产量；相关系数

水稻的根系主要由不定根（或称冠根）组成，不定根的生长发育规律和增长动态已有不少研究。环境条件（如温度、光照、水分）和耕作栽培措施以及施肥量、施肥种类和施肥方式等[3]对水稻根系的生长都有很大影响，对于这些方面的研究，潘晓华等做了较为全面的综述[1,2]。李水山等对常规耕作水稻根系研究表明，水稻地上部生长与根系营养吸收能力密切相关。高明等[4]对免耕水稻根系的研究结果表明，稻田垄作免耕有利于水稻根系生长，根的总吸收面积、根系活力及根系的干物质积累都明显高于常规耕作。王永锐等[5]的研究也得出与上述一致的结论。但迄今为止，涉及免耕种植及水稻的干物质积累、根系活力与产量之间相关性研究报道较少。本研究就是在免耕水稻干物质积累与根系活力的基础上，进一步探索它们与产量之间的相关性，从而为水稻免耕种植的推广进一步提供技术依据。

1　材料与方法

1.1　试验材料与设计

供试材料为杂交水稻神农 101，试验于 2004 年在江西农业大学试验站进行。土壤基本肥力状况为：有机质 25.16g/kg，全氮 1.53g/kg，有效磷 1.44mg/kg，有效钾 338mg/kg，pH 6.4。

试验设 4 个处理：处理一为免耕移栽，处理二为免耕抛秧，处理三为常规耕作移栽，处理四为常规耕作抛秧，且各处理均在同一田块。小区面积为

---

* 作者：黄国勤、黄小洋、张兆飞、刘隆旺、章秀福、高旺盛。

本文原载于《中国农学通报》2005 年第 21 卷第 5 期第 170～173 页。

33.35m²，采用随机区组设计，每个处理 2 个重复，共 8 个小区。

1.2 田间管理

早稻前茬为紫云英（绿肥），免耕小区于 4 月 7 日用 20％百草枯稀释 50 倍喷施，将紫云英杀死，24h 后灌水将紫云英淹没，保持水层（使紫云英腐烂）至移栽日。常耕小区也于 4 月 7 日翻耕并保持水层 15d 后再整田。施肥方法按基肥：分蘖肥：孕穗肥为 7：2：1 施用（氮：钾为 1：1，施肥量均为 225kg/hm²），各处理施肥量与施肥时间相同，管理方法按常规进行。3 月 31 日播种，免耕秧苗采用抛秧盘育秧，每穴播种 5 粒，出苗后间苗到 3 棵；常耕秧苗采用水田育秧。4 月 27 日施基肥，4 月 28 日移栽。移栽时每兜栽 3 棵秧（基本没有分蘖），各处理栽插密度为每公顷 18.7 万兜。5 月 9 日施分蘖肥，同时施除草剂丁·苄，6 月 11 日施孕穗肥，7 月 23 日收割测产。

1.3 项目测定方法

试验过程中每 7d 进行 1 次茎蘖动态调查，于分蘖盛期、拔节期、孕穗期、黄熟期取根样测定根系活力，每个处理做 3 个重复，求平均值。根系活力采用 α-萘胺法[6]测定。在分蘖盛期、拔节期、孕穗期和黄熟期取样，测各干物质积累量和根冠比。每次取平均茎蘖数 5 兜，105℃杀青 15min，80℃烘 48h 后称量。成熟后分小区收割测产，同时每小区取 5 兜考种，计算理论产量。数据采用 DPS 数据处理系统分析[7]。

2 结果与分析

2.1 对根系活力的影响

根系活力是反映根系发育状况的一个重要指标。水稻根系在根际产生氧化力的物质（存在于很多沼泽植物根上的甘氨酸途径中）和从茎叶运来的氧所产生的过氧化氢[8]，可以将吸附在其表面的 α-萘胺所氧化，氧化量越大，表示根系活力越强，吸收养分的能力就越强。

从图 1 可知，总体来看，不同生育时期水稻根系的 α-萘胺氧化力以分蘖盛期最高。在分蘖盛期，根系活动最为剧烈，根系活力达最大，然后随水稻从营养生长转入生殖生长，根系活力逐渐降低，在孕穗期以后，下降最快。从各处理情况来看，处理二比其他处理的根系活力明显要强，处理一、处理四次之，处理三最弱，处理一和处理三在拔节期都比其他处理弱。这表明在整个生育期内，免耕抛秧水稻的根系活力都比其他方式栽培的水稻根系活力强。常耕抛秧水稻的根系活力强于常耕移栽水稻，并且营养生长期内强于免耕移栽水稻，但在生殖生长期比免耕移栽水稻弱。从表 1 可见，在整个生育期内，处理二比处理一根系活力提高 25.5%～45.7%，处理四比处理三根系活力提高 5.0%～34.5%，免耕水稻比常耕水稻根系活力提高 7.4%～34.9%。结果表明，免耕和抛秧栽培能一定程度提高水稻根系的活力，使根系能够活跃地从土壤吸收水分和养分，从而为水稻生长和进行光合作用提供了充足的物质保证。

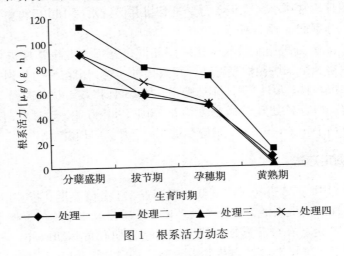

图 1　根系活力动态

表 1　根系活力提高比

单位:%

项　　目	分蘖盛期	拔节期	孕穗期	黄熟期
处理二比处理一	25.5	40.3	45.7	26.0
处理四比处理三	34.5	13.6	5.0	8.1
免耕比常耕	28.1	7.4	28.3	34.9

2.2　对干物质积累的影响

从图 2 可知，从返青期到分蘖期，各处理干物质积累相差不大。从分蘖期至拔节期，各处理相差较大，干物质积累变化曲线斜率从大到小依次为处理二、处理一、处理四和处理三。水稻拔节后，处理二和处理一的干物质积累增长速度虽然放慢，但干物质积累总量仍比处理三和处理四高，并且这个优势一直保持到黄熟期。因此，总体来看，免耕水稻干物质积累高于常耕水稻。

邹应斌等人用分蘖期群体干物质生产量及其占成熟期干物质生产量的百分率作为群体早发的指标之一[9]，比值越高，群体发得越早。本试验各生育时期干物质占黄熟期干物质的比例见表 2。在分蘖盛期、拔节期、孕穗期，处理一和处理二的平均值比处理三和处理四的平均值分别高 1.30％、7.15％、7.15％；而 3 个不同时期处理二又比处理一分别高 1.3％、2.2％、0.1％，处理四又比处理三分别高 1.1％、3.6％、1.4％。即各生育时期占黄熟期干物质之比，免耕水稻高于常耕水稻，抛秧水稻高于移栽水稻。这表明免耕水稻比常耕水稻、抛秧水稻比移栽水稻群体早发，并且免耕水稻中后期有较高的干物质积累。蒋彭炎等人的研究结果表明，水稻灌浆物质约 1/3 来自抽穗前茎、鞘中的储藏物质，2/3 来自开花授粉后绿叶的光合产物[10]，前期干物质积累越多，越能为后期水稻灌浆提供了充足的物质保障。因此，本试验结果证明，免耕和抛秧栽培为水稻的高产创造了条件。

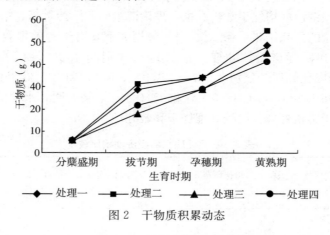

图 2　干物质积累动态

表 2　各生育时期干物质占黄熟期干物质比

单位:％

处理	分蘖盛期	拔节期	孕穗期
处理一	11.0	56.3	69.5
处理二	12.3	58.5	69.6
处理三	9.8	48.5	61.7
处理四	10.9	52.1	63.1

2.3　对根冠比的影响

作物生长发育的实质是根冠生长的外在表现，不同水分条件下根冠的生长特征是根冠功能的具体体现。用根冠比表示地上部与地下部生长的相关性[9]，无疑对免耕农业的相关理论和实践都有积极意义。试验结果显示，不同处理间水稻的根冠比有一定的差异。从分蘖期至拔节期，根冠比处理一和处理二比处理三和处理四的都大，而处理四又大于处理三，处理二又略大于处理一。这表明从移栽到拔节这段时间内，在根冠比方面，免耕水稻比常耕水稻大，抛秧水稻比移栽水稻大。拔节期以后，各处理相差不大，孕穗期处理二略低于其他处理。

2.4　经济性状分析

同一水稻品种，在不同的栽培条件下，其经济性状表现不尽相同。从表3可知，处理一和处理二的平均值比处理三和处理四的穗长长1.8cm，每穗颖花数多5.5个、千粒重高0.15g、结实率高0.45%、有效穗数多3.1万个/hm²。免耕水稻的经济性状均优于常耕水稻，理论产量和实际产量高，结果与笔者对晚稻经济性状的研究结果一致[11]。表4数据表明，对于有效穗数、每穗实粒数、千粒重和实际产量，处理二比处理一分别高1.2%、2.7%、1.3%和7.7%，处理四比处理三分别高0.7%、1.9%、0.8%和1.7%，免耕处理比常耕处理分别高1.1%、5.1%、0.6%和10.0%。结果表明，水稻的经济性状，免耕处理优于常耕处理，抛秧处理优于移栽处理。

表3　不同处理水稻经济性状比较

处理	有效穗数（万个/hm²）	穗长（cm）	每穗颖花数（个）	每穗实粒数（个）	结实率（%）	千粒重（g）	理论产量（kg/hm²）	实际产量（kg/hm²）
处理一	285.0	21.6	147	112	76.1	23.8	7 597.0	6 918
处理二	288.5	24.1	150	115	76.7	24.1	7 995.8	7 452
处理三	282.6	20.6	142	107	75.3	23.7	7 166.5	6 488
处理四	284.7	21.2	144	109	75.7	23.9	7 416.7	6 597

表4　不同处理水稻经济性状提高比

单位：%

项目	有效穗数	每穗实粒数	千粒重	实际产量
处理二比处理一	1.2	2.7	1.3	7.7
处理四比处理三	0.7	1.9	0.8	1.7
免耕比常耕	1.1	5.1	0.6	10.0

2.5　相关分析

产量与水稻根系活力的相关系数（表5）表明，黄熟期对产量的影响最大，相关系数达到0.99；分蘖盛期和孕穗期影响也较大，达到0.90以上。因此，在这 3 个生育时期内（特别是黄熟期）都应注意水稻的管理，防止根系早衰。到了黄熟期，虽然稻谷差不多已成熟，但若管理不好，会造成后期灌浆不完全，从而影响千粒重。而上文水稻根系活力的研究结果也显示，免耕水稻的根系活力强于常耕水稻，抛秧水稻的强于移栽水稻。因此，免耕、抛秧栽培水稻的较高产量与水稻根系活力的提高是分不开的。

表 5　产量与不同生育时期水稻根系活力的相关系数

相关系数	分蘖盛期	拔节期	孕穗期	黄熟期
r	0.90	0.71	0.92	0.99

从表 6 可以看出，水稻整个生育期内，干物质积累与产量的相关系数都较大，大小顺序依次为分蘖盛期、成熟期、拔节期和孕穗期，且都达到 0.87 以上。因此，水稻的各生育时期内，都应做好田间管理。分蘖期应早施足施分蘖肥，控制好田间杂草和害虫（特别是二化螟）；拔节期是幼穗分化的重要时期，相关系数表明，此生育时期对水稻产量的影响仅次于分蘖盛期；黄熟期是水稻灌浆的最后时期，此生育时期直接关系到水稻的结实率和千粒重，因此对产量的影响也较大。

表 6　产量与不同生育时期水稻干物质积累的相关系数

相关系数	分蘖盛期	拔节期	孕穗期	黄熟期
r	0.93	0.92	0.87	0.92

3　小结与讨论

根系是植物的营养吸收器官，同时也是一个重要的代谢器官。它的生长好坏，直接影响了地上部的生长好坏和产量的高低，而不同的栽培措施对水稻的根系活力也有一定的影响。本试验研究结果表明，免耕抛秧比免耕移栽提高水稻根系活力 25.5%～45.7%，常耕抛秧比常耕移栽提高水稻根系活力 5.0%～34.5%，免耕比常耕提高水稻根系活力 7.4%～34.9%。朱德锋等用筒栽方法和根箱钉板法分别研究了水稻根系生长对土壤紧实度的反应和水稻根系分布的特点[12,13]，吴伟明等用自然水域水稻无土栽培的方法对水稻的根系分布也进行了研究[14]，但迄今为止还没有有关分层研究大田水稻根系活力的报道。在试验过程中发现，大田试验挖根较易，但根量结果却不准，有的根会被冲走，而且测出来的根系活力受根伤流量影响误差较大，参考价值不大。因此，本试验将进一步探索研究大田水稻不同层次的取根方法。

免耕水稻干物质积累高于常耕水稻。水稻各生育时期的干物质占黄熟期干物质之比，免耕水稻高于常耕水稻，抛秧水稻高于移栽水稻。这表明免耕水稻比常耕水稻、抛秧水稻比移栽水稻群体早发，并且免耕水稻中后期有较高的干物质积累。但水稻高产还与干物质向结实的转化率有关，对此有待进一步做研究。

根冠比的研究结果表明，免耕水稻高于常耕水稻。其原因可能是免耕水稻返青早，根系发育早，根部所积累的物质多于常耕水稻，占整个植株的比重较大。

免耕水稻的有效穗数、每穗实粒数、千粒重和实际产量比常耕水稻分别高1.1％、5.1％、0.6％和10.0％。免耕水稻的根系活力强，干物质积累高。相关分析结果表明，产量与根系活力之间呈正相关关系，并且相关系数达到0.90以上；而产量与干物质积累的相关系数也达到0.87以上。虽然产量与干物质积累的相关系数较大，但也可能干物质积累向籽粒的转化率较低，产量较高是有效穗数大的结果。对此，笔者没有更深入的探讨，这也是试验今后的研究方向。

参考文献

[1] 潘晓华，王永锐，傅家瑞. 水稻根系生长生理的研究进展 [J]. 植物学通报，1996，13 (2)：13 - 20.

[2] 黄国勤，钟树福. 少、免耕及其在中国的实践 [J]. 农牧情报研究，1993 (3)：26 - 30.

[3] 李水山，皇甫植. 水稻高产品种根的无机养分吸收特性 [J]. 沈阳农业大学学报，1993，24 (1)：17 - 21.

[4] 高明，车福才，魏朝富，等. 垄作免耕稻田根系生长状况的研究 [J]. 土壤通报，1998，29 (5)：236 - 238.

[5] 王永锐，李小林. 免少耕水稻的根系活力和叶片衰老研究 [J]. 耕作与栽培，1992 (4)：31 - 34，35.

[6] 山东农学院，西北农学院. 植物生理学实验指导 [M]. 济南：山东科学技术出版社，1980：179 - 190.

[7] 唐启义，冯明光. 实用统计分析及其 DPS 数据处理系统 [M]. 北京：科学出版社，2002：393 - 400.

[8] 张宪政，谭桂茹，黄元极. 植物生理学实验技术 [M]. 沈阳：辽宁科学技术出版社，1989：136 - 142.

[9] 邹应斌，黄见良，屠乃美，等. "旺壮重"栽培对双季杂交稻产量形成及生理特性的影响 [J]. 作物学报，2001，27 (3)：343 - 350.

[10] 蒋彭炎，冯来定，沈守江，等. 水稻不同群体条件与籽粒灌浆的关系研究 [J]. 浙江农业科学，1987 (1)：1 - 5.

［11］黄小洋，黄国勤，余冬晖，等．免耕栽培对晚稻群体质量及产量的影响［J］．江西农业学报，2004，16（3）：1-4.

［12］朱德锋，林贤青，曹卫星．水稻根系生长及其对土壤紧密度的反应［J］．应用生态学报，2002，13（1）：60-62.

［13］朱德锋，林贤青，曹卫星．超高产水稻品种的根系分布特点［J］．南京农业大学学报，2000，23（4）：5-8.

［14］吴伟明，宋祥甫，孙宗修，等．不同类型水稻的根系分布特征比较［J］．中国水稻科学，2001，15（4）：276-280.

耕作栽培措施对稻米品质的
影响及其研究进展[*]

摘　要： 从常规的耕作栽培措施（播种时间与密度、收获时间、水分灌溉、肥料施用），以及绿色农业、循环农业所提倡的一些特色栽培措施（有机栽培、秸秆还田、稻鸭共作、免耕、水旱轮作）两大方面综述了不同耕作栽培措施对稻米加工品质、外观品质、蒸煮食味品质和营养品质等的影响，以期为提高稻米品质提供理论依据。

关键词： 耕作栽培措施；稻米品质；研究进展

引言

我国作为一个人口大国，粮食安全问题一直备受关注。对于如何提高水稻产量、增加粮食总量，一直是广大农业科技工作者尤其是水稻耕作栽培科研人员研究的焦点。然而，随着水稻产量的提高，人们也开始对稻米的品质有了新的更高的要求。稻米品质除了受遗传因素的内在因素影响外，不同的栽培措施是影响稻米品质的重要外在因素。前人大量的研究表明，在传统的栽培措施中，适宜的水稻播种期、收获期，合理的水分灌溉，以及肥料的施用，尤其是氮肥的施用量对稻米的五大品质中的不同指标，有一定积极的影响。而近年来研究的方向开始由传统的栽培措施向一些特色的栽培措施转移，经研究表明，有机栽培、秸秆还田、稻鸭共作、免耕、水旱轮作等也对稻米品质的部分指标有改进提高的影响，只是研究的指标还不是很全面。笔者除了综述近几年来耕作栽培措施对稻米品质的影响之外，同时还将指出部分耕作栽培措施对稻米品质不同指标的影响尚存在着一些对立的现象，尤其是指出特色耕作栽培措施研究还有不够全面的地方。笔者拟从耕作学、作物栽培学、农业生态学的角度，分析不同耕作栽培措施对稻米品质的影响及其研究进展，以期为提高稻米的品质提供科学依据。

---

* 作者：林青、黄国勤；通讯作者：黄国勤（教授、博导，E-mail：hgqjxes@sina.com）。

本文原载于《中国农学通报》2011 年第 27 卷第 5 期第 6～9 页。

1 稻米品质的检测指标

稻米品质的检测指标也在不断完善。自 20 世纪 70 年代后期以来，我国先后颁布了一系列有关稻谷和稻米的评价标准，其中全国性标准主要有《稻谷》（GB 1350—1986、GB 1350—1999）、《大米》（GB 1354—1986）、《优质食用稻米》（NY 20—1986）、《优质稻谷》（GB/T 17891—1999）等[1]。2002 年农业部又颁布了《食用稻品种品质》（NY/T 593—2002），对以往稻米品质的标准进行了综合改进。

一般来说，评价干燥后稻米的品质指标主要包括干燥储藏品质、理化指标、碾米加工品质、蒸煮食味品质以及外观品质 5 个方面的内容[2]。检测指标为：糙米率、整精米率、垩白粒率、垩白度、透明度、直链淀粉、蛋白质、脂类、碱消值、胶稠度、糊化温度、长宽比、杂质等。

2 常规耕作栽培措施对稻米品质的影响及其研究进展

2.1 播种时间与密度

顾理华等[3]研究表明，播期和移栽密度对 2 个品种稻米品质指标的影响均表现为对垩白粒率、垩白度影响最大，其次是直链淀粉、蛋白质、胶稠度，而对精米率、整精米率和糙米率影响很小。

同一品种的水稻若提早播种或延长其生育期，会比正常播种的水稻产量高、稻米淀粉含量高、蛋白质含量低[4]。栽插密度过低或过高，均不利于稻米综合品质的提高[5]。不少研究指出，增加栽培密度或基本苗数会使糙米率、精米率和整精米率下降，垩白米率提高，透明度降低，直链淀粉含量与胶稠度上升。尤其是栽插密度过高，稻株的营养面积缩小，致使从土壤中吸收的氮素减少，稻米蛋白质含量下降[6]；栽插密度过低，会使直链淀粉含量增加，米饭变硬，碾磨品质、外观品质变差，营养品质下降[5]。

2.2 收获时期

适宜的收获时期能提供较好的稻米品质，过早或过晚收获，都会在不同程度上降低稻米品质。收获时期主要是对稻米的加工品质和外观品质产生较大影响；而从营养和食味品质来看，对蛋白质含量的影响不大，但对直链淀粉和脂肪酸影响较大，对食味值的影响则无明显规律[7]。

王百灵等认为[7]，过早收获（抽穗后 35～50d）对糙米率和精米率影响较小，对整精米率影响较大，使垩白粒率和垩白度增加，外观品质变坏，垩白粒率和垩白度分别比抽穗后 55d 收获的稻米提高 2.21％和 1.18％。过晚收获（抽穗后 60～70d）也会使整精米率下降。

根据姜萍等[8]的研究，精米率、整精米率和蛋白质含量均以黄熟期最高。水稻蛋白质含量有随灌浆时间的延长而逐渐增加的趋势，到黄熟期时含量较高。随着收获时期的推迟，整精米率逐渐增加，在黄熟期达最高（54.9％）。精米率在蜡熟期可达最大值，均值为 70.3％。苗得雨等[9]与姜萍等的研究结论一致，每晚收获 3d，精米率和整精米率分别增加 0.3％和 0.2％。

2.3 水分灌溉

水分是植株生长的关键因子，适宜的水分灌溉也能影响稻米的品质。郭咏梅等[10]通过对比水田和旱地 2 种不同的水分灌溉模式发现，在旱地种植亲本的粒长、粒宽和百粒重均小于水田种植，而垩白粒率和直链淀粉含量均大于水田种植；同时，旱栽条件下稻米外观品质和食味品质有变劣的趋势。武立权[11]发现，生殖生长期不同的田间持水量对稻米垩白粒率和垩白度有显著的影响，即在灌浆前期和灌浆后期随田间持水量的降低，垩白粒率和垩白度增加，但在灌浆后期增加的幅度大于灌浆前期；在幼穗分化前期和后期，不同的田间持水量对垩白粒率和垩白度没有显著的影响。

2.4 肥料施用

长期施肥垩白粒率和垩白度均有不同程度的增加，从而降低了稻米的外观品质[12]。肥料的三大要素（氮、磷、钾）对稻米品质的影响顺序依次是氮＞磷＞钾。

施氮量对稻米品质形成的影响，诸多研究观点较为一致。增施氮肥可以提高整精米率和蛋白质含量，增大糊化温度，降低垩白粒率和垩白度、缩短胶稠度[13]。但也有学者研究表明，随着氮肥施用量的增加，垩白粒率和垩白度上升，胶稠度变短，直链淀粉含量降低[14]。氮肥也并不是施用越多越好。吉志军[15]提出，施用氮素穗肥提高了稻米的整精米率；但氮肥施用量过多，则又会降低稻米的整精米率。适量施用氮素穗肥能够降低稻米的垩白粒率。氮素穗肥的施用降低了稻米胶稠度的长度，并且随着施肥量的增加，逐渐变短。

喷施钾肥具有促进氮素代谢以及再分配的作用，它是提高蛋白质含量的主要生理原因。在整精米率方面，各喷施处理提高整精米率的效果非常明显，均达到了极显著水平[16]。常二华[17]研究认为，结实期钾和钙的营养供应对稻米的外观品质有调节作用，结实期钾和钙的营养水平对 2 个供试品种的蒸煮食味与营养品质的影响比较一致。在缺钾或缺钙条件下，2 个供试品种的直链淀粉含量和崩解值显著增加，胶稠度和消减值显著降低，但对蛋白质含量则无明显影响。陶其骧等[18]试验表明，施钾肥对蛋白质总量的提高是显而易见的，而对于施钾对稻谷的加工品质及商品品质均有明显的改善以及施钾后直链淀粉含量下降，胶稠度明显提高，食味口感有较明显的改善的观点与前者一致。另外，磷肥用量是影响直链淀粉含量、垩白粒率、整精米率的主要因素[19]。

3　特色耕作栽培措施对稻米品质的影响及其研究进展

3.1　有机栽培环境

减少化肥的施用量，施用有机肥不仅保护了环境，也改善了稻米品质的部分指标。根据张三元等[20]研究结果可知，在有机栽培环境下，稻米品质中蛋白质含量有增加的趋势。有关蛋白质含量对食味品质影响的很多研究认为，蛋白质含量越高，食味品质越低。但该试验结果表明，有机栽培条件下蛋白质含量提高，不但对稻米食味和黏性没有影响，反而使稻米黏性提高、食味值上升。对直链淀粉含量影响的分析表明，有机栽培条件下略有下降（这也许是食味品质提高的主要因素之一）。不同类型水稻品种在有机栽培环境下，稻米品质明显提高，蛋白质含量提高，直链淀粉略有下降趋势，食味值提高。因此，水稻有机栽培技术不仅能改良稻田土壤物理性状，同时也能提高稻米品质。金京德等的试验结果认为，施用有机肥区与施用化肥区比较，施用有机肥区的稻米黏性和食味值明显增加[21]。

3.2　秸秆还田

秸秆还田是目前循环农业提倡的一种常见的农业生产技术，不仅使资源得到了循环利用，节约了成本，也对稻米品质有一定的影响。

顾丽[22]研究结果表明，秸秆还田在对稻米品质方面的效应也有一定的差异。长期定位试验中，秸秆还田能提高稻米的糙米率、整精米率，同时使稻米的垩白粒率、垩白度增加；短期秸秆还田会使稻米糙米率下降，能提高整精米率。在稻米蒸煮食味品质方面，长期、短期秸秆还田均能增加稻米的蛋白质含量，降低其直链淀粉含量。长期和短期秸秆还田会使稻米的峰值黏度、崩解值不同程度下降，使消减值有所上升，从而导致稻米食味品质的下降。刘世平等[23]通过翻耕移栽秸秆还田的试验发现，翻耕移栽秸秆还田能提高整精米率，降低垩白粒率和垩白度。水稻移栽秸秆还田条件下蛋白质含量提高，直链淀粉含量略增，胶稠度变硬，食味品质有变劣的趋势。可见，秸秆还于稻田，直接对当季水稻的品质有改善的作用，同时用稻草覆盖其他作物也会对后作水稻的品质产生积极的影响。如徐春梅等[24]研究发现，用稻草覆盖马铃薯茬与对照（常规种植马铃薯）相比对后季水稻的品质有一定的改善作用，整精米率提高

0.4 个百分点，垩白粒率和垩白度分别比对照降低 5.1 个百分点和 0.3 个百分点。

3.3 稻鸭共作

稻田养鸭是一种典型的生态种养模式。对于这种模式，过去关注更多的是其经济效益、生态效益。全国明等[25]研究表明，稻鸭共作技术能够提高整精米率，减少垩白，增加粒宽，降低米粒长宽比值，同时促进稻米蛋白质和氨基酸含量下降，锰元素含量上升，但对糙米率、精米率、胶稠度和直链淀粉含量没有显著影响。这说明稻鸭共作可在一定程度上改善稻米品质，为水稻的优质生产提供了一条较好的生态技术途径。就食味品质而言，甄若宏等人的进一步研究发现，稻鸭共作有利于食味品质个别性状指标的改善，如直链淀粉含量降低 4.03%，胶稠度提高 9.06%；但与稻米食味品质显著相关的崩解值、回复值等指标并没有得到有效改善[26]。从营养品质来看，王强盛等[27]的研究表明，稻鸭共作有利于提高稻米的蛋白质含量。同时，对于优质品种来说，在适宜的生态环境和栽培措施下其品质性状能够较好协调，蛋白质含量与食味品质在一定范围内可以是正向效应。

3.4 免耕套种

水稻免耕套种能明显改善稻米的加工品质和外观品质，提高稻米糙米率、精米率和整精米率，降低垩白粒率和垩白度，提高蛋白质含量，降低直链淀粉含量，使胶稠度变软，稻米品质变优[23]。

3.5 水旱轮作

王淑彬[28]在研究水旱轮作与连作效应时发现，早稻米的蛋白质含量轮作比连作高 4.1%，晚稻米的蛋白质含量轮作比连作高 0.6%。这表明轮作稻米的蛋白质含量比连作高，即轮作对稻米的营养品质有改善作用。

4　小结

从稻米品质鉴定标准颁布至今，越来越多学者开始把焦点放在如何在确保水稻产量的同时提高稻米品质方面的研究。应用适当的耕作栽培措施不仅提高产量，节省劳力，保护环境，同时改善稻米品质。无论是常规的耕作栽培措施，还是特色的栽培措施，都对稻米品质的绝大多数指标有一定的改善作用。

国内学者对于常规的耕作栽培措施对稻米品质的影响，研究得比较透彻；而对一些特色的符合绿色农业、循环农业的耕作栽培措施对其的影响，研究得还比较少，或是研究的指标只限于营养品质、外观品质等。无疑在未来，生态环保的栽培措施将被越来越多地应用到实践中去，其对稻米品质的影响还需要进一步的研究，尤其是加强轮作、免耕等保护性耕作措施对稻米品质的影响研究。

常规的耕作栽培措施都是每种特色栽培措施的基础，如何合理地把二者结合起来，以改善稻米品质，以及如何尽可能地使稻米品质的每个指标都能处于一个相对最好的"位置"，也是未来有待研究的。因为要实现稻米品质所有指标同时提高是很难的。同时，关于稻米品质中的蛋白质含量是增加好还是降低好，说法不一，一般认为蛋白质含量低的食味品质好些。这个问题值得进一步研究和探讨。

参考文献

[1] 杨益善，陈立云，徐耀武．从稻米品质评价标准的变化看我国水稻品质育种的发展 [J]．杂交水稻，2004，19 (3)：5-10.

[2] 邱学岚，郑先哲．稻米品质的评价 [J]．农机化研究，2005 (4)：34-36.

[3] 顾理华，翟超群．播期和移栽密度对两个粳稻品种稻米品质的影响 [J]．上海农业科技，2008 (2)：40-42.

[4] 马文菊．影响稻米品质的因素及对策 [J]．农业科技与装备，2009 (4)：8-10.

[5] 吴春赞，叶定池，林华，等．栽插密度对水稻产量及品质的影响 [J]．中国农学通报，2005，21 (9)：190，205.

[6] 杨化龙，杨泽敏，卢碧林．生态环境对稻米品质的影响 [J]．湖北农业科学，2001 (6)：14-16.

[7] 王百灵，张文忠，商全玉，等．不同收获时期对超级稻沈农 O14 主要稻米品质影响 [J]．北方水稻，2009，39 (3)：7-9.

[8] 姜萍，杨占烈，余显权．不同收获时期对稻米品质的影响 [J]．贵州农业科学，2006，34 (1)：62-63.

[9] 苗得雨，魏玉光，贺海生．不同收获时期和收获方式对水稻碾米品质和产量的影响 [J]．北方水稻，2007 (4)：25-27.

[10] 郭咏梅，高鹏旭，赵春华，等．水、旱栽培条件下稻米品质性状比较研究 [J]．西南农业学报，2009，22 (4)：905-909.

[11] 武立权．水分供应与稻米品质及产量性状关系的研究 [D]．合肥：安徽农业大学，2004.

[12] 吴春艳，陈义，许育新，等．长期定位试验中施肥对稻米品质的影响 [J]．浙江农业学报，2008，20 (4)：256-260.

[13] 罗明，张洪程，戴其根，等．施氮对稻米品质形成的影响研究进展 [J]．陕西农业科学，2004 (5)：49-51.

[14] 占新春，周桂香，吴爽，等．施氮量与栽插密度对丰两优1号稻米品质的影响［J］．杂交水稻，2006，21（6）：66-68.

[15] 吉志军．稻米品质形成对氮素穗肥的响应及生理机制［D］．南京：南京农业大学，2004.

[16] 罗新宁．钾肥对水稻品质和产量的影响［D］．雅安：四川农业大学，2003.

[17] 常二华．根系化学讯号与稻米品质的关系及其调控技术［D］．扬州：扬州大学，2008.

[18] 陶其骧，罗奇祥，刘光荣，等．施钾对改善作物产品品质的效果［J］．江西农业学报，1999，11（3）：29-34.

[19] 张甲，谢必武，晏承兴，等．强化栽培条件下施肥对杂交水稻主要米质性状的影响［J］．杂交水稻，2008，23（3）：57-62.

[20] 张三元，张俊国，金京德，等．有机栽培环境对水稻产量构成及稻米品质的影响［J］．吉林农业科学，2005，30（2）：13-16，20.

[21] 金京德，张三元，周舰，等．水稻栽培环境及氮肥用量对稻米品质的影响［J］．吉林农业科学，2004，29（4）：3-5，11.

[22] 顾丽．长期与短期秸秆还田后稻米品质的差异性变化研究［D］．扬州：扬州大学，2008.

[23] 刘世平，聂新涛，戴其根，等．免耕套种与秸秆还田对水稻生长和稻米品质的影响［J］．中国水稻科学，2007，21（1）：71-76.

[24] 徐春梅，王丹英，邵国胜，等．稻草覆盖马铃薯茬对后季水稻生长、产量及品质影响［J］．中国稻米，2008（2）：54-57.

[25] 全国明，章家恩，杨军，等．稻鸭共作对稻米品质的影响［J］．生态学报，2008，28（7）：3475-3483.

[26] 甄若宏，王强盛，何加骏，等．稻鸭共作对水稻产量和品质的影响［J］．农业现代化研究，2008，29（5）：615-617.

[27] 王强盛，黄丕生，甄若宏，等．稻鸭共作对稻田营养生态及稻米品质的影响［J］．应用生态学报，2004，15（4）：639-645.

[28] 王淑彬．稻田水旱轮作效应及其作用机理研究［D］．南昌：江西农业大学，2002.

免耕栽培对晚稻群体质量及产量的影响*

摘　要：本文对晚稻进行了免耕与常耕栽培对比试验。研究结果表明：与常耕栽培水稻相比，免耕水稻的分蘖出现早，茎蘖增长快，分蘖数量多；叶面积指数（LAI）大，且孕穗期以前 LAI 增长更快；群体质量高，经济性状好，产量高。

关键词：免耕；晚稻；群体质量；产量；影响

　　人类从刀耕火种发展到犁、耙耕种植，逐步形成了传统耕作法，创造了数千年文明史。自 20 世纪 40 年代初美国的福克纳在《耕者的愚蠢》一书中首次提出反对传统犁耕种植法以来，少免耕法被许多国家研究并得到大面积应用[1,2]。我国少免耕法的研究与应用始于 20 世纪 70 年代。少免耕法可以减少因翻耕整地而带来的水土流失，保护土壤结构，具有省工、节能、省时、提高劳动生产率等优点而逐渐被人们认识和接受，相继在旱地和水田方面开展研究并应用[2-4]。为了比较免耕与常耕两种栽培方式在水稻产量、叶面积指数、干物质积累总量等方面的差异，本研究以中优 207 为材料，对此做了初步探讨，旨在为水稻免耕栽培提供更多的理论依据，加快水稻免耕在生产上的推广应用。

1　材料与方法

　　供试材料为杂交水稻中优 207，试验于 2003 年在江西农业大学试验站试验田进行。土壤基本肥力状况为：有机质 2.96g/kg，有效氮 35.00mg/L，有效磷 12.21mg/L，有效钾 31.37mg/L，pH 5.49。试验共设 4 个处理：处理 1 为免耕移栽，处理 2 为免耕抛秧，处理 3 为常耕移栽，处理 4 为常耕抛秧，且各处理均在同一田块。小区面积为 33.35m²，采用随机区组设计，每个处理设 2 个重复，共 8 个小区。施肥方法按基肥：分蘖肥：孕穗肥为 7∶2∶1 施用，各处理施肥量与施肥日期相同，管理方法按常规进行，并且各处理均一致。各处理均于 6 月 20 日播种，7 月 26 日收割早稻。免耕小区收割后，立即用 20%

　　* 作者：黄小洋、黄国勤、余冬晖、刘宝林、胡恒凯、刘隆旺；通讯作者：黄国勤（教授、博导，E-mail：hgqjxes@sina.com）。

　　本文原载于《江西农业学报》2004 年第 16 卷第 3 期第 1～4 页。

百草枯喷施稻桩。各处理均于 7 月 28 日移栽或抛秧，移栽时每兜栽一粒谷苗（平均带蘖 6 个）。各处理栽插密度为每公顷 18.7 万兜，8 月 4 日施分蘖肥，同时施除草剂丁·苄，9 月 12 日施孕穗肥，10 月 10 日收割测产。试验过程中每 5d 进行 1 次茎蘖动态调查，于主要生育时期取样测定干物质积累总量和叶面积指数，叶面积指数测定采用小样干重法。成熟期分小区收割测产，同时每小区取 5 兜考种，计算理论产量。

2 结果与分析

2.1 茎蘖动态

从图 1 可知，水稻生长前期各个处理的茎蘖数相差较大，总体上是免耕处理比常耕处理茎蘖数多，说明免耕水稻比常耕水稻分蘖出现早，分蘖数量多，够苗早。处理 2 比处理 1、处理 4 比处理 3 的茎蘖数多，说明抛栽水稻比移栽水稻发育早，分蘖出现早，营养生长比较茂盛；而处理 1、处理 2 均比处理 3 和处理 4 的有效穗数多，表明免耕水稻均比常耕水稻有效穗数多。因此，从水稻茎蘖动态来看，免耕水稻比常耕水稻分蘖出现早、分蘖数量多、够苗早、有效穗数多。本试验结果与刘怀珍等[5]研究结果一致。

2.2 株高动态

从图 2 可以看出，处理 2 的株高在整个生长期内均比其他处理高，处理 1、处理 3 和处理 4 的株高相差不大，但处理 4 的株高比处理 3 的略高一些。

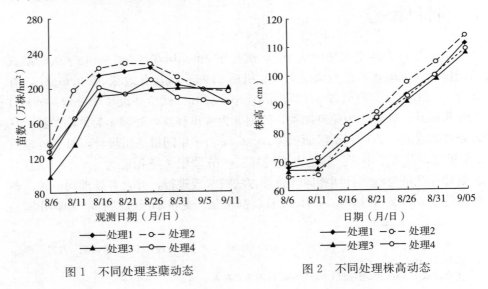

图 1　不同处理茎蘖动态　　　　图 2　不同处理株高动态

可见，在株高方面，免耕抛秧水稻比免耕移栽和常耕水稻的都要高，免耕移栽水稻与常耕水稻虽然在株高上相差不大，但其营养生长期比常耕水稻要长。结果表明，免耕水稻的株高（至少在营养生长期内）比常耕水稻的高，免耕水稻营养生长比常耕水稻旺盛，为水稻后期的孕穗打下了良好的基础。

2.3　叶面积指数动态

从图3可知，不同处理的水稻LAI变化曲线呈抛物线规律。总体来看，处理1和处理2的LAI均比处理3和处理4的大，并且处理2在整个生育期内都比处理1大，表明免耕抛秧水稻比免耕移栽水稻的LAI大，免耕水稻比常耕水稻的LAI大。从返青至孕穗阶段，处理1和处理2LAI折线的斜率均比处理3和处理4的大，说明免耕水稻比常耕水稻的LAI增长快，水稻光合作用能力强，有利于干物质的积累，为水稻的高产打下了基础。到抽穗期以后，由于叶片已经不能进行较强的光合作用，叶片不断将养分转移到穗部，并逐渐衰老，植株下部的叶片逐渐枯黄干死，LAI迅速减小，但总体上还是处理1和处理2比处理3和处理4大。这说明在水稻生育后期，尽管LAI都在减小，但免耕水稻的LAI还是比常耕水稻的大。从LAI方面看，免耕水稻整个生育期内均比常耕水稻的大，说明免耕水稻光合能力强，因此免耕水稻的光合产物比常耕水稻的多。

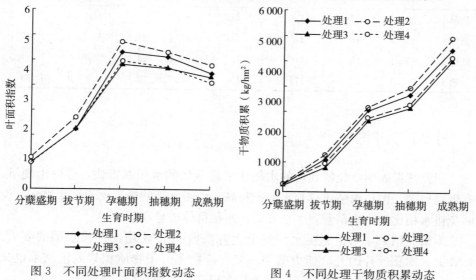

图3　不同处理叶面积指数动态　　　　图4　不同处理干物质积累动态

2.4　干物质积累动态

不同处理水稻干物质积累变化见图4。总体来看，处理1和处理2的水稻干物质积累一直比处理3和处理4的大，处理2和处理4又分别比处理1和处理 3 的大。结果表明，在干物质积累上，免耕水稻比常耕水稻大，而且这个差异在水稻的孕穗期至成熟期内表现尤为突出。因为免耕土壤理化性状得到改良，水稻根系活力提高，叶片迟衰[6]，加上免耕水稻的 LAI 比常耕水稻的大，光合作用旺盛，合成的产物多，干物质积累也多。显然，在相同的栽插密度下，免耕水稻的干物质积累总量比常耕水稻的多。

2.5 产量分析

从表 1 可知，处理 1 和处理 2 比处理 3 和处理 4 的水稻穗长、每穗颖花数多，千粒重略高，结实率高，有效穗数多。由此看来，免耕水稻的经济性状均优于常耕水稻，理论产量和实际产量高。这是因为免耕土壤理化性状得到改善，土壤养分的分布与水稻对养分的需求一致[7]，免耕水稻移栽后返青快，分蘖出现早，有效穗多，加上 LAI 大，群体质量高，群体光合能力强，干物质积累多，因此产量高。

表 1　不同处理水稻经济性状比较

处理	有效穗数（万个/hm²）	穗长（cm）	每穗颖花数（个）	每穗粒数（个）	结实率（%）	千粒重（g）	理论产量（kg/hm²）	实际产量（kg/hm²）
处理 1	256.4	17.3	175	140	80.0	23.5	8 435.6	7 371.0
处理 2	258.3	18.5	177	143	81.3	23.6	8 717.1	7 392.1
处理 3	253.2	16.8	170	135	79.4	23.4	7 998.6	7 111.5
处理 4	256.4	17.1	171	135	78.9	23.2	8 030.4	7 153.0

3　小结与讨论

研究结果表明，免耕栽培的水稻比常耕栽培的水稻返青快，分蘖出现早，有效穗数多，抛秧水稻比移栽水稻产量高。免耕水稻的株高比常耕水稻高，说明免耕水稻比常耕水稻营养生长旺盛，水稻群体质量高。

本研究结果显示，免耕水稻整个生育期内的 LAI 均比常耕水稻的要大。LAI 大，水稻叶片的光合能力就强，光合产物多。干物质积累测定结果也显示，免耕水稻干物质积累多，因此免耕水稻产量也高。

参考文献

[1] 赵化春，王小丽，任禾．少耕法与免耕法的起源及发展前景 [J]．吉林农业科学，

1991（1）：85－88.

［2］ PHILLIPS S H，YONG H M. No－tillage Farming ［M］. Milwaukee：Reiman Associ-
ates，1973.

［3］ 罗永藩. 我国少耕与免耕技术推广应用情况与发展前景 ［J］. 耕作与栽培，1991（2）：
1－7.

［4］ 黄国勤，刘宝林，胡恒凯，等. 水稻免耕种植技术示范推广 2002 年工作总结 ［J］. 耕
作制度通讯，2003（1）：9－12.

［5］ 刘怀珍，黄庆，刘军，等. 畦式免耕抛秧栽培的产量效应和产量构成分析 ［J］. 广东
农业科学，2002（4）：10－12.

［6］ 王永锐，李小林. 免少耕水稻的根系活力和叶片衰老研究 ［J］. 耕作与栽培，1992
（4）：32－34.

［7］ 刘怀珍，黄庆，李康活，等. 水稻连续免耕抛秧对土壤理化性状的影响初报 ［J］. 广
东农业科学，2000（5）：8－10.

轻型栽培与土壤保护性耕作对水稻生长发育及稻田生态经济效益的影响*

摘　要： 为了缓解农村双抢时节劳动力不足，改善稻田生态环境，增加农民的收入，发展稻田保护性耕作是必要的，也是切实可行的。笔者（及课题组成员）从 2005 年 3 月至 2007 年 10 月，以"绿肥（紫云英）—早稻—晚稻"复种模式为基础，在余江县农业科学研究所进行了不同保护性耕作措施的田间试验研究，研究结果表明：

（1）与抛秧水稻、旱育稀植水稻和手插移栽水稻相比，直播水稻分蘖强、有效分蘖多，成穗率高，根系活力强，增产增收明显。从产量构成因素来看，直播水稻结实率 80% 左右，千粒重 >28g，谷草比在 0.5 左右。

（2）直播处理的总投入能分别比抛秧处理、旱育稀植处理和手插移栽处理总投入能少 $0.04 \times 10^{11} J/hm^2$、$0.06 \times 10^{11} J/hm^2$ 和 $0.08 \times 10^{11} J/hm^2$；直播处理的产出食物能比抛秧处理、旱育稀植处理和手插移栽处理高 8.45%、28.99% 和 43.42%；直播处理的产出生物能比抛秧处理、旱育稀植处理和手插移栽处理高 3.00%、17.94% 和 52.38%。这表明直播处理节能效益最明显。

（3）免耕处理能提高水稻的群体质量。处理 C（双季免耕）比处理 D（双季翻耕）的株高提高 1.9%～2.2%，叶面积指数（LAI）提高 9.23%～13.20%，干物质积累增加 7.2%～15.9%，根系活力提高 15.9%～26.3%，产量提高 4.24%～8.82%。

（4）免耕处理更有利于土壤保持水分和团粒结构的形成，降低容重，增加孔隙度，改善土壤通风透气性能，并促进有机质的分解，提高土壤速效养分的含量。稻田免耕能降低部分时期水稻病虫害，能抑制农田杂草的生长，减少农药用量，从而减轻环境污染。

（5）免耕处理比常耕处理更节能。光能利用率处理 C> 处理 A（早稻免耕，晚稻翻耕）> 处理 B（早稻翻耕，晚稻免耕）> 处理 D；总产出能处理 C> 处理 B> 处理 A> 处理 D；总投入能和无机投入能以处理 D 最高，处理 B次之，处理 C 最小；能量产投比、净增能和净增率都是处理 C> 处理 A> 处理 B> 处理 D。

---

* 作者：熊传伟、黄国勤；通讯作者：黄国勤（教授、博导，E-mail：hgqjxes@sina.com）。
本文系第一作者于 2008 年 6 月完成的硕士学位论文的主要内容，是在导师黄国勤教授指导下完成的。

（6）采用灰色关联分析的方法，按经济效益和社会效益、生态效益的各项指标，对不同保护性耕作措施的综合效益进行了定量分析。结果表明：双季免耕处理关联度值、加权和等权值最大，经济、社会、生态效益最高，明显优于双季翻耕处理，适宜大面积推广。

关键词：轻型栽培；土壤保护性耕作；水稻生长发育；生态经济效益；综合评价；稻田

前言

水稻是世界上播种面积和总产量仅次于小麦的重要作物。我国水稻播种面积约占世界水稻播种面积的 21%，仅次于印度，居第二位。在我国，长年对农田土壤进行耕作，造成雨水对土壤的冲刷，水土流失现象严重；在少雨季的时候又容易发生干旱，对作物的生长极为不利。由于近些年生产中为了片面追求产量，大量施用化肥，从而导致土壤生产力退化，土壤有机质含量下降。田间试验与生产实践也已证明，要稳定粮食产量，确保"粮食安全"，促进农业及农村经济的可持续发展，实行保护性耕作是十分必要的，也是切实可行的。研究表明，实行保护性耕作可降低劳动强度，提高劳动效率。近年来，外出务工人员大量增加，农村人均实际耕地面积已远远超过 666.7m²，双抢时节的劳动力不足已成为双季稻生产中最主要的不利因素，而保护性耕作中的少、免耕技术恰好可以解决此困难。此外，近几年在国家大力发展小城镇建设的政策下，农业劳动力转移较多，农业劳动强度也逐渐降低。这些都为实行保护性耕作提供了很好的条件。

随着生产力的发展，耕作水平的不断提高，耕作方式也不断改善，诸如免耕直播、旱育稀植等栽培技术越来越备受广大农民的欢迎，尤其是 2007 年中央 1 号文件公布实施和各项支农、惠农政策的陆续出台，使得农民种粮的积极性大大提高，更加推动了保护性耕作技术的推广。经过多年的试验证明，保护性耕作可以减少土壤风蚀、水蚀，增加雨水蓄存，从而缓解传统耕作对生态环境破坏的压力，具有多种独特的生态经济作用。采用免耕和少耕代替传统耕作时，可分别降低燃油消耗 70% 和 50% 以上，节约劳动力 30% 以上。在干旱条件下，采用保护性耕作措施可以获得较高的作物产量，比传统方法一般增产20% 以上。

因此，为了探索保护性耕作对作物生长发育及生态经济效益的影响，笔者在余江县农业科学研究所进行了保护性耕作试验，研究适宜当地气候、资源、环境条件的稻田保护性耕作技术，旨在为保护性耕作的研究和实践提供有意义的参考依据。

1 文献综述

1.1 轻型栽培的概念及国内外的发展概况

　　轻型栽培技术是水稻生产的重大技术革新，必将推动农业生产的快速发展。其主要是指科学运用水稻的生物学特征，合理布局并充分利用自然资源，简化生产程序，降低劳动强度，提高效率，同时降低成本，提高产出比例，达到整体平衡增收、节本增效目的，主要包括直播、抛秧和旱育稀植等栽培技术。

　　随着灌溉条件的改善、高效除草剂技术的成熟、早熟高产新品种的育成以及劳动力成本的升高，许多国家都改变了传统的水稻移栽种植方式，逐步采用直播方法。在美国和澳大利亚，水稻已全部采用机械直播。美国采用大型的激光平地机械进行土地平整，应用高效除草剂，为水稻直播技术的推广提供了有力的支持。意大利直播稻面积达水稻种植面积的 98%，斯里兰卡达 80%，马来西亚达 50% 以上，葡萄牙的 3.4 万 hm^2 灌溉水稻也主要采用直播技术。在菲律宾的旱季水稻中，至少有 30% 的灌溉面积采用直播技术；埃及的 45 万 hm^2 水稻中，直播面积占 20% 以上，而且直播面积正在迅速增加；在俄罗斯，水稻全部采用早直播技术，生产每吨稻谷仅需 14 个工时。

　　我国幅员辽阔，气候条件、地理条件和经济条件千差万别，目前水稻种植仍以移栽为主，直播只适宜地区推广应用。推广得比较好的地区有上海、江苏、浙江、湖北、宁夏等地。1986 年，自上海引进水稻直播以来，目前已研制出了适于水稻直播的播种机，拥有量约 2 728 台，机械化程度较高，获得了较好的经济效益和社会效益。1995 年，上海浦东新区推广机械直播 5 400kg/hm^2，单产 8 322kg/hm^2，比常规增产。如果在稻种催芽方面进一步研究，延长直播稻的播种期，将进一步扩大直播稻的种植面积。1997 年，江苏有 39 350hm^2 稻田种植直播稻，宁夏机械直播面积为 52 540hm^2。同时，浙江、内蒙古、黑龙江、广西、沈阳一带都曾进行过水稻直播的试验研究，取得了较好的结果。例如，浙江许多地区都进行了各种形式的直播试验，从研究直播稻的农艺、生理生态到研制直播机，都取得了丰硕的成果。沈阳市于洪区 2003 年推广直播技术 200hm^2，每公顷节水 6 000m^3，成本下降 40%，产量虽然减少 10%～15%，但是生产的稻米品质好、销路畅、售价高。2006 年，我国直播水稻面积近 133 万 hm^2。

　　水稻抛秧栽培研究始于日本。20 世纪 60 年代，日本为了解决水稻移栽的秧苗抗寒问题，开始研究水稻纸筒与塑料硬盘育小苗抛秧技术。松岛省三于 20 世纪 70 年代中期提出了盘钵育苗抛秧技术[1]。1976 年，塑料钵体育秧试验面积达到 1 307hm² 以上。后来由于推行机械插秧，大大减轻了稻农的劳动强度，种田效益相对较高，使得机械插秧迅速普及，从而结束了日本手工操作的栽培历史。20 世纪 60 年代后期，我国开始水稻抛秧技术试验，由于技术原因未能在生产中推广应用。80 年代，我国学习日本抛秧经验，在北京、江苏、黑龙江等省采用纸筒育苗与塑料硬盘育苗进行抛秧试验获得成功，抛秧栽培技术开始在我国生产示范应用。水稻抛秧技术不仅可以节约劳动力，还对东北地区的冷害具有特殊的价值[2]。但因引进的塑料硬盘投资大，适用范围小，不能直接推广。经我国科技人员探索，研究出塑料钵体软盘，成本大幅度下降，为推广创造了条件。90 年代，该项技术由我国东北发展到南方，由沿海发展到内地。目前，除了西藏和青海外，我国其他各省份都有一定的推广面积。据全国农业技术推广服务中心统计，1998 年全国水稻抛秧面积已达 480 万 hm²，1999 年达到 600 万 hm² 以上；2005 年余江县的早稻粮食生产面积为 3.53 万 hm²，其中抛秧稻 1.08 万 hm²，占总栽培面积的 30.6％。

旱育稀植不仅是一项高效的栽培技术，也是一项节水、抗旱减灾的有效保护性耕作措施。旱育稀植具有苗期耐寒，有利于早播、早熟，根系发达，秧苗素质好，移栽后早生、快发，成穗率高，高产、省力、省水、省秧田，有利于提高效率。1983 年农业部将这项技术列入全国重点推广项目，1995 年国家科学技术委员会、农业部更将其列为"九五"期间农业生产重大技术之首位。据统计，2002 年全国推广面积达 13 333hm²。2006 年在陕西榆阳、横山、神木、靖边和米脂的 36 个乡（镇）、农场推广 0.73 万 hm²，平均产量 8 250kg/hm²。

1.2　保护性耕作的概念及国内外的发展概况

1.2.1　保护性耕作的概念

保护性耕作是相对于传统耕作的一种新型耕作技术。国外将保护性耕作定义为：不引起土壤全面翻转的耕作方法，它与传统的耕作不同，要求用大量的作物秸秆来覆盖地表，将耕作减少到能保证种子发芽即可，通过农药来控制杂草和病虫害。随着研究的深入以及农业生产水平的提高，保护性耕作的概念和内涵也在不断拓宽。美国对保护性耕作的最新定义为：保护性耕作是指播种后地表残茬覆盖面积在 30％ 以上，免耕或播前进行一次表土耕作，用除草剂控制杂草。该定义对保护性耕作的界定给出了一个量化的指标。

我国学者最初对保护性耕作的定义为：以水土保持为中心保持适量的地表覆盖物，尽量减少土壤耕作，并用秸秆覆盖地表，减少风蚀和水蚀，提高土壤抗旱能力和肥力的一项先进农业耕作技术[3]。随着研究的深入，其内涵也在不断拓宽。高旺盛[4]对此做了比较详细的阐述：保护性耕作是以减轻农田土壤风蚀和水蚀为主要目标，以土壤少（免）耕、土壤覆盖、保护性种植、土壤垄耕、土壤保水等核心技术为主体，与适宜机具、杂草防除、栽培管理等关键技术集成配套，达到保水保土并获得适宜经济效益的可持续农业技术。

1.2.2 国内外保护性耕作发展概况

保护性耕作在国外以美国开展研究较早。早在20世纪40年代初，美国就开始研究推广免耕技术。此后，逐步在苏联、加拿大、澳大利亚与西非、南美洲、欧洲等国家和地区研究与推广。20世纪80年代，随着保护性耕作技术研究的逐步深入，其应用面积也逐步扩大。2003年，保护性耕作技术的应用面积达到了1.6亿hm^2，主要分布在北美洲和南美洲，其中美国有6 666.7万hm^2，巴西有1 736万hm^2，阿根廷有1 450万hm^2，巴拉圭有52%的开垦土地实施了免耕，澳大利亚有900万hm^2，其他国家占3.3%[5,6]。2007年，全世界保护性耕作应用面积达到1.69亿hm^2，占全世界总耕地面积的11%。

美国等发达国家由于人少地多，农业集约化和机械化程度高，少（免）耕等技术与轮作休闲农作制易结合，保护性耕作技术已得到广泛应用。不同地区依据自然条件和作物特点，结合旱农技术发展了各具特色的保护性耕作技术模式，配套机具实现了专业化、多功能化、机械化，并向大型化、产业化和智能化方向发展，杂草控制以化学除草为主，逐步开始重视非化学除草技术的综合防治技术体系研究。澳大利亚重视免耕、少耕及秸秆覆盖、倒茬轮作等保护性耕作技术的研究[3]，目前旱作农区田间耕作基本上用翼形铲取代了铧式犁，秸秆覆盖还田已受到农业生产者的青睐，许多农场利用牧草、水稻或小麦等作物倒茬轮作以有效进行少（免）耕。

20世纪40年代，日本开始研究水稻旱地直播，90年代初配套机具已成熟，其做法是用少耕播种机实施土壤旋切、碎土、播种、施肥等工序一次完成种植稻麦，行间大面积不耕并以残茬覆盖[8]。当前保护性耕作正由发达国家向发展中国家扩展，发展的重点是建立更加合理的保护性耕作制度，研制新型保护性耕作机具，研究高效环保的病虫杂草防治技术，提高资源利用效率，进一步降低生产成本，保护生态环境，提高保护性耕作的综合效率。

我国保护性耕作研究与应用基于国外成熟经验和技术，以保护生态环境和实现农业可持续发展为目的，是一场革新传统耕作制的新农业技术革命，受各级政府和研究人员的广泛关注[9]。从20世纪60年代起，开始试验研究单项技术；70年代起，部分高校和农业科学院开始覆盖少（免）耕思维并进行试验研究，取得显著增产效果[10]；90年代起，开始了农艺农机结合的系统性试验，在适合我国国情的保护性耕作机械设计和耕作技术方面取得了重大进展[9]；"九五"至"十五"期间，保护性耕作被列入国家科技攻关项目计划[12]，农业部启动国家级示范县项目。但我国人多地少，农户耕地小而分散，资源环境等条件地域差异大，农业集约化和机械化程度不高的现实限制了保护性耕作技术的大面积推广应用，总体尚处于起步阶段，且对技术的理解和掌握存在差异。

1992 年，中国农业大学与陕西农业机械管理局和澳大利亚昆士兰大学合作，在山西黄土高原部分地区开始进行保护性耕作的研究。经过 10 年的定位试验研究，完成了保护性耕作在我国的适应性研究，结果证明：保护性耕作在我国是可行的，适宜大面积推广，是解决生态环境问题、实现增产增收、促进农业可持续发展的先进耕作技术[13]。

1.3 保护性耕作对作物产量与生长的影响

1.3.1 保护性耕作对作物产量的影响

近年来，国内不少人围绕着产量效益开展了不同类型的研究，关于免耕对产量的影响，各方面的研究结果都不尽相同。有人认为免耕比翻耕的产量有不同程度的提高[14-17]，陶诗顺[18]和付华等[19]认为免耕和翻耕的产量基本持平，也有人认为免耕的产量明显低于翻耕。关于免耕对成本和经济效益方面的研究，结果大致相似，认为免耕有利于降低成本，增加收入，提高产投比，也缓解了农忙季节和用工投入不足的矛盾[17,21,22]。保护性耕作主要通过影响产量结构来影响作物的产量。与常规耕作栽培水稻相比，免耕水稻的有效穗数、每穗实粒数、千粒重分别增加 1.1%、5.1%、0.6%，产量提高 10.0%[23-25]。

国外对保护性耕作产量的研究初步有两种结果：一是保护性耕作可以增加产量[26,27]，二是保护性耕作不增产甚至导致产量减少[28,29]。但无论哪种观点，最终都认为：从投入产出方面来看，保护性耕作比常规耕作有较高的经济效益。主要表现在：与常规耕作方式相比，保护性耕作可以节省机械作业次数、节约能耗、劳力支出与劳动时间。

1.3.2 保护性耕作对水稻叶面积指数的影响

水稻干物质的 90% 以上是通过绿色叶片进行光合作用积累的，叶鞘的光合作用很弱，积累干物质量极微。而在水稻叶片进行光合作用时，叶面积和光合速率两个决定干物质增长的主要因素中，叶面积的贡献占整个干物质增长的 70%。由此可见，维持一定叶面积，对水稻的干物质积累和产量具有重要意义。有研究结果表明：免耕水稻比常耕水稻的 LAI 增长快，光合作用能力强，有利于干物质积累和水稻高产。在水稻生育后期，尽管 LAI 都在减小，但免耕水稻 LAI 比常耕水稻的 LAI 还要大。因此，免耕水稻整个生育期内的 LAI 均比常耕水稻的要大。

1.3.3　保护性耕作对水稻分蘖特性的影响

凌启鸿等人的研究认为：水稻群体由有效分蘖和无效分蘖组成，控制群体的最高总茎蘖数、尽量减少无效分蘖数、尽量提高有效穗数是全面提高群体质量的一项直观、易诊断及掌握的方法。提高有效分蘖率，单位面积上形成适宜的穗数，是高产群体苗、株、穗、粒合理发展的关键[30]。保护性耕作改变了作物的生长进程，对水稻不同生育阶段的影响不同。保护性耕作能降低植株的高度，单株分蘖能力增强，低节位分蘖多，而且生长动态平稳，后期绿叶面积多，不易早衰[18,31]。叶桃林等[32]研究表明：保护性耕作条件下，分蘖速率明显提高，同时段单位面积的茎蘖数比翻耕明显增多。据盛海君等[33]报道，保护性耕作的水稻个体生长在前期受到一定的抑制，分蘖发生推迟，但生育中后期有利于水稻高位分蘖的发生。

1.3.4　保护性耕作对水稻干物质积累量的影响

黄小洋[34]等的研究结果表明：免耕水稻比翻耕水稻根系活力提高 7.4%～34.9%，使根系能够更活跃地从土壤吸收水分和养分，从而为水稻生长和进行光合作用提供了充足的物质保障。在干物质积累方面，免耕水稻比翻耕水稻大，而且这个差异在水稻的孕穗期至成熟期内表现尤为突出。

1.3.5　保护性耕作对水稻根系活力的影响

水稻根系是吸收水分和矿质元素的器官，也是氨基酸、植物激素等物质同化、转化与合成的器官。因此，根系的生长发育对水稻营养状况有直接的影响。高明等[35]对免耕水稻根系的研究结果表明，稻田垄作免耕有利于水稻根系生长，根系活力及根系的干物质积累都明显高于常规耕作。王永锐等[36]研究也得出与上述一致的结论。黄国勤等[37]研究结果表明，与常规耕作栽培水稻相比，免耕水稻根系活力高 7.4%～34.9%。

1.4　保护性耕作对稻田生态效益的影响

1.4.1　保护性耕作对稻田土壤物理性状的影响

国外研究报道[38]，美国式免耕覆盖对 0～7.5cm 土层的影响高于 7.5～30cm 土层。Blevins 等[39]研究表明，免耕使得土壤各级水稳性团聚体增加，降低了土壤容重，有利于土壤水分与土壤空气的相互消长平衡，提高了土壤对环境水、热变化的缓冲能力，为植物生长、微生物生命活动创造了良好的环境。

免耕土壤未经翻动，前茬根系留于表土层，增加了水分下渗，减少了水分蒸发，提高了土壤保蓄水分的能力。同时，由于免耕土壤毛细管未被切断，土壤水分具有一定的整体流动性，深层土壤水分可以源源不断地沿毛细管上升，免耕表层土壤含水量明显高于翻耕。

前人对保护性耕作条件下土壤水分利用状况的研究比较多，保护性耕作有利于土壤水分的利用已成为共识[40-46]。张海林等[47]认为,免耕比传统耕作增加土壤蓄水量10%,减少土壤蒸发约40%,耗水量减少15%,水分利用效率提高10%。李煜等[48]研究表明,保护性耕作加一定的残茬覆盖,土壤含水率和储水量均高于对照。

1.4.2 保护性耕作对稻田土壤化学性质的影响

我国农业部保护性耕作研究中心9年的试验测定结果表明[49]:保护性耕作技术增加土壤有机质含量0.03%~0.06%。高焕文等[50]多年研究表明,保护性耕作技术比翻耕土壤有机质含量年均提高0.03%~0.05%。郭新荣[51]研究发现,实施保护性耕作13年后的田地,土壤有机质含量为1.746%,平均每年增加0.065个百分点。张国志[52]长期研究发现,免耕使表层土壤有机碳与有机氮含量显著增加,且与氮肥施用量呈正相关关系。籍增顺等[53]对连续6年免耕试验地的土壤养分分析发现,免耕覆盖比常规耕作0~5cm土层中土壤有机质含量平均高0.55%,pH低0.19,硝态氮含量低30.35%。刘世平[54]研究表明,连续11年少(免)耕使土壤有机质、全氮、速效钾等在上层土壤富集和积累,土壤耕层养分含量提高。

王昌全等[55]研究结果表明,免耕地容重比翻耕地小,且随免耕年限增加而减小。据研究,免耕1年后,土壤表层7.6cm内微生物量最大,10年后趋于平衡,比耕作多30%。沈世华[56]发现,水稻免耕对土壤动物生长繁殖有利,并能改善土壤性质。

1.4.3 保护性耕作对稻田病虫草害的影响

关于水稻病虫草害的防治,人们提到最多的是杀菌剂和杀虫剂。由于农药本身是一种有毒物质,在防治病虫草害的同时,也污染了环境。特别是误用和滥用,造成杀伤天敌,使害虫产生抗性种群,有可能导致病虫草害加重和化学药剂用量不断增加,造成恶性循环[55,56]。因此,寻找安全合理的水稻病虫草害防治措施、减少化学农药的使用,保护农田环境和人类身体健康已成为人们关注的一个重要问题[57,58]。

区伟明等[59]研究表明,免耕栽培能增加稻田的天敌数量,减少害虫数量。姜德锋等[60]研究不同耕作方式下除草剂混用的防治效果表明,除草剂混合制剂一次使用能有效防治免耕复种玉米全生育期的杂草危害。杜金泉[61]对免耕水稻纹枯病的研究结果表明,免耕水稻均轻于翻耕水稻。黄小洋[62]研究结果表明,翻耕处理的二化螟和稻纵卷叶螟比免耕处理分别多16%和94%。由此可见,免耕种植可以减轻稻田病虫草害的发生。因此,免耕可以减少农药用量,减轻农业环境污染,保护农业生态系统的生物多样性,从而可以起到一定的生态效益。

1.5　保护性耕作的能量效益

能量是生态系统一切活动和过程的最终推动力。农田生态系统的能量主要来自太阳辐射能和人工投入的化肥、农药及其他形式的经济能量。农业生态系统的能量流研究一直受到农业生态学研究者的重视。众多研究者从能量转化过程、效率以及评价能量转化的方法等方面对农田和农业生态系统进行了研究。

李忠波等[63]针对某庭院示范户生态系统的结构、能量转化效率和农田养分平衡、物质转化进行了综合分析。孙海国等[64]通过在黑龙港地区主要土壤类型——壤质潮土上连续 3 年的耕作试验，结果表明，与传统耕作相比，保护性耕作能明显提高农田生态系统的能量转化率，一定程度上表明免耕增强了农田生态系统的有序性，从而提高了系统的相对生产力。

保护性耕作要提高能量利用效率，就必须改善稻田群体质量，提高群体的光合作用效率，提高作物的根系活力，使根部能充分吸收土壤中的养分，既能为地上部传递足够的养分，提高作物的产出食物能和产出生物能，从而提高能量利用效率；还可减少因土壤养分过多、水土流失造成河流的富营养化问题。

1.6　保护性耕作的经济效益

关于免耕对成本和经济效益方面的研究，结果大致相似，认为免耕有利于降低成本，增加收入，提高产投比，也缓解了农忙季节和用工投入不足的矛盾。一是免去了搬运秸秆、沤肥、运肥、耕耙和中耕除草等作业，减少生产成本；二是可以减少机械、农机具等的投资[50,65]；三是可以节约能耗和劳动力。李洪文等[65]研究认为，保护性耕作节本增收总效益在一年一熟地区为 225 元/hm²，一年两熟地区达 945 元/hm² 以上。

1.7　稻田保护性耕作效益的综合评价

保护性耕作采取的任何措施都会作用于作物的生长环境，从而直接、间接地影响作物生长发育。保护性耕作的效益也是通过作物的生长发育过程最终在产量和生态环境上体现。为了准确地反馈保护性耕作技术的实施情况，并提供发展策略的技术支持，必须对保护性耕作技术的实施效果进行详细、客观的评价；但目前还没有一套完善的评价指标体系，因此加强农田保护性耕作技术的效益评价指标体系的研究与探讨，具有重要的现实意义和理论指导意义。黄小洋[62]通过应用灰色关联分析方法对不同处理稻田经济效益、生态效益的 22 个评价指标进行了分析和综合评估，结果表明，总效益的加权和等权关联度均依次为：免耕抛秧＞免耕移栽＞常耕移栽＞常耕抛秧。

2 材料与方法

2.1 试验地的地理位置及气候特点

本试验于 2005 年 3 月开始，在江西省余江县农业科学研究所进行。余江县属中亚热带温暖湿润季风气候，年平均降水量为 1 889.2mm，平均降水天数有 186d；汛期（4—6 月）降水占全年的 48.3%，旱季（7—9 月）占 20%。一天最大降水量为 281.2mm；最长连续阴雨天数为 17d，最长无降水天数为 51d。太阳年辐射总量为 454.1kJ/cm²，年生理辐射总量为 264.1kJ/cm²，4—10 月光合有效辐射总量为 158.6kJ/cm²。以上气候特点适合发展种植业。

2.2 试验设计

本研究包括两部分试验，试验 1 为双季稻不同育秧和移栽方式比较试验；试验 2 为双季稻不同耕作方式比较试验。

2.2.1 试验 1：双季稻不同育秧和移栽方式比较试验

试验种植模式为绿肥（紫云英）—早稻—晚稻。2006 年早稻品种为神农 101，晚稻品种为金优 402；冬季绿肥紫云英品种为余江大叶籽；2007 年早稻品种为优Ⅰ458，2007 年晚稻品种为鹰优晚 3 号。土壤基本肥力状况为：pH 5.61，有机质 28.59g/kg，全氮 1.55g/kg，有效磷 7.85mg/kg，速效钾 34.56mg/kg。

试验 1 设计如表 1 所示，小区面积为 66.7m²，试验设手插移栽（CK）、旱育稀植、抛秧和直播 4 个处理，各处理均设 4 个重复。施肥分别按基肥：分蘖肥：孕穗肥为 6：2：2[66] 施用，各处理施肥量与施肥时间相同。管理方法按常规进行，并且各处理均匀一致。成熟期分小区收割测产，同时每小区随机取平均茎蘖数 5 蔸考种，计算理论产量。

表 1 双季稻不同育秧和移栽方式比较试验田间设计

处理	育秧和栽培方式
手插移栽（CK）	水田育秧，栽培行株距为 20cm×14cm
旱育稀植	旱地育秧，栽培行株距为 20cm×18cm
抛秧	水田塑盘育秧，将秧苗抛入稻田（用苗 40.04 万蔸/hm²）
直播	不需要育秧，将发芽种子直接播到稻田（用种量为 52.5kg/hm²）

抛秧用 434 孔径塑盘，每公顷用盘 975 个，每公顷实际抛秧 40.04 万蔸。选择无石砾、杂草、残茬的肥田做秧田，在秧盘孔内先配方施用基肥，而后将

拌匀细土装于秧盘孔内，再落谷覆土，秧苗 1 叶 1 心期至抛栽前 0.5 叶龄期均衡施尿素，移栽前 5d 施尿素 30～45kg/hm²。旱地育秧播种前对整好的苗床土要灌透水（5～10kg/m²），同时用敌磺钠粉剂 2.5g/m² 兑水成 1 000 倍喷洒苗床，进行土壤消毒。出苗至 1 叶 1 心期，用 20％甲基立枯磷兑水喷雾，以防立枯病；2 叶 1 心期施促苗肥；3 叶 1 心期以后，每长 1 片叶追施 1 次肥，以清粪水为主，配施少量化肥。旱育稀植的行株距为 20cm×18cm，手插移栽的行株距为 20cm×14cm，直播用种量为 52.5kg/hm²。

2.2.2　试验 2：双季稻不同耕作方式比较试验

试验 2 设计如表 2 所示，小区面积为 66.7m²。试验设 4 个处理，各处理均设 4 个重复，采用随机区组设计。供试品种和材料：早稻品种为株两优 02，系籼型两系杂交水稻，全生育期 111d，株高约 95cm，结实率 85.7％，千粒重 25.8g；晚稻为中优 253，全生育期 115～118d，株高 105～110cm，每穗 130～150 粒，结实率 80.0％左右，千粒重 24.0～24.5g。各栽插处理密度为 44.1 万蔸/hm²（移栽行株距为 20cm×17cm）。施肥按基肥∶分蘖肥∶孕穗肥为 6∶2∶2[66]施用，各处理施肥量与施肥时间相同。管理方法按常规进行，并且各处理均匀一致。成熟期分小区收割测产，同时每小区随机取平均茎蘖数 5 蔸考种，计算理论产量。

表 2　双季稻不同耕作方式比较试验田间设计

处理	早稻	晚稻
A	免耕	翻耕
B	翻耕	免耕
C	免耕	免耕
D（CK）	翻耕	翻耕

2.3　田间管理

2.3.1　试验 1 的田间管理措施

（1）冬季作物紫云英的田间管理。9 月 30 日播种，播种后立即灌水，保持浅水层 2d。在越冬至立春压青期间，保持土壤湿润不渍水。花蕾期间喷施 0.5％过磷酸钙、0.1％硼肥，促进植株生长，提高鲜草产量。

（2）早稻的田间管理。3 月 24 日用强氯精浸种，洗净后保温催芽，29 日播种。直播于 3 月 29 日播种，早稻直播后晒田 15～20d，促秧苗扎根立苗。秧苗长至 3 叶时及时复水，保持水层深度 3～4cm，以促分蘖；5 叶期至 6 叶期轻晒田；7 叶期至 8 叶期重晒田，控制无效分蘖。孕穗期至抽穗期，田间保持浅水层；灌浆结实期间歇灌溉，干湿交替，养根保叶，收割前 5～7d 断水。2 叶 1 心期施断奶肥，每公顷施尿素 20kg；4 叶 1 心期施分蘖肥，每公顷施尿素和钾肥各 30kg。旱育稀植和手插移栽于 4 月 29 日移栽，抛秧于 4 月 24 日抛田；直播处理 7 月 18 日收获，其他 3 个处理 7 月 24 日收获。施肥量和时间 4 个处理相同：纯氮 150kg/hm²，钙镁磷肥 375kg/hm²，氯化钾 225kg/hm²，其中钙镁磷肥作基肥。

（3）晚稻的田间管理。6 月 24 日用强氯精浸种，洗净后保温催芽，抛秧、旱育稀植和手插移栽于 6 月 26 日播种。直播于 7 月 17 日播种。直播的田间管理同早稻。旱育稀植和手插移栽于 7 月 25 日移栽，抛秧于 7 月 23 日抛田；抛秧、旱育稀植和手插移栽于 10 月 30 日收获，直播于 11 月 27 日收获。施肥量和时间 4 个处理相同：纯氮 195kg/hm²、钙镁磷肥 375kg/hm²、氯化钾 225kg/hm²，其中钙镁磷肥作基肥。

2.3.2 试验 2 的田间管理措施

（1）早稻的田间管理。小区面积为 66.7m²，免耕小区于 4 月 5 日用 20%百草枯稀释喷施紫云英，48h 后灌水将其淹没，保持 3cm 的水层至移栽日。常耕田于 4 月 5 日翻耕并保持 2cm 的水层，15d 后再整田。3 月 27 日用强氯精浸种，洗净后保温催芽，29 日播种。4 月 25 日施基肥，4 月 30 日移栽。每蔸栽 2 棵秧，5 月 8 日混施分蘖肥和除草剂丁·苄，6 月 12 日施孕穗肥。7 月 19 日收割测产。施肥量和时间 4 个处理相同：纯氮 150kg/hm²，钙镁磷肥 375kg/hm²，氯化钾 225kg/hm²，其中钙镁磷肥作基肥。

（2）晚稻的田间管理。6 月 24 日播种，每公顷用种 30kg，在秧苗 1 叶 1 心时喷 1 次多效唑。7 月 19 日收割早稻后，在免耕小区立即每公顷用 3 750mL 20%百草枯水剂兑清水 750kg 喷施稻桩；常耕小区立即灌水翻耕稻田。各处理均于 7 月 22 日移栽，8 月 3 日混施分蘖肥和丁·苄除草剂，9 月 13 日施孕穗肥，10 月 22 日收割测产。晚稻施纯氮 195kg/hm²、钙镁磷肥 375kg/hm²、氯化钾 225kg/hm²，其中钙镁磷肥作基肥。

2.4 测定项目与方法

2.4.1 水稻形态指标的测定

（1）水稻生育时期的调查。记录水稻播种期、移栽期、齐穗期、成熟期。

（2）水稻株高动态的调查。早晚稻移栽 10d 后开始，每个小区设两个点，每点 10 蔸，每隔 5d 测量株高，直至抽穗。

（3）水稻茎蘖的调查。早晚稻移栽 10d 后开始，每小区设两个点，每点 10 蔸，每隔 5d 记录单株分蘖数、最高分蘖数以及最高有效分蘖数到达时期和有效分蘖终止期。

（4）水稻叶面积动态调查。分蘖盛期、孕穗期、抽穗期、灌浆期和成熟期每个小区选取有代表性植株 5 穴，测定不同茎蘖叶面积，叶面积采用长宽系数法[67]。并于成熟期测定最后 3 片叶片长、宽。

（5）水稻干物质积累测定。分蘖期、孕穗期、齐穗期、成熟期每个小区选取代表性植株 5 穴，测定不同叶龄茎蘖干重（叶、茎鞘、穗）。

（6）水稻考种与测产。水稻成熟期，在各小区普查 50 丛作为有效穗数计算的依据，然后用平均数法在各小区随机选取有代表性的水稻植株 5 丛，风干后作为考种材料。成熟期将各小区稻谷脱粒晒干去秕后称重，取平均值作为实测产量。

2.4.2 水稻生理指标的测定

（1）叶片叶绿素含量的测定。在返青期、分蘖盛期、抽穗期、齐穗期和成熟期取样后，用丙酮乙醇浸提法[68]测定相应叶片叶绿色素含量。丙酮乙醇浸提法：称取新鲜样品（0.02 ± 0.001）g，放入装有 20mL 丙酮乙醇（1：1）混合液的具塞试管中，室温避光浸提 24h 左右至叶片全白，用 UV - 751 分光光度计在波长 645nm 和波长 663nm 处比色。

（2）根系特征及根系活力的测定[69]。在分蘖盛期、孕穗期、抽穗期、灌浆期取植株 5 蔸，测定根数、根重并用 α-萘胺法测根系活力。

（3）根系伤流量的测定。从抽穗期（早稻 6 月 5 日，晚稻 9 月 10 日）开始，每 7d 测定一次水稻茎基部伤流量，共测 4 周，用质量法测定[70]。

2.4.3 土壤物理性状的测定

试验于作物种植前及作物收获后，应用五点法采集土样，分别测定：①容重，用环刀法测定；②孔隙度，用环刀法测定；③吸湿水，用烘干法测定[71-73]。

2.4.4 土壤化学性质的测定

pH：电位法测定。

有机质：重铬酸钾-浓硫酸外加热法测定。

速效氮：碱解蒸馏法测定。

有效磷：$NaHCO_3$-钼锑抗比色法测定。

速效钾：火焰光度法测定。

2.4.5 水稻病虫草害调查

水稻分蘖盛期和成熟期，每小区取 5 个样点，每样点 10 株，调查水稻纹枯病的受害情况和水稻害虫虫苞数。水稻分蘖盛期和抽穗期，对田间杂草各调查 1 次，主要针对杂草的种群变化、覆盖度等进行调查分析，采用乘积优势度法[74,75]。

2.4.6 各处理的物质、劳动力等投入

记录不同处理的种子、化肥、农药、劳动力数量及资金投入等。

2.4.7 生态、经济、社会效益的综合评价

本研究运用灰色关联分析法[76]对耕作方式对比试验的 4 个处理的生态、经

济效益进行综合评价，从而筛选出一种适于当地应用的最佳双季稻耕作方式。

2.4.8　数据处理

试验数据采用 DPS 数据处理系统[77]分析。

3　结果与分析

3.1　不同育秧和移栽方式对水稻生长及能量效益的影响

水稻直播和抛秧技术含量高，综合应用性较强，消除（减少）返青影响，促进了营养生长，延长了分蘖期，提高了有效分蘖率，增加了单位面积的总苗数和"库源"量，实现了大穗多穗；合理利用了自然资源，提高了结实率，实现了高产稳产的目标[78]。水稻直播和抛秧具有省种、省时和省工的特点，因而可以减少人工辅助能的能量投入，并通过高效利用自然资源，提高产量，增加了产出能，从而提高能量的产投比。

3.1.1　不同育秧和移栽方式对水稻生长的影响

3.1.1.1　生育进程

从表 3 可知，早稻齐穗期直播处理比旱育稀植、抛秧、手插移栽处理分别早 2d、3d、4d。早稻直播处理比旱育稀植、抛秧、手插移栽处理全生育期短 2d、1d、4d；晚稻直播处理比旱育稀植、抛秧、手插移栽处理全生育期长 8d、8d、7d。早稻直播处理由于没有经过移栽，不需要经过返青期，因而其生育期稍短些。抛秧和旱育稀植处理因返青快，促进了水稻分蘖的早生快发以及有效穗的形成。晚稻由于直播播种较晚，受光照时间的影响，所以全生育期较长。

表 3　不同处理对水稻生育进程的影响

处理	项目	播种期（月-日）	移栽期（月-日）	齐穗期（月-日）	成熟期（月-日）	全生育期（d）
手插移栽（CK）	早稻	3-29	4-29	6-20	7-21	114
	晚稻	6-26	7-25	9-12	10-26	122
旱育稀植	早稻	3-29	4-29	6-18	7-19	112
	晚稻	6-26	7-25	9-10	10-25	121
抛秧	早稻	3-29	4-24	6-19	7-18	111
	晚稻	6-26	7-23	9-10	10-25	121
直播	早稻	3-29		6-16	7-17	110
	晚稻	7-19		9-24	11-25	129

3.1.1.2　茎蘖动态

由表 4 可知，无论是早稻还是晚稻，都是直播处理的有效穗数最多。茎蘖成穗率早稻手插移栽、旱育稀植、抛秧、直播处理分别为 66.79%、68.65%、72.57%、66.40%，表现为抛秧处理＞旱育稀植处理＞手插移栽处理＞直播处理；晚稻手插移栽、旱育稀植、抛秧、直播处理分别为 68.62%、71.92%、74.69%、67.02%，表现为抛秧处理＞旱育稀植处理＞手插移栽处理＞直播处理。由于直播稻播种浅，且无移栽过程，因而直播稻分蘖早，分蘖节位低，分蘖快而多，高峰苗数多，导致有效穗数多，分蘖成穗率低。

表 4　不同处理对水稻茎蘖动态的影响

处理	项目	茎蘖动态（万个/hm²）				有效穗数（万个/hm²）	茎蘖成穗率（%）
		分蘖期	分化期	孕穗期	抽穗期		
手插移栽（CK）	早稻	320.56	417.88	391.28	329.56	279.12	66.79
	晚稻	318.64	409.65	376.82	331.13	281.10	68.62
旱育稀植	早稻	332.37	448.17	436.18	394.37	307.69	68.65
	晚稻	327.61	418.69	404.15	307.21	301.09	71.92
抛秧	早稻	328.65	424.92	398.47	332.16	308.38	72.57
	晚稻	321.27	414.20	391.32	358.66	309.36	74.69
直播	早稻	317.38	502.34	385.16	318.37	333.59	66.40
	晚稻	298.16	462.61	342.13	320.61	310.06	67.02

3.1.1.3　叶面积指数动态

从图 1 可知，孕穗期各处理的叶面积指数达到最大值。在早稻和晚稻的整个生长期间，水稻叶面积指数直播处理＞抛秧处理＞旱育稀植处理＞手插移栽

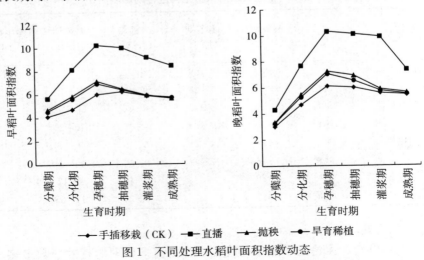

图 1　不同处理水稻叶面积指数动态

处理。水稻叶面积指数越大，越有利于群体光合作用的进行和干物质的积累。以上结果说明，直播处理可以促进水稻叶片较快的生长，提高了水稻光合面积，为获得高产提供了物质条件。

3.1.1.4 叶片叶绿素含量动态

从图2可知，无论是早稻还是晚稻，叶绿素含量均在齐穗期达到最大。两季水稻，直播处理在齐穗期峰值均最高，有利于光合作用和干物质积累；手插移栽处理在抽穗期、齐穗期和成熟期都处于最低水平，齐穗期至成熟期下降幅度也最大。这表明手插移栽对水稻叶片生长不利，早衰严重，后期光合作用效率大幅下降。

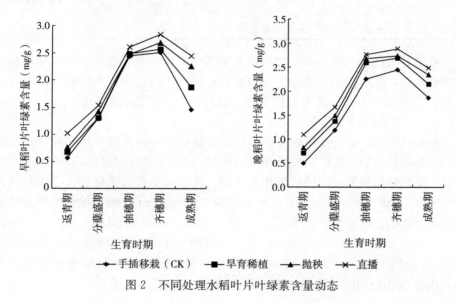

图2 不同处理水稻叶片叶绿素含量动态

3.1.1.5 根系性状

从表5可知，在早稻孕穗期，直播、抛秧和旱育稀植处理的根数比手插移栽处理的根数分别多44条/蔸、31条/蔸和23条/蔸，直播、抛秧和旱育稀植处理的根重比手插移栽处理的根重分别重0.149g/苗、0.087g/苗和0.041g/苗，直播、抛秧和旱育稀植处理的根系活力比手插移栽处理的根系活力分别高8.98μg/（g·h）和7.68μg/（g·h）、2.79μg/（g·h）。在晚稻孕穗期，直播、抛秧和旱育稀植处理的根数比手插移栽处理的根数分别多40条/蔸、18条/蔸、16条/蔸，直播、抛秧和旱育稀植处理的根重比手插移栽处理的根重分别重0.141g/苗、0.090g/苗和0.059g/苗，直播、抛秧和旱育稀植处理的根系活力比手插移栽处理的根系活力分别高5.98μg/（g·h）、3.99μg/（g·h）和2.56μg/（g·h）。灌浆期表现得更加明显。

表 5　不同处理对水稻根系性状的影响

处理	项目	根数（条/蔸）		根重（g/苗）		根系活力 $[\mu g/(g \cdot h)]$	
		孕穗期	灌浆期	孕穗期	灌浆期	孕穗期	灌浆期
手插移栽（CK）	早稻	438	322	1.137	0.657	50.18	44.07
	晚稻	455	328	1.167	0.722	52.65	47.38
旱育稀植	早稻	461	345	1.178	0.736	52.97	49.17
	晚稻	471	353	1.226	0.761	55.21	48.68
抛秧	早稻	469	351	1.224	0.782	57.86	52.34
	晚稻	473	362	1.257	0.812	56.64	50.37
直播	早稻	482	396	1.286	0.817	59.16	54.26
	晚稻	495	416	1.308	0.901	58.63	55.72

直播处理的水稻在根数、根重和根系活力方面都高于抛秧、旱育稀植和手插移栽处理，主要是由于直播水稻直接在稻田中发芽出苗，且播种较浅，有利于根系的发生和生长，从而有利于地上部的生长，提高水稻产量。

3.1.1.6　干物质积累动态

从表 6 可知，无论是早稻还是晚稻，直播处理在抽穗期至成熟期的干物质累积量都是最大的，其次是抛秧和旱育稀植处理，手插移栽处理的干物质积累最低。早稻抽穗期至成熟期的累积量直播、抛秧和旱育稀植处理比手插移栽处理分别多 1 488.8kg/hm²、655.2kg/hm² 和 395.6kg/hm²，晚稻抽穗期至成熟期的累积量直播、抛秧和旱育稀植处理比手插处理移栽处理分别多 1 309.3kg/hm²、1 550.4kg/hm² 和 878.5kg/hm²。直播处理因群体的叶面积指数高，提高了水稻群体的光合速率；又因直播处理的根数、根重和根系活力都要比其他处理高，因此直播处理的早稻干物质积累也最高，晚稻居第二位。

表 6　不同处理对水稻干物质积累的影响

处理	项目	抽穗期（kg/hm²）	灌浆期（kg/hm²）	成熟期（kg/hm²）	累积量（抽穗至成熟）	
					数量（kg/hm²）	占产量（%）
手插移栽（CK）	早稻	9 108.6	10 789.3	11 964.8	2 856.2	54.88
	晚稻	8 562.8	9 876.4	10 987.6	2 424.8	45.51
旱育稀植	早稻	8 826.7	11 254.2	12 078.5	3 251.8	46.65
	晚稻	8 764.5	10 075.8	12 067.8	3 303.3	49.21
抛秧	早稻	9 487.2	13 312.1	12 998.6	3 511.4	49.34
	晚稻	9 022.3	12 284.9	12 997.5	3 975.2	61.81
直播	早稻	9 549.3	14 416.7	13 894.3	4 345.0	48.64
	晚稻	9 327.6	13 978.7	13 061.7	3 734.1	55.00

3.1.1.7 产量及其构成

从表 7 可知,早稻实际产量直播处理比抛秧、旱育稀植和手插移栽处理分别高 739.75kg/hm²、1 152.06kg/hm² 和 2 491.92kg/hm²,晚稻实际产量直播处理比抛秧、旱育稀植和手插移栽处理分别高 271.16kg/hm²、462.29kg/hm² 和 1 544.08kg/hm²。直播处理因其有效穗数、结实率和千粒重都比手插移栽、旱育稀植和抛秧处理要高,故产量高。对总产量进行方差分析表明,直播处理与其他 3 个处理差异达极显著($P=0.007$),抛秧处理表现为差异显著($P=0.018$),旱育稀植处理表现为差异显著($P=0.029$)。因此,直播处理的水稻产量最高,其次是抛秧处理。

表 7 不同处理水稻产量及构成因素

处 理	项目	有效穗数 (万个/hm²)	穗粒数 (个)	结实率 (%)	千粒重 (g)	理论产量 (kg/hm²)	实际产量 (kg/hm²)	总产量 (kg/hm²)
手插移栽(CK)	早稻	279.12	101.68	72.91	25.15	5 204.17	5 097.34	10 232.31
	晚稻	281.1	115.4	68.11	24.12	5 328.27	5 134.97	
旱育稀植	早稻	307.69	120.27	74.18	25.93	6 969.94	6 437.20	12 653.96*
	晚稻	301.09	118.6	68.65	27.38	6 713.05	6 216.76	
抛秧	早稻	308.38	103.34	80.39	27.78	7 116.87	6 849.51	13 257.40*
	晚稻	309.36	100.23	70.29	29.49	6 431.03	6 407.89	
直播	早稻	333.59	106.36	89.47	28.14	8 933.14	7 589.26	14 268.31**
	晚稻	315.06	102.59	71.01	29.58	6 789.32	6 679.05	

注:* 为 $P<0.05$ 水平(差异显著);** 为 $P<0.01$ 水平(差异极显著)。

3.1.1.8 产量构成因子通径分析

不同处理(表 8)产量构成因子株高(x_1)、有效穗数(x_2)、分蘖成穗率(x_3)、穗粒数(x_4)、谷草比(x_5)、千粒重(x_6)与产量(y)通径分析表明,产量与穗粒数和千粒重的线性关系极显著($R^2=0.978\ 7$)。用 y 与 x_2、x_4、x_5、x_6 的线性回归方程来估测 y,其可靠程度达 97.87%,说明有效穗数、穗粒数、谷草比和千粒重是产量的主要构成因子。

回归方程:$y=-12\ 921.6+44.24x_2-18.9x_4+40.21x_5+358.2x_6$,分析表明,从直接作用看,$x_2$、$x_5$、$x_6$ 为正向直接作用,x_4 为负向直接作用;从间接作用来看,x_2、x_6 为正向间接作用,x_5 为负向间接作用。其中,有效穗数($P_{0.4}=0.846$)是影响产量的第一位重要因子,决定系数 $d_{0.4}=0.749$;其次是千粒重($P_{0.6}=0.293$),决定系数 $d_{0.4}=0.152$。就考察产量构成因子而论,应保持较高的有效穗数、千粒重和谷草比,同时应将谷草比控制在一定的水平。

表 8　水稻产量与产量构成因子关系

处理	项目	株高 （cm）	有效穗数 （万个/hm²）	分蘖成穗率 （%）	穗粒数 （个）	谷草比	千粒重 （g）	产量 （kg/hm²）
手插移栽（CK）	早稻	103	279.12	66.79	101.68	0.31	25.15	5 097.34
	晚稻	96	281.10	68.62	115.40	0.34	24.12	5 134.97
旱育稀植	早稻	112	307.69	68.65	120.27	0.37	25.93	6 437.20
	晚稻	104	301.09	71.92	118.60	0.39	27.38	6 216.76
抛秧	早稻	107	308.38	72.57	103.34	0.44	27.78	6 849.51
	晚稻	98	309.36	74.69	100.23	0.46	29.49	6 407.89
直播	早稻	101	333.59	67.40	106.36	0.49	28.14	7 589.26
	晚稻	94	310.06	67.02	100.59	0.52	29.58	6 679.05

3.1.1.9　作物产量比较

从表 9 可知，2005—2007 年，紫云英、早稻和晚稻产量直播、抛秧和旱育稀植处理都比手插移栽处理高。2007 年，直播、抛秧和旱育稀植处理的紫云英产量比手插移栽处理分别高 3.77%、2.36% 和 1.66%，直播、抛秧和旱育稀植处理比手插移栽处理的早稻产量分别高 48.89%、34.37% 和 26.29%，直播、抛秧和旱育稀植处理的晚稻产量比手插移栽分别高 30.07%、24.79% 和 21.07%。因此，直播、抛秧和旱育稀植处理不仅使粮食作物获得了较好的产量，而且绿肥作物产量也有一定程度的上升。

表 9　不同处理的作物产量

单位：kg/hm²

处　理	2005 年			2006 年			2007 年		
	紫云英	早稻	晚稻	紫云英	早稻	晚稻	紫云英	早稻	晚稻
手插移栽(CK)	25 334.1	52 678.9	55 278.3	23 465.7	55 396.1	57 816.8	26 715.6	5 097.34	5 134.97
旱育稀植	27 435.8	62 894.3	61 364.5	26 643.7	64 796.2	66 894.7	27 158.4	6 437.20	6 216.76
抛秧	27 996.4	69 768.2	66 875.3	26 985.3	69 946.3	69 784.3	27 345.7	6 849.51	6 407.89
直播	28 467.8	74 620.9	69 785.2	27 874.4	77 841.0	71 468.9	27 721.8	7 589.26	6 679.05

注：2005 年的数据引自张兆飞硕士的试验。张兆飞，2016. 保护性耕作对稻田生态结构功能及效益的影响 [D]. 南昌：江西农业大学.

3.1.2　不同育秧和移栽方式能量效益分析

从表 10 可以看出，直播处理的总投入能分别比抛秧、旱育稀植和手插移栽处理总投入能少 0.04×10^{11} J/hm²、0.06×10^{11} J/hm² 和 0.08×10^{11} J/hm²，直播处理的产出食物能比抛秧、旱育稀植和手插移栽处理分别提高 8.46%、

28.99%和43.42%，直播处理的产出生物能比抛秧、旱育稀植和手插移栽处理分别提高3.00%、17.94%和52.38%，因而4个处理的能量效益表现为直播处理＞抛秧处理＞旱育稀植处理＞手插移栽处理。因直播处理省工、省力、节约生产成本，能增产增效，因而直播处理的总投入能小，产出能大，具有节能作用。

表 10 不同处理晚稻能量效益

处理	总投入能 （J/hm²）	产出食物能 （J/hm²）	产出生物能 （J/hm²）	净增能 （J/hm²）	食物能产 投比	生物能产 投比
手插移栽（CK）	0.82×10^{11}	1.52×10^{11}	3.15×10^{11}	3.85×10^{11}	1.85	3.84
旱育稀植	0.80×10^{11}	1.69×10^{11}	4.07×10^{11}	4.91×10^{11}	2.11	5.08
抛秧	0.78×10^{11}	2.01×10^{11}	4.66×10^{11}	5.99×10^{11}	2.58	5.97
直播	0.74×10^{11}	2.18×10^{11}	4.80×10^{11}	6.24×10^{11}	2.95	6.49

3.2 不同耕作方式对作物生长及生态经济效益的影响

Cox 和 Swan 研究表明，免耕叶面积指数高于翻耕。他们认为，免耕土壤含水量高，所以作物苗期占有一定的优势，所以生长好于其他的耕作方法[79,80]。常春丽等[81]认为，免耕可以节约能量和劳动力，从而提高生态效益。

3.2.1 不同耕作方式对作物生长的影响

3.2.1.1 生育动态

从表11和表12可以看出，早稻A、C处理的返青期、有效分蘖期比B、D处理分别推迟1d、2d，进入齐穗期、黄熟期，A、C处理比B、D处理均推迟1d，A、C处理的全生育期比B、D处理的全生育期推迟1d。晚稻A、C处理的返青期比B、D处理分别推迟1d、2d，有效分蘖期C处理比A、B、D处理分别推迟2d、3d、4d，齐穗期、黄熟期、全生育期A处理和B处理相同，C处理比D处理均推迟2d。

表 11 不同处理早稻生育进程

处理	播种期 （月-日）	移栽期 （月-日）	返青期 （月-日）	有效分蘖期 （月-日）	齐穗期 （月-日）	黄熟期 （月-日）	全生育期 （d）
A	03－29	04－30	05－04	05－16	06－15	07－16	109
B	03－29	04－30	05－03	05－14	06－14	07－15	108
C	03－29	04－30	05－04	05－16	06－15	07－16	109
D（CK）	03－29	04－30	05－03	05－14	06－14	07－15	108

表 12　不同处理晚稻生育进程

处理	播种期 （月－日）	移栽期 （月－日）	返青期 （月－日）	有效分蘖期 （月－日）	齐穗期 （月－日）	黄熟期 （月－日）	全生育期 （d）
A	06－24	07－22	07－29	08－14	09－10	10－19	117
B	06－24	07－22	07－28	08－13	09－10	10－19	117
C	06－24	07－22	07－30	08－16	09－11	10－20	118
D（CK）	06－24	07－22	07－28	08－12	09－09	10－18	116

3.2.1.2　株高动态

从图 3 可知，早稻与晚稻 D 处理的水稻株高从分蘖起至最后灌浆成熟期一直都较低，而 C 处理的水稻株高从分蘖起至最后灌浆成熟期一直都较高，成熟时 4 个处理的株高相差 1～3cm。从总体趋势来看，株高表现为 C 处理＞A 处理＞B 处理＞D 处理。A、B、C、D 处理早稻的株高（6 月 25 日）分别为 101.4cm、100.6cm、102.3cm、100.4cm，晚稻的株高（9 月 29 日）分别为 121.8cm、120.6cm、122.3cm、119.6cm。这可能是由于免耕可以促进水稻的生长，其生长势较强。

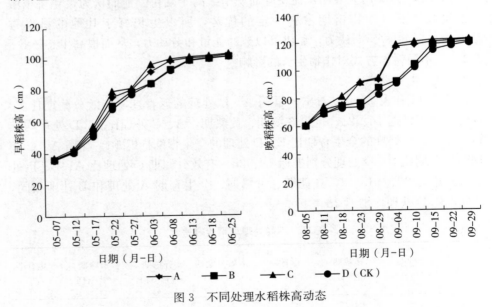

图 3　不同处理水稻株高动态

3.2.1.3　分蘖动态

从图 4 可知，不同处理，同一品种、相同播种期和移栽期比较，早晚稻的分蘖能力 C 处理最强，具体表现在分蘖速率明显提高，相同时段单位面积的茎蘖数比对照明显增多，最后的单株有效穗数为 C 处理＞A 处理＞B 处理＞D 处理。这说明免耕处理比常耕处理有促进水稻早发、减少无效分蘖、提高成穗率的作用。

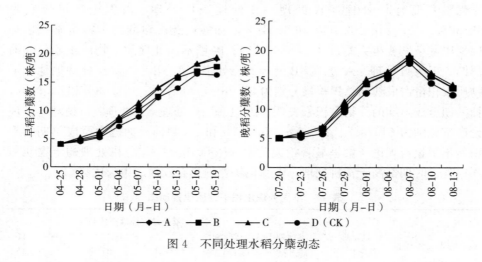

图 4　不同处理水稻分蘖动态

3.2.1.4　叶面积指数动态

从图 5 可知，在早晚稻的整个生长期间，免耕处理的叶面积指数均比常耕处理的高。其中，孕穗期的叶面积指数达到最高，此时早稻 C 处理比 A、B、D 处理分别高了 4.41%、7.57%、9.23%，晚稻 C 处理比 A、B、D 处理分别高了 5.48%、8.45%、13.2%。可见，免耕处理有利于提高水稻群体的叶面积指数，有利于水稻的干物质积累。

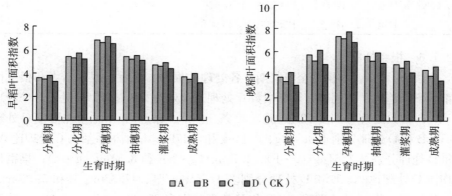

图 5　不同处理水稻叶面积指数动态

3.1.2.5　干物质积累动态

从表 13 可知，早稻不同处理的干物质积累，在抽穗期表现为 C 处理＞A

处理＞B 处理＞D 处理，A、B、C 和 D 处理抽穗期干物质累积量占成熟期总累积量分别为 68.64％、68.67％、67.02％和 68.99％，抽穗期至成熟期干物质积累表现为 C 处理＞A 处理＞B 处理＞D 处理，占理论产量分别为 53.69％、52.02％、52.05％和 56.87％，抽穗期至成熟期的干物质累积量与理论产量呈显著相关关系（$R=0.872^*$）；晚稻不同处理的干物质积累，在抽穗期表现为 C 处理＞A 处理＞B 处理＞D 处理，A、B、C 和 D 处理抽穗期干物质累积量占成熟期总累积量分别为 67.28％、68.73％、68.53％和 68.99％，抽穗期至成熟期的干物质积累表现为 A 处理＞C 处理＞B 处理＞D 处理，占理论产量分别为 54.73％、47.36％、53.81％和 59.44％，抽穗期至成熟期的干物质累积量与理论产量呈显著相关关系（$R=0.856^*$）。免耕处理的干物质积累在各个时期都高于常耕处理，表明免耕处理具有较强的生长优势。

表 13　不同处理水稻干物质积累动态

处理	项目	抽穗期（kg/hm²）	乳熟期（kg/hm²）	成熟期（kg/hm²）	累积量（抽穗至成熟）		理论产量（kg/hm²）
					数量（kg/hm²）	占产量（％）	
A	早稻	11 617.8	14 608.9	16 926.4	5 308.6	52.02	10 205.6
	晚稻	11 262.4	14 103.5	16 739.8	5 477.4	54.73	10 008.9
B	早稻	11 436.9	14 457.2	16 653.8	5 216.9	52.05	10 022.3
	晚稻	11 178.6	13 968.3	16 264.6	5 086.0	53.81	9 452.1
C	早稻	11 758.4	15 726.3	17 543.7	5 785.3	53.69	10 775.6
	晚稻	11 591.3	14 398.7	16 913.6	5 322.3	47.36	11 238.1
D (CK)	早稻	11 125.8	14 017.8	16 126.1	5 000.3	56.87	8 792.4
	晚稻	11 039.2	13 829.7	16 001.9	4 962.7	59.44	8 348.6

3.2.1.6　根系性状

由表 14 可知，孕穗期至灌浆期，各处理的根数、根重、根系活力和根系伤流都呈下降趋势。孕穗期，早稻根数 C 处理＞A 处理＞B 处理＞D 处理，C 处理比 A、B 和 D 处理分别多 12 条/蔸、29 条/蔸和 36 条/蔸；早稻单株根重 C 处理比 A、B 和 D 处理分别重 0.042g、0.146g 和 0.179g；早稻根系活力 C 处理比 A、B 和 D 处理分别高 1.61μg/(g·h)、4.76μg/(g·h) 和 8.81μg/(g·h)；早稻根系伤流 C 处理比 A、B 和 D 处理分别多 17.81mg/茎、47.32mg/茎和 59.20mg/茎。晚稻根系伤流 C 处理比 A、B 和 D 处理分别多 37.28mg/茎、48.66mg/茎和 59.23mg/茎。灌浆期，A、B、C 和 D 处理早稻与晚稻的根数、根重、根系活力和根系伤流之间的差异与孕穗期一致。以上结果说明，C 处理的根数、根重、根系活力和根伤流都是最高的，这为植株提供充足的养分奠定了基础。

表 14　不同处理水稻根系性状

处理	项目	根数（条/蔸）		根重（g/苗）		根系活力 $[\mu g/(g \cdot h)]$		根系伤流（mg/茎）	
		孕穗期	灌浆期	孕穗期	灌浆期	孕穗期	灌浆期	孕穗期	灌浆期
A	早稻	454	334	1.272	0.755	57.36	51.08	381.67	204.61
	晚稻	459	341	1.281	0.726	59.28	53.88	410.11	292.14
B	早稻	437	326	1.168	0.712	54.21	47.26	352.16	199.15
	晚稻	442	329	1.174	0.720	55.42	49.21	398.73	276.54
C	早稻	466	351	1.314	0.794	58.97	54.82	399.48	237.17
	晚稻	478	368	1.326	0.771	62.59	57.09	447.39	311.56
D（CK）	早稻	430	319	1.135	0.657	50.16	44.37	340.28	189.11
	晚稻	443	325	1.149	0.648	53.87	46.28	388.16	206.17

3.2.1.7　水稻产量

从表 15 可知，对于有效穗数，各季水稻免耕与常规耕作有效穗数差异较大，早稻单位面积有效穗数 C 处理比 A、B、D 处理分别多 14.3 穗/m^2、41.9 穗/m^2、67.5 穗/m^2，晚稻 C 处理比 A、B、D 处理分别多 18.8 穗/m^2、27.2 穗/m^2、54.3 穗/m^2。对于每穗实粒数，早稻 C 处理比 A、B、D 处理分别多 9 粒、12 粒、17 粒，晚稻 C 处理比 A、B、D 处理分别多 3 粒、6 粒、8 粒。对于千粒重，早稻 C 处理比 A、B、D 处理分别重 0.6g、0.9g、1.2g，晚稻 C 处理比 A、B、D 处理分别重 0.9g、1.1g、1.6g。对于实际产量，早稻 C 处理比 A、B、D 处理分别高 127kg/hm^2、191kg/hm^2、573kg/hm^2，晚稻 C 处理比 A、B、D 处理分别高 81kg/hm^2、189kg/hm^2、267kg/hm^2。

表 15　不同处理水稻产量构成（2007 年）

处理	项目	有效穗数（个/m^2）	每穗实粒数（个）	结实率（%）	千粒重（g）	实际产量（kg/hm^2）
A	早稻	384.8	126	88.4	23.1	6 885
	晚稻	337.9	131	85.1	22.6	6 792
B	早稻	357.2	123	83.5	22.8	6 821
	晚稻	329.5	128	84.9	22.4	6 684
C	早稻	399.1	135	88.7	23.7	7 012
	晚稻	356.7	134	87.5	23.5	6 873
D（CK）	早稻	331.6	118	81.2	22.5	6 439
	晚稻	302.4	126	82.6	21.9	6 606

综上所述，C 处理能促进水稻分蘖成穗，单位面积有效穗数高于 A、B、

D处理，为获得较高产量提供了保障。

3.2.2 不同耕作方式对土壤理化性状的影响

3.2.2.1 对土壤物理性状的影响

从不同处理2005—2007年土壤物理性状的变化状况（表16和图6）可以看出：

表16 不同处理土壤物理性状的变化

处理	取样时间 （年-月）	容重 （g/cm³）	总孔隙度 （%）	毛管孔隙度 （%）	非毛管孔隙度 （%）
A	2005 - 07	1.24	52.25	50.88	1.47
	2005 - 10	1.21	53.24	51.17	2.07
	2006 - 07	1.19	54.17	52.76	1.41
	2006 - 10	1.21	55.10	52.92	2.18
	2007 - 07	1.17	55.78	53.12	2.66
B	2005 - 07	1.26	52.67	50.92	1.75
	2005 - 10	1.23	52.48	51.62	0.86
	2006 - 07	1.25	53.64	50.88	2.76
	2006 - 10	1.22	52.78	51.26	1.52
	2007 - 07	1.20	53.10	50.76	2.34
C	2005 - 07	1.27	49.73	48.56	1.17
	2005 - 10	1.25	52.47	50.32	2.15
	2006 - 07	1.22	52.85	50.23	2.62
	2006 - 10	1.19	53.47	50.91	2.56
	2007 - 07	1.13	56.28	53.24	3.04
D（CK）	2005 - 07	1.25	51.22	49.65	1.57
	2005 - 10	1.27	50.75	48.94	1.81
	2006 - 07	1.23	51.38	50.07	1.31
	2006 - 10	1.20	53.27	51.18	2.09
	2007 - 07	1.28	49.77	47.23	2.54

注：2005年的数据引自张兆飞硕士的试验。张兆飞，2016. 保护性耕作对稻田生态结构功能及效益的影响［D］. 南昌：江西农业大学.

（1）土壤容重。从2005年7月至2007年7月，A、B和C处理的土壤容重有所下降，并且下降的幅度较大；而D处理土壤容重有所增加。2005年7月至2007年7月，A、B和C处理的土壤容重分别下降了0.07g/cm³、0.06g/cm³和0.14g/cm³，而D处理的土壤容重增加了0.03g/cm³。

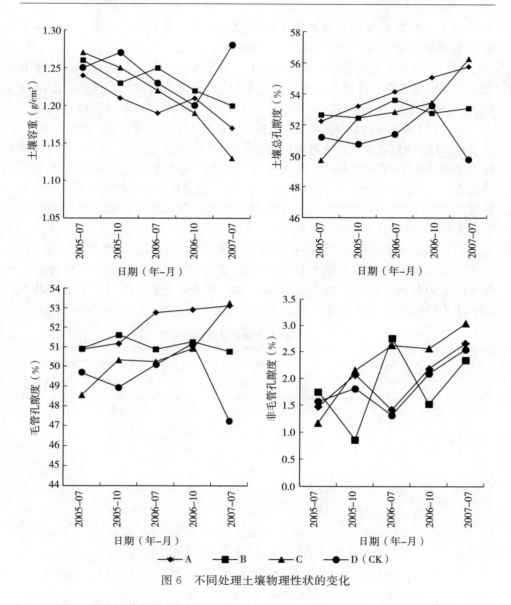

图 6　不同处理土壤物理性状的变化

（2）土壤总孔隙度。从 2005 年 7 月至 2007 年 7 月，A、B、C 和 D 处理的土壤总孔隙度波动都较大，而 A 和 C 处理一直呈上升趋势。2005 年 7 月至 2007 年 7 月，A、B 和 C 处理的土壤总孔隙度分别增加了 3.53%、0.43% 和 6.55%，而 D 处理的土壤总孔隙度降低了 1.45%。

（3）土壤毛管孔隙度。从 2005 年 7 月至 2007 年 7 月，A 和 C 处理的土壤毛管孔隙度总体呈上升趋势，而 B 和 D 处理总体呈下降趋势。2005 年 7 月与

2007 年 7 月相比，A 和 C 处理的毛管孔隙度分别增加了 2.24% 和 4.68%，B 和 D 处理的毛管孔隙度分别降低了 0.16% 和 2.42%。

（4）土壤非毛管孔隙度。从 2005 年 7 月至 2007 年 7 月，A、B、C 和 D 处理的土壤非毛管孔隙度都有所增加，A、C 和 D 处理增加的幅度大，增幅分别为 80.95%、159.83% 和 61.78%；而 B 处理增幅较小，为 33.71%。

通过对土壤物理性状分析可知，免耕处理有利于降低土壤容重，增加孔隙度，主要是增加非毛管孔隙度，从而改善了土壤物理性状和通气状况。可见，免耕处理使土壤朝着有利于作物生长的方向发展。C 处理的容重下降幅度、总孔隙度和非毛管孔隙度上升幅度均大于 A 和 B 处理，说明双季免耕比单季免耕更有利改善土壤物理性状。双季免耕水稻根系发达，可以增加土壤孔隙，改良土壤的结构和性状。

3.2.2.2 对土壤化学性质的影响

（1）土壤 pH。经过 2 年的试验对比（表 17），A、B、C 处理的土壤 pH 有所降低，而 D 处理的土壤 pH 稍有增加。2007 年 7 月，A、B、C 处理的土壤 pH 比 D 处理分别低 0.31、0.34 和 0.31。从图 7 可知，A、B、C 处理的土壤 pH 为降低趋势，而 D 处理的土壤 pH 变化不明显。

表 17　不同处理土壤化学性质的变化

处理	取土时间（年-月）	pH	有机质含量（g/kg）	有效氮含量（mg/kg）	有效磷含量（mg/kg）	有效钾含量（mg/kg）
A	2005－07	5.68	32.01	79.26	28.42	49.39
	2005－10	5.52	31.92	82.27	31.65	52.77
	2006－07	5.61	32.15	82.78	30.24	51.08
	2006－10	5.54	32.87	82.06	30.98	51.92
	2007－07	5.41	33.24	83.12	31.72	52.43
B	2005－07	5.72	28.59	78.34	28.48	54.39
	2005－10	5.63	29.22	80.62	28.31	55.48
	2006－07	5.49	30.82	80.02	28.52	55.92
	2006－10	5.55	29.67	80.23	28.14	55.20
	2007－07	5.38	31.95	81.01	29.61	56.42
C	2005－07	5.61	28.74	76.22	29.66	56.76
	2005－10	5.54	29.65	81.36	29.46	58.82
	2006－07	5.48	31.48	83.21	29.16	58.91
	2006－10	5.44	30.24	82.59	29.91	58.10
	2007－07	5.41	32.47	83.01	30.59	59.23

（续）

处理	取土时间（年-月）	pH	有机质含量（g/kg）	有效氮含量（mg/kg）	有效磷含量（mg/kg）	有效钾含量（mg/kg）
	2005 - 07	5.73	28.59	77.38	24.38	50.89
	2005 - 10	5.78	28.63	77.16	23.41	50.46
D（CK）	2006 - 07	5.70	27.94	77.98	24.52	50.92
	2006 - 10	5.67	28.61	78.12	24.17	50.71
	2007 - 07	5.72	29.12	77.46	24.68	50.99

注：2005 年的数据引自张兆飞硕士的试验。张兆飞，2016. 保护性耕作对稻田生态结构功能及效益的影响 [D]. 南昌：江西农业大学.

（2）土壤有机质。从表 17 数据可知，2007 年 7 月 A、B 和 C 处理的土壤有机质含量比 2005 年 7 月分别提高了 1.23g/kg、3.36g/kg 和 3.73g/kg；而 D 处理的土壤有机质含量虽有所增加，但增加的幅度较小（1.85%）。从图 7 可知，A、B 和 C 处理的土壤有机质呈波动增加趋势，而 D 处理的土壤有机质变化不明显。

（3）土壤有效氮。表 17 数据表明，2007 年 7 月与 2005 年 7 月相比，A、B 和 C 处理的土壤有效氮含量分别提高了 3.86mg/kg、2.67mg/kg 和 6.79mg/kg，而 D 处理的土壤有效氮含量增加了 0.08mg/kg。从图 7 可知，2005 年 7 月至 2007 年 7 月，A、B 和 C 处理的有效氮含量变化幅度较大，而 D 处理的有效氮含量变化较小，说明免耕处理对土壤有效氮的积累有明显的促进作用。

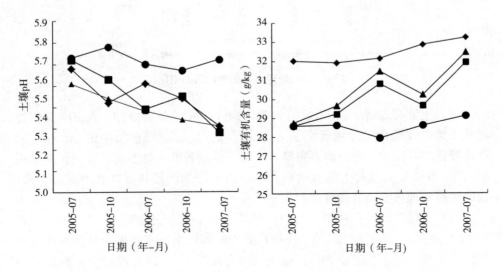

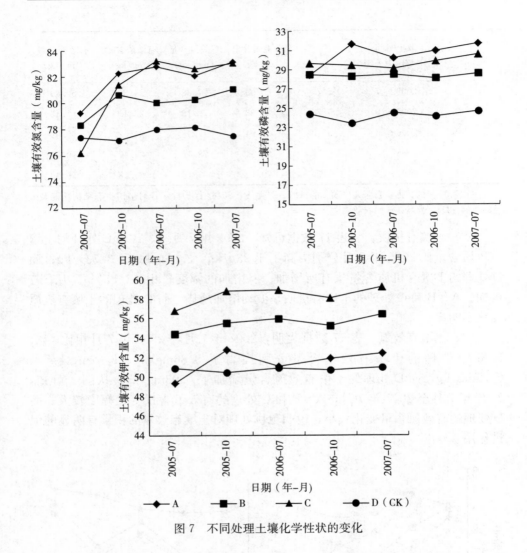

图 7　不同处理土壤化学性状的变化

（4）土壤有效磷。表 17 数据表明，经过 2 年的免耕处理，A、B 和 C 处理的土壤有效磷含量分别提高了 3.30mg/kg、1.13mg/kg 和 0.93mg/kg；而 D 处理虽然有波动，但波动不明显。从图 7 可以看出，与土壤有效氮含量很相似，A、B 和 C 处理的土壤有效磷含量有波动增加的趋势，D 处理变化不大，说明免耕处理对土壤有效磷的积累是有益的。

（5）土壤有效钾。从图 7 可知，免耕处理有利于土壤有效钾的积累。表 17 数据表明，2 年处理后，A、B 和 C 处理的稻田土壤有效钾含量分别比 2 年前提高了 3.04mg/kg、2.03mg/kg 和 2.47mg/kg；而 D 处理变化不明显，只提高了 0.10mg/kg。

综上所述，2005—2007 年期间，A、B、C 处理的土壤 pH 有所降低，土壤有机质含量增加，而较高含量的土壤有机质和适当偏酸性的土壤环境有利于有效氮、有效磷、有效钾的积累；而 D 处理的土壤 pH 稍有增加，有机质和养分含量下降。由此可见，免耕处理由于提高了土壤有机质含量，从而对土壤其他养分的积累起到了促进作用，养分含量明显提高。

3.2.3 不同耕作方式对稻田病虫草害的影响

3.2.3.1 水稻病害

通过对小区水稻分蘖盛期和成熟期的田间调查，从表 18 可知，在分蘖盛期，各季水稻纹枯病的发病率均表现为 D 处理比 C、B 和 A 处理低。其中，2006 年早稻 D 处理比 C、B 和 A 处理分别低 15、5 和 14 个百分点，免耕处理平均发病率比常耕处理高 11 个百分点；2006 年晚稻 D 处理比 C、B 和 A 处理分别低 17、7 和 15 个百分点，免耕处理平均发病率比常耕处理高 13 个百分点；2007 年早稻 D 处理比 C、B 和 A 处理分别低 16、2 和 13 个百分点，免耕处理平均发病率比常耕处理高 10 个百分点；2007 年晚稻 D 处理比 C、B 和 A 处理分别低 9、2 和 7 个百分点，免耕处理平均发病率比常耕处理高 6 个百分点。

表 18 不同处理水稻纹枯病发病率

单位:%

处理	2006 年早稻		2006 年晚稻		2007 年早稻		2007 年晚稻	
	分蘖盛期	成熟期	分蘖盛期	成熟期	分蘖盛期	成熟期	分蘖盛期	成熟期
A	37	16	32	15	33	19	26	13
B	28	23	24	22	22	31	21	20
C	38	15	34	14	36	17	28	12
D（CK）	23	26	17	24	20	34	19	23

在成熟期，各季水稻纹枯病的发病率均表现为 D 处理比 C、B 和 A 处理高。其中，2006 年早稻 D 处理比 C、B 和 A 处理分别高 11、3 和 10 个百分点，免耕处理平均发病率比常耕处理低 8 个百分点；2006 年晚稻 D 处理比 C、B 和 A 处理分别高 10、2 和 9 个百分点，免耕处理平均发病率比常耕处理低 7 个百分点；2007 年早稻 D 处理比 C、B 和 A 处理分别高 17、3 和 15 个百分点，免耕处理平均发病率比常耕处理低 12 个百分点；2007 年晚稻 D 处理比 C、B 和 A 处理分别高 11、3、10 个百分点，免耕处理平均发病率比常耕处理低 8 个百分点。

由此可见，在分蘖盛期，免耕处理水稻纹枯病发病率比常耕处理的高；在成熟期，免耕处理比常耕处理的低。这可能是由于免耕处理的水稻前期根系较浅，生长不如常耕处理旺，抵抗病害能力弱；后期免耕处理水稻群体质量高，其抗病虫能力增强。

3.2.3.2 水稻虫害

通过对二化螟和稻纵卷叶螟的田间调查，由表 19 可知，各季水稻的稻纵卷叶螟发生情况类似。2006 年早稻，D 处理比 C、B 和 A 处理每 100 丛分别高 78 头、52 头、69 头；2006 年晚稻，D 处理比 C、B 和 A 处理每 100 丛分别高 103 头、66 头、90 头；2007 年早稻，D 处理比 C、B 和 A 处理每 100 丛分别高 29 头、5 头、26 头；2007 年晚稻，D 处理比 C、B 和 A 处理每 100 丛分别高 97 头、66 头、94 头。从二化螟的危害率来看，2006 年早稻 D 处理比 C、B 和 A 处理分别高 23、8、19 个百分点，2007 年早稻 D 处理比 C、B 和 A 处理分别高 16、1、12 个百分点。由此可见，免耕可以减少稻田稻纵卷叶螟和二化螟数量的发生。因为稻纵卷叶螟和二化螟成虫均有趋绿性，而常耕水稻在这些害虫的成虫期比免耕水稻要绿得多，因此常耕水稻受害情况较免耕水稻严重。

表 19 不同处理水稻害虫的变化

处理	2006 年早稻		2006 年晚稻		2007 年早稻		2007 年晚稻	
	稻纵卷叶螟（头）	二化螟危害率（%）	稻纵卷叶螟（头）	二化螟危害率（%）	稻纵卷叶螟（头）	二化螟危害率（%）	稻纵卷叶螟（头）	二化螟危害率（%）
A	88	36	74		86	29	74	
B	105	47	98		107	40	102	
C	79	32	61		83	25	71	
D (CK)	157	55	164		112	41	168	

注：稻纵卷叶螟的调查时间为水稻黄熟期，调查数量为每 100 丛所含的头数；二化螟的调查时间为水稻分蘖盛期。

3.2.3.3 稻田草害

从表 20 可知，无论早稻还是晚稻，免耕处理的杂草种类和覆盖度都比常耕的高。虽然免耕处理的杂草种类较多，但两次测定间杂草覆盖度的增幅却比常耕小。A、B、C 和 D 处理的早稻杂草覆盖度增幅依次为 46.4%、39.4%、23.7%、53.8%，晚稻依次为 37.8%、42.5%、17.0%、66.7%，这与免耕处理水稻分蘖出现早、快，叶面积指数增长比常耕处理大，水稻封行早不利于杂草生长有关。

表 20　不同处理杂草种类和覆盖度的变化（2007 年）

处理	5 月 15 日		6 月 20 日		8 月 29 日		9 月 12 日	
	种类（个）	覆盖度（%）	种类（个）	覆盖度（%）	种类（个）	覆盖度（%）	种类（个）	覆盖度（%）
A	7	28	12	41	11	37	13	51
B	7	33	12	46	11	40	16	57
C	9	38	13	47	12	53	17	62
D（CK）	5	26	10	40	9	30	12	50

据马晓渊等[74,75]报道，利用乘积优势度（盖度、相对高度和频度的乘积）可以确定杂草优势种：将数量达到危害损失水平（$MDR_2{}^* \geqslant 10\%$）的种类定为优势种，$10\% > MDR_2 \geqslant 5\%$ 的种类定为亚优势种。在草害下降的情况下，也可将 $10\% > MDR_2 \geqslant 5\%$ 的种类定为优势种，$5\% > MDR_2 \geqslant 1\%$ 的种类定为亚优势种。

从表 21 可知，免耕处理杂草种类虽然比常耕处理多，但因其长势弱，与长势强的水稻竞争，只有少数种类能发展为优势种。因此，在水稻免耕栽培过程中，应采取措施增强水稻长势，争取尽早封行来抑制杂草的生长。

表 21　不同处理杂草优势种的年内变化动态（2007 年）

处理	5 月 12 日	6 月 20 日	8 月 21 日	9 月 10 日
A	稗草、牛毛毡*矮慈姑、双穗雀稗*	稗草、鸭舌草、牛毛毡、矮慈姑、鳢肠*	牛毛毡、稗草、鸭跖草*	牛毛毡、矮慈姑、稗草*、野慈姑
B	稗草*、牛毛毡、矮慈姑、双穗雀稗*	稗草、鸭舌草、牛毛毡、矮慈姑、鳢肠*	牛毛毡、稗草、鸭跖草*	牛毛毡、矮慈姑、稗草*、野慈姑
C	稗草*、牛毛毡、矮慈姑、双穗雀稗*、鸭舌草	稗草*、鸭舌草、牛毛毡、矮慈姑*、紫萍、异型沙草*	牛毛毡*、稗草*、鸭跖草*、鸭舌草、矮慈姑	牛毛毡*、矮慈姑*、稗草、野慈姑
D（CK）	稗草*、牛毛毡、矮慈姑、双穗雀稗*、鸭舌草	稗草*、鸭舌草、牛毛毡、矮慈姑*、紫萍、异型沙草*	牛毛毡*、稗草*、鸭跖草*、鸭舌草、矮慈姑	鸭舌草*、鳢肠*牛毛毡*、矮慈姑*、稗草、野慈姑*

注：* 为杂草亚优势种。

---

* MDR_2 指盖度和相对高度二因素乘积优势度。

3.2.4 不同耕作方式的能量效益

从表 22 可以看出，光能利用率 C 处理＞A 处理＞B 处理＞D 处理；总产出能 C 处理＞B 处理＞A 处理＞D 处理；总投入能和无机投入能以 D 处理最高，B 处理次之，C 处理最小；能量产投比、净增能和净增率都表现为 C 处理＞A 处理＞B 处理＞D 处理。这主要是由于免耕减少了人工和畜力的投入，提高了光能利用率；免耕改变了土壤生态条件，土壤有机质含量增加，水分含量提高，耕层表面土壤保持湿润时间较长，给土壤动物和微生物活动创造了良好的环境，微生物数量明显增加，提高了水稻产量，从而提高了水稻的产出能，因而 C 处理的净增能比 A、B、D 处理高。

表 22　不同处理光能利用率、能量产投比分析（2007 年）

处理	光能利用率（%）	总投入能（J/hm²）	无机投入能（J/hm²）	总产出能（J/hm²）	能量产投比	净增能（J/hm²）	净增率
A	1.34	0.91×10^{11}	3.88×10^{10}	2.91×10^{11}	3.18	2.00×10^{11}	2.18
B	1.28	0.96×10^{11}	4.02×10^{10}	2.92×10^{11}	3.04	1.96×10^{11}	2.04
C	1.41	0.84×10^{11}	3.36×10^{10}	3.14×10^{11}	3.74	2.30×10^{11}	2.74
D（CK）	1.17	1.04×10^{11}	4.35×10^{10}	2.72×10^{11}	2.56	1.68×10^{11}	1.56

3.2.5 不同耕作方式的经济效益分析

从表 23 中可知，①经济产量和总产值表现为 C 处理＞A 处理＞B 处理＞D 处理，经济产量 A、B、C 处理比 D 处理分别多 632kg/hm²、460kg/hm²、840kg/hm²，总产值 A、B、C 处理比 D 处理分别多 1 047 元/hm²、751 元/hm²、1 395 元/hm²。②总成本表现为 D 处理＞B 处理＞A 处理＞C 处理，D 处理比 A、B、C 处理分别多 881.5 元/hm²、704.4 元/hm²、1 111.8 元/hm²。③纯产值表现为 C 处理＞A 处理＞B 处理＞D 处理，A、B、C 处理比 D 处理分别多 1 928.5元/hm²、1 455.4 元/hm²、2 506.8 元/hm²。④劳动生产率和劳动净产值率二者的顺序都表现为 C 处理＞A 处理＞B 处理＞D 处理，劳动生产率 A、B、C 处理比 D 处理分别多 15.04kg/d、9.59kg/d、31.96kg/d，劳动净产值率 A、B、C 处理比 D 处理分别多 22.36 元/d、14.99 元/d、42.56 元/d。⑤物资费用出益率表现为 A 处理＞B 处理＞C 处理＞D 处理，A、B、C 处理比 D 处理分别多 0.49 元/元、0.41 元/元、0.40 元/元。⑥产投比表现为 C 处理＞A 处理＞B 处理＞D 处理，A、B、C 处理比 D 处理分别高 0.34、0.25、0.45。

表 23　不同处理的经济效益分析（2007 年）

指标	处理			
	A	B	C	D（CK）
经济产量（kg/hm²）	13 677	13 505	13 885	13 045
总产值（元/hm²）	23 174	22 878	23 522	22 127
物资费用（元/hm²）	5 102.6	5 063.7	5 472.3	5 360.1
人工费用（元/hm²）	3 888	4 104	3 288	4 512
总成本（元/hm²）	8 990.6	9 167.7	8 760.3	9 872.1
纯产值（元/hm²）	14 183.4	13 710.3	14 761.7	12 254.9
劳工（d/hm²）	162	171	137	188
劳动生产率（kg/d）	84.43	78.98	101.35	69.39
劳动净产值率（元/d）	87.55	80.18	107.75	65.19
物资费用出益率（元/元）	2.78	2.70	2.69	2.29
产投比	2.58	2.49	2.69	2.24

综上所述，C 处理的总产值、纯产值、物资费用出益率、产投比最高，为经济效益最佳耕作方式；其次是 A 处理模式；再次是 B 处理模式；D 处理模式各项指标均最低，经济效益最差。因此，无论从经济产量角度，还是资源利用率来说，C 处理都是最理想的选择。

3.2.6　稻田保护性耕作效益的综合评价

3.2.6.1　比较数列和参考数列的确定

将记载的人工、种子、肥料、农药等投入，根据折能标准，计算能量转化效率。按经济效益（年产值、生产成本、纯收入）、社会效益（年产量、投工量、每元成本产量）、生态效益（产出能、投入能、能量产投比、年光能利用率、养分投入、养分输出、养分输出/输入）共 20 个评价指标，应用灰色关联分析方法，对不同处理系统进行分析和综合评价。根据当地的生产实际，确定各指标的上限值，构成参考数列 x_0（k），表示为 $\{x_0$（1），x_0（2），…，x_0（n）$\}$（$k=1$，2，…，n）。试验各处理各单项指标所构成的数列，构成比较数列 x_i（k）（i 为各处理的种类），表示为 $\{x_i$（1），x_i（2），…，x_i（n）$\}$（$k=1$，2，…，n；$i=1$，2，…，m）。数字 0、1、2、3、4 分别代表参考数列、A 处理、B 处理、C 处理、D 处理（表 24）。

表 24　不同处理的主要评价指标（2007 年）

数列	年产值（元/hm²）	生产成本（元/hm²）	纯收入（元/hm²）	年产量（kg/hm²）	投工量（d/hm²）	每元成本产量（kg）	产出能（亿 J/hm²）	投入能（亿 J/hm²） 有机能	无机能	能量产投比
	1	2	3	4	5	6	7	8	9	10
x_0	23 522	9 872.1	14 761.7	16 013	137	2.35	3 522.809	502.752	316.770	3.79
x_1	23 174	8 990.6	14 183.4	13 677	162	1.52	2 910.624	525.902	388.247	3.18
x_2	22 878	9 167.7	13 710.3	13 505	171	1.47	2 922.736	557.036	402.961	3.04
x_3	23 522	8 760.3	14 761.7	13 885	137	1.58	3 143.573	502.752	336.829	3.74
x_4	22 127	9 872.1	12 254.9	13 045	188	1.32	2 722.750	629.178	435.687	2.56

数列	年光能利用率（%）	养分输入（kg/hm²） N	P₂O₅	K₂O	养分输出（kg/hm²） N	P₂O₅	K₂O	养分输出/输入 N	P₂O₅	K₂O
	11	12	13	14	15	16	17	18	19	20
x_0	1.47	319	120	240	273.17	118.49	252.25	0.86	0.90	0.94
x_1	1.34	346	138	296	231.82	94.27	247.50	0.67	0.68	0.84
x_2	1.28	358	162	275	206.91	90.34	192.36	0.58	0.56	0.70
x_3	1.41	319	149	257	273.17	106.23	211.28	0.86	0.71	0.82
x_4	1.17	399	184	337	184.26	81.05	133.77	0.46	0.44	0.40

　　注：各处理养分输出包括作物籽实和秸秆的含量，养分折算标准和年光能利用率参考《农业生态学教程》[82]。

3.2.6.2　无量纲化处理

　　为了使指标能够进行比较，先对各序列进行无量纲化处理。根据当地的生产实际，构成参考数列 $X_0(k)$，无量纲化处理是将 $X_i(k)$ 除以 $X_0(k)$，从而得到无量纲化数列（表 25）。

表 25　不同处理各指标的无量纲化值

处理	指　标 1	2	3	4	5	6	7	8	9	10
A	0.985 2	0.910 7	0.960 8	0.854 1	0.845 7	0.646 8	0.826 2	0.956 0	0.815 9	0.839 1
B	0.972 6	0.928 6	0.928 8	0.843 4	0.801 2	0.625 5	0.829 7	0.902 5	0.786 1	0.802 1
C	1.000 0	0.887 4	1.000 0	0.867 1	1.000 0	0.672 3	0.892 3	1.000 0	0.940 4	0.986 8
D (CK)	0.940 7	1.000 0	0.830 2	0.814 7	0.728 7	0.561 7	0.772 9	0.799 1	0.727 1	0.675 5

（续）

处理	指标									
	11	12	13	14	15	16	17	18	19	20
A	0.911 6	0.922 0	0.869 6	0.810 8	0.848 6	0.795 6	0.981 7	0.779 1	0.755 6	0.893 6
B	0.870 7	0.891 1	0.740 7	0.872 7	0.757 4	0.762 4	0.762 6	0.674 4	0.622 2	0.744 7
C	0.959 2	1.000 0	0.805 4	0.933 3	1.000 0	0.896 5	0.837 6	1.000 0	0.788 9	0.872 3
D (CK)	0.795 9	0.799 5	0.652 2	0.712 2	0.674 5	0.684 0	0.530 3	0.534 9	0.488 9	0.425 5

3.2.6.3 关联系数和加权关联度的计算

（1）关联系数的计算公式见式（1）、式（2）。

$$\varepsilon_{i(k)} = \frac{\min\limits_{i}\min\limits_{k}|x_0(k)-x_i(k)| + p \max\limits_{i}\max\limits_{k}|x_0(k)-x_i(k)|}{|x_0(k)-x_i(k)| + p \max\limits_{i}\max\limits_{k}|x_0(k)-x_i(k)|} \quad (1)$$

$$r_i = \frac{1}{N}\sum_{k=1}^{N}\varepsilon_i(k) \quad (2)$$

式中，$\varepsilon_i(k)$ 为 x_0 与 x_i 在第 k 个指标的关联系数；$|x_0(k)-x_i(k)|$ 表示 x_i 数列与 x_0 数列在第 k 点的绝对值；$\min\limits_{i}\min\limits_{k}|x_0(k)-x_i(k)|$ 为二级最小差，$\max\limits_{i}\max\limits_{k}|x_0(k)-x_i(k)|$ 为二级最大差，它们分别为 $|x_0(k)-x_i(k)|$ 集合中的最小值和最大值；p 为分辨系数，取值范围 $0\sim1$，一般取 0.5；r_i 为比较系数，是 x_i 对参考数列 x_0 的关联度，总体反映 x_0 与 x_i 数列之间的关联性程度。

计算 $|x_0(k)-x_i(k)|$ 可知，二级最小差为 0，二级最大差为 0.574 5，p 取 0.5，由式（1）可得出各关联系数（表26）。

表 26 不同处理各指标关联系数

处理	指标									
	1	2	3	4	5	6	7	8	9	10
A	0.951 0	0.762 9	0.879 9	0.663 2	0.650 6	0.448 6	0.623 1	0.867 2	0.609 5	0.641 0
B	0.912 9	0.800 9	0.801 4	0.647 2	0.591 0	0.434 1	0.627 8	0.746 6	0.573 2	0.592 1
C	1.000 0	0.718 4	1.000 0	0.683 7	1.000 0	0.467 2	0.727 3	1.000 0	0.828 2	0.956 1
D (CK)	0.828 9	1.000 0	0.628 5	0.607 4	0.514 3	0.395 9	0.555 3	0.588 5	0.512 9	0.469 6

处理	指标									
	11	12	13	14	15	16	17	18	19	20
A	0.764 7	0.786 5	0.687 8	0.602 9	0.654 9	0.584 3	0.940 1	0.564 2	0.540 3	0.729 7
B	0.689 6	0.725 1	0.525 6	0.693 0	0.542 2	0.547 3	0.547 6	0.468 8	0.432 0	0.529 5
C	0.875 6	1.000 0	0.596 2	0.813 0	1.000 0	0.735 0	0.638 9	1.000 0	0.576 4	0.692 2
D (CK)	0.584 7	0.589 0	0.452 4	0.499 6	0.468 8	0.476 2	0.379 5	0.381 8	0.359 8	0.333 4

（2）再计算加权关联度。各地对于种植模式的评判对各指标的重要性要求是不同的，给予各指标关联系数不同的权重（W_k），对各种植模式的评价将更为合理。因此，计算公式见式（3）。

$$r_i = \sum_{k=1}^{n} w_k L_i(k) \qquad (3)$$

本研究各种效益的权重分别为：经济效益 0.5、生态效益 0.3、社会效益 0.2，其中能量效益 0.15、肥料效益 0.15。再将 n 个比较序列对同一比较序列的关联度按大小顺序排列起来，便组成关联序，它直接反映各个比较序列对于比较序列的"优劣"关系。

根据上述步骤，计算不同处理综合效益的关联度。由表 27 可知，A、B、C、D 处理总效益的加权关联度分别为 0.707 5、0.649 6、0.821 0、0.576 3，总效益的等权关联度分别为 0.756 5、0.711 1、0.845 6、0.657 8，4 个处理总效益的加权关联度和等权关联度均表现为 C 处理＞A 处理＞B 处理＞D 处理。从经济效益、社会效益、能量效益与肥料效益来看，关联度都是 C 处理＞A 处理＞B 处理＞D 处理。由此可知，在总效益、经济效益、社会效益、能量效益与肥料效益上，都是 C 处理＞A 处理＞B 处理＞D 处理，这与 4 个处理的经济、社会、生态效益的实际表现基本相符。

表 27　不同处理综合效益的关联度

处理	经济效益	社会效益	生态效益		总效益		排序	
			能量效益	肥料效益	加权	等权	加权	等权
A	0.864 6	0.587 5	0.701 1	0.676 7	0.707 5	0.756 5	2	2
B	0.838 4	0.557 4	0.645 9	0.556 8	0.649 6	0.711 1	3	3
C	0.906 1	0.717 0	0.877 4	0.783 5	0.821 0	0.845 6	1	1
D（CK）	0.819 1	0.506 0	0.542 2	0.437 8	0.576 3	0.657 8	4	4

4　讨论与结论

4.1　不同轻型栽培方式对水稻生长的影响

水稻旱育稀植处理和抛秧处理比手插移栽处理返青快，迟滞期短，促进了水稻分蘖的早生、快发以及根部的形成；直播处理比手插移栽处理分蘖早、分蘖节位低。因此，旱育稀植、抛秧和直播处理能充分利用前期的光温条件，缩短营养期，生殖生长期稍长，可以延长灌浆时间，保证了水稻的结实率，为水稻高产奠定了基础。

试验表明：各生育时期的叶绿素含量表现为直播＞抛秧、旱育稀植＞手插移栽，水稻叶面积越大，越有利于提高水稻群体的光合速率，促进干物质的积累。这和吴洁远等[83]的研究结果一致。水稻的根数、根重和根系活力表现为直播＞抛秧＞旱育稀植＞手插移栽，为水稻的灌浆结实积累了大量的物质。与手插移栽处理相比，直播处理的有效穗、结实率和千粒重3项指标均最大，其次是抛秧和旱育稀植处理。早稻实际产量直播处理比抛秧、旱育稀植和手插移栽处理分别高 739.75kg/hm²、1 152.06kg/hm²、2 491.92kg/hm²；晚稻实际产量直播处理比抛秧、旱育稀植和手插移栽处理分别高 271.16kg/hm²、462.29kg/hm²、1 544.08kg/hm²。周昌宇等[84]研究认为，水稻直播栽培分蘖早、节位低，早发优势明显，适宜多穗增产。通过通径分析，千粒重是影响水稻产量的最重要因子，因此要提高水稻产量，应保持较高的千粒重，同时应将穗粒数控制在一定的水平。通过对4个处理2005—2007年试验结果比较，结果表明，紫云英、早稻和晚稻的产量均表现为直播＞抛秧＞旱育稀植＞手插移栽。

双季稻采用直播技术，在合理密植的基础上，能够建立良好的群体结构，同样也可以达到高产，而且直播模式省工、省时、省力，促进了农民增产增收。

4.2 不同育秧和移栽方式的能量效益分析

通过对直播、抛秧、旱育稀植和手插移栽处理的能量效益分析，结果表明，直播、抛秧和旱育稀植处理的总投入能分别比手插移栽处理总投入能少 $0.08×10^{11}$J/hm²、$0.04×10^{11}$J/hm² 和 $0.02×10^{11}$J/hm²，直播、抛秧和旱育稀植处理的产出食物能分别比手插移栽处理的产出食物能提高 43.4％、32.2％和11.2％，直播、抛秧和旱育稀植处理的产出生物能分别比手插移栽处理的产出生物能提高 52.4％、47.9％和29.2％。这表明直播处理节能效益最明显，说明直播处理在水稻的产量和节能方面都优于抛秧、旱育稀植和手插移栽处理，有大面积推广的意义。魏小红等[85]应用生态学能流研究方法对甘肃河西地区能量输入输出及效率进行了力能学分析提出，要改变该地区能量转化效率下降的趋势，就必须调整农业产业结构，发展综合农业生产系统；建立多层次能量转化的农业结构，提高农副产品的多级转化，以提高对能量的利用率，减少能量无效损失。

4.3 不同耕作方式的水稻生长特征

试验表明：采用免耕处理，早、晚稻植株的生长发育表现出较明显的优势，群体结构良好，单位面积的经济产量比常耕处理明显增加。从生长发育来看，单株有效穗数表现为 C 处理＞A 处理＞B 处理＞D 处理（CK），分别为 14.2 株/蔸、13.8 株/蔸、13.7 株/蔸、12.5 株/蔸。叶面积指数早稻 C 处理比 A、B、D 处理分别高了 4.41%、7.57%、9.23%，晚稻 C 处理比 A、B、D 处理分别高了 5.48%、8.45%、13.2%。

从产量构成因素来看，免耕的有效穗数多，穗大粒多。早稻单位面积有效穗数 C 处理比 A、B、D 处理分别多 14.3 穗/m^2、41.9 穗/m^2、67.5 穗/m^2，晚稻 C 处理比 A、B、D 处理分别多 18.8 穗/m^2、27.2 穗/m^2、54.3 穗/m^2；早稻穗粒数 C 处理比 A、B、D 处理分别多 9 粒、12 粒、17 粒，晚稻穗粒数 C 处理比 A、B、D 处理分别多 3 粒、6 粒、8 粒；早稻千粒重 C 处理比 A、B、D 处理分别重 0.6g、0.9g、1.2g，晚稻千粒重 C 处理比 A、B、D 处理分别重 0.9g、1.1g、1.6g。C 处理能提高水稻有效穗数、穗粒数和千粒重，这与王云超[86]和谢瑞芝等[87]的研究结果一致。

孕穗期，早稻根系活力 C 处理比 A、B 和 D 处理分别高 $1.61\mu g/(g \cdot h)$、$4.76\mu g/(g \cdot h)$ 和 $8.81\mu g/(g \cdot h)$；早稻根系伤流 C 处理比 A、B 和 D 处理分别多 17.81mg/茎、47.32mg/茎和 59.20mg/茎，晚稻根系伤流 C 处理比 A、B 和 D 处理分别多 37.28mg/茎、48.66mg/茎和 59.23mg/茎。因免耕增强根系活力，水稻能较好地吸收土壤中的水分和营养元素，因而免耕的产量常耕的产量较高。早稻抽穗期至成熟期的干物质累积量为 C 处理＞A 处理＞B 处理＞D 处理，占理论产量分别为 53.69%、52.02%、52.05% 和 56.87%，早稻抽穗期至成熟期的干物质累积量与理论产量呈显著相关关系（$R=0.872^*$）；晚稻抽穗期至成熟期的干物质累积为 A 处理＞C 处理＞B 处理＞D 处理，占理论产量分别为 54.73%、47.36%、53.81% 和 59.44%，晚稻抽穗期至成熟期的干物质累积量与理论产量呈显著相关关系（$R=0.856^*$）。根系为水稻地上部传递营养，根强则茎粗、叶强。C、A 和 B 处理的根数、根重和根系活力都与 D 处理差异显著，从而为水稻高产奠定了基础。这与周晓舟等[88]的研究结果一致。

4.4 不同耕作方式的稻田生态效应分析

4.4.1 免耕处理能改善土壤的理化性状

免耕处理更有利于土壤保持水分和团粒结构的形成，降低土壤容重，增加土壤孔隙度。2005 年 7 月至 2007 年 7 月，土壤容重 A、B 和 C 处理分别下降了 $0.07g/cm^3$、$0.06g/cm^3$ 和 $0.14g/cm^3$，而 D 处理的土壤容重增加了 $0.03g/cm^3$；土壤总孔隙度 A、B 和 C 处理分别增加了 3.53%、0.43% 和 6.55%，而 D 处理的土壤总孔隙度降低了 1.45%；毛管孔隙度 A 和 C 处理增加了 2.24% 和 4.68%，B 和 D 处理分别降低了 0.16% 和 2.42%。免耕处理较好的保水性能，低土壤容重和高土壤孔隙度能改善土壤通风透气性能，并促进土壤有机质的分解，提高土壤速效养分的含量。这与高焕文[89]和籍增顺等[90]的研究结果一致。

2007 年 7 月与 2005 年 7 月相比，在土壤有机质含量方面，A、B 和 C 处理的土壤有机质含量比 2005 年 7 月分别提高了 1.23g/kg、3.36g/kg 和 3.73g/kg，而 D 处理的土壤有机质含量虽有所增加，但增加的幅度较小（0.53g/kg）；在土壤有效氮含量方面，A、B 和 C 处理的土壤有效氮含量分别提高了 3.86mg/kg、2.67mg/kg 和 6.79mg/kg，而 D 处理的土壤有效氮含量增加了 0.08mg/kg；在土壤有效磷含量方面，A、B 和 C 处理的土壤有效磷含量分别提高了 3.30mg/kg、1.13mg/kg 和 0.93mg/kg，而 D 处理虽然有波动，但波动不明显；在土壤有效钾含量方面，A、B 和 C 处理的土壤有效钾含量分别比两年前提高了 3.04mg/kg、2.03mg/kg 和 2.47mg/kg，而 D 处理的变化不明显，只提高了 0.10mg/kg。这表明免耕能增加土壤的有机成分，这与 Holland[91]、Wang 等[92]、Ekeberg 等[93]的研究结果一致。

免耕水稻前期早发，中期稳长，群体适中，株型紧凑，能为水稻带来高产。免耕改变了土壤生态条件，土壤有机质含量增加，水分含量提高，耕层表面土壤保持湿润时间较长，为土壤动物和微生物活动创造了良好的环境，微生物数量明显增加，有利于提高水稻产量。

4.4.2 免耕处理能降低水稻部分时期的病虫草害

病害方面，在分蘖盛期，早稻免耕处理水稻的纹枯病发病率比常耕水稻平均高 6~13 个百分点；而在成熟期，免耕水稻比翻耕水稻低 7~12 个百分点。虫害方面，2006 年早稻，D 处理比 C、B 和 A 处理每 100 丛分别高 78 头、52 头、69 头；2006 年晚稻，D 处理比 C、B 和 A 处理每 100 丛分别高 103 头、66 头、90 头；2007 年早稻，D 处理比 C、B 和 A 处理每 100 丛分别高 29 头、12 头、26 头；2007 晚稻，D 处理比 C、B 和 A 处理每 100 丛分别高 97 头、66 头、94 头。从二化螟的危害率来看，2006 年早稻 D 处理比 C、B 和 A 处理分别高 23、8、19 个百分点，2007 年早稻 D 处理比 C、B 和 A 处理分别高 16、1、12 个百分点。本试验结果与赵子俊等[94]研究结果相似。草害方面，免耕处理稻田的杂草种类比常耕处理稻田多，但其覆盖度的增长幅度比常耕稻田小。从杂草优势种来看，2006 年晚稻、2007 年早稻的分蘖盛期和成熟期，免耕处理稻田杂草优势种均比常耕稻田少，亚优势种多。

免耕处理水稻病虫害较常耕水稻轻，可能是因为免耕处理水稻发育早，水稻群体质量较高，其抗病虫能力较强。在第二、四代二化螟及稻纵卷叶螟发生期间，免耕处理早、晚稻已处于黄熟期，并已褪色，螟蛾和蚁螟难以侵入产卵[95]；而常耕处理水稻生育期相对较迟，并处于灌浆期至成熟期，植株颜色较深，加上二化螟及稻纵卷叶螟有趋绿性，因此免耕处理水稻受虫害较常耕处理水稻轻。免耕处理稻田受草害较常耕处理田略严重，但可以通过水稻早发育、早封行来控制。所以，可以通过推广保护性耕作来减轻病虫杂草危害，保护生态环境。

4.5 不同耕作方式的能量效益和经济效益

光能利用率 C 处理＞A 处理＞B 处理＞D 处理；总产出能 C 处理＞B 处理＞A 处理＞D 处理；总投入能和无机投入能以 D 处理最高，B 处理次之，C 处理最小；能量产投比、净增能和净增率都是 C 处理＞A 处理＞B 处理＞D 处理。

从产值、收益率来讲，C 处理成本最低，经济产量、总产值、纯产值、劳动净产值率、劳动生产率、产投比均最高的；A 处理成本较低，物资费用出益率高，但劳动净产值率、劳动生产率及产投比相对下降；B 处理成本较高，劳动净产值率、劳动生产率、产投比适中；而 D 处理由于总产值低，导致其物资费用出益率、劳动净产值率、劳动生产率产投比均最低。

综合上述 4 个处理的能量效益和经济效益分析可得，C 处理可以节能增收，提高经济效益，有大面积推广的意义。

4.6 不同耕作方式的综合评价

本文采用灰色关联分析方法，按生态效益、经济效益、社会效益，对 A 处理、B 处理、C 处理、D 处理的综合效益进行了定量分析，结果表明，A 处理、B 处理、C 处理、D 处理总效益的加权关联度分别为 0.707 5、0.649 6、0.821 0、0.576 3，总效益的等权关联度分别为 0.756 5、0.711 1、0.845 6、0.657 8。4 个处理总效益的加权关联度和等权关联度均表现为 C 处理＞A 处理＞B 处理＞D 处理。通过综合评价可知，C 处理的效益最佳，其次是 A 处理。这 2 个处理有利于自然资源的充分利用、土地的永续利用以及农业的可持续发展，是比较适宜推广的保护性耕作模式。

4.7 结束语

通过 3 年（2005 年 3 月至 2007 年 10 月）的稻田小区对比试验，运用生态学和经济学原理，对稻田保护性耕作系统进行了较全面的研究。结果表明，保护性耕作措施（包括旱育稀植、抛秧、直播等）不仅能促进土壤养分的转化，提高土壤有机质的含量，改善土壤的理化性状，提高土壤的蓄水保水能力，而且能提高稻田水稻的群体质量和根系活力，减轻稻田的病虫草害，降低生产成本，提高劳动生产率，提高产量和经济效益。因此，保护性耕作措施具有节本增收、降低劳动强度、改善农田生态环境的优点。保护性耕作措施实现了生态建设和经济建设的协调发展，实现了农业增效和农民增收，实现了农业可持续发展。总之，保护性耕作措施是当前农业生产上值得广泛推广的一项"高效型"农业生产技术措施。

由于时间的限制，本试验研究还不够全面，部分方面未能做进一步的研究，如保护性耕作对土壤的重金属污染、稻田土壤的微生物群落的变化以及农田小气候的变化等，都有待进一步研究探讨。

参考文献

[1] 吴建富，潘晓华. 水稻免耕栽培研究进展 [J]. 中国农学通报，2005，21 (11)：88-91.

[2] 矫江. 对水稻抛秧栽培技术的分析与展望 [J]. 耕作与栽培，1992 (3)：2-5.

[3] 中国耕作制度研究会. 中国少耕免耕与覆盖技术研究 [M]. 北京：北京科学技术出版社，1991.

[4] 高旺盛. 切实加强北方沙尘源农田保护性耕作制度建设的考察报告 [N]. 科技日报，2004-05-20 (6).

[5] 侯方安，陈海燕. 保护性耕作技术溯源及在世界的发展 [J]. 农业机械，2005 (5)：76-77.

[6] BENITES J R，DERPSCH R，MCGARRY D. Current status and future growth potential of conservation agriculture in the world context [J]. International Soil Tillage Research Organization 16th Triennial Conference，2003：120-129.

[7] 吴兰. 澳大利亚机械化旱作节水农业和保护性耕作情况 [J]. 四川农机，2001 (2)：20-21.

[8] 涂建平，徐雪红，夏忠义. 南方农业保护性耕作的进展 [J]. 农机化研究，2004 (2)：30-31.

[9] 师江澜，刘建忠，吴发启. 保护性耕作研究进展与评述 [J]. 干旱地区农业研究，2006，24 (1)：205-212.

[10] 张飞，赵明，张宾. 我国北方保护性耕作发展中的问题 [J]. 中国农业科技导报，2004，6 (3)：36-39.

[11] 高焕文，李问盈，李洪文. 中国特色保护性耕作技术 [J]. 农业工程学报，2003，19 (3)：1-4.

[12] 马俊贵. 保护性耕作技术简介 [J]. 新疆农机化，2004 (4)：19-20.

[13] 贾延明，尚长青，张振国. 保护性耕作适应性试验及关键技术研究 [J]. 农业工程学报，2002，18 (1)：78-81.

[14] 黄小洋，黄国勤，余冬晖，等. 免耕栽培对晚稻群体质量及产量性状的影响 [J]. 江西农业学报，2004，16 (3)：1-4.

[15] 刘宗发，熊清云，黄海燕，等. 早稻免耕和翻耕栽培方式比较试验 [J]. 江西农业学

报，2008（2）：117-118.

[16] 高明，张磊，魏朝富，等．稻田长期垄作免耕对水稻产量及土壤肥力的影响研究[J]．植物营养与肥料学报，2004，10（4）：343-348.

[17] 夏延茂，龙维权．稻田马铃薯茬免耕稻草全层覆盖栽培技术初探[J]．耕作与栽培，2004（6）：45-46.

[18] 陶诗顺．麦后免耕直播杂交水稻的生育特性及产量研究[J]．西南科技大学学报，2003，18（3）：61-64.

[19] 付华，陆秀明，刘怀珍，等．免耕抛秧稻籽粒灌浆结实特性研究[J]．广东农业科学，2000（5）：11-13.

[20] 卢维盛，李华兴，刘远金，等．不同耕作方法对抛秧水稻生长和氮素利用的影响[J]．华南农业大学学报，2001，22（4）：8-10.

[21] 区伟明，陈嫩珍，黄庆．水稻免耕抛秧经济效益及生态效益分析[J]．广东农业科学，2000（6）：5-6.

[22] 朱炳耀，黄永耀，黄建华，等．福建山区中稻免耕直播高产栽培技术研究[J]．福建农业科技，1999（16）：6-7.

[23] 黄国勤，黄小洋，张兆飞，等．免耕对水稻根系活力和产量性状的影响[J]．中国农学通报，2005，27（5）：170-173.

[24] 黄绍民，莫海玲．水稻连年免耕直播高产栽培[J]．广西农业科学，2002（1）：31-32.

[25] 刘建萍，周翠梅．"博优141"免耕直播栽培技术及其经济效益[J]．江西农业学报，2005，17（1）：44-46.

[26] WAGGER M G, DENSON H P. Tillage effects on grain yield in a wheat, double-crop soybean, and corn rotation [J]. Agronomy Journal, 1989, 81 (3): 493-498.

[27] WIESE A F, MAREK T, HARMAN W L. No-tillage increases profit in a limited irrigation dryland system [J]. Journal Production Agriculture, 1998, 11: 247-252.

[28] DICK W A, VANDOREN D M, Junior G B, et al. Influences of long term tillage and rotation combination on crop yields selected soil parameters: result obtained for a typic fragiudalf soil [M]. Wooster: Ohio Agriculture Research and Development Center, 1986.

[29] HAIRSTON J E, JONES W F. Tillage and fertilizer management effects on soybean growth and yield on three Mississippi soils [J]. Journal production Agriculture, 1990, 3: 317-323.

[30] 凌启鸿，张洪程，蔡建中，等．水稻高产群体质量及优化控制探讨[J]．中国农业科学，1993，26（6）：1-11.

[31] 周应友，曾令琴．油菜秸秆还田免耕抛秧效果初报[J]．耕作与栽培，2005（2）：42-44.

[32] 叶桃林，李建国，胡立峰，等．湖南省双季稻主产区保护性耕作关键技术定位研究I．稻田不同保护性耕作种植模式作物生长发育状况与经济效益评价[J]．作物研究，2006（1）：20-39.

[33] 盛海君，周春霖，沈其荣，等．秸秆覆盖下旱作水稻的生长发育特征研究[J]．中国

水稻科学，2004，18（1）：53-58.

[34] 黄小洋，漆映雪，黄国勤，等. 稻田保护性耕作研究：Ⅰ. 免耕对水稻产量、生长动态及害虫数量的影响 [J]. 江西农业大学学报，2005，27（4）：530-534.

[35] 高明，车福才，魏朝富，等. 垄作免耕稻田根系生长状况的研究 [J]. 土壤通报，1998，29（5）：236-238.

[36] 王永锐，李小林. 免少耕水稻的根系活力和叶片衰老研究 [J]. 耕作与栽培，1992（4）：31-35.

[37] 黄国勤. 耕作制度与三农问题 [M]. 北京：中国农业出版社，2004.

[38] ANGERS D A, BISSONNETTE N, LEGER A, et al. Microbial and biochemical changers induced by rotation and tillage and in a soil under barley production [J]. Canadian Journal，1993，73（1）：39-50.

[39] BLEVINS R L, THOMAS G W, SMITH M S, et al. Changs in soil properties after 10 years continuous non-tilled and conventionally tilled corn [J]. Soil and Tillage Research，1983，3（2）：135-146.

[40] 蔡典雄，张志田，高绪科，等. 半湿润偏旱区旱地麦田保护性耕作技术研究 [J]. 干旱地区农业研究，1995，13（4）：63-67.

[41] 沈裕虎，黄相国，王海庆. 秸秆覆盖的农田效应 [J]. 干旱地区农业研究，1998，16（1）：45-50.

[42] 周凌云，周刘宗，徐梦雄. 农田秸秆覆盖节水效应研究 [J]. 生态农业研究，1996，4（3）：49-52.

[43] 张志田，高绪科，蔡典雄，等. 旱地麦田保护性耕作对土壤水分状况影响研究 [J]. 土壤通报，1995，26（5）：200-203.

[44] 朱自玺，赵国强，邓天宏，等. 秸秆覆盖麦田水分动态及水分利用效率研究 [J]. 生态农业研究，2000，8（1）：34-37.

[45] 刘跃平，刘太平，刘文平，等. 玉米整秸秆覆盖的集水增产作用 [J]. 中国水土保持，2003（4）：32-33.

[46] 谢瑞芝，李少昆，李小君，等. 中国保护性耕作研究分析：保护性耕作与作物生产 [J]. 中国农业科学，2007，40（9）：1914-1924.

[47] 张海林，陈阜，秦耀东，等. 覆盖免耕夏玉米耗水特性的研究 [J]. 农业工程学报，2002，18（2）：36-40.

[48] 李煜，李问盈. 冷凉风沙区机械化保护性耕作技术体系试验研究 [J]. 中国农业大学学报，2004，9（3）：16-20.

[49] 胡伟. 保护性耕作推广项目介绍 [J]. 农机市场，2002（7）：29.

[50] 高焕文，李洪文，陈君达. 可持续机械化旱作农业研究 [J]. 干旱地区农业研究，1999，17（1）：63-66.

[51] 郭新荣. 机械化保护性耕作对土壤理化性质的影响 [J]. 农业系统科学与综合研究，2007（2）：158-160.

[52] 张国志. 长期秸秆覆盖免耕对土壤某些理化性质及玉米产量的影响 [J]. 土壤学报，

1998, 35 (4)：384-391.

[53] 籍增顺, 张树海, 薛宗让, 等. 旱地玉米免耕系统土壤养分研究 [J]. 华北农学报, 1998, 13 (2)：42-47.

[54] 刘世平. 长期少免耕土壤供肥特征及水稻吸肥规律的研究 [J]. 水土保持学报, 2002, 16 (2)：111-114.

[55] 王昌全, 魏成明, 李廷强, 等. 不同免耕方式对作物产量和土壤理化性状的影响 [J]. 四川农业大学学报, 2001, 19 (2)：152-155.

[56] 沈世华. 免耕生态系统中土壤动物对土壤养分影响的研究 [J]. 农业生态环境, 1996, 12 (4)：8-10, 14.

[57] 高春先, 顾秀慧, 贝亚维, 等. 褐稻虱再猖獗原因的探讨 [J]. 生态学报, 1988, 8 (2)：155-163.

[58] COPPING L G Pest management in rice [M]. Dordrecht：Springer Netherlands, 1990.

[59] 区伟明, 陈润珍, 黄庆. 水稻免耕抛秧生态效益及经济效益分析 [J]. 广东农业科学, 2000 (6)：5-6.

[60] 姜德锋, 衣先众, 牟中谦, 等. 不同耕作方式种植玉米对除草剂混用的防治效果影响 [J]. 耕作与栽培, 1998 (3)：53-54.

[61] 杜金泉. 少免耕稻作高产的原理及技术对策研究 [J]. 耕作与栽培, 1991 (4)：1-6, 26.

[62] 黄小洋. 保护性耕作的增产增收效应及其生态学机制研究 [D]. 南昌：江西农业大学, 2005：29-33.

[63] 李忠波, 叶青. 盘锦某庭院生态经济系统性能流和物流分析 [J]. 辽宁城乡环境科技, 2002, 22 (1)：54-55.

[64] 孙海国, 李卫, 任图生, 等. 保护性耕作小麦—玉米农田生态系统能流特点的研究 [J]. 生态农业研究, 1995 (2)：21-27.

[65] 李洪文, 高焕文, 周兴祥, 等. 旱地玉米保护性耕作经济效益分析 [J]. 干旱地区农业研究, 2002, 18 (3)：44-49.

[66] 曾永军, 石庆华, 李木英, 等. 施肥和密度对一季稻群体质量及产量的影响 [J]. 江西农业大学学报, 2003, 25 (3)：325-330.

[67] 赵增煜. 常用农业科学试验法 [M]. 北京：农业出版社, 1986.

[68] 邹琦. 植物生理生化实验指导 [M]. 北京：中国农业出版社, 1995.

[69] 南京农业大学. 田间试验和统计方法 [M]. 2版. 北京：农业出版社, 1987.

[70] 骆世明. 农业生态学 [M]. 长沙：湖南科学技术出版社, 1987.

[71] 南京农学院. 土壤农化分析 [M]. 北京：农业出版社, 1982.

[72] 中国土壤学会农业化学专业委员会. 土壤农业化学常规分析方法 [M]. 北京：科学出版社, 1983.

[73] 中国科学院南京土壤研究所. 土壤理化分析 [M]. 上海：上海科学技术出版社, 1981.

[74] 马晓渊, 顾明德, 吉林. 乘积优势度法的研究进展 [J]. 杂草科学, 1994 (4): 36-39.

[75] 马晓渊. 乘积优势度法在农田杂草群落研究中的应用 [J]. 江苏农业学报, 1993, 9 (1): 31-35.

[76] 叶义成, 柯丽华, 黄德育. 系统综合评价技术及其应用 [M]. 北京: 冶金工业出版社, 2006.

[77] 唐启义, 冯明光. 实用统计分析及其 DPS 数据处理系统 [M]. 北京: 科学出版社, 2002.

[78] 吴金发, 徐双贵. 水稻双季 "双轻" 高产栽培技术要点及经济效益分析 [J]. 江西农业学报, 2005, 17 (增刊): 41-42.

[79] COX W J, ZOBEL R W, VAN ES H M, et al. Estimating corn growth, yield, and corn physiological characteristics [J]. Agronomy. Journal, 1990, 82: 812-860.

[80] SWAN J B, SCHNEIDER E C, MONCRIEF J F, et al. Estimating corn growth, yield, and grain moisture from air growing degree days and residue cover [J]. Agronomy Journal, 1987, 79: 53-60.

[81] 常春丽, 刘丽平, 张立峰, 等. 保护性耕作的发展研究现状及评述 [J]. 中国农学通报, 2008 (2): 167-172.

[82] 陈阜. 农业生态学教程 [M]. 北京: 气象出版社, 1998.

[83] 吴洁远, 黄示瑜. 水稻免耕直播栽培技术试验示范 [J]. 广西农业科学, 2004 (3): 193-194.

[84] 周昌宇, 吴庆法. 水稻直播的应用效应、生育特性及高产栽培技术 [J]. 浙江农业科学, 1998 (4): 151-153.

[85] 魏小红, 蔺海明, 胡恒觉. 甘肃河西地区农田生态系统能量投入产出及效率分析 [J]. 草业学报, 2001, 10 (3): 79-84.

[86] 王云超. 河北坝上农牧交错区不同下垫面土壤风蚀监测及研究 [D]. 保定: 河北农业大学, 2006: 27-28.

[87] 谢瑞芝, 李少昆, 金亚征, 等. 中国保护性耕作试验研究的产量效应分析 [J]. 中国农业科学, 2008, 41 (2): 397-404.

[88] 周晓舟, 唐创业. 不同耕作方式对水稻生长发育的影响效应 [J]. 湖北农业科学, 2008, 47 (3): 35-39.

[89] 高焕文. 保护性耕作技术与机具 [M]. 北京: 化学工业出版社, 2004.

[90] 籍增顺, 刘虎林, 洛希图, 等. 免耕覆盖对旱地玉米生长发育的影响 [J]. 山西农业科学, 1994, 22 (3): 22-27.

[91] HOLLAND J M. The environmental consequences of adopting conservation tillage in Europe: reviewing the evidence [J]. Agriculture, Ecosystems and Environment, 2004, 103: 1-25.

[92] WANG X B, CAI D X, HOOGMOED W B, et al. Developments in conservation tillage in rainfed regions of North China [J]. Soil and Tillage Research, 2007, 93: 239-250.

［93］EKEBERG E，RILEY H C F. Effects of mouldboard ploughing and direct planting on yield and nutrient uptake of potatoes in Norway ［J］. Soil and Tillage Research，1996，39：131－142.

［94］赵子俊，林忠敏，牛荣山. 旱地玉米免耕秸秆覆盖条件下病虫害发生特点及防治技术研究 ［J］. 山西农业科学，1994，22（3）：37－40.

［95］凌小明，刘国明，郑胜龙. 抛秧水稻田病虫草害的发生特点及防治对策 ［J］. 植保技术与推广，1998，18（6）：16－17.

稻田保护性耕作的增产增收效应及其生态学机制研究[*]

摘　要：为探索稻田保护性耕作技术——水稻免耕与抛秧技术的经济效益、生态效益和社会效益，本研究将免耕、抛秧技术与传统稻作方法相结合组成常耕移栽、常耕抛秧、免耕移栽、免耕抛秧4个处理进行试验，并运用生态学和经济学原理对其进行分析，研究结果表明：

（1）保护性耕作能提高水稻产量及经济效益。免耕抛秧水稻的有效穗数比其他处理多1.5%～23.4%，每穗实粒数多0.8%～5.8%，千粒重高0.9%～4.0%，年增产1.11%～4.50%；纯收入比其他处理高2.76%～15.07%，产投比高2.72%～13.30%。

（2）保护性耕作能改善稻田土壤的理化性状。随着免耕种植年限的增加，土壤容重减小，毛管孔隙度、总孔隙度和非毛管孔隙度增加；土壤有机质、全氮、有效磷、速效钾含量均呈上升趋势，土壤pH略微下降。

（3）保护性耕作能提高水稻的群体质量。免耕抛秧栽培水稻的株高比其他栽培方式高1.7%～9.1%，叶面积指数（LAI）高2.2%～19.5%，干物质积累增加1.1%～18.5%，水稻根系活力提高－1.2%～44.3%。根系活力每增加一个单位，常耕移栽、常耕抛秧、免耕移栽、免耕抛秧水稻产量分别增加$10.12kg/hm^2$、$11.77kg/hm^2$、$49.00kg/hm^2$、$157.14kg/hm^2$。

（4）保护性耕作能降低部分时期稻田病虫害，减轻农药用量，从而减少环境污染。

（5）保护性耕作效益的综合评价。应用灰色关联分析法对4个处理生态效益、经济效益和社会效益进行了综合评价，综合等权和加权总效益均表现为免耕抛秧＞免耕移栽＞常耕抛秧＞常耕移栽。

关键词：保护性耕作；群体质量；综合效益；灰色关联分析

1　文献综述

保护性耕作（conservation tillage）是以减轻水土流失和保护土壤与环境

---

　*　作者：黄小洋、黄国勤；通讯作者：黄国勤（教授、博导，E-mail：hgqjxes@sina.com）。

　本文系第一作者于2005年6月完成的硕士学位论文的主要内容，是在导师黄国勤教授指导下完成的。

为主要目标，采用保护性种植制度和配套栽培技术形成的一套完整的农田保护性耕作技术体系。其具体内容包括：免耕栽培技术，即在未翻耕土壤上完成作物播种、插栽过程，减少机械进地次数，降低成本；秸秆残茬利用技术，即在充分利用作物秸秆残茬培肥地力的同时，用秸秆盖土，减少水土流失，提高降水利用率；绿色覆盖技术，即通过种植绿肥等来培育地力、改良土壤，减少水土流失。

保护性耕作技术具有保护农田、减轻土壤风蚀和水蚀、防治沙尘暴和水土流失、增加表层土壤有机质含量、保持地力长久不衰、改善土壤养分供应、降低能源消耗和节约生产成本、提高农业经济效益、保持和增加作物产量的作用。保护性耕作因其独特的生态保护和环境服务作用，在国际普遍受到重视，被视为重要的可持续农业发展技术，是对以铧式犁翻耕和裸露耕作为主体的传统耕作制度的重大改革[1,2]。

保护性耕作技术起源于美国，是在人们遭受"黑风暴"袭击和严重水土流失的危害教训后逐渐发展起来的。20世纪20~30年代，美国农田的大面积翻耕引起数次灾难性沙尘暴，使得数以万计的农民倾家荡产。1935年，美国成立了土壤保持局，研究改良传统耕作方法，研制深松铲、凿式犁等不翻土的农机具，推广少耕、免耕和种植覆盖作物等保护性耕作技术。20世纪60年代以后，随着除草剂的使用，机械化免耕覆盖技术得到发展，特别是80年代后发展迅速。根据保护性耕作信息中心统计[3]，截止到2000年，全美国采用保护性耕作措施的农田面积已达 $4.415 \times 10^7 hm^2$，占耕地总面积的37.0%。其中，作物残茬覆盖耕作占53.0%，占耕地面积的19.7%；免耕占44.0%，占耕地面积的16.3%；其余为沟垄耕作（占3.0%），约占耕地面积的1.0%。此外，澳大利亚、俄罗斯、加拿大、墨西哥、巴西以及阿根廷等国家纷纷学习美国的保护性耕作技术，在半干旱地区广泛推广应用。目前，保护性耕作技术不断发展成为"保护性农业"（conservation agriculture）。联合国粮食及农业组织（FAO）与欧洲保护性农业联合会于2001年10月初，在西班牙召开了第一届世界保护性农业大会，促进保护性农业发展缓慢的欧洲以及中东和亚洲发展保护性农业。保护性农业的核心仍然是多年的作物残茬覆盖和秸秆还田、作物轮作与采用少（免）耕减少对土壤的扰动[3]。当前保护性耕作正由发达国家向发展中国家扩展，技术发展的重点是建立更加合理的保护性耕作制度，研制新型保护性耕作机具，研究高效环保的病虫杂草防治技术，提高资源利用效率，进一步降低生产成本，保护生态环境，提高保护性耕作的综合效益。

我国保护性耕作（主要指少、免耕）的研究与应用开始于20世纪70年代。保护性耕作减少了因翻耕整地而带来的水土流失，可以保护土壤结构，因具有省工、节能、省时、提高劳动生产率等优点而逐渐被人们认识和接受，首先应用在旱地作物玉米、小麦、大豆、油菜、棉花的栽培上[4]。20世纪70年代，新疆塔里木垦区最早进行水稻免耕直播种植试验，研究结果表明，免耕种植水稻比常规耕作种植水稻增产约34%，每667 m^2 节约生产成本约10元[5]。

水稻抛秧栽培改变了传统手工移栽的"面朝黄土背朝天"的艰辛状况，大大减轻了劳动强度，而且有省工、省肥、省秧田、早发、高产等诸多优点。我国在20世纪80年代开始进行水稻的抛秧栽培试验研究及示范，并很快在江苏、广东等沿海经济发达地区得到广泛应用[6-8]。广东省农业科学院水稻研究所自1996年起率先对不进行任何犁耙作业的免耕抛秧水稻高产理论和技术进行了探索，研究了免耕抛秧产量形成特点[8]、免耕抛秧对土壤理化性状的影响[9]等等，并制定了相应的高产栽培技术。20世纪90年代末，该技术在广东、四川、湖南、海南等地区推广应用较快[10-12]。

1.1 稻田保护性耕作的增产增收效应

国内外多年的大量研究证明[13]，保护性耕作可不同程度地提高水稻产量15%~17%，减少成本10%~15%，增加农民收入20%~30%。刘然金等[14]研究结果显示，水稻少（免）耕的增产由土壤效应、生理效应和耕作栽培技术效应三者综合所致，其试验中的增产幅度为－3.3%~14.4%。表明总体上水稻少（免）耕是增产的。针对不同地区，应该采取不同的措施。

1.1.1 提高水稻产量

国外许多免耕研究表明[15,16]，短期免耕产量等于甚至低于传统耕作方式；但随着免耕时间的延长，免耕产量效应逐渐表现出来。李华兴等[17]研究结果显示，免耕抛秧水稻产量比常耕减少13.4%，经济效益降低10.9%。陈旭林等[18]也得出类似的结论，但差异不显著。谢德体等[19]研究结果显示，水田自免耕一开始就表现出较高的产量效应。王昌全等[20]连续8年不同免耕方式的试验结果表明，与翻耕相比，免耕在第一年产量基本持平，第二年产量即开始增加，并随着免耕时间的增加而日趋明显。肖剑英等[21]10年免耕试验结果表明，免耕垄作和厢作产量分别比常规翻耕高20%和9%。刘敬宗等[11]研究结果显示，免耕抛秧水稻比常耕抛秧水稻有效穗数多，千粒重高，穗粒数稍多，产量增加5.47%。邵达三等[22]关于南方水田少（免）耕法3年的研究结果显示，在黄黏土、沙壤土实行少（免）耕法栽培水稻均有普遍增产的趋势。汪文清[23]对丘陵区麦茬水稻免耕技术研究表明，免耕水稻增产达到极显著水平。另有许多学者研究了水稻免耕栽培的产量效应和增产机理[24-29]。

1.1.2 减少作业程序，降低作业成本，增加农民收入

免耕主要是减少表土作业次数，简化田间作业程序，不管是以人畜力还是机械作业为主，免耕生产成本都显著低于传统耕作，其产投比明显上升。免耕栽培由于不需要进行土壤翻耕，与常耕比较，可以节省翻耕犁耙的费用，一般可节省费用 $600 \sim 900$ 元/hm^2。20 世纪 80 年代初，邵达三等[22]研究结果显示，与常耕相比，免耕每 667m^2 成本减少 17%，纯收入增加 25%。黄国勤等[29]对江西水稻免耕种植示范推广调查结果显示，全省水稻免耕均具明显的增产效果，其增产幅度一般为 4%～5%，最高可达 10%以上，平均节本增收 828.6 元/hm^2。区伟明等[30]在广东进行两年三季的研究结果表明，免耕抛秧水稻平均每季纯收入为 1 657.5 元/hm^2，而常耕抛秧仅为 841.5 元/hm^2，免耕的效益提高近一倍。其他许多研究人员也得出相似结论[31-34]。

1.1.3 保护性耕作水稻产量构成与根系的关系

研究产量与根系的关系时通常将根系人为地分成上层根和下层根两个部分。凌启鸿等[35]对上、下层根进行了明确的划分，即穗分化开始以后发生在上部 3 个发根节位的根称为上层根，其下所有节位的根为下层根。他们认为，上层根与穗分化同步，是生育后期主要的功能根系，对于巩固穗数，增加每穗颖花数，延长后期叶片功能，提高光合生产力、结实率和千粒重作用较大；而下层根主要在生育前期起作用，但对产量仍有一定的作用。这与川田信一郎[36]的研究结果一致。

根系对水稻产量的作用主要是通过根系各项形态、生理参数对产量构成因素的影响而实现的。陈春焕等[37]认为，对产量影响最大的是短根数、长根重，对产量影响最小的是伤流量。他将水稻在不同施肥条件下的产量与根系建立回归方程，发现短根重增加一个单位，产量增加 13kg；伤流量增加 1 个单位，产量增加 37.7kg，说明水稻根系对产量有很大的影响。凌启鸿等[35]和石庆华等[38]的研究结果表明，根数、根体积、根重、根系面积、根系活力都与产量密切相关，根重与谷重、穗数，根数与穗重、穗数、穗粒数、千粒重关系密切，根系对氮、磷、钾的吸收强度与干物质生产相关。王余龙等[39]研究结果显示，结实期颖花根活量与籽粒强度、结实率、千粒重均呈极显著正相关关系。张明生[40]研究结果也得出相似结论，并且此相关系数达 0.836 3。目前，一些研究者已经建立了水稻根系参数对产量形成的模拟模型。刘桃菊等[41]建立的水稻根系形态建成参数与产量形成的模型为：$y = 17.648 + 5\ 488.352x_1 + 2\ 884.787x_2 - 2\ 209.108x_1x_2$（$y$ 为产量；x_1 为齐穗期的上位根干重密度；x_2 为齐穗期的上位根根长密度）；根系生理参数与产量形成的模型为：$y = 2\ 283 x_1^{1.07} x_2^{0.21} x_3^{0.84} x_4^{-1.03}$（$y$ 为产量；x_1 为根长密度；x_2 为根干重密度；x_3 根表面积密度；x_4 为根活性表面积密度）。

1.2 稻田保护性耕作增产增收的生态学机制

免耕作为保护性耕作的关键技术之一，对稻田不做翻耕处理，大大减少了水土流失，改善了土壤理化性状，也有利于保护害虫天敌、土壤微生物群落，改善稻田有益生物环境条件，有利于提高稻田害虫天敌的比例，促进农田生态平衡。

1.2.1 改善土壤理化性状，增加土壤微生物数量

许多学者研究发现[20,42-49]，免耕能增加土壤通气孔隙，提高气相比例、结构系数，春季土温上升，氧化还原电位升高，透水性、持水性、供水性及微团粒结构等物理性状朝着有利于水稻生长的方向改善。连续免耕后，田块土壤剖面垂直裂缝多。李华兴等[17]、Blevins 等[50]研究表明，免耕能改善土壤物理结构，提高土壤肥力，为作物提供了一个良好的生长环境。由于免耕不扰动土壤，这对于保持和改善土壤结构大有好处。West 等[51]研究表明，免耕条件下土壤的水稳性团聚体（water - stable aggregate）可增加 50%～67%。张志国等[52]25 年沙壤土试验表明，0～5cm 表层土壤容重有低于犁耕的趋势，长期作物秸秆归还土壤，不会引起土壤板结问题，免耕条件下的土壤容重更类似于自然植被下的土壤容重。Mieke 等[53]和 Unger[54]曾指出，免耕土壤的物理条件等同或优于传统耕作土壤。在土壤孔隙度方面，Hill 等[55]和 Azooz 等[56]研究表明，长期免耕土壤总孔隙与翻耕相差不大，但在孔隙大小的分布上有区别。免耕处理小于 $0.75\mu m$ 的微孔隙要多于翻耕，而大于 $15\mu m$ 的大孔隙要低于翻耕。在土壤水分不饱和的状态下，免耕的含水量也高于翻耕。Voorhees 等[57]对土壤容重长期试验表明，免耕开始 2 年土壤容重增加，其后 4 年基本保持不变，甚至略有降低，这可能是土壤通过 2 年多自调期，土壤结构稳定性增强的结果。而垄作免耕的自调期短，一般经过 1 年的恢复期，第二年就开始在作物产量上表现出来。刘怀珍等[9]的连续免耕抛秧（3 年共 6 季水稻）稻田土壤理化性状分层跟踪测定结果表明[9]，黏质土采用免耕抛秧后，各层的土壤理化性状得到改善；中壤土免耕抛秧 1 年后各土层的土壤物理性状和大部分养分指标改善，免耕 2 年后 0～5cm 土层的土壤物理性状部分养分指标改善，5～10cm 和 10～15cm 土层的土壤物理性状及大部分养分含量不如常耕抛秧，免耕 3 年后各层土壤养分含量及物理性状总体水平均下降。

许多学者对免耕土壤的化学性质进行了研究。张磊等[42]研究结果显示，实行半旱式厢作及垄作免耕法能迅速提高土壤有机质、全氮、全磷和速效氮、有效磷的水平。刘鹏程[58]研究结果显示，免耕不仅可提高土壤有机质含量，同时可提高有机质活性，增加土壤养分的供应强度。徐阳春等[59]进行了 14 年的水旱轮作免耕试验，其结果表明，长期免耕和施肥造成土壤养分的表层富集，

0～5cm 土层土壤有机碳、全氮、速效氮含量显著增加，而 5～10cm 和 10～20cm 土层则明显低于常耕。王昌全等[20]对四川稻麦两熟制地区的免耕研究结果表明，连续 8 年双季免耕可使土壤有机质含量高达 50.8g/kg，全氮含量高达 3.1g/kg，有效磷含量提高 95.8%，速效钾含量提高 61.0%。柯建国等[60]对稻麦免耕土壤肥力消长进行模拟分析，结果表明，周期为 5 年和 5 年以上的免耕周期内土壤肥力模拟平均值均比常耕高；持续免耕 10 年，其模拟平均值为 1.093，比常耕提高 4.31%。国外许多研究表明[50,61-63]，传统免耕与翻耕的不同主要发生在土壤的 0～30cm 土层，免耕对 0～7.5cm 土层的影响高于 7.5～30cm 土层。该层土壤有机质、氮、磷、钾含量要高于翻耕，土壤 pH 降低，同时引起土壤交换性钙含量下降，交换性铝、锰含量增加。Blevins 等[64]经 10 年田间试验研究结果显示，免耕土壤 0～5cm 土层的有机碳含量是翻耕土壤的 2 倍，土壤有机氮与有机碳含量相似[65,66]，钙、镁、磷、锰和锌在免耕土壤表层内累积。Balesdent 等[67]经过同位素试验证明，免耕土壤有机质含量高除了与秸秆分解有关外，土壤中有机质的矿化率低也是其原因之一。在土壤表层（0～30cm）有机碳初始含量为 3.6kg/hm² 情况下，常耕土壤一年矿化 0.95kg/hm²，而免耕土壤仅矿化 0.45kg/hm²。

免耕可以增加土壤动物和某些微生物数量、活性。殷士学[68]经过 7 年的试验结果显示，在沙壤土上，免耕土壤中的微生物数量明显高于常耕，并且免耕土壤的微生物集中分布在土壤表层，而常规耕作则相对均匀地分布在经常翻动的土层中；免耕条件下 0～7cm 土层土壤中微生物呼吸活性比常耕大 2.1 倍，但随着土层的加深，呼吸活性迅速下降，至 14cm 下降 56%。Edwards[69]与 Hendrix[70]试验结果显示，免耕土壤中动物特别是蚯蚓的数量和活性增加。蚯蚓在土体中的翻动可改善土壤结构，蚯蚓的残体可增加土壤有机质含量。李华兴等[17]研究结果显示，免耕土壤中的放线菌和真菌数量减少；而细菌数量增加，酶活性增强。

1.2.2 提高水稻的群体质量

汪文清[23]对丘陵区麦茬水稻免耕试验结果表明，免耕与翻耕相比，水稻分蘖快，根系活力强，功能叶叶面积大，提高了产量构成因素水平，增产极显著。据刘军等[71]报道，免耕抛秧水稻高产的原因是：免耕抛秧水稻前期分蘖稍慢、无效分蘖时间短、营养损耗少，个体发育健壮，群体发育协调，有利于提高成穗率与穗型质量，穗大粒多。免耕抛秧水稻灌浆期叶片光合能力加强，后期不早衰，有利于同化物的运输，提高结实率。顾掌根等[72]1998—1999 年对水稻直播高产机理的试验结果表明，直播比对照（移栽）增产，其增产机理在于：直播稻生育进程加快，分蘖早生快发，低节位分蘖成穗率高，易获得足够的穗数；群体结构协调，光合速率高，光合产物累积速度快；植株养分吸收能力、根系活力和抗倒伏能力增强。谢德体等[19]试验结果显示，水田自然免耕改善了土壤水、热、气、肥状况，为稻麦生长创造了良好的环境条件，表现出根系发达，活力强，吸收养分多；分蘖早，分蘖快，生长旺盛；群体生产结构好，通风透光，抗逆性强；光合产物积累多，产量增加，品质提高。

水稻根系主要由不定根（或称冠根）组成，是吸收水分和养分的重要器官，同时也是一些内源激素的重要合成器官。关于水稻根系的研究，前人探索较多的主要有：一是环境对根系生长发育的影响[73]，二是关于根系与产量及产量因素之间的关系。根系特征与穗部性状有明显的关系[35]。耕作栽培措施对水稻根系的生长都有很大影响[74]。水稻根系的生长和活力的维持，对地上部的生长发育和产量形成有着十分重要的意义[75,76]。

李水山等[77]对常耕水稻根系的研究表明，水稻地上部生长与根系营养吸收能力密切相关。高明等[78]对免耕水稻根系的研究结果表明，稻田垄作免耕有利于水稻根系生长，根的总吸收面积、根系活力及根系的干物质积累都明显高于常耕。王永锐等[79]也得出相似结论。岳元文[80]研究结果表明，免耕法种植水稻在分蘖盛期和灌浆期，其根系在土壤中的横向和纵向分布量都大于常耕水稻，且免耕水稻在各生育时期都具有较强的根系活力。有关水稻根系问题的观察和试验，前人多半是在实验室进行即水培和盆栽试验研究[35,81-85]。

1.2.3 增加天敌数量，减少害虫数量

关于水稻病虫害的防治，人们提到最多的是杀菌剂与杀虫剂。农药由于本身是一种有毒物质，在利用其防治水稻害虫的同时，也污染了环境。特别是误用和滥用，造成杀伤天敌，使害虫产生抗性种群，有可能导致虫害加重和化学药剂用量不断增加，造成恶性循环[86,87]。因此，寻找安全合理的水稻害虫防治措施、减少化学农药的使用、保护农田环境和人民身体健康已成为人们关注的一个重要问题。而巧用根外追肥新技术，也能达到肥到病除和以肥治虫的目的。卢隆杰等[88]对水稻常见病害（如稻瘟病、白叶枯病、秆腐病、赤枯病等）和害虫（如稻叶蝉、稻蓟马、稻飞虱、稻螟虫和稻苞虫等）的防治都提出了不同的方案，如稻螟虫和稻苞虫的防治方法为：水牛尿50kg与80％～90％敌百虫100g混合制成母液，每1kg母液再加水6.5kg，搅匀喷洒于水稻叶面，可以兼治稻纵卷叶螟、蝽蝐象等。用喷雾法可以防治稻瘟病，即在发病初期，喷用倍量式波尔多液，加1‰钼酸铵，既能减轻稻瘟病的危害，又能防治水稻缺钼症，同时兼治胡麻叶斑病；孕穗期喷洒此肥，还可兼治条叶枯病、稻叶黑粉病等。区伟明等[30]研究发现，水稻不同生育时期害虫与其天敌的数量和比例均不同。在分蘖盛期，免耕抛秧田的天敌数量比常耕抛秧田增加31％，害虫数量减少19.45％，免耕抛秧田的益害比是1：0.88，而常耕抛秧田的益害比为1：1.43；在孕穗期，免耕抛秧田的天敌数量较常耕抛秧田增加5.35％，害

虫数量减少 4.4%，平均益害比为 1：1.48，而常耕抛秧田的益害比为 1：1.62；在黄熟期，免耕抛秧田天敌数量较常耕抛秧田增加 1.7%，害虫数量减少 4.7%，平均益害比为 1：0.86，而常耕抛秧田的益害比为 1：0.90。这说明免耕抛秧田的生态环境在成熟期以前明显优于常耕抛秧田，在水稻生长后期与常耕抛秧田基本一致。

1.2.4　稻田杂草的防治

免耕田块的杂草控制是免耕技术体系中的重要组成部分。免耕在为作物提供稳定土壤环境的同时也向杂草提供相同条件，而杂草又具有生命力强、繁殖快的特点，控制不当则导致作物减产，使免耕失败。一般情况下，使用除草剂可以获得较满意的效果。从目前的研究与使用情况来看，稻田除草剂的类型很多。季兴祥等[89]对抛秧稻田杂草防除研究表明，草甘膦、丙氧噁草酮、丙草胺、精异丙草胺等除草剂对禾本科、莎草科和阔叶杂草有较好的防除效果，其总体防效均在 90% 以上。刘都才等[90]连续 4 年对丙草胺与磺酰脲类除草剂混用研究结果表明，丙草胺混用对稗草表现为增效或加成效应，同时能拓宽杀草谱，弥补单用时的不足，具有对水稻安全、广谱、高效、使用方便等特点，符合一次用药全季有效、确保高产的稻田化学除草目标，是稻田一次性化学除草的优选配方[91]。

1.3　稻田保护性耕作效益的综合评价

水稻是免耕稻田生态系统的主要生物组成部分，其种植制度的安排，不仅决定农田生态系统的生产力，而且会影响整个农业生态系统的物质和能量转换途径及效率。因此，水稻免耕种植制度的实行，不仅要考虑其所需的自然、社会、经济条件，而且还必须考虑其实行带来的效益。近年来，国内许多学者分别从经济效益、生态效益和社会效益 3 方面对种植制度的实行效益进行了大量的研究[92-95]，吴国庆等[96]在系统分析经济、生态、社会效益的基础上，用层次分析法（AHP）结合综合评分法分析了稻田三熟制的综合效益。章熙谷等[97]运用 7 个指标对苏南地区几种种植方式进行了综合评价，黄国勤[98]运用 4 个项目 13 个指标对江西旱地耕作制度进行了综合评价。迄今为止，有关评价指标体系的建立、评价因子权重的确定及综合评价方法的选用等方面已有大量报道，如：灰色关联分析法、主成分分析法、层次分析法、模糊综合评价法及密切值法等[99-102]。

稻田保护性耕作生态系统的研究涉及面广，它包括栽培技术、增产机理、光能利用、能量投入与产出、经济效益、土壤理化性状、水稻的生理研究、稻田系统的生物多样性等。纵观前人的研究发现，绝大部分研究局限于某一或某几部分，而对稻田保护性耕作生态系统缺乏系统的研究与评价。作为保护性耕作的新技术——免耕与抛秧，仅用单项指标或简单的比较分析与粗放的定性描述难以全面反映系统的优劣。目前还未发现有关保护性耕作稻田生态系统综合评价的研究报告。

以上研究大多都是针对单个或几个指标进行研究，没有综合研究系统各指标，更没有对各系统进行综合评价。本研究将免耕和抛秧技术与传统耕作技术组合成 4 个处理，系统研究各指标的变化动态，运用生态学和经济学原理，分析水稻不同种植方式的生态效益、经济效益和社会效益，并开创性地对不同种植系统的生态效益、经济效益和社会效益进行综合评价，为当前农业结构调整和可持续发展提供理论和实践依据。

2 材料与方法

2.1 试验材料与设计

试验在江西农业大学农学试验站试验田进行，种植模式为绿肥（紫云英）—早稻—晚稻。2003 年晚稻试验品种为中优 207，紫云英为余江大叶籽，2004 年早稻为神农 101，晚稻为金优 207。试验前土壤基本肥力状况为：有机质 26.32g/kg，全氮 1.42g/kg，有效磷 4.73mg/kg，速效钾 34.05mg/kg，pH 5.40。

试验设计见表 1，小区面积为 33.3m²，各处理均设 2 个重复，采用随机区组设计。各处理栽插密度为每公顷 2.94 万蔸（移栽行株距为 20cm×17cm，抛秧按此密度抛栽）。施肥方法按基肥：分蘖肥：孕穗肥为 6：2：2 施用[103]，各处理施肥量与施肥时间相同，管理方法按常规进行，并且各处理均匀一致。成熟期分小区收割测产，同时每小区随机取平均茎蘖数 5 蔸考种，计算理论产量。

表 1　稻田保护性耕作田间试验设计

处　理	保护性耕作措施
A（CK）	常耕＋移栽
B	常耕＋抛秧
C	免耕＋移栽
D	免耕＋抛秧

2.2 田间管理

2003 年晚稻于 7 月 3 日播种，每 667m² 用种 1.5kg。抛栽秧采用 434 孔秧盘育秧，用秧盘 60 只；移栽秧采用水田育秧。在秧苗 1 叶 1 心时喷 1 次多效唑。7 月 25 日 8 时收割早稻后，免耕小区立即每 667m² 用 20％百草枯水剂

250mL 兑清水 50kg 喷施稻桩[104]，24h 后灌水 3cm 保持至抛秧日再施基肥（每 667m² 施复混肥 40kg）；常耕小区立即灌水翻耕整田并施基肥（同上）。各处理均于 7 月 28 日移栽或抛秧，移栽时每蔸栽 1 粒谷（平均带蘖 6 个），8 月 4 日混施分蘖肥和除草剂丁·苄，9 月 12 日施孕穗肥，10 月 10 日收割测产。

2004 年早稻，免耕小区于 4 月 7 日用 20%百草枯稀释（同 2003 年晚稻）喷施紫云英，48h 后灌水将其淹没，保持 3cm 水层（使紫云英腐烂）至移栽日；常耕小区于 4 月 7 日翻耕并保持 2cm 水层 15d 后再整田。3 月 28 日用强氯精浸种，洗净后保温催芽，31 日播种。抛栽秧采用抛秧盘育秧（同 2003 年晚稻），每穴播 3 粒；移栽秧采用水田育秧。4 月 27 日施基肥，4 月 28 日移栽（抛秧）。移栽时每蔸栽 3 棵秧（基本没有分蘖），5 月 9 日混施分蘖肥和除草剂丁·苄，6 月 11 日施孕穗肥，7 月 23 日收割测产。晚稻育秧、田块处理和施肥方法同 2003 年晚稻。7 月 26 日移栽和抛秧，8 月 1 日混施分蘖肥与丁·苄，9 月 15 日施孕穗肥，10 月 17 日收割测产。

2.3 项目测定方法

2.3.1 干物质积累与叶面积指数测定
水稻主要生育时期（分蘖盛期、拔节期、孕穗期、齐穗期、黄熟期）数苗取样测定干物质积累总量和叶面积指数，每次取平均茎蘖数 5 蔸，105℃杀青 15min，80℃烘 48h 后称干重，叶面积指数测定采用小样干重法[105]。

2.3.2 茎蘖与株高动态调查
2003 年晚稻每 5d 调查 1 次，2004 年早、晚稻每 7d 调查 1 次。

2.3.3 根系活力测定
2004 年早稻和晚稻都于主要生育时期（分蘖盛期、拔节期、孕穗期、齐穗期、黄熟期）取根样测定根系活力，每个处理设 3 个重复，求各处理的平均值。2004 年晚稻于黄熟期每个小区分别做 5 个重复，以建立根系活力与产量的回归方程。根系活力采用 α-萘胺法[106]测定。

2.3.4 土壤物理性状的测定
水稻种植前及收获后采集土样（五点法）进行分析[107]。①容重、孔隙度用环刀法测定；②吸湿水用烘干法测定。

2.3.5 土壤化学性质的测定
①有机质用重铬酸钾-浓硫酸外加热法；②全氮用开氏蒸馏法；③有效磷用 $NaHCO_3$-钼锑抗比色法；④速效钾用火焰光度法；⑤pH 用电位法[107-109]。

2.3.6 稻田病虫草害调查
水稻分蘖盛期和成熟期，每小区取 5 个样点，每样点 100 株，调查水稻纹枯病的受害情况。

水稻分蘖盛期和抽穗期对田间杂草各调查 1 次，主要针对杂草的种群变化、覆盖度等进行调查分析，采用乘积优势度法[110-113]。

水稻分蘖盛期采用平行线式方法调查二化螟的数量及其危害，水稻成熟前采用对角线式方法调查稻纵卷叶螟的数量及其危害[114]。害虫调查每小区随机取 5 个样点，每样点 100 株，调查水稻害虫头数。

2.3.7　水稻考种与测产

水稻成熟期，在各小区普查 50 蔸作为有效穗数计算的依据，然后用平均数法在各小区中随机选取有代表性的水稻植株 5 蔸，作为考种材料（考种项目包括有效穗数、每穗颖花数、每穗实粒数和结实率），清水漂洗去空、秕粒晒干后用 1/100 分析天平测千粒重，并于成熟期用 1/10 天平测每小区实际产量（干重）。

2.3.8　生产资料和劳动力投入

记载不同处理的种子、化肥、农药、劳力数量及资金投入等。

2.3.9　数据处理

数据采用 DPS 处理系统分析[115]。

2.3.10　综合评价

应用灰色关联分析法[116]对不同种植方式经济效益、生态效益和社会效益进行综合评价。

3　结果与分析

3.1　稻田保护性耕作的增产增收效应

3.1.1　增产效应

从表 2 可知：

（1）有效穗数。各季水稻有效穗数差异较大，2003 年晚稻单位面积有效穗数 D 处理比 C、B、A 处理分别多 5.8 穗/m²、1.5%，47 穗/m²、13.3%，76.4 穗/m²、23.6%。2004 年早稻 D 处理比 C、B、A 处理分别多 23.5 穗/m²、7.3%，52.9 穗/m²、18.0%，58.8 穗/m²、20.4%。2004 年晚稻 D 处理比 C、B、A 处理分别多 5.8 穗/m²、1.5%，14.7 穗/m²、4.0%，20.5 穗/m²、5.6%。

（2）每穗实粒数。各季水稻处理间每穗实粒数有差异，但不显著。2003 年晚稻 D 处理比 C、B、A 处理分别多 3 粒、2.4%，5 粒、4.1%，7 粒、5.8%。2004 年早稻 D 处理比 C、B、A 处理分别多 2 粒、1.6%，5 粒、4.0%，6 粒、4.9%。2004 年晚稻 D 处理比 C、B、A 处理分别多 1 粒、0.8%，5 粒、4.2%，6 粒、5.0%。

表 2　不同处理水稻产量构成

水稻	处理	有效穗数 （个/m²）	每穗颖花数 （个）	每穗实粒数 （个）	结实率 （%）	千粒重 （g）	库容量 （g/m²）	实际产量 （kg/hm²）
2003 年 晚稻	A	323.4	163	121	74.2	23.3	911.8	6 598
	B	352.8	165	123	74.5	23.2	1 006.8	6 719
	C	394.0	168	125	74.4	23.4	1 152.3	7 264
	D	399.8	176	128	72.7	23.6	1 207.8	7 382
2004 年 早稻	A	288.1	162	123	75.9	22.5	797.4	6 616
	B	294.0	167	124	74.3	22.9	834.8	6 736
	C	323.4	173	127	73.4	23.1	948.8	6 875
	D	346.9	176	129	73.3	23.4	1 047.2	6 976
2004 年 晚稻	A	364.6	162	119	73.5	23.2	1 006.5	7 129
	B	370.4	165	120	72.7	23.4	1 040.2	7 074
	C	379.3	173	124	71.7	23.5	1 105.2	7 331
	D	385.1	175	125	71.4	23.7	1 141.0	7 388

注：理论产量＝有效穗数×每穗实粒数×粒重[117]；实际产量为各处理 2 个重复的平均值。有效穗数＝平均每株有效穗数×29.4（每平方米株数）。

（3）千粒重。2003 年晚稻 D 处理比 C、B、A 处理分别重 0.2g、0.9%，0.4g、1.7%，0.3g、1.3%。2004 年早稻 D 处理比 C、B、A 处理分别高 0.3g、1.3%，0.5g、2.2%，0.9g、4.0%。2004 年晚稻 D 处理比 C、B、A 处理分别重 0.2g、0.9%，0.3g、1.3%，0.5g、2.2%。

（4）理论产量。2003 年晚稻 D 处理比 C、B、A 处理分别高 55.5g/m²、201.0g/m²、296.0g/m²，2004 年早稻 D 处理比 C、B、A 处理分别大 98.4g/m²、212.4g/m²、249.8g/m²，2004 年晚稻 D 处理比 C、B、A 处理分别高 35.8g/m²、100.8g/m²、134.5g/m²。

（5）实际产量。2003 年晚稻 D 处理比 C、B、A 处理分别高 118kg/hm²、1.6%，663kg/hm²、9.9%，784kg/hm²、11.9%。2004 年早稻 D 处理比 C、B、A 处理分别高 101kg/hm²、1.5%，240kg/hm²、3.6%，360kg/hm²、5.4%。2004 年晚稻 D 处理比 C、B、A 处理分别高 57kg/hm²、0.8%，314kg/hm²、4.4%，259kg/hm²、3.6%。

3.1.2　增收效应

从表 3 可知：

（1）产量。即土地产出率，A 处理＜B 处理＜C 处理＜D 处理，D 处理比 C、B、A 处理分别高 158kg/hm²、1.11%，554kg/hm²、4.01%，619kg/hm²、

4.50％。按目前市场上早稻、晚稻价格计算，以 D 处理的总产值和纯产值为最高。

表 3　不同处理的经济效益分析

指　标	处理			
	A	B	C	D
产量（kg/hm²）	13 745	13 810	14 206	14 364
总产值（元/hm²）	19 938	20 033.1	20 613.3	20 841.4
物资费用（元/hm²）	5 083	5 288	4 850	5 030
人工费用（元/hm²）	3 600	3 300	3 160	2 860
总成本（元/hm²）	8 683	8 588	8 010	7 890
纯产值（元/hm²）	11 255.0	11 445.1	12 603.3	12 951.4
总成本产品率（kg/元）	1.58	1.61	1.77	1.82
劳工（d/hm²）	180	165	158	143
劳动生产率（kg/d）	76.36	83.70	89.91	100.45
劳动净产值率（元/d）	82.53	89.36	99.77	110.57
物资费用出益率（元/元）	3.21	3.16	3.60	3.57
土地产出率（kg/hm²）	13 745	13 810	14 206	14 364
产投比	2.30	2.33	2.57	2.64

注：总产值指各处理 2004 年两季水稻产值之和，不包括紫云英（紫云英仅作为绿肥列入能量指标中）；表中数据未扣除农业税，稻谷 2004 年市场价格分别为早稻 1.4 元/kg、晚稻 1.5 元/kg；劳工价格为 20 元/d。

（2）总产值和纯利润。D 处理的总产值比 C、B、A 处理分别高 228.1 元/hm²、1.11％，808.3 元/hm²、4.03％，903.4 元/hm²、4.53％；D 处理的纯利润比 C、B、A 处理分别高 348.1 元/hm²、2.76％，1 506.3 元/hm²、13.16％，1 696.4 元/hm²、15.07％。

（3）物资费用顺序为 C 处理＜D 处理＜A 处理＜B 处理，B 处理分别比 A、C、D 处理高 205 元/hm²、4.03％，438 元/hm²、9.03％，258 元/hm²、5.13％。人工费用最高为 A 处理，达到 3 600 元/hm²；B 和 C 处理分别为 3 300 元/hm²、3 160 元/hm²；D 处理最低，为 2 860 元/hm²。

（4）物资费用出益率的顺序为 B 处理＜A 处理＜D 处理＜C 处理，D 处理比 A、B 处理分别高 0.36 元/元、11.21％，0.41 元/元、12.97％，比 C 处理低 0.03 元/元、0.83％。总成本产品率的顺序为 A 处理＜B 处理＜C 处理＜D 处理，D 处理比 C、B、A 处理分别大 0.05kg/元、2.82％，0.21kg/元、13.04％，0.24kg/元、15.19％。

（5）劳动生产率和劳动净产值率的顺序均为 A 处理＜B 处理＜D 处理＜C 处

理，D 处理的劳动生产率比 C、B、A 处理分别大 10.54kg/d、11.72%，16.75kg/d、20.01%，24.09kg/d、31.55%；D 处理的劳动净产值率比 C、B、A 处理分别大 10.8 元/d、10.82%，21.21 元/d、23.74%，28.04 元/d、33.98%。

（6）产投比以 D 处理为最高，比 C、B、A 处理分别高 0.07、2.72%，0.31、13.30%，0.34、14.78%。

据黄国勤[118]调查报道，江西稻田保护性耕作技术及模式的推广和应用，具有较好的经济效益、生态效益和社会效益，如增产、增收、节约资源和保护生态等。

3.2　稻田保护性耕作增产增收的生态学机制

3.2.1　稻田土壤的理化性状

土壤是水稻生长的重要生态因子之一，水稻的生长与稻田土壤的理化环境密切相关。不同地区土壤的理化性状不同，不同栽培方式对土壤理化性状的影响也不相同。因此，在做水稻免耕试验时，必须测定土壤的理化性状，以观察水稻的变化动态。

3.2.1.1　土壤的物理性状

从表 4 和图 1 可以看出：

表 4　不同处理土壤物理性状的变化

处理	取样时间 （年-月）	容重 （g/cm³）	总孔隙度 （%）	毛管孔隙度 （%）	非毛管孔隙度 （%）
A	2003 - 07	1.19	54.68	52.37	2.31
	2003 - 10	1.21	54.02	51.66	2.36
	2004 - 04	1.18	55.01	52.74	2.27
	2004 - 07	1.15	56.00	53.60	2.40
	2004 - 10	1.25	52.70	53.41	2.34
B	2003 - 07	1.23	53.36	50.98	2.38
	2003 - 10	1.26	52.37	50.06	2.31
	2004 - 04	1.21	54.02	51.73	2.29
	2004 - 07	1.24	53.03	50.70	2.33
	2004 - 10	1.22	53.69	51.32	2.37
C	2003 - 07	1.24	53.03	50.69	2.34
	2003 - 10	1.23	53.36	50.99	2.37
	2004 - 04	1.20	54.35	51.86	2.49
	2004 - 07	1.18	55.01	52.36	2.65
	2004 - 10	1.13	56.66	53.87	2.79

（续）

处理	取样时间（年-月）	容重（g/cm³）	总孔隙度（%）	毛管孔隙度（%）	非毛管孔隙度（%）
D	2003-07	1.22	53.69	51.37	2.32
	2003-10	1.21	54.02	52.66	2.36
	2004-04	1.18	55.01	52.56	2.45
	2004-07	1.16	55.67	53.04	2.63
	2004-10	1.11	57.32	54.51	2.81

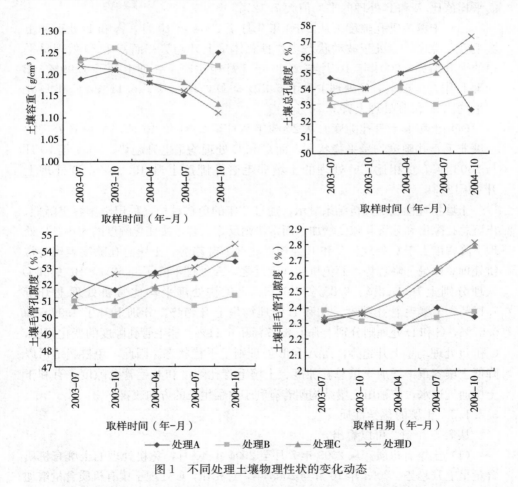

图1 不同处理土壤物理性状的变化动态

（1）土壤容重。从2003年7月至2004年10月，A和B处理的土壤容重有一定的波动，但总体相差不大；而C和D处理的土壤容重总体呈下降趋势，并且下降幅度较大。2004年10月与2003年7月相比，A处理土壤容重上升

5.04％，B 处理下降 0.81％，C 处理下降 8.87％，D 处理下降 9.02％。2004 年 10 月，B 处理的土壤容重比 A 处理低 2.40％，D 处理比 C 处理低 1.77％，D 处理与 C 处理的平均值比 A 和 B 处理的平均值低 9.31％。

（2）土壤总孔隙度。从 2003 年 7 月至 2004 年 10 月，A 和 B 处理的土壤总孔隙度有较大波动，而 C 和 D 处理却一直呈上升趋势。2004 年 10 月与 2003 年 7 月相比，A 处理的土壤总孔隙度下降了 3.62％，B 处理上升了 0.62％，C 处理上升了 6.85％，D 处理上升了 6.76％。2004 年 10 月，B 处理的土壤总孔隙度比 A 处理大 1.88％，D 处理比 C 处理大 1.16％，C 和 D 处理的平均值比 A 和 B 处理的平均值大 7.12％。

（3）土壤毛管孔隙度。从 2003 年 7 月至 2004 年 10 月，A 和 B 处理的土壤毛管孔隙度一直处于波动状态，并且总体呈上升趋势；而 C 和 D 处理呈平稳的上升趋势。2004 年 10 月与 2003 年 7 月相比，A 处理上升了 1.99％，B 处理上升了 0.67％，C 处理上升了 6.27％，D 处理上升了 6.11％，C 和 D 处理平均比 A 和 B 处理上升 3.50％。

（4）土壤非毛管孔隙度。从 2003 年 7 月至 2004 年 10 月，A 和 B 处理的土壤非毛管孔隙度均呈平稳状态，而 C 和 D 处理均呈上升趋势。2004 年 10 月与 2003 年 7 月相比，C 处理的土壤非毛管孔隙度上升 19.23％，D 处理上升 21.12％。

土壤物理性状的分析结果显示，通过 2 年的免耕种植，稻田土壤容重降低，土壤总孔隙度和毛管孔隙度增加；而常耕则反之。容重按变化幅度的大小，D 处理下降幅度大于 C 处理，A 和 B 处理呈波动上升趋势。土壤总孔隙度表现为常耕处理总体呈下降趋势，而免耕处理则反之，A 处理下降了 3.62％，B、C 和 D 处理分别上升 0.62％、6.85％ 和 6.76％，免耕处理平均比常耕处理上升了 7.12％。土壤毛管孔隙度，A 和 B 处理均呈上升趋势，分别上升了 1.99％ 和 0.67％，C 和 D 处理则分别上升了 6.27％ 和 6.11％。非毛管孔隙度的变化幅度，C 和 D 处理均呈上升趋势，而 A 和 B 处理则呈平稳状态。因此，免耕栽培可以降低土壤容重，增加土壤总孔隙度、土壤毛管孔隙度和非毛管孔隙度，有利于土壤通气透水，使稻田土壤结构朝着有利于水稻生长的方向改善。

3.2.1.2 土壤的化学性质

从表 5 和图 2 可以看出：

（1）土壤有机质。从 2003 年 7 月至 2004 年 10 月，免耕处理的土壤有机质含量呈上升趋势。2004 年 10 月与 2003 年 7 月相比，C 处理土壤有机质含量增加了 3.35g/kg、11.72％，D 处理增加了 3.65g/kg、12.79％，C 和 D 处理平均增幅达 12.26％；常耕处理则在较小的幅度内波动，A 处理下降了 0.45g/kg、1.57％，B 处理增加了 0.34g/kg、1.19％，A 和 B 处理平均降幅为 0.19％。

表5 不同处理土壤化学性质的变化

处理	取样时间 （年-月）	有机质 （g/kg）	全氮 （g/kg）	有效磷 （mg/kg）	速效钾 （mg/kg）	pH
A	2003 - 07	28.59	1.42	7.85	35.22	5.72
	2003 - 10	28.63	1.37	7.48	35.16	5.75
	2004 - 04	27.98	1.41	8.13	33.97	5.71
	2004 - 07	28.73	1.35	7.38	34.72	5.69
	2004 - 10	28.14	1.39	7.72	34.67	5.71
B	2003 - 07	28.46	1.38	7.76	34.81	5.67
	2003 - 10	28.18	1.41	7.93	34.92	5.72
	2004 - 04	27.97	1.34	7.24	35.13	5.68
	2004 - 07	28.61	1.45	7.73	34.98	5.71
	2004 - 10	28.80	1.37	7.52	34.54	5.65
C	2003 - 07	28.59	1.38	7.89	35.16	5.70
	2003 - 10	29.21	1.52	9.31	38.69	5.64
	2004 - 04	30.79	1.86	8.91	43.96	5.61
	2004 - 07	29.68	1.90	10.59	44.61	5.58
	2004 - 10	31.94	1.93	11.45	43.28	5.59
D	2003 - 07	28.53	1.39	7.81	35.65	5.71
	2003 - 10	29.74	1.58	8.95	39.51	5.63
	2004 - 04	30.83	1.87	9.83	43.46	5.65
	2004 - 07	31.08	1.93	10.38	45.19	5.61
	2004 - 10	32.18	2.06	11.63	44.63	5.58

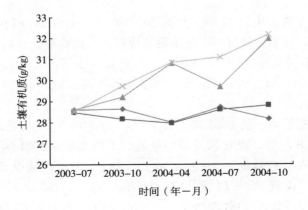

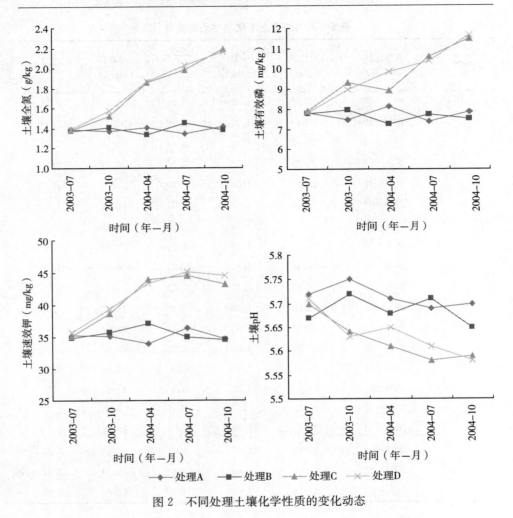

图 2　不同处理土壤化学性质的变化动态

（2）土壤全氮。从 2003 年 7 月至 2004 年 10 月，免耕处理的土壤全氮含量呈上升趋势，特别是经过一个冬季后增幅较大；而常耕处理则呈波动降低状态。2004 年 10 月与 2003 年 7 月相比，A 处理减少了 0.03g/kg、2.11%，B 处理减少了 0.01g/kg、0.72%；C 处理增加了 0.55g/kg、39.86%，D 处理增加了 0.67g/kg、48.20%。

（3）土壤有效磷。从 2003 年 7 月至 2004 年 10 月，免耕处理土壤有效磷含量呈波动上升趋势，而常耕处理则呈波动下降趋势。2004 年 10 月与 2003 年 7 月相比，A 处理减少了 0.13mg/kg、1.66%，B 处理减少了 0.24mg/kg、3.09%，A 和 B 处理平均减少了 0.19mg/kg、2.38%；C 处理增加了 3.56mg/kg、45.12%，D 处理增加了 3.82mg/kg、48.91%，C 和 D 处理平均增加了 3.69mg/kg、47.02%。

（4）土壤速效钾。从 2003 年 7 月至 2004 年 10 月，免耕处理土壤速效钾含量总体呈上升趋势，而常耕处理则呈波动下降趋势。2004 年 10 月与 2003 年 7 月相比，A 处理减少了 0.55mg/kg、1.56%，B 处理减少了 0.27mg/kg、0.78%；C 处理增加了 8.12mg/kg、23.09%，D 处理增加了 8.98mg/kg、25.19%。

（5）土壤 pH。从 2003 年 7 月至 2004 年 10 月，免耕处理与常耕处理土壤 pH 的变化趋势各不相同。免耕处理土壤 pH 呈下降趋势，而常耕处理则在波动中略有下降。2004 年 10 月与 2003 年 7 月相比，A 处理下降了 0.01、0.17%，B 处理下降了 0.02、0.35%，C 处理下降了 0.11、1.93%，D 处理下降了 0.13、2.28%。

综上所述，从 2003 年 7 月至 2004 年 10 月，A 和 B 处理土壤有机质、全氮、有效磷、速效钾含量均呈下降趋势，而 C 和 D 处理均呈上升趋势，并且上升幅度比 A 和 B 处理的下降幅度大得多。各处理的土壤 pH 均呈下降趋势，但 C 和 D 处理的下降幅度略大于 A 和 B 处理。由此可见，免耕栽培可以提高土壤有机质含量，改善土壤养分状况。因此，免耕种植可以改善土壤结构，增强土壤的通透性，促进土壤有机质的分解，提高土壤速效养分；土壤 pH 虽呈下降趋势，但降幅很小，不至于影响水稻的生长，从而使土壤化学性质朝着有利于水稻生长的方向改善。

3.2.2 水稻的群体质量

3.2.2.1 叶面积指数动态

从图 3 可知，2003 年 7 月至 2004 年 10 月，三季水稻的 LAI 均呈抛物线变化规律。总体来看，C 和 D 处理在整个生育期内都比 A 和 B 处理大。各季水稻孕穗期（此时期水稻的 LAI 最大）LAI 比较结果显示：2003 年晚稻 D 处理比 C、B、A 处理分别大 8.3%、16.7%、19.5%，2004 年早稻 D 处理比 C、B、A 处理分别大 2.2%、17.8%、15.2%，2004 年晚稻 D 处理比 C、B、A 处理分别大 2.4%、11.9%、9.8%。从返青至孕穗阶段，C 和 D 处理的折线斜率均比 A 和 B 处理的大，这表明免耕水稻比常耕水稻的 LAI 增长速率快，水稻光合作用能力强。抽穗期后，由于叶片已经不能进行较强的光合作用，叶片不断将养分转移到穗部，并逐渐衰老，植株下部的叶片逐渐枯黄干死，LAI 迅速减小，但总体上还是 C 和 D 处理比 A 和 B 处理大。表明在水稻生育后期，尽管 LAI 都在减小，但免耕水稻的 LAI 仍比常耕水稻大。因此，免耕水稻整个生育期内的 LAI 均比常耕水稻的大，免耕抛秧水稻的 LAI 比免耕移栽水稻的大，常耕抛秧和常耕移栽则相差不明显。

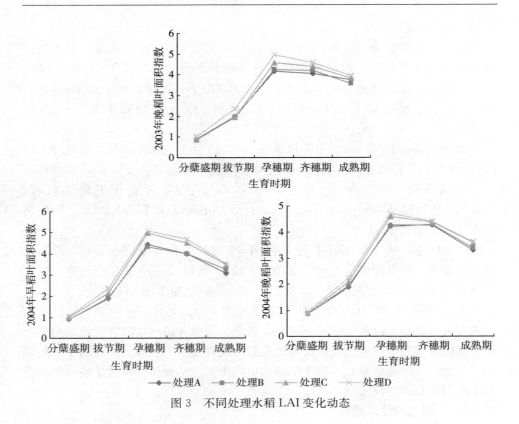

图 3　不同处理水稻 LAI 变化动态

3.2.2.2　株高动态

从图 4 可以看出，在三季水稻的生长过程中，C 和 D 处理水稻的株高均高于 A 和 B 处理，D 处理略高于 C 处理，A 和 B 处理之间则相差不大。各季水稻成熟期的株高比较结果显示：2003 年晚稻株高 D 处理比 C、B、A 处理分别高 1.8％、5.5％、3.6％，2004 年早稻 D 处理比 C、B、A 处理分别高 2.0％、

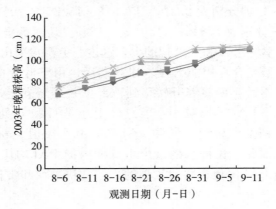

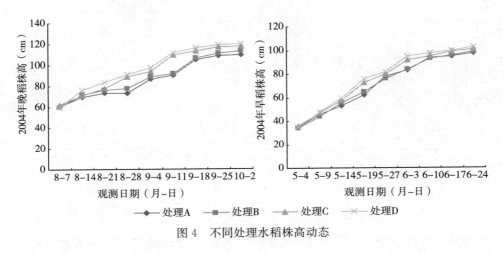

图 4　不同处理水稻株高动态

4.0%、5.1%，2004 年晚稻 D 处理株高比 C、B、A 处理分别高 1.7%、6.2%、9.1%。结果表明，免耕处理水稻的株高比常耕水稻的高，证明免耕水稻的营养生长比常耕水稻旺盛。

3.2.2.3　茎蘖动态

从图 5 可知，无论是 2003 年早稻还是 2004 年早稻和晚稻，在分蘖盛期，免耕处理的折线斜率均比常耕处理的大，并且 D 处理比 C 处理大，B 处理比 A 处理大。这表明免耕处理水稻比常耕处理水稻返青快，返青期短，分蘖出现早。2003 年晚稻在分蘖盛期（8 月 16 日），D 处理的茎蘖数比 C、B、A 处理分别多 4.2%、11.3%、16.5%；2004 年早稻在分蘖盛期（5 月 19 日），D 处理的茎蘖数比 C、B、A 处理多 5.9%、20%、12.5%；2004 年晚稻在分蘖盛期（8 月 14 日），D 处理的茎蘖数分别比 C、B、A 处理多 11.1%、25%、42.8%。

从有效穗数方面看（表 6），2003 年晚稻 D 处理比 C、B、A 处理分别多 3.0%、15.0%、25.5%，C 和 D 处理的平均值比 A 和 B 处理的多 18.3%；2004 年早稻 D 处理比 C、B、A 处理分别多 9.1%、20.0%、33.3%，C 和 D 处理的

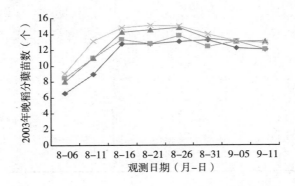

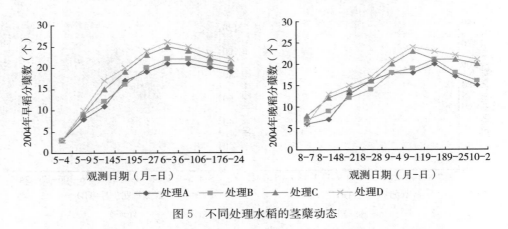

图5　不同处理水稻的茎蘖动态

平均值比 A 和 B 处理的多 21.0％；2004 年晚稻 D 处理比 C、B、A 处理分别多 10.8％、12.5％、16.1％，C 和 D 处理的平均值比 A 和 B 处理的多 8.7％。这 表明免耕处理的有效穗数均比常耕处理的多，免耕抛秧的有效穗数比免耕移栽 的多，常耕抛秧的有效穗数比常耕移栽的多。各处理有效穗数方差显著性检验 结果表明，2003 年晚稻，D 与 C 处理之间有效穗数的差异不显著，A 与 D 处 理之间的差异则达到 $P＝0.05$ 的显著水平，但未达到 $P＝0.01$ 的极显著水平。 2004 年早稻和晚稻各处理间有效穗数间的差异均未达到显著水平。

表6　不同处理水稻有效穗数及方差分析

水稻	处理	有效穗数（个）					均值（个）	显著性水平	
		分蘖盛期	拔节期	孕穗期	齐穗期	黄熟期		0.05	0.01
2003 年晚稻	D	13	14	16	14	12	13.8	a	A
	C	13	15	14	12	13	13.4	ab	A
	B	14	12	10	11	13	12.0	ab	A
	A	11	12	9	13	10	11.0	b	A
2004 年早稻	D	15	10	12	8	15	12.0	a	A
	C	13	9	11	10	12	11.0	a	A
	B	11	9	9	10	11	10.0	a	A
	A	9	10	8	11	7	9.0	a	A
2004 年晚稻	D	17	11	14	14	16	14.4	a	A
	C	11	12	13	14	15	13.0	a	A
	B	13	11	12	14	14	12.8	a	A
	A	12	13	14	12	11	12.4	a	A

3.2.2.4　干物质积累动态

从图6可知，总体来看，C和D处理的水稻干物质积累一直比A和B处理的多，D和C处理又分别比B和A处理多。各季水稻黄熟期的干物质积累比较结果显示：2003年晚稻D处理的干物质积累平均每株比C、B、A处理分别高3.0%、11.6%、14.7%，2004年早稻D处理比C、B、A处理分别高1.1%、14.6%、18.5%，2004年晚稻D处理比C、B、A处理分别高1.9%、11.6%、12.4%。这表明在干物质积累上，免耕水稻比常耕水稻多，而且这个差异在水稻的孕穗期和成熟期内表现尤为突出。因为免耕稻田土壤理化性状得到改善，水稻根系活力提高，叶片迟衰[79]，加上免耕水稻的LAI比常耕水稻的大，光合作用旺盛，合成的产物多，干物质积累也多。显然，在相同的栽插密度下，免耕水稻的干物质积累总量比常耕水稻的多。

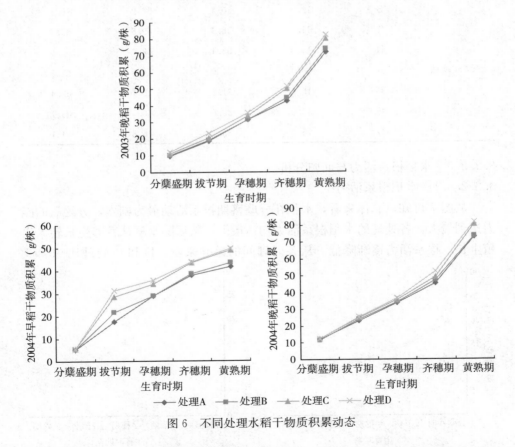

图6　不同处理水稻干物质积累动态

邹应斌等[119]用分蘖期群体干物质积累及其占成熟期干物质重的百分率作为群体早发的指标之一，比值越高，群体发育得越早。从表7可知，三季水稻各生育时期干物质占黄熟期的百分比以 D 处理最高，表明免耕水稻比常耕水稻群体发育得早，为后期水稻灌浆提供更充足的物质保障，与蒋彭炎等[120]的研究结果一致。

表 7 水稻各生育时期干物质占黄熟期干物质百分比

单位：%

水稻	处理	分蘖盛期	拔节期	孕穗期	齐穗期
2003 年晚稻	A	13.7	26.1	44.0	59.5
	B	13.8	25.9	42.6	60.2
	C	13.8	25.3	42.3	62.6
	D	14.8	28.3	43.5	62.6
2004 年早稻	A	12.0	42.2	69.1	88.2
	B	11.9	50.4	67.2	88.2
	C	11.0	58.4	69.6	89.1
	D	11.0	63.1	72.0	90.6
2004 年晚稻	A	15.4	31.0	44.4	61.3
	B	15.9	31.0	45.1	62.4
	C	15.9	32.0	46.5	64.7
	D	16.8	33.1	46.8	64.1

3.2.2.5 水稻根系活力与回归分析

3.2.2.5.1 水稻根系活力

从图 7 可知，总体来看，水稻在分蘖盛期根系活动最为剧烈，分泌氧的能力达到最大，各处理的水稻根系活力均达最大，然后随水稻从营养生长转入生殖生长，根系活力逐渐降低。从各处理间的差异来看，D 和 C 处理比 A 和 B

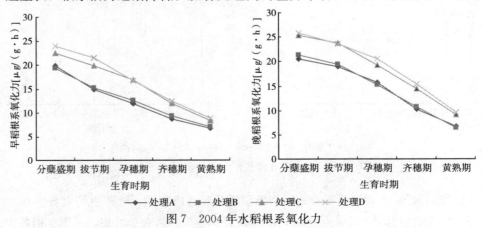

图 7 2004 年水稻根系氧化力

处理的根系活力强。D 处理略强于 C 处理，B 处理略强于 A 处理，但均不显著。D 处理比其他处理根系活力提高比见表 8，可见，2004 年早稻 D 处理比 C、B 和 A 处理的各生育时期根系活力提高比范围分别为 $-1.2\%\sim8.6\%$、$23.8\%\sim41.4\%$ 和 $20.7\%\sim44.3\%$；2004 年晚稻 D 处理比 C、B 和 A 处理的各生育时期根系活力提高比范围分别为 $-0.8\%\sim7.3\%$、$21.6\%\sim42.6\%$ 和 $24.9\%\sim40.8\%$。免耕栽培在各个时期不同程度地提高了水稻根系的氧化活力，使根系能够活跃地从土壤吸收水分和养分，这与免耕能改善土壤的物理性状和营养状况密切相关。

表 8   D 处理比其他处理水稻根系氧化力提高比

单位：%

水稻	处理	分蘖盛期	拔节期	孕穗期	齐穗期	黄熟期
早稻	A	20.7	44.3	40.3	43.7	30.9
	B	23.8	41.4	32.5	33.0	27.1
	C	6.2	8.6	−1.2	5.0	6.0
晚稻	A	25.7	24.9	31.2	40.8	30.9
	B	21.6	21.6	34.6	42.6	27.1
	C	2.0	−0.8	7.3	6.2	6.0

3.2.2.5.2   水稻产量与根系活力的回归分析

2004 年晚稻黄熟期根系氧化力（x）与产量（y）数据见表 9。A 处理的回归方程计算过程[121]如下：

表 9   2004 年晚稻不同处理根系氧化力与产量的关系

A 处理		B 处理		C 处理		D 处理	
根系氧化力 [ug/ (g·h)]	产量 (kg/hm²)	根系氧化力 [ug/ (g·h)]	产量 (kg/hm²)	根系氧化力 [ug/ (g·h)]	产量 (kg/hm²)	根系氧化力 [ug/ (g·h)]	产量 (kg/hm²)
6.8	6 749	7.0	6 824	8.4	7 371	8.9	7 551
7.1	6 680	7.8	6 796	9.0	7 428	9.4	7 680
6.5	6 821	6.2	6 853	8.1	7 296	9.1	7 497
7.2	6 579	7.1	6 975	7.8	7 391	8.7	7 545
6.4	6 916	6.9	6 672	8.7	7 369	8.4	7 482

注：表中各处理产量均由取样周围 4m² 面积的实测产量折算而来。

$$\sum x = 34,\ \sum y = 33\ 745,\ n = 5,\ \bar{x} = 6.8,\ \bar{y} = 6\ 749,\ \sum x^2 = 213.7,$$
$$\sum y^2 = 227\ 811\ 739$$

求得：

$$SS_x = \sum x^2 - \frac{1}{n}(\sum x)^2 = -17.5$$

$$SP = \sum xy - \frac{1}{n}\sum x \sum y = -177.1$$

$$b = \frac{SP}{SS_x} = 10.12$$

$$a = \bar{y} - b\bar{x} = 6\,680.184$$

故回归方程为：

$$\hat{y}_a = 6\,680.184 + 10.12x_a, \quad R = 0.859\,3^*$$

同理可得 B 处理、C 处理、D 处理产量与根系活力的回归方程分别为：

$$\hat{y}_b = 6\,741.617 + 11.769x_b, \quad R = 0.752\,2^*$$

$$\hat{y}_c = 6\,959.4 + 49x_c, \quad R = 0.933\,1^{**}$$

$$\hat{y}_d = 6\,179.172 + 154.138x_d, \quad R = 0.965\,3^{**}$$

通过回归分析可见，各处理的产量与根系活力回归关系均达到显著水平，表明产量与根系活力是有直线回归关系的。根系活力每增加一个单位，A 处理的产量增加 $10.12kg/hm^2$，B 处理增加 $11.77kg/hm^2$，C 处理增加 $49.00kg/hm^2$，D 处理增加 $154.14kg/hm^2$。根系活力增加一个单位，产量增加幅度大小的关系为：D 处理＞C 处理＞B 处理＞A 处理，说明免耕栽培水稻根系活力对产量的影响比常耕栽培大。

3.2.3　水稻的病虫草害

3.2.3.1　水稻的病害

从表 10 可知，在分蘖盛期，各季水稻纹枯病的发病率均表现为 C 和 D 处理比 B 和 A 处理高。其中，2003 年晚稻，D 处理比 C 处理低 2 个百分点，比 B 和 A 处理分别高 14 和 13 个百分点，免耕处理平均发病率比常耕处理平均值高 14.5 个百分点；2004 年早稻，D 处理比 C 处理低 2 个百分点，比 B 和 A 处理分别高 3 和 7 个百分点，免耕处理的平均发病率比常耕处理平均值高 6.0 个百分点；2004 年晚稻，D 处理比 C、B 和 A 处理分别高 3、12 和 15 个百分点，免耕处理平均发病率比常耕处理平均值高 12.0 个百分点。

在成熟期，各季水稻纹枯病发病率均表现为 C 和 D 处理比 B 和 A 处理低。其中，2003 年晚稻，D 处理比 C、B 和 A 处理分别低 2、13 和 16 个百分点，C 和 D 处理平均发病率比 B 和 A 处理的平均值低 13.5 个百分点；2004 年早稻，D 处理比 C、B 和 A 处理分别低 1、8 和 11 个百分点，免耕处理平均发病率比常耕处理平均值低 9.0 个百分点；2004 年晚稻，D 处理比 C、B 和 A 处理分别低 1、8 和 11 个百分点，免耕处理平均发病率比常耕平均值低 9.0 个百分点。

表 10　不同处理水稻纹枯病发病率

单位:%

水稻	处理	分蘖盛期	成熟期
2003 年晚稻	A	21	34
	B	20	31
	C	36	20
	D	34	18
2004 年早稻	A	19	24
	B	23	21
	C	28	14
	D	26	13
2004 年晚稻	A	24	26
	B	27	23
	C	36	16
	D	39	15

　　由此可见，在分蘖盛期，免耕处理水稻纹枯病的发病率比常耕处理的高；而在成熟期，免耕处理比常耕处理的低。

3.2.3.2　水稻的虫害

　　从表 11 可知，各季水稻的稻纵卷叶螟发生情况类似。2003 年晚稻 D 处理比 A 和 B 处理每 100 丛分别少 26 头、21 头；2004 年早稻 D 处理比 A 和 B 处理

表 11　不同处理水稻害虫的变化

水稻	处理	稻纵卷叶螟（头）	二化螟危害率（%）
2003 年晚稻	A	113	38
	B	108	36
	C	89	27
	D	87	25
2004 年早稻	A	165	
	B	161	
	C	77	
	D	74	
2004 年晚稻	A	153	53
	B	155	49
	C	81	36
	D	77	32

　　注：稻纵卷叶螟的调查时间为水稻黄熟期，调查数量为每 100 丛所含的头数；二化螟的调查时间为水稻分蘖盛期。

每 100 丛分别少 91 头、87 头；2004 年晚稲 D 处理比 A 和 B 处理每 100 丛分别少 76 头、78 头。2003 年晚稲、2004 年早稲和晚稲的稲纵卷叶螟，D 处理比 C 处理每 100 丛分别少 2 头、3 头、4 头，差异均不明显。从二化螟的危害率来看，2003 年晚稲 D 处理比 A 和 B 处理分别低 13、11 个百分点；2004 年晚稲 D 处理比 A 和 B 处理分别低 21、17 个百分点；2003 年晚稲、2004 年晚稲 D 处理比 C 处理分别低 2 和 4 个百分点，差异不显著。由此可见，免耕可以减少稲田稲纵卷叶螟和二化螟发生的数量。因为稲纵卷叶螟和二化螟成虫均有趋绿性，而常耕水稲在这些害虫的成虫期比免耕水稲要绿得多，因此常耕水稲受害情况较免耕水稲严重。

3.2.3.3　水稲的草害

3.2.3.3.1　杂草种类和覆盖度的变化

从表 12 可知，不同处理间杂草种类和覆盖度有较大差别。C 和 D 处理的杂草种类比 A 和 B 处理的多，覆盖度也大。从杂草种类的变化情况来看，A、B、C、D 处理早稲和晚稲的增长幅度分别为 42.8%、66.7%、62.5%、62.5% 和 8.3%、9.1%、23.1%、25.0%，免耕处理的增长幅度比常耕处理大。从杂草覆盖度的变化情况来看，A、B、C、D 处理早稲和晚稲的增长幅度分别为 13、14、4、7 个百分点和 16、21、17、16 个百分点，免耕处理的增长幅度比常耕处理小。可见，虽然免耕处理杂草种类的增长幅度比常耕处理大，但杂草覆盖度的增长幅度比常耕处理小。在调查过程中发现，免耕处理中的部分杂草还未成熟就已死亡，造成其杂草覆盖度增幅小于常耕处理。究其原因，免耕处理水稲返青快，分蘖出现早，叶面积指数比常耕处理水稲大，水稲封行早，致使杂草接受不到足够的阳光而逐渐衰亡。

表 12　不同处理杂草种类和覆盖度的变化（2004 年）

处理	5 月 14 日		6 月 23 日		8 月 14 日		9 月 6 日	
	种类（个）	覆盖度（%）	种类（个）	覆盖度（%）	种类（个）	覆盖度（%）	种类（个）	覆盖度（%）
A	7	39	10	52	12	40	13	56
B	6	40	10	54	11	38	12	59
C	8	51	13	55	13	45	16	62
D	8	49	13	56	12	49	15	65

注：5 月 14 日、8 月 14 日分别为早、晚稲分蘖盛期，6 月 23 日、9 月 6 日分别为早、晚稲抽穗期。

3.2.3.3.2　杂草优势种的变化

据马晓渊等[110,113] 报道，利用乘积优势度* （multiplied dominance ratio,

---

* 乘积优势度指盖度、相对高度和频度的乘积。

MDR）可以确定杂草优势种：将数量达到危害损失水平（MDR$_2$≥10%，MDR$_2$指盖度和相对高度二因素乘积优势度）的种类定为优势种，10%＞MDR$_2$≥5%的种类定为亚优势种。在草害下降的情况下，也可将10%＞MDR$_2$≥5%的种类定为优势种，将5%＞MDR$_2$≥1%的种类定为亚优势种。

从表13可知，2004年早稻分蘖盛期杂草以稗草、牛毛毡、矮慈姑、双穗雀稗、鸭舌草5种杂草为主，A与B处理基本相同，稗草、矮慈姑为优势种，牛毛毡和双穗雀稗为亚优势种；C和D处理则以牛毛毡、矮慈姑、鸭舌草为优势种，稗草为亚优势种。在成熟期，A和B处理以稗草、鸭舌草、牛毛毡、矮慈姑为优势种，以鳢肠为亚优势种；C和D处理则以鸭舌草、紫萍和牛毛毡为优势种，异型莎草、稗草和矮慈姑为亚优势种。成熟期杂草种类比分蘖盛期多，并且免耕处理比常耕处理多。2004年晚稻分蘖盛期以牛毛毡、稗草、鸭跖草、矮慈姑、鸭舌草5种杂草为主，A和B处理的杂草优势种均为牛毛毡和稗草，鸭跖草为亚优势种；C和D处理的杂草优势种为鸭舌草和矮慈姑，牛毛毡、稗草和鸭跖草为亚优势种。成熟期A和B处理均以牛毛毡、矮慈姑和野慈姑为优势种，亚优势种为稗草；C和D处理的优势种只有稗草，而亚优势种较多，主要有牛毛毡、鳢肠、矮慈姑、鸭舌草和野慈姑。由此可见，免耕处理杂草种类虽然比常耕处理多，但因其生长势较弱，与长势强大的水稻相竞争，只有少数种类能发展为优势种。因此，在水稻免耕栽培过程中，应采取措施增强水稻长势，争取尽早封行，否则造成杂草危害加重的趋势。

表13　不同处理杂草优势种的年内变化动态

处理	调查日期			
	5月14日	6月23日	8月14日	9月6日
A	稗草、牛毛毡*、矮慈姑、双穗雀稗*	稗草、鸭舌草、牛毛毡、鳢肠*、矮慈姑	牛毛毡、稗草、鸭跖草*	牛毛毡、矮慈姑、稗草*、野慈姑
B	稗草、牛毛毡*、矮慈姑、双穗雀稗*	稗草、鸭舌草、牛毛毡、鳢肠*、矮慈姑	牛毛毡、稗草、鸭跖草*	牛毛毡、矮慈姑、稗草*、野慈姑
C	稗草*、牛毛毡、双穗雀稗*、矮慈姑、鸭舌草	鸭舌草、异型莎草*、稗草*、紫萍、牛毛毡、矮慈姑*	鸭舌草、牛毛毡*、稗草*、矮慈姑、鸭跖草*	牛毛毡*、稗草、鳢肠*、矮慈姑*、鸭舌草*、野慈姑*
D	稗草*、牛毛毡、双穗雀稗*、矮慈姑、鸭舌草	鸭舌草、异型莎草*、稗草*、紫萍、牛毛毡、矮慈姑*	鸭舌草、牛毛毡*、稗草*、矮慈姑、鸭跖草*	牛毛毡*、稗草、鳢肠*、矮慈姑*、鸭舌草*、野慈姑*

注：*为亚优势种。

3.3 稻田保护性耕作效益的综合评价

种植方式的综合评估是对种植方式的社会、经济、生态效益进行综合分析和评价，目前常用的方法有：综合评分法和相关系数法。综合评分法：选用社会、经济、生态效益的各项指标，制定评分标准，然后对不同种植方式按各指标评分标准定分，最后以总分评定出最佳类型。相关系数法：依据某一单项指标与其他单项指标的单相关系数，求出每项指标在表征种植效益水平中的贡献值，然后累加单项指标的贡献值，最后以总贡献值高低决定优劣。第一种方法虽然简单方便，但定分标准受人为因素影响大，难以定量化；第二种方法虽然能数值化地综合分析种植制度，但对试验数据要求严格（即数据需符合生物统计中的大样本和正态分布等要求)[116,122]。为了克服上述两种方法的不足之处，增加评估的精确度，提高评估的客观性、科学性和合理性，本文应用灰色关联分析对 4 种不同种植方式的经济、生态和社会效益进行综合评估，以对保护性耕作稻田进行综合评估。

3.3.1 灰色关联分析的原理与方法

灰色关联分析实质上是一种曲线间几何形状的分析，并且以灰色关联系数和关联度作为衡量相互间发展变化态势的量化值，也即两种曲线间几何形状的接近程度，几何形状越接近，则关联系数和关联度越大[123,124]。在对不同种植方式的经济、生态、社会效益进行灰色关联分析时，将所有被评估的种植方式的各项指标最优值组成参考种植方式，该种植方式也视为灰色系统的一个因素。评价时，分析试验的各种植方式和参考种植方式的接近程度，关联度越大，则所试验的种植方式越趋合理。参考种植方式的各单项指标所组成的数列称为参考数列，记为 $x_0(k)$，（k 为单项指标的序号），$x_i(k)$，（i 为试验种植方式的种类）。评价各种植方式经济、生态和社会效益的优劣，即比较 $x_i(k)$ 与 $x_0(k)$ 所代表的曲线间几何形状的关联程度。关联系数的计算公式见式（1）、式（2）。

$$\varepsilon_{i(k)} = \frac{\min_i \min_k |x_0(k) - x_i(k)| + p \max_i \max_k |x_0(k) - x_i(k)|}{|x_0(k) - x_i(k)| + p \max_i \max_k |x_0(k) - x_i(k)|} \quad (1)$$

$$r_i = \frac{1}{N} \sum_{k=1}^{N} \varepsilon_i(k) \quad (2)$$

式中，$\varepsilon_i(k)$ 为 x_0 与 x_i 在第 k 个指标的关联系数；$|x_0(k) - x_i(k)|$ 表示 x_i 数列与 x_0 数列在第 k 点的绝对值；$\min_i \min_k |x_0(k) - x_i(k)|$ 为二级最小差，$\max_i \max_k |x_0(k) - x_i(k)|$ 为二级最大差，它们分别为 $|x_0(k) - x_i(k)|$ 集合中的最小值和最大值；p 为分辨系数，取值范围 0～1，一般取 0.5；r_i 为比较系数，是 x_i

对参考数列 x_0 的关联度，总体反映 x_0 与 x_i 数列之间的关联性程度。

3.3.2 灰色关联分析

3.3.2.1 比较数列和参考数列的确定

将记载的人工、种子、肥料、农药等投入，根据折能标准[125]，计算能量转化效率。按经济效益（年产值、生产成本、纯收入、每元成本产值、每元纯收入）、生态效益（产出能、投入能、能量产投比、年光能利用率、养分输入、养分输出、养分输出/输入）和社会效益（年产量、投工量、每元成本产量）共 22 个评价指标，应用灰色关联分析方法[116]，对不同处理系统进行分析和综合评估。根据当地的生产实际，确定各指标的上限值，构成参考数列 $x_0(k)$，表示为 $\{x_0(1)，x_0(2)，\cdots，x_0(n)\}$ （$k=1，2，\cdots，n$）。试验各处理各单项指标所构成的数列，构成比较数列 $x_i(k)$ （i 为各处理的种类），表示为 $\{x_i(1)，x_i(2)，\cdots，x_i(n)\}$ （$k=1，2，\cdots，n；i=1，2，\cdots，m$）。数字 0、1、2、3、4 分别代表参考数列、A 处理、B 处理、C 处理、D 处理（表 14）。

表 14　不同处理主要评价指标

数列	年产量 (kg/hm²)	年用工量 (d/hm²)	总成本产品率 (kg/元)	每元成本产量 (kg)	年产值 (元/hm²)	生产成本 (元/hm²)	纯收入 (元/hm²)	每元成本产值 (元)	产出能 (亿J/hm²)	投入量 (亿J/hm²) 有机能	无机能
	1	2	3	4	5	6	7	8	9	10	11
x_0	14 364	180	1.82	20 841.4	8 683	12 951.4	2.64	1.64	3 950.100	700.320	483.917 7
x_1	13 745	180	1.58	19 938.0	8 683	11 255.0	2.30	1.30	3 779.875	700.320	483.152 7
x_2	13 810	165	1.61	20 033.1	8 588	11 445.1	2.30	1.33	3 797.750	630.240	483.152 7
x_3	14 206	158	1.77	20 613.3	8 010	12 603.3	2.57	1.57	3 906.650	420.320	483.917 7
x_4	14 364	143	1.82	20 841.4	7 890	12 951.4	2.64	1.64	3 950.100	350.240	483.917 7

数列	能量产投比	年光能利用率 (%)	养分输入 (kg/hm²) N	P₂O₅	K₂O	养分输出 (kg/hm²) N	P₂O₅	K₂O	养分输出/输入 N	P₂O₅	K₂O
	12	13	14	15	16	17	18	19	20	21	22
x_0	4.74	1.59	462.5	151.9	467.5	382.7	142.9	263.4	0.83	0.94	0.56
x_1	3.19	1.09	462.5	151.9	467.5	350.6	105.4	218.3	0.76	0.69	0.47
x_2	3.41	1.27	462.5	151.9	467.5	361.4	124.5	235.2	0.78	0.82	0.50
x_3	4.32	1.53	462.5	151.9	467.5	375.1	138.6	254.4	0.81	0.91	0.55
x_4	4.74	1.59	462.5	151.9	467.5	382.7	142.9	263.4	0.83	0.94	0.56

注：各处理养分输出包括作物籽实和秸秆的含量，养分折算标准参考《农业生态学》[126]，年光能利用率参考《农业生态学基础》[127]。

3.3.2.2 无量纲化处理

由于各单项指标的量纲不一，所以在做分析时，应做无量纲化处理。无量纲化处理是将 $x_i(k)$ 除以 $x_0(k)$，从而得到无量纲化处理的数列（表 15）。

表 15 不同处理各指标的无量纲化值

处理	指标										
	1	2	3	4	5	6	7	8	9	10	11
A	0.956 9	1.000 0	0.868 1	0.956 7	1.000 0	0.869 0	0.871 2	0.792 7	0.956 9	1.000 0	0.998 4
B	0.961 4	0.916 7	0.884 6	0.961 2	0.989 1	0.883 7	0.882 6	0.811 0	0.961 4	0.899 9	0.998 4
C	0.989 0	0.877 8	0.972 5	0.989 1	0.922 5	0.973 1	0.973 5	0.957 3	0.989 0	0.600 2	1.000 0
D	1.000 0	0.794 4	1.000 0	1.000 0	0.908 7	1.000 0	1.000 0	1.000 0	1.000 0	0.500 1	1.000 0

处理	指标										
	12	13	14	15	16	17	18	19	20	21	22
A	0.674 5	0.685 5	1.000 0	1.000 0	1.000 0	0.916 1	0.737 6	0.828 8	0.916 1	0.737 6	0.828 8
B	0.720 3	0.798 7	1.000 0	1.000 0	1.000 0	0.944 3	0.871 2	0.892 9	0.944 3	0.871 2	0.892 9
C	0.912 4	0.962 3	1.000 0	1.000 0	1.000 0	0.980 1	0.969 9	0.967 4	0.980 1	0.969 9	0.967 4
D	1.000 0	1.000 0	1.000 0	1.000 0	1.000 0	1.000 0	1.000 0	1.000 0	1.000 0	1.000 0	1.000 0

3.3.2.3 求关联系数

计算 $|x_0(k)-x_i(k)|$ 可知，二级最小差为 0，二级最大差为 0.499 9，p 取 0.5，由式（1）算得各关联系数（表 16）。

表 16 不同处理各指标关联系数

处理	指标										
	1	2	3	4	5	6	7	8	9	10	11
A	0.866 3	0.750 0	0.684 2	0.865 7	0.958 1	0.682 4	0.680 4	0.569 4	0.866 3	0.714 1	0.993 6
B	0.852 9	1.000 0	0.654 6	0.852 2	1.000 0	0.656 2	0.660 0	0.546 6	0.852 9	1.000 0	0.993 7
C	0.957 8	0.671 6	0.901 6	0.958 0	0.763 1	0.902 0	0.904 1	0.854 1	0.957 8	0.384 7	1.000 0
D	1.000 0	0.548 7	1.000 0	1.000 0	0.732 4	1.000 0	1.000 0	1.000 0	1.000 0	0.333 3	1.000 0

处理	指标										
	12	13	14	15	16	17	18	19	20	21	22
A	0.471 9	0.554 0	1.000 0	1.000 0	1.000 0	0.817 9	0.660 0	0.700 1	0.817 9	0.660 0	0.700 1
B	0.434 3	0.442 8	1.000 0	1.000 0	1.000 0	0.748 7	0.487 8	0.593 5	0.748 7	0.487 8	0.593 5
C	0.740 4	0.868 8	1.000 0	1.000 0	1.000 0	0.926 4	0.892 5	0.884 5	0.926 4	0.892 5	0.884 5
D	1.000 0	1.000 0	1.000 0	1.000 0	1.000 0	1.000 0	1.000 0	1.000 0	1.000 0	1.000 0	1.000 0

3.3.2.4　关联分析

由式（2）可以算出不同种植方式的经济、生态和社会效益的等权关联度，但是只用等权关联度评价不同种植方式的经济、生态和社会效益还不够合理。因为各个单项指标在表达经济、生态和社会效益中所起的作用不同。因此，在进行综合评价时，应根据各单项指标在表达经济、生态和社会效益中的作用及其在评审体系中的地位，赋予不同的权重，由此计算得到的关联度，称为加权关联度，其计算公式见式（3）。

$$r_i = \sum_{k=1}^{N} W_k \varepsilon_i(k) \tag{3}$$

式中，W_k 为权重系数。本研究各种效益的权重系数分别为：经济效益 0.5、生态效益 0.3、社会效益 0.2，其中能量效益 0.15、肥料效益 0.15。根据式（2）、式（3），计算不同种植方式各种效益的关联度（表 17）。

表 17　不同处理综合效益的关联度

处理	社会效益	经济效益	生态效益		总效益		排序	
			能量效益	肥料效益	加权	等权	加权	等权
A	0.766 8	0.751 2	0.720 0	0.817 3	0.759 6	0.763 8	4	4
B	0.835 9	0.743 0	0.744 8	0.740 0	0.761 4	0.765 9	3	3
C	0.843 5	0.876 5	0.790 0	0.934 1	0.865 6	0.861 1	2	2
D	0.849 6	0.946 5	0.866 7	1.000 0	0.923 2	0.915 7	1	1

从表 17 可知，A、B、C、D 处理总效益的等权关联度分别为 0.763 8、0.765 9、0.861 1、0.915 7，总效益的加权关联度分别为 0.759 6、0.761 4、0.865 6、0.923 2。总效益的等权关联度和加权关联度均表现为 D 处理＞C 处理＞B 处理＞A 处理，这与 4 个处理的社会、经济、生态效益的实际表现基本相符。

4　结论与讨论

4.1　稻田保护性耕作能提高水稻产量及经济效益

单位面积有效穗数 D 处理比 A、B、C 处理分别多 5.6%～23.4%、4.0%～18.0%、1.5%～7.3%，每穗实粒数 D 处理比 A、B、C 处理分别多 4.9%～5.8%、4.0%～4.2%、0.8%～2.4%，千粒重 D 处理比 A、B、C 处理分别多 1.3%～4%、1.3%～2.2%、0.9%～1.3%。理论产量 D 处理比 A、B、C 处理分别高 134.5～296.0g/m²、100.8～212.4g/m²、35.8～98.4g/m²。D 处

理与 C、B、A 处理相比，年增产比例分别为 1.11％、4.01％、4.50％。产量与根系活力的回归分析结果表明，产量与根系活力有直线相关关系。根系活力每增加一个单位，A、B、C、D 处理的产量分别增加 10.12kg/hm²、11.77kg/hm²、49.00kg/hm²、154.14kg/hm²。

纯利润 D 处理比 C、B、A 处理分别高 348.1 元/hm²、2.76％、1 506.3 元/hm²、13.16％、1 696.4 元/hm²、15.07％。产投比 D 处理比 C、B、A 处理分别高 0.07、2.72％、0.31、13.30％、0.34、13.04％。许多研究结果表明[11,20,19,21-29,31-34,128,129]，保护性耕作——免耕栽培能提高水稻产量及经济效益，而与之相反的研究结果[17,18]很少报道。陈春焕等[37]建立了不同施肥条件下水稻产量与根系的多元回归方程，但参数未包括根系活力。本文通过试验建立的水稻产量与根系活力回归方程是对前人研究的有益补充，为保护性耕作的推广提供理论依据。

未来我国粮食问题的解决主要还是依靠耕地、提高单位面积产量，其核心是改革耕作制度，增加复种指数，提高单位面积粮食生产效率和效益[130]。保护性耕作能提高水稻产量、单位面积粮食生产效率和效益，具有广阔的应用前景。

4.2 稻田保护性耕作增产增收的生态学机制

4.2.1 改善稻田土壤的理化性状

与常耕栽培相比，实行保护性耕作——免耕栽培 2 年后，稻田土壤容重呈下降趋势，而常耕稻田土壤容重则在一定范围内波动。D 处理土壤容重下降了 9％，C 处理下降了 1.6％，B 处理虽然下降了 0.8％，但其幅度很小；而 A 处理则上升了 5％。土壤总孔隙度，A 处理下降了 3.6％，B、C 和 D 处理分别上升了 0.6％、6.8％和 3.7％。土壤毛管孔隙度，A 和 B 处理分别上升了 1.99％和 0.67％，而 C 和 D 处理则分别上升了 6.23％和 3.51％。土壤非毛管孔隙度，A 和 B 处理呈波动状态，而 C 和 D 处理分别上升了 19.2％和 20.8％。

与 2003 年 7 月相比，2004 年 10 月 C 处理土壤有机质含量增加了 3.35g/kg、11.7％，D 处理增加了 3.65g/kg、12.8％，而 A 和 B 处理则分别减少了 0.45g/kg、1.6％和 0.34g/kg、1.2％。土壤全氮方面，A 和 B 处理分别减少了 0.03g/kg、2.1％和 0.01g/kg、0.7％，C 和 D 处理分别增加了 0.81g/kg、58.7％和 0.81g/kg、55.4％。土壤有效磷方面，A 和 B 处理分别减少了 0.13mg/kg、1.7％和 0.24mg/kg、3.1％，C 和 D 处理分别增加了 2.7mg/kg、34.2％和 3.82mg/kg、48.9％。土壤速效钾方面，A 和 B 处理分别减少了 0.55mg/kg、1.6％和 0.27mg/kg、0.8％，C 和 D 处理分别增加了

8.12mg/kg、23.1％和 8.98mg/kg、25.2％。土壤 pH 方面，A、B、C、D 处理分别下降了 0.01、0.02、0.11、0.13，下降幅度分别为 0.17％、0.35％、1.9％、2.3％。

由此可见，实行保护性耕作——免耕种植 2 年后，稻田的土壤容重降低，毛管孔隙度、总孔隙度和非毛管孔隙度增加；土壤有机质、全氮、有效磷、速效钾含量均呈上升趋势，各处理土壤 pH 均呈下降趋势，但免耕处理比常耕处理下降幅度大。

许多研究结果[9,20,44,47,48,131,132]表明，免耕种植能改善稻田土壤的理化性状，增强土壤的通透性，促进土壤有机质的分解，提高土壤速效养分含量，从而使土壤理化性状朝着有利于水稻生长的方向改善。保护性耕作稻田的土壤 pH 下降，用此法可以改良盐碱地，使之变害为利；但在黏质土及酸性土上应用后，应适期施生石灰以提高土壤 pH。在不同地区实行保护性耕作——免耕一定年限后，应测定土壤的重塑土收缩率，若其值小于常耕，说明免耕已使土壤板结，可以认为该地区连续免耕的时间不能太长，适时翻耕可能更有利于改善土壤结构。

4.2.2　提高水稻的群体质量

试验结果表明，水稻的有效穗数，D 处理比 C、B、A 处理分别多 3％～10.8％、12.5％～20％、15％～25.5％，有效穗数的方差显著性检验结果表明，2003 年晚稻 D 处理与 A 处理之间达到显著水平（$P=0.05$）；D 处理的株高比 C、B 和 A 处理分别高 1.7％～2.0％、4.0％～6.2％和 3.6％～9.1％；D 处理的叶面积指数比 A、B、C 处理分别高 9.8％～19.5％、11.9％～17.8％、2.2％～8.3％。水稻的干物质积累，D 处理比 A、B、C 处理分别高 12.4％～18.5％、11.6％～14.6％、1.1％～3.0％，D 处理水稻各生育时期干物质积累占成熟期干物质重的百分率均大于其他处理。2004 年早稻免耕栽培比常耕栽培提高根系活力−1.2％～44.3％，晚稻提高−0.8％～42.6％，与前人研究结果[10,11,71,79,133]相似。

保护性耕作——免耕稻田土壤肥力的特点与水稻对养分的需求相一致，这样的肥力分布能使水稻前期早发，中期稳长，群体适中，株型紧凑，为水稻高产带来以下优点：第一，水稻 95％以上的干物质来自光合作用[22]，免耕水稻有利早发，前期有较多的叶面积截取光能；中期稳长，叶片挺立有利于层次用光；后期由于根系活力强，延长了上部叶片的生机，从而提高了光能利用率，有利于提高干物质的积累。第二，由于免耕稻田土壤通透性好，田间湿度低，植株的碳氮比比较协调[22]，有利于增强抗病能力。

4.2.3　降低水稻部分时期病虫草害

病害方面，在分蘖盛期，保护性耕作——免耕水稻的纹枯病发病率比常耕水稻高 5～14.5 个百分点；而在成熟期，免耕水稻比常耕水稻低 8.5～13.5 个百分点。虫害方面，黄熟期 D 处理稻纵卷叶螟每 100 丛数量比 A 处理少 26～91 头，比 B 处理少 21～87 头；而免耕处理之间以及常耕处理之间的差异均不明显。2003 年晚稻二化螟受害率，D 处理比 A 和 B 处理分别低 13 和 11 个百分点，2004 年晚稻 D 处理比 A 和 B 处理分别低 21 和 17 个百分点；而 D 和 C 处理之间差异不明显。本试验结果与凌小明等[134]研究结果相似。草害方面，免耕稻田的杂草种类比常耕水稻多，杂草覆盖度比常耕水稻大。免耕稻田杂草种类的增长幅度比常耕稻田大，但其覆盖度的增长幅度比常耕稻田小。从杂草优势种方面来看，2004 年早、晚稻的分蘖盛期，免耕稻田杂草优势种均比常耕稻田少，亚优势种多；成熟期免耕稻田杂草优势种比常耕稻田少，亚优势种多。

免耕水稻病虫害较常耕水稻轻，可能是因为免耕水稻发育较早，水稻群体质量较高，其抗病虫能力较强。在第二、第四代二化螟及稻纵卷叶螟发生期间，免耕早、晚稻已处于黄熟期，并已褪色，螟蛾和蚁螟难以侵入产卵[134]；而常耕水稻生育期相对较迟并处于灌浆期至成熟期，植株颜色较深，加上二化螟和稻纵卷叶螟有趋嫩绿的习性，因此免耕水稻受虫害较常耕水稻轻。免耕稻田受草害较常耕田略微严重，但可以通过水稻早发育、早封行来控制。

4.3　稻田保护性耕作效益的综合评价

本文通过筛选、确定稻田生态系统经济效益、生态效益和社会效益的评价指标，利用灰色关联分析法对 4 个处理进行综合评价，结果表明，A、B、C、D 处理总效益的等权关联度分别为 0.765 9、0.763 8、0.861 1、0.915 7，总效益的加权关联度分别为 0.761 4、0.759 6、0.865 6、0.923 2，等权总效益和加权总效益排序均表现为 D 处理＞C 处理＞A 处理＞B 处理。

评价农业生态系统的指标体系诸多文献已论及[96,101,102,116,122,135]，但在实际评价时，首先应解决以下问题：一是评价指标量的合理选取。在考虑指标量时，太少会造成不能对生态系统进行充分评价；而指标量太多不仅具体度量有困难，而且也会出现因指标的直接或间接重复而失去指标间的独立性。二是各项指标值间的量纲不同和数量级差悬殊等原因，就要有一个合适选取基准值下统一量纲的方法。

4.4　结束语

可持续农业已成为世界农业的发展趋势，保护性耕作是可持续农业中的关键技术[119]。稻田是粮食生产的主要场所之一，在确保国家粮食安全的战略中担负着重要作用。江西是农业大省，也是我国粮食主产区之一，改革稻田耕作制度、推广稻田保护性耕作技术已成为解决当前农民增收问题、提高农民种粮积极性的重要措施[136-138]，对确保江西乃至全国粮食安全和实现稻田可持续发展具有重要作用。

水稻免耕与抛秧技术是稻田保护性耕作的关键技术，是我国乃至世界水稻耕作技术的新突破，将水稻免耕栽培技术和水稻抛秧技术有机结合，是对传统水稻耕作栽培技术的重大技术革新。据报道，免耕与抛秧种植水稻具有减少农事生产环节、降低农业生产成本、减轻农民劳动强度、提高水稻产量和效益的显著作用[13-16,19,21-29]；但也有免耕种植水稻导致产量和经济效益下降的报道[17,18]。免耕能改善稻田土壤的理化性状以及与之相反的结论也曾见报道[12,17,20,42-57]。所以免耕种植合理与否，直接关系到农业能否持续健康的发展，关系到能否增加农民收入和调动粮农的积极性。

通过2年的对比试验，运用生态学和经济学原理，对稻田保护性耕作系统进行了较系统且综合性的研究，结果表明，免耕栽培能改善稻田土壤的理化性状，提高水稻群体质量和根系活力，减轻水稻病虫害，水稻产量和经济效益增幅也较大。应用灰色关联分析法对不同处理的各项指标进行综合评价，免耕处理稻田系统的等权和加权总效益均比常耕处理大，评价结果与实际表现一致。因此，免耕栽培的节本增收、减轻劳动强度，改善农田生态环境的优点，对于解决当前"三农"问题具有重要意义，并且是实现农业可持续发展的有效途径。

当然，由于时间限制，本试验研究还不够全面，部分方面未能做到更进一步的研究，如大田水稻根系的分层分布以及不同层次根系的活力比较、稻田土壤中微生物群落的变化、免耕栽培对稻米品质的影响等，也存在某些方面未能涉入，如农田小气候、稻田甲烷的排放等。

参考文献

[1] 王长生，王遵义，苏成贵，等．保护性耕作技术的发展现状 [J]．农业机械学报，2004，35（1）：167-169．

[2] 吴崇友，金诚谦，魏佩敏，等．保护性耕作的本质和发展 [J]．中国农机化，2003（6）：8-11．

[3] 牛盾．面向二十一世纪的机械化旱作节水农业 [M]．北京：中国农业大学出版社，2000．

[4] 黄国勤，钟树福．少、免耕及其在中国的实践 [J]．农牧情报研究，1993（3）：26-30．

[5] 倪文．我国农业免耕的现状与展望 [J]．农牧情报研究，1989（6）：6-11．

[6] 杨泉涌．营养方块育苗抛秧种稻 [J]．农业科技通信，1983（4）：6-7．

[7] 毛壁君，潘玉燊，罗家馏，等．水田纸筒育苗抛栽技术的引进试种初报 [J]．广东农业科学，1988（1）：5-7.

[8] 张洪程，冯在根．水稻简化抛秧高产栽培新技术 [J]．江苏农业科学，1989（2）：9-11.

[9] 刘怀珍，黄庆，李康活，等．水稻连续免耕抛秧对土壤理化性状的影响初报 [J]．广东农业科学，2000（5）：8-13.

[10] 李康活，黄庆，陆秀明，等．双季稻免耕抛秧栽培技术试验初报 [J]．广东农业科学，1997（3）：2-5.

[11] 刘敬宗，李云康．杂交水稻免耕抛秧栽培技术研究初报 [J]．杂交水稻，1999，14（3）：33-34.

[12] 刘军，黄庆，刘怀珍，等．水稻免耕抛秧的特点及高产技术 [J]．作物杂志，2000（4）：11-12.

[13] 常旭虹．保护性耕作技术的效益及应用前景分析 [J]．耕作与栽培，2004（1）：1-3，44.

[14] 刘然金，杜金泉．水稻少免耕技术研究：Ⅲ水稻少免耕增产机制的探讨 [J]．西南农业学报，1998，11（2）：45-51.

[15] BLEVINS R L, COOK D, PHILLIPS S H, et al. Influence of no-tillage on soil moisture [J]. Agronomy Journal, 1971, 63: 593-596.

[16] LINDSTROM M J, KOEHLER F E, PAPENDICK R I. Tillage effects on fallow water storage in the eastern Washington dryland region [J]. Agronomy Journal, 1974, 66: 312-316.

[17] 李华兴，卢维盛，刘远金，等．不同耕作方法对水稻生长和土壤生态的影响 [J]．应用生态学报，2001，12（4）：553-556.

[18] 陈旭林，黄辉祥，黄永生，等．不同栽培措施对免耕抛秧稻产量的影响 [J]．广东农业科学，2000（6）：2-4.

[19] 谢德体，魏朝富，陈绍兰，等．水田自然免耕对稻麦生长和产量的影响 [J]．西南农业学报，1993，6（1）：47-54.

[20] 王昌全，魏成明，李廷强，等．不同免耕方式对作物产量和土壤理化性状的影响 [J]．四川农业大学学报，2001，19（2）：152-155.

[21] 肖剑英，张磊，谢德体，等．长期免耕稻田的土壤微生物与肥力关系研究 [J]．西南农业大学学报，2002，23（2）：84-87.

[22] 邵达三，黄细喜，陶嘉玉，等．南方水田少（免）耕法研究报告 [J]．土壤学报，1985，22（4）：305-319.

[23] 汪文清．丘陵区麦茬水稻免耕技术研究初探 [J]．锦阳农专学报，1991，8（1）：16-20.

[24] 刘怀珍，黄庆，刘军，等．畦式免耕抛秧栽培的产量效应和产量构成分析 [J]．广东农业科学，2002（4）：10-12.

[25] 陈友荣，侯任昭，范仕容，等．水稻免耕法及其生理生态效应的研究 [J]．华南农业大学学报，1993，14（2）：10-17.

[26] 郎宁，徐世宏，梁人君，等．不同施氮量对免耕抛秧稻产量的影响 [J]．杂交水稻，2003，18（2）：51-52.

[27] 梁文伟，张祖健，龚玉源，等．水稻稻草还田免耕抛秧栽培试验 [J]．广西农业科学，2003（3）：27-28.

[28] 黄小洋，黄国勤，余冬晖，等．免耕栽培对晚稻群体质量及产量的影响 [J]．江西农业学报，2004，16（3）：1-4.

[29] 黄国勤，刘宝林，胡恒凯，等．水稻免耕种植技术示范推广 2002 年工作总结 [J]．耕作制度通讯，2003（1）：9-12.

[30] 区伟明，陈润珍，黄庆．水稻免耕抛秧经济效益及生态效益分析 [J]．广东农业科学，2000（6）：5-6.

[31] 黄云生，龙秋生，谭德根，等．水稻免耕抛栽的效果与技术 [J]．江西农业科技，2003（5）：28-29.

[32] 陈应炤．水稻免耕抛秧栽培技术在清新县的应用效果 [J]．广东农业科学，2000（6）：10-11.

[33] 杜树勋．20％百草枯水剂在晚稻免耕抛栽上的应用效果 [J]．江西农业科技，2003（5）：29-30.

[34] 谭国荣，易祖凡，颜友良，等．稻田免耕节水栽培对晚稻产量及其构成因素的影响 [J]．湖南学业科学，2003（6）：20-22.

[35] 凌启鸿，凌励．水稻不同层次根系的功能及对产量形成作用的研究 [J]．中国农业科学，1984（5）：3-11.

[36] 川田信一郎．水稻的根系 [M]．申廷秀，刘执钧，彭望瑷，译．北京：农业出版社，1984.

[37] 陈春焕，骆世明，李鸿武，等．水稻根系与产量构成关系的研究 [J]．华南农业大学学报，1993，14（2）：18-23.

[38] 石庆华，李木英．水稻根系特征与地上部关系的研究 [J]．江西农业大学学报，1995，17（2）：110-115.

[39] 王余龙，蒋建中，何杰升，等．水稻颖花根活量与籽粒灌浆结实的关系 [J]．作物学报，1992，18（2）：81-88.

[40] 张明生．水稻高产与根系的关系 [J]．科技通报，1990，6（2）：114-118.

[41] 刘桃菊，戚昌瀚，唐建军．水稻根系建成与产量及其构成关系的研究 [J]．中国农业科学，2002，35（11）：1416-1419.

[42] 张磊，肖剑英，谢德体，等．长期免耕水稻田土壤的生物特征研究 [J]．水土保持学报，2002，16（2）：111-114.

[43] 骆文光．免耕垄作覆盖技术的水土保持及经济效益分析 [J]．水土保持通报，1994，14（3）：35-38.

[44] 刘世平，庄恒扬，陆建飞，等．免耕法对土壤结构影响的研究 [J]．土壤学报，1998，35（1）：33-37.

[45] 谢德体，陈绍兰，魏朝富，等．水田不同耕作方式下土壤酶活性及生化特性的研究

[J]. 土壤通报，1994，25（5）：196-198.

[46] 黄锦法，俞慧明，陆建贤，等. 稻田免耕直播对土壤肥力性状与水稻生长的影响 [J]. 浙江农业科学，1997（5）：226-228.

[47] 严少华，黄东迈. 免耕对水稻土持水特征的影响 [J]. 土壤通报，1995，26（5）：198-199.

[48] 严少华，黄东迈. 免耕与覆盖施肥对水稻土结构的影响 [J]. 江苏农业学报，1989，5（3）：20-26.

[49] 魏朝富，高明，车福才，等. 垄作免耕水稻土团聚性的研究 [J]. 西南农业大学学报，1989，11（1）：17-21.

[50] BLEVINS R L, FYPE W W, BALOWIN P L, et al. Tillage effects on sediment and soluble nutrient losses from a Maury silt loam soil [J]. Journal of Environment Quality, 1990, 19 (4): 683-686.

[51] WEST L T, MILLERWP, LANGDALE G W, et al. Cropping system and consolidation effects on rill erosion in the Georgia Piedmont [J]. Soil Science Society America Journal, 1992, 56 (4): 1238-1243.

[52] 张志国，徐琪，BLEVINS R L. 长期秸秆覆盖免耕对土壤某些理化性质及玉米产量的影响 [J]. 土壤学报，1998，8（3）：384-391.

[53] MIELKE L N, WILHELM W W, RICHARDS K A, et al. Soil physical characteristics of reduced tillage in a wheat - fallow system [J]. Transactions of the Asae, 1984, 27: 1724-1728.

[54] UNGER P W. Tillage effects on surface soil physical conditions and sorghum emergence [J]. Soil Science Society of America Journal, 1984, 48: 1423-1432.

[55] HILL R L, HORTON R, CRUSE R M. Tillage effects on soil water retention and pore size distribution of two mollisols [J]. Soil Science Society of America Journal, 1985, 49: 1264-1270.

[56] AZOOZ R H, ARSHAD M A, FRANZLUEBBERS A J. Pore size distribution and hydraulic conductivity affected by tillage in northwestern Canada [J]. Soil Science Society of America Journal, 1996, 60: 1197-1201.

[57] VOORHEES W B, LINDSTROM M J. Long - term effects of tillage method on soil till independent of wheel traffic compaction [J]. Soil Science Society of America Journal, 1984, 48: 152-156.

[58] 刘鹏程. 稻草覆盖还田培肥地力的试验研究 [J]. 土壤肥料，1993（1）：35-36.

[59] 徐阳春，沈其荣，雷宝坤，等. 水旱轮作下长期免耕和施用有机肥对土壤某些肥力性状的影响 [J]. 应用生态学报，2000，11（4）：549-552.

[60] 柯建国，王泰伦，章熙谷，等. 江苏海安县轻壤土稻麦免耕土壤肥力消长模型初探 [J]. 南京农业大学学报，1992，15（2）：1-9.

[61] ANGERS D A, BISSONNELLE N, LEGERE A, et al. Microbial and biochemical changes induced by rotation and tillage in a soil under barley production [J]. Canadian

Journal of Soil Science, 1993, 73 (1): 39 - 50.

[62] NEEDELMAN B A, WANDER M M, BOLLERO G A, et al. Interaction of tillage and soil texture: biologically active soil organic matter in Illinois [J]. Soil Science Society of America Journal, 1999, 63 (5): 1326 - 1334.

[63] DALAL R L. Long - term effects of no - tillage, crop residue, and nitrogen application on properties of a vertisol [J]. Soil Science Society of America Journal, 1989, 53 (3): 1511 - 1515.

[64] BLEVINS R L, THOMAS G W, SMITH M S, et al. Changes in soil properties after 10 years continuous non - tilled and conventionally tilled corn [J]. Soil and Tillage Research, 1983, 3: 135 - 146.

[65] LAL R. No - tillage effects on soil properties under different crops in western Nigeria [J]. Soil Science Society of America Journal, 1976, 40: 762 - 768.

[66] ECKERT D G. Effect of reduced tillage on distribution of soil pH and nutrients in soil profiles [J]. Journal of Fertility Issues, 1985, 2: 86 - 90.

[67] BALESDENT J, MARIOTTI A, BOISGONTIER D. Effects of tillage on soil organic carbon mineralization estimated from ^{13}C abundance in maize fields [J]. Journal of Soil Science, 1990, 41 (4): 587 - 598.

[68] 殷士学. 免耕法对土壤微生物和生物活性的影响 [J]. 土壤学报, 1992, 29 (4): 370 - 375.

[69] EDWARDS W M. Role of lumbriens terrestrials burrows on quality of infiltration water [J]. Soil Biology and Biochemistry, 1992, 24 (2): 1555 - 1561.

[70] HENDRIX P F. Abundance and distribution of earthworm in relation to landscape factors on the Georgia Piedmont, U. S. A [J]. Soil Biology and Biochemistry, 1992, 24 (12): 1357 - 1361.

[71] 刘军, 黄庆, 付华, 等. 水稻免耕抛秧高产稳产的生理基础研究 [J]. 中国农业科学, 2002, 35 (2): 152 - 156.

[72] 顾掌根, 王岳钧. 水稻直播高产机理研究初报 [J]. 浙江农业科学, 2001 (2): 51 - 54.

[73] 川田信一郎. 水稻的根（论文集）[M]. 东京: 日本农业渔村文化协会, 1982.

[74] 潘晓华, 王永锐, 傅家瑞. 水稻根系生长生理的研究进展 [J]. 植物学通报, 1996, 13 (2): 13 - 20.

[75] 何芳禄, 王明全. 水稻根系的生长生理 [J]. 植物生理学通讯, 1980 (3): 21 - 25.

[76] DAVIES W J, ZHANG J. Root signals and the regulation of growth and development of plants in drying soil [J]. Annual Review of Plant Physiology and Plant Molecular Biology, 1991 (42): 55 - 76.

[77] 李水山, 皇甫植. 水稻高产品种根系的无机养分吸收特性 [J]. 沈阳农业大学学报, 1993, 24 (1): 17 - 21.

[78] 高明, 车福才, 魏朝富, 等. 垄作免耕稻田根系生长状况的研究 [J]. 土壤通报,

1998, 29 (5)：236 - 238.

[79] 王永锐，李小林. 免少耕水稻的根系活力和叶片衰老研究 [J]. 耕作与栽培，1992 (4)：31 - 34，35.

[80] 岳元文. 应用^{32}P 研究不同耕作法种植水稻的根系分布 [J]. 核农学报，1994，8 (12)：119 - 122.

[81] 吴伟明，宋祥甫，孙宗修，等. 不同类型水稻的根系分布特征比较 [J]. 中国水稻科学，2001，15 (4)：276 - 280.

[82] 朱德锋，林贤青，曹卫星. 超高产水稻品种的根系分布特点 [J]. 南京农业大学学报，2000，23 (4)：5 - 8.

[83] 朱德锋，林贤青，曹卫星. 水稻根系生长及其对土壤紧密度的反应 [J]. 应用生态学报，2002，13 (1)：60 - 62.

[84] 吴伟明，宋祥甫，邹国燕. 利用水上栽培方法研究水稻根系 [J]. 中国水稻科学，2000，14 (3)：189 - 192.

[85] 宋祥甫，应火冬，朱敏，等. 自然水域无土栽培水稻研究 [J]. 中国农业科学，1991，14 (4)：8 - 13.

[86] 高春先，顾秀慧，贝亚维，等. 褐稻虱再猖獗原因的探讨 [J]. 生态学报，1988，8 (2)：155 - 163.

[87] KIRITANI K. Pest management in rice [J]. Annual Review Entomology, 1979, 24：279 - 312.

[88] 卢隆杰，苏浓，岳森. 根外追肥防治水稻病虫害 [J]. 植物医生，2003，16 (3)：31 - 32.

[89] 季兴祥，陈龙，徐进，等. 水稻抛秧田化学除草技术 [J]. 杂草科学，2000 (2)：32 - 36.

[90] 刘都才，李璞. 瑞飞特与磺酰脲类除草剂混用防除稻田杂草技术研究 [J]. 杂草科学，1999 (4)：24 - 29.

[91] 刘军，陆秀明，黄庆，等. 免耕抛秧稻田化学除草研究 [J]. 农药，2000，39 (8)：29 - 30.

[92] 广东省农科院土肥所轮作课题组. 稻田复种轮作制的研究 [J]. 广东农业科学，1983 (4)：24 - 27.

[93] 李锦钧. 金华地区河谷平原稻田几种种植制度农田生态效率初步研究 [J]. 耕作与栽培，1985 (3)：1 - 6.

[94] 赵强基，袁从祎，褚金元，等. 江苏太湖地区几种作物和种植制度的农田生态功能 [J]. 江苏农业科学，1982 (2)：1 - 6.

[95] 谢仁兴，倪瑜娟. 平原稻区种植制度研究初析 [J]. 耕作与栽培，1985 (5)：14 - 17.

[96] 吴国庆，丁元树. 稻田三熟制社会经济生态效益的系统分析 [J]. 浙江农业大学学报，1990，16 (4)：389 - 394.

[97] 章熙谷，李萍萍，卞新民，等. 苏南地区几种种植方式的生态经济分析 [J]. 南京农业大学学报，1990，13 (4)：1 - 7.

[98] 黄国勤. 江西旱地不同耕作制度的综合评价 [J]. 科技通报，1990，6 (4)：227 - 229.

[99] 黄国勤，钟树福，刘隆旺. 鄱阳湖区旱地耕作制度效益的模糊综合评判 [J]. 耕作与栽培，1993（1）：7-10，15.

[100] 刘灶长，钟树福. 耕作制度的层次分析和模糊综合评价 [J]. 江西农业大学学报，1990，12（1）：65-72.

[101] 罗兴录. 应用灰色关联分析综合评估不同复种方式经济、生态效益探讨 [J]. 耕作与栽培，2001（4）：4-5.

[102] 陈杰，胡秉民. 德清县生态农业建设综合评价 [J]. 应用生态学报，2003，14（8）：1317-1321.

[103] 曾永军，石庆华，李木英，等. 施肥和密度对一季稻群体质量及产量的影响 [J]. 江西农业大学学报，2003，25（3）：325-330.

[104] 欧阳兵，胡玉明，赖克柱，等. 二晚免耕栽培技术试验初报 [J]. 江西农业科技，2002（6）：6.

[105] 浙江农业科学编辑部. 农作物田间试验记载项目及标准 [M]. 杭州：浙江科学技术出版社，1981.

[106] 山东农学院，西北农学院. 植物生理学实验指导 [M]. 济南：山东科学技术出版社，1980.

[107] 中国土壤学会农业化学专业委员会. 土壤农业化学常规分析方法 [M]. 北京：科学出版社，1983.

[108] 中国科学院南京土壤研究所. 土壤理化分析 [M]. 上海：上海科学技术出版社，1981.

[109] 南京农学院. 土壤农化分析 [M]. 北京：农业出版社，1982.

[110] 马晓渊，顾明德，吉林. 乘积优势度法的研究进展 [J]. 杂草科学，1994（4）：36-39.

[111] 顾明德，吉林. 农田杂草优势度目测统计分析法 [J]. 杂草科学，1991（2）：36-38.

[112] 王永山，王凤良，梁文斌，等. 苏北沿海棉田杂草群落发生分布消长及防除策略 [J]. 杂草科学，1998（3）：8-10.

[113] 马晓渊. 乘积优势度法在农田杂草群落研究中的应用 [J]. 江苏农业学报，1993，9（1）：31-35.

[114] 李云瑞. 农业昆虫学（南方本）[M]. 北京：中国农业出版社，2002：8.

[115] 唐启义，冯明光. 实用统计分析及其 DPS 数据处理系统 [M]. 北京：科学出版社，2002.

[116] 邓聚龙. 灰色系统基本方法 [M]. 武汉：华中理工大学出版社，1987.

[117] 杨惠杰，杨仁崔，李义珍，等. 水稻超高产的决定因素 [J]. 福建农业学报，2002，17（4）：199-203.

[118] 黄国勤. 江西稻田保护性耕作的模式及效益 [J]. 耕作与栽培，2005（1）：16-18.

[119] 邹应斌，黄见良，屠乃美，等. "旺壮重" 栽培对双季杂交稻产量形成及生理特性的影响 [J]. 作物学报，2001，27（3）：343-350.

[120] 蒋彭炎，冯来定，沈守江，等. 水稻不同群体条件与籽粒灌浆的关系研究 [J]. 浙江农业科学，1987（1）：1-5.

[121] 南京农业大学．田间试验和统计方法 [M]．2 版．北京：农业出版社，1987.

[122] 于贵瑞．种植业系统分析与优化控制方法 [M]．北京：农业出版社，1991.

[123] 张象根．农业工程概论 [M]．济南：山东科学技术出版社，1987.

[124] 袁祖嘉．灰色系统理论及其应用 [M]．北京：科学出版社，1991.

[125] 刘巽浩．能量投入产出研究在农业上的应用 [J]．农业现代化研究，1984 (4)：15-20.

[126] 骆世明，陈聿华，严斧．农业生态学 [M]．长沙：湖南科学技术出版社，1987.

[127] 吴志强．农业生态学基础 [M]．福州：福建科学技术出版社，1986.

[128] 杜金泉．少免耕稻作高产的原理及技术对策研究 [J]．耕作与栽培，1991 (4)：1-6，26.

[129] 杜金泉，帅志希，胡开树，等．水稻少免耕技术研究：Ⅱ高产的系列配套技术 [J]．西南农业学报，1992，5 (3)：18-22.

[130] 段红平．中国南方耕作制度面临的主要问题与研究现状 [J]．耕作与栽培，2000 (6)：1-4.

[131] 庄恒扬，刘世平，沈新平，等．长期少免耕对稻麦产量及土壤有机质与容重的影响 [J]．中国农业科学，1999，32 (4)：39-44.

[132] 张勇勇，顾克章，张顺泉．水稻免耕旱播耕作法的效益及其对土壤理化性状的影响 [J]．浙江农业科学，1997 (3)：118-120.

[133] 严光彬，李彦利，王万成，等．水稻早熟品种分蘖生产力的初步分析：Ⅸ免耕条件下的分蘖生产力 [J]．吉林农业科学，1999，24 (1)：29-31.

[134] 凌小明，刘国明，郑胜龙．抛秧水稻田病虫草害的发生特点及防治对策 [J]．植保技术与推广，1998，18 (6)：16-17.

[135] 胡秉民，王兆骞，吴建军，等．农业生态系统结构指标体系及其量化方法研究 [J]．应用生态学报，1992，3 (2)：144-148.

[136] 黄国勤．江西农业 [M]．北京：新华出版社，2000.

[137] 黄国勤．江西省耕作制度理论与实践 [M]．南昌：江西科学技术出版社，1996.

[138] 黄国勤．中国耕作学 [M]．北京：新华出版社，2001.

保护性耕作条件下稻田病虫害发生发展规律的调查研究[*]

摘　要： 保护性耕作稻田主要有免耕抛秧和免耕直播两种栽培方式，与常规移栽相比，稻株排列疏散，无行株距规格，田间小气候环境特殊，病虫害的发生有一定的特殊性。本文对 2005 年晚稻稻曲病发生普遍、稻飞虱发生严重的情况进行了调查与研究，总结出保护性耕作条件下稻田病虫害发生发展的基本规律，对保护性耕作稻田防治病虫害有积极的指导作用。

关键词： 保护性耕作；稻田；病虫害

江西省余江县，是国家粮食丰产科技工程攻关项目"双季稻区保护性耕作技术集成示范"子课题示范区之一。2005 年全省晚稻稻曲病发生普遍、稻飞虱发生严重，示范区内也有不同程度的发生。笔者对示范区内病虫害发生情况进行了大量的调查研究，调查的内容包括品种感病虫差异、播种期感病虫差异和栽培方式感病虫差异等，通过总结分析得出其基本规律，为保护性耕作技术的推广与应用提供更多的理论依据，加快其推广与应用的步伐。

1　材料与方法

调查范围主要是在江西省余江县平定乡，该乡是保护性耕作技术核心示范区所在地，应用的主要技术有水稻免耕抛秧和免耕直播技术，主栽品种为鹰优晚 2 号、鹰优晚 3 号、赣晚籼 30 号和丝苗等。稻飞虱和稻曲病的调查记录方法：分田块和品种进行 Z 形取样，每块田调查 7 个样点，共取样 100 蔸，分别数计虫头数和稻曲病发病穗数。产量以千粒重为指标，水稻成熟期每块田取 7 个样点，共取 50 蔸进行考察。

2　结果与分析

2005 年平定乡水稻发生的主要病害为稻曲病，害虫为稻飞虱。稻曲病发

---

　　* 作者：黄国勤、张兆飞、章秀福、陆卫斌、吴金发、方登、高旺盛。
　　本文原载于《现代农业与农作制度建设》，中国农学会耕作制度分会编，东南大学出版社，2006 年 4 月，第 465～467 页。

生面积占总播种面积的 70％以上；稻飞虱发生更为严重，75％以上的田块虫情达到 4 级以上，全乡有近 33.3hm² 的二季晚稻（二晚）稻田受稻飞虱"穿顶死槁"，经济损失严重。

2.1　不同品种和播期的感病性比较

表 1 是平定乡 2005 年二晚主要栽培品种病虫害的发生情况，所有调查田块都是免耕抛秧田。从表中数据可以看出，不仅不同品种的病虫害发生情况有差异，而且播期的不同对病虫害发生也有明显的影响。

调查数据表明，3 个品种以鹰优晚 3 号的抗病虫能力最好，鹰优晚 2 号最易感病虫；3 个品种病虫害表现都是 6 月 10 日后播种的比 6 月 7 日前播种的轻，可见适当调整播期可以有效防治病虫害的发生。

表 1　平定乡 2005 年二晚主栽品种的病虫害发生情况

品　　种	播种期	100 株稻飞虱最高虫量（头）	稻曲病		
			调查总穗数（个）	发病穗数（个）	发病率（％）
鹰优晚 2 号	6 月 7 日前	2 100	1 421	161	11.3
	6 月 10 日后	1 700	1 489	134	9.0
鹰优晚 3 号	6 月 7 日前	1 600	1 567	112	7.1
	6 月 10 日后	1 100	1 553	91	5.9
赣晚籼 30 号	6 月 7 日前	1 300	1 479	159	10.8
	6 月 10 日后	1 000	1 439	127	8.8

2.2　不同栽培方式下病虫害的比较

栽培方式主要考察了免耕抛秧、免耕直播和常规移栽 3 种。在调查中发现，同一品种在相同的病虫害防治条件不同栽培方式下，病虫害的发生及危害情况有明显差异。图 1 是 3 种栽培方式下稻飞虱的发生情况，表 2 是不同栽培方式下稻曲病对水稻产量的影响。

从图 1 可以看出，直播田的稻飞虱密度最大值达到了 100 蔸 2 500 头，比抛秧和常规移栽两种栽培方式都高，而且峰值持续时间也较长。这可能与直播田密度大、湿度高，利于稻飞虱生存有关。在实际生产中，应注意加强防治，采取间歇灌溉合理控制田间湿度，特别是抽穗后要根据植保部门的虫情预报及时防治，避免出现"穿顶死槁"造成不必要的损失。

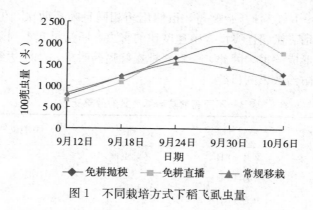

图 1　不同栽培方式下稻飞虱虫量

表 2　不同栽培方式下稻曲病对二晚水稻千粒重的影响

样点编号	免耕抛秧		免耕直播		常规移栽	
	病穗率（％）	千粒重（g）	病穗率（％）	千粒重（g）	病穗率（％）	千粒重（g）
1	5.7	25.13	5.9	25.78	6.1	24.38
2	6.2	24.76	6.2	25.31	6.0	23.79
3	6.9	22.13	7.3	20.66	6.8	22.31
4	7.6	20.39	6.3	20.39	7.3	20.97
5	7.1	21.89	5.9	25.52	7.9	20.17
6	6.5	23.47	6.7	22.29	8	20.11
7	6.1	23.38	6.5	21.31	7.1	21.01
平均	6.6	23.00	6.4	23.00	7.0	21.80

　　由于稻曲病对水稻的损害主要是通过减少千粒重来实现，所以产量因素重点调查了千粒重的变化情况。从表 2 的数据可以看出，相同品种不同栽培方式下，常规移栽的发病率较重，其千粒重比免耕直播低 5.2％，对产量影响较大；其次为抛秧；对直播处理的影响最轻。

2.3　不同药剂防治结果比较

　　喷施农用药剂一直是农民防治病虫害的主要措施之一，也是农民成本投入的主要部分，但不同的药剂及不同的喷施时间对病虫害的防治效果差异显著。表 3 是应用不同药剂防治稻飞虱的效果比较，表中田间最大虫头量表明，9 月 14 日用吡虫啉（或噻嗪酮）和敌敌畏混合喷施进行防治的效果最好，且只需喷药一次；而 9 月 10 日开始喷药，虽然用药相同且喷药两次，但其防治效果不理想。由于稻飞虱属迁飞性繁殖速度快的害虫，防治早起不到杀虫效果，防治晚可能已经形成危害。因此，一定要把握好喷药时机，才能达到既节省成本又能实现良好防治效果的目的。

表 3　不同药剂防治稻飞虱的效果比较

田块	喷药次数	喷药日期	药剂	100 蔸虫量最大值（头）
A	1	9 月 10 日	吡虫啉	2 100
B	2	9 月 10 日 9 月 14 日	敌敌畏	1 600
C	2	9 月 12 日 9 月 15 日	吡虫啉	1 500
D	2	9 月 14 日 9 月 17 日	噻嗪酮（吡虫啉） 敌敌畏	850
E	2	9 月 14 日 9 月 17 日	噻嗪酮	1 100

稻曲病的发生与品种、气候和播种时间关系密切，进行药剂防治效果不明显，因此需选用抗病品种并结合田间栽培措施进行综合防治。

3　讨论

通过对保护性耕作稻田的几种栽培和管理措施的对比研究，总结出保护性耕作稻田病虫害的有效防治措施，对水稻生产有着积极的指导意义。

2005 年，江西省二晚水稻受稻飞虱和稻曲病危害严重，全省受灾面积在 50％以上，保护性耕作示范区内虽也有部分田块受灾严重，但总体防治得当，将损失降到了最低。总结经验主要有以下几点：

（1）选用抗病虫品种。鹰优晚 2 号属老的当家品种，其抗病抗虫性表现较差；而鹰优晚 3 号抗病虫表现较好。示范区内 65％播种面积为鹰优晚 3 号，且布局合理，有利防止了病虫的迅速繁衍。这为防病虫打下了良种基础。

（2）把握时机，及时预防。防治病虫重在预防，示范区内根据植保部门的病虫预测及时进行药剂防治，尽量把虫头密度或病害范围控制在阈值内，严防病虫害扩展。

（3）合理施肥灌溉。生育后期少施氮肥，防止水稻贪青；不灌深水，实行间歇灌溉，保持田间合适的湿度，减少适宜病虫害的寄生环境。

参考文献

[1] 施辰子，郭玉人，陆保理，等．水稻稻曲病分级标准及导致产量损失的初步测定［J］. 上海交通大学学报，2003（6）：152－155.

[2] 黄国勤，黄小洋，张兆飞，等．免耕对水稻根系活力和产量性状的影响［J］. 中国农学通报，2005，21（5）：170－173.

[3] 黄小洋，黄国勤，余东晖，等．免耕对晚稻群体质量及产量的影响［J］. 江西农业学报，2004，16（3）：1－4.

[4] 张兆飞，黄国勤，黄小洋，等．江西省保护性耕作的现状与分析［J］. 中国农学通报，2005，31（5）：366－368，371.

[5] 袁明凌，曹睿，沈牡鸿，等．水稻免耕抛秧技术示范总结［J］. 江西农业科技，2004（增刊）：71－73.

[6] 眭立仁，宋志龙．稻曲病病因观察调查和思考［J］. 上海农业科技，2005（4）：100－101.

[7] 陈永兵，周有铭，刘福明，等．稻曲病田间分布特点及对水稻产量影响因子研究［J］. 浙江农业科学，2005（4）：301－304.

[8] 姜京宇，杜惠玲，张春巧，等．农业病虫系统灰色动态关联分析［J］. 河北农业大学学报，1997（10）：39－41.

[9] 董涛海，李东，徐国军，等．稻曲病侵染时期及防治技术初探［J］. 浙江农业科学，2004（3）：153－154.

[10] 王飚，何丽，谈孝凤．优质稻稻曲病发生规律及防治技术研究［J］. 植物医生，2005（4）：5－6.

[11] 戴其根，许轲，张洪程．抛秧水稻生长发育与产量形成的生态生理机制：Ⅲ 秧苗地面水平向上的分布格局及其生态生理效应［J］. 作物学报，2001（6）：802－810.

水稻免耕栽培的减灾效应研究*

摘　要： 为探索稻田保护性耕作技术——水稻免耕的减灾效应，将免耕与传统稻作方法相结合组成常耕移栽、常耕抛秧、免耕移栽、免耕抛秧 4 个处理进行试验，并运用生态学原理对试验结果进行了分析研究。结果表明，稻田保护性耕作能提高作物产量，降低水稻部分生育阶段病虫害发生，抑制农田杂草的生长。

关键词： 水稻；免耕栽培；减灾效应；生态环境

水稻免耕栽培技术是指在水稻种植前，稻田未经任何翻耕犁耙，先使用除草剂摧枯前季作物残茬或绿肥，灭除杂草植株、落粒谷幼苗后，灌水并施肥沤田，待水层自然落干或排至浅水后，将秧苗抛栽或播到大田中的一项新的水稻耕作栽培技术。早在 265—316 年，我国华南地区种植再生稻就采用免耕栽培技术，至 2007 年我国水稻免耕抛秧面积超过 260 万 hm^2。长期的传统耕作不仅破坏土壤结构，而且造成杂草滋生，病虫害增加，以及农药的大量使用。农药本身由于是一种有毒物质，在使用其防治病虫害的同时，也污染了环境。特别是农药的误用和滥用，杀伤天敌，使害虫产生抗性种群，有可能导致病虫害加重和化学药剂用量不断增加，造成恶性循环。因此，寻找安全合理的水稻害虫防治措施，减少化学农药的使用，保护农田环境和人类的食品安全，已成为人们关注的一个重要问题。本文以"绿肥（紫云英）—早稻—晚稻"种植模式为例，研究水稻免耕栽培的农田生态减灾效应，为保护性耕作的大面积推广提供参考。

1　材料与方法

1.1　试验材料与试验设计

试验在江西省余江县农业科学研究所试验田进行。种植模式为绿肥（紫云英）—早稻—晚稻。2005 年早稻品种为神农 101，晚稻品种为金优 402；2006 年早稻品种为优Ⅰ458，晚稻品种为鹰优晚 3 号；绿肥紫云英品种为余江大叶

* 作者：熊传伟、黄国勤；通讯作者：黄国勤（教授、博导，E-mail：hgqjxes@sina.com）。

本文原载于《气象与减灾研究》2007 年第 30 卷第 2 期第 33～37 页。

子。试验设计 4 个处理：A（CK）——常耕移栽，B——常耕抛秧，C——免耕移栽，D——免耕抛秧。其中，每个小区的面积为 66.7m²。各处理均设两个重复，采用随机区组设计。各处理栽插密度为 44.1 万蔸/hm²（移栽行株距为 20cm×17cm，抛秧按此密度抛栽）。施肥分别按基肥∶分蘖肥∶孕穗肥为 6∶2∶2 施用[5]。各处理施肥量与施肥时间相同，管理方法按常规进行，并且各处理均匀一致。成熟期分小区收割测产，同时每小区随机取平均茎蘖数 5 蔸考种，计算理论产量。

1.2 田间管理

（1）2005 年早稻。4 月 5 日，在免耕小区，用 20％百草枯稀释喷施紫云英，48h 后灌水将其淹没，保持 3cm 深水层至移栽日。常耕田于 4 月 5 日翻耕，并保持 2cm 深水层，15d 后再整田。3 月 27 日用强氯精浸种，洗净后保温催芽，30 日播种。抛栽秧采用秧盘育秧，每穴播 5 粒，出苗后间苗至 3 棵；移栽秧采用水田育秧。4 月 28 日施基肥；4 月 29 日移栽（抛秧），每兜栽 3 棵秧；5 月 8 日混施分蘖肥和丁·苄除草剂；6 月 12 日施孕穗肥；7 月 24 日收割测产。

（2）2005 年晚稻。7 月 4 日播种，每 667m² 用种 1.5kg。移栽秧采用水田育秧；抛栽秧采用 434 孔秧盘育秧，用秧盘 60 只。在秧苗 1 叶 1 心时喷 1 次多效唑。7 月 24 日收割早稻后，立即在各免耕小区分别用 250mL 20％百草枯兑 50kg 清水喷施稻桩，24h 后灌水至 3cm，保持至抛秧日再施基肥（每 667m² 用复合肥 40kg）；在常耕小区，立即灌水翻耕，并施基肥（同上）。各处理均于 7 月 27 日移栽或抛栽，移栽时每兜栽 1 粒谷（平均带蘖 5 个）；8 月 3 日混施分蘖肥和丁·苄除草剂；9 月 13 日施孕穗肥；10 月 12 日收割测产。

（3）2006 年早稻与晚稻育秧、田块处理和施肥方法分别同 2005 年早稻与晚稻。

1.3 项目测定方法

1.3.1 水稻病害调查

水稻分蘖盛期和成熟期，每小区取 5 个样点，每样点取 100 株，调查水稻纹枯病的发生情况。

1.3.2 水稻虫害调查

水稻分蘖盛期，采用平行线式方法调查二化螟的数量及其危害[6]。水稻成熟前，采用对角线式方法调查稻纵卷叶螟的数量及其危害。害虫调查每小区随机取 5 个样点，每样点取 100 株，调查水稻害虫头数。

1.3.3 稲田草害调查

水稲分蘖盛期和抽穗期，对田间杂草各调查1次，采用乘积优势度法[7,8]，针对杂草的种群变化、覆盖度等进行调查分析。

1.3.4 水稲考种与测产

水稲成熟期，在各小区普查50丛作为有效穗数计算的依据，然后用平均数法在各小区中随机选取有代表性的水稲植株5丛，作为考种材料。考种项目包括有效穗数、每穗实粒数和结实率。清水漂洗去空、秕粒，晒干后用1/100分析天平测千粒重，并于成熟期用1/10天平测每小区实际产量（干重）。

2 结果与分析

2.1 水稲产量

按照前文提到的考种与测产方法，水稲产量测定结果如表1所示。

（1）有效穗数。各季水稲免耕与传统耕作的单位面积有效穗数差异较大。2005年早稲，处理D比处理C、B、A分别多2.9穗/m²、41.3穗/m²、74.5穗/m²；2005年晚稲，处理D比处理C、B、A分别多25.6穗/m²、54.3穗/m²、58.4穗/m²。2006年早稲，处理D比处理C、B、A分别多6.7穗/m²、14.2穗/m²、18.5穗/m²；2006年晚稲，处理D比处理C、B、A分别多17.2穗/m²、60.1穗/m²、66.3穗/m²。

（2）每穗实粒数。2005年早稲，处理D比处理C、B、A分别多3粒、6粒、9粒；2005年晚稲，处理D比处理C、B、A分别多3粒、4粒、6粒。2006年早稲，处理D比处理C、B、A分别多2粒、7粒、8粒；2006年晚稲，处理D比处理C、B、A分别多4粒、7粒、13粒。因免耕稲田具有保水、保温作用，能促进水稲开花受精，减少了稲花不受精或发育不正常的秕谷率。

表1 不同处理水稲产量构成

水稲	处理	有效穗数（个/m²）	每穗实粒数（个）	结实率（%）	千粒重（g）	实际产量（kg/hm²）
2005年早稲	A	325.6	122	74.5	23.5	6 584
	B	358.8	125	74.6	23.2	6 722
	C	397.2	128	74.4	23.6	7 377
	D	400.1	131	72.8	23.8	7 402
2005年晚稲	A	291.2	124	76.0	22.7	6 626
	B	295.3	126	74.5	22.9	6 742
	C	324.0	127	73.8	23.4	6 895
	D	349.6	130	73.9	23.7	6 999

（续）

水稻	处理	有效穗数 （个/m²）	每穗实粒数 （个）	结实率 （%）	千粒重 （g）	实际产量 （kg/hm²）
2006 年 早稻	A	366.7	120	73.7	23.5	7 125
	B	371.0	121	72.8	23.6	7 089
	C	378.5	126	71.9	23.8	7 335
	D	385.2	128	71.5	23.9	7 410
2006 年 晚稻	A	293.5	122	88.0	22.8	6 817
	B	299.7	128	80.8	23.1	6 904
	C	342.6	131	76.8	23.8	7 123
	D	359.8	135	79.8	24.1	7 201

（3）千粒重。2005 年早稻，处理 D 比处理 C、B、A 分别重 0.2g、0.6g、0.3g；2005 年晚稻，处理 D 比处理 C、B、A 分别重 0.3g、0.8g、1.0g。2006 年早稻，处理 D 比处理 C、B、A 分别重 0.1g、0.3g、0.4g；2006 年晚稻，处理 D 比处理 C、B、A 分别重 0.3g、1.0g、1.3g。免耕稻田具有保水、保肥作用，在水稻灌浆期能提供足够水肥，因而免耕的千粒重比传统耕作高。

（4）实际产量。2005 年早稻，处理 D 比处理 C、B、A 分别高 25kg/hm²、680kg/hm²、818kg/hm²；2005 年晚稻，处理 D 比处理 C、B、A 分别重 104kg/hm²、257kg/hm²、373kg/hm²；2006 年早稻，处理 D 比处理 C、B、A 分别多 75kg/hm²、321kg/hm²、285kg/hm²；2006 年晚稻，处理 D 比处理 C、B、A 分别多 78kg/hm²、297kg/hm²、384kg/hm²。

综上所述，免耕水稻的有效穗数、每穗实粒数、千粒重都比传统耕作大，所以免耕的产量也更高。

2.2 水稻病害

按照前文提到的水稻病害调查测定方法，对小区水稻分蘖期和成熟期的病害分别进行调查测定（表2）。

由表 2 可知，在分蘖盛期，各季水稻纹枯病的发病率均表现为处理 C 比处理 D、A、B 高。其中，2005 年早稻，处理 D 比处理 C 低 3 个百分点，比处理 B 和 A 分别高 11 和 13 个百分点，免耕处理平均发病率比常耕处理平均值高 13.5 个百分点。2005 年晚稻，处理 D 比处理 C 低 2 个百分点，比处理 B 和 A 分别高 5 和 7 个百分点，免耕处理平均发病率比常耕处理平均值高 7.0 个百分点。2006 年早稻，处理 D 比处理 C 低 1 个百分点，比处理 B 和 A 分别高 9 和14 个百分点，免耕处理平均发病率比常耕处理平均值高 12.0 个百分点。

2006 年晚稻，处理 D 比处理 C 低 2 个百分点，比处理 B 和 A 分别高 8 和 15 个百分点，免耕处理平均发病率比常耕处理平均值高 12.5 个百分点。在成熟期，各季水稻纹枯病的发病率均表现为处理 C、D 比处理 A、B 低。其中，2005 年早稻，处理 D 比处理 C、B、A 分别低 2、13、16 个百分点，免耕处理平均发病率比常耕处理平均值低 13.5 个百分点。2005 年晚稻，处理 D 比处理 C、B、A 分别低 1、8、11 个百分点，免耕处理平均发病率比常耕处理平均值低 9.0 个百分点。2006 年早稻，处理 D 比处理 C、B、A 分别低 1、8、11 个百分点，免耕处理平均发病率比常耕处理平均值低 9.0 个百分点。2006 年晚稻，处理 D 比处理 C、B、A 分别低 1、8、10 个百分点，免耕处理平均发病率比常耕处理平均值低 8.5 个百分点。

表 2　不同处理水稻纹枯病发病率

单位：%

水稻	处理	分蘖盛期	成熟期
2005 早稻	A	22	34
	B	24	31
	C	38	20
	D	35	18
2005 晚稻	A	20	24
	B	22	21
	C	29	14
	D	27	13
2006 早稻	A	23	26
	B	28	23
	C	38	16
	D	37	15
2006 晚稻	A	17	24
	B	24	22
	C	34	15
	D	32	14

由此可见，水稻纹枯病发病率，在分蘖盛期，免耕处理比常耕处理高；在成熟期，免耕处理比常耕处理低。

2.3　水稻虫害

按照前文提到的水稻虫害调查测定方法，对稻田二化螟和稻纵卷叶螟进行调查（表3）。由表3可知，各季水稻的稻纵卷叶螟发生情况类似。2005年早稻，处理D比处理A、B每100丛分别少29头、22头；2005年晚稻，处理D比处理A、B每100丛分别少96头、90头。2006年早稻，处理D比处理A、B每100丛分别少76头、78头；2006年晚稻，处理D比处理A、B每100丛分别少103头、97头。从二化螟的危害率来看，2005年早稻，处理D比处理A、B分别少16、15个百分点；2006年早稻，处理D比处理A、B分别少23、15个百分点。由此可见，免耕可以减少稻田稻纵卷叶螟和二化螟发生的数量。因为稻纵卷叶螟和二化螟成虫均有趋绿性，而常耕水稻在这些害虫的成虫期比免耕水稻要绿得多，因此常耕水稻受害情况较免耕水稻严重。

表3　不同处理水稻纹枯病发病率

水稻	处理	稻纵卷叶螟（头）	二化螟危害率（%）
2005 早稻	A	114	40
	B	107	39
	C	88	28
	D	85	24
2005 晚稻	A	168	—
	B	162	—
	C	74	—
	D	72	—
2006 早稻	A	155	55
	B	157	47
	C	88	36
	D	79	32
2006 晚稻	A	164	—
	B	158	—
	C	74	—
	D	61	—

　　注：稻纵卷叶螟的调查时间为水稻黄熟期，调查数量为每100丛所含头数；二化螟的调查时间为水稻分蘖盛期。

2.4　稻田草害

2.4.1　杂草种类和覆盖度的变化

　　按前文提到的稻田草害调查测定方法，对水稻分蘖盛期和抽穗期的田间杂草进行测定（表4）。由表4可知，无论早稻还是晚稻，免耕处理的杂草种类和覆盖度都比常规处理高。虽然免耕处理的杂草种类较多，但两次测定间杂草覆盖度的增幅一般比常规处理的小。处理A、B、C、D早稻杂草覆盖度增幅依次为 42.9％、42.9％、39.4％、38.2％，晚稻依次为 66.7％、64.9％、32.1％、65.0％。这与免耕处理水稻分蘖出现早、快，叶面积指数增长比常规处理水稻大，水稻封行早，不利于杂草生长有关。

表 4　不同处理杂草种类和覆盖度的变化（2005 年）

处理	5 月 18 日		6 月 17 日		8 月 25 日		9 月 9 日	
	种类（个）	覆盖度（％）	种类（个）	覆盖度（％）	种类（个）	覆盖度（％）	种类（个）	覆盖度（％）
A	6	28	9	40	10	30	12	50
B	6	28	9	40	13	37	16	61
C	8	33	11	46	14	53	17	70
D	8	34	11	47	10	40	13	66

资料来源：张兆飞，2016. 保护性耕作对稻田生态结构功能及效益的影响［D］. 南昌：江西农业大学.

2.4.2　杂草优势种的变化

据马晓渊[7,8]报道，利用乘积优势度（盖度、相对高度和频度的乘积）可以确定杂草优势种：将数量达到危害损失水平（盖度和相对高度二因素乘积优势度 $MDR_2 \geqslant 10\%$）的种类定为优势种，$10\% > MDR_2 \geqslant 5\%$ 的种类定为亚优势种。在草害下降的情况下，也可将 $10\% > MDR_2 \geqslant 5\%$ 的种类定为优势种，$5\% > MDR_2 \geqslant 1\%$ 的种类定为亚优势种。

分析 2005 年不同处理优势种的变化（表 5）可知，免耕处理杂草种类虽然比常耕处理多，但因其长势弱，与长势强的水稻相竞争，只有少数种类能发展为优势种。因此，在水稻免耕栽培过程中，应采取措施增强水稻长势，争取尽早封行，以抑制杂草的生长。2006 年的杂草种类和优势种与 2005 年相同。

表 5　不同处理杂草优势种的年内变化动态（2005 年）

处理	5 月 18 日	6 月 17 日	8 月 25 日	9 月 9 日
A	稗草、牛毛毡、矮慈姑、双穗雀稗	稗草、鸭舌草、牛毛毡、矮慈姑、鳢肠	牛毛毡、稗草、鸭跖草	牛毛毡、矮慈姑、稗草、野慈姑
B	稗草、牛毛毡、矮慈姑、双穗雀稗	稗草、鸭舌草、牛毛毡、矮慈姑、鳢肠	牛毛毡、稗草、鸭跖草	牛毛毡、矮慈姑、稗草、野慈姑
C	稗草、牛毛毡、矮慈姑、双穗雀稗、鸭舌草	稗草、鸭舌草、牛毛毡、矮慈姑、紫萍、异型沙草	牛毛毡、稗草、鸭跖草、鸭舌草、矮慈姑	牛毛毡、矮慈姑、稗草、野慈姑、鸭舌草、鳢肠
D	稗草、牛毛毡、矮慈姑、双穗雀稗、鸭舌草	稗草、鸭舌草、牛毛毡、矮慈姑、紫萍、异型沙草	牛毛毡、稗草、鸭跖草、鸭舌草、矮慈姑	牛毛毡、矮慈姑、稗草、野慈姑、鸭舌草、鳢肠

3 小结与讨论

3.1 保护性耕作能提高水稻产量

处理 D 的单位面积有效穗数，比处理 A、B、C 分别多 4.8%～18.6%、3.7%～15.5%、0.7%～7.3%。处理 D 的每穗实粒数，比处理 A、B、C 分别多 4.6%～6.9%、3.1%～5.5%、1.6%～2.3%。处理 D 的千粒重，比处理 A、B、C 分别多 1.3%～4.2%、1.3%～3.4%、0.4%～1.3%。处理 D 的实际产量，比处理 A、B、C 分别高 3.8%～11.1%、3.7%～9.2%、0.3%～1.5%。在水肥条件相同的情况下，保护性耕作能起到保水的作用，并能提高土壤及表层大气的温度，有利于水稻的幼穗分化及灌浆，降低部分生育阶段的病虫草害而获得高产。传统耕作保水、保温性较差，也不能完全减轻病虫草害，因此产量没有保护性耕作高。这与谢德体等[9]的研究结论一致。

3.2 保护性耕作能降低水稻部分生育阶段的病虫草害

病害方面，在分蘖盛期，免耕水稻的纹枯病发病率比常耕水稻高 7.0～13.5 个百分点；而在成熟期，免耕水稻比常耕水稻低 9.0～13.5 个百分点。虫害方面，成熟期的稻纵卷叶螟数量，处理 D 比处理 A 每 100 丛少 29～103 头，比处理 B 每 100 丛少 22～97 头；而免耕处理之间以及常耕处理之间的差异不明显。二化螟危害率，2005 年早稻处理 D 比处理 A 和 B 分别少 16 和 15 个百分点，2006 年早稻处理 D 比处理 A 和 B 分别少 23 和 15 个百分点，而处理 D 和处理 C 之间差异不明显。这与凌小明等[10]的研究结论一致。草害方面，免耕稻田的杂草种类比常耕稻田多，但其覆盖度的增长幅度比常耕稻田小。从杂草优势种来看，2005 年晚稻、2006 年早稻的分蘖盛期，免耕稻田杂草优势种均比常耕稻田少，亚优势种多；成熟期免耕稻田杂草优势种比常耕稻田少，亚优势种多。

免耕水稻病虫害较常耕水稻轻，可能是因为免耕水稻发育早，水稻群体质量较高，其抗病虫能力较强。在第二、第四代二化螟及稻纵卷叶螟发生期间，免耕早、晚稻已处于黄熟期，并已褪色，螟蛾和蚁螟难以侵入产卵[10]；而常耕水稻生育期相对较迟并处于灌浆期至成熟期，颜色较深，加上二化螟及稻纵卷叶螟有趋绿性，因此免耕水稻受虫害较常耕水稻轻。免耕稻田受草害较常耕田略严重，但可以通过水稻早发育、早封行来控制。即可以通过推广保护性耕作来减轻病虫草害，保护生态环境。

参考文献

[1] 高春先，顾秀慧，贝亚维，等．褐稻虱再猖獗原因的探讨［J］.生态学报，1988，8

（2）：155－163.

［2］黄国勤，黄禄星. 稻田轮作系统的减灾效应研究 ［J］. 气象与减灾研究，2006，29（3）：25－29.

［3］KIRITANI K. Pest management in rice ［J］. Annual Review Entomology，1979，24：279－312.

［4］黄国勤，黄秋萍. 江西省生物入侵的现状、危害及对策 ［J］. 气象与减灾研究，2006，29（1）：51－55.

［5］曾永军，石庆华，李木英，等. 施肥和密度对一季稻群体质量及产量的影响 ［J］. 江西农业大学学报，2003，25（3）：325－330.

［6］李云瑞. 农业昆虫学 ［M］. 北京：中国农业出版社，2002：8.

［7］马晓渊，顾明德，吉林. 乘积优势度法的研究进展 ［J］. 杂草科学，1994（4）：36－39.

［8］马晓渊. 乘积优势度法在农田杂草群落研究中的应用 ［J］. 江苏农业学报，1993，9（1）：31－35.

［9］谢德体，魏朝富，陈绍兰，等. 水田自然免耕对稻麦生长和产量的影响 ［J］. 西南农业学报，1993，6（1）：47－54.

［10］凌小明，刘国明，郑胜龙. 抛秧水稻田病虫草害的发生特点及防治对策 ［J］. 植保技术与推广，1998，18（6）：16－17.

秸秆还田对稻田生态系统环境
质量影响的初步研究[*]

摘　要: 为了得到较好的还田方式及还田量,采用不同的处理对早、晚稻分别进行研究。通过采用覆盖还田、粉碎还田和堆肥还田 3 种不同的秸秆还田方式,针对秸秆还田对早稻生长及产量、品质的影响以及对土壤肥力状况的影响进行研究。晚稻处理中,在秸秆还田的同时,通过配施不同种类和数量的化肥以及降解菌来研究晚稻土壤生物活性变化(微生物区系变化、土壤酶活性变化)。结果表明:对于早稻产量及土壤养分状况方面,粉碎还田 3 000kg/hm² 相比其他处理来说有较好的效果;对于晚稻土壤微生物及酶活性变化方面,秸秆还田的同时配施复合肥能有效增加土壤中细菌的数量,其中粉碎还田 3 000kg/hm²＋225kg/hm² 复合肥的细菌数量最多。秸秆还田配施一定的化肥能够增加过氧化氢酶和脲酶的活性,但是对于土壤中转化酶活性的影响不大。

关键词: 秸秆还田;稻田生态系统;环境质量

秸秆是一类极其丰富的最能直接利用的可再生有机资源。作为一种廉价的有机肥料,秸秆含有丰富的有机碳和氮、磷、钾、硅等矿质营养元素。秸秆还田能够改良土壤,培肥地力,有效增加土壤有机质含量。有研究表明[1],连续 3 年秸秆还田,可增加土壤有机质含量 0.2～0.4 个百分点;秸秆还田也可以增加作物产量,在现有农业生产水平下,如耕地每公顷还田作物秸秆 4 500～7 500kg,可增产粮食 25kg 以上[1-3];秸秆还田还可以优化农田生态环境等。李新举等[4]研究发现,无论秸秆覆盖还是秸秆翻压都可以增加土壤孔隙度、降低土壤容重,使得土壤疏松,通透性改善。叶文培等[5]认为,不同时期秸秆还田对水稻生长发育也不一样,秸秆还田提高了水稻分蘖数、叶面积指数和地上部干物质积累量,增加了水稻的有效穗数和每穗实粒数,从而提高了水稻产量。黄河仙等[6]研究表明,稻草全量还田在 2～3 年内对水稻增产无显著作用,在配施氮肥情况下,稻草全量还田对水稻的增产

　＊ 作者:杨滨娟、黄国勤、钱海燕、樊哲文、方豫;通讯作者:黄国勤(教授、博导,E-mail: hgqjxes@sina.com)。

　本文原载于《中国农学通报》2012 年第 28 卷第 2 期第 200～208 页。

率一般为 5%～9%，远低于施加稻草对水稻的增产效应。所以建议在南方双季稻区实行半量稻草原位还田，半量稻草易地还田。前人的研究范围已经很广泛，但是对于比较秸秆不同还田方式和还田量的研究报告较少。为此，笔者对秸秆的最佳还田方式及秸秆还田后对农田生态系统环境质量的影响进行研究，对于增加土壤有机质、提高耕地质量、保护生态环境以及促进现代农业可持续发展具有重大的意义。本文旨在揭示秸秆不同还田方式对培肥土壤、改善农田生态系统环境质量和影响作物生长的机理，为高效节能的秸秆还田提供参考。

1 材料与方法

1.1 试验地概况

秸秆还田试验于 2010 年 3—11 月在江西农业大学科技园试验田（$28°46'$N，$115°55'$E）进行。试验基地的年均太阳总辐射量为 $4.79×10^{13}$ J/hm²，年均日照时数为 1 852h，年日均温≥0℃的积温达 6 450℃，无霜期约 272d，年均温为 17.6℃，年降水量 1 624mm。冬季绿肥紫云英品种为余江大叶子，冬季黑麦草品种为赣选一号，油菜品种为胜油 1 号。早稻的供试品种是金优 1 176，晚稻的供试品种是中优 161。试验各小区均为"肥—稻—稻"种植模式，土壤肥力均匀一致，排灌条件良好。小区面积为 11m×3m，小区间用高 30cm 的水泥埂隔开。

1.2 试验设计

试验采用试验小区方法，早稻、晚稻分别设计不同的试验处理，早稻试验目的是通过对早稻生长及产量品质以及对土壤肥力状况的影响，以期能够确定较好的还田方式及还田量。晚稻试验在秸秆还田的同时，通过配施不同种类和数量的化肥以及降解菌，旨在研究晚稻土壤生物活性变化（微生物区系变化、土壤酶活性变化）。试验中早稻和晚稻试验设计分别设置了 8 个处理，3 次重复，按随机区组排列，具体试验处理方式见表 1、表 2。

表 1　早稻试验处理

处理	符号	方　案
对照	CK	不施用秸秆，根据当地农田常规操作
覆盖还田	A	还田量为 2 250kg/hm²
	B	还田量为 3 000kg/hm²

（续）

处理	符号	方案
粉碎还田	C	还田量为 2 250kg/hm²
	D	还田量为 3 000kg/hm²
堆肥还田	E	还田量为 2 250kg/hm²
	F	还田量为 3 000kg/hm²
	G	还田量为 3 750kg/hm²

表 2　晚稻试验处理

处理	符号	方案
对照	CK	粉碎还田 3 000kg/hm²，不另外施加任何化肥
复合肥	A	粉碎还田 3 000kg/hm²＋150kg/hm² 复合肥
	B	粉碎还田 3 000kg/hm²＋225kg/hm² 复合肥
碳酸氢铵	C	粉碎还田 3 000kg/hm²＋150kg/hm² 碳酸氢铵
	D	粉碎还田 3 000kg/hm²＋225kg/hm² 碳酸氢铵
过磷酸钙	E	粉碎还田 3 000kg/hm²＋150kg/hm² 过磷酸钙
	F	粉碎还田 3 000kg/hm²＋225kg/hm² 过磷酸钙
降解菌	G	粉碎还田 3 000kg/hm²＋降解菌

1.3　测定项目及测定方法

1.3.1　早稻试验测定项目及测定方法

（1）水稻的茎蘖动态。移栽后定点定期测定分蘖消长动态。每个小区定点1排，每排5穴，移栽1周后，每隔5d调查1次分蘖数量，直到分蘖数稳定为止。

（2）测产和考种。水稻成熟期，在各小区普查50蔸作为有效穗数计算的依据，然后用平均法在各小区中随机选取有代表性的水稻植株5蔸，风干后作为考种材料。清水漂洗去空、秕粒晒干后，用1/100分析天平测千粒重。并于成熟期采用五点取样法取100蔸水稻，脱粒晒干去空、秕粒后，用1/10天平称重，作为实际产量。

（3）杂草产量。在水稻成熟期对田间杂草进行调查，采用五点法，每点测1m²，主要对杂草的鲜重进行分析。

（4）土壤理化性状的测定。早稻移栽前、收割后取样测定土壤 N、P、K

变化动态。每处理 3 次重复取样。取耕层 10～20cm 的土样，5 点取样，土壤养分的测定指标有：pH、有机质、全氮、全磷、全钾、碱解氮、有效磷、速效钾。测定方法[7-9]：土壤 pH 采用 pH 计测定，土壤有机质采用重铬酸钾—浓硫酸外加热法测定，全氮采用半微量开氏法，全磷采用 NaOH 熔融—钼锑抗比色法，全钾采用 NaOH 熔融-火焰光度法，碱解氮采用碱解扩散法，有效磷采用 NaHCO₃-钼锑抗比色法，速效钾采用 NH₄OAc 浸提-火焰光度法。

（5）土壤固碳效应。早稻移栽前、收割后取样测定土壤有机碳变化动态。国际上采用 58％作为土壤有机质碳含量转换系数即土壤有机碳＝土壤有机质×0.58。

1.3.2 晚稻试验测定项目及测定方法

（1）土壤微生物动态变化。晚稻移栽前、收割后取样测定土壤微生物变化动态，每处理 3 次重复取样。微生物数量的测定采用常用的稀释平板测数法，细菌采用混菌法接种，真菌和放线菌采用涂抹法接种，嫌气性细菌采用液状石蜡油法，各设 3 次重复，适温培养。好气性细菌培养温度为 35～36℃，培养 36h；嫌气性细菌培养温度为 35～36℃，培养 48h；真菌和放线菌培养温度为 28℃，真菌培养 4～5d，放线菌培养 5～6d。土壤微生物活度测定采用改进的荧光素双醋酸酯（FDA）法测定，在无菌磷酸缓冲液（pH 7.6）中加 FDA 储液至终浓度为 10μg/mL，加入土壤，24℃振荡培养 90min，加等体积丙酮终止反应，离心 5min；然后用滤纸过滤，490nm 波长处进行比色。各测 3 次重复，以隔日 2 次高压湿热灭菌土壤为对照。

（2）土壤酶活性变化。不同酶活性测定方法如下。

过氧化氢酶活性：取 2g 过 0.18mm 筛风干土样于 100mL 三角瓶中，加 40mL 蒸馏水摇匀，再加入 5mL 0.3％过氧化氢溶液，振荡悬液 20min 后，立即加入 5mL 1.5mol/L 硫酸，使未分解的过氧化氢稳定，用致密滤纸将瓶中内溶物过滤。吸取 25mL 清澈滤液于 100mL 三角瓶中，用 0.05mol/L 高锰酸钾溶液滴定至溶液微红色（30s 不褪色）即达终点。同时，设无土和无基质对照。土壤中过氧化氢酶活性用单位土重的 0.05mol/L 高锰酸钾质量表示。

脲酶活性：取 10g 过 1mm 筛的土样于 100mL 容量瓶中，用甲苯处理 15min 后，加入 10mL 10％尿素和 20mL 柠檬酸溶液（pH 6.7）并仔细混合，然后将容量瓶放入 37℃恒温箱中培养 24h。培养结束后用热至 38℃水稀释至刻度，仔细摇荡，并将悬液用致密滤纸过滤于三角瓶中。吸取 1mL 滤液于 50mL 容量瓶中，加入 10mL 蒸馏水，充分摇荡；然后加入 4mL 苯酚钠，仔细混合，再加入 3mL 次氯酸钠，充分摇荡；放置 20min，用水稀释至刻度，溶液呈现靛酚的蓝色；在光电比色计上用 1cm 液槽，于 578nm 处对显色液进行比色测定。同时，设置无土对照和无基质对照。土壤脲酶活性以 24h 后 1g 土壤中铵态氮的质量表示。

转化酶活性：称 5g 风干土置于 50mL 三角瓶中，注入 15mL 8％蔗糖溶液，再依次加入 1mL 甲苯和 5mL 磷酸缓冲液（pH5.5）。摇匀混合物后，静置 15min，放入恒温箱，在 37℃下培养 24h。到时取出，迅速过滤。从中吸取滤液 1mL，注入 50mL 容量瓶中，加 3mL 3，5-二硝基水杨酸，并在沸腾的水浴锅中加热 5min，随即将容量瓶移至自来水流下冷却 3min。溶液因生成 3-氨基-5-硝基水杨酸而呈橙黄色，最后用蒸馏水稀释至 50mL，并在分光光度计上于波长 508nm 处进行比色。

2 早稻试验结果与分析

2.1 不同秸秆还田方式和还田量对早稻及秸秆产量的影响

在本试验中采用了 3 种不同的还田方式（覆盖还田、粉碎还田和堆肥还田）和还田量，通过测定早稻产量的方式来比较 3 种还田方式中较好的还田方式和还田量。从图 1 可以看出，处理 D（粉碎还田量 3 000kg/hm²）的水稻产量最高，达到 5 250kg/hm²，因此可以看出，处理 D 相比其他处理来说是较好的秸秆还田方式。从图 1 还可以看出，实施秸秆还田的处理比没有秸秆还田的处理水稻产量和秸秆产量都有一定程度的提高，早稻产量顺序依次为 D＞E＞A＞F＞B＞C、G＞CK，这说明秸秆还田可以提高作物产量，增加作物收益。这可能是因为秸秆还田能改善土壤的营养成分，改善土壤中钾的供应状况，促进钾养分转化。

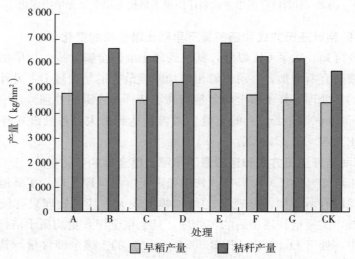

图 1 不同秸秆还田方式下早稻及秸秆产量的变化

2.2 不同秸秆还田方式和还田量对早稻土壤肥力的影响

2.2.1 不同秸秆还田方式和还田量下早稻土壤全氮的变化

由图 2 可知，各处理土壤的全氮含量，在早稻收割后均比早稻移栽前有所增加，只是增加的幅度不一致。从图 2 还可以看出，实施秸秆还田的处理，其土壤全氮含量均高于秸秆不还田的处理，其中处理 D（粉碎还田 3 000 kg/hm²）的土壤全氮含量达到最大，各处理顺序依次为 D＞E＞A＞C＞F＞G＞B＞CK。

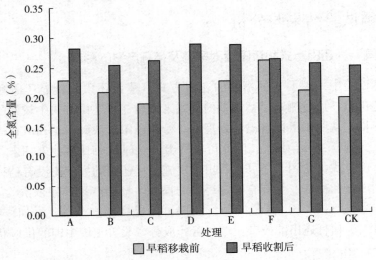

图 2 不同秸秆还田方式和还田量下早稻土壤全氮含量的变化

2.2.2 不同秸秆还田方式和还田量下早稻土壤全磷的变化

由图 3 可知，除了 CK 以外，其他处理土壤的全磷含量，在早稻收割后均比早稻移栽前有所增加，并可以看出增加幅度最大的是处理 D。另外，实施秸秆还田后的各处理，其土壤全磷含量均高于秸秆不还田的处理。其中，处理 D（粉碎还田量 3 000kg/hm²）的土壤全磷含量达到最大，各处理顺序依次为 D＞B＞G＞E＞A＞F＞C＞CK。

2.2.3 不同秸秆还田方式和还田量下早稻土壤全钾的变化

由图 4 可知，除了 CK 以外，其他处理土壤的全钾含量，在早稻收割后均比早稻移栽前有所增加，处理 D 的增加幅度较大，其他处理只有较小幅度的增加。另外，实施秸秆还田后的各处理，其土壤全钾含量均高于秸秆不还田的处理。其中，处理 D（粉碎还田 3 000kg/hm²）的土壤全钾含量与其他处理相比较大，各处理顺序依次为 D＞B＞C＞F＞CK＞E＞G＞A。

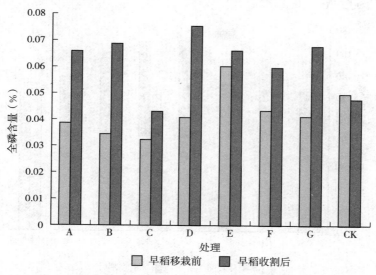

图 3　不同秸秆还田方式和还田量下早稻土壤全磷含量的变化

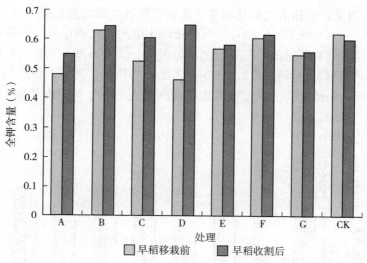

图 4　不同秸秆还田方式和还田量下早稻土壤全钾含量的变化

2.2.4　不同秸秆还田方式和还田量下早稻土壤碱解氮的变化

由图 5 可知，除了 CK 以外，其他处理土壤碱解氮的含量，在早稻收割后均比早稻移栽前有所增加，并且增加的幅度都较大。另外，实施秸秆还田后的各处理，其土壤碱解氮含量都要均秸秆不还田的处理。其中，处理 D（粉碎还田量 3 000kg/hm²）的土壤碱解氮含量达到最大，各处理顺序依次为 D＞E＞

B＞F＞G＞C＞A＞CK。

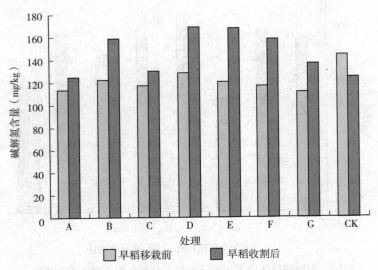

图 5 不同秸秆还田方式和还田量下早稻土壤碱解氮含量的变化

2.2.5 不同秸秆还田方式和还田量下早稻土壤有效磷的变化

由图 6 可知，除了 CK 以外，其他处理土壤的有效磷含量，在早稻收割后均比早稻移栽前有所增加，只是增加的幅度不一致。另外，实施秸秆还田后的各处理，其土壤有效磷含量均高于秸秆不还田的处理。其中，处理 B（覆盖还田量 3 000kg/hm²）的土壤有效磷含量达到最大，各处理顺序依次为 B＞D＞A＞F＞E、C＞G＞CK。

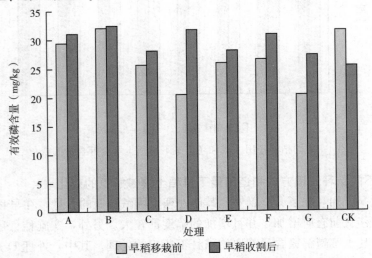

图 6 不同秸秆还田方式和还田量下早稻土壤有效磷含量的变化

2.2.6 不同秸秆还田方式和还田量下早稻土壤速效钾的变化

由图 7 可知，各处理土壤的速效钾含量，在早稻收割后均比早稻移栽前有所增加，只是增加的幅度不一致。各处理不同时期土壤速效钾含量差异幅度依次为 22.08mg/kg、23.10mg/kg、27.96mg/kg、43.23mg/kg、31.12mg/kg、20.52mg/kg、18.36mg/kg、24.80mg/kg，可以看出，增加幅度最大的是处理 D，增加幅度达到 43.23mg/kg。其原因主要是秸秆中一般含有数量较多的钾素，而这些钾素是水溶性的，还田后随着秸秆的腐烂土壤交换性钾（速效钾）的水平随之提高[1]。另外，实施秸秆还田后的各处理，其土壤速效钾含量都要高于秸秆不还田的处理，其中处理 D（粉碎还田量 3 000kg/hm²）的土壤速效钾含量达到最大，各处理顺序依次为 D>B>E>G>F>C>A、CK。

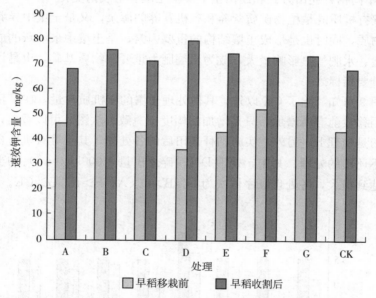

图 7 不同秸秆还田方式和还田量下早稻土壤速效钾含量的变化

2.2.7 不同秸秆还田方式和还田量下早稻土壤有机碳的变化

由图 8 可知，除了 CK 以外，其他处理土壤的有机碳含量，在早稻收割后均比早稻移栽前有所增加，只是增加的幅度不一致。从图 8 可以看出，各处理增加的幅度都不是很大，增加幅度最大的是处理 D。另外，实施秸秆还田后的各处理，其土壤有机碳含量高于秸秆不还田的处理。其中，处理 D（粉碎还田量 3 000kg/hm²）的土壤有机碳含量达到最大，各处理顺序依次为 D>B>C>A、F>E、G>CK。这说明，秸秆还田能有效提高土壤有机碳的含量。

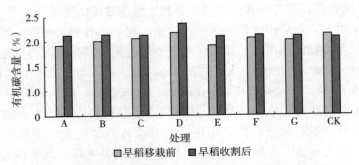

图 8　不同秸秆还田方式和还田量下早稻土壤有机碳含量的变化

2.2.8　不同秸秆还田方式和还田量下早稻土壤有机质的变化

　　土壤有机质既是植物矿质营养和有机营养的源泉，又是土壤中异养型生物的能源物质，同时也是形成土壤结构的重要因素，是土壤中最活跃的成分，对肥力因素、水肥气热影响最大，成为土壤肥力重要的物质基础，也是评价土壤肥力的重要指标之一。

　　由图 9 可知，除了 CK 以外，其他处理土壤的有机质含量，在早稻收割后均比早稻移栽前有所增加，只是增加的幅度不一致。从图 9 可以看出，增加幅度最大的是处理 D。另外，实施秸秆还田后的各处理，其土壤有机质含量均高于秸秆不还田的处理。其中，处理 D（粉碎还田量 3 000kg/hm²）的土壤有机质含量达到最大，各处理顺序依次为 D＞B＞C＞A、F＞E、G＞CK。

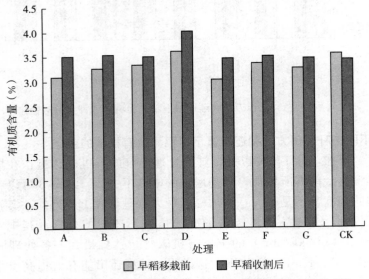

图 9　不同秸秆还田方式和还田量下早稻土壤有机质含量的变化

2.3　不同秸秆还田方式和还田量对早稻农艺性状的影响

2.3.1　不同秸秆还田方式和还田量对早稻成熟期株高的影响

从图 10 可以看出，各处理间的株高变化趋势较大，其中处理 D 对水稻株高的影响较为明显。以五点法取样所得的株高，在取其平均值后可以看出，各处理株高从高到低依次为 D＞A＞G＞B＞C＞E＞F＞CK。由此可以明显看出，通过秸秆还田，各处理成熟期的株高均比对照高，说明实施秸秆还田对于水稻株高有显著的影响，即通过秸秆还田在一定程度上可以提高水稻株高，这对水稻的产量产生了一定的影响，其中处理 D（粉碎还田量 3 000kg/hm²）表现出最好的影响效果。对比采用相同还田方式不同还田量的处理 C 可知，秸秆还田方式需结合适宜的还田量才能发挥最佳效果。

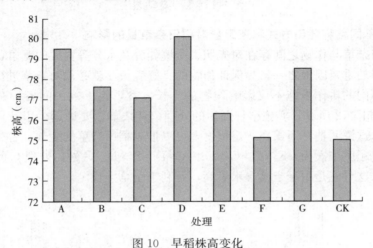

图 10　早稻株高变化

2.3.2　不同秸秆还田方式和还田量对早稻茎蘖动态的影响

分蘖数是影响水稻产量的主要因子之一，相同条件下，有效分蘖数越多，产量越高。各处理组合的分蘖数和消长动态如图 11 所示。各处理的分蘖数的增加量较小，处理间分蘖数的差异不大；但从分蘖始期到分蘖盛期，随着分蘖速度的加快，各处理间分蘖数的差异日趋明显。早稻的分蘖数在移栽 40d（6 月 14 日）左右达到最大，并且处理 A（覆盖还田量 2 250kg/hm²）的最大分蘖数明显高于其他处理。分蘖数达到最大后然后逐渐下降，到移栽后 52d（6 月 28 日）左右基本稳定。分蘖盛期单穴的最大分蘖数顺序为 A＞F＞B＞D＞G＞E＞C＞CK。这说明，不管是哪种秸秆还田方式，最大分蘖数都比不覆盖秸秆处理的最大分蘖数有明显增加的趋势，因此秸秆还田能增加水稻的最大分蘖数。而在不同的秸秆还田方式中，覆盖还田高于粉碎还田和堆肥还田，这表明覆盖还田对水稻分蘖数更有利。

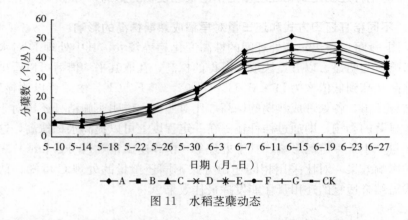

图 11　水稻茎蘖动态

2.3.3　不同秸秆还田方式和还田量对稻田杂草量的影响

农田杂草与作物之间存在对光照、土壤养分及水分等资源的竞争，是导致作物减产的重要因素之一。为保证作物的良好生长，就必须对杂草进行合理的控制。不同的耕作措施不仅影响作物的生长发育，也影响田间各种杂草的生长[10]。如图 12 所示，实施秸秆还田的处理，其杂草量要远远少于秸秆不还田的处理，这说明秸秆还田在一定程度上可以抑制稻田杂草的生长。各处理间杂草量情况顺序依次为 CK＞C＞G＞E＞A＞D＞B＞F。另外，处理 C 的杂草量也较大，这可能是由于土壤含水量高，有利于杂草生长。

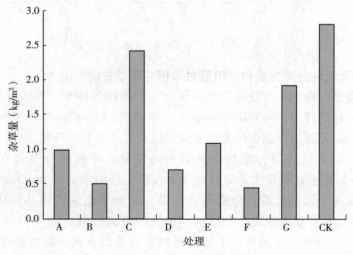

图 12　水稻田杂草情况

3 晚稻试验结果与分析

3.1 秸秆还田配施化肥对晚稻土壤微生物的影响

土壤是永远变化着的无机、有机、生物复合体。其中，土壤微生物的活动是影响土壤肥力的重要因素，同时它们在土壤中的分布又受很多因素的影响。不同土壤类型、不同肥力、不同耕作制度、不同地域的土壤中微生物的数量和种类均不同。从表3可以看出，微生物中细菌、真菌的数量，秸秆还田配施不同种类的化肥均比只覆盖秸秆的要多。这说明不同的施肥制度对微生物的数量有明显的影响。其中，处理 B（粉碎还田量 3 000 kg/hm² ＋225 kg/hm² 复合肥）的细菌数量最多，可以看出，秸秆还田的同时配施复合肥能有效增加土壤中细菌的数量，而且施加复合肥的量越多，细菌的数量增加得越多。

表 3 秸秆还田配施不同种类的化肥对土壤中微生物数量的影响

单位：个/g

处理	细菌	放线菌	真菌	氨化细菌	好气自生固氮菌	硝化细菌	磷细菌	纤维素分解菌
A	1.15×10^7	1.33×10^6	1.35×10^5	0.63×10^7	1.48×10^5	3.70×10^5	0.33×10^5	1.40×10^5
B	1.18×10^7	1.23×10^6	0.50×10^5	0.40×10^7	0.60×10^5	0.85×10^5	2.35×10^5	2.05×10^5
C	0.45×10^7	2.03×10^6	0.60×10^5	0.68×10^7	1.55×10^5	1.28×10^5	0.83×10^5	1.00×10^5
D	0.63×10^7	0.60×10^6	1.03×10^5	0.32×10^7	0.40×10^5	3.65×10^5	2.00×10^5	1.48×10^5
E	0.55×10^7	0.75×10^6	0.63×10^5	0.60×10^7	1.28×10^5	2.13×10^5	2.05×10^5	1.10×10^5
F	0.93×10^7	1.18×10^6	1.00×10^5	0.60×10^7	1.73×10^5	0.85×10^5	1.45×10^5	1.10×10^5
G	0.80×10^7	1.13×10^6	1.58×10^5	0.65×10^7	2.50×10^5	1.43×10^5	4.65×10^5	1.55×10^5
CK	0.43×10^7	0.88×10^6	0.35×10^5	0.61×10^7	2.78×10^5	1.43×10^5	2.38×10^5	1.48×10^5

3.2 秸秆还田配施化肥对晚稻土壤酶活性的影响

土壤酶是土壤的一个重要组分，主要来自于微生物、植物和动物的活体或残体，参与包括土壤生物化学过程在内的自然界物质循环，在土壤的发生发育以及土壤肥力的形成中起着重要作用[11,12]。从表4可以看出，在土壤酶活性的分析中，其中 CK 的过氧化氢酶的含量少于其他处理，这说明秸秆还田配施一定的化肥对于过氧化氢酶有一定的影响，可以增加其活性。但是对于转化酶的活性，反而是 CK 最高，可以看出，秸秆还田配施一定的化肥对于土壤中转化酶活性的影响不大。土壤中脲酶的活性，最高的是处理 A（粉碎还田量 3 000 kg/hm² ＋150 kg/hm² 复合肥），这说明施加复合肥可以增加土壤中脲酶的活性；而且对比相同肥料种类不同量的处理来看，施加量少的处理脲酶的含量高。

表4 秸秆还田配施化肥对土壤酶活性的影响

单位：mg/g

处理	过氧化氢酶（1h）	转化酶（24h）	脲酶（24h）
A	0.21	0.88	0.73
B	0.23	0.68	0.56
C	0.20	0.70	0.65
D	0.25	0.91	0.5
E	0.18	0.65	0.59
F	0.19	0.92	0.57
G	0.23	1.05	0.48
CK	0.16	1.20	0.64

4 结论与讨论

大量的试验表明，对于早稻产量及土壤养分状况方面，粉碎还田量为 3 000kg/hm² 相比其他处理而言都有较好的效果。笔者对秸秆的最佳还田方式及秸秆还田后对农田生态系统环境质量的影响进行了研究，并得出了一定的结论，对于揭示秸秆不同还田方式对培肥土壤、改善农田生态系统环境质量和影响作物生长的机理以及提高耕地质量、保护生态环境、促进现代农业可持续发展具有重大的意义。

通过对覆盖还田、粉碎还田和堆肥还田3种还田方式及还田量的试验研究，探索了水稻秸秆在水稻生产中秸秆还田的可能性及秸秆还田培肥改土的显著效果。分析覆盖还田、粉碎还田和堆肥还田3种秸秆还田方式对水稻生长与产量的影响可得，以处理D（粉碎还田量3 000kg/hm²）对早稻产量提高效果最佳。而余冬立等[13]认为，早稻田还田3 500kg/hm² 秸秆后适当配施氮肥增产效果明显。在不同秸秆还田方式和还田量对水稻株高的影响中，处理D（粉碎还田量3 000kg/hm²）显示出最好的影响效果。在不同秸秆还田方式和还田量对水稻茎蘖动态的影响中，覆盖还田高于粉碎还田和堆肥还田，这表明覆盖还田对水稻分蘖数更有利。实施秸秆还田的各处理，其杂草量远低于秸秆不还田的处理。

对土壤中各种养分（全氮、全磷、全钾、碱解氮、有效磷、速效钾、有机碳和有机质）含量的测定结果表明，秸秆还田的处理均优于秸秆不还田的处理，其中处理 D（粉碎还田量 3 000kg/hm²）早稻收获后的土壤养分含量均明显高于移栽前土壤养分含量，这说明粉碎还田 3 000kg/hm² 对土壤养分的提高发挥了更大的作用。

通过分析最佳秸秆还田方式配施不同种类和数量的化肥以及降解菌来研究土壤微生物数量和土壤生物活性（微生物区系、土壤酶活性）的变化可得，微生物中细菌、真菌的数量，秸秆还田配施不同种类的化肥均比只覆盖秸秆的多。这说明不同的施肥制度对微生物的数量有明显的影响。其中，处理 B（粉碎还田量 3 000kg/hm²＋225kg/hm² 复合肥）的细菌数量最多，这说明秸秆还田的同时配施复合肥能有效增加土壤中细菌的数量，而且施加复合肥的量越多，细菌的数量增加得越多。而谭周进等[14]研究表明，水稻秸秆还田后，由于水稻的氧化还原电位较低，不利于好气性的霉菌和放线菌迅速大量繁殖。严慧岭[15]研究表明，秸秆还田后土壤放线菌总数有所减少。

在土壤酶活性的分析中，其中对照的过氧化氢酶的活性低于其他处理，这说明秸秆还田配施一定的化肥对过氧化氢酶有一定的影响，可以增加其活性。但是对于转化酶的活性，反而是对照最高，可以看出秸秆还田配施一定的化肥对于土壤中转化酶的影响不大。土壤中脲酶的活性，最高的是处理 A（粉碎还田量 3 000kg/hm²＋150kg/hm² 复合肥），这说明施加复合肥可以增加土壤中脲酶的活性，而且对比相同肥料种类不同量的处理来看，施加量少的处理脲酶的活性高。

本文研究了外部条件（水分、温度、微生物菌剂等）对作物秸秆腐解的影响以及最佳的还田方式和最佳还田量的确定，但是秸秆还田是一个较大、系统的研究方向，还需要进行更深入、更广泛的研究，如秸秆还田对稻田生态系统的影响。在目前提倡高产、高效农业的大背景下，有必要对秸秆还田后温室气体排放、稻田微生态等方面进行研究，这样就可以为稻田生态排放和农业生态安全提供理论基础。

参考文献

[1] 卜毓坚. 不同耕作方式和稻草还田量对晚稻生长发育与土壤肥力的影响 [D]. 长沙：湖南农业大学，2007.

[2] 李国学，张福锁. 固体废物堆肥化和有机复混肥的生产 [M]. 北京：化学工业出版社，2000.

[3] 周江明，徐大连，薛才余. 稻草还田综合效益研究 [J]. 中国农学通报，2002，18（4）：35 - 37.

[4] 李新举，张志国. 秸秆覆盖对土壤水分蒸发及土壤盐分的影响 [J]. 土壤通报，1999，30（6）：257 - 258.

［5］叶文培，谢小立，王凯荣，等．不同时期秸秆还田对水稻生长发育及产量的影响［J］．中国水稻科学，2008，22（1）：65－70．

［6］黄河仙，王凯荣，谢小立．不同施氮水平和稻草添加量对水稻和玉米产量的影响［J］．农业现代化研究，2008，29（4）：486－489．

［7］中国土壤学会农业化学专业委员会．土壤农业化学常规分析方法［M］．北京：科学出版社，1983．

［8］中国科学院南京土壤研究所．土壤理化分析［M］．上海：上海科学技术出版社，1981．

［9］南京农学院．土壤农化分析［M］．北京：农业出版社，1982．

［10］韩惠芳，宁堂原，田慎重，等．土壤耕作及秸秆还田对夏玉米田杂草生物多样性的影响［J］．生态学报，2010，30（5）：1140－1147．

［11］姚珍，黄国勤，张兆飞，等．稻田保护性耕作研究：秸秆覆盖还田的土壤生态效应［J］．耕作与栽培，2006（6）：1－2，10．

［12］田慧．耕作制度对南方稻田土壤微生物及酶影响的研究［D］．长沙：湖南农业大学，2007．

［13］佘冬立，王凯荣，谢小立，等．施 N 模式与稻草还田对土壤供 N 量和水稻产量的影响［J］．生态与农村环境学报，2006，22（2）：16－20．

［14］谭周进，汤海涛，余崇祥．秸秆还田栽培晚稻土壤微生物的动态研究［J］．湖南农业科学，2001（4）：30－33．

［15］严慧岭．盐土麦秸还田效应初探［J］．土壤肥料，1993（5）：15－17．

秸秆还田配施不同配比化肥对晚稻产量及土壤肥力的影响[*]

摘　要： 为了揭示秸秆腐解规律和土壤养分变化过程，连续 2 年通过田间试验研究了秸秆还田配施不同配比化肥对晚稻产量及土壤肥力的影响。结果表明，秸秆还田配施不同配比化肥显著提高了晚稻产量，增产幅度为 8.5%～21.5%，处理间差异显著。除处理 SN_2（秸秆还田配施 N 225kg/hm^2）和 SP_1（秸秆还田配施 P_2O_5 75kg/hm^2）秸秆生物量有所下降外，其余处理秸秆生物量均高于 CK（单施秸秆），范围为 3.3%～13.7%，且区组间无显著性差异，处理间有显著性差异。秸秆还田配施不同配比化肥处理显著提高了晚稻成熟期有效穗数、每穗粒数、结实率以及千粒重。逐步线性回归方程表明，结实率是晚稻产量最主要的影响因素。与对照相比，秸秆还田配施不同配比化肥能够提高土壤 pH 及全氮、碱解氮、有机碳、有效磷、全磷、速效钾和全钾含量，降低土壤 C/N，其中以秸秆还田配施 NPK 处理效果最显著。因此，需要将秸秆还田与化肥、微肥施用相结合，进一步发挥出秸秆还田的综合效益。

关键词： 秸秆还田；不同配比化肥；产量；土壤肥力

秸秆是一类极其丰富又能直接利用的可再生有机资源。作为一种廉价的有机肥料，秸秆含有丰富的有机碳和大量的氮、磷、钾、硅等矿质营养元素。秸秆还田能够增加土壤有机质含量，改善土壤理化性状，提高作物产量，优化农田生态环境等，被认为是一种有效的农田培肥措施，也是秸秆资源利用中最经济且可持续的方式。前人研究表明，连续 3 年秸秆还田，可增加土壤有机质含量 0.2～0.4 个百分点[1]；在现有农业生产水平下，如耕地每公顷还田作物秸秆 4 500～7 500kg，可增产粮食 25kg 以上[1-3]。但是，秸秆主要由纤维素、半纤维素和木质素三大部分组成，自然状态下难以被微生物分解。而且，作物秸秆分解时土壤适宜的 C/N 为 25，而秸秆本身 C/N 一般为 60～80，使秸秆在土壤中分解缓慢，不能作为当季作物肥源[4-6]。杜守宇等[7]、倪国荣等[8]研究

* 作者：孙卫民、杨滨娟、钱海燕、王淑彬、黄国勤；通讯作者：黄国勤（教授、博导，Email：hgqjxes@sina.com）。

本文原载于《农学学报》2012 年第 2 卷第 12 期第 16～21 页。

认为，秸秆 C/N 高，微生物在分解作物秸秆时需吸收一定量的氮素营养，从而与作物争氮，影响苗期生长，进而影响后期产量，故秸秆还田时要补充一定量的速效氮肥，以保证土壤全期的肥力供应。因此，秸秆还田后，应正确配施一定比例的 N、P 调解土壤 C/N，加速秸秆分解、腐熟过程，否则会造成 C/N 失调，起不到增产作用。

近年来，许多学者从不同角度对秸秆还田条件下土壤养分、酶活性和土壤微生物数量进行了一系列的研究[9,10]，但对不同配比化肥对秸秆还田后作物产量、土壤养分之间的相关性研究较少。为此，笔者以不同还田方式对早稻的效应研究确定的最佳还田方式和还田量为研究基础，通过田间试验研究秸秆还田配施不同配比化肥对晚稻产量及土壤养分的影响，从而揭示秸秆的腐解、土壤化学性质变化过程，为确定合理的秸秆资源利用方式及培肥地力提供一定的理论依据。

1 材料与方法

1.1 试验地概况

2010—2011 年在江西农业大学科技园试验田（28°46′N，115°55′E）进行。试验基地的年均太阳总辐射量为 4.79×10^{13} J/hm²，年均日照时数为 1 852h，年日均温≥0℃的积温达 6 450℃，无霜期约 272d，年均温 17.6℃，年降水量 1 624mm。

1.2 试验设计

试验共设 9 个处理：①CK（单施秸秆 3 000 kg/hm²），②SN₁（秸秆 3 000kg/hm² ＋ N 150kg/hm²），③SN₂（秸秆 3 000kg/hm² ＋ N 225kg/hm²），④SP₁（秸秆 3 000kg/hm² ＋P₂O₅ 75kg/hm²），⑤SP₂（秸秆 3 000kg/hm² ＋P₂O₅ 112.5kg/hm²），⑥SNP₁（秸秆 3 000kg/hm² ＋ N 150kg/hm² ＋ P₂O₅ 75kg/hm²），⑦SNP₂（秸秆 3 000kg/hm² ＋N 225kg/hm² ＋P₂O₅ 112.5kg/hm²），⑧SNPK₁（秸秆 3 000kg/hm² ＋N 150kg/hm² ＋P₂O₅ 75kg/hm² ＋K₂O 37.5kg/hm²），⑨SNPK₂（秸秆 3 000kg/hm² ＋N 225kg/hm² ＋P₂O₅ 112.5kg/hm² ＋K₂O 56.3kg/hm²），其中秸秆均为干重。每个处理重复 3 次，随机排列。小区面积为11m×3m＝33m²，小区间用高 30cm 的水泥埂隔开。具体试验设计见表1。

供试作物为晚稻，品种为中优 161，各处理栽插密度为每公顷 2.94 万蔸（移栽行株距为 20cm×17cm）。所用氮肥为尿素，磷肥为钙镁磷肥，钾肥为氯化钾。晚稻试验前表层（0～20cm）土壤基本化学性质见表2。

表 1　试验处理

单位：kg/hm²

处理	秸秆	N	P₂O₅	K₂O
CK	3 000	—	—	—
SN₁	3 000	150		
SN₂	3 000	225		
SP₁	3 000		75	
SP₂	3 000		112.5	
SNP₁	3 000	150	75	
SNP₂	3 000	225	112.5	
SNPK₁	3 000	150	75	37.5
SNPK₂	3 000	225	112.5	56.3

表 2　表层土壤基本化学性质

处理	pH	全氮 (g/kg)	碱解氮 (mg/kg)	有机碳 (g/kg)	C/N	有效磷 (mg/kg)	全磷 (g/kg)	速效钾 (mg/kg)	全钾 (g/kg)
CK	4.95	2.79	125.03	21.64	7.75	31.55	0.50	43.20	6.00
SN₁	4.88	2.61	130.00	20.07	7.69	25.60	0.32	43.20	6.04
SN₂	4.86	1.93	158.02	23.38	12.11	20.50	0.41	35.81	6.29
SP₁	4.85	2.85	168.01	20.13	7.06	31.95	0.60	43.20	5.51
SP₂	4.87	2.25	158.00	20.36	9.05	30.70	0.43	52.20	6.05
SNP₁	4.91	2.78	156.00	20.32	7.31	30.69	0.42	49.81	6.50
SNP₂	4.89	2.75	148.01	21.09	7.67	29.86	0.39	52.50	6.27
SNPK₁	5.00	2.81	125.04	20.36	7.25	21.45	0.39	45.92	4.49
SNPK₂	5.14	2.54	159.00	18.91	7.44	31.90	0.35	52.80	6.35

1.3　测定项目与测定方法

1.3.1　水稻考种与测产

　　水稻成熟期，在各小区普查 50 蔸作为有效穗数计算的依据，然后用平均数法在各小区中随机选取有代表性的水稻植株 5 蔸，作为考种材料，清水漂洗去空、秕粒晒干后用 1/100 分析天平测千粒重，并用 1/10 天平测每小区实际产量（干重）。

1.3.2　土壤化学性质测定项目与方法

　　早稻移栽前、收割后取样测定土壤氮、磷、钾变化动态。每个处理 3 次重复取样。五点取耕层 0～20cm 的土样，土壤养分的测定指标有：pH、有机质、全氮、全磷、全钾、碱解氮、有效磷、速效钾。测定方法[11-13] 如下：土壤 pH 采用 pH 计测定，土壤有机质采用重铬酸钾-浓硫酸外加热法测定，全氮采用半微量开氏法，全磷采用 NaOH 熔融-钼锑抗比色法，全钾采用 NaOH 熔融-火焰光度法，碱解氮采用碱解扩散法，有效磷采用 $NaHCO_3^-$ 钼锑抗比色法，速效钾采用 NH_4OAc 浸提-火焰光度法。

1.4 数据分析

数据采用 Excel 和 SPSS 17.0 软件进行统计分析，并利用 LSD 法进行多重比较，Pearson 相关系数和逐步线性回归进行相关性分析。

2 结果与分析

2.1 秸秆还田配施不同配比化肥对晚稻产量及秸秆生物量的影响

由表 3 可知，秸秆还田配施不同配比化肥显著提高了晚稻产量，增产幅度为 8.5％～21.5％，处理间差异显著。处理 $SNPK_1$（秸秆还田配施低量氮磷钾肥）增产效果最为显著，产量达到了 6 836kg/hm²；而处理 SN_2 增产效果最差，产量仅为 6 106kg/hm²。不同处理晚稻产量顺序依次为 $SNPK_1 > SNPK_2 > SNP_2 > SNP_1 > SP_2 > SN_1 > SP_1 > SN_2 > CK$，说明秸秆还田配施化肥相比单独秸秆还田都可以提高作物的产量，增加作物的收益。这可能是由于化肥能够改善土壤的营养成分，促进土壤中养分的吸收和转化。除处理 SN_2 和 SP_1 秸秆生物量有所下降外，其余处理秸秆生物量均高于 CK，增加范围为 3.3％～13.7％，以处理 $SNPK_1$ 效果最明显。不同处理秸秆生物量顺序依次为 $SNPK_1 > SP_2 > SNPK_2 > SNP_2 > SNP_1 > SN_1 > CK > SP_1 > SN_2$，区组间无显著性差异，处理间有显著性差异。

表 3 秸秆还田配施不同配比化肥对晚稻产量及秸秆生物量的影响

处理	晚稻产量		秸秆生物量	
	数量（kg/hm²）	增加率（％）	数量（kg/hm²）	增加率（％）
CK	5 627±328De	—	9 937±235DE	—
SN_1	6 256±178BC	11.2	10 146±88Decd	2.1
SN_2	6 106±109Cd	8.5	8 670±373Fe	−12.8
SP_1	6 215±64BCd	10.5	9 737±132Ed	−2.0
SP_2	6 365±81BCbcd	13.1	10 934±166Aba	10.0
SNP_1	6 557±269ABCabc	16.5	10 264±350CDEc	3.3

（续）

处理	晚稻产量		秸秆生物量	
	数量（kg/hm²）	增加率（%）	数量（kg/hm²）	增加率（%）
SNP₂	6 597±91Abab	17.2	10 404±215BCDbc	4.7
SNPK₁	6 836±241Aa	21.5	11 300±392Aa	13.7
SNPK₂	6 657±182Abab	18.3	10 822±374ABCab	8.9

注：同列不同大小写字母分别表示 $P<0.01$ 和 $P<0.05$ 水平的显著差异。下同。

2.2 秸秆还田配施不同配比化肥对晚稻植株性状的影响

由表 4 可知，与对照相比，秸秆还田配施不同配比化肥处理显著提高了晚稻成熟期有效穗数、每穗粒数、结实率以及千粒重。秸秆还田配施不同配比化肥显著提高了晚稻成熟期有效穗数，提高了 2.93%～22.25%，其中以处理 SNPK₁ 效果最为显著，其次是处理 SNPK₂，且区组间无显著性差异，处理间有显著性差异。秸秆还田配施不同配比化肥显著增加了晚稻成熟期每穗粒数，增加范围为 0.73%～12.49%，其中以处理 SNPK₁ 效果最为显著，其次是处理 SNP₂，且各处理间均达到显著性差异。秸秆还田配施不同配比化肥显著提高了晚稻成熟期结实率，提高了 0.87%～11.14%，其中以处理 SNPK₁ 效果最为显著，其次是处理 SNP₂，且各处理间差异显著。除秸秆还田配施低量磷肥（SP₁）的千粒重与对照处理相同以外，秸秆还田配施不同配比化肥其余处理均显著提高了晚稻成熟期千粒重。

表 4 秸秆还田配施不同配比化肥对晚稻植株性状的影响

处理	有效穗数（万个/hm²）	每穗粒数（个）	结实率（%）	千粒重（g）
CK	409.0De	151.3Ed	80.8Ed	23.9Aa
SN₁	435.0BCcd	156.2Cc	84.2Cc	25.2Aa
SN₂	425.0CDd	152.4DEd	81.5DEd	24.8Aa
SP₁	421.0CDde	155.2CDc	83.8CDc	23.9Aa
SP₂	423.0CDd	162.4Bb	84.8BCc	24.1Aa
SNP₁	453.0Bb	155.2Cc	84.2Cc	24.0Aa
SNP₂	443.0BCbc	168.2Aa	86.8Bb	24.4Aa
SNPK₁	500.0Aa	170.2Aa	89.8Aa	24.1Aa
SNPK₂	491.0Aa	161.2Bb	86.7Bb	24.9Aa

2.3 晚稻产量与秸秆生物量、植株性状的相关分析

由表 5 相关分析得出，晚稻产量（y）与有效穗数、每穗粒数及结实率（x）存在极显著正相关关系，与秸秆生物量关系不显著。逐步线性回归方程表示为 $y=-3\,720+119x$，说明结实率是晚稻产量最主要的影响因素。从表 5 还可以看出，秸秆生物量与每穗粒数和结实率存在极显著正相关关系，相关系数分别为 0.783 和 0.799，说明秸秆生物量与结实率关系较为密切。

表 5　晚稻产量与秸秆生物量、植株性状之间的相关分析

	有效穗数	每穗粒数	结实率	千粒重	秸秆生物量
晚稻产量	0.837**	0.798**	0.911**	0.128	0.639
秸秆生物量	0.636	0.783**	0.799**	0.181	1

注：* 为 0.05 水平（双侧）显著相关；** 为 0.01 水平（双侧）显著相关。

2.4 秸秆还田配施不同配比化肥对土壤肥力的影响

由表 2、表 6 可知，与晚稻移栽前相比，2010 年晚稻收获后，土壤化学性质对秸秆还田以及配施不同配比化肥的响应不同。单施 3 000kg/hm² 秸秆（CK）使得土壤 pH 及全氮、碱解氮、有机碳、有效磷、全磷、速效钾含量下降，分别比晚稻移栽前下降 0.2%、23.7%、9.6%、12.9%、10.6%、22.0%、3.5%，以全氮含量下降最为明显；而土壤 C/N 和全钾含量却比移栽前分别提高 14.2% 和 3.3%。秸秆还田配施低量氮肥（SN₁）提高了土壤 pH 及全氮、有机碳、有效磷、全磷、速效钾含量，分别比移栽前提 4.3%、12.6%、2.3%、30.1%、59.4%、20.8%；但是碱解氮含量、C/N 及全钾含量分别比移栽前下降 10.0%、9.2% 和 6.6%。秸秆还田配施高量氮肥（SN₂）提高了土壤 pH 及全氮、有效磷、全磷、速效钾含量，分别比移栽前提高 5.1%、1.0%、37.6%、2.4%、50.2%；而碱解氮含量、有机碳含量、C/N、全钾含量比移栽前分别下降 36.7%、18.4%、19.2%、13.8%。秸秆还田配施低量磷肥（SP₁）提高了土壤 pH 及全氮含量，分别比移栽前提高 6.4% 和 0.4%；而土壤碱解氮含量、有机碳含量、C/N、有效磷含量、全磷含量、速效钾含量、全钾含量分别比移栽前下降 38.6%、0.4%、0.7%、4.4%、38.3%、1.9%、5.4%。秸秆还田配施高量磷肥（SP₂）提高了土壤 pH 及全氮、有效磷含量，分别比移栽前提高 6.6%、3.6%、2.9%；而碱解氮含量、有机碳含量、C/N、全磷含量、速效钾含量、全钾含量分别比移栽前下降 36.7%、6.3%、9.5%、27.9%、18.4%、17.5%。秸秆还田配施低量氮磷肥（SNP₁）提高了土壤 pH 及全氮、有机碳、有效磷、全磷、速效钾含量，分别比移栽前

提高 5.3%、1.4%、0.3%、3.9%、4.8%、17.0%；而碱解氮含量、C/N、全钾含量比移栽前下降 8.3%、1.1%、4.9%。秸秆还田配施高量氮磷肥（SNP_2）同样提高了土壤 pH 及全氮、有机碳、有效磷、全磷、速效钾含量，分别比移栽前提高 6.5%、11.6%、0.2%、3.5%、17.9%、9.9%；而碱解氮含量、C/N、全钾含量比移栽前下降 14.1%、10.2%、6.5%。秸秆还田配施低量氮磷钾肥（$SNPK_1$）提高土壤 pH 及全氮、碱解氮、有机碳、有效磷、全磷、速效钾、全钾含量，分别比移栽前提高了 6.8%、5.0%、3.2%、0.4%、31.9%、10.3%、66.6%、39.4%；土壤 C/N 降低 4.4%。秸秆还田配施高量氮磷钾肥（$SNPK_2$）除土壤碱解氮含量、C/N、全钾含量有所下降以外，其余指标均有所提高。以上结果说明，秸秆还田配施不同配比化肥能够提高土壤 pH、全氮含量，降低土壤 C/N。

表 6　晚稻收获后不同处理土壤化学性质

处理	pH	全氮 (g/kg)	碱解氮 (mg/kg)	有机碳 (g/kg)	C/N	有效磷 (mg/kg)	全磷 (g/kg)	速效钾 (mg/kg)	全钾 (g/kg)
CK	4.94c	2.13d	113.10f	18.85b	8.85ab	28.20c	0.39ab	41.70e	6.20a
SN_1	5.09bc	2.94ab	117.02e	20.53ab	6.98c	33.30a	0.51a	52.20d	5.64a
SN_2	5.11bc	1.95e	100.05h	19.08b	9.79a	28.20c	0.42ab	53.80d	5.42a
SP_1	5.16b	2.86b	103.12g	20.05ab	7.01c	30.55b	0.37ab	42.40e	5.21a
SP_2	5.19ab	2.33c	100.01h	19.08b	8.19bc	31.60ab	0.31b	42.60e	4.99a
SNP_1	5.17ab	2.82b	143.03a	20.38ab	7.23c	31.90ab	0.44ab	58.30c	6.18a
SNP_2	5.21ab	3.07a	127.07c	21.14a	6.89c	30.90b	0.46ab	57.70c	5.86a
$SNPK_1$	5.34a	2.95ab	129.03b	20.44ab	6.93c	28.30c	0.43ab	76.50b	6.26a
$SNPK_2$	5.23ab	2.86b	119.02d	20.41ab	7.14c	32.20ab	0.42ab	78.50a	6.24a

由表 6 可知，与单施秸秆（CK）相比，秸秆还田配施不同配比化肥处理均不同程度提高了土壤 pH，提高范围 3.04%~8.10%，其中以秸秆还田配施低量氮磷钾肥（$SNPK_1$）改良效果最为显著，以秸秆还田配施低量氮肥（SN_1）效果较差，且区组间差异不显著，但各处理与对照相比差异显著。除秸秆还田配施高量氮肥（SN_2）全氮含量有所下降以外，其余处理比对照提高了 9.39%~44.13%，以秸秆还田配施高量氮磷肥（SNP_2）增加效果最为显著，其次是处理 $SNPK_1$，并且各个处理间达到显著性差异。除处理 SN_2、SP_1 和 SP_2 土壤碱解氮含量下降外，其余处理比对照提高了 3.47%~26.46%，以处理 SNP_1 最为显著，其次是处理 $SNPK_1$，并且各个处理间达到显著性差异。秸秆还田配施不同配比化肥处理均不同程度提高了土壤有机碳含量，范围为

1.22%～12.15%，其中以处理 SNP$_2$ 最为明显，且区组间差异不显著，但各处理与对照相比差异显著。与有机碳变化规律相反，秸秆还田配施不同配比化肥降低了土壤 C/N，下降范围为 7.46%～22.15%，其中以处理 SNP$_2$ 下降最为明显，且各处理间差异不显著。秸秆还田配施不同配比化肥处理均不同程度提高了土壤有效磷含量，范围为 0～18.09%，其中以处理 SN$_1$ 最为明显，且区组间差异显著。除秸秆还田配施高、低量磷肥处理土壤全磷含量比对照下降外，其余处理土壤全磷含量比对照高 7.69%～30.77%，以秸秆还田配施低量氮肥效果最为明显，除处理 SN$_1$ 和 SP$_2$ 达到显著性差异外，其余处理均未达到显著性差异。秸秆还田配施不同配比化肥显著提高了土壤速效钾含量，增加范围为 1.68%～88.25%，以秸秆还田配施高量氮磷钾肥效果显著，效果最差的为秸秆还田配施磷肥处理，且区组间无显著性差异，处理间有显著性差异，说明单纯施磷不利于土壤速效钾含量增加。无论是秸秆还田单独配施氮肥或者磷肥，或者氮磷肥配施，土壤全钾含量均比对照下降，而秸秆还田配施氮磷钾肥使得土壤全钾含量提高 0.65%～0.97%，但差异不显著。

2.5 晚稻产量与土壤肥力指标的相关分析

表 7 为晚稻产量与土壤肥力指标的 Pearson 相关系数。由表 7 可知，晚稻产量与土壤养分含量之间关系密切。晚稻产量与土壤 pH 存在极显著正相关关系，与全氮、有机碳、有效磷、速效钾含量存在显著正相关关系，与土壤 C/N 存在显著负相关关系。逐步线性回归分析显示，土壤 pH 和速效钾含量是影响晚稻产量最主要的影响因素，其最优回归方程表示为：

$$y = -9\,051 + 2\,843x + 6.314, R^2 = 0.961, P < 0.01$$

式中，y 是晚稻产量，x 是土壤 pH，6.314 是速效钾含量在回归方程中的系数值，在此公式中并不列出 pH 和速效钾的含量。

表 7 晚稻产量与土壤肥力指标的 Pearson 相关系数

项目	pH	全氮	碱解氮	有机碳	C/N	有效磷	全磷	速效钾	全钾
晚稻产量	0.950**	0.709*	0.544	0.731*	−0.669*	0.680*	0.229	0.768*	0.242

注：* 为 0.05 水平（双侧）显著相关；** 为 0.01 水平（双侧）显著相关。

3 结论与讨论

3.1 秸秆还田配施不同配比化肥的增产效应

秸秆还田与一定量的有机肥配施，在化肥减量的情况下，可获得比常规施肥还要高的产量，其增产原因主要是水稻成穗率上升使单位面积穗数增加[14]。

本试验研究表明，秸秆还田配施不同配比化肥显著提高了晚稻产量，增产幅度为 $8.5\%\sim21.5\%$，处理间差异显著，处理 $SNPK_1$（秸秆还田配施低量氮磷钾肥）增产效果最为显著。这说明秸秆还田配施化肥相比单独秸秆还田可以提高作物的产量，增加作物的收益，这可能是由于化肥能够改善土壤的营养成分，促进土壤中养分的吸收和转化。除处理 SN_2（秸秆还田配施 N $225kg/hm^2$）和 SP_1（秸秆还田配施 P_2O_5 $75kg/hm^2$）秸秆生物量有所下降外，其余处理秸秆生物量均高于 CK，范围为 $3.3\%\sim13.7\%$，以处理 $SNPK_1$ 效果最明显，区组间无显著性差异，处理间有显著性差异。秸秆还田配施不同配比化肥显著提高了晚稻有效穗数、每穗粒数、结实率以及千粒重，其中以秸秆还田配施低量氮磷钾肥效果最为明显。Pearson 相关分析显示，晚稻产量的影响因素中，结实率是最主要的因素。

3.2 秸秆还田配施不同配比化肥的土壤肥力变化

作为一种廉价的有机肥料，秸秆含有丰富的有机碳和大量的氮、磷、钾、硅等矿质营养元素，秸秆还田必然增加土壤中相应养分的储量，并参与土壤生态系统的物质循环[15]。施用秸秆或者秸秆与化肥配合施用，可促进土壤中有机氮矿化与固定氮的转化，加速土壤-植物系统中氮的循环，并使土壤中各类腐殖质氮的分配和 C/N 不断得到协调和更新[16-18]。一些研究表明，秸秆还田后土壤磷素显著增加[19,20]，江西稻草还田后第 6 年土壤全磷含量比对照增加82%[21]；但也有研究表明，秸秆含磷少，对磷素养分循环作用不大。作物秸秆中一般含有较多的钾素，而且这些钾素都是水溶性的[22]，因此秸秆与化肥配施可提高土壤中速效钾的含量，增强土壤供钾能力，减少钾的固定[17]。此外，秸秆与化肥配施对一些微量元素起到活化和补充的作用[23]。本试验表明，土壤中各养分的变化对秸秆还田配施不同配比的化肥有着明显不同的响应。但是，总的变化趋势是秸秆还田配施不同配比化肥能够提高土壤 pH（$3.04\%\sim8.10\%$）、有机碳含量（$1.22\%\sim12.15\%$）、全氮含量（$9.39\%\sim44.13\%$）、有效磷含量（$0\sim18.09\%$）、速效钾含量（$1.68\%\sim88.25\%$），降低土壤 C/N（$7.46\%\sim22.15\%$），以秸秆还田配施低量氮磷钾肥效果最为明显。除秸秆还田配施高、低量磷肥土壤全磷含量比对照下降外，其余处理土壤全磷含量均比对照高 $7.69\%\sim30.77\%$，以秸秆还田配施低量氮肥效果最为明显。这与前人研究结论一致。

晚稻产量与土壤肥力指标的相关分析显示，晚稻产量与土壤养分含量之间关系密切。晚稻产量与土壤 pH 存在极显著正相关关系，与全氮、有机碳、有效磷、速效钾含量存在显著正相关关系，与土壤 C/N 存在显著负相关关系。逐步线性回归分析显示，土壤 pH 和速效钾含量是影响晚稻产量最主要的因素。

近年来，提倡秸秆还田与多项农业技术相互配套使用，如与病虫害防治技术相结合，与化肥、微肥施用相结合，与抗旱保墒、覆盖养地相结合，这样将会进一步发挥出秸秆还田的综合效益[15]。但是秸秆还田是一个较大的、系统的研究方向，还需要进行更深入、更广泛的研究，如针对秸秆还田对稻田生态系统的影响、秸秆还田后温室气体排放、稻田微生态等方面进行研究，这样可以为稻田生态排放和农业生态安全提供一定的理论基础。

参考文献

[1] 卜毓坚. 不同耕作方式和稻草还田量对晚稻生长发育与土壤肥力的影响 [D]. 长沙：湖南农业大学，2007.

[2] 李国学，张福锁. 固体废物堆肥化和有机复混肥的生产 [M]. 北京：化学工业出版社，2000.

[3] 周江明，徐大连，薛才余. 稻草还田综合效益研究 [J]. 中国农学通报，2002，18 (4)：35 - 37.

[4] 程励励，文启孝，李洪. 稻草还田对土壤氮素及水稻产量的影响 [J]. 土壤，1992，14 (5)：234 - 238.

[5] 席北斗，刘鸿亮，孟伟. 高效复合微生物菌群在垃圾堆肥中的应用 [J]. 环境科学，2001，22 (5)：122 - 125.

[6] 陈冬林. 多熟复种稻田土壤耕作和秸秆还田的效应研究 [D]. 长沙：湖南农业大学，2009：22.

[7] 杜守宇，田恩平，温敏，等. 秸秆覆盖还田的综合效应与系列化技术研究 [J]. 宁夏农林科技，1995 (2)：10 - 14.

[8] 倪国荣，涂国全，魏赛金. 秸秆还田配施催腐菌剂对晚稻根际土壤微生物与酶活性及产量的影响 [J]. 农业环境科学学报，2012，31 (1)：149 - 154.

[9] ABBOTT L K, MURPHY D V. Soil biological fertility [M]. Netherlands：Kluwer Academic Publisher，2003：109.

[10] 杨文平，王春虎，茹振钢. 秸秆还田对冬小麦品种百农矮抗 58 根际土壤微生物及土壤酶活性的影响 [J]. 东北农业大学学报，2011，42 (7)：20 - 23.

[11] 中国土壤学会农业化学专业委员会. 土壤农业化学常规分析方法 [M]. 北京：科学出版社，1983.

[12] 中国科学院南京土壤研究所. 土壤理化分析 [M]. 上海：上海科学技术出版社，1981.

[13] 南京农学院. 土壤农化分析 [M]. 北京：农业出版社，1982.

[14] 沈亚强，程旺大，张红梅. 绿肥与秸秆还田对水稻生长和产量的影响 [J]. 中国稻米，2011，17 (4)：27 - 29.

[15] 陈尚洪．还田秸秆腐解特征及其对稻田土壤碳库的影响研究［D］．成都：四川农业大学，2007．

[16] 邱风琼，丁庆堂．有机物在控制土壤肥力中的作用：I 有机物对土壤腐殖质和氮素的影响［J］．土壤通报，1986，17（7）：68－72．

[17] 金亚放，柯福源．麦秆还田有机氮素对水稻增产的机理［J］．土壤通报，1991，7（2）：62－66．

[18] 武冠云．不同有机物料对草甸黑土氮肥力的影响［J］．土壤通报，1986（4）：30－33．

[19] 邱风琼，丁庆堂．有机物在控制土壤肥力中的作用：II 有机物对土壤磷素和微量元素性状的影响［J］．土壤通报，1986，17（7）：77－80．

[20] 邱风琼，丁庆堂．有机物在控制土壤肥力中的作用：IV 有机物对土壤微团聚体磷的形态和有效磷的影响［J］．土壤通报，1986，17（7）：81－84．

[21] 罗奇祥．稻草还田对水田土壤肥力和水稻生长的影响［J］．土壤通报，1989，24（5）：77－81．

[22] 莫淑勋，钱菊芳．稻草还田对补充水稻钾素养分的作用［J］．土壤通报，1981（1）：20－26．

[23] 杨玉爱，薛建明．微量元素肥料研究与应用［M］．武汉：湖北科学技术出版社，1986：297－306．

秸秆还田配施不同比例化肥对晚稻
产量及土壤养分的影响*

摘　要： 在不同秸秆还田方式对早稻的效应研究确定的最佳还田方式和还田量（粉碎还田量 3 000kg/hm²）基础上，以单施秸秆为对照，研究了秸秆还田配施不同比例化肥对晚稻产量、干物质积累与分配及土壤养分的影响。结果表明：①与对照相比，秸秆 3 000kg/hm² ＋N 150kg/hm² ＋P₂O₅ 75kg/hm² ＋K₂O 37.5kg/hm² 增产效果最显著，在水稻的每穗粒数、千粒重、结实率、充实度和产量等方面增加幅度最大，分别为 9.32％、4.28％、13.70％、2.74％和 26.38％。②各处理的干物质茎鞘比例随着生育进程不断降低，从孕穗期的 66.68％～77.00％降至成熟期的 25.97％～34.79％，除处理 SNPK₁ 外，叶片比例从孕穗期的 23.00％～33.32％降至成熟期的 7.41％～21.03％；秸秆还田配施不同比例化肥处理的茎鞘比例在孕穗期、抽穗期和成熟期高于对照，而叶片比例与茎鞘比例呈相反趋势。③与对照相比，秸秆还田配施不同比例化肥处理提高了土壤 pH 及有机碳、全氮、碱解氮、全磷、有效磷、全钾、速效钾含量，降低了土壤 C/N。研究结果说明，秸秆还田配施不同比例化肥可以提高植株干物质积累速率、群体生物量，合理改善土壤养分，保证较高的水稻增产潜力，其中秸秆 3 000kg/hm² ＋N 150kg/hm² ＋P₂O₅ 75kg/hm² ＋K₂O 37.5kg/hm² 效果最显著。

关键词： 秸秆还田；不同比例化肥；干物质生产；水稻产量；土壤养分

　　稻田是我国南方，特别是长江中下游水稻生产的重要场所，为解决我国粮食问题、维护国家和区域粮食安全做出了重要的历史性贡献。然而，近年来长江中下游双季稻区稻田土壤水蚀及矿质营养流失，作物秸秆、残留物等资源浪费等问题严重。秸秆含有丰富的有机碳和大量的氮、磷、钾、硅等矿质营养元素，能够改善土壤理化性状和生物学性状，提高作物产量、品质和降低施肥成本等[1]；但秸秆主要由纤维素、半纤维素和木质素三大部分组成，C/N 一般为 60～80，使秸秆在土壤中难以被微生物分解[2,3]，微生物需吸收一定量的氮

　　* 作者：杨滨娟、黄国勤、徐宁、钱海燕；通讯作者：黄国勤（教授、博导，E－mail：hgqjxes@sina.com）。

　　本文原载于《生态学报》2014 年第 34 卷第 13 期第 3779～3787 页。

素营养，从而与作物争氮，影响苗期生长。因此，秸秆还田要配施一定比例的N、P调解土壤C/N，加速秸秆分解、腐熟过程，缓解秸秆分解过程中微生物对氮素的竞争利用，以保证土壤全期的肥力供应[4]。现阶段研究的重点在于秸秆的快速腐解问题，目前多数研究集中在有机无机肥配合施用的培肥效果及作物的产量效应方面。许多学者从不同角度对秸秆还田条件下土壤养分、酶活性和土壤微生物数量进行了一系列的研究[5,6]，但对化肥配施比例的研究较少，而关于不同比例化肥施入土壤后养分动态及作物产量、干物质生产特性之间的相关性研究值得进一步探讨。本研究以不同秸秆还田方式对早稻的效应研究确定的最佳还田方式和还田量（粉碎还田量 3 000kg/hm²）[6]为研究基础，分析了秸秆还田配施不同比例化肥对晚稻产量、干物质生产特性及土壤养分的影响，揭示了水稻干物质群体变化特性及土壤化学性质变化的过程，以期为南方稻区合理的秸秆资源利用方式及培肥地力提供一定的理论依据和技术支撑。

1　材料与方法

1.1　试验地概况

试验于 2010—2011 年在江西农业大学科技园试验田（28°46′N，115°55′E）进行。试验基地的年均太阳总辐射量为 4.79×10^{13} J/hm²，年均日照时数为 1 852h，年日均温≥0℃的积温达 6 450℃，无霜期约 272d，年均温 17.6℃，年降水量 1 624mm，年均气温 17.1～17.8℃。供试土壤为发育于第四纪的红黏土，位于亚热带典型红壤分布区。

1.2　试验设计

试验共设 9 个处理：①CK（单施秸秆 3 000kg/hm²），②SN₁（秸秆 3 000 kg/hm²＋N 150kg/hm²），③SN₂（秸秆 3 000kg/hm²＋N 225kg/hm²），④SP₁（秸秆 3 000kg/hm²＋P₂O₅ 75kg/hm²），⑤SP₂（秸秆 3 000kg/hm²＋P₂O₅ 112.5kg/hm²），⑥SNP₁（秸秆 3 000kg/hm²＋N 150kg/hm²＋P₂O₅ 75 kg/hm²），⑦SNP₂（秸秆 3 000kg/hm²＋N 225kg/hm²＋P₂O₅ 112.5kg/hm²），⑧SNPK₁（秸秆 3 000kg/hm²＋N 150kg/hm²＋P₂O₅ 75kg/hm²＋K₂O 37.5 kg/hm²），⑨SNPK₂（秸秆 3 000kg/hm²＋N 225kg/hm²＋P₂O₅ 112.5kg/hm²＋K₂O 56.3kg/hm²），其中秸秆均为干重。每个处理重复 3 次，随机排列。小区面积为 33m²（11m×3m），小区间用高 30cm 的水泥埂隔开。具体试验设计见表 1。

试验所用氮肥为尿素，磷肥为钙镁磷肥，钾肥为氯化钾。供试作物为晚稻，品种为中优 161。2010 年晚稻于 7 月 2 日浸种，洗净后保温催芽，7 月 5

日播种，8月5日按行株距20cm×17cm移栽，11月6日收获。2011年晚稻于6月27日浸种，洗净后保温催芽，6月30日播种，7月31日按行株距20cm×17cm移栽，10月31日收获。2012年晚稻于6月24日浸种，洗净后保温催芽，6月27日播种，7月27日按行株距20cm×17cm移栽，10月27日收获。试验前表层（0~20cm）土壤基本化学性质见表2。

表1 试验处理

单位：kg/hm²

处理	符号	秸秆	N	P₂O₅	K₂O
对照	CK	3 000	—	—	—
秸秆还田配施低量 N	SN₁	3 000	150	—	—
秸秆还田配施高量 N	SN₂	3 000	225	—	—
秸秆还田配施低量 P	SP₁	3 000	—	75	—
秸秆还田配施高量 P	SP₂	3 000	—	112.5	—
秸秆还田配施低量 NP	SNP₁	3 000	150	75	—
秸秆还田配施高量 NP	SNP₂	3 000	225	112.5	—
秸秆还田配施低量 NPK	SNPK₁	3 000	150	75	37.5
秸秆还田配施高量 NPK	SNPK₂	3 000	225	112.5	56.3

表2 表层土壤基本化学性质

处理	pH	有机碳 (g/kg)	全氮 (g/kg)	碱解氮 (mg/kg)	全磷 (g/kg)	有效磷 (mg/kg)	全钾 (g/kg)	速效钾 (mg/kg)	C/N
CK	4.94	21.64	2.79	125.67	0.50	31.55	6.00	43.20	7.75
SN₁	5.09	20.07	2.61	130.33	0.32	25.60	6.04	43.20	7.69
SN₂	5.11	23.38	1.93	158.67	0.41	20.50	6.29	35.81	12.11
SP₁	5.16	20.13	2.85	168.00	0.60	31.95	5.51	43.20	7.06
SP₂	5.19	20.36	2.25	158.10	0.43	30.70	6.05	52.20	9.05
SNP₁	5.17	20.32	2.78	156.00	0.42	30.69	6.50	49.81	7.31
SNP₂	5.21	21.09	2.75	148.33	0.39	29.86	6.27	52.50	7.67
SNPK₁	5.34	20.36	2.81	125.67	0.39	21.45	4.49	45.92	7.25
SNPK₂	5.23	18.91	2.54	159.00	0.35	31.90	6.35	52.80	7.44

1.3 测定项目与方法

1.3.1 水稻产量及其构成因素

水稻成熟期，在各小区普查50蔸作为有效穗数计算的依据，然后用平均数法在各小区中随机选取有代表性的水稻植株 5 蔸，作为考种材料，清水漂洗去空、秕粒晒干后用 1/100 分析天平测千粒重，并用 1/10 天平测每小区实际产量（干重）[7]。

$$籽粒充实度＝受精粒平均千粒重/饱粒千粒重 \times 100$$
$$籽粒充实率＝饱粒数/总粒数 \times 100$$

1.3.2 干物质生产特性

每个小区按平均茎蘖法随机取 5 穴（小区边行不取），分成叶片、茎鞘和穗（抽穗后）等部分装袋，于 105℃条件下杀青 30min，再经 80℃烘干至恒重，测定各处理植株干物质积累与分配情况。

1.3.3 土壤养分

每年晚稻收获后取样，测定土壤氮、磷、钾变化动态。每个处理 3 次重复，用五点法取耕层 0～20cm 土样，测定指标有：pH、有机碳、全氮、全磷、全钾、碱解氮、有效磷、速效钾。测定方法[8-10]如下：土壤 pH 采用 pH 计测定，有机碳采用重铬酸钾-外加热法测定，全氮采用半微量开氏法，全磷采用 NaOH 熔融-钼锑抗比色法，全钾采用 NaOH 熔融-火焰光度法，碱解氮采用碱解扩散法，有效磷采用 $NaHCO_3$-钼锑抗比色法，速效钾采用 NH_4OAc 浸提-火焰光度法。

1.4 统计分析

运用 Excel 处理数据。用 DPS V7.05 系统软件分析数据，LSD（最小显著性差异法）进行样本平均数的差异显著性比较。

2 结果与分析

2.1 秸秆还田配施不同比例化肥对水稻产量的影响

由表 3 可知，与对照相比（单施秸秆），产量构成要素中除有效穗数外，秸秆还田配施不同比例化肥处理均一定程度上提高了水稻的每穗粒数、结实率、千粒重、充实度、充实率及产量。有效穗数方面仅处理 SP_2、SN_2、$SNPK_1$ 高于对照，分别高出 6.62％、5.57％、1.05％；除处理 SP_1 外，各处理与对照均达到显著性差异（$P<0.05$），且区组间差异显著。秸秆还田配施不同比例化肥处理与对照相比增加了每穗粒数，其中以处理 $SNPK_1$（秸秆还田配施低量 NPK）效果最显著，增加了 9.32％；除处理 SNP_2 外，各处理与对照均达到显著性差异（$P<0.05$）。秸秆还田配施不同比例化肥处理与对照相比均显著提高了结实率，增加范围为 4.77％～13.70％，其中以处理 $SNPK_1$ 效果最显著；除秸秆还田配施 NP、NPK 两区组间差异显著外，其余各区组间

差异不显著，但各处理与对照相比均达到显著性差异（$P<0.05$）。与对照相比，秸秆还田配施不同比例化肥处理的千粒重略有增加，其中以处理 $SNPK_1$ 增加最大（4.28%），但差异不显著。充实度方面，与对照相比，秸秆还田配施不同比例化肥处理略有增加，但仅处理 $SNPK_1$、SN_2 和 SNP_2 与对照相比差异显著，且区组间均差异不显著。充实率方面，与对照相比，秸秆还田配施不同比例化肥处理均有所提高，其中以处理 SN_2 效果最显著，其次是处理 $SNPK_1$，分别增加了 6.24%、5.47%；处理 SN_1、SP_2 与对照差异不显著，其余各处理均达到显著性差异（$P<0.05$）。秸秆还田配施不同比例化肥各处理与对照相比均提高了水稻产量，增产幅度为 10.18%～26.38%，其中处理 $SNPK_1$ 增产效果最显著，各处理水稻产量顺序依次为 $SNPK_1>SP_2>SNP_1>SNP_2>SNPK_2>SP_1>SN_1>SN_2>CK$；各处理与对照相比差异显著，除秸秆还田配施 NP 区组间差异不显著外，其余区组间均达到显著性差异（$P<0.05$）。

表3 秸秆还田配施不同比例化肥下水稻产量及充实度

处理	有效穗数 （万个/hm²）	每穗粒数 （个）	结实率 （%）	千粒重 （g）	充实度 （%）	充实率 （%）	产量 （kg/hm²）
CK	421.89d	124.29f	80.28f	25.72a	94.77c	79.66e	6 396.03e
SN_1	398.37g	129.66bc	89.86ab	26.01a	96.30abc	79.84e	7 310.52c
SN_2	445.41b	129.16cd	89.33bc	26.66a	96.67ab	84.63a	7 046.88d
SP_1	420.42de	131.31b	88.57bcd	25.91a	95.89abc	82.58bcd	7 347.57c
SP_2	449.82a	127.62de	87.78cd	26.79a	95.42bc	81.34de	7 868.68b
SNP_1	396.90gbc	126.44e	86.96c	25.82a	95.08bc	83.84ab	7 812.67b
SNP_2	416.01f	125.93ef	89.32bc	26.34a	96.55ab	82.03cd	7 721.69b
$SNPK_1$	426.30c	135.88a	91.28a	26.82a	97.37a	84.02ab	8 083.49a
$SNPK_2$	419.33e	128.36cd	84.11e	26.30a	95.95abc	83.61abc	7 699.52c

注：数据为3个重复的平均值；同列不同字母表示差异达5%显著水平。

2.2 秸秆还田配施不同比例化肥对水稻干物质积累的影响

2.2.1 水稻各生育阶段干物质积累

由表4可以看出，各生育阶段水稻干物质积累量差异明显，除抽穗期至灌浆期以外，各生育阶段干物质积累均是秸秆还田配施不同比例化肥高于对照（单施秸秆）。同时可知，水稻分蘖盛期至抽穗期和灌浆期至成熟期两个生育阶段干物质积累量最大，各处理这2个生育阶段干物质积累量分别达到成熟期干物重的 78.62%、79.22%、81.97%、77.95%、77.27%、78.13%、78.20%、

79.08%、78.47%；抽穗期至灌浆期是干物质快速积累的阶段，但由于其历时较短，干物质积累较少，在各生育阶段所占比例均最低。播种至分蘖盛期，秸秆还田配施不同比例化肥处理的干物质积累量和比例均高于对照，其中处理 SP_2 增加幅度最大，为 35.82%，且仅有该区组内差异显著；除了处理 SNP_1 外，各处理与对照相比差异均显著（$P < 0.05$）。分蘖盛期至抽穗期，秸秆还田配施 NPK（$SNPK_1$、$SNPK_2$）的干物质积累量和比例显著高于对照，分别增加了 3.53%、3.35%，但区组间差异不显著。抽穗期至灌浆期，除了处理 SP_1 外，秸秆还田配施不同比例化肥其他处理的干物质积累量和比例均低于对照，其中处理 SN_2 最低，仅为 $0.68 t/hm^2$，占成熟期干物质重的 5.39%；秸秆还田配施 N、P 两区组间差异显著，处理 SN_2、SP_2、SNP_2、$SNPK_1$、$SNPK_2$ 与对照相比差异显著（$P < 0.05$）。灌浆期至成熟期，秸秆还田配施不同比例化肥各处理的干物质积累量和比例均高于对照，其中以处理 SN_1 最高，各处理与对照相比增加幅度为 1.22%～19.56%，但均未达到显著性差异。

表 4 秸秆还田配施不同比例化肥下水稻主要生育阶段干物质积累量和比例

处理	播种—分蘖盛期		分蘖盛期—抽穗期		抽穗期—灌浆期		灌浆期—成熟期	
	积累量 (t/hm²)	比例 (%)	积累量 (t/hm²)	比例 (%)	积累量 (t/hm²)	比例 (%)	积累量 (t/hm²)	比例 (%)
CK	1.34e	10.76	5.67b	45.69	1.32ab	10.63	4.09a	32.93
SN_1	1.53cd	11.50	5.68b	42.54	1.24abc	9.28	4.89a	36.68
SN_2	1.60bcd	12.65	5.75ab	45.47	0.68d	5.39	4.61a	36.50
SP_1	1.59bcd	11.99	5.75ab	43.43	1.33a	10.05	4.57a	34.52
SP_2	1.82a	14.03	5.68b	43.88	1.13c	8.70	4.32a	33.39
SNP_1	1.49de	11.84	5.72ab	45.30	1.27abc	10.03	4.14a	32.83
SNP_2	1.64bcd	12.88	5.71ab	44.92	1.13c	8.92	4.23a	33.28
$SNPK_1$	1.70abc	12.71	5.87a	43.90	1.10c	8.21	4.70a	35.18
$SNPK_2$	1.72ab	12.89	5.86a	44.07	1.15bc	8.64	4.58a	34.40

2.2.2 水稻中、后期干物质分配

通过分析叶片、茎鞘和穗分配情况（表 5）可知，干物质茎鞘比例在孕穗期最大，并随着生育进程不断降低，在成熟期达到最低，各处理从 66.68%～77.00%降至 25.97%～34.79%。除了处理 $SNPK_1$ 外，叶片比例均以孕穗期最大，并从孕穗期的 23.00%～33.32%降至成熟期的 7.41%～21.03%。具体来看，秸秆还田配施不同比例化肥处理的茎鞘所占比例在孕穗期、抽穗期和成熟期均高于 CK，且均以处理 $SNPK_1$ 最高，孕穗期茎鞘比例顺序依次为

$SNPK_1 > SN_2 > SNP_1 > SNPK_2 > SP_1 > SNP_2 > SP_2 > SN_1 > CK$，除了处理 SN_1、SP_2 外，其余处理与对照相比差异显著（$P < 0.05$）；抽穗期顺序依次为 $SNPK_1 > SP_1 > SNP_2 > SNP_1 > SN_2 > SN_1 > SP_2 > SNPK_2 > CK$，各处理与对照相比差异显著，且除了秸秆还田配施 NP 区组外，其余区组间均达到显著性差异（$P < 0.05$）；成熟期顺序依次为 $SNPK_1 > SP_1 > SP_2 > SNP_1 > SNP_2 > SNPK_2 > SN_2 > SN_1 > CK$，除了处理 SN_1 外，各处理与对照相比差异均显著（$P < 0.05$）。叶片比例与茎鞘比例呈相反趋势，在孕穗期、抽穗期和成熟期均是 CK 高于秸秆还田配施不同比例化肥处理，孕穗期叶片比例顺序依次为 $CK > SN_1 > SP_2 > SNP_2 > SP_1 > SNPK_2 > SNP_1 > SN_2 > SNPK_1$，除处理 SN_1 外，各处理与对照相比差异均显著（$P < 0.05$），且除了秸秆还田配施 NP 区组外，其余区组间差异显著；抽穗期为 $CK > SN_1 > SNPK_2 > SP_2 > SNP_1 > SNPK_1 > SN_2 > SP_1 > SNP_2$，各处理与对照相比差异均显著（$P < 0.05$），且除了秸秆还田配施氮磷钾肥区组外，其余区组间均达到显著性差异；成熟期为 $CK > SNP_2 > SNP_1 > SP_2 > SNPK_2 > SN_2 > SP_1 > SN_1 > SNPK_1$，各处理与对照相比差异均显著，且秸秆还田配施 P、NPK 两区组间差异显著。与对照相比，秸秆还田配施不同比例化肥各处理的穗所占比例在抽穗期均有所提高，以处理 SNP_2 增加最高（25.22%），顺序依次为 $SNP_2 > SP_2 > SNPK_2 > SN_2 > SP_1 > SNP_1 > SN_1 > SNPK_1 > CK$，除了处理 SN_1、SNP_1、$SNPK_1$ 外，其余处理与对照相比差异均显著（$P < 0.05$）；成熟期除了处理 SNP_1、SNP_2 外，其余处理均高于对照，以处理 SN_1 最高，顺序依次为 $SN_1 > SN_2 > SNPK_1 > SNPK_2 > SP_1 > SP_2 > CK > SNP_1 > SNP_2$，除了处理 SP_2 外，其余处理与对照相比差异均显著（$P < 0.05$）。

表5 秸秆还田配施不同比例化肥下水稻中、后期干物质在叶片、茎鞘和穗分配情况

处理	茎鞘比例（%）			叶片比例（%）			穗比例（%）	
	孕穗期	抽穗期	成熟期	孕穗期	抽穗期	成熟期	抽穗期	成熟期
CK	66.68d	55.32c	25.97f	33.32a	31.16a	21.03a	13.52d	53.00e
SN_1	68.10d	56.89b	26.71f	31.90ab	28.96b	11.05d	14.14cd	62.24a
SN_2	73.38b	58.65a	28.66e	26.62d	25.61def	11.58d	15.73abc	59.76b
SP_1	71.11e	59.54a	33.89ab	28.89c	24.84ef	11.21d	15.62abc	54.91d
SP_2	68.30d	56.24b	32.60bc	31.70b	26.90cd	14.33c	16.86ab	53.07e
SNP_1	71.82bc	58.83a	31.78cd	28.18cd	26.02cde	18.90b	15.15bcd	49.32f
SNP_2	70.32c	58.85a	31.15cd	29.68c	24.22f	19.85ab	16.93a	49.00f
$SNPK_1$	77.00a	60.06a	34.79a	23.00e	25.89cdef	7.41e	14.04cd	57.80c
$SNPK_2$	71.60c	55.79b	30.68d	28.40cd	27.46bc	12.57d	16.76ab	56.76c

2.3　秸秆还田配施不同比例化肥对土壤养分的影响

由表 6 可知，与对照相比，秸秆还田配施不同比例化肥处理均提高了土壤 pH 及有机碳、全氮、碱解氮、全磷、有效磷、全钾、速效钾含量，降低了土壤 C/N。其中，土壤 pH 增加 1.97%～4.33%，以秸秆还田配施低量 NPK（$SNPK_1$）改良效果最显著，秸秆还田配施高量 N（SN_2）效果较差，区组间差异不显著，但各处理与对照相比差异均显著（$P<0.05$）。土壤有机碳含量增加 3.76%～25.05%，其中以处理 $SNPK_1$ 效果最为明显，区组间差异不显著，处理 $SNPK_1$、$SNPK_2$ 与对照相比差异显著（$P<0.05$）。土壤全氮含量提高了 14.75%～45.90%，同样以秸秆还田配施低量 NPK（$SNPK_1$）增加最高，但各处理间均未达到显著性差异。土壤碱解氮含量提高了 3.49%～39.90%，以处理 SN_1 增加最高，其次是处理 $SNPK_1$，但各处理间均未达到显著性差异。土壤全磷含量提高了 10.00%～55.00%，以秸秆还田配施高量 NP（SNP_2）最高，但各处理间均未达到显著性差异。土壤有效磷含量增加范围为 10.45%～50.88%，其中以处理 SNP_2 效果最明显，区组间差异不显著，处理 SNP_1、SNP_2 与对照相比差异显著（$P<0.05$）。土壤全钾含量提高范围为 18.27%～100.00%，其中以秸秆还田配施高量 NPK（$SNPK_2$）效果最明显，其次是处理 $SNPK_1$。除了秸秆还田配施 NP、NPK 两区组间差异显著外，其余各区组间差异不显著；但各处理与对照相比均达到显著性差异（$P<0.05$）。土壤速效钾含量增加范围为 9.39%～79.72%，秸秆还田配施低量 NPK（$SNPK_1$）效果最明显，区组间无显著性差异，处理 SNP_1、SNP_2、$SNPK_1$ 和

表6　晚稻收获后不同处理土壤化学性质

处理	pH	有机碳 (g/kg)	全氮 (g/kg)	碱解氮 (mg/kg)	全磷 (g/kg)	有效磷 (mg/kg)	全钾 (g/kg)	速效钾 (mg/kg)	C/N
CK	5.08b	18.88c	1.83a	133.67a	0.40a	25.65c	21.89g	41.32d	10.47a
SN_1	5.20ab	19.59c	2.34a	187.00a	0.49a	31.69abc	25.89f	46.82d	8.60a
SN_2	5.18ab	20.56bc	2.18a	153.67a	0.44a	28.33bc	26.40ef	48.85cd	9.84a
SP_1	5.20ab	20.44bc	2.52a	164.67a	0.52a	30.87abc	27.88de	45.72d	8.38a
SP_2	5.21ab	19.98bc	2.10a	138.33a	0.54a	33.24abc	29.13cd	45.20d	9.79a
SNP_1	5.24a	20.73bc	2.46a	159.67a	0.57a	36.27ab	33.05b	57.22bc	8.93a
SNP_2	5.29a	20.22bc	2.61a	157.33a	0.62a	38.70a	30.77c	57.93bc	8.00a
$SNPK_1$	5.30a	23.61a	2.67a	171.33a	0.57a	30.84abc	33.74b	74.26a	9.23a
$SNPK_2$	5.25a	22.05ab	2.61a	162.67a	0.55a	34.10abc	43.78a	73.73a	8.73a

注：数据为 3 个重复的平均值；同列不同字母表示差异达 5% 显著水平。

SNPK$_2$ 与对照相比差异显著（$P<0.05$），说明单施磷不利于土壤速效钾含量增加。土壤 C/N 降低范围为 $6.02\%\sim23.59\%$，但处理间均未达到显著性差异。

2.4 水稻产量、干物质生产与土壤养分的相关分析

通过水稻产量、干物质生产与土壤养分的相关分析（表 7）可以看出，水稻产量与土壤 pH、碱解氮含量呈显著相关关系。单茎生物量与土壤全氮、碱解氮含量呈显著相关关系。群体生物量与土壤碱解氮含量呈显著相关关系，与全钾含量显著负相关关系。由此可以看出，在矿质元素中，土壤氮素对地上部茎叶生长有促进作用，而土壤钾素可能对水稻的地下器官生长较有利。因此，适量配施氮肥能有效提高干物质积累和运转效率，在各生育阶段均能保持较高的干物质积累量，使其具有较高的增产潜力。

表 7 水稻产量、干物质与土壤养分的相关系数

指标	产量	单茎生物量	群体生物量
pH	0.95*	0.79	0.40
有机碳	0.92	0.84	0.48
全氮	−0.68	0.97*	0.71
碱解氮	0.96*	0.95*	0.97*
全磷	0.46	−0.01	−0.49
有效磷	0.51	−0.07	−0.54
全钾	0.95	−0.70	−0.96*
速效钾	−0.55	0.12	0.58
C/N	0.74	−0.37	−0.77

注：* 为显著相关（$P<0.05$）。

3 讨论

3.1 对水稻干物质生产特性的影响

水稻干物质的生产特性是光合产物在植株不同器官中积累与分配的结果，而水稻产量是植株干物质积累、分配、运输与转化的结果[11]。秸秆还田通常通过改善耕作层土壤水分条件，提高小麦的干物质积累能力[12]。郑成岩等[12]、黄明等[13]研究表明，秸秆覆盖有利于提高小麦抽穗后干物质积累和光合产物在籽粒、穗部的比例，是其获得高产的理论基础。但也有研究表明，免

耕秸秆覆盖主要是增加植株中干物质的总积累量，对干物质在不同器官中的分配比例无显著影响[14]。邓飞等[11]研究表明，水稻拔节期至孕穗期和抽穗期至成熟期 2 个生育阶段干物质积累量最大。另外，同一作物品种在不同肥力条件下种植，干物质在各器官的分配比例存在一定差异[15]。本试验研究表明，水稻分蘖盛期至抽穗期和灌浆期至成熟期两个生育阶段干物质积累量最大。除了抽穗期至灌浆期外，秸秆还田配施不同比例化肥处理在播种至分蘖盛期、分蘖盛期至抽穗期、灌浆期至成熟期 3 个生育阶段的干物质积累均高于单施秸秆处理。秸秆还田配施不同比例化肥处理的茎鞘比例在孕穗期、抽穗期和成熟期高于单施秸秆，而叶片比例与茎鞘比例呈相反趋势。

3.2　对土壤养分的影响

武际等[16]通过尼龙袋法研究表明，节水栽培模式下秸秆还田后土壤有机碳和养分含量的提高效应显著高于常规栽培。杨敏芳等[17]研究表明，无论是翻耕还是旋耕，秸秆还田条件下的土壤养分含量均不同程度高于秸秆不还田。罗宜宾[18]研究表明，秸秆配施化肥的土壤有机质含量比单施化肥提高了 14.0%～28.7%，全氮含量提高了 5.5%～40.1%，碱解氮含量提高了 13.2%～30.8%，速效钾含量提高了 4.8%～21.0%。本试验中，与对照相比，秸秆还田配施不同比例化肥处理均提高了土壤 pH 及有机碳、全氮、碱解氮、全磷、有效磷、全钾、速效钾含量，降低了土壤 C/N，这与前人研究结果较一致，且秸秆 3 000kg/hm² ＋N 150kg/hm² ＋P_2O_5 75kg/hm² ＋K_2O 37.5kg/hm² 处理在提高土壤 pH、有机碳、全氮、速效钾方面效果最显著。因此，根据水稻生长所需的土壤气候条件，选择合适比例的化肥与秸秆配施对水稻产量和稻田土壤培肥综合效果最好，更能发挥其生态效益与经济效益。

4　结论

与单施秸秆比较，秸秆还田配施不同比例化肥对于提高植株干物质积累速率和群体生物量、保证较高的水稻增产潜力以及合理改善土壤养分方面有较好的促进作用。总之，秸秆配施一定量的化肥，促进了作物对养分的吸收。

参考文献

[1] 曾研华，吴建富，潘晓华，等．稻草不同还田方式对双季水稻产量及稻米品质的影响[J]．植物营养与肥料学报，2013，19（3）：534-542.

[2] 席北斗，刘鸿亮，孟伟，等．高效复合微生物菌群在垃圾堆肥中的应用[J]．环境科

学，2001，22（5）：122-125.

[3] 陈冬林．多熟复种稻田土壤耕作和秸秆还田的效应研究［D］．长沙：湖南农业大学，
    2009：22.

[4] 倪国荣，涂国全，魏赛金，等．稻草还田配施催腐菌剂对晚稻根际土壤微生物与酶活
    性及产量的影响［J］．农业环境科学学报，2012，31（1）：149-154.

[5] 杨文平，王春虎，茹振钢．秸秆还田对冬小麦品种百农矮抗58根际土壤微生物及土壤
    酶活性的影响［J］．东北农业大学学报，2011，42（7）：20-24.

[6] 杨滨娟，黄国勤，钱海燕，等．秸秆还田对稻田生态系统环境质量影响的初步研究
    ［J］．中国农学通报，2012，28（2）：200-208.

[7] 朱庆森，王志琴，张祖建，等．水稻籽粒充实程度的指标研究［J］．江苏农学院学报，
    1995，16（2）：1-4.

[8] 中国土壤学会农业化学专业委员会．土壤农业化学常规分析方法［M］．北京：科学出
    版社，1983.

[9] 中国科学院南京土壤研究所．土壤理化分析［M］．上海：上海科学技术出版
    社，1981.

[10] 鲍士旦．土壤农化分析［M］．北京：中国农业出版社，2000.

[11] 邓飞，王丽，刘利，等．不同生态条件下栽培方式对水稻干物质生产和产量的影响
    ［J］．作物学报，2012，38（10）：1930-1942.

[12] 郑成岩，崔世明，王东，等．土壤耕作方式对小麦干物质生产和水分利用效率的影响
    ［J］．作物学报，2011，37（8）：1432-1440.

[13] 黄明，吴金芝，李友军，等．不同耕作方式对旱作冬小麦旗叶衰老和籽粒产量的影响
    ［J］．应用生态学报，2009，20（6）：1355-1361.

[14] 陈乐梅，马林，刘建喜，等．免耕覆盖对春小麦灌浆期干物质积累特性及最终产量的
    影响［J］．干旱地区农业研究，2006，24（6）：21-24.

[15] 董钻，沈秀瑛．作物栽培学总论［M］．北京：中国农业出版社，2007.

[16] 武际，郭熙盛，鲁剑巍，等．不同水稻栽培模式下小麦秸秆腐解特征及对土壤生物学
    特性和养分状况的影响［J］．生态学报，2013，33（2）：565-575.

[17] 杨敏芳，朱利群，韩新忠，等．耕作措施与秸秆还田对稻麦两熟制农田土壤养分、微
    生物生物量及酶活性的影响［J］．水土保持学报，2013，27（2）：272-275，281.

[18] 罗宜宾．秸秆还田对作物产量及土壤养分的影响［J］．现代园艺，2013（2）：9.

秸秆还田配施化肥对土壤温度、根际微生物及酶活性的影响[*]

摘　要：以单施秸秆为对照，研究秸秆还田配施不同比例化肥对土壤温度、土壤根际微生物和酶活性的影响。结果表明：①在水稻不同生育时期，与对照相比，秸秆还田配施化肥各处理在 8：00 和 20：00 均提高了土壤温度，而在 14：00 降低了土壤温度。从地温日较差分析可知，秸秆还田配施化肥处理的整日地温变化幅度低于对照，且差异显著。此外，随着土层深度的增加，秸秆还田配施化肥处理与对照间的差距逐渐减少，调温作用逐渐减弱。②秸秆还田配施化肥各处理能够增加根际土壤总细菌、放线菌、真菌、氨化细菌、好气性自生固氮菌、亚硝酸细菌、磷细菌和好气性纤维素分解菌的数量，但区组间差异不显著。除了秸秆还田配施低量 NP（SNP$_1$，秸秆 3 000kg/hm^2 ＋N 150kg/hm^2 ＋P$_2$O$_5$ 75kg/hm^2）以外，秸秆还田配施化肥各处理的过氧化氢酶、脲酶、转化酶活性均高于对照，但区组间均未达到显著性差异。因此，秸秆还田配施化肥能合理调节土壤温度，显著提高土壤微生物的数量与活性，有利于土壤生态环境的改善，其中秸秆还田配施 NPK（SNPK$_1$，秸秆 3 000kg/hm^2 ＋N 150kg/hm^2 ＋P$_2$O$_5$ 75kg/hm^2 ＋K$_2$O 37.5kg/hm^2；SNPK$_2$，秸秆3 000kg/hm^2 ＋N 225kg/hm^2 ＋P$_2$O$_5$ 112.5kg/hm^2 ＋K$_2$O 56.3kg/hm^2）效果较显著。

关键词：秸秆还田；不同比例化肥；土壤温度；根际；微生物；酶活性

　　我国年产稻草约 2 亿 t，但近年来作物秸秆、残留物等资源浪费问题越来越严重，秸秆利用的现代科技手段滞后，造成在部分地区作物秸秆被大量焚烧[1]，使得土壤肥力逐年下降，农田生态平衡遭受破坏，而且严重污染空气，对农业生态环境造成严重影响[2]。研究表明，秸秆含有丰富的有机碳和大量的氮、磷、钾、硅等矿质营养元素，是一种强化土壤有机质积累、调节土壤温度和水分的农艺措施[3]，能够影响土壤对光辐射的吸收转化和热量的传导，在地表形成一层与大气热交换的障碍层，既可阻止太阳直接辐射，也可减少土壤热量向大气中散发，同时还可有效反射长波辐射，使秸秆还田具有低温时的"增

　　* 作者：杨滨娟、黄国勤、钱海燕；通讯作者：黄国勤（教授、博导，E-mail：hgqjxes@sina.com）。

　　本文原载于《土壤学报》2014 年第 51 卷第 1 期第 150～157 页。

温"和高温时的"降温"双重效应[4]。但秸秆主要由纤维素、半纤维素和木质素三大部分组成，C/N 一般为 60～80，使秸秆在土壤中难以被微生物分解[5-7]。因此，秸秆还田要配施一定比例的 N、P 调解土壤 C/N，加速秸秆分解、腐熟，以保证土壤全期的肥力供应[8]。倪国荣等[9]研究表明，秸秆全量还田并添加微生物制剂能够显著提高土壤中细菌、真菌和放线菌的数量，增强蔗糖酶、脲酶、过氧化氢酶和纤维素酶的活性。目前，多数研究集中在有机无机肥配合施用的培肥效果及作物的产量效应方面，对化肥配施比例的研究较少，而关于不同比例化肥施入土壤后土壤温度、土壤根系微生物活性等土壤生态环境指标的综合研究值得进一步探讨。因此，本研究以前期试验不同秸秆还田方式对早稻的效应研究确定的最佳还田方式和还田量（粉碎还田量 3 000kg/hm²）[10]为研究基础，通过研究秸秆还田配施不同比例化肥对土壤温度、土壤根系微生物及酶活性的影响，揭示秸秆还田的技术原理与效应，为确定合理利用秸秆资源及培肥地力提供一定的理论依据和技术支撑。

1 材料与方法

1.1 试验地概况

2010—2012 年，试验在江西农业大学科技园水稻试验田（28°46′N，115°55′E）进行。试验地属于亚热带季风性湿润气候，年均太阳总辐射量为 4.79×10^{13} J/hm²，年均日照时数为 1 852h，年日均温 $\geqslant 0℃$ 的积温达 6 450℃，年降水量 1 624mm，年均气温 17.1～17.8℃。供试土壤为发育于第四纪的红黏土，位于亚热带典型红壤分布区。试验前表层（0～20cm）土壤 pH 4.85，有机质含量 39.01g/kg，全氮 2.17g/kg，碱解氮 119.2mg/kg，全磷 0.49g/kg，有效磷 41.28mg/kg，全钾 35.85g/kg，速效钾 73.46mg/kg，C/N 9.04。

1.2 试验设计

试验共设 9 个处理：①CK（单施秸秆 3 000kg/hm²），②SN₁（秸秆 3 000kg/hm²＋N 150kg/hm²），③SN₂（秸秆 3 000kg/hm²＋N 225kg/hm²），④SP₁（秸秆 3 000kg/hm²＋P_2O_5 75kg/hm²），⑤SP₂（秸秆 3 000kg/hm²＋P_2O_5 112.5kg/hm²），⑥SNP₁（秸秆 3 000kg/hm²＋N 150kg/hm²＋P_2O_5 75kg hm²），⑦SNP₂（秸秆 3 000kg/hm²＋N 225kg/hm²＋P_2O_5 112.5kg/hm²），⑧SNPK₁（秸秆 3 000kg/hm²＋N 150kg/hm²＋P_2O_5 75kg/hm²＋K_2O 37.5kg/hm²），⑨SNPK₂（秸秆 3 000kg/hm²＋N 225kg/hm²＋P_2O_5 112.5kg/hm²＋K_2O 56.3kg/hm²），其中秸秆均为干重，还田时使用秸秆还田粉碎机粉碎，秸秆粉碎长度为 15～20cm。每个处理重复 3 次，随机排列。小区面积为 33m²（11m×3m），

小区间用高 30cm 的水泥埂隔开。所用氮肥为尿素，磷肥为钙镁磷肥，钾肥为氯化钾。具体试验设计见表 1。

表 1　试验处理设计

处理	秸秆 （kg/hm²）	N （kg/hm²）	P_2O_5 （kg/hm²）	K_2O （kg/hm²）
CK	3 000	—	—	—
SN_1	3 000	150	—	—
SN_2	3 000	225	—	—
SP_1	3 000	—	75	—
SP_2	3 000	—	112.5	—
SNP_1	3 000	150	75	—
SNP_2	3 000	225	112.5	—
$SNPK_1$	3 000	150	75	37.5
$SNPK_2$	3 000	225	112.5	56.3

1.3　测定项目与方法

水稻的主要生育阶段孕穗期、齐穗期和成熟期，在测定前一天埋下土壤地温计，使其适应土壤温度，连续 3d 在当日 8：00、14：00 和 20：00 测定 0～5cm、5～10cm、10～15cm 和 15～20cm 土层地温，最终数据取 3d 的平均值。

水稻成熟期采集根际土样[11]，操作方法：将整株水稻连同土壤挖起，去除根部外围的大部分土壤，仅剩附着在根上的土，用无菌的刷子将黏附的土刷下，即得到根际土壤。每个小区五点取样并混匀为一个样品，置阴凉处风干后过 1mm 筛，并置于 4℃ 冰箱中保存。细菌、真菌、放线菌和固氮菌计数采用平板稀释涂布法。细菌培养用牛肉膏蛋白胨培养基，真菌用马丁氏培养基，放线菌用高氏 1 号培养基，自生固氮菌用瓦克斯曼氏 77 号培养基，嫌气性细菌采用液状石蜡油法。具体测定方法参考相关文献[11]。土壤过氧化氢酶活性采用高锰酸钾滴定法测定，脲酶活性采用苯酚-次氯酸钠比色法测定，转化酶采用 3，5-二硝基水杨酸比色法测定[12]。土壤过氧化氢酶活性以单位质量土壤的 0.05mol/L 高锰酸钾质量表示，脲酶活性以 24h 后 1g 土壤中铵态氮的质量表示，转化酶活性以 24h 后 1g 土壤中葡萄糖的质量表示。

1.4　数据处理

连续 3 年试验测定数据趋势一致，本文以 2012 年测定数据为例。运用

Excel 2010 处理数据。用 DPS V7.05 系统软件分析数据，用 LSD（最小显著性差异法）进行样本平均数的差异显著性比较。

2 结果与讨论

2.1 秸秆还田配施不同比例化肥对土壤温度的影响

由表 2 可知，孕穗期 0～5cm 土层，与对照（单施秸秆）相比，秸秆还田配施化肥处理 8：00 地温提高了 0.2～3.7℃；而 14：00 除处理 SN_1 和 SNP_1 外，地温降低了 0.6～6.9℃；20：00 地温提高了 0.8～2.8℃。齐穗期 0～5cm 土层，与对照相比，秸秆还田配施化肥处理 8：00 地温提高了 0.3～3.3℃；而 14：00 地温只有处理 SN_1、SN_2、SNP_2 低于对照，分别降低了 1.8℃、1.0℃、0.8℃；20：00 地温提高了 0.7～2.1℃。成熟期 0～5cm 土层，除处理 SN_1 与对照温度一致外，秸秆还田配施化肥处理 8：00 地温比对照提高了 0.1～1.3℃；而 14：00 除处理 SP_1 和 SNP_1 外，地温降低了 0.3～3.4℃；20：00 地温提高了 0.1～1.6℃。此外，从地温日较差看（图 1），孕穗期 0～5cm 土层，秸秆还田配施化肥处理的整日地温变化幅度为 3.5～7.9℃，较对照低 0.9～5.3℃，降低幅度为 10.23%～60.23%，差异显著（$P<0.05$）；齐穗期 0～5cm 土层的整日地温变化幅度为 5.1～8.0℃，低于对照 2.44%～37.80%，差异显著（$P<0.05$）；成熟期 0～5cm 土层的整日地温变化幅度为 3.3～7.8℃，低于对照 1.27%～58.23%，差异显著（$P<0.05$）。

表 2　秸秆还田配施不同比例化肥对不同时间不同土层深度地温的影响

单位：℃

土层深度（cm）	处理	孕穗期				齐穗期				成熟期			
		时间			日较差	时间			日较差	时间			日较差
		8:00	14:00	20:00		8:00	14:00	20:00		8:00	14:00	20:00	
0～5	CK	21.1	29.9	24.0	8.8 a	25.6	33.8	28.2	8.2a	27.9	35.8	29.8	7.9a
	SN_1	24.0	31.9	26.1	7.9 ab	25.9	32.0	28.9	6.1b	27.9	35.1	30.0	7.2ab
	SN_2	22.5	23.0	26.0	3.5d	26.2	32.8	29.1	6.6ab	28.0	35.3	31.2	7.3ab
	SP_1	21.3	29.1	25.0	7.8 ab	26.0	34.0	29.0	8.0a	28.3	36.1	31.2	7.8a
	SP_2	22.8	29.3	24.8	6.5 bc	27.3	33.8	30.2	6.5ab	28.8	35.5	29.9	6.7ab
	SNP_1	24.8	30.1	26.8	5.3 c	27.2	33.8	30.1	6.6ab	28.8	35.8	31.0	7.0ab
	SNP_2	23.2	28.2	25.8	5.0 cd	27.9	33.0	30.1	5.1b	29.1	32.4	31.3	3.3c
	$SNPK_1$	23.0	29.0	24.8	5.9 c	28.9	34.9	30.0	6.0b	29.1	35.1	31.4	5.9b
	$SNPK_2$	23.2	28.7	24.8	5.5 c	28.4	34.5	30.1	6.1b	29.0	34.7	31.3	5.7b

（续）

土层深度(cm)	处理	孕穗期				齐穗期				成熟期			
		时间			日较差	时间			日较差	时间			日较差
		8:00	14:00	20:00		8:00	14:00	20:00		8:00	14:00	20:00	
5~10	CK	20.0	26.0	24.0	6.0a	25.3	31.8	29.2	6.5a	27.5	33.1	31.2	5.6ab
	SN$_1$	21.0	25.2	25.2	4.2b	26.0	29.8	29.8	3.8bc	28.1	32.4	30.0	4.3ab
	SN$_2$	21.0	24.0	24.9	3.9bc	25.9	30.1	30.0	4.2bc	28.5	32.9	31.1	4.4abc
	SP$_1$	22.0	26.2	25.8	4.2b	25.8	30.6	29.0	4.8ab	28.8	32.5	30.1	3.7bc
	SP$_2$	22.1	26.0	25.6	3.9bc	27.1	31.2	30.3	4.1bc	28.7	32.6	30.0	3.9abc
	SNP$_1$	24.1	26.3	25.8	2.2cd	27.2	31.8	30.3	4.6bc	29.0	32.7	30.7	3.7bc
	SNP$_2$	23.1	26.0	25.2	2.9bcd	27.2	31.5	29.7	4.3bc	28.9	32.7	31.0	3.8bc
	SNPK$_1$	23.2	23.5	26.0	2.8bcd	27.2	30.2	30.0	3.0c	29.3	32.9	31.0	3.6bc
	SNPK$_2$	23.2	25.3	24.8	2.1d	27.6	32.5	30.2	4.9ab	28.8	31.0	30.2	2.2c
10~15	CK	20.0	24.8	23.0	4.8a	25.2	29.7	28.3	4.5a	27.5	32.1	30.1	4.6a
	SN$_1$	21.8	26.2	24.9	4.4abc	25.8	28.0	29.0	3.2a	27.5	30.5	30.1	3.0abc
	SN$_2$	21.5	26.0	24.1	4.5ab	25.2	28.0	28.0	2.8a	27.2	29.9	31.2	4.0ab
	SP$_1$	22.2	24.0	24.0	1.8d	24.8	27.8	28.2	3.4a	28.2	31.9	30.0	3.7abc
	SP$_2$	21.0	23.5	24.0	3.0bcd	26.4	29.0	29.8	3.4a	28.2	30.3	30.1	2.1c
	SNP$_1$	22.3	24.0	25.0	2.7cd	26.5	28.8	29.6	3.1a	28.0	31.5	30.9	3.5abc
	SNP$_2$	22.0	24.0	24.9	2.9bcd	26.8	28.9	29.8	3.0a	28.7	30.2	31.0	2.3bc
	SNPK$_1$	22.8	23.2	24.8	2.0d	26.1	29.2	29.5	3.4a	29.4	32.1	30.7	2.7bc
	SNPK$_2$	22.3	24.2	23.8	1.9ed	26.8	29.0	29.7	2.9a	28.9	30.3	31.4	2.5bc
15~20	CK	21.5	23.8	24.0	2.5a	24.0	27.9	27.2	3.9a	26.8	30.8	28.9	4.0a
	SN$_1$	22.0	24.0	24.1	2.1a	25.5	26.9	29.0	3.5a	27.8	29.3	30.9	3.1a
	SN$_2$	22.0	22.8	24.4	2.4a	25.6	27.0	29.2	3.6a	26.9	29.0	30.1	3.2a
	SP$_1$	22.0	23.2	24.0	2.0a	25.3	26.9	27.8	2.5a	27.0	29.9	30.9	3.9a
	SP$_2$	22.5	23.8	24.1	1.6a	26.5	28.0	29.0	2.5a	27.0	30.5	29.0	3.5a
	SNP$_1$	23.1	23.1	24.7	1.6a	25.4	27.8	29.0	3.6a	27.9	30.9	29.8	3.0a
	SNP$_2$	23.1	23.1	24.1	1.0a	26.8	28.0	29.3	2.5a	27.2	29.6	30.7	3.5a
	SNPK$_1$	23.2	23.1	24.3	1.2a	26.8	27.8	29.4	2.6a	27.8	30.2	31.4	3.6a
	SNPK$_2$	23.4	23.5	24.8	1.4a	25.5	28.2	28.2	2.7a	27.6	29.7	30.8	3.2a

注：同一土层同列数据后不同字母表示处理间差异达 5% 显著水平。

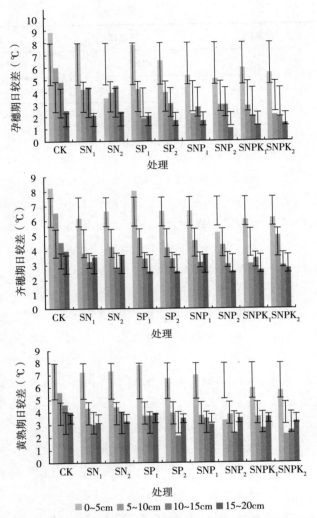

图1 秸秆还田配施不同比例化肥对不同土层日较差的影响

随着土层深度的增加，秸秆还田的调温作用有逐渐减弱的趋势。孕穗期在5～10cm土层，秸秆还田配施化肥处理的地温日较差较对照低1.8～3.9℃，降低幅度为30%～65%；而在10～15cm土层处理间差距仅为0.3～3.0℃，降低幅度为6.25%～62.50%；在15～20cm土层处理间差距仅为0.1～1.5℃，降低幅度为4%～60%。齐穗期在5～10cm土层，秸秆还田配施化肥处理的地温日较差较对照低1.6～3.5℃，降低幅度为24.62%～53.85%；而在10～15cm土层处理间差距为1.1～1.7℃，降低幅度为24.44%～37.78%；在15～20cm土层处理间差距仅为0.3～1.4℃，降低幅度为7.69%～

35.90％。成熟期在 5～10cm 土层，秸秆还田配施化肥处理的地温日较差较对照低 1.2～3.4℃，降低幅度为 21.43％～60.71％；而在 10～15cm 土层处理间差距为 0.6～2.5℃，降低幅度为 13.04％～54.35％；在 15～20cm 土层处理间差距仅为 0.1～1.0℃，降低幅度为 2.50％～25.00％。

地表是土壤与大气热量交换的界面，其温度受气温变化的直接影响[13]。土壤温度是植物生长的重要生态因子，对植物根系水分、营养的吸收有重要影响[14]，土壤空气和土壤水分的运动也与土壤温度有密切关系。据 Ramakrishna 等[15]研究，秸秆覆盖主要影响 10cm 以内浅层土壤的温度，对 10cm 以下土层温度的调控作用不显著。苏伟等[16]研究表明，稻草覆盖后，土壤温度日变化趋于缓和，且随着土层深度的增加，其调温作用有逐渐减弱的趋势。肖国华等[17]测定表明，夏季采用稻草还田免耕覆盖较无草犁耙插秧水温降低 3.4～5.1℃，5cm 深处土温降低 1.2～4.2℃，10cm 深处土温降低 1.5～2.0℃。稻草覆盖还田夏季降低土壤温度，早春升高土壤温度，分别有利于晚稻、早稻插秧后水稻秧苗的返青和分蘖。本试验结果与以上结论一致，水稻不同生育时期与对照相比，秸秆还田配施化肥处理在 8：00 和 20：00 提高土壤温度，而在 14：00 降低土壤温度。从地温日较差分析可以看出，秸秆还田配施化肥处理的整日地温变化幅度均低于对照处理，且差异显著。此外，随着土层深度的增加，秸秆还田与对照间的差距逐渐减少，调温作用逐渐减弱。

2.2 秸秆还田配施不同比例化肥对根际土壤微生物的影响

不同处理根际土壤微生物数量如表 3 所示。除了处理 SN_1 外，秸秆还田配施化肥处理的根际土壤细菌数量显著高于对照（单施秸秆处理）（$P<0.05$），增加幅度为 7.16％～135.76％，其中处理 $SNPK_2$ 数量最多，达到 38.50×10^5CFU/g；除了秸秆还田配施 NP 区组间达到显著性差异外，其他区组均未达到显著性差异。放线菌方面，秸秆还田配施化肥各处理均显著高于对照（$P<0.05$），增加幅度较大，为 61.36％～196.72％，其中处理 $SNPK_1$ 数量最多；除了秸秆还田配施 N 区组间未达到显著性差异外，其他区组间差异均显著。真菌方面，秸秆还田配施化肥处理高于对照 2.27％～20.45％，其中处理 $SNPK_1$ 达到最大，但处理间均未达到显著性差异。除了处理 SN_1 外，秸秆还田配施化肥处理的氨化细菌数量均显著高于对照（$P<0.05$），增加幅度为 7.46％～81.09％；除了秸秆还田配施 P、NPK 区组间差异不显著外，其他区组间均达到显著性差异。自生固氮菌方面，除了处理 SN_1、SN_2 和 SP_1 外，其他秸秆还田配施化肥处理显著高于对照（$P<0.05$），增加幅度为 38.85％～481.3％，其中处理 $SNPK_2$ 数量最多，达到 24.24×10^5CFU/g。亚硝酸细菌方面，除了处理 SN_1、SP_1 外，秸秆还田配施化肥处理显著高于对照（$P<$

0.05），其中处理 $SNPK_2$ 数量最多是对照的 8.89 倍；除了秸秆还田配施 P 区组间差异不显著外，其他区组均达到显著性差异（$P<0.05$）。秸秆还田配施化肥各处理的磷细菌数量高于对照，增加幅度为 $3.74\%\sim62.07\%$，其中处理 SNP_1、$SNPK_1$ 和 $SNPK_2$ 与对照相比差异显著（$P<0.05$），但区组间均未达到显著性差异。土壤纤维素分解菌方面，除了处理 SN_1、SN_2 和 SP_1 外，其他处理显著高于对照（$P<0.05$），其中处理 $SNPK_1$ 达到最大，是对照的 7.31 倍。

表3 秸秆还田配施不同比例化肥对根际土壤微生物的影响

单位：CFU/g

处理	总细菌	放线菌	真菌	氨化细菌
CK	16.33×10^5 f	19.80×10^5 g	0.44×10^5 a	11.53×10^5 d
SN_1	17.50×10^5 ef	31.95×10^5 f	0.47×10^5 a	12.39×10^5 d
SN_2	18.83×10^5 de	32.40×10^5 f	0.51×10^5 a	17.91×10^5 bc
SP_1	28.33×10^5 b	34.50×10^5 e	0.49×10^5 a	18.37×10^5 bc
SP_2	26.67×10^5 b	36.34×10^5 e	0.45×10^5 a	17.25×10^5 c
SNP_1	19.50×10^5 d	43.43×10^5 c	0.46×10^5 a	19.04×10^5 b
SNP_2	23.00×10^5 c	37.50×10^5 d	0.45×10^5 a	20.88×10^5 a
$SNPK_1$	38.00×10^5 a	58.75×10^5 a	0.53×10^5 a	18.42×10^5 bc
$SNPK_2$	38.50×10^5 a	56.40×10^5 b	0.51×10^5 a	18.72×10^5 bc

处理	自生固氮菌	亚硝酸细菌	磷细菌	纤维素分解菌
CK	4.17×10^5 e	0.45×10^4 e	3.48×10^5 c	0.75×10^4 d
SN_1	5.88×10^5 de	0.47×10^4 e	3.61×10^5 bc	0.95×10^4 d
SN_2	5.84×10^5 de	1.50×10^4 bcd	3.69×10^5 bc	2.00×10^4 cd
SP_1	5.79×10^5 de	1.15×10^4 cde	3.99×10^5 abc	1.74×10^4 cd
SP_2	9.15×10^5 c	1.50×10^4 bcd	4.19×10^5 abc	3.55×10^4 b
SNP_1	6.36×10^5 d	0.70×10^4 de	5.64×10^5 a	4.09×10^4 ab
SNP_2	8.76×10^5 c	2.00×10^4 b	5.02×10^5 abc	2.72×10^4 c
$SNPK_1$	14.64×10^5 b	1.75×10^4 bc	5.56×10^5 a	5.48×10^4 a
$SNPK_2$	24.24×10^5 a	4.00×10^4 a	5.22×10^5 ab	5.33×10^4 a

注：数据为3个重复的平均值；同列不同字母表示差异达5%显著水平。

2.3 秸秆还田配施不同比例化肥对根际土壤酶活性的影响

由图2可以看出，秸秆还田配施不同比例化肥各处理对根际土壤过氧化氢酶、脲酶、转化酶活性均有明显的提高作用，但处理间存在一定的差异。过氧化氢酶活性方面，秸秆还田配施化肥各处理的过氧化氢酶活性高于对照1.11%～126.20%，其中处理 $SNPK_2$ 达到最大，各处理顺序依次为 $SNPK_2>$ $SNPK_1>SNP_2>SNP_1>SP_2>SP_1>SN_2>SN_1>CK$，处理 $SNPK_2$ 与对照相比差异显著（$P<0.05$）。脲酶活性方面，土壤脲酶活性（24h）变化范围为0.217～0.381mg/g，其中处理 $SNPK_2$ 达到最高，各处理顺序表现为 $SNPK_2>$ $SNPK_1>SP_1>SN_1>SN_2>SNP_2>SP_2>CK>SNP_1$。除了处理 SNP_1 外，秸秆还田配施化肥各处理的脲酶活性均高于对照，提高了 2.67%～69.33%，但均未达到显著性差异。转化酶活性方面，土壤转化酶活性（24h）变化范围为0.305～0.606mg/g，其中对照最低，各处理顺序表现为 $SNPK_2>SN_1>$ $SNPK_1>SN_2>SNP_2>SNP_1>SP_2>SP_1>CK$。秸秆还田配施不同比例化肥各处理的转化酶活性均高于对照，提高了 15.41%～98.69%，但区组间均未达到显著性差异。

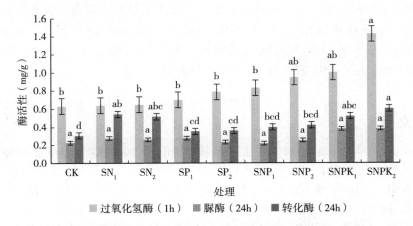

图 2　秸秆还田配施不同比例化肥对根际土壤酶活性的影响

注：数据为 3 个重复的平均值；柱形图上的不同字母分别表示差异达 5% 显著水平。

土壤微生物和酶是土壤生态系统的重要组成成分，二者通过参与土壤 C、N、P 等元素的循环过程、土壤矿化过程和复杂的生物化学过程，共同推动土壤代谢过程，影响着作物的生长，有利于土壤有机质的转化[18-20]。大量研究表明，耕作方式与施肥措施对土壤微生物数量及活性有重要影响，能显著提高土壤微生物的数量与活性[21]，从而有利于土壤质量的维护。本试验同样表明，秸秆还田配施一定比例的化肥能增加土壤根际总细菌、放线菌、真菌、氨化细菌、自生固氮菌、亚硝酸细菌、磷细菌和纤维素分解菌的数量，但区组间差异不显著。除了秸秆还田配施低量 NP（SNP_1）以外，秸秆还田配施化肥各处理的过氧化氢酶、脲酶、转化酶活性均高于对照。综合来看，秸秆还田配施 NPK（SNPK₁，秸秆 3 000kg/hm² ＋N 150kg/hm² ＋P₂O₅ 75kg/hm² ＋K₂O 37.5kg/hm²；SNPK₂，秸秆 3 000kg/hm² ＋N 225kg/hm² ＋P₂O₅ 112.5kg/hm² ＋K₂O 56.3kg/hm²）效果较显著。

3　结论

与单施秸秆相比，秸秆还田配施不同比例化肥对于合理调节土壤温度、提高根际土壤微生物数量及酶活性方面有较好的促进作用。水稻不同生育时期秸秆还田配施化肥处理在 8：00 和 20：00 提高土壤温度，在 14：00 降低土壤温度，而且整日地温变化幅度低于单施秸秆处理；但随着土层深度的增加，秸秆还田配施化肥处理的调温作用逐渐减弱。秸秆还田配施一定比例的化肥能增加根际土壤微生物数量；除了秸秆还田配施低量 NP 处理外，秸秆还田配施化肥各处理对于根际土壤过氧化氢酶、脲酶、转化酶活性的提高也有促进作用。综合来看，秸秆还田配施 NPK（SNPK₁，秸秆 3 000kg/hm² ＋N 150kg/hm² ＋P₂O₅ 75kg/hm² ＋K₂O 37.5kg/hm²；SNPK₂，秸秆 3 000kg/hm² ＋N 225kg/hm² ＋P₂O₅ 112.5kg/hm² ＋K₂O 56.3kg/hm²）效果较显著。

参考文献

[1] 杨文钰，王兰英. 作物秸秆还田的现状和展望 [J]. 四川农业大学学报，1999，17（2）：211-216.

[2] 杨滨娟，钱海燕，黄国勤，等. 秸秆还田及其研究进展 [J]. 农学学报，2012，2（5）：1-4.

[3] 苏衍涛，王凯荣，刘迎新，等. 稻草覆盖对红壤旱地土壤温度和水分的调控效应 [J]. 农业环境科学学报，2008，27（2）：670-676.

[4] SAUER T J, HATFIELD J L, PRUEGER J H, et al. Surface energy balance of a corn residue-covered field [J]. Agricultural and Forest Meteorology, 1998, 89 (3/4): 155-168.

[5] 程励励，文启孝，李洪. 稻草还田对土壤氮素及水稻产量的影响 [J]. 土壤，1992，14（5）：234-238.

[6] 席北斗，刘鸿亮，孟伟. 高效复合微生物菌群在垃圾堆肥中的应用 [J]. 环境科学，2001，22（5）：122-125.

[7] 陈冬林. 多熟复种稻田土壤耕作和秸秆还田的效应研究 [D]. 长沙：湖南农业大学农学院，2009：22.

[8] 杜守宇，田恩平，温敏，等. 秸秆覆盖还田的综合效应与系列化技术研究 [J]. 宁夏农林科技，1995（2）：10-14.

［9］倪国荣，涂国全，魏赛金，等．稻草还田配施催腐菌剂对晚稻根际土壤微生物与酶活性及产量的影响［J］．农业环境科学学报，2012，31（1）：149－154.

［10］杨滨娟，黄国勤，钱海燕，等．秸秆还田对稻田生态系统环境质量影响的初步研究［J］．中国农学通报，2012，28（2）：200－208.

［11］中国科学院南京土壤研究所微生物室．土壤微生物研究法［M］．北京：科学出版社，1985：59－63.

［12］关松荫．土壤酶及其研究法［M］．北京：农业出版社，1986：27－30.

［13］陈继康，李素娟，张宇，等．不同耕作方式麦田土壤温度及其对气温的响应特征：土壤温度日变化及其对气温的响应［J］．中国农业科学，2009，42（7）：2592－2600.

［14］易建华，贾志红，孙在军．不同根系土壤温度对烤烟生理生态的影响［J］．中国生态农业学报，2008，16（1）：62－66.

［15］RAMAKRISHNA A，TAM H M，WANI S P，et al. Effect of mulch on soil temperature，moisture，weed infestation and yield of groundnut in northern Vietnam［J］. Field Crops Research，2006，95：115－125.

［16］苏伟，鲁剑巍，周广生，等．稻草还田对油菜生长、土壤温度及湿度的影响［J］．植物营养与肥料学报，2011，17（2）：366－373.

［17］肖国华，欧阳先辉，陈同旺，等．稻草覆盖还田晚稻免耕节水栽培技术应用研究［J］．作物研究，2006，20（3）：220－222.

［18］FRANKENBERGER W T，DICK W A. Relationships between enzyme activities and microbial growth and activity indices in soil［J］. Soil Science Society of America Journal，1983，47：945－951.

［19］李东坡，武志杰，陈利军．有机农业施肥方式对土壤微生物活性的影响研究［J］．中国生态农业学报，2005，13（12）：178－181.

［20］张星杰，刘景辉，李立军，等．保护性耕作方式下土壤养分、微生物及酶活性研究［J］．土壤通报，2009，40（3）：542－546.

［21］汪娟．土壤微生物特性对不同耕作方式的响应［D］．兰州：甘肃农业大学，2009：2.

秸秆还田配施化肥及微生物菌剂对水田土壤酶活性和微生物数量的影响[*]

摘　要： 土壤微生物学特性是表征土壤质量的重要生物学指标，通过田间试验研究了秸秆还田配施不同配比化肥及微生物菌剂对水田土壤酶活性和微生物数量的影响。结果表明，与单施秸秆相比，秸秆还田配施 NPK 及微生物菌剂后，土壤过氧化氢酶、转化酶和脲酶活性分别提高了 37.5％～68.8％、32.3％～61.5％和 48.8％～102.0％，细菌和真菌数量分别提高了 95.3％～174％、286％～351％，放线菌数量减少了 34.5％～39.4％，差异显著。统计分析显示，土壤过氧化氢酶与脲酶活性之间及其酶活性与微生物数量之间关系密切。氨化细菌和硝化细菌数量主要控制土壤过氧化氢酶活性，真菌数量是转化酶活性的主要影响因素，而脲酶活性主要受细菌数量影响。秸秆还田配施微生物菌剂及平衡施肥可以促进酶活性的提高，使土壤微生物群落物种个体数增加更多，分布更为均匀。此外，过量施用氮肥会抑制土壤酶活性和微生物的生长与繁殖。

关键词： 秸秆还田；微生物菌剂；酶活性；微生物数量

　　水田土壤是我国最主要的耕作土壤类型，其中约 90％分布在热带、亚热带地区[1]。前期研究表明，该类型土壤是一种养分贫瘠的酸性土壤，其碳氮转化活性较弱，需要提出一套合理的土壤肥力管理措施，提高农田生产力[2-3]。秸秆还田能够增加土壤有机质含量，改善土壤理化性状，提高作物产量，被认为是一种有效的农田培肥措施，也是秸秆资源利用中经济且可持续的方式。但是，由于秸秆主要由纤维素、半纤维素和木质素三大部分组成，自然状态下难以被微生物分解，加之 C/N 较高，使秸秆在土壤中分解缓慢，不能作为当季作物肥源，而将微生物菌剂与化肥配施能够降低 C/N，加速作物秸秆分解、腐熟[4-6]。

　　土壤微生物和酶是土壤生物学特性的重要组成部分，在土壤养分转化循环、有机质分解等方面起着重要作用，是土壤肥力的一个重要指标，常被用于

---

　　* 作者：钱海燕，杨滨娟，黄国勤，严玉平，樊哲文，方豫；通讯作者：黄国勤（教授、博导，E-mail：hgqjxes@sina.com）。

　　本文原载于《生态环境学报》2012 年第 21 卷第 3 期第 440～445 页。

评价土壤质量的生物学特性，现已成为土壤学界的研究热点之一[7-9]。秸秆还田为土壤微生物提供了充足的碳源，促进微生物生长、繁殖，提高土壤生物活性[6]。近年来，许多学者从不同角度对秸秆还田条件下土壤酶活性和微生物数量进行了一系列的研究[10-14]，但对配施化肥及微生物菌剂对秸秆还田后土壤酶活性特征及微生物数量研究较少[15]。因此，本文通过田间试验研究秸秆还田配施不同配比化肥及微生物菌剂对水田土壤酶活性和微生物数量的影响，从而揭示秸秆腐解、土壤性质变化的生物学过程，旨在为合理利用秸秆资源以及培肥地力提供科学依据。

1　材料与方法

1.1　试验设计

田间试验在江西农业大学科技园水稻试验田（28°46′N，115°55′E）进行。试验地年均太阳总辐射量为 $4.79 \times 10^{13} J/hm^2$，年均日照时数为 1 852h，年日均温≥0℃的积温达 6 450℃，无霜期约272d，年均温 17.6℃，年降水量1 624mm。试验前表层土壤（0～15cm）有机碳含量为 19.58g/kg，全氮为 2.17g/kg，碱解氮为 119.15mg/kg，全磷为 0.49g/kg，有效磷为 41.28 mg/kg，速效钾为 73.46mg/kg，pH 4.85，C/N 9.04。

试验共设 8 个处理：①CK（单施秸秆3 000kg/hm²），②SN₁（秸秆3 000 kg/hm²＋N 150kg/hm²），③SN₂（秸秆 3 000kg/hm²＋N 225kg/hm²），④SP₁（秸秆 3 000kg/hm²＋P₂O₅ 75kg/hm²），⑤SP₂（秸秆 3 000kg/hm²＋P₂O₅ 112.5kg/hm²），⑥SNPK₁（秸秆 3 000kg/hm²＋N 150kg/hm²＋P₂O₅ 75 kg/hm²＋K₂O 37.5kg/hm²），⑦SNPK₂（秸秆3 000kg/hm²＋N 225kg/hm²＋P₂O₅ 112.5kg/hm²＋K₂O 56.3kg/hm²），⑧SMI（秸秆 3 000kg/hm²＋微生物菌剂 15L/hm²）。所用氮肥为尿素，磷肥为钙镁磷肥，钾肥为氯化钾，微生物菌剂为腐解菌，其处理方式按照 1∶10 的比例将腐解菌剂兑水均匀喷雾于稻草表面。试验小区面积为 33m²（11m×3m），小区间用高 30cm 的水泥埂隔开。每个处理重复 3 次，随机排列。各小区均为"肥—稻—稻"种植模式，土壤肥力均匀一致，排灌条件良好。

1.2　样品采集与测定

1.2.1　土样采集

2010 年 10 月晚稻收获后，采集 0～15cm 表层土壤。每个处理随机选取 5 个点，抖掉根系外围土，去除植物残根等杂物，混合后装入无菌纸袋，带回实验室。其中一部分新鲜样品用于测定土壤微生物数量，另一部分样品经风干后测定土壤酶活性。

1.2.2　土壤酶活性测定

土壤过氧化氢酶活性采用高锰酸钾滴定法测定，脲酶活性采用苯酚-次氯酸钠比色法测定，转化酶采用 3,5-二硝基水杨酸比色法测定[16]。土壤过氧化氢酶活性以单位质量土壤的 0.05mol/L 高锰酸钾质量表示，脲酶活性以 24h 后 1g 土壤中铵态氮质量表示，转化酶活性以 24h 后 1g 土壤中葡萄糖的毫克数表示。

1.2.3　土壤微生物数量测定

土壤微生物数量的测定采用常用的稀释平板测数法，细菌采用混菌法接种，真菌和放线菌采用涂抹法接种，嫌气性细菌采用液状石蜡油法，适温培养，土壤微生物活度测定采用改进的 FDA 法[17]。

1.3　数据分析

数据采用 Excel 和 SPSS 17.0 软件进行统计分析。

2　结果与分析

2.1　秸秆还田配施化肥及微生物菌剂对土壤酶活性的影响

2.1.1　土壤过氧化氢酶活性

过氧化氢酶参与生物的呼吸代谢，同时可以消除在呼吸过程中产生的对活细胞有害的过氧化氢。过氧化氢酶活性与好气性微生物数量、土壤肥力有密切联系，它可以表示土壤氧化过程的强度[13,18]。

由表 1 可知，与单施秸秆相比，秸秆还田配施化肥或微生物菌剂显著提高了土壤过氧化氢酶活性，表现为 SNPK$_2$＞SN$_2$＞SMI＞SNPK$_1$＞SN$_1$＞SP$_2$＞SP$_1$＞CK，说明各处理对过氧化氢酶的活性有促进作用。其中，以处理 SNPK$_2$ 的效果最显著，比单施秸秆提高了 68.8%；其次为处理 SN$_2$ 与 SMI，分别提高了 56.2% 和 43.8%。秸秆还田无论是配施高或低量 N、P、K 或者纯

表1　不同施肥处理土壤酶活性变化

单位：mg/g

处理	过氧化氢酶 (1h)	转化酶 (24h)	脲酶 (24h)
CK	0.16±0.03De	0.65±0.02Dc	0.43±0.05Gf
SN$_1$	0.21±0.04BCDcd	0.66±0.04Dc	0.65±0.07Cc
SN$_2$	0.25±0.02ABab	0.70±0.06CDc	0.57±0.09Ded
SP$_1$	0.17±0.03Dde	0.78±0.05BCDbc	0.49±0.03Fge

（续）

处理	过氧化氢酶 （1h）	转化酶 （24h）	脲酶 （24h）
SP$_2$	0.18±0.02 CDde	0.94±0.03Abab	0.51±0.08Efe
SNPK$_1$	0.22±0.03ABCbc	0.86±0.07ABCb	0.87±0.07Aa
SNPK$_2$	0.27±0.04Aa	1.03±0.11Aa	0.73±0.05Bb
SMI	0.23±0.02ABCbc	1.05±0.09Aa	0.64±0.06CDc

N，处理间差异显著，但配施 P 的 2 个处理无显著性差异。这说明配施钙镁磷肥对提高土壤过氧化氢酶活性的效果并不明显，至于后期效果，有待进一步分析。

2.1.2 土壤转化酶活性

土壤转化酶又称蔗糖酶，对增加土壤中易溶性营养物质起着重要的作用[8]。转化酶活性可以反映土壤中碳元素的转化，是表征土壤生物学活性的一种重要水解酶[15]。由表 1 可知，无论是秸秆还田配施化肥还是微生物菌剂处理，其转化酶活性均高于对照，以秸秆还田配施微生物菌剂处理转化酶活性最高，与单施秸秆相比提高了 61.5%。这或许是由于微生物菌剂在当季更容易被吸收，促进了土壤中糖类的转化，刺激了转化酶活性的提高。秸秆还田配施高量 NPK（SNPK$_2$）也有显著的提高作用，这是由于施入 NPK 后改变了水稻秸秆的 C/N，有利于微生物分解利用并同化物质构建微生物体，使微生物自身生长繁殖加快，从而加速秸秆的腐解而使土壤有机质和养分增加[12]，土壤转化酶活性增强。秸秆还田配施化肥处理表现为 SNPK$_2$＞SP$_2$＞SNPK$_1$＞SP$_1$＞SN$_2$＞SN$_1$，说明钙镁磷肥在提高转化酶活性方面起着重要作用。钙镁磷肥的施入提高了土壤 pH，为微生物活动创造了良好的条件，极大促进了微生物的生长繁殖，增强了土壤转化酶活性。这与孙瑞莲等研究结果相似[8]。无论是秸秆还田配施高量氮肥还是低量氮肥处理，其土壤转化酶活性与对照相比差异均不显著，说明单独配施氮肥对秸秆还田后土壤转化酶活性的影响不大。

2.1.3 土壤脲酶活性

脲酶的酶促反应产物氨是植物氮源之一，其活性可以用来表示土壤供氮能力[8]。研究微生物菌剂与化肥配施对秸秆还田后土壤脲酶活性的变化，可以推断秸秆在土壤中腐解的矿化进程和强度。与对照相比，秸秆还田配施化肥及微生物菌剂均能明显提高土壤脲酶活性（表 1）。其中，以秸秆还田配施低量 NPK（SNPK$_1$）处理脲酶活性最高，其次为配施高量 NPK（SNPK$_1$）及低量 N（SN$_1$），差异显著。由于秸秆 C/N 较高，秸秆施入土壤后导致土壤 C/N 升高，而有效氮降低，使得脲酶活性降低；而施入氮肥调节了土壤中的C/N，为微生物的活动和酶活性的提高创造了良好的条件，提高了脲酶活性。这说明施用化肥有利于秸秆在土壤中的腐解，与前人的研究结果一致[19-20]。虽然秸秆还田配施高量 P 处理（SP$_2$）脲酶活性稍高于配施低量 P 处理（SP$_1$），但处理间无明显差异，且钙镁磷肥对脲酶活性的影响较小，与过氧化氢酶活性变化趋势类似。与之相反，配施低量 N 和 NPK 处理脲酶活性均高于配施高量 N 和 NPK 处理，且处理间差异显著，说明施入过量化肥会抑制脲酶活性。秸秆还田配施微生物菌剂同样明显提高了土壤脲酶活性，这可能是由于微生物菌剂的添加使得秸秆加快腐解，有效氮相对增多，增强了脲酶活性[15]。

2.2　秸秆还田配施化肥及微生物菌剂对土壤微生物数量的影响

微生物在土壤中的分布与活动，既反映了土壤各因素对微生物生态分布、生化特性以及其功能的影响和作用，也反映了微生物对植物的生长发育、土壤肥力和物质循环与能量转化的调节作用，揭示了土壤发育的现状和趋势[21]。

细菌、真菌和放线菌是土壤微生物的主要组成部分，对土壤中的有机化合物分解及土壤腐殖质合成起着重要作用[9]。三大菌群中，表层土壤微生物组成以细菌为主，其次为放线菌，真菌最少，不同处理间微生物数量差异显著（表2）。秸秆还田配施化肥及微生物菌剂刺激了微生物的生长和活动，细菌与真菌数量显著高于对照，其中以配施高量 NPK 处理细菌数量最多，配施微生物菌剂处理真菌数量最多。秸秆还田配施高量 P 处理也明显提高了土壤细菌数量，这可能是因为施用钙镁磷肥提高了土壤 pH，促进了细菌的繁殖。在不同配比化肥处理中，除处理 SNPK$_1$ 与 SNPK$_2$ 细菌数量差异不显著外，其余处理均表现为配施高量化肥效果显著高于低量化肥。细菌数量表现为SNPK$_2$＞SNPK$_1$＞SP$_2$＞SN$_2$＞SP$_1$＞SN$_1$，真菌数量表现为 SNPK$_2$＞SNPK$_1$＞SN$_2$＞SP$_2$＞SP$_1$＞SN$_1$。

表 2　不同施肥处理土壤微生物数量的变化

单位：个/g

处理	细菌	放线菌	真菌	氨化细菌
CK	0.43×10^7 Ff	2.03×10^6 Aa	0.35×10^5 Ef	0.33×10^7 Bd
SN$_1$	0.45×10^7 Ff	0.88×10^6 Ff	0.62×10^5 De	0.61×10^7 Aab
SN$_2$	0.63×10^7 Dd	0.60×10^6 Hh	1.03×10^5 Cd	0.68×10^7 Aa
SP$_1$	0.55×10^7 Ee	0.75×10^6 Gg	0.63×10^5 De	0.40×10^7 Bc
SP$_2$	0.93×10^7 Bb	1.17×10^6 Dd	1.00×10^5 Cd	0.59×10^7 Ab

（续）

处理	细菌	放线菌	真菌	氨化细菌
SNPK$_1$	1.15×10^7 Aa	1.33×10^6 Bb	1.35×10^5 Bc	0.61×10^7 Aab
SNPK$_2$	1.18×10^7 Aa	1.23×10^6 Cc	1.51×10^5 Ab	0.63×10^7 Aab
SMI	0.84×10^7 Cc	1.13×10^6 Ee	1.58×10^5 Aa	0.66×10^7 Aab

处理	自生固氮菌	硝化细菌	磷细菌	纤维素分解菌
CK	2.78×10^5 Aa	1.43×10^5 Dd	2.03×10^5 Cc	1.03×10^5 Ef
SN$_1$	1.55×10^5 Dd	1.28×10^5 Ee	0.83×10^5 Ee	1.48×10^5 BCc
SN$_2$	0.40×10^5 Gg	3.65×10^5 Aa	0.51×10^5 Ff	1.21×10^5 Dd
SP$_1$	1.28×10^5 Ee	2.14×10^5 Bb	2.06×10^5 Cc	1.15×10^5 De
SP$_2$	1.74×10^5 Cc	1.86×10^5 Dd	1.46×10^5 Dd	1.23×10^5 Dd
SNPK$_1$	1.50×10^5 Dd	1.85×10^5 Cc	2.35×10^5 Bb	1.58×10^5 Bb
SNPK$_2$	0.61×10^5 Ff	3.70×10^5 Aa	2.38×10^5 Bb	1.44×10^5 Cc
SMI	2.53×10^5 Bb	1.50×10^5 Dd	4.66×10^5 Aa	2.04×10^5 Aa

与细菌、真菌变化趋势相反，秸秆还田配施化肥及微生物菌剂处理放线菌数量明显降低，其中以配施高量 N 处理放线菌数量最少，且配施高量 N 和 NPK 处理对放线菌的生长有抑制作用。孙瑞莲等[9]认为，NPK 配施有机肥或秸秆，可显著提高土壤放线菌数量。本研究中，配施化肥降低了土壤放线菌数量，这可能是由于土壤中微生物生长、繁殖和代谢所需要的环境条件不同。配施钙镁磷肥与配施氮肥放线菌数量类似，无明显差异。

由表 2 可知，不同施肥处理对土壤生理功能微生物的影响规律有所差异。除自身固氮菌数量略有下降外，秸秆还田配施微生物菌剂处理显著增加了土壤中氨化细菌、磷细菌和纤维素分解菌数量，分别比对照提高了 100％、5％、130％、98％。秸秆还田配施不同化肥处理显著提高了氨化细菌和纤维素分解菌数量，但是自生固氮菌的数量明显下降。同时，除配施高量 P 处理效果显著高于低量外，其余过量的化肥处理抑制了自生固氮菌的增长。硝化细菌数量表现出不一致的规律，其顺序依次为 SNPK$_2$＞SN$_2$＞SP$_1$＞SP$_2$＞SNPK$_1$＞SN$_1$。秸秆还田配施 NPK 处理磷细菌和纤维素分解菌数量增加效果较为显著，而单独配施 N、P 处理表现出增加或减少的变化趋势，且不均衡施肥处理间差异不显著。秸秆还田配施微生物菌剂及平衡施肥可以使土壤微生物群落物种更加丰富，群落物种及其个体数增加更多，分布更均匀。

2.3　土壤酶活性与微生物数量的相关分析

土壤微生物与酶密切相关，它们不仅推动着土壤有机质的矿化分解和 C、N、P、S 等养分的循环与转化，还是表征土壤质量的重要生物学指标，能较敏感地反映出土壤环境的微小变化[22,23]。Pearson 相关分析（表 3）表明，土壤过氧化氢酶与脲酶活性和真菌、氨化细菌、硝化细菌数量存在显著正相关关系，转化酶活性与细菌、真菌、纤维素分解菌数量存在显著正相关关系，而脲酶活性与细菌数量存在显著正相关关系。酶活性间的相关性，表明它们在促进土壤有机质转化和参与土壤物质循环和能量交换中，不仅具有专有特性，同时也存在着共性关系[24]。土壤酶与土壤微生物之间关系密切，说明微生物生命代谢活动的加强能够提高土壤酶活性，同时酶活性的提高也促进了土壤中物质转化速率，为微生物提供养分和良好的微生态环境[13]。逐步回归显示，在土壤微生物中，氨化细菌和硝化细菌数量是控制土壤过氧化氢酶活性的主要影响因素（$y_{过氧化氢酶活性} = 0.526 + 0.198x_{氨化细菌} + 0.019x_{硝化细菌}$，$R^2 = 0.861$，$P < 0.01$），转化酶活性主要受真菌数量影响（$y_{转化酶活性} = 0.526 + 0.304x_{真菌}$，$R^2 = 0.733$，$P < 0.01$），脲酶活性主要受细菌数量影响（$y_{脲酶活性} = 0.348 + 0.343x_{细菌}$，$R^2 = 0.514$，$P < 0.05$）。黄继川等[13]研究了施用玉米秸秆堆肥对盆栽芥菜土壤微生物和酶活性的影响，结果认为，土壤过氧化氢酶活性与细菌数量有关，转化酶活性与真菌、放线菌数量有关，脲酶活性与放线菌、真菌数量有关。李晓慧等[25]采用温室盆栽的方法研究不同化肥和小麦根系活动对土壤微生物和酶活性的影响认为，黑土脲酶活性与真菌数量呈显著正相关关系，而与数量占优势的细菌、放线菌数量相关性不显著。不一致的研究结果可能是人为干扰方式的不同，研究方法、土壤类型、作物、微生物种群和数量之间、酶活性之间存在的差异导致。可见，土壤酶活性受多种因素影响，产生机理需要进一步研究。

表 3　土壤酶活性与微生物数量的 Pearson 相关分析

项目	转化酶	脲酶	细菌	放线菌	真菌	氨化细菌	自生固氮菌	硝化细菌	磷细菌	纤维素分解菌
过氧化氢酶	0.484	0.858**	0.618	−0.343	0.801*	0.818*	−0.622	0.714*	0.110	0.499
转化酶	1	0.402	0.802*	0.007	0.856**	0.452	−0.001	0.181	0.706	0.739*
脲酶		1	0.717*	−0.114	0.695	0.623	−0.324	0.164	0.203	0.572

注：* 为 0.05 水平（双侧）显著相关；** 为 0.01 水平（双侧）显著相关。

本研究在晚稻收获后，对不同配比化肥及微生物菌剂对水稻秸秆还田后的土壤酶活性和微生物数量变化及其相关性进行了研究分析，结论如下：

（1）秸秆还田配施一定比例化肥提高了土壤过氧化氢酶、转化酶和脲酶活性，促进了土壤细菌、真菌、氨化细菌、纤维素分解菌数量的增长，以秸秆还田配施 NPK 效果最佳。但是，与单施秸秆相比，化肥的施入减少了土壤中放线菌、自生固氮菌的数量，过量施用氮肥会抑制土壤脲酶活性和放线菌、自生固氮菌及纤维素分解菌数量的增长。

（2）秸秆还田配施微生物菌剂对转化酶活性以及真菌、氨化细菌、磷细菌、纤维素分解菌数量的增长效果最为显著，而对过氧化氢酶、脲酶活性以及土壤微生物细菌、放线菌、硝化细菌数量增长的效果不及秸秆还田配施 NPK。

（3）在秸秆还田配施肥不同化肥及微生物菌剂处理中，土壤酶活性之间关系密切，过氧化氢酶与脲酶活性存在极显著相关关系。同时，土壤酶活性与微生物数量之间关系显著。在土壤微生物类群中，氨化细菌和硝化细菌数量是影响过氧化氢酶活性的重要因素，真菌数量是转化酶活性的主要影响因素，而脲酶活性主要受细菌数量影响。

（4）土壤酶活性与微生物数量对不同的施肥处理有着明显的响应，但由于田间空间变异以及环境因素的影响，加之平板计数法测定代表性不高且存在较大的误差[11]，土壤酶活性与微生物数量之间的关系存在差异。土壤肥力水平在很大程度上受制于土壤酶的活动，而不同的施肥制度通过改变土壤养分和微生物区系来影响土壤酶活性[21]。因此，关于土壤酶活性、土壤微生物数量与土壤养分之间的关系将在下一步研究中探讨。

参考文献

[1] 李忠佩，吴大付. 红壤水稻土有机碳库的平衡值确定及固碳潜力分析 [J]. 土壤学报，2006，43（1）：46－51.

[2] 赵其国. 红壤物质循环及其调控 [M]. 北京：科学出版社，2002：495.

[3] 孔滨，孙波，郑宪清，等. 不同水热条件下玉米单作系统中红壤微生物群落的代谢特征 [J]. 农业环境科学学报，2009，28（1）：119－124.

[4] 程励励，文启孝，李洪. 稻草还田对土壤氮素及水稻产量的影响 [J]. 土壤，1992，14（5）：234－238.

[5] 席北斗，刘鸿亮，孟伟. 高效复合微生物菌群在垃圾堆肥中的应用 [J]. 环境科学，2001，22（5）：122－125.

[6] 陈冬林. 多熟复种稻田土壤耕作和秸秆还田的效应研究 [D]. 长沙：湖南农业大学，2009：22.

[7] ABBOTT L K, MURPHY D V. Soil biological fertility [M]. Netherlands：Kluwer Academic Publisher，2003：109.

[8] 孙瑞莲，赵秉强，朱鲁生，等. 长期定位施肥对土壤酶活性的影响及其调控土壤肥力的作用 [J]. 植物营养与肥料学报，2003，9（4）：406-410.

[9] 孙瑞莲，朱鲁生，赵秉强，等. 长期施肥对土壤微生物的影响及其在养分调控中的作用 [J]. 应用生态学报，2004，15（10）：1907-1910.

[10] 金海洋，姚政，徐四新，等. 秸秆还田对土壤生物特性的影响研究 [J]. 上海农业学报，2006，22（1）：39-41.

[11] 李秀英，赵秉强，李絮花，等. 不同施肥制度对土壤微生物的影响及其与土壤肥力的关系 [J]. 中国农业科学，2005，38（8）：1591-1599.

[12] 贾伟，周怀平，解文艳，等. 长期秸秆还田秋施肥对褐土微生物碳、氮量和酶活性的影响 [J]. 华北农学报，2008，23（2）：138-142.

[13] 黄继川，彭智平，于俊红，等. 施用玉米秸秆堆肥对盆栽芥菜土壤酶活性和微生物的影响 [J]. 植物营养与肥料学报，2010，16（2）：348-353.

[14] 杨文平，王春虎，茹振钢. 秸秆还田对冬小麦品种百农矮抗 58 根际土壤微生物及土壤酶活性的影响 [J]. 东北农业大学学报，2011，42（7）：20-23.

[15] 解媛媛，谷洁，高华，等. 微生物菌剂酶制剂化肥不同配比对秸秆还田后土壤酶活性的影响 [J]. 水土保持研究，2010，17（2）：233-238.

[16] 关松荫. 土壤酶及其研究法 [M]. 北京：农业出版社，1986：28-32.

[17] 中国科学院南京土壤研究所微生物室. 土壤微生物研究法 [M]. 北京：科学出版社，1985：46-49.

[18] 樊军，郝明德. 黄土高原旱地轮作与施肥长期定位试验研究 [J]. 植物营养与肥料学报，2003，9（1）：9-13.

[19] BANDICK A K，DICK R P. Field management effects on soil enzyme activities [J]. Soil Biology and Biochemistry，1999，31：1471-1479.

[20] DICK W A，JUMA N G，TABATABAI M A. Effects of soils on acid phosphatase and inorganic pyrophosphatase of corn roots [J]. Soil Science，1983，136：19-25.

[21] 李娟. 长期施肥制度土壤微生物学特性及其季节变化 [D]. 北京：中国农业科学院，2008：2.

[22] 黄昌勇. 土壤学 [M]. 北京：中国农业出版社，2000：192-214.

[23] 陈政，阳贵得，孙庆业. 植物群落对铜尾矿废弃地土壤微生物量和酶活性的影响 [J]. 生态环境学报，2009，18（6）：2189-2193.

[24] 陆梅，田昆，张仕艳，等. 不同干扰程度下高原湿地纳帕海土壤酶活性与微生物特征研究 [J]. 生态环境学报，2010，19（12）：2783-2788.

[25] 李晓慧，韩晓增，王树起，等. 小麦不同施肥方式对黑土微生物数量和酶活性的影响 [J]. 生态学杂志，2010，29（6）：1143-1148.

秸秆与紫云英还田下配施化肥对水稻性状的影响研究[*]

摘　要：目前我国禁止焚烧秸秆，所以秸秆还田处理不仅能减少焚烧秸秆对大气造成的污染，而且能提高大田的肥力。试验设置秸秆还田量 R_0（稻草不还田）、R_1（常规还田量，6 000kg/hm²）加入紫云英配施 3 种水平的氮肥 N_1（不施氮）、N_2（施氮 15kg/hm²）、N_3（施氮 30kg/hm²），通过试验比较不同处理水稻的生长性状及产量表现。结果表明：在同等施肥条件下，秸秆还田处理与秸秆还田＋紫云英处理的水稻，整个生育期表现明显优于其他处理；秸秆还田＋紫云英处理的水稻整体的分蘖数、穗粒数高于其他处理，千粒重表现一般，所以产量高。结论：长期过量施用化肥在造成土壤板结的同时，还会影响作物养分的吸收，导致减产。利用秸秆还田增加紫云英配施化肥，一方面提高了土壤的肥力，另一方面增加了土壤的微生物活动，还提高了作物产量。

关键词：秸秆还田；紫云英；配施化肥；水稻性状；影响

秸秆粉碎翻压还田，就是把作物收获后的秸秆通过机械化粉碎、耕地，直接翻压在土壤里，这样能把秸秆的营养物质充分保留在土壤中[1,2]。秸秆还田具有促进土壤有机质及氮、磷、钾等含量的增加，提高土壤水分的保蓄能力，改善植株性状，提高作物产量，改善土壤性状及增加团粒结构等优点[3,4]。秸秆还田增肥增产作用显著，一般可增产 5%～10%，但是要达到这样的效果，并非易事[5]。因此，只有采取合理的秸秆还田措施，才能起到良好的还田效果。

1　材料与方法

1.1　试验地概况

试验地点位于江西省邓家埠水稻原种场农业科学研究所周边（28°12N′、116°51′E，海拔 37.7m）。试验前田块为冬闲田，为中潴灰潮沙泥田，土壤肥

* 作者：张立进、黄国勤、杨滨娟、巢思琴；通讯作者：黄国勤（教授、博导，E－mail：hgqjxes@sina.com）。

本文原载于《种子科技》2018 年第 36 卷第 6 期第 104～105 页。

力水平中等，排灌方便。试验早稻品种选用甬籼 15，晚稻品种选用华润 2 号。试验田按照试验方案进行操作管理。

1.2 试验设计

试验采取裂区设计，主区设置 2 种稻草还田量：R_0（稻草不还田）、R_1（常规还田量，6 000kg/hm²），秸秆还田前剪成 10cm 左右小段。副区在紫云英生长季设置 3 种施氮水平：N_1（不施氮）、N_2（施氮 15kg/hm²）、N_3（施氮 30kg/hm²），两因素相互组合共 6 个处理，另设置冬闲不施氮对照，共 7 个处理（R_0N_0、R_0N_1、R_0N_2、R_0N_3、R_1N_1、R_1N_2、R_1N_3）。

1.3 试验数据采集及测试方法

水稻移栽后在每个小区固定位置选取 5 株进行观测，分别在水稻移栽后 7d 左右（返青后）、分蘖初期、分蘖盛期、分蘖末期和成熟期测定单株分蘖数，同时做好平时的田间记录。

在水稻收获时，收割固定位置选取的 5 株进行考种，测定有效穗数、每穗粒数、结实率及千粒重等水稻农艺性状指标。

2 结果分析

2.1 不同处理对水稻最高苗和有效分蘖数的影响

水稻在返青后开始分蘖，水稻分蘖时因需肥量不同，直接决定着最高苗的数量，同时也是决定后期有效穗数的关键因素之一，最终影响后期水稻的产量（图 1 和图 2）。

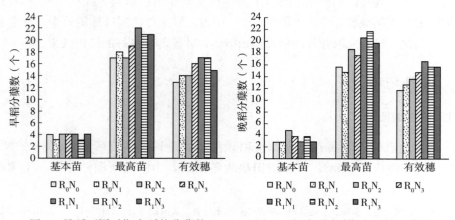

图 1 早稻不同时期水稻的分蘖数　　图 2 晚稻不同时期水稻的分蘖数

从图 1 和图 2 调查每个小区中固定的 5 株水稻不同时期的分蘖数可以看出早稻和晚稻的分蘖规律。无论早稻还是晚稻，R_1N_1 和 R_1N_2 两个处理的最高苗和有效穗数均高于其他处理，其次为 R_1N_3 处理。

根据数据对比，对照（R_0N_0）和紫云英（R_0N_1）两个处理在基本苗数相差 1 左右的情况下，最高苗和有效穗数均低于其他处理，其中 R_0N_1 处理早稻和晚稻的有效穗数都比 R_0N_0 高，可见紫云英处理相比于对照可以提高水稻的成穗率。秸秆和紫云英还田能促进水稻分蘖，但是对早稻与晚稻的影响略有不同。其中，秸秆和紫云英还田对早稻的分蘖影响大于晚稻，能显著提高水稻的分蘖数。

2.2 秸秆和紫云英还田对水稻性状的影响

秸秆和紫云英还田配合化肥施用对水稻的生长有一定的影响，不同处理间水稻（早稻、晚稻）性状表现不同，详见表 1。

表 1　秸秆和紫云英还田对水稻性状的影响

处理	株高（cm）		穗长（cm）		千粒重（g）		每 667m^2 产量（kg）		生育期（d）	
	早稻	晚稻	早稻	晚稻	早稻	晚稻	早稻	晚稻	早稻	晚稻
R_0N_0	74.4	93.2	15.9	20.8	23.2	22.5	460.5	511.5	104	115
R_0N_1	75.1	95.3	17.8	21.7	24.5	23.2	487.8	537.2	106	117
R_0N_2	74.8	95.6	18.1	22.2	24.7	23.9	485.1	540.6	106	117
R_0N_3	75.5	97.7	18.6	22.9	24.9	23.6	492.3	551.7	107	119
R_1N_1	77.2	99.8	17.9	23.1	25.2	24.4	519.7	586.7	109	120
R_1N_2	76.9	100.7	17.4	22.4	25.2	24.2	517.1	570.0	108	120
R_1N_3	76.7	99.1	17.7	23.2	24.9	24.3	505.4	576.6	109	119

由表 1 可以看出，各处理间早稻株高差异不明显，晚稻处理 R_1N_1、R_1N_2、R_1N_3 稍高于其他处理。穗长的变化幅度，不管是早稻还是晚稻都不大，但是均高于对照。早稻千粒重表现为 R_1N_1、$R_1N_2 > R_0N_3$、$R_1N_3 > R_0N_2 > R_0N_1 > R_0N_0$，晚稻秸秆还田＋紫云英＋施肥的 3 个处理都大于紫云英＋施肥的 3 个处理。不管是早稻还是晚稻，产量最高的是处理 R_1N_1，同时生育期也最长。早稻紫云英＋施肥的 3 个处理在产量上相差不明显；晚稻紫云英＋施肥的 3 个处理产量表现为 $R_0N_3 > R_0N_2 > R_0N_1$，生育期较对照相差 2～4d，产量增幅也不明显。

3　结论与讨论

试验结果表明，秸秆和紫云英还田与不还田处理相比，在水稻分蘖数（早稻、晚稻）方面，秸秆还田＋紫云英＞紫云英＞不还田处理。水稻生长前期为营养生长，在这一阶段对水稻分蘖数影响最关键的因素是土壤中的养分，所以前期养分因子尤为关键。单施化肥由于保肥性差，前期的供肥能力较好但后期较差；秸秆和紫云英还田保证了后期水稻生长所需的充足养分供应，特别是生育中后期能维持较高的叶面积，增强了群体的光合生产能力，从而表现出较高的干物质积累量和产量。

通过数据可以得出，秸秆和紫云英还田对早稻与晚稻生长发育的促进作用存在差异。秸秆还田通过腐熟后把秸秆中的养分供作物吸收利用，结合化肥的施用，在减少化肥施用的同时，保证了作物养分充足。产量方面，晚稻的作用大于早稻。一方面，可能是早稻前后土壤温度较低，导致腐解不充分，秸秆中的养分得不到完全释放；另一方面，晚稻为紫云英与秸秆一起还田，可能影响其腐解速率。

参考文献

[1] 张亚丽，吕家珑，金继运，等. 施肥和秸秆还田对土壤肥力质量及春小麦品质的影响 [J]. 植物营养与肥料学报，2012，18（2）：307-314.

[2] 徐国伟，常二华，蔡建. 秸秆还田的效应及影响因素 [J]. 耕作与栽培，2005（1）：6-9.

[3] 劳秀荣，吴子一，高燕春. 长期秸秆还田改土培肥效应的研究 [J]. 农业工程学报，2002，18（2）：49-52.

[4] 郝晓晖，胡荣桂，吴金水，等. 长期施肥对稻田土壤有机氮微生物生物量及功能多样性的影响 [J]. 应用生态学报，2010，21（6）：1477-1484.

[5] 王永茂. 秸秆还田对提高土壤肥力和作物产量的影响 [J]. 农业系统科学与综合研究，1996，12（3）：200-202.

保护性耕作对稻田生态系统
结构、功能及效益的影响[*]

摘　要： 通过对免耕抛秧、秸秆还田、冬春休闲绿色覆盖等不同保护性耕作措施的试验对比研究，结合大田推广，运用作物栽培与耕作学、经济学原理对其进行分析，研究结果如下。

（1）保护性耕作能提高水稻产量和经济效益。免耕作为保护性耕作的核心技术可以提高水稻群体质量和根系活力，提高叶面积指数（LAI），干物质积累增加，千粒重增加，产量增加；另外保护性耕作能显著降低生产投入，经济效益提高显著。

（2）保护性耕作能改善土壤理化性状。随着免耕种植年限的增加，土壤容重减小，总孔隙度和非毛管孔隙度增加，土壤有机质、全氮、有效磷、速效钾含量增加，pH 有下降趋势。

（3）冬春休闲期绿色覆盖可提高年际经济效益，与休闲田相比，冬春休闲期绿色覆盖最大可以提高经济效益 1.08 倍（冬种马铃薯）。

（4）秸秆还田可以提高水稻产量，还田量与产量呈正相关关系；秸秆通过过腹还田可最大限度提高秸秆利用率，对水稻的增产尤为明显。

关键词： 保护性耕作；稻田；结构；功能；效益

1　文献综述

保护性耕作（conservation tillage），在国外被定义为[1]：用大量秸秆残茬（＞30％）覆盖地表，将耕作减少到只要能保证种子发芽即可，主要用农药来控制杂草和病虫害的耕作技术。2002 年我国农业部为了使广大农民容易理解，按照保护性耕作的内涵和目标，将其定义为[2] "对农田实行免耕、少耕，用作物秸秆覆盖地表，减少风蚀、水蚀，提高土壤肥力和抗旱能力的先进农业耕作技术"。

国内外的保护性耕作研究最初都是在干旱和半干旱地区进行[3-10]，主要技术措施，如免耕、秸秆覆盖、薄膜覆盖等，也都是针对干旱、半干旱地区土壤

　＊ 作者：张兆飞、黄国勤；通讯作者：黄国勤（教授、博导，E - mail: hgqjxes@sina. com）。

　本文系第一作者于 2006 年 6 月完成的硕士学位论文的主要内容，是在其导师黄国勤教授指导下完成的。

风蚀严重、降水少等一系列不利因素；而我国南方地区降水较多、植被覆盖率高，水田面积较大，土壤风蚀相对较弱，因此保护性耕作的研究相对滞后。但南方水土流失也比较严重，与北方不同，土壤的侵蚀方式主要是水蚀，而且传统的耕作方式也带来了土壤退化、生产力下降及化学制剂产生的环境污染、病虫草害严重等一系列生态环境问题[5]。因此，有必要对我国南方稻田生产的保护性耕作技术进行深入的研究，以期为保护性耕作技术在南方稻田的示范和推广提供依据。

1.1 保护性耕作的原理和主要技术

1.1.1 保护性耕作的原理

保护性耕作的基本原理是：通过增加地表粗糙度，增加作物残茬或植被提高地表覆盖度，拦截降水，增强地表水分向深层土壤渗透能力，减少蒸发，防止径流的发生，减少土壤的流失和吹蚀，达到保水保土、培肥地力和高产稳产的目的。

1.1.2 保护性耕作的主要技术

保护性耕作技术主要有以下 4 个方面：

（1）改革传统耕作方式，实行少耕、免耕。少耕是指收获后残茬覆盖 15%～30% 的土壤表面，或留下每公顷 560～1 121kg 的秸秆残茬，作物生育期内少或不进行中耕；免耕是指除播种外，不进行任何形式的土壤耕作。相比传统耕作方法，少、免耕技术通过减少土壤的耕翻次数和深度，利用生物（蚯蚓）、物理（如冻融交替）等效应，达到疏松土壤、降低土壤侵蚀、培肥地力和改善生态环境的目的，从而实现农业生产的增产增收[11]。

（2）利用作物秸秆残茬覆盖地表，在减少土壤侵蚀的同时还可以减少土壤水分的蒸发，培肥地力。覆盖物可以是作物残茬、作物秸秆、沙田、地膜等。

（3）以改变微地形为主，包括等高耕作、沟垄种植、垄作区田、坑田等。

（4）杂草及病虫害控制，实施保护性耕作后的土壤环境变化，一般会导致病虫草害的增加。因而，能否成功控制病虫草害，往往成为保护性耕作能否成功的关键。需要实时观察、发现问题、及时处理。杂草的防除以喷施除草剂为主，机械或人工除草为辅；病虫害主要靠农药拌种预防，并用药剂进行防治。

不同类型的保护性耕作技术措施有不同的适宜条件和适应地区，本课题主要研究的是适于南方稻田应用的保护性耕作技术，主要有少耕、免耕和秸秆覆盖。

1.2 保护性耕作研究与应用进展

1.2.1 国外进展

保护性耕作最早起源于美国。从 19 世纪末开始，由于战争（第一次世界大战）和人民生活的需要，美国开始鼓励进行土地开垦，于是大批的农场主扑向了南部广阔的大平原，把草原变为了农田，开始了农业种植。这种大规模的开垦先是应用牲畜后来随着机械的迅速发展，开垦的速度逐渐加快，美国的农业生产进步空前，满足了社会需求。这种无节制的垦荒持续到 1930 年，一场席卷美国大平原的黑色风暴暴发[4]，随后的几年中黑色风暴所造成的危害越来越严重。

美国国会及时成立了土壤保护局（soil conservation service，SCS）。根据土壤受侵蚀的主要原因（疏松、裸露、平坦和干旱的土壤易受风蚀和水蚀），SCS 制定了宗旨：保持表土，防止土地退化。为此，他们推出了诸如免耕、条耕、梯田、轮作及覆盖作物等耕作措施，保护性耕作技术的研究正式启动。

进入 20 世纪 80 年代，随着保护性耕作技术研究的逐步深入，其应用面积也逐步扩大。到 2003 年，全球保护性耕作技术的应用面积达到了 1.6 亿 hm^2，主要分布在北美洲和南美洲。其中，美国 6 666.7 万 hm^2，巴西 1 736 万 hm^2，阿根廷 1 450 万 hm^2，巴拉圭有 52％的开垦土地实施了免耕，澳大利亚 900 万 hm^2，其他国家占 3.3％[1,12]。

从各国采用保护性耕作技术的面积和发展速度可以看出，保护性耕作已成为现代农业发展的重要发展方向。2001 年 10 月，联合国粮食及农业组织（FAO）与欧洲保护性耕作联合会（ECAF）在西班牙召开了第一届世界保护性农业大会，提出了保护性农业（conservation agriculture）的概念，即在保护环境、提高环境质量的前提下，以保护性耕作为主体，有效地对可利用的土壤、水分及生物资源进行综合管理，实现农业的可持续发展。2003 年 6 月，在澳大利亚举行的第十六届国际土壤耕作年会（ISTRO）上，保护性耕作成为学者交流的热点话题，也说明保护性耕作已成为世界各国当前研究的热点，是现代可持续发展农业的一个重要组成部分。

1.2.2　国内进展

我国保护性耕作的研究始于 20 世纪 50 年代，主要研究和应用集中在北方旱区农业。20 世纪 60 年代，黑龙江进行了免耕种植春小麦的试验研究，70 年代新疆塔里木垦区最早进行水稻免耕直播种植试验，同时西南农业大学提出了"自然免耕"理论，南方其他省份也进行了大量的相关研究[9]。

1992 年，中国农业大学与山西农业机械局和澳大利亚昆士兰大学合作，在山西黄土高原部分地区开始进行保护性耕作的研究，经过 10 年的定位试验研究完成了保护性耕作在我国的适应性研究。结果证明，保护性耕作在我国是可行的，适宜大面积推广，是解决生态环境问题、实现增产增收、促进农业可持续发展的先进耕作技术[10]。

稻田免耕的试验研究落后于旱作，但也有相当进展。我国稻田保护性耕作起始于 50 年代，但处于试验阶段，直到 80 年代，稻田免耕技术在南方稻区才得到迅猛发展，相继出现了麦茬直播免耕、旋耕栽培、橇窝免耕、垄作免耕等多种形式。稻田保护性耕作的增产效果因地区不同和采用的方式不同而异。平原稻作中，新疆阿克苏地区农垦六团试验站，在同一块地上连续多年免耕，免耕直播稻比耕翻直播稻增产 34.8%～45.5%；江苏农业科学院在太湖稻区的 3 年少耕定位试验，拖拉机深干旋（12～14cm）和免耕灭茬浅干旋（4～6cm）比对照（犁耕）分别增产 6.3% 和 3.0%；1982—1989 年西南农业大学和四川农业科学院分别在川西平原和川东丘陵区，采取开沟起垄，垄上免耕种稻，垄沟养雨或养萍，冬季种小麦（或油菜），形成立体开发、连续利用的开发模式，结果表明，垄作免耕水稻比常规耕作增产 15.4%～55.0%，每 667m² 增收 150～200 元。许多研究者认为：稻田保护性耕作可提高作物产量，改变土壤理化性状和稻田环境，提高土地产出率，具有省工、省肥、省水、产量高等优点。1988 年，仅四川推广的稻田垄作免耕面积就达 29 万 hm²，增加水稻产量 2 亿 kg 以上。云南、贵州、湖南、湖北、安徽、江苏、浙江等省也相继开展了此项工作，并取得了显著的成效。

1.3 保护性耕作的作用

1.3.1 改善土壤结构，提高土壤肥力

保护性耕作疏松土壤的方法主要有以下几点：

（1）作物残茬腐烂自然松土。不同作物的根系分布不同，粗细也不同。作物收割后，根系留于土壤中，腐烂后留下细管状的孔道和大小不同的孔隙。在不进行土壤耕作的情况下，这些孔隙不被破坏，保留在土体中。如果连续数年不进行土壤耕作，而又连续种植作物，则在每次种植后都将有新的根系进一步穿插，从而达到疏松土壤的目的。

（2）生物疏松。保护性耕作由于采取残茬和大量秸秆覆盖的措施，会增加土壤中蚯蚓等生物的数量。这些生物不断挖掘的孔道疏松了土壤，创造了良好的耕层，完成了"零"耗能自然耕翻。

（3）结构松土。保护性耕作增加土壤团粒结构，减少了大型机械进入大田的机会，有利于形成稳定疏松的耕层，不容易压实、回实。

（4）胀缩松土。土壤冬冻春融、干湿交替，使土壤趋向疏松，孔隙度增加。

保护性耕作的"耕作"与传统耕作截然不同。传统耕作依靠机械、物理的外力手段，可以立即疏松土壤；但疏松后的土壤会不断被压实或自然回实，需要经常进行耕作，才能保持疏松的状态。保护性耕作的松土则不需外力，是缓慢的、自然进行的过程；但疏松的土壤形成后，可自然恢复、保持疏松，不需

要再耕作。相反，期间如进行翻耕、旋耕等作业，还将阻碍甚至破坏土壤疏松的过程。长期采用保护性耕作技术可以不断增强土壤自我疏松的能力，改善土壤结构。

许多研究表明[13-22]，免耕能改善土壤物理结构，使土壤各级水稳定性团聚体（water‑stable aggregate）增加，降低了土壤容重，提高了土壤肥力，有利于土壤水、气平衡，增大了土壤对环境水热变化的缓冲能力，为作物生长、微生物生命活动创造良好环境。据 Mannering 等[11]研究，玉米免耕种植1年后，0～5cm 表层的土壤水稳定性团聚体为 0.350，比翻耕高 0.003；5～15cm 土层的土壤水稳定性团聚体为 0.604，比翻耕高 0.136[23]。

黄小洋等在江西进行的稻田免耕试验结果表明：保护性耕作能改善稻田土壤的理化性状，土壤容重随免耕年限的增加而减小，土壤有机质、全氮、有效磷、速效钾含量均呈上升趋势，土壤 pH 略下降。

1.3.2　优化土壤环境，增加土壤生物数量

众多试验表明[24-27]，秸秆覆盖还田后，土壤中生物种类、数量都有所增加，活性也增强，特别是固氮菌数量有较大幅度提高。这说明秸秆覆盖不仅可以提高土壤肥力，而且可以提高土壤自身固氮的能力，这对土壤肥力的持续提高是非常有利的。

黄伦先等[28]对水稻土自然免耕生态系统中土壤动物群落结构的变化及其对土壤养分的影响进行了调查研究，结果表明，水稻免耕有利于土壤动物的繁殖，并能改善土壤化学性质，使土壤中的有效氮、有效磷、有效钾和有机质含量都有所增加。

王笳等[29]研究表明，由于免耕覆盖改变了生态条件，为土壤动物和微生物活动创造了良好的生存条件，蚯蚓数量和微生物数量明显增加，免耕覆盖田蚯蚓数量为 33.5 条/m²，比常规耕作田增加 12.4 倍。山西的试验表明，6 年免耕蚯蚓数量达 3～5 条/m²，10 年免耕可达 10～15 条/m²。同时，免耕覆盖 0～10cm 表层土壤纤维素分解菌大量增加，放线菌、细菌和固氮菌数量比对照分别增加了 47.8%、50.7%和 19.8%。

李春勃等的研究结果表明[30]，麦秸覆盖免耕与常规耕作相比，酸性磷酸酶、转化酶、脲酶和呼吸强度均有一定的提高[31]。而土壤微生物活性的提高和活动的加强，又会促进秸秆的分解和转化，进一步改善土壤环境，这反过来又会增强土壤微生物的活动，形成良性循环。

1.3.3　提高作物产量

国内外众多学者研究表明[32-37]，保护性耕作措施由于对土壤肥力、土壤理化性状、土壤微生物环境和水分调节等都有不同程度的优化，从而为作物生长创造了良好的生长环境，有明显的增产作用。

澳大利亚昆士兰试验站 15 年对比试验表明，保护性耕作措施可提高作物产量 36%～50%，增产原因主要是土壤含水量增加，土壤结构、土壤肥力明显改善。美国得克萨斯州连续 5 年保护性耕作试验结果表明，保护性耕作产量比传统耕作高 34%左右[38]。王昌全等[13]连续 8 年不同免耕方式的试验结果表明，与常规耕作相比，免耕在第一年产量基本相平，第二年免耕产量即开始增加，并随着免耕时间的增加而日趋明显[39]。肖剑英等[40]10 年免耕试验结果表明，免耕垄作和厢作分别比常规翻耕高 20%和 9%。刘敬宗[41]等研究结果显示，免耕抛秧水稻比常耕抛秧水稻有效穗数多，千粒重较高，穗粒数稍多，产量增加 5.47%。邵达三等[42]对南方水田少（免）耕法 3 年的研究结果显示，在黄黏土、沙壤土实行少（免）耕法栽培水稻均有普遍增产的趋势。李华兴等[43]研究结果显示，免耕抛秧水稻产量比常耕减少 13.4%，经济效益降低 10.9%。陈旭林等[44]也得出类似的结论，但差异不显著。汪文清[45]对丘陵区麦茬水稻免耕技术研究表明，免耕水稻增产达到极显著水平。景军胜等[46]开展了旱地油菜地膜覆盖栽培技术研究，结果表明，对油菜有明显增产作用。

1.3.4 节本增效，提高农民收入

国内外学者研究表明，保护性耕作措施，特别是少耕、免耕省去了传统耕作中的耕翻、耙平环节，可以明显减少田间作业次数和强度，降低生产能耗和人工投入，在产量基本不变或者增加的情况下提高农民的收入。

朱文珊等[47]研究表明，小麦—夏玉米两季连续免耕结合秸秆覆盖，7 年平均产量比等量秸秆还田耕翻处理增产 8.5%，比铁茬增产 16.7%，省工节油约 50%，减少机械田间作业次数 50%～60%，因此明显降低了生产成本，净增值可比铁茬和常规耕作提高 20%～30%。

黄小洋等[48]研究表明，保护性耕作比常规耕作可以提高作物产量 1.11%～4.50%，在高产的基础上，由于投入成本的降低，稻田经济效益可提高 2.76%～15.07%。

中国农业大学在山西进行的定位试验数据显示，保护性耕作由于成本降低和产量增加，农民收入可增加 20%～30%。据黄国勤[49]调查报道，江西稻田保护性耕作技术及模式的推广和应用，具有多方面的经济效益、生态效益和社会效益，如增产、增收、节约资源和保护生态环境等。区伟明等[50]在调查和记录了广东三洲、明城、杨梅等地免耕抛秧和常耕抛秧各 25 户的水稻种植面积、产量、物化成本、机耕费、人工费、农业税费和收入等数据后发现，免耕抛秧平均每 667m² 产量 395.5kg，常耕抛秧平均每 667m² 产量 393.0kg。大田免耕抛秧与常耕抛秧比较，产量增加 0.6%，增产不明显。大田免耕抛秧每 667m² 生产成本为 340 元，常耕抛秧生产成本为 385 元，免耕抛秧节省成本 45 元，减幅达 11.7%。大田免耕抛秧每 667m² 纯收入为 55.5 元，常耕抛秧

纯收入为 8.0 元，对比增收 47.5 元。在粮食价格持续疲软的市场环境下，2000 年早稻常耕抛秧栽培均有不同程度的亏损，而免耕抛秧仍获微利，充分说明免耕抛秧栽培具有明显的节本增收效果。

2 研究的目的、意义和方法

2.1 研究的目的和意义

长江中下游双季稻主产区是我国农业生产力最高的区域之一，在我国农业生产中占有重要的地位，不仅是国家农产品安全的重要保障力量，还是我国稻米的主要调出区域和出口基地。但随着近几年种粮经济效益的下降，稻田播种面积减少，粮食总产有下降趋势[49,51]；另外，随着生产力的不断发展，农业生产给环境带来的不利影响也逐渐显现[52,53]。如稻田土壤水蚀及矿物质流失，稻田周边水域淤积和富营养化，作物秸秆和农业废弃物等资源的浪费，等等，并由此引发严重的生态环境问题。

本课题研究的最终目的就是：用小面积试验和大田生产相结合的方法，筛选出适于长江中下游地区应用的保护性耕作综合技术措施，从而提高稻田生产的经济效益，增加和稳定粮食作物的播种面积，为解决农业结构调整和由于稻田生产所引起的生态环境恶化等问题，提供合理、科学的理论依据和实践经验。

2.2 研究路线

研究路线见图 1。

2.3 材料与方法

2.3.1 试验一：双季稻田长期免耕对作物产量和土壤的效应

本试验在江西农业大学农学试验站水田进行，地理位置 28°46′N，115°55′E。年均温为 17.6℃，日均温≥10℃的活动积温达 5 600℃，持续天数 255d。年均日照总辐射量为 478.82kJ/cm²，年均日照时数为 1 820.4h，无霜期约272d，年降水量 1 624.4mm。试验前土壤肥力基本状况为：有机质含量26.32g/kg，全氮 1.42g/kg，有效磷 4.73mg/kg，速效钾 34.05mg/kg，pH5.40。由于 2005 年下半年试验田搬迁，本试验 2005 年晚稻一季的数据不进行相关分析。

2.3.1.1 处理设置

本试验从 2003 年 7 月开始进行，采用草—稻—稻的种植模式，共设两个处理，重复 4 次，小区面积 33.3m²。

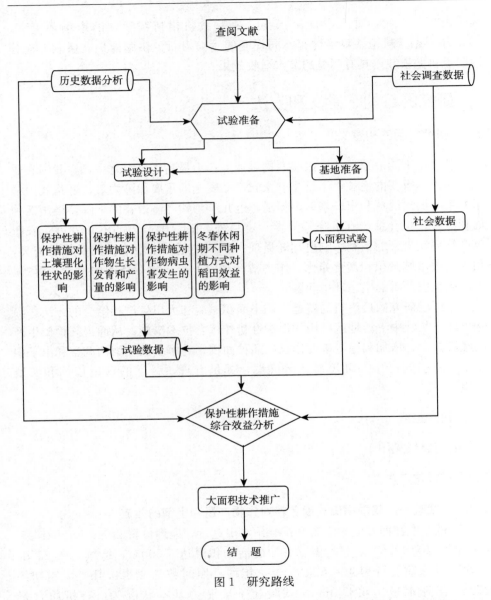

图 1　研究路线

（1）传统耕作。前茬收获后进行耕翻耙平，采用手插的方式移栽，冬季绿肥于移栽前 15d 耕翻并灌水腐草。

（2）免耕。稻田土壤全年不进行耕翻，采用手插等方式移栽，冬季绿肥于移栽前 15d 用除草剂处理后灌水腐草。

2.3.1.2　测定内容与方法

（1）土壤物理性状[54]。水稻种植前及收获后采集土样（五点法），每次分

0～5cm、5～10cm 和 10～15cm 3 个层次取样进行分析。土壤容重用环刀法测定，总孔隙度和非毛管孔隙度用环刀浸泡法测定。

（2）土壤化学性质[54-56]。有机质：重铬酸钾-浓硫酸外加热法；全氮：碱解蒸馏法；有效磷：NaHCO₃-钼锑抗比色法；速效钾：火焰光度法；pH：电位法。

（3）干物质积累与叶面积指数测定[57]。水稻主要生育时期（分蘖期、拔节期、孕穗期、齐穗期、黄熟期）数苗取样测定干物质积累总量和叶面积指数，每次取平均茎蘖数 5 蔸，105℃杀青 15min，80℃烘 48h 后称干重，叶面积指数测定采用小样干重法。

（4）茎蘖与株高动态调查。每小区定株 10 株，每 5d 调查 1 次茎蘖和株高。

（5）根系活力测定。水稻主要生育时期（分蘖期、拔节期、孕穗期、齐穗期、黄熟期）取根样测定根系活力，每个处理设 3 个重复，求各处理的平均值。根系活力采用 α-萘胺法[58]。

（6）水稻考种与测产。水稻成熟期，在各小区普查 50 丛作为有效穗数计算的依据，然后用平均数法在各小区随机选取有代表性的水稻植株 5 蔸，作为考种材料（考种项目包括有效穗数、每穗颖花数、每穗实粒数和结实率），清水漂洗去空、秕粒晒干后用 1/100 分析天平测千粒重，并用 1/10 天平测每小区实际产量（干重）。

（7）数据处理采用 Excel 和 DPS 进行分析[59]，下同。

2.3.2 试验二：双季稻田不同保护性耕作方式的比较试验

本试验在江西省余江县农业科学研究所进行，地理位置 28°12′N，116°49′E，属亚热带湿润季风气候，光热资源丰富，年降水量为 1 700mm 左右，年均气温 17.5℃，极端最高气温 40.6℃，极端最低气温 9.3℃，年无霜期 291d，年均日照时数 1 700h 左右。

2.3.2.1 处理设置

本试验从 2004 年 11 月开始，采用草—稻—稻的种植模式，共设 4 个处理，每个处理重复 4 次。各处理早晚稻移栽方式均采用抛秧，晚稻于成熟期套播紫云英，早稻移栽前 15d 进行翻压或灌水腐草。小区面积 33.3m²。

（1）传统耕作。早稻移栽前 15d 进行耕翻、耙平、沤田，然后移栽；早稻收获后马上进行耕翻、耙平，适时移栽晚稻。

（2）早耕晚免。早稻于移栽前 15d 耕翻、耙平、沤田，然后移栽；早稻收割后不进行耕翻，喷洒除草剂后进行晚稻抛秧移栽。

（3）双季免耕。早晚稻均不进行耕翻，早稻收获后立即喷施除草剂，5d 后抛秧移栽。

（4）早免晚耕。早稻种植不进行耕翻，除草剂处理后 5d 进行抛秧移栽；晚稻耕翻、耙平后抛秧移栽。

2.3.2.2　测定内容与方法

（1）水稻生长动态。分别记录各处理基本苗、分蘖动态、株高动态、叶面积动态、抽穗后根系活力变化。其中，抽穗后根系活力采用水稻抽穗期茎基部伤流量指标。伤流液的收集方法为：选有平均茎蘖的水稻，在 18：00 左右，把水稻从茎基部距地面 10cm 处剪断，把大小适中的橡胶管（内有脱脂棉，一端已经封闭并已称重），套到稻桩上，并开始计时，翌日 6：00 左右取下橡胶管并密封带回实验室测定[60]。

（2）考种和测产。每处理成熟期按平均有效穗数取样 10 蔸进行考种，主要指标有株高、有效穗数、穗粒重、千粒重[62-64]。

（3）杂草发生情况。水稻分蘖盛期和抽穗期对田间杂草各调查 1 次，主要针对杂草的种群变化、覆盖度等进行调查分析，采用乘积优势度法[65-68]。

（4）经济效益分析采用综合分析方法。

2.3.3　试验三：双季稻田冬春休闲期绿色覆盖模式比较试验

2.3.3.1　处理设置

本试验与试验二相同，设置于江西省余江县农业科学研究所。从 2004 年 11 月开始布置小区进行试验，共设 6 个处理，每个处理重复 4 次。各处理早晚稻移栽方式均采用抛秧，小区面积 33.3m²。

（1）免耕（休闲）。双季稻田冬春休闲期不进行任何处理。

（2）秋耕冬垡。双季稻田晚稻收获后耕翻 1 次，不耙平，翌年春季早稻移栽前 15d 进行耙平灌水。

（3）免耕（绿肥）。晚稻成熟期套播绿肥（紫云英，品种为余江大叶籽），春季刈割 1/2 作饲料，其余部分翻压作绿肥。

（4）免耕（马铃薯）。晚稻收获后不翻耕，于 11 月 15 日播种，播种前按 1.5m 作畦、开沟，沟深 20cm，播种行株距为 30cm×30cm。

（5）免耕直播油菜。晚稻收获后按每 667m² 0.5kg 的播种量撒播，并按 2.5m 作畦、开沟，沟土打碎后覆于畦面。

（6）耕作移栽油菜。晚稻收获后耕翻、耙平移栽油菜，9 月 20 日播种育苗，10 月 25 日移栽，行株距为 30cm×20cm。

2.3.3.2　测定内容与方法

（1）分别测定各处理冬春休闲期的作物产量，并按市场价格计算经济效益。

（2）分别测定双季稻产量，并计算年际经济效益。

2.3.4　试验四：秸秆还田对作物产量的影响

2.3.4.1　处理设置

本试验与试验二相同，设置于江西省余江县农业科学研究所。从 2004 年

11月开始布置小区进行试验，共设秸秆全量还田、半量还田、过腹还田（栏粪）和不还田（对照）4个处理，小区面积33.3m²。

2.3.4.2　主要测定内容与方法

本试验主要测定在不同秸秆还田情况下水稻产量的差异情况，主要包括水稻产量构成要素的考察和产量的变化。测定方法同试验二。

3　结果与分析

3.1　免耕对水稻生长发育、产量和土壤理化性状的影响

2年的对比试验结果表明，免耕对水稻生长发育有一定的促进作用，可提高水稻产量，改善稻田土壤理化性状。

3.1.1　免耕对水稻生长发育的影响

3.1.1.1　免耕对水稻叶面积指数的影响

表1是两处理下水稻LAI主要生育时期的变化，两者LAI最大均出现在孕穗期，免耕最大值为4.71，常耕最大值为4.14。分蘖期两者大小相差较小，为0.02，之后相差逐渐增大。至孕穗期，免耕处理比常耕处理LAI大0.57，达13.77%。孕穗期后两处理的LAI都呈下降趋势，至成熟期，免耕处理下降到2.81，而常耕处理下降到3.21，比免耕大0.4，达12.46%。这可能是由于该季早稻成熟期遇台风，免耕处理倒伏比常耕处理严重，叶片折损严重，造成了免耕早稻LAI减小较大，这应该属于特殊情况。从图2可以明显看出，生育前期，免耕处理的LAI一直比常耕处理的大；但到了成熟期，免耕处理的LAI比常耕下降的快，常耕处理LAI反而比免耕处理大。以上结果说明，免耕处理可以促进水稻叶片较快的生长，增加了水稻光合面积，为获得高产提供了物质条件。

表1　免耕对水稻LAI的影响

处理	分蘖期	拔节期	孕穗期	齐穗期	成熟期
免耕	1.01	2.21	4.71	4.30	2.81
常耕	1.03	1.89	4.14	4.04	3.21
增减（%）	−1.94	16.93	13.77	6.44	−12.46

3.1.1.2　免耕对水稻株高的影响

表2是两处理水稻株高的比较，可以看出，两处理的水稻株高都是在成熟期达到最大，免耕平均株高为103.1cm，常耕平均为98.7cm，免耕比常耕高4%。而且每次观测结果免耕株高平均值均大于常规耕作（图3），说明免耕可以促进水稻的生长，其生长势较强。

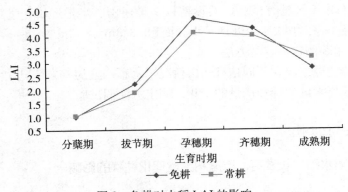

图 2　免耕对水稻 LAI 的影响

表 2　免耕对水稻株高的影响

单位：cm

处理	项目	观测日期								
		5 月 8 日	5 月 13 日	5 月 18 日	5 月 23 日	5 月 28 日	6 月 2 日	6 月 7 日	6 月 12 日	6 月 22 日
常耕	1	36.7	47.2	56.8	65.8	77.3	84.3	92.5	97.6	101.2
	2	34.5	44.8	53.2	62.3	74.8	82.8	91.3	94.9	97.2
	3	34.3	44.3	51.0	59.7	74.6	82.4	90.8	94.4	96.8
	4	35.1	45.7	54.6	63.4	76.5	83.1	92.4	95.7	99.7
	平均	35.2	45.5	53.9	62.8	75.8	83.2	91.8	95.7	98.7
免耕	1	36.5	48.3	60.1	75.8	84.3	94.3	99.9	103.9	104.6
	2	34.8	46.1	57.6	72.3	81.9	89.6	96.8	100.7	102.6
	3	36.2	47.6	58.3	71.8	81.2	91.3	96.2	99.8	100.7
	4	35.5	46.4	58.6	74.3	83.7	89.6	98.4	102.8	104.3
	平均	35.8	47.1	58.7	73.6	82.8	91.2	97.8	101.8	103.1

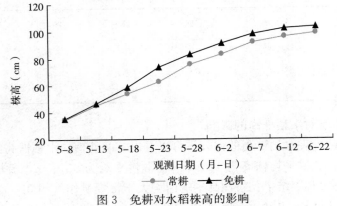

图 3　免耕对水稻株高的影响

3.1.1.3 免耕对水稻分蘖动态的影响

表3是水稻分蘖的动态变化，可以看出，免耕处理的最大分蘖期比常耕的要早3～5d，最大分蘖数免耕处理比常耕处理小5.74％，但分蘖稳定后免耕处理比常规处理大3.3％，从图4可以看出，免耕处理最大分蘖期比常规处理早，分蘖下降期免耕处理比常规耕作缓慢，且最后一次茎蘖观测值显示免耕处理高于常规耕作。结果说明，免耕处理比常规耕作有促进水稻早发和减少无效分蘖、提高成穗率的作用。

表3 免耕对水稻茎蘖变化的影响

单位：个/蔸

处理	项目	观测日期								
		5月8日	5月13日	5月18日	5月23日	5月28日	6月1日	6月6日	6月11日	6月16日
免耕	1	6	8	18	20	23	22	20	18	18
	2	7	9	17	20	23	23	21	19	18
	3	5	11	19	22	25	24	21	20	19
	4	8	10	15	19	20	20	20	19	18
	5	7	11	18	20	24	23	20	20	20
	平均	6.6	9.8	17.4	20.2	23.0	22.4	20.4	19.2	18.6
常耕	1	5	8	14	17	23	24	22	19	17
	2	8	11	17	21	25	25	23	21	19
	3	7	9	16	19	24	25	23	20	18
	4	6	11	18	21	25	26	24	22	19
	5	6	9	15	18	20	22	21	18	17
	平均	6.4	9.6	16.0	19.2	23.4	24.4	22.6	20.0	18.0

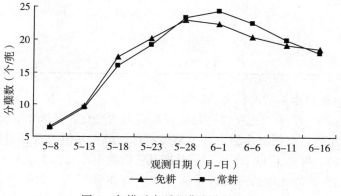

图4 免耕对水稻茎蘖变化的影响

3.1.1.4　免耕对水稻干物质积累的影响

表 4 是两处理水稻地上部干物质积累变化。从表中数据可以看出，免耕处理在各生育时期的干物质积累量均比常耕的高。两处理均在成熟期达到最大干物质累积量，免耕处理平均为 57.78g/蔸，常规处理为 54.64g/蔸。各生育时期测量值显示，进入分蘖期后，免耕处理干物质积累量比常规处理高。其中，分蘖期高 1.52g/蔸、13.64%，拔节期高 1.87g/蔸、7.98%，孕穗期高 2.10g/蔸、7.73%，齐穗期高 2.90g/蔸、6.20%，成熟期高 3.14g/蔸、5.75%；增幅比例最大出现在分蘖期，成熟期最小。对数据进行方差分析表明，各生育时期干物质积累差异显著（$P=0.05$）。以上分析表明，免耕处理比常规处理的水稻在生育前期干物质积累较快，且最终积累量也高于常规处理，两者各生育时期干物质积累有明显差异。

表 4　免耕对水稻干物质积累的影响

单位：g/蔸

处理	项目	生育时期				
		分蘖期	拔节期	孕穗期	齐穗期	成熟期
免耕	1	13.89	26.52	30.57	50.63	59.24
	2	12.78	25.74	30.18	50.06	58.37
	3	12.24	24.77	28.65	49.13	56.89
	4	11.71	24.13	27.73	49.01	56.61
	平均	12.66a	25.29a	29.28a	49.71a	57.78a
常耕	1	12.13	24.33	27.96	47.36	56.82
	2	11.57	23.48	27.38	46.92	54.33
	3	10.49	23.14	26.87	46.59	53.81
	4	10.37	22.73	26.49	46.38	53.59
	平均	11.14b	23.42b	27.18b	46.81b	54.64b

3.1.1.5　免耕对水稻根系活力的影响

表 5 是 2005 年早稻主要生育时期根系活力的变化。从表中数据可以看出，免耕处理 2 年后，水稻根系活力高于常规耕作。最大差值出现在分蘖期，达到 4.7μg/(g·h)，提高了 14.5%；在成熟期其差值最小，为 2.1μg/(g·h)，提高比例为 20.8%。两处理的最大根系活力均出现在分蘖期，并随水稻的生长逐渐降低（图 5），而且生育后期免耕处理比常规处理的下降速度更快。

表 5 免耕对水稻根系活力的影响

单位：μg/(g·h)

处理	生育时期				
	分蘖期	拔节期	抽穗期	灌浆期	成熟期
免耕	37.2	29.7	25.6	20.6	12.2
常耕	32.5	26.1	21.9	16.7	10.1
差值	4.7	3.6	3.7	3.9	2.1

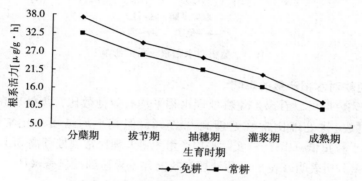

图 5 免耕对水稻根系活力的影响

3.1.1.6 免耕对水稻根干重的影响

表 6 是两个处理根干重和产量的相关数据，可以看出，从分蘖至成熟的生育时期内，免耕处理比常规耕作的根干重都高，并且移栽后两者差值逐渐增大，最大为 0.72g/蔸（抽穗期），然后呈降低趋势（图 6）。两处理根干重与产量的相关系数最大都出现在 5 月 18 日左右，然后呈波动下降，成熟期降至最小。不同时期出现免耕处理根干重与产量的相关系数比常耕处理的低，这可能是影响产量主要形成时期早晚不同的原因。

表 6 免耕对水稻根干重的影响

处理	项目	5 月 8 日	5 月 18 日	5 月 28 日	6 月 8 日	6 月 18 日	6 月 28 日	产量（kg/hm²）
免耕	根干重（g/蔸）	0.50	1.49	2.02	2.40	3.61	3.18	6 952.61
	与产量相关系数	0.519	0.987	0.985	0.930	0.943	0.175	
常耕	根干重（g/蔸）	0.49	1.21	1.49	1.80	2.89	2.62	6 530.29
	与产量相关系数	0.685	0.987	0.800	0.849	0.976	0.423	

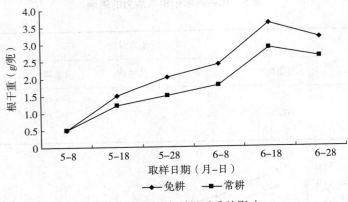

图 6　免耕对水稻根干重的影响

3.1.2　免耕对水稻产量的影响

从表 7 数据可以看出，免耕处理水稻平均有效穗数比常规处理高 6.49%，每穗颖花数免耕处理比常规处理高 0.26%；但其平均结实率比常规耕作低 0.49%，千粒重低 0.25%；实际平均产量免耕处理比常规处理高 6.47%。对产量进行方差分析表明（表 8），两处理有效穗数差异达到极显著（$P_1 = 0.001\,7$），每穗颖花数、结实率和千粒重差异不显著（$P_2 = 0.858$、$P_3 = 0.772$、$P_4 = 0.883$），实际产量在 0.05 水平差异表现为显著，在 0.01 水平差异表现不显著。由此可见，免耕处理与常耕处理相比，主要通过增加有效穗数来实现增产。

表 7　免耕对产量及其构成因素的影响

处理	项目	有效穗数（万个/hm²）	每穗颖花数（个）	结实率（%）	千粒重（g）	产量（kg/hm²）
免耕	1	308.14	167.91	75.68	22.19	6 914.03
	2	319.87	159.83	73.26	23.45	6 944.10
	3	314.79	160.98	73.13	23.16	6 789.40
	4	310.31	166.72	75.34	23.11	7 162.90
	平均	313.28	163.86	74.35	22.98	6 952.61
常耕	1	289.37	166.27	76.51	23.43	6 810.26
	2	300.31	160.83	76.34	22.29	6 489.83
	3	295.64	162.89	73.38	23.14	6 453.76
	4	291.43	163.72	72.64	23.28	6 367.32
	平均	294.19	163.43	74.72	23.04	6 530.29

表 8　免耕处理产量构成因素的方差分析

指标	项目	均值	标准差	5%显著水平	1%极显著水平
有效穗数	免耕	313.277 5	5.194 5	a	A
	常耕	294.187 5	4.844 5	b	B
	F_1	28.893			
	P_1	0.001 7			
每穗颖花数	免耕	163.860 0	4.046 3	a	A
	常耕	163.427 5	2.251 0	a	A
	F_2	0.035			
	P_2	0.858			
结实率	免耕	74.352 5	1.344 8	a	A
	常耕	74.717 5	1.995 9	a	A
	F_3	0.092			
	P_3	0.772			
千粒重	免耕	22.977 5	0.546 0	a	A
	常耕	23.035 0	0.510 6	a	A
	F_4	0.024			
	P_4	0.883			
产量	免耕	6 952.607	155.370 8	a	A
	常耕	6 530.292	193.594 3	b	A
	F_5	11.578			
	P_5	0.014 4			

3.1.3　免耕对土壤物理性状的影响

表 9 是不同土层土壤物理性状变化。从表中数据可以看出，2005 年早稻移栽前，免耕处理的土壤容重比常耕处理小 3.31%，总孔隙度高 1.49%，非毛管孔隙度低 6.93%；2005 年早稻收割后，免耕处理比常耕处理的土壤容重小 3.01%，总孔隙度高 0.57%，非毛管孔隙度低 4.26%。移栽前与收获后相比，两处理土壤容重都有所增加，免耕处理增大了 10.26%，常耕处理增大了 9.92%。免耕处理比常耕处理 0～5cm 土层的土壤非毛管孔隙度大，5～15cm 的非毛管孔隙度小；而免耕处理比常耕处理的总孔隙度在 0～10cm 土层大，10～15cm 土层小。以上数据分析表明，免耕处理能降低土壤容重，增大土壤总孔隙度，对土壤非毛管孔隙度的影响主要集中在 0～10cm 表层，这可能与水稻根系集中分布在表层土壤有关。

表9　土壤不同层次物理性状的变化

处理	土层深度 (cm)	2005 年 4 月			2005 年 7 月		
		容重 (g/cm³)	总孔隙度 (%)	非毛管孔隙度（%）	容重 (g/cm³)	总孔隙度 (%)	非毛管孔隙度（%）
免耕	0～5	1.09	54.37	6.96	1.24	52.25	3.96
	5～10	1.14	52.66	4.15	1.27	50.67	2.15
	10～15	1.27	50.73	2.98	1.36	49.73	1.98
	平均	1.17	52.59	4.70	1.29	50.88	2.70
常耕	0～5	1.11	53.19	6.94	1.25	51.29	3.74
	5～10	1.19	51.27	4.87	1.31	50.27	2.57
	10～15	1.32	51.01	3.35	1.43	50.21	2.14
	平均	1.21	51.82	5.05	1.33	50.59	2.82

3.1.4　免耕对土壤化学性质的影响

3.1.4.1　土壤全氮

数据表明（表10），2005 年 7 月与 2003 年 7 月相比，免耕处理的全氮含量增加了 0.29g/kg、20.42%，常耕处理的全氮含量增加了 0.02g/kg、1.41%，方差分析表明两处理的全氮含量差异达到极显著水平（$P=0.001\,3$）。从 2003 年 7 月至 2005 年 7 月，免耕处理全氮含量变化幅度较大，而常耕处理变化较小（图7）。以上分析说明，免耕处理对土壤全氮的积累有明显的促进作用。

表10　免耕对土壤全氮、有效磷、速效钾含量的影响

取样日期	全氮（g/kg）		有效磷（mg/kg）		速效钾（mg/kg）	
	常耕	免耕	常耕	免耕	常耕	免耕
2003 年 7 月	1.42	1.42	7.85	7.89	35.22	35.16
2003 年 10 月	1.37	1.52	7.48	9.31	35.16	38.69
2004 年 4 月	1.41	1.86	8.13	8.91	33.97	43.96
2004 年 7 月	1.35	1.9	7.38	10.59	34.72	44.61
2004 年 10 月	1.39	1.93	7.72	11.15	34.67	43.28
2005 年 4 月	1.43	1.68	7.83	10.15	34.41	43.25
2005 年 7 月	1.46	1.71	7.85	10.61	34.56	44.15

注：部分数据引自黄小洋硕士论文。黄小洋，2005. 保护性耕作的增产增收效应及其生态学机制研究［D］. 南昌：江西农业大学.

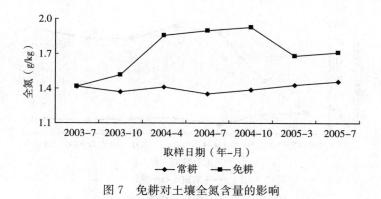

图 7　免耕对土壤全氮含量的影响

3.1.4.2　土壤有效磷

　　数据表明（表 10），经过 2 年的免耕处理，土壤有效磷含量增加了 2.72mg/kg，而常耕处理虽有波动但变化不明显，方差分析表明两处理的有效磷含量差异达到极显著水平（$P = 0.000\ 6$）。与土壤全氮含量变化相似（图 8），免耕处理的土壤有效磷含量呈波动增加趋势，常耕处理变化不大，说明免耕处理对土壤磷库的积累是有益的。

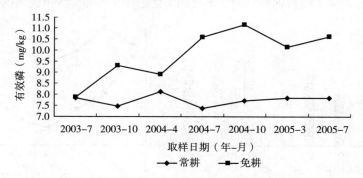

图 8　免耕对土壤有效磷含量的影响

3.1.4.3　土壤速效钾

　　图 9 显示，免耕处理有利于土壤速效钾的积累。表 10 数据表明，2 年免耕处理后，稻田土壤的速效钾含量提高了 8.99mg/kg，而常耕处理的变化不明显，两处理的差异达到了极显著水平（$P = 0.000\ 2$）。

3.1.4.4　土壤有机质和 pH

　　表 11 和图 10 是土壤有机质含量和 pH 的变化。表 11 数据显示，2005 年 7 月免耕处理土壤有机质含量比 2003 年 7 月提高了 3.42g/kg，提高比例达到了 11.96％；常耕处理也有所增加，但增加幅度较小，为 0.63g/kg，增加比例为 2.20％。从图 10 可以看出，免耕处理的土壤有机质含量呈波动增加趋势，

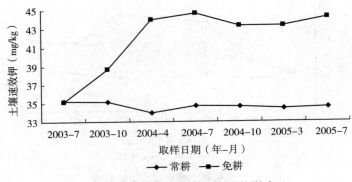

图 9　免耕对土壤速效钾含量的影响

而常耕处理变化不明显。统计分析表明，二者差异达到了极显著水平（$P=0.0055$）。经过 2 年的试验，免耕处理的土壤 pH 有所降低，而常耕处理变化较小。2005 年 7 月，免耕处理土壤 pH 比常耕处理低 0.12。土壤有机质含量和 pH 对土壤养分含量有较大影响，较高含量的有机质和适当偏酸性的土壤环境有利于全氮、有效磷、速效钾的积累。可见，免耕处理由于提高了土壤有机质的含量，从而对土壤其他养分的积累起到了促进作用，养分含量提高明显。

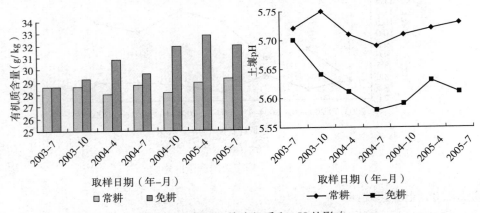

图 10　免耕对土壤有机质和 pH 的影响

表 11　免耕对土壤有机质含量和 pH 的影响

取样日期	有机质含量（g/kg）		pH	
	常耕	免耕	常耕	免耕
2003 月 7 日	28.59	28.59	5.72	5.7
2003 月 10 日	28.63	29.21	5.75	5.64
2004 月 4 日	27.98	30.79	5.71	5.61

（续）

取样日期	有机质含量（g/kg）		pH	
	常耕	免耕	常耕	免耕
2004 月 7 日	28.73	29.68	5.69	5.58
2004 月 10 日	28.14	31.94	5.71	5.59
2005 月 4 日	28.92	32.82	5.72	5.63
2005 月 7 日	29.22	32.01	5.73	5.61

3.2 双季稻田不同保护性耕作方式的比较试验

3.2.1 不同耕作方式对水稻生长发育的影响

3.2.1.1 对水稻株高的影响

表 12 是不同保护性耕作方式下水稻株高的变化。表中数据显示，在 4 种不同耕作方式下，各处理株高相差不大。早稻株高顺序为早免晚耕＞双季免耕＞传统耕作＞早耕晚免，晚稻株高顺序为双季免耕＞早耕晚免＞早免晚耕＞传统耕作。虽然 4 个处理株高有所不同，但对 4 个处理株高进行方差分析，结果表明，处理间差异不显著。因此，短时间（一季或二季）不同耕作方式对水稻株高的影响较小。

表 12 不同耕作方式对水稻株高的影响

单位：cm

生育时期	传统耕作		早耕晚免		双季免耕		早免晚耕	
	早稻	晚稻	早稻	晚稻	早稻	晚稻	早稻	晚稻
分蘖期	13.62	14.74	13.78	14.91	13.52	15.14	13.36	14.96
拔节期	58.36	60.14	59.06	60.71	60.06	62.25	59.47	61.58
抽穗期	81.68	83.78	80.17	82.24	81.27	83.94	80.98	83.56
灌浆期	93.12	95.46	93.02	95.41	95.42	98.14	95.57	98.24
成熟期	96.51	99.31	96.31	100.37	96.86	101.17	97.06	99.68

3.2.1.2 对水稻分蘖的影响

图 11 是 4 种不同耕作方式下水稻茎蘖的变化情况，可以明显看出，无论早稻还是晚稻，免耕处理的茎蘖数最先达到最大，一般比传统耕作早 3～5d。也就是说，免耕处理比传统耕作提前进入生殖生长，而且免耕处理的最终有效穗数比传统耕作高 11.11％左右。这为减少无效分蘖、提高成穗率，从而提高产量打下了基础。这个有利因素对晚稻是非常有利的，因为提早进入生殖生长可降低寒露风对晚稻的威胁，是获得稳产的有利因素。因此，免耕处理能促进

水稻早发，减少无效分蘖，提高成穗率。

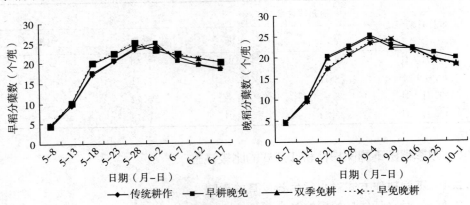

图 11　不同耕作方式下水稻茎蘖变化

3.2.1.3　对水稻叶面积指数的影响

表 13 数据显示，无论早稻还是晚稻，在 4 个处理中，免耕处理都表现出较高的叶面积指数和较快的增长速度，并且在抽穗期达到最大值。早稻最大值依次为双季免耕＞早免晚耕＞早耕晚免＞传统耕作，晚稻依次为双季免耕＞早耕晚免＞早免晚耕＞传统耕作。综合早、晚稻两季来看，双季免耕处理表现出较高值。

表 13　不同耕作方式下水稻叶面积指数比较

处理	分蘖期		拔节期		抽穗期		灌浆期		成熟期	
	早稻	晚稻	早稻	晚稻	早稻	晚稻	早稻	晚稻	早稻	晚稻
传统耕作	0.181	0.198	3.58	3.71	5.76	5.91	4.79	4.91	2.29	2.12
早耕晚免	0.182	0.203	3.59	4.15	5.77	6.23	4.76	4.97	2.26	2.75
双季免耕	0.190	0.208	4.08	4.18	6.11	6.35	4.98	5.23	2.59	2.91
早免晚耕	0.185	0.201	4.07	3.78	6.09	5.96	4.96	4.83	2.56	2.21

3.2.1.4　对水稻根系活力的影响

伤流量强度是表示根系活力既简便又准确的方法，因此本试验以水稻抽穗后茎基部的伤流量为根系活力指标进行分析。

表 14 数据表明，无论早稻还是晚稻，免耕处理的茎基伤流量比传统耕作高；穗后茎基伤流强度逐渐下降。早稻免耕处理在穗后第 14d 平均伤流量降低为穗后第 7d 的 92.03%，而传统耕作为 88.78%；晚稻免耕处理为 92.14%，传统耕作为 88.56%。这说明在穗后 14d 内，免耕处理比传统耕作具有更高的伤流强度。即免耕处理高伤流强度持续时间比传统耕作长（图 12），这为供给植株充足的养分奠定了基础。

表14 不同耕作方式下根系活力变化

单位：mg/（g·h）

穗后天数（d）	传统耕作		早耕晚免		双季免耕		早免晚耕	
	早稻	晚稻	早稻	晚稻	早稻	晚稻	早稻	晚稻
7	413.20	451.83	419.50	483.84	450.37	498.84	445.23	458.84
14	367.86	395.27	371.35	451.27	413.69	453.98	410.59	411.27
21	246.25	303.27	248.34	367.27	276.58	359.67	285.74	319.27
28	110.82	167.84	112.10	178.59	131.50	196.59	133.06	180.38
35	61.48	118.50	62.83	113.02	70.85	132.02	71.49	84.02

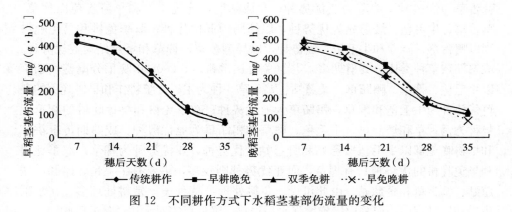

图12 不同耕作方式下水稻茎基部伤流量的变化

3.2.2 不同耕作方式对稻田杂草发生情况的影响

从表15可知，无论早稻还是晚稻，免耕处理的杂草种类和覆盖度都比传统耕作的高。虽然免耕处理的杂草种类较多，但两次测定间杂草覆盖度的增幅却比传统耕作小。早稻杂草覆盖度增幅依次为42.9%、42.9%、39.4%、38.2%，晚稻依次为66.7%、64.9%、32.1%、65.0%，这与免耕处理水稻分蘖出现早、快，叶面积指数增长比快，水稻封行早不利于杂草生长有关。

表15 不同耕作方式下杂草种类和覆盖度的变化

处理	5月18日		6月17日		8月25日		9月9日	
	种类	覆盖度（%）	种类	覆盖度（%）	种类	覆盖度（%）	种类	覆盖度（%）
传统耕作	6	28	9	40	10	30	12	50
早耕晚免	6	28	9	40	13	37	16	61
双季免耕	8	33	11	46	14	53	17	70
早免晚耕	8	34	11	47	10	40	13	66

3.2.3　不同耕作方式下稻田杂草优势种的变化

据马晓渊等[69]报道，利用乘积优势度*（multiplied dominance ratio，MDR）可以确定杂草优势种。将数量达到危害损失水平（$MDR_2 \geqslant 10\%$，MDR_2指盖度和相对高度二因素乘积优势度）的种类定为优势种，$10\% > MDR_2 \geqslant 5\%$的种类定为亚优势种。在草害下降的情况下，也可将$10\% > MDR_2 \geqslant 5\%$的种类定为优势种，将$5\% > MDR_2 \geqslant 1\%$的种类定为亚优势种。

从表16可知，2005年早稻分蘖盛期杂草以稗草、牛毛毡、矮慈姑、双穗雀稗、鸭舌草5种为主，传统耕作与早耕晚免基本相同，稗草、矮慈姑为优势种，牛毛毡和双穗雀稗为亚优势种；双季免耕和早免晚耕则以牛毛毡、矮慈姑、鸭舌草为优势种，稗草为亚优势种。在成熟期，传统耕作和早耕晚免以稗草、鸭舌草、牛毛毡、矮慈姑为优势种，以鳢肠为亚优势种；双季免耕和早免晚耕则以鸭舌草、紫萍和牛毛毡为优势种，以异型莎草、稗草和矮慈姑为亚优势种。成熟期杂草种类比分蘖盛期多，并且免耕比常耕多。2005年晚稻分蘖盛期杂草以牛毛毡、稗草、鸭跖草、矮慈姑、鸭舌草5种为主，传统耕作和早耕晚免的杂草优势种为牛毛毡和稗草，鸭跖草为亚优势种；双季免耕和早免晚耕的杂草优势种为鸭舌草和矮慈姑，牛毛毡、稗草和鸭跖草为亚优势种。成熟期传统耕作和早耕晚免都以牛毛毡矮慈姑和野慈姑为优势种，亚优势种为稗草；双季免耕和早免晚耕的优势种只有稗草，而亚优势种则较多，主要有牛毛毡、鳢肠、矮慈姑、鸭舌草和野慈姑。由此可见，免耕处理杂草种类比常耕处理多，在水稻免耕栽培过程中，应采取措施增强水稻长势，降低草害对水稻产量的影响。

表16　不同耕作方式下杂草优势种的年内变化动态

处理	调查日期			
	5月18日	6月17日	8月25日	9月9日
传统耕作	稗草、牛毛毡、矮慈姑、双穗雀稗	稗草、鸭舌草、牛毛毡、鳢肠、矮慈姑	牛毛毡、稗草、鸭跖草	稗草、牛毛毡、矮慈姑、野慈姑
早耕晚免	稗草、牛毛毡、矮慈姑、双穗雀稗	稗草、鸭舌草、牛毛毡、鳢肠、矮慈姑	牛毛毡、稗草、鸭跖草	稗草、牛毛毡、矮慈姑、野慈姑
双季免耕	稗草、牛毛毡、双穗雀稗、矮慈姑、鸭舌草	鸭舌草、异型莎草、稗草、紫萍、牛毛毡、矮慈姑	鸭舌草、牛毛毡、稗草、矮慈姑、鸭跖草	稗草、牛毛毡、鳢肠、矮慈姑、鸭舌草、野慈姑
早免晚耕	稗草、牛毛毡、双穗雀稗、矮慈姑、鸭舌草	鸭舌草、异型莎草、稗草、紫萍、牛毛毡、矮慈姑	鸭舌草、牛毛毡、稗草、矮慈姑、鸭跖草	稗草、牛毛毡、鳢肠、矮慈姑、鸭舌草、野慈姑

---

* 乘积优势度指盖度、相对高低和频度的乘积。

3.2.4　不同耕作方式对水稻产量的影响

表 17 是不同耕作方式下水稻产量构成要素，从表中可以看出，4 个处理中以双季免耕处理总产量最高，比传统耕作高 1 048.65kg/hm²、8.46%；其次为早免晚耕处理，比对照高 725.10kg/hm²、5.85%；早耕晚免处理比对照增产 490.8kg/hm²、3.96%，说明早稻免耕比晚稻免耕更容易提高产量。对总产量进行方差分析表明，双季免耕处理与其他 3 个处理差异极显著（$P=0.008$），早免晚耕表现为差异显著（$P=0.017$）。因此，就产量而言，在 3 种不同的保护性耕作方式中，以双季免耕处理为最佳选择，其次为早免晚耕处理。

表 17　不同耕作方式下水稻产量构成要素

处理		有效穗数 （万个/hm²）	每穗颖花数 （个）	结实率 （%）	千粒重 （g）	实际产量 （kg/hm²）	总产量 （kg·hm²）	产量增减 （%）
传统耕作	早稻	278.55	132.84	82.24	21.81	5 641.50	12 392.10	0.00
	晚稻	290.70	140.53	87.53	22.21	6 750.60		
早耕晚免	早稻	278.70	132.82	82.26	21.82	5 647.65	12 882.90	3.96
	晚稻	302.70	145.29	87.34	22.16	7 235.25		
双季免耕	早稻	287.20	138.24	82.59	21.52	6 008.40	13 440.75**	8.46
	晚稻	310.05	145.37	87.27	22.23	7 432.35		
早免晚耕	早稻	287.70	138.37	82.37	21.71	6 051.00	13 117.20*	5.85
	晚稻	304.95	146.19	87.13	22.12	7 066.20		

注：** 为 $P<0.01$ 水平（差异极显著），* 为 $P<0.05$ 水平（差异显著）。

3.3　双季稻田冬春休闲期绿色覆盖模式比较试验

表 18 是对 6 个处理 3 种不同作物的经济效益和双季稻经济效益的对比。从表中数据可以看出，冬季经济效益最高的为冬种马铃薯处理，每 667m² 达到了 764.8 元，其次为直播油菜（每 667m² 153.5 元），移栽油菜为 74.6 元，冬种绿肥为 43.25 元。稻田年际经济效益依次为马铃薯（每 667m² 1 541.14 元）＞直播油菜（每 667m² 912.76 元）＞绿肥（每 667m² 854.73 元）＞移栽油菜（每 667m² 840.16 元）。与对照相比，经济效益增长率由大到小依次为马铃薯（108.83%）、直播油菜（23.68%）、绿肥（15.82%）、移栽油菜（13.85%）；秋耕冬垡处理虽然能提高水稻产量（增产 2.22%），但由于耕田所增加的投入超过了增产带来的效益（经济效益降低 1.61%），因此该模式不

宜推广。

长江中下游地区具有冬季光能资源丰富、热量充足、水分充沛、可利用面积大等优越的自然条件[65]，虽然冬季休闲可以节省大量劳动力，但同时也造成了自然资源的浪费，不利于增加农民收入。

表 18 冬春休闲期不同作物经济效益和稻田年际效益的比较

项目		绿肥（紫云英）	直播油菜	移栽油菜	马铃薯	秋耕冬垡	休闲
种子	每 667m² 用量（kg）	1.5	0.5	0.2	80	0	0
	单价（元/kg）	6	12	12	5.6	0	0
	总价（元）	9	6	2.4	448	0	0
尿素	每 667m² 用量（kg）	5	10	10	45	0	0
	单价（元/kg）	1.8	1.8	1.8	1.8	0	0
	总价（元）	9	18	18	81	0	0
钙镁磷肥	每 667m² 用量（kg）	30	30	30	60	0	0
	单价（元/kg）	0.5	0.5	0.5	0.5	0	0
	总价（元）	15	15	15	30	0	0
氯化钾	每 667m² 用量（kg）	12.5	10	10	0	0	0
	单价（元/kg）	2	2	2	0	0	0
	总价（元）	25			0	0	0
硫酸钾	每 667m² 用量（kg）	0	0	0	50	0	0
	单价（元/kg）	0	0	0	2	0	0
	总价（元）	0	0	0	100	0	0
硼肥	每 667m² 用量（kg）	0	1.5	1.5	0	0	0
	单价（元/kg）	0	5	5	0	0	0
	总价（元）	0	7.5	7.5	0	0	0
厩肥	每 667m² 用量（kg）	2 000	2 000	2 000	2 000	0	0
	单价（元/kg）	0.015	0.015	0.015	0.015	0	0
	总价（元）	30	30	30	30	0	0
每 667m² 农药成本（元）		0	30	25	50	0	0
劳工	用量（工）	3.5	4.5	5	20	0	0
	单价（元/工）		20	0	0		
	总价（元）	70	90	100	400	0	0
每 667m² 机械费用（元）			25	40	45	40	
每 667m² 总成本（元）		158	221.5	237.9	1 184	40	

（续）

项目	绿肥（紫云英）	直播油菜	移栽油菜	马铃薯	秋耕冬垡	休闲
冬季作物产量（kg）	2 012.5	150	125	1 218	0	0
冬季作物单价（元/kg）	0.2	2.5	2.5	1.6	0	0
每 667m² 冬季作物收入（元）	201.25	375	312.5	1 948.8	0	0
每 667m² 冬季作物效益（元）	43.25	153.5	74.6	764.8	−40	0
每 667m² 稻谷产量（kg）	958.2	920.9	925.4	933.1	925.8	905.7
每 667m² 稻谷投入（元）			530			
每 667m² 总经济效益（元）	854.73	912.76	840.16	1 541.14	726.12	737.98
增效（%）	15.82	23.68	13.85	108.83	−1.61	0.00

注：绿肥处理的冬种效益是按刈割 1/2 紫云英作为饲料，料肉比按 50∶1 的比例折算；稻谷价格按 1.4 元/kg 计算，其他农产品价格按表中所列计算。

3.4 不同秸秆还田量和还田方式对水稻产量的影响

表 19 是不同秸秆还田量和还田方式下水稻的产量，可以看出，秸秆还田比对照有明显的增产作用。其中，以过腹还田处理的产量增加最明显，早、晚稻分别比对照增产 5.82%、6.02%；其次为全量还田处理，分别比对照增产 2.74%、3.19%；半量还田分别比对照增产 1.43%、1.68%。

表 19　不同秸秆还田量和还田方式对水稻产量的影响

处理	项目	有效穗数（万个/hm²）	每穗颖花数（个）	结实率（%）	千粒重（g）	产量（kg/hm²）	产量增减（%）
半量还田	早稻	267.02	127.43	80.37	23.17	5 995.47	1.43
	晚稻	280.73	133.56	82.69	23.28	6 369.96	1.68
全量还田	早稻	280.67	126.83	80.59	23.31	6 072.93	2.74
	晚稻	285.96	129.32	82.34	23.57	6 464.55	3.19
过腹还田	早稻	282.34	130.52	81.19	23.49	6 254.97	5.82
	晚稻	286.84	134.37	83.47	23.73	6 641.86	6.02
不还田	早稻	273.43	127.64	79.63	22.87	5 910.97	—
	晚稻	275.52	131.79	80.59	23.27	3.71	—

3.4.1 不同秸秆还田量和还田方式下水稻产量的方差分析

表 20 是不同秸秆还田量和还田方式下水稻产量的方差分析结果，可以看出，不同秸秆还田量和还田方式下水稻产量差异表现为极显著（$P=0.000\ 1$）。这说明不同秸秆还田量和还田方式对水稻产量的影响明显。

表 20　不同秸秆还田量和还田方式下水稻产量的方差分析

处理	早晚稻产量均值	5%显著水平	1%极显著水平	F	P
半量还田	6 182.72	a	A	4 621.972	0.000 1
全量还田	6 268.74	b	B		
过腹还田	6 448.42	c	C		
不还田	6 087.84	d	D		

3.4.2　秸秆还田量与产量的回归分析

在秸秆半量还田和全量还田中，水稻增产分别达到了早稻 1.43%、2.74%，晚稻 1.68%、3.19%。秸秆还田的数量与增产量间的简单相关系数达到了 0.952 4，说明二者之间具有高度相关性。以秸秆还田量为自变量（x）、增产量为因变量（y）建立回归方程，得到回归方程 $y=8.85+0.044\ 12x$（$0<x<3\ 900$）。回归方程显示，秸秆还田量与增产量间呈正相关关系，即在一定范围内，随着秸秆还田量的增大，水稻增产量也随之增加（图 13）。

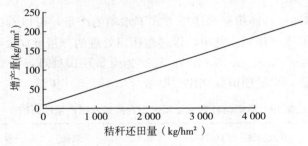

图 13　秸秆还田量与水稻增产量间的关系

4　结论与讨论

4.1　主要结论

本文研究的最终目的是筛选与优化适于长江中下游地区应用的保护性耕作综合技术措施，通过 4 个不同的试验研究获得以下结论。

（1）保护性耕作技术（少、免耕）可以优化水稻的群体质量，提高水稻产量。免耕可以促进水稻早发，水稻提前进入生殖生长，增加有效穗数、结实率、千粒重等；但对提高产量贡献最大的是有效穗数，一般免耕可以增加有效穗数 7%左右。

（2）由于保护性耕对土壤理化性状有显著影响，与常耕相比，经过 2 年的免耕处理，土壤理化性状得到改善，养分积累有增加趋势。

（3）保护性耕作可以明显提高农民收入。保护性耕作可以降低生产投入8.6%以上，与产量提高累加后可提高经济效益10%。

（4）通过对3种不同保护性耕作方式的试验比较得出：在双季稻田生产中采取免耕是较为理想的选择，可比传统耕作提高产量8.46%。

（5）冬春休闲期绿色覆盖比较试验结论为：覆盖＞不覆盖，秋耕冬垡效益为负；3种作物4个处理的经济效益顺序为冬种马铃薯＞直播油菜＞绿肥＞移栽油菜。

（6）秸秆还田量与水稻增产量间呈正相关关系。在一定范围，随着秸秆还田量的增加，水稻增产量也随之提高，二者简单相关系数 $R^2 = 0.952\ 4$，说明相关性高。

4.2　讨论

由于部分试验是在一个生产周期内进行的，试验中有选择性地侧重于保护性耕作对双季稻田经济效益的研究；但保护性耕作作为一个很广泛的范畴，需要研究的问题和方向非常丰富，需要进行完善和补充的研究还很多。如免耕稻田除草剂的选择与应用、大量施用除草剂进行除草造成的水体和土壤污染问题、保护性耕作对农产品品质的影响、保护性耕作机械的研发等问题。

相比我国北方旱区保护性耕作技术的研究与应用，长江中下游地区的应用还相对较少，适应性的研究也有限。因此，适于南方稻田应用的保护性耕作技术还没有一个完善的技术操作规范，虽然个别技术已经很成熟，但综合实现的难度较大，需要制定标准的、可操作性强的配套栽培技术，以便于保护性耕作技术的示范与推广。

在保护性耕作中，免耕技术是一项核心技术。在长江中下游地区，还没有长期的定位试验研究，随着免耕时间的延长，土壤理化性状和其他生物学特性的动态变化等。因此，必须建立长期的定位试验基地，不断深化和拓展保护性耕作技术的研究，为保护性耕作技术的广泛推广提供理论依据。

保护性耕作尚存在许多配套技术有待完善。保护性耕作以保护生态环境为中心，如果除草剂的遗留药害问题得不到解决就称不上保护性耕作。目前南方稻田应用的保护性耕作机具较少，有待农机部门尽快研发。另外，病虫草害的综合防治，秸秆还田操作中秸秆的处理方式、秸秆覆盖量与稻田抛秧操作的矛盾等问题都是目前急需解决的技术问题。

参考文献

［1］宋志勋．什么叫保护性耕作［J］．农机具之友，2003（4）：49.

［2］农业部农业机械化管理司．保护性耕作技术手册［M］．太原：山西经济出版社，2002.

［3］张兆飞，黄国勤，黄小洋，等．江西省保护性耕作的现状与分析［J］．中国农学通报，2005，21（5）：366－368，371.

［4］杨学明，张晓平，方华军，等．北美保护性耕作及对中国的意义［J］．应用生态学报，2004，15（2）：335－340.

［5］熊云明，黄国勤，曹开蔚，等．论长江中下游双季稻区发展"黑麦草—水稻"轮作系统［J］．江西农业学报，2003，15（4）：47－51.

［6］王长生，王遵义，苏成贵，等．保护性耕作技术的发展现状［J］．农业机械学报，2004，35（1）：167－169.

［7］MORRISION J E．美国保护性耕作的过去与未来［C］．中国机械化旱作节水农业国际研讨会论文集，2000：35－39.

［8］MCCONDEY B，LINDWALL W．水土保持耕作体系在加拿大西部中的应用［C］．中国机械化旱作节水农业国际研讨会论文集，2007（12）：148－152.

［9］罗永潘．我国少耕与免耕技术推广应用情况与发展前景［J］．耕作与栽培，1999（2）：1－7.

［10］贾延明，尚长青，张振国．保护性耕作适应性试验及关键技术研究［J］．农业工程学报，2002，18（1）：78－81.

［11］MANNERING J V，FENSTER C R．What is conservation tillage［J］．Journal of Soil and Water Conservation，1983，38（3）：140－143.

［12］BENITES J R，DERPSCH R，MCGARRY D．Current status and future growth potential of conservation agriculture in the world context［J］．International Soil Tillage Research Organization 16th Triennial Conference，2003：120－128.

［13］王昌全，魏成明，李延强，等．不同免耕方式对作物产量和土壤理化性状的影响［J］．四川农业大学学报，2001，19（2）：152－155.

［14］张磊，肖剑英，谢德体，等．长期免耕水稻田土壤的生物特征研究［J］．水土保持学报，2002，16（2）：111－114.

［15］骆文光．免耕垄作覆盖技术的水土保持及经济效益分析［J］．水土保持通报，1994，14（3）：35－38.

［16］刘世平，庄恒扬，陆建飞，等．免耕法对土壤结构影响的研究［J］．土壤学报，1998，35（1）：33－37.

［17］谢德体，陈绍兰，魏朝富，等．水田不同耕作方式下土壤酶活性及生化特性的研究［J］．土壤通报，1994，25（5）：196－198.

［18］黄锦法，俞慧明，陆建贤，等．稻田免耕直播对土壤肥力性状与水稻生长的影响［J］．浙江农业科学，1997（5）：226－228.

［19］严少华，黄东迈．免耕对水稻土持水特征的影响［J］．土壤通报，1995，26（5）：198－199.

［20］严少华，黄东迈．免耕与覆盖施肥对水稻土结构的影响［J］．江苏农业学报，1989，

5 (3)：20 - 26.

[21] 魏朝富，高明，车福才，等. 垄作免耕水稻土团聚性的研究 [J]. 西南农业大学学报，1989，11 (1)：17 - 21.

[22] BLEVINS R L，THMAS G W，SMITH M S，et al. Changes in soil properties after 10 years continuous non - tilled and conventionally tilled com [J]. Soil and Tillage Research，1983，3：135 - 146.

[23] LAL R. No - tillage effects on soil properties under different crops in western Nigenia [J]. Soil Science Society of America Journal，1976，40：762 - 768.

[24] 冯利平，段桂荣. 不同覆盖处理对旱作玉米生育与产量效应的研究 [J]. 干旱地区农业研究，1995，13 (1)：50 - 54.

[25] 高云超，朱文珊，陈文新. 秸秆覆盖免耕土壤微生物量与养分转化的研究 [J]. 中国农业科学，1994，27 (6)：41 - 49.

[26] 高云超，朱文珊，陈文新. 秸秆覆盖免耕对土壤细菌群落区系的影响 [J]. 生态科学，2000，19 (3)：27 - 32.

[27] 高云超，朱文珊，陈文新. 秸秆覆盖免耕对土壤真菌群落结构与生态特征研究 [J]. 生态学报，2001，21 (10)：1704 - 1710.

[28] 黄伦先，沈世华. 免耕生态系统中土壤动物对土壤养分影响的研究 [J]. 农村生态环境，1996，12 (4)：8 - 10.

[29] 王笳，王树楼，丁玉川，等. 旱地玉米免耕整秸秆覆盖土壤养分、结构和生物的研究 [J]. 山西农业科学，1994，22 (3)：17 - 19.

[30] 李春勃，范丙全，孟春香，等. 麦秸覆盖旱地棉田少耕培肥效果 [J]. 生态农业研究，1995，3 (3)：52 - 55.

[31] GAO H W，LI W Y. Chinese conservation tillage [J]. International Soil Tillage Research Organization 16th Triennial conference，2003：465 - 470.

[32] 晋凡生，张宝林. 免耕覆盖玉米秸秆对旱塬地土壤环境的影响 [J]. 生态农业研究，2000，8 (3)：47 - 50.

[33] 丁昆仑，HANN M J. 耕作措施对土壤特性及作物产量的影响 [J]. 农业工程学报，2000，16 (3)：49 - 52.

[34] 籍增顺，张乃生. 旱地玉米免耕整秸秆半覆盖技术体系及其评价 [J]. 干旱地区农业研究，1995，13 (2)：14 - 19.

[35] 刘杰，籍增顺，杨志民，等. 旱地玉米小麦免、少耕秸秆覆盖技术 [J]. 山西农业科学，1994，22 (3)：1 - 6.

[36] 牛灵安，秦耀生，郝晋珉，等. 曲周试区秸秆还田配施氮磷肥的效应研究 [J]. 土壤肥料，1998 (6)：32 - 35.

[37] 张振江. 长期麦秆直接还田对作物产量与土壤肥力的影响 [J]. 土壤通报，1998，29 (4)：154 - 155.

[38] 张志国，徐琪. 长期秸秆覆盖免耕对土壤某些理化性质及玉米产量的影响 [J]. 土壤学报，1998，35 (3)：385 - 389.

[39] 谢德体，魏朝富，陈绍兰，等．水田自然免耕对稻麦生长和产量的影响 [J]．西南农业学报，1993，6 (1)：47-54.

[40] 肖剑英，张磊，谢德体，等．长期免耕稻田的土壤微生物与肥力关系研究 [J]．西南农业大学学报，2002，23 (2)：84-87.

[41] 刘敬宗，李云康．杂交水稻免耕抛秧栽培技术研究初报 [J]．杂交水稻，1999，14 (3)：33-34.

[42] 邵达三，黄细喜，陶嘉玉，等．南方水田少（免）耕法研究报告 [J]．土壤学报，1985，22 (4)：305-319.

[43] 李华兴，卢维盛，刘远金，等．不同耕作方法对水稻生长和土壤生态的影响 [J]．应用生态学报，2001，12 (4)：553-556.

[44] 陈旭林，黄辉祥，黄永生，等．不同栽培措施对免耕抛秧稻产量的影响 [J]．广东农业科学，2000 (6)：2-4.

[45] 汪文清．丘陵区麦茬水稻免耕技术研究初探 [J]．锦阳农专学报，1991，8 (1)：16-20.

[46] 景军胜，董振生．旱地油菜地膜覆盖栽培方式研究初报 [J]．干旱地区农业研究，2000，19 (2) 11-15.

[47] 朱文珊，曹明奎．秸秆覆盖免耕法的节水培肥增产效益及应用前景 [J]．干旱地区农业研究，1998 (4)：1-2.

[48] 黄小洋，漆映雪，黄国勤，等．稻田保护性耕作研究：I 免耕对水稻产量、生长动态及害虫数量的影响 [J]．江西农业大学学报，2005，27 (4)：530-534.

[49] 黄国勤．江西稻田保护性耕作的模式及效益 [J]．耕作与栽培，2005 (1)：16-18.

[50] 区伟明，陈润珍，黄庆．水稻免耕抛秧经济效益及生态效益分析 [J]．广东农业科学，2000 (6)：59-62.

[51] 段学军．长江流域粮食产量影响因素灰色关联分析 [J]．农业系统科学综合研究，2000，16 (1)：30-34，39.

[52] 李祖章，刘光荣，袁福生．江西省农业生产中化肥农药污染的状况及防治策略 [J]．江西农业学报，2004，16 (1)：49-54.

[53] 黄国勤，王兴祥，钱海燕，等．施用化肥对农业生态环境的负面影响及对策 [J]．生态环境，2004，13 (4)：656-660.

[54] 中国土壤学会农业化学专业委员会．土壤农业化学常规分析方法 [M]．北京：科学出版社，1983.

[55] 中国科学院南京土壤研究所．土壤理化分析 [M]．上海：上海科学技术出版社，1981.

[56] 南京农学院．土壤农化分析 [M]．北京：农业出版社，1982.

[57] 浙江农业科学编辑部．农作物田间试验记载项目及标准 [M]．杭州：浙江科学技术出版社，1981.

[58] 山东农学院，西北农学院．植物生理学实验指导 [M]．济南：山东科学技术出版社，1980.

[59] 唐启义，冯明光．实用统计分析及其 DPS 数据处理系统 [M]．北京：科学出版

社，2002.

[60] 金成忠，许德威. 作为根系活力指标的伤流液简易收集法 [J]. 植物生理学通讯，1959（4）：51-53.

[61] Conservation agriculture [EB/OL]. [2004-03-15]. http：//www. fao. org/conservation-agriculture/en/.

[62] 刘军，黄庆，付华，等. 水稻免耕抛秧高产稳产的生理基础研究 [J]. 中国农业科学，2002，35（2）：152-156.

[63] 王余龙，蔡建中，何杰生，等. 水稻颖花根活量与籽粒灌浆结实的关系 [J]. 作物学报，1992，18（3）：81-89.

[64] 黄国勤. 江西农业 [M]. 北京：新华出版社，2000.

[65] 马晓渊，顾明德，吉林. 乘积优势度法的研究进展 [J]. 杂草科学，1994（4）：36-39.

[66] 顾明德，吉林，农田杂草优势度目测统计分析法 [J]. 杂草科学，1991（2）：36-38.

[67] 马晓渊. 乘积优势度法在农田杂草群落研究中的应用 [J]. 江苏农业学报，1993，9（1）：31-35.

[68] 王永山，王凤良，梁文斌，等. 苏北沿海棉田杂草群落发生分布消长及防除策略 [J]. 杂草科学，1998（3）：8-10.

直播、抛秧和轮作对稻田生态系统功能及效益的影响*

摘　要： 为适应农业产业结构的调整，遴选出合理的耕作模式，本试验对两种水稻保护性耕作栽培方式以及不同稻田轮作系统的水稻生理特征、土壤理化性状和经济效益等进行了研究，试验结果表明：

（1）保护性直播水稻较抛秧移栽水稻株高矮，顶叶性状优良，无效分蘖少，有效分蘖多，成穗率高，增产增收效应明显。与抛秧相比，直播水稻每公顷增产 651kg，增幅达 10.18%；增收 1 899 元/hm²，增幅达 52.47%，经济效益明显优于抛秧移栽，具有大面积推广的意义。

（2）稻田轮作系统能促进水稻的生长发育及群体生长，提高作物产量。不同生育时期轮作处理水稻株高、分蘖数、叶面积指数（LAI）、干物质积累量均高于连作。轮作具有明显的增产效应，水稻分蘖成穗率和有效穗数均显著高于连作处理，各轮作处理早晚稻总产平均高出连作 782kg/hm²，达 7.43%。

（3）稻田轮作系统能改善水稻的生理生化性状。稻田轮作系统水稻各生育时期叶片叶绿素含量、根系活力和茎基部伤流强度 3 项指标，均优于连作处理。

（4）稻田轮作系统能改善土壤的理化性状。各轮作系统随轮作时间的增加，土壤容重下降，孔隙度增加，并主要是非毛管孔隙度增加，有利于土壤通气透水和土壤团粒结构的形成。稻田轮作系统能有效提高土壤有机质和有效养分含量，增强土壤通透性，改善土壤酸碱度，使土壤朝着有利于作物生长的方向发展。

（5）稻田轮作系统能减轻病虫草害。轮作系统的水稻病虫草危害程度均低于连作系统。轮作处理的纹枯病发病率和病情指数均低于连作处理。轮作水稻的稻飞虱和稻纵卷叶螟密度以及二化螟危害率均低于连作处理。轮作稻田的杂草种类、覆盖度均低于连作，杂草生长势也较连作弱，发展为优势种的少。

（6）对 4 种复种模式的经济效益进行比较得出，"黑麦草—早稻—晚稻"复种模式经济效益最佳；连作的"紫云英—早稻—晚稻"复种模式各项指标均最低，经济效益最差。

关键词： 保护性耕作；稻田；轮作；水稻

＊ 作者：彭剑锋、黄国勤；通讯作者：黄国勤（教授、博导，E－mail：hgqjxes@sina.com）。
本文系第一作者于 2007 年 6 月完成的硕士学位论文的主要内容，是在导师黄国勤教授指导下完成的。

1 文献综述

1.1 前言

保护性耕作（conservation tillage），狭义上是指对农田实行免耕、少耕，用作物秸秆覆盖地表，减少风蚀、水蚀，提高土壤肥力和抗旱能力的先进农业耕作技术[1]。广义的保护性耕作包括以下 6 个方面的内容：一是保护性土壤耕作；二是保护性地面覆盖；三是保护性作物种植；四是保护性水分管理；五是保护性农田培肥；六是保护性农田减灾[2]。稻田轮作、绿肥套播、冬季作物秸秆就地还田、水稻直播和旱育抛秧都是江西及我国南方稻田常见的保护性耕作技术措施。

保护性耕作具有以下诸多方面的效益，即：保水、保肥、保土、防止沙化（尤其是北方更加突出）、节时、节能、省工、节本，并最终表现为三大效益同步增长。在当今世界生态环境问题日趋突出、农业可持续发展面临新挑战的背景下，保护性耕作已得到国内外的广泛重视和普遍推广[2]。

稻田保护性耕作将冬种养地作物、秸秆还田、撒播和旱育（抛）秧等技术有机地整合，作为稻田耕作制度的又一次革命，大大降低了农民种田的劳动强度，提高了劳动效率；冬季作物秸秆、绿肥就地直接还田，较好地解决了农田有机肥缺乏、地力衰退的问题，同时减少了田间杂草的丛生。还田秸秆、绿肥腐烂释放的有机养分进入土壤并参与土壤生态系统的物质循环，这是保持土壤肥力的重要因素[3,4]。还田秸秆、绿肥对作物的田间长势和产量有较大帮助，适合在有水源保障的两季田区大面积推广。

研究稻田保护性耕作技术的作用机理，土壤物理性状、养分以及作物产量变化规律对稻田保护性耕作技术的示范推广有重要的指导意义，发展前景十分广阔。

1.2 国内外保护性耕作研究概况

1.2.1 保护性耕作的发展过程

根据联合国粮食及农业组织（FAO）的有关研究表明：天然的物理因素如坡地、多石地的土壤深度和排水情况可能加速土壤侵蚀，但它们也并非是造成土壤侵蚀的主要因素；而农民耕作土地的方式是导致土壤质量退化的根源。

国际上公认的保护性耕作技术起源于美国。早在 20 世纪 30 年代，随着农业机械的迅猛发展，美国将大批移民迁居到干旱地区，由于过度开垦耕作，大风在没有遮挡的农田裸地上横扫，带来了一场举世震惊的"黑风暴"，农业生态环境受到了严重的破坏。美国人立刻意识到自己的错误行为，他们积极恢复植被，而后迅速采用了新的耕作方式——机械化保护性耕作法。此法的指导思想是在保护环境、减少污染和实现农业可持续发展的前提下，最有效地利用和节省资源，提高作物产量和利润率，改善农产品的品质，保持农业在国际市场上的竞争力。由于其技术的先进性和指导思想的正确性，该项技术在美国得到长足发展[5,6]。保护性耕作在美国、加拿大、澳大利亚等农业发达国家已经成为基本的农业耕作措施和制度[7]。保护性耕作在农业机械化实现较早的西方国家率先应用和推广，其目的是保护环境、降低劳动强度、增加农业收入等。采用保护性耕作法一是增加产量；二是提高土壤肥力；三是减少水土流失，增加蓄水量；四是降低成本，增加收入[8]。

进入 20 世纪 50 年代，加拿大、苏联也相继开始了对保护性耕作的试验研究，并根据本国的实际情况进行了探索和改进。20 世纪 70 年代，澳大利亚政府引进了该项技术，并在全国各地建立了大批保护性耕作试验站，吸收农学、水土、农机专家参加试验研究。另外，墨西哥、以色列、印度、埃及和巴基斯坦都在开展保护性耕作试验研究[9]。

目前，保护性耕作已成为美国主体耕作模式[10,11]。1995 年美国全国 $1.13 \times 10^8 hm^2$ 粮田面积中，保护性耕作已占 60％以上，90％的土地已取消铧式犁耕作。据美国保护科技情报中心（CTIC）的资料，美国 2004 年免耕、垄作、覆盖耕作和少耕的耕地占全国耕地的 62.2％，而常规耕作面积为 37.7％，传统耕作比例呈下降趋势，保护性耕作比例逐年上升。澳大利亚也于 1970 年试验成功并进一步推广保护性耕作。英国的玉米栽培已有 1/2 面积采用多年不耕翻的免耕法[9,12]。加拿大为了保证免耕法的实施，制定了废除铧式犁的法律；日本、伊朗、菲律宾等国家也以立法的形式推广免耕法[13]。

据 FAO 最近的研究表明，世界上约有 $5.8 \times 10^7 hm^2$ 的耕地已经实施保护性耕作技术，约占全球旱地的 1/3，主要分布在北美洲和南美洲。巴拉圭有 52％的开垦土地实施了免耕，阿根廷为 32％，巴西为 32％。英国、法国、德国、意大利、葡萄牙和西班牙成立了欧洲保护性耕作联盟，对保护性耕作的发展起到了促进作用。

1.2.2 国外研究概况

在保护性耕作对作物的影响方面，国外有研究证明，利用作物残茬覆盖和减少耕作是控制水土流失的两项最有效措施。它还有利于减少蒸发，增加土壤有效持水量，提高作物产量。如澳大利亚昆士兰试验站 15 年对比试验表明：3 种保护性耕作体系，覆盖耕作（松耕、表土耕作、机械除草）、少耕（松耕、表土耕作、化学除草）、免耕（免耕、化学除草）的小麦、高粱平均产量分别为 $3.32t/hm^2$、$3.46t/hm^2$、$3.64t/hm^2$；而传统耕作平均产量仅为 $2.44t/hm^2$。增产原因主要是土壤含水量增加，土壤结构、土壤肥力明显改善。由于有效水分的不同，得克萨斯州连续 5 年保护性耕作试验产量为 $3.44t/hm^2$，而传统耕作仅为 $2.56t/hm^2$[14]。

从当前国际发展状况看，保护性耕作呈现以下变化趋势：

（1）保护性耕作技术由以研制少免耕机具为主向农艺农机结合并突出农艺措施的方向发展。传统的保护性耕作技术以开发深松、浅松、秸秆粉碎等农机具为重点，目前保护性耕作技术在发展农机具的基础上重点发展裸露农田覆盖技术、施肥技术、茬口与轮作、品种选择与组合等农艺农机相结合的综合技术。

（2）保护性耕作技术由以生态脆弱区应用为主向更广大农业区应用发展。保护性耕作技术起源于生态脆弱区，初期主要是通过少耕以减少对土层的干扰。至今，保护性耕作技术已经大面积推广，通过对农田进行少耕、免耕及秸秆覆盖，减少土壤裸露及土壤侵蚀，达到保持土壤肥力、增加土层蓄水量、增加农民收入的效果。目前，FAO 正在将保护性耕作技术推广到非洲、中亚和印度恒河平原等地区。

（3）保护性耕作技术由不规范逐步向规范化、标准化方向发展。发达国家的保护性耕作技术与农产品质量安全技术、有机农业技术已经形成一体化，进一步提高了对保护性耕作技术的规范化和标准化要求。

（4）保护性耕作技术由单纯的土壤耕作技术向综合性可持续技术方向发展。保护性耕作技术已经由当初的少、免耕技术发展成为以保护农田水土、增加农田有机质含量、减少能源消耗、减少土壤污染、抑制土壤盐渍化、恢复受损农田生态系统等领域的保护性技术研究。现阶段，国际上着重研究保护性耕作对土壤有机碳（soil organic carbon，SOC）变化的影响以及保护性耕作对植物群落的影响[15-18]。

保护性耕作的经济效益和生态效益十分明显，已被国外许多研究证明；但其有效年限，仍是国际土壤耕作研究组织（ISTRO）正在研究的重大课题。

1.2.3 国内研究概况

我国是主要干旱国家之一。据统计，我国干旱、半干旱及半湿润偏旱地区的面积约占国土面积的 53%，旱作农业占全国总耕地面积的 50%[19,20]。制约旱区农业可持续发展的问题主要有：①干旱少雨、旱灾频繁，产量低而不稳，难以持续发展；②水土流失严重，导致土壤贫瘠、耕层变薄[21]。耕作方式的落后，使本来贫瘠的土地雪上加霜。近几年，越来越频繁的沙尘暴已从我国的西北部扩大到了北京郊区，生态环境的恶化已到了令人不安的程度。接连不断的沙尘暴，使本来脆弱的草场更加裸露，大自然已经向世人敲响了警钟，生态环境已到了非建设不可的时候[22]。要治理这些干旱裸露耕地的水土流失，保护好生态资源，就必须对传统旱地耕作方式加以改进[23]。

20 世纪 70 年代末，北京农业大学耕作研究室在国内率先引进和试验免耕技术，并研制出了我国第一代免耕播种机。20 世纪 80 年代，黑龙江等地区开始积极探索半湿润地区大规模机械化深松耕、垄耕等保护性耕作技术并获得成功。自"六五"以来，国家科技部等部门在旱地农业攻关项目、黄土高原综合治理项目、西部专项等方面，加入了有关农田少耕、免耕、覆盖耕作、草田轮作、沟垄种植等的研究，并取得了一定成效。西北农林科技大学的坡地水土保持耕作法、小麦秸秆和地膜覆盖耕作法、小麦留高茬秸秆全程覆盖耕作法，山西农业科学院试验成功的旱地玉米免耕整秸秆半覆盖技术，中国农业大学保护性耕作中心研究的夏玉米免耕覆盖以及机械化免耕覆盖技术等都是该时期保护性耕作技术研究取得的相关成果[24]。南方水田少耕、免耕的研究始于 20 世纪 70 年代末至 80 年代初，侯光炯教授针对西南地区冷浸田、烂泥田、深沤田等冬水田存在的问题，变传统平作为垄作，创造了把种植、养殖和培肥有机结合起来的一种水田半旱式少耕法，明显改善了此类冬水田的土壤理化性状，收到了增产、增收的效果，但此研究尚未涉及秸秆还田的问题。近年来，不少地区农民已将小麦播种提早到水稻收割之前，水稻收割后，再开沟覆土。据不完全统计，我国 20 世纪 90 年代初以来，各类保护性耕作技术应用面积达 $2\times10^7 hm^2$。2003 年，农业部组织进行了机械化免耕保护性耕作技术示范项目，涉及北方 13 个省份的 25 个示范点，进行了一定规模的试验和示范推广[25]。

我国自 20 世纪 90 年代初开始与国际机构合作研究保护性耕作技术，近几年在山西、河北等一年一熟制地区的研究开始有所成果[26]。期间，中国农业大学在山西进行了 10 年的试验研究，并在山西有了大规模的应用和发展，形成了一整套先进成熟的保护性耕作技术[27]。中国农业大学机械工程学院与山西省农业机械局共同承担的中国-澳大利亚合作项目"旱地农业保护性与带状耕作研究"，经过 8 年试验推广，此项技术取得了显著的经济、生态和社会效益。另外，为了给北方旱地农业探索合理的机械化耕作体系，从 1992 年开始，中国农业大学和山西省农业机械局受澳大利亚国际农业研究中心资助，在山西开展以旱地保护性耕作体系为主的"旱地农业持续机械化生产体系研究"[14,28]。陕西也开始研究保护性耕作技术，形成了一整套秸秆全程覆盖技术。1999 年，农业部在北京主持召开了国际保护性耕作研讨会，在会上，与会专家充分肯定了保护性耕作法的优越性及实施该办法的迫切性，并推荐引进澳大利亚保护性耕作机具[8]。

保护性耕作在我国已取得了阶段性成果。自从我国农业部门正式对保护性耕作技术进行试验研究，包括内蒙古在内的北方 7 个省份进行了机械化保护性耕作技术的试验推广，都取得了较高的经济效益[29]。2002 年，保护性耕作项目实施已取得良好开端。保护性耕作引起中央领导、各级政府和社会各界的重视。农业部在全国农业工作会上，明确将保护性耕作列为当年的工作重点。农业部农业机械化管理司及时组织有关专家，初步编写了《保护性耕作发展建设规划》和《环京津区保护性耕作项目实施方案》，明确了建设"环京津区"和"西北源头区"两条保护性耕作带的部署，并提出今后一个时期的目标和主要任务。2003年，农业部组织进行了机械化免耕保护性耕作技术示范项目，涉及北方13个省份的25个示范点，进行了一定规模的试验和示范推广。据不完全统计，我国自20世纪90年代初以来，各类保护性耕作技术应用面积达$2 \times 10^7 \text{hm}^2$。

随着农村经济增长方式的转变，原有传统技术体系和耕作制度已不能满足现代农业发展的要求；而机械化旱地保护性耕作技术基本上克服了传统机械化旱地耕作的缺点，有效利用了自然降水、控制了水土流失、降低了作业成本。根据不同地域、不同条件下所采用的机械化旱地保护性耕作技术体系，通过采用不同的工艺方案和配套措施，在发展生态农业、促进农业的可持续发展方面具有重要作用。保护性耕作技术的优点在于：①土壤有效含水量提高。保护性耕作增强了土壤的蓄水保墒能力，充分提高对自然降水的利用率。1998年4月，对北方某示范区含水量测定表明，0～10cm土层土壤含水量为16.07%，10～20cm土壤含水量17.07%，20～30cm土壤含水量14.2%，30～40cm土壤含水量13.65%，与机械化旱作农业作业区含水量相比提高近2个百分点。土壤含水量的提高，能充分保证作物苗期的生长发育。②土壤有机质含量显著增加。实施保护性耕作技术，如秸秆粉碎覆盖还田能有效培肥地力，提高有机质含量。同时，由于取消了深耕翻地，也避免了降水冲蚀和径流造成的养分损失，两种效果加在一起，使有机质含量年均增长0.930 1g/kg，使土壤质量不断得到改善。③作业成本明显下降。与传统耕作技术相比，保护性耕作技术减少了机械镇压和负荷较大的深耕作业，而播种的负荷程度也相应减轻，因此机械作业费用可降低50%，总生产成本减少25%[30]。

但对免耕的效果也有人持不同意见，认为免耕覆盖虽能保持土壤水分，但不便于田间作业，甚至土壤某些物理性状变坏，导致作物减产。可见，国内对保护性耕作的看法也不尽一致。

目前，保护性耕作虽然在我国得到了重视和长足的发展，但是保护性耕作技术仍存在很多尚未解决的问题。国内保护性耕作研究的不足之处有：

（1）北方多、南方少，缺乏区域发展总体战略指导。自保护性耕作技术在我国开展以来，缺乏保护性耕作发展区域布局重点的总体规划方案，主要研究区域集中在北方，没有形成适合不同区域耕作制度特点的保护性耕作技术体系。西北及农牧交错带等干旱、半干旱地区，虽然开展保护性耕作技术研究已有多年，但由于缺乏区域发展总体战略指导、技术分散，并没有形成先进适用的保护性耕作主导技术和配套体系。我国粮食主产区东北平原、华北平原和长江中下游平原由于多年来连续种植高产作物，重用地、轻养地的掠夺式生产方式使土壤肥力和有机质含量迅速下降，这些都使得保护性耕作技术薄弱且推广面积有限[31]。另外，针对不同种植制度高产条件下的保护性耕作技术研究甚少，部分地区在实施保护性耕作技术后，出现产量下降等现象。

（2）旱地多、稻田少，没有形成先进的主导技术和配套体系。我国保护性耕作技术研究长期以来集中在北方，并且由于缺乏区域发展总体战略指导、技术分散，并没有形成先进适用的保护性耕作主导技术和配套体系。我国地域辽阔，气候、土壤、经济、社会等差异性较大，在作物类型多样、熟制多样的条件下发展起来的保护性耕作技术种类多且零散。如东北的深松、垄作、少耕和免耕，华北的夏作免耕、麦玉两作全程免耕，长江中下游地区的轻型耕作、少耕和免耕。由于各项技术规范性差，没有适于不同区域特色的保护性耕作技术标准，技术的可操作性差，配套的栽培管理跟不上，导致保护性耕作技术得不到有效推广。另外，更导致了研究多集中在旱地，而针对稻田的研究极少。

（3）单项多、综合少，尚存在许多配套技术问题有待解决。我国对免耕研究起步较晚，研究比较单一。虽然朱文珊等研究了秸秆覆盖和免耕的节水培肥增产效益，牟正国研究了免耕对土壤松紧状况的影响，孙海国等探讨了保护性耕作小麦—玉米农田生态系统的能流特点[32,33]，但均是针对单一的因素开展研究。目前，国内对不同耕作和秸秆还田方式条件下的土壤养分状况系统研究较少，而综合研究秸秆还田量、还田方式及其对土壤水分和养分、作物生长和生产等影响的报道却少见，特别是对稻田保护性耕作的综合研究更少。

除此之外，保护性耕作尚存在许多配套技术问题有待解决。目前，尚未形成与种植制度相适应的土壤耕作体系和轮作制；缺少适合不同地区、不同种植制度的保护性耕作专用配套机具，且已有的机具性能不完善；秸秆覆盖使地表温度较低，特别是早春温度回升较慢，影响作物播种、发芽，幼苗早期生长及作物产量；由于秸秆覆盖难以耕作，当覆盖量达到一定程度时可抑制杂草生长，但同时也影响作物的播种，如何协调二者矛盾是需解决的问题；施肥特别是有机肥如何施用；作物残茬覆盖引起的病虫草害变化、大量使用除草剂和农药造成的环境污染、土壤表面处理技术及与其他农艺技术措施综合配套等问题都急需解决。

1.3　水稻直播与抛秧发展概况

1.3.1　水稻直播发展概况

我国幅员辽阔，气候、地理和经济条件千差万别，目前水稻种植仍以移栽为主，直播只适宜地区推广应用。推广得比较好的地区有上海、江苏、浙江、湖北、宁夏等地。1986 年，自上海引进水稻直播以来，目前已研制出了适于水稻直播的播种机，拥有量约 2 728 台，机械化程度较高，获得了较好的经济效益和社会效益。1995 年，上海浦东新区推广机械直播产量达 5 400kg/hm²，单产 8 322kg/hm²，比常规播种增产 11.6％。如果在稻种催芽方面进一步研究，延长直播稻的播种期，将进一步扩大直播稻的种植面积[34]。1997 年，江苏有 39 350hm² 稻田采用直播，宁夏机械直播面积为 52 540hm²。同时，浙江、内蒙古、黑龙江、广西、沈阳一带都曾进行过水稻直播的试验研究，取得了较好的成果。例如，浙江许多地区都进行了各种形式的直播试验，从研究直播稻的农艺、生理生态到研制直播机，取得了丰硕的成果。2003 年，沈阳市于洪区推广直播技术面积达 200hm²，每公顷节水 6 000m³，成本下降 40％，产量虽然减少 10％～15％，但是生产的稻米品质好、销路畅、售价高。

随着灌溉条件的改善、高效除草剂技术的成熟、早熟高产新品种的育成以及劳动力成本的升高，许多国家都改变了传统的水稻移栽种植方式，逐步采用直播方法。在美国和澳大利亚，水稻已全部采用机械直播。美国采用大型的激光平地机械进行土地平整，应用高效除草剂，为水稻直播技术的推广提供了有力的支持。意大利直播稻面积达水稻种植面积的 98％，斯里兰卡达 80％，马来西亚达 50％以上，葡萄牙的 3.4 万 hm² 灌溉水稻也主要采用直播技术[34]。在菲律宾的旱季水稻中，至少有 30％的灌溉面积采用直播技术。埃及 45 万 hm² 水稻种植面积中，直播面积占 20％以上，而且直播面积正在迅速增加。在俄罗斯，水稻全部采用旱直播技术，生产每吨稻谷仅需 14 个工时。

1.3.2 水稻抛秧发展概况

水稻抛秧栽培研究始于日本。20 世纪 60 年代，日本为了解决水稻移栽的秧苗抗寒问题，开始研究水稻纸筒与塑料硬盘育小苗抛秧技术。松岛省三于 20 世纪 70 年代中期提出了盘钵育苗抛秧技术[35]。1976 年，塑料钵体育秧试验面积达到 1 307hm² 以上。之后由于推行机械插秧，大大减轻了稻农的劳动强度，种田效益相对较高，使得机械插秧迅速普及，从而结束了日本手工插秧的栽培历史，抛秧栽培逐渐在日本被淘汰。20 世纪 60 年代后期，我国开始水稻抛秧技术试验，由于技术原因未能在生产中推广应用。80 年代，我国学习日本抛秧经验，在北京、江苏、黑龙江等地采用纸筒育苗与塑料硬盘育苗进行抛秧试验获得成功，从而使抛秧栽培技术开始在我国生产中应用。水稻抛秧技术不仅可以节约劳动力，还对东北地区的冷害具有特殊的价值[36]。但因引进的塑料硬盘投资大，适用范围小，不能直接推广。经我国科技人员探索，研究出塑料钵体软盘，成本大幅度下降，为水稻抛秧技术推广创造了条件。20 世纪 90 年代，该项技术由我国东北发展到南方，由沿海发展到内地。目前，除了西藏和青海外，我国其他各省份都推广了一定面积。据全国农业技术推广服务中心统计，1998 年全国水稻抛秧面积已达 480 万 hm²，1999 年达到 600 万 hm² 以上。

1.4 稻田轮作的生态效应

轮作是在同一田地上有顺序地轮换种植不同作物的种植方式。复种是指在同一田地上一年内接连种植两季或两季以上作物的种植方式。由不同复种方式组成的轮作称为复种轮作[37]，是当前国家大力提倡的保护性耕作方式。它作为资源高效利用的作物种植制度在满足粮食需求、保障粮食安全方面发挥重要作用。

合理的稻田耕作制度，是实现水稻高产、优质、高效的一条重要途径。水田轮作是传统农业技术精华之一，具有多方面的功能和效益。其能兼顾粮食、饲料、经济作物的生产，有利于提供多种农产品，发展多种经营，搞活农村经济，使农民富裕起来。

1.4.1 能改善土壤理化性状

据黄国勤等[38]等研究，稻田轮作系统明显改善了土壤理化性状，随着耕种年限增加，土壤容重下降，而孔隙度增加，固相比率下降，气相比率上升，气液比值增大，土壤通透性大大增强，有效阻止土壤次生潜育化和土壤酸化，提高土壤 pH。有许多学者研究表明[39-41]，轮作有利于促进氮的矿化作用，使土壤有机质含量、速效氮含量下降，有效磷、速效钾含量增加，土壤 pH 朝着有利于后茬作物生长的方向改善。国内外还有众多学者对稻草轮作（以"黑麦草—水稻"模式为主）进行研究表明，黑麦草具有发达的根系，在土壤表层其质量可以达到 597～1 148g/m²，对改善土壤结构和增加土壤有机质方面的效应十分显著[42]，并且还增加了土壤养分，尤其是氮和钾的有效性。

1.4.2 能有效减轻稻田病、虫、杂草危害

众多研究表明，稻田轮作一方面能减少杂草和病虫的侵害，有利于作物的生长发育；另一方面可以减少农药、除草剂的使用，从而降低农田环境污染[43-45]。轮作改变了植株寄生病原菌种类，增强了植株的抵抗能力，对病、虫、草害产生了一定的抑制作用[38]。在稻草复种模式下，冬季田间杂草的来源有限，而且生长一般较弱，不容易存活[46]。水田杂草以水生、沼生生态群落为主，表皮薄、少有角质层，植株柔软，输导组织不发达；水改旱后，不适应外界环境，会被旱死；实行轮作后，改变了杂草的生态环境，从而能取得良好的灭草效果[47]。

1.4.3 轮作的增产效益

轮作的增产效益主要指轮作的增产、增收效果，它关系到千千万万农民收入增加的问题，因而也是一个极其重要的问题。作物的生长好坏与其产量高低有很大关系，稻田轮作有利于促进后季作物的生长发育及群体生长，如地上部

叶面积增大，叶绿素含量增加，叶片衰老系数下降，使干物质累积量增加，从而对其产量构成因素产生一定的影响[48-50]。杨中艺[51,52]通过冬种黑麦草后对水稻影响的研究表明，在水稻生长发育过程中，除了千粒重以外的其他所有因素都明显受到了冬种黑麦草的正面影响，最终使水稻产量明显增加。

1.4.4　不同复种方式经济效益比较研究

在复种方式的各种效益中，经济效益是最主要的。一种复种方式要获得成功，首先经济效益要高，否则不能被群众所接受。经济效益高低是衡量复种制度好坏的关键。一种复种方式的经济效益，由以下几个因素共同决定：复种方式中各作物的经济产量，各经济产品的经济价值，生产过程中的劳动力投入，生产过程中的肥料、农药等投入。要提高一种复种方式的经济效益，只有降低生产成本，提高经济产出。降低生产成本的有效途径就是，提高土地的利用率，提高单位用量肥料的产出，减少除草和病虫害治理的经济和劳动力的成本投入。提高产出，就要根据耕作制度改革，适应市场需求，选择生产力高的复种方式[53-56]。

2　材料与方法

2.1　试验设计

2.1.1　试验一：水稻直播与抛秧对比试验

试验在江西省余江县农业科学研究所进行，地理位置 $28°12'$N，$116°49'$E，属亚热带湿润季风气候。光热资源丰富，年降水量为 1 700mm 左右，年均气温 17.5℃，极端最高气温 40.6℃，极端最低气温 9.3℃，年无霜期 291d，年均日照时数 1 500h 左右。

试验设两种保护性耕作栽培方式处理：直播和抛秧，每个处理设 4 个重复。前茬作物为紫云英，作为肥料翻耕还田，鲜重为 28.5t/hm²。直播处理田块面积 2 077m²，抛秧移栽处理田块面积 1 169m²，水稻品种为中选 181。

直播处理于 3 月 23 日浸种，3 月 24 日播种，手工撒播，每公顷用种量 52.5kg。抛秧移栽处理于 3 月 23 日浸种，3 月 24 日播种，每公顷用种量 22.5kg，抛秧盘 1 050 个。两处理均为 7 月 18 日收获。施肥量和时间两处理相同：每公顷施复合肥（12∶5∶8）375kg 作底肥；5 月 3 日第一次追肥，每公顷施尿素 150kg；5 月 17 日第二次追肥，每公顷追施尿素 75kg、复合肥 75kg。

2.1.2　试验二：稻田轮作系统对比试验

（1）试验地点。试验于 2003 年冬至 2006 年秋在江西农业大学农学院试验站试验田进行，地理位置 $28°46'$N，$115°55'$E。年均温为 17.6℃，日均温≥

10℃的活动积温达 5 600℃，持续天数 255d。年均日照总辐射量为 $4.79 \times 10^5 kJ/cm^2$，年均日照时数为 1 820.4h，无霜期约 272d，年降水量 1 624.4mm。

（2）试验设计。2005 年冬至 2006 年秋试验采用 4 种复种方式，分别为：紫云英—早稻—晚稻（A），油菜—早稻—晚稻（B），黑麦草—早稻—晚稻（C），油菜×紫云英—早稻—晚稻（D）。每处理设 4 次重复，按随机区组排列。小区面积为 $33.35m^2$，小区间以高 60cm 水泥埂隔开。试验前各小区土壤肥力略有差异，各处理在田间的复种轮作方式见表 1。

表 1　稻田轮作系统田间试验设计

种植类型	处理	第一年度 （2003 年冬至 2004 年秋）	第二年度 （2004 年冬至 2005 年秋）	第三年度 （2005 年冬至 2006 年秋）
连作	A（CK）	紫云英—早稻—晚稻	紫云英—早稻—晚稻	紫云英—早稻—晚稻
轮作	B	紫云英—早稻—晚稻	黑麦草—中稻	油菜×紫云英—早稻—晚稻
	C	紫云英—早稻—晚稻	黑麦草—早稻—晚稻	油菜—早稻—晚稻
	D	紫云英—早稻—晚稻	油菜—早稻—晚稻	黑麦草—早稻—晚稻

注："—"表示接茬，"×"表示混作。

（3）供试品种和材料。早稻品种为株两优 02，系籼型两系杂交水稻，全生育期 111d，株高约 95cm，每穗总粒数 102.3 粒左右，结实率 85.7%，千粒重 25.8g；晚稻为中优 253，全生育期 115~118d，株高 105~110cm，每 $667m^2$ 有效穗数 18 万~19 万穗，每穗总粒数 130~150 粒，结实率 80.0% 左右，千粒重 24.0~24.5g。黑麦草品种为赣选一号，紫云英为余江大叶籽，油菜为中油 821。

（4）田间管理。2003 年冬至 2004 年秋田间作业情况见黄小洋硕士论文[57]，2004 年冬至 2005 年秋田间作业情况见常新刚硕士论文[58]，2005 年冬至 2006 年秋田间作业情况如下：

早稻于 3 月 22 日用强氯精浸种，洗净后保温催芽，3 月 28 日播种，5 月 1 日移栽，7 月 21 日收获。晚稻于 6 月 22 日用强氯精浸种，洗净后保温催芽，6 月 24 日播种，7 月 25 日移栽，10 月 26 日收获。

黑麦草于 2005 年 10 月 18 日撒播，分别于 2006 年 2 月 5 日、3 月 3 日、4 月 7 日刈割，4 月 8 日翻耕。紫云英于 2005 年 10 月 2 日撒播（套播），2006 年 4 月 8 日翻耕。油菜于 2005 年 10 月 28 日手工直播，2006 年 4 月 8 日翻耕。紫云英、油菜均作肥料翻压还田，黑麦草部分还田，每季稻草不还田（根茬除外）。紫云英还田量 $28.94t/hm^2$（鲜重，下同）；油菜秸秆还田量 $24.83t/hm^2$；黑麦草累计收割量为 $65.59t/hm^2$，刈割第一次不还田，第二次半量还田，第三次全量还田，共计还田量 25.37t/hm²；油菜、紫云英混播处理还田量 25.15t/hm²。

（5）栽插规格。早稻行株距为 20cm×23cm，密度 20.2 穴/m²；晚稻行株距为 20cm×23cm，密度 20.2 穴/m²。

（6）施肥。早稻每小区施尿素 1.125kg，钙镁磷肥 1kg，钾肥 0.725kg；晚稻每小区施尿素 1kg，钙镁磷肥 1.25kg，钾肥 0.5kg。施肥方法按基肥：分蘖肥：孕穗肥为 4:4:2 施用，各处理施肥量与施肥时间相同。黑麦草每小区施尿素 0.75kg，分两次施用；油菜、紫云英不施肥，其他栽培管理同一般大田。

2.2 观察、测定项目与方法

2.2.1 水稻生长发育和群体质量

（1）水稻生育时期动态调查。记录水稻播种期、移栽期、初穗期、齐穗期、黄熟期。

（2）水稻株高、分蘖消长动态调查。移栽后各小区定点两排，共 10 穴，自移栽每隔 7d 观察记录株高、分蘖消长动态，直至成熟期分蘖停止。记录单株分蘖数、最高分蘖数、最高有效分蘖数到达时期和有效分蘖终止期。

（3）叶面积动态和干物质积累测定。分蘖盛期、孕穗期、齐穗期和成熟期每小区选取代表性植株 5 穴，测定不同茎蘖叶面积。叶面积采用公式法测定[59,60]，并于齐穗期测定最后 3 片叶片长、宽。返青期、分蘖期、拔节期、抽穗期、乳熟期、成熟期每小区选取代表性植株 5 穴，测定不同叶龄茎蘖干重（叶、茎鞘、穗）。

（4）考种与测产。水稻成熟期，在各小区普查 50 蔸作为有效穗数计算的依据，然后用平均数法在各小区随机选取有代表性的水稻植株 5 蔸，风干后去除空、秕粒，作为考种材料。成熟期，将各小区稻谷脱粒晒干去空、秕粒后称重，取平均值作为实测产量。

2.2.2 生理生化指标

（1）叶绿素测定。在返青期、分蘖盛期、抽穗期、齐穗期和成熟期取样后，用丙酮乙醇浸提法[60]测定相应叶片叶绿色素含量。丙酮乙醇浸提法：称取新鲜样品（0.02±0.001）g，放入装有 20mL 丙酮乙醇 1:1 混合液的具塞试管中，室温避光浸提 24h 左右至叶片全白，用 UV-751 分光光度计在波长 645nm 和波长 663nm 处比色。

（2）根系活力测定。孕穗期、齐穗期以及齐穗期后 10d，每处理取植株 5 穴，测定根系脱氢酶活力（TTC 法）[60]。

（3）根系伤流量测定。从抽穗期（早稻 6 月 8 日、晚稻 9 月 8 日）开始，每 7d 测定 1 次水稻茎基部伤流量，共测 4 周，用质量法测定[61]。

2.2.3 土壤理化性状测定

2.2.3.1 土壤物理性状测定[62,63]

水稻种植前（4 月 5 日）及收获后（10 月 28 日），用环刀采集 0～10cm 耕层土样（五点法）进行分析。

（1）容重、孔隙度用环刀法测定。

（2）吸湿水用烘干法测定。

2.2.3.2 土壤化学性质测定[62-64]

（1）pH 用电位法测定。

（2）有机质用重铬酸钾—浓硫酸外加热法测定。

（3）速效氮用碱解蒸馏法测定。

（4）有效磷用 $NaHCO_3$ -钼锑抗比色法测定。

（5）速效钾用火焰光度法测定。

2.2.4 病虫草害调查

2.2.4.1 水稻病害调查

成熟期采用五点取样法，对水稻纹枯病发病率及病情指数进行调查分析[65,66]。

2.2.4.2 水稻虫害调查

水稻成熟前采用对角线式方法调查稻飞虱、稻纵卷叶螟和二化螟的数量及其危害[65,67-69]。

2.2.4.3 水稻草害调查

在水稻生长期间对田间杂草每隔 15d 调查 1 次，主要针对杂草的种群变化、覆盖度等进行调查分析，采用乘积优势度法[70-78]。

2.2.5 经济效益分析

记录不同处理的种子、农药、化肥、劳动力数量及资金投入等。

2.2.6 数据分析

试验所得数据用 Excel 处理、绘图，方差分析采用 DPS 统计分析软件[79]。

3 结果与分析

3.1 直播与抛秧对水稻生长及效益的影响

3.1.1 水稻生育时期

从表 2 可知，直播、抛秧两个处理的全生育期天数差别不大。抛秧处理营养生长时期稍长，抽穗期滞后 2d；齐穗期直播较抛秧早 3d；成熟期大概一致，直播处理比抛秧处理要提前 1d 成熟。从整个生育期来看，直播稻比抛秧稻营养生长期稍短，生殖生长期稍长，有利于后期水稻籽粒灌浆结实。

表 2　直播与抛秧对水稻生育时期的影响

处理	播种 （月-日）	抽穗期 （月-日）	齐穗期 （月-日）	成熟期 （月-日）	全生育期 （d）
直播	3 - 24	6 - 14	6 - 17	7 - 15	113
抛秧	3 - 24	6 - 16	6 - 20	7 - 16	114

3.1.2　水稻株高动态

从表 3 可知，直播处理在分蘖盛期、抽穗期、齐穗期和成熟期 4 个生育时期平均株高都低于抛秧处理，处理间差异均达显著性水平，分蘖盛期、抽穗期、齐穗期和成熟期抛秧处理平均株高比直播高 6.96%、3.11%、4.73% 和 4.98%。此现象可能由直播水稻密度大、扎根浅，植株之间相互竞争激烈所致。

表 3　直播与抛秧对水稻株高的影响

处理	分蘖盛期	抽穗期	齐穗期	成熟期
直播	47.4b	77.1b	80.3b	96.4b
抛秧	50.7a	79.5a	84.1a	101.2a
增幅（%）	6.96	3.11	4.73	4.98

注：同列数据后字母相同表示处理间无显著性差异，字母不同表示处理间差异达 0.05 水平显著，以下同。

3.1.3　水稻分蘖动态

从表 4 中可知，直播处理用种量大，田间植株密度远远大于抛秧处理。据成熟期测量数据可知，直播稻密度达到 119.2 兜/m²，是抛秧处理的 4.50 倍。直播稻单兜分蘖少而稳定，一般为 1～3 株/兜。在茎蘖数上，前期抛秧大于直播，抽穗期以后直播大于抛秧。成熟期直播处理有效穗数比抛秧处理高 5.93%。这表明，抛秧稻生育前期茎蘖数多，无效分蘖也多，成穗率较低；直播稻生育前期分蘖数较抛秧少，但后期成穗率高，有效穗数高。高有效穗数是直播稻获得高产的基础。

表 4　直播与抛秧对水稻分蘖的影响

处理	密度 （万兜/hm²）	茎蘖数（万个/hm²）				有效穗数 （万个/hm²）	成穗率 （%）
		分蘖初期	分蘖盛期	孕穗期	抽穗期		
直播	119.2	219.3a	239.3b	228.8b	217.45a	201.48a	79.42
抛秧	26.5	224.9a	281.0a	261.5a	211.7b	190.20b	70.13

3.1.4 水稻根系性状

从表 5 可知，分蘖期、孕穗期和抽穗期，直播稻的单株根重比抛秧处理低 14.10%、11.91% 和 9.95%，差异均显著，说明营养生长期抛秧稻根系比直播发达；灌浆期，直播稻较抛秧稻单株根重只低 1.87%，差异缩小，说明生殖生长期直播稻根系萎缩较慢。在孕穗期，直播稻的根伤流强度比抛秧稻低 8.43%，至灌浆期缩小至 1.93%，趋势与根干重一致。

表5　直播与抛秧对水稻根系性状的影响

处理	根干重（g/株）				根伤流强度［mg/(个·h)］	
	分蘖期	孕穗期	抽穗期	灌浆期	孕穗期	灌浆期
直播	0.542b	1.124b	1.258b	0.734a	62.38b	52.44a
抛秧	0.631a	1.276a	1.397a	0.748a	68.12a	53.47a

3.1.5 水稻叶片性状

水稻最后 3 片叶是水稻抽穗后主要的光合器官，其中剑叶的同化功能最强，对产量的影响最大。从表 6 可知，孕穗期直播稻剑叶叶面积比抛秧小 0.82cm²、3.38%，抽穗期和灌浆期直播稻剑叶叶面积分别超过抛秧稻 0.75cm²、2.33% 和 1.64cm²、5.22%，孕穗期和抽穗期差异显著。3 个生育时期，直播处理的剑叶长宽比都低于抛秧处理，叶片短而宽，不易弯折，光合效率高。总体来看，直播稻剑叶叶片性状优于抛秧稻。

表6　直播与抛秧对水稻剑叶叶片性状的影响

处理	孕穗期			抽穗期			灌浆期		
	长（cm）	宽（cm）	面积（cm²）	长（cm）	宽（cm）	面积（cm²）	长（cm）	宽（cm）	面积（cm²）
直播	21.39	1.46	23.42b	25.10	1.75	32.94a	25.78	1.71	33.06a
抛秧	22.60	1.43	24.24a	26.33	1.63	32.19b	25.70	1.63	31.42a

3.1.6 水稻产量及产量构成

从表 7 可以看出，与抛秧稻相比，直播稻有效穗数、每穗粒数、结实率和千粒重 4 项指标均有提高，分别提高了 5.93%、10.18%、0.85%，3.91%，产量提高了 12.7%。除千粒重之外，其他 4 项差异均显著。直播稻在各产量构成指标，尤其是有效穗数和每穗粒数上明显优于抛秧稻，具有良好增产效果。

表 7　直播与抛秧的水稻产量及构成要素

处理	有效穗数 （万个/hm²）	每穗粒数 （个）	结实率 （%）	千粒重 （g）	实际产量 （kg/hm²）
直播	201.48a	142.9a	85.02a	28.95a	6 855.0a
抛秧	190.20b	129.7b	84.30b	27.86a	6 082.5b

3.1.7　水稻经济效益

从表 7 可以看出，直播处理比抛秧处理每公顷增产 772.5kg，增幅 12.70%，说明直播有明显增产效果。从投入的物资成本来看（表 8），直播田每公顷 1 589 元，比抛秧（2 387 元）节约 798 元；从投入的人工成本来看，直播每公顷 2 190 元，较抛秧处理少一个育秧环节，减少人工费用 450 元。通过增收节支，直播处理纯利润达 5 518 元/hm²，比抛秧（3 919 元/hm²）多 1 899 元/hm²，增幅达到 48.46%。这说明直播栽培模式经济效益明显优于抛秧移栽，具有大范围推广价值。

表 8　直播与抛秧的稻田经济效益

单位：元/hm²

处理	成本	收益	纯利润
直播	3 779	9 597	5 818
抛秧	5 027	8 946	3 919

注：中选 181 单价 1.4 元/kg，尿素单价 2.2 元/kg，复合肥单价 1.8 元/kg，抛秧盘单价 0.8 元/块，人工 30 元/d。早稻单价 1.4 元/kg，晚稻单价 1.7 元/kg。

3.2　轮作系统对稻田生态系统功能及效益的影响

3.2.1　水稻的生长发育及群体质量

3.2.1.1　水稻生育时期

从表 9 可知，轮作处理（B、C、D）与连作处理（A）相比，水稻全生育期差异不大，抽穗期和齐穗期早 1~2d，成熟期基本一致。轮作从抽穗期至成熟期，时间比连作处理长 1~3d，说明轮作处理水稻生殖生长时间长，有利于水稻灌浆结实，提高产量。

表 9　不同处理水稻生育时期

水稻	处理	播种 （月-日）	移栽 （月-日）	抽穗期 （月-日）	齐穗期 （月-日）	成熟期 （月-日）	全生育期 d
早稻	A	3 - 28	5 - 1	6 - 13	6 - 18	7 - 19	113
	B	3 - 28	5 - 1	6 - 11	6 - 16	7 - 18	112

（续）

水稻	处理	播种 （月-日）	移栽 （月-日）	抽穗期 （月-日）	齐穗期 （月-日）	成熟期 （月-日）	全生育期 d
早稻	C	3 - 28	5 - 1	6 - 11	6 - 17	7 - 19	113
	D	3 - 28	5 - 1	6 - 12	6 - 17	7 - 18	112
晚稻	A	6 - 24	7 - 25	9 - 7	9 - 11	10 - 23	121
	B	6 - 24	7 - 25	9 - 6	9 - 10	10 - 22	120
	C	6 - 24	7 - 25	9 - 5	9 - 9	10 - 23	121
	D	6 - 24	7 - 25	9 - 6	9 - 10	10 - 22	120

3.2.1.2 水稻株高动态

不同处理水稻株高变化如图 1 所示。水稻株高生长符合 Logistic 曲线，生长初期株高增加迅速，折线很陡；进入生殖期后，株高增长缓慢，后期基本处于停滞状态。

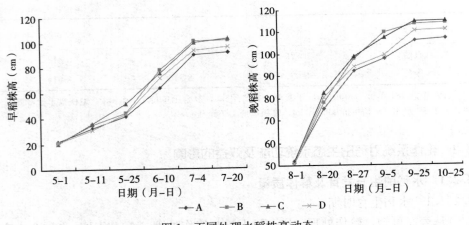

图 1 不同处理水稻株高动态

早稻移栽后的第一个月，因气温相对较低，植株生长较慢；进入 6 月，气温升高，生长速度加快。成熟期，水稻株高 C 处理最大，A、B、C、D 处理水稻株高分别为 91.7cm、101.5cm、102.8cm、96.0cm，C＞B＞D＞A，B、C 与 A 处理之间差异达显著水平；与连作 A 处理比较，轮作 B、C、D 处理分别高出 11.0%、12.5%、4.8%。晚稻秧龄长达 31d，秧田生长期过长，株高在移栽期即达 52cm，因而后期差异缩小。成熟期，A、B、C、D 处理株高分别为 108.5cm、113.9cm、114.7cm、110.7cm，C＞B＞D＞A，B、C 与 A 处理之间差异显著，B、C、D 处理分别较 A 处理高 4.98%、5.71%、2.03%。

总体来看，两季水稻，轮作 B、C 处理株高均显著高于连作处理 A，说明轮作能有效促进水稻生长，提高株高。

3.2.1.3　水稻分蘖动态

不同处理水稻分蘖动态如图 2 所示。早稻前期（移栽后 10d 左右），分蘖速度慢，各处理间分蘖数差异不大。随着气温的升高，分蘖速度加快，以 D 处理水稻分蘖最多。

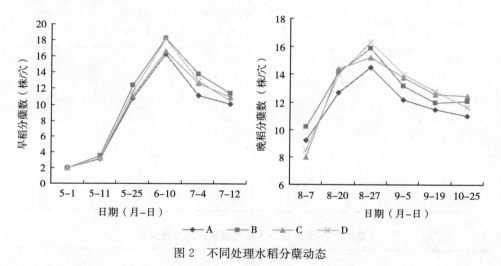

图 2　不同处理水稻分蘖动态

早稻的分蘖数是在移栽后 40d 左右达到最大，然后逐渐下降，到移栽后 70d 左右基本稳定。分蘖盛期，单穴分蘖数 B>C>D>A，轮作 B 处理水稻平均单穴分蘖数最大，达到了 18.3 株/穴。A、B、C、D 处理单穴平均分蘖数分别为 10.1 株/穴、11.5 株/穴、11.0 株/穴、10.5 株/穴，轮作 B、C、D 处理较连作 A 处理分别高出 13.8%、8.9%、3.9%。晚稻的分蘖数在移栽后 27d 左右达到高峰，D 处理的峰值最大（16.3 株/穴），顺序依次为 D>C>B>A，连作 A 处理水稻各时期单穴平均分蘖数低于轮作处理。A、B、C、D 处理单穴平均有效分蘖数分别为 11.0 株/穴、12.1 株/穴、12.5 株/穴、11.7 株/穴，轮作 B、C、D 处理较连作处理 A 分别高出 10.0%、13.6%、6.3%。

不同处理对水稻的分蘖成穗率影响见表 10。早稻最高分蘖数以及有效穗数最高均为 B 处理；在分蘖高峰期时，B 和 C 处理最高分蘖数分别比 A 处理多 12.3% 和 2.4%。从分蘖成穗率来看，A 处理最低，C 处理最高，轮作 B、C、D 处理分蘖成穗率分别为 62.8%、65.9% 和 62.0%，分别比连作处理 A 高 5.1、8.2 和 4.3 个百分点。晚稻最高分蘖数最高为 D 处理，而 C 处理有效穗数最高；在分蘖高峰期时，B、C 和 D 处理最高分蘖数分别比 A 处理多

9.7％、9.0％和12.4％。从分蘖成穗率来看，晚稻为 C＞B＞D＞A。

表11为不同处理下水稻有效穗数的方差分析，早、晚稻的各轮作处理与连作处理间有效穗数差异均达到5％水平，B、C与A处理之间差异均达极显著水平，表明轮作能显著提高水稻有效穗数。

表10　不同处理水稻的分蘖成穗率

水稻	处理	基本苗（万个/hm²）	最高分蘖数（万个/hm²）	有效穗数（万个/hm²）	分蘖成穗率（％）
早稻	A	45	329.3	204.0	57.7
	B	45	369.7	232.3	62.8
	C	45	337.3	222.2	65.9
	D	45	367.6	212.1	62.0
晚稻	A	48	292.9	222.1	71.8
	B	48	321.2	244.4	76.1
	C	48	319.2	252.5	79.1
	D	48	329.3	236.3	75.9

表11　不同处理下水稻有效穗数的方差分析

水稻	处理	均值（万个/hm²）	显著水平 0.05	显著水平 0.01	F	P
早稻	A	204.0	c	C	11.215	0.000 9
	B	232.3	a	A		
	C	222.2	b	B		
	D	212.1	d	C		
晚稻	A	236.3	d	C	13.133	0.000 4
	B	244.4	b	A		
	C	252.5	a	A		
	D	222.2	c	B		

综上所述，①与连作A处理相比，轮作B和C处理能有效抑制无效分蘖，分蘖成穗率较高；连作A处理分蘖能力差，最高分蘖数和有效穗数均显著低于轮作处理。②轮作D处理分蘖力强，但是无效分蘖最多，后期有效分蘖数低于B和C处理，分蘖成穗率较低，晚稻表现更明显。

3.2.1.4　水稻叶面积指数动态变化

水稻群体叶面积指数是群体光合作用于物质生产差异的重要决定因素，也是衡量群体生产规模或群体大小的主要标准。当抽穗期 LAI 过小时，群体过小，光合生产量不足，难以形成较高的籽粒产量；当抽穗期 LAI 过高时，群体过大，会造成叶片互相遮蔽，直接影响光合生产，对产量形成不利。

因此，水稻高产群体的建立存在着一个适宜叶面积指数的问题，只有群体最大叶面积指数适宜时，才能维持较高的光合效率，最终获得高产。

由表 12 可见，随着水稻生育进程推进，不同复种方式下水稻的叶面积指数逐渐增大，齐穗期最大。

表 12　不同处理水稻叶面积指数

| 水稻 | 处理 | 分蘖期 | 孕穗期 | 齐穗期 | | | 成熟期 |
				总 LAI	顶 3 叶 LAI	占总 LAI 的比重（％）	
早稻	A	3.01	5.08	5.99d	4.21d	70.21％	1.10c
	B	3.10	5.29	6.76b	4.91b	72.63％	1.43b
	C	3.36	5.45	7.08a	5.24a	72.98％	1.63a
	D	3.58	5.62	6.42c	4.63c	72.12％	1.19c
晚稻	A	3.12	5.25	6.58d	4.83d	73.38％	1.33d
	B	3.18	5.44	7.38b	5.61b	76.02％	1.72b
	C	3.48	5.61	7.83a	6.00a	76.63％	1.96a
	D	3.64	5.84	7.00c	5.25c	75.00％	1.50c

早稻分蘖期、孕穗期 LAI 为 D>C>B>A 处理。齐穗期，C 处理 LAI 上升到最高，B 处理次之；B、C 处理总 LAI 分别比 A 处理高 12.9％、18.2％，比 D 处理高 5.3％、10.3％。晚稻 B、C 处理齐穗期总 LAI 分别比 A 处理高 12.2％、19.0％，比 D 处理高 5.4％、11.9％。齐穗期后水稻 LAI 开始下降，早稻齐穗期至成熟期 A、B、C、D 处理分别下降了 81.6％、78.8％、77.0％、81.5％；晚稻齐穗期至成熟期 A、B、C、D 处理分别下降了 79.8％、76.7％、75.0％、78.6％。除早稻 A 与 D 处理外，各处理间成熟期 LAI 差异均达显著水平。

以上结果表明：①在孕穗期之前，轮作 D 处理比 B、C 处理 LAI 高；齐穗期 B、C 处理 LAI 超过 D 处理，齐穗期至成熟期群体 LAI 下降幅度较 D 处理小，成熟期 LAI 处理 C>B>D，且差异达显著水平。②连作 A 处理整个生育期 LAI 均较小，且齐穗后叶片群体 LAI 下降快，早、晚稻连作处理下降幅度均大于轮作处理。

水稻顶 3 叶与穗分化同步，是水稻抽穗后主要的光合器官，抽穗后 70％～80％的籽粒灌浆结实所需同化物也主要来自于顶 3 叶的光合作用，故被称为高效叶面积，高效叶面积大小与籽粒灌浆结实密切相关。从本试验结果看，在早、晚稻齐穗期，高效叶面积指数和高效叶面积率都是 C＞B＞D＞A 处理，差异均达到显著水平。这说明轮作 C 和 B 处理更有利于功能叶的生长，为水稻具有高光合生产力奠定了良好的基础。

3.2.1.5 干物质积累动态

水稻产量的形成是水稻生长发育、器官建成、物质生产积累等的最终结果，其实质就是光合产物的制造、积累、运转与分配。水稻干物质的积累是建造营养器官和形成籽粒产量的基础。有研究得出，高的干物质积累总量即高的生物产量是获得高产的物质基础，干物质积累多，生物量高，经济产量才有保证。高产和超高产品种的物质生产优势表现在生育中期和后期，其生育中期和后期群体生长率显著高于低产品种。高产品种籽粒产量主要来源于生育后期叶片制造的光合产物，并与其齐穗后具有较高的叶面积指数且持续时间较长密切相关。

从干物质的动态变化来看（图 3），趋势呈 S 形曲线：前期生长缓慢，中期生长迅速，后期生长缓慢。

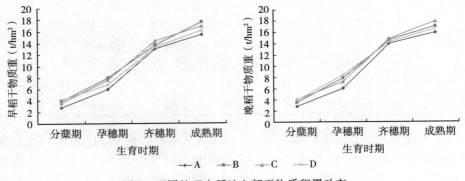

图 3 不同处理水稻地上部干物质积累动态

从不同处理干物质积累来看（表 13），早稻各生育时期干物质积累轮作处理均大于连作处理，除分蘖期和齐穗期的 B、C 处理间差异不显著外，各处理间差异均达显著水平；成熟期干物质积累量 B＞C＞D＞A 处理，轮作 B、C、D 处理比连作 A 处理高 14.06%、9.27%、4.60%。晚稻各生育时期轮作处理均显著高于连作处理；齐穗期和成熟期干物质积累量均为 C＞B＞D＞A 处理，各处理间差异显著；齐穗期至成熟期之间干物质积累以轮作 C 处理最多，达 2.79t/hm²；A 处理最少，仅为 1.74t/hm²；成熟期干物质积累量轮作 B、C、D 处理比连作 A 处理高 6.63%、12.50%、3.91%；B 和 C 处理生育前期干物质积累量低于 D 处理，但齐穗期和抽穗期后干物质积累量超过 D 处理，表现出明显的后期生长优势。

表 13　水稻的干物质积累量

单位：t/hm²

水稻	处理	分蘖期	孕穗期	齐穗期	成熟期
早稻	A	2.77c	6.00d	13.02c	15.43d
	B	3.95b	8.00a	13.62a	17.60a
	C	3.58b	7.65b	14.34a	16.86b
	D	4.10a	6.85c	13.30b	16.14c
晚稻	A	2.52c	5.46c	12.58d	14.32d
	B	3.17b	7.09a	13.17b	15.27b
	C	3.65a	6.49b	13.32a	16.11a
	D	3.50a	7.60a	12.83c	14.88c

3.2.1.6　产量及其构成

由表 14 可知，早、晚稻不同处理间水稻产量差异显著，轮作处理大于连作处理。早稻以轮作 B 处理水稻产量最高，B＞C＞D＞A，处理间差异显著；轮作 B、C、D 处理分别比连作 A 处理水稻产量提高 8.16％、7.61％、5.42％。晚稻以 C 处理水稻产量最高，C＞B＞A＞D；轮作 B、C、D 处理比连作 A 处理水稻产量提高 7.63％、12.69％、3.17％。从产量构成要素来看，不同处理间水稻有效穗数差异显著，早稻以 B 处理最大，C 处理次之，A 处理最小；每穗粒数、结实率和千粒重这 3 个要素的差异不显著。晚稻 C 处理有效穗数显著高于其他处理，每穗粒数、结实率和千粒重差异不显著。这说明轮作能促进水稻分蘖成穗，单位面积有效穗数高于连作，为获得较高产量提供了保障。

表 14　不同处理水稻的产量及其构成

水稻	处理	有效穗数 （万个/hm²）	每穗粒数 （个）	结实率 （％）	千粒重 （g）	产量 （kg/hm²）
早稻	A	204.0d	121.7	86.2	25.6	5 478d
	B	232.3a	120.7	82.7	26.2	5 925a
	C	222.2b	124.2	83.2	26.1	5 895b
	D	212.1c	124.4	82.7	25.8	5 775c
晚稻	A	222.2d	114.5	72.8	25.1	5 045d
	B	244.4b	127.5	72.5	25.3	5 430b
	C	252.5a	126.1	72.4	25.6	5 685a
	D	236.3c	110.1	76.5	25.1	5 205c

3.2.2 水稻生理生化指标

3.2.2.1 水稻叶片叶绿素含量动态

水稻的产量源于稻叶光合作用对光能的固定和转化，而光合作用是指叶绿素利用 CO_2 和 H_2O 把光能转化为化学能固定在植物体内的过程。叶绿素植物进行光合作用的物质基础，叶绿素含量与叶片光合作用密切相关。叶绿素是由叶绿素 a、叶绿素 b 等组成，叶绿素含量与净光合速率呈正相关关系。有研究表明，叶绿素（a+b）含量与光合速率之间有密切关系。在一定范围内，增加叶绿素含量可以增加叶绿体对光能的吸收与转化，增强光合速率。在水稻各生育时期内，叶绿素（a+b）含量与净光合速率呈正相关关系，即在一定范围内，叶绿素含量越高，净光合速率越强。叶绿素 a/b 值对叶绿体的光合活性具有重要意义，叶绿素 a/b 值减小时，叶绿体的光合磷酸化活性增高。

水稻产量主要来自于抽穗后叶片光合产物，光合功能衰退是影响叶片光合能力的重要因素。已有研究表明，当禾谷类作物籽粒需要大量光合产物供应时，植株上部叶片的光合功能却在衰退，从而导致其产量下降。光合作用是在叶绿体中进行的，必然与叶绿素含量有密切联系。还有研究认为，叶绿素含量与光合作用不呈线性关系，存在一个最适叶绿素含量。

不同处理不同时期叶绿素含量明显不同（图 4）。叶绿素含量变化呈单峰曲线规律，早、晚稻叶绿素含量最高值出现的时期相同，均在齐穗期。两季水稻，D 处理在抽穗期峰值均为最高，但后期下降较快，在成熟期降到较低水平；B、C 处理齐穗期以前叶绿素水平比 D 处理低，但后期下降幅度小于 D 处理，成熟期叶绿素含量较高；连作 A 处理在抽穗期、齐穗期和成熟期，都处于最低水平，齐穗期至成熟期下降幅度也最高。这表明连作对水稻叶片生长不利，叶片早衰严重，后期光合作用效率大幅下降。

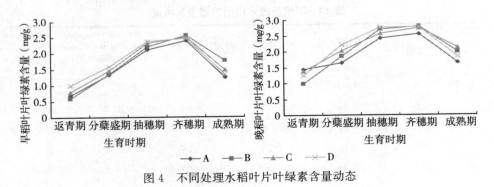

图 4 不同处理水稻叶片叶绿素含量动态

3.2.2.2 水稻根系活力动态

根据相关研究，根系伤流强度与同期顶 3 叶叶片叶绿素含量和叶片老化指数呈显著或极显著正相关关系。根系活力影响着叶片的衰老，根系活性高，叶片衰老慢。根系活力强是维持其地上部不早衰、光合作用强和光合产物积累多的一个重要因素。

从孕穗期开始，轮作和连作处理水稻根系活力都呈下降趋势（图5）。各个生育时期 B、C 处理根系活力差异较小，但显著高于 D 处理，D 处理又显著高于 A 处理。早稻齐穗期 B、C 处理根系活力比 A 处理分别高 37.7%、32.9%，比 D 处理分别高 21.8%、17.6%；晚稻齐穗期 B、C 处理根系活力比 A 处理分别高 15.4%、17.2%，比 D 处理分别高 28.2%、30.1%。早、晚稻齐穗期至齐穗期后 10d，连作 A 处理较轮作 B、C、D 处理根系活力下降幅度大，这与叶片叶绿素含量的变化一致。以上表明轮作根系活力高，根系衰老延缓，生育后期具有较高的根系活力，促进根系供给植株和籽粒更多的养分。

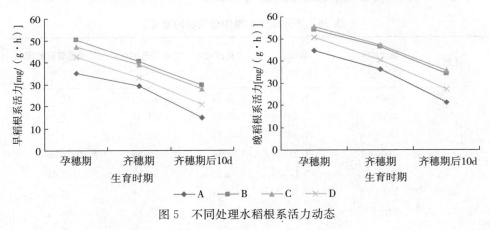

图5　不同处理水稻根系活力动态

3.2.2.3　水稻茎基部节间伤流强度动态

从图6可以看出，抽穗后 0~7d，根系伤流强度先升高，7d 左右达到高

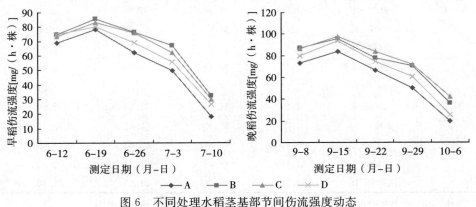

图6　不同处理水稻茎基部节间伤流强度动态

峰，之后下降。早稻抽穗后，各期根系伤流强度均是 B＞C＞D＞A。抽穗后14d 各处理伤流强度就有较大幅度下降，A 处理下降幅度最大。晚稻伤流强度动态与早稻有所不同，抽穗后 7d，C 处理伤流强度超过 B 处理，一直持续到成熟期。两季水稻轮作 B、C 处理伤流强度显著高于 D 处理，而 A 处理伤流强度数值均显著低于其他 3 个处理。伤流强度的变化与叶面积指数、叶绿素含量等指标基本吻合。这说明轮作系统能显著增强水稻根系活力，为水稻产量的提高奠定基础；连作则对水稻根系有抑制作用，养分输送能力减弱。

3.2.3 轮作的稻田生态效应

3.2.3.1 土壤理化性状的变化

3.2.3.1.1 土壤物理性状变化

2004—2006 年土壤物理性状变化见表 15。

表 15 不同处理土壤物理性状的变化

处理	取土时间 （年-月）	容重 （g/cm²）	总孔隙度 （％）	毛管孔隙度 （％）	非毛管孔隙度 （％）
A	2004 - 4	1.18	55.01	52.74	2.27
	2004 - 10	1.25	52.70	53.41	2.34
	2005 - 4	1.18	54.72	51.85	3.02
	2006 - 4	1.21	53.50	52.96	2.58
	2006 - 10	1.27	53.20	53.87	2.10
B	2004 - 4	1.18	55.01	52.56	2.45
	2004 - 10	1.11	57.32	54.51	2.81
	2005 - 4	1.16	56.18	52.33	2.96
	2006 - 4	1.15	58.89	52.67	3.21
	2006 - 10	1.13	60.22	51.31	3.70
C	2004 - 4	1.20	54.35	51.86	2.49
	2004 - 10	1.13	56.66	53.87	2.79
	2005 - 4	1.13	54.84	51.98	3.64
	2006 - 4	1.11	58.34	51.20	3.84
	2006 - 10	1.09	62.92	51.33	4.01
D	2004 - 4	1.21	54.02	51.73	2.29
	2004 - 10	1.22	53.69	51.32	2.37
	2005 - 4	1.14	55.67	53.04	2.63
	2006 - 4	1.17	56.40	52.36	2.75
	2006 - 10	1.18	55.20	51.95	2.40

注：2004 年数据引自黄小洋硕士论文[57]，2005 年数据引自常新刚硕士论文[58]。

（1）土壤容重。从图 7 可知，自 2004 年 4 月至 2006 年 10 月，连作 A 处理土壤容重呈波动上升趋势。轮作 C 处理呈平稳下降趋势，B、D 处理有所起伏，但总体呈下降态势。2006 年 10 月与 2004 年 4 月相比，连作 A 处理土壤容重上升 0.09g/cm³，增加 7.63%；B、C、D 处理土壤容重分别下降 0.05g/cm³、0.11g/cm³、0.03g/cm³，降幅分别为 4.24%、9.17%、2.48%。

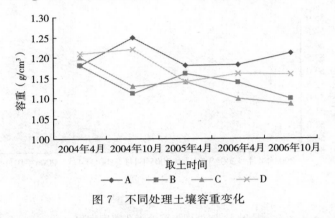

图 7　不同处理土壤容重变化

（2）土壤总孔隙度。从图 8 可知，2004 年 4 月至 2005 年 4 月，轮作 B、C 处理土壤总孔隙度先升后降，2004 年 10 月较 2004 年 4 月两处理分别增加 2.31%、1.95%，2004 年 10 月至 2005 年 4 月分别下降 1.14% 和 1.18%；之后两处理呈上升趋势，C 处理比 B 处理上升幅度大。连作 A 处理和轮作 D 处理总孔隙度波动小。2006 年 10 月与 2004 年 4 月相比，轮作 B、C、D 处理土壤总孔隙度均有不同程度上升，分别增加了 5.21、8.57、1.18 个百分点，连作 A 处理下降 1.81 个百分点。

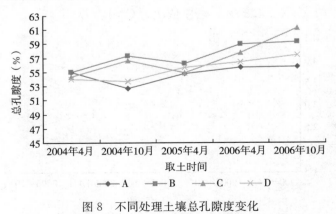

图 8　不同处理土壤总孔隙度变化

（3）土壤毛管孔隙度。由图 9 可知，从 2004 年 4 月至 2006 年 10 月，连作 A 处理的土壤毛管孔隙度表现为波动上升趋势；轮作 B 和 C 处理虽然 2004 年有较大幅度上升，但之后呈下降趋势；轮作 D 处理上下波动，相对平稳。与 2004 年 4 月相比，2006 年 10 月土壤毛管孔隙度连作 A 处理和轮作 D 处理分别增加 1.13 和 0.22 个百分点，而轮作 B 和 C 处理则下降 1.25 和 0.53 个百分点。

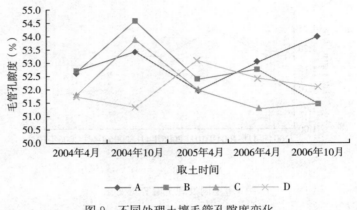

图 9　不同处理土壤毛管孔隙度变化

（4）土壤非毛管孔隙度。从图 10 可知，2004 年 4 月至 2005 年 4 月，各处理土壤非毛管孔隙度均表现为上升；2005 年 4 月至 2006 年 10 月，连作 A 处理土壤非毛管孔隙度出现下降，轮作 B、C 和 D 处理则呈现上升趋势。总体来看，2006 年 10 月与 2004 年 4 月相比，除 A 处理外，其他处理土壤非毛管孔隙度均有所上升。连作 A 处理土壤非毛管孔隙度降低 0.17 个百分点，降幅 7.49%；轮作 B、C、D 处理分别增加 1.25、1.52、0.11 个百分点，增幅分别为 51.02%、61.04%、4.80%，顺序依次为 C>B>D。

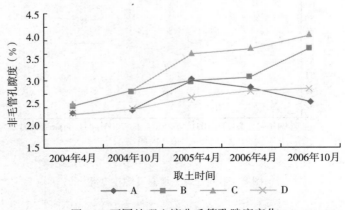

图 10　不同处理土壤非毛管孔隙度变化

综上所述，2005 年 4 月至 2006 年 10 月的 3 年间，连作系统下土壤容重、毛管孔隙度都较小幅度增加，增幅分别为 7.63%、2.14%。轮作系统均使土壤容重降低，平均下降 6.92%；均使总孔隙度和非毛管孔隙度升高，平均上升 8.89% 和 44.05%。这说明各轮作系统有利于土壤容重降低，总孔隙度增加，主要是非毛管孔隙度增加，从而改善了土壤物理性状和通气状况。可见，轮作使土壤朝着有利于作物生长的方向发展。轮作 C 处理的容重下降幅度、总孔隙度和非毛管孔隙度上升幅度均大于 B 和 D 处理，说明黑麦草更有利于土壤物理性状改善。黑麦草发达的根系，可以增加土壤孔隙，改良土壤结构和性状。

3.2.3.1.2 土壤化学性质变化

不同处理土壤化学性质变化见表 16。

表 16 不同处理土壤化学性质变化

处理	取土时间（年-月）	pH	有机质（%）	有效氮（mg/kg）	有效磷（mg/kg）	有效钾（mg/kg）
A	2004-4	5.32	3.31	83.56	20.69	35.60
	2005-4	5.37	3.29	83.24	24.89	38.06
	2006-4	5.31	3.36	91.76	22.01	34.33
	2006-10	5.27	3.38	95.11	23.56	42.48
B	2004-4	5.33	3.37	82.62	32.80	65.10
	2005-4	5.74	3.39	81.74	32.85	70.30
	2006-4	5.57	3.45	81.44	32.12	32.14
	2006-10	5.68	3.49	87.63	36.88	36.82
C	2004-4	5.59	3.46	70.30	29.81	62.30
	2005-4	5.56	3.49	74.25	29.76	62.84
	2006-4	5.67	3.59	75.25	31.57	31.28
	2006-10	5.64	3.64	77.67	34.92	39.40
D	2004-4	5.68	3.21	72.04	30.38	44.63
	2005-4	5.81	3.35	73.05	31.63	45.19
	2006-4	5.79	3.33	77.36	35.26	53.25
	2006-10	5.89	3.29	76.27	33.25	51.85

（1）土壤 pH。从表 16 和图 11 可见，从 3 年的总体情况来看，轮作处理土壤 pH 均呈上升趋势，B、C、D 处理分别上升 6.57%、0.89% 和 3.69%；连作 A 处理 pH 下降 0.94%。2005 年 4 月至 2006 年 10 月，轮作 C 处理稻田土壤 pH 一直下降，可能是黑麦草在翻埋以后土壤有机酸增加而作用的结果。轮作系统，能有效阻止土壤酸化，提高酸性土壤 pH，使之更适宜作物的生

长；连作则使土壤酸化，不利于作物生长。

（2）土壤有机质。从图11可以看出，2004年4月至2006年10月，各处理土壤有机质含量均呈上升趋势。2006年10月与2004年4月相比，A、B、C、D处理有机质含量分别增加2.11％、3.56％、5.20％和2.49％，增幅顺序依次为C＞B＞D＞A。可见，轮作更有利于于土壤有机质积累。

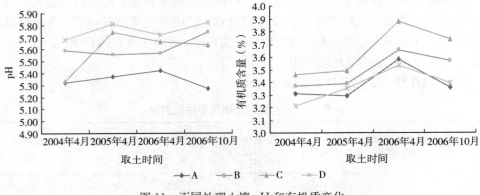

图11　不同处理土壤 pH 和有机质变化

（3）土壤有效氮。从图12可知，轮作和连作处理土壤有效氮均呈上升趋势。与2004年4月相比，2006年10月 A、B、C、D 处理土壤有效氮含量分别增加 11.55mg/kg、5.01mg/kg、7.37mg/kg、4.23mg/kg，增幅为 13.82％、6.06％、10.48％和5.87％。

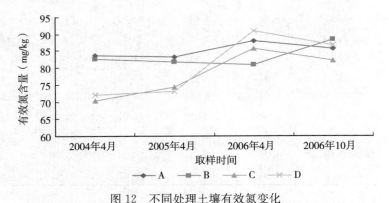

图12　不同处理土壤有效氮变化

（4）土壤有效磷。从表16和图13可知，不同处理有效磷水平整体都呈增加趋势，与2004年4月相比，2006年10月 A、B、C、D 处理分别增加 2.87mg/kg、4.08mg/kg、5.11mg/kg、2.87mg/kg，增幅为 13.87％、12.44％、17.14％、9.45％。

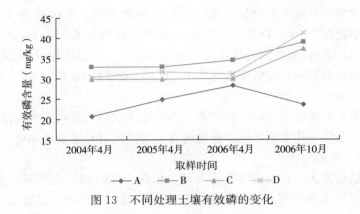

图 13　不同处理土壤有效磷的变化

（5）土壤有效钾。从表 16 可知，2004 年 4 月至 2006 年 10 月，各处理土壤有效钾含量增减不一，A、D 处理分别增加 6.88mg/kg、7.22mg/kg；B、C 处理分别减少 28.28mg/kg、18.80mg/kg，轮作对土壤有效钾的影响规律有还有待进一步研究。

综上所述，2004—2006 年期间，3 种不同的轮作系统均能提高土壤 pH，提高土壤有机质含量，改善土壤养分状况。连作则使土壤的 pH 下降，土壤酸化，有机质和养分含量虽有一定提升，但增加量和提升幅度远低于各轮作系统。因而，稻田轮作系统能改善土壤结构，增强土壤通透性，促进有机质积累，提高土壤有效养分含量，改善土壤酸碱度，使土壤朝着有利于水稻生长的方向发展。

3.2.3.2　水稻病虫草害

3.2.3.2.1　水稻病害

2006 年早、晚稻成熟期纹枯病发病率及病情指数情况见表 17。

表 17　不同处理对水稻病害的影响

水稻	处理	纹枯病	
		发病率（%）	病情指数
早稻	A	46.9	1.4
	B	38.3	0.8
	C	34.6	0.7
	D	36.8	0.8
晚稻	A	80.1	3.3
	B	65.5	1.8
	C	52.8	1.5
	D	61.9	1.7

早稻纹枯病发病率和病情指数以轮作 C 处理最低，连作处理 A 最高。纹枯病发病率轮作 B、C、D 处理较连作 A 处理分别低 8.6、12.3、10.1 个百分点；轮作 B、C、D 处理间差异不大，B 处理稍高。晚稻连作 A 处理纹枯病发病率和病情指数最高，发病率较轮作 B、C、D 处理高 14.6、27.3、18.2 个百分点。

总体来看，晚稻病情较早稻严重，连作处理纹枯病发病率和病情指数高于轮作处理，表明连作水稻比轮作抵抗病害能力差，更易感染纹枯病。

3.2.3.2.2 水稻虫害

对水稻危害大的害虫主要有稻飞虱、稻纵卷叶螟和二化螟等。由表 18 可知，早稻连作 A 处理受虫害较轮作处理严重，每 100 穴稻飞虱比 B、C、D 处理分别多 240 只、400 只、350 只，每 100 穴稻纵卷叶螟的数量分别多 9 头、25 头、17 头。晚稻稻飞虱虫情严重，A 处理每 100 穴密度达到 3 850 只，轮作 C 处理密度最低，每 100 穴有 2 120 只；稻纵卷叶螟连作 A 处理每 100 穴为158 头，每 100 穴较轮作 B、C、D 处理分别多 57 头、70 头、35 头；从二化螟危害率来看，连作 A 处理较轮作 B、C、D 处理分别高 9、12、15 个百分点。总体来看，轮作处理受虫害比连作处理轻，轮作稻纵卷叶螟数量和二化螟危害率明显低于连作，说明轮作与连作相比，能降低害虫密度，减轻虫害。轮作处理中，C 处理的水稻稻飞虱和稻纵卷叶螟密度以及二化螟危害率均低于其他轮作处理，说明越冬黑麦草可以抑制后作水稻害虫的发生，减少虫害。

表 18　不同处理水稻害虫变化

水稻	处理	每 100 穴稻飞虱（只）	每 100 穴稻纵卷叶螟（头）	二化螟危害率（%）
早稻	A	830	115	
	B	590	106	
	C	430	89	
	D	480	98	
晚稻	A	3 850	158	54
	B	2 960	101	45
	C	2 120	88	42
	D	2 780	123	39

3.2.3.2.3 水稻草害

从表 19 可知，各处理间的杂草种类和覆盖度存在较大差异，无论早稻还是晚稻，轮作处理的杂草种类和覆盖度均低于连作处理。从杂草种类来看，两次测定间期，早稻 A、B、C、D 处理分别增加 3 种、3 种、1 种、1 种，晚稻分别增加 9 种、5 种、7 种、4 种，连作 A 处理增加最多。从杂草覆盖度的变化情况来看，早稻和晚稻杂草覆盖度 A 处理均最高，A、B、C、D 处理早稻和晚稻杂草覆盖度增长幅度分别为 41％、27％、30％、24％和 71％、50％、47％、44％，连作处理大于轮作处理。这说明与连作相比，轮作能减少田间杂草的种类，抑制杂草的生长，减轻草害。

表 19　不同处理杂草种类和覆盖度的变化

处理	5 月 20 日		6 月 13 日		8 月 20 日		9 月 5 日	
	种类（个）	覆盖度（％）	种类（个）	覆盖度（％）	种类（个）	覆盖度（％）	种类（个）	覆盖度（％）
A	11	41	14	58	13	42	22	72
B	7	30	10	38	8	28	13	42
C	8	27	9	35	8	32	16	47
D	8	25	9	31	7	27	11	39

注：5 月 20 日、8 月 20 日分别为早、晚稻分蘖盛期，6 月 13 日、9 月 5 日分别为早、晚稻抽穗期。

依据马晓渊的报道，利用乘积优势度（盖度、相对高度和频度的乘积，简称 MDR）确定杂草优势种：数量达到危害损失水平（$MDR_2 \geqslant 10\%$，MDR_2 指盖度和相对高度二因素乘积优势度）的种类定为优势种，$10\% > MDR_2 \geqslant 5\%$ 的种类定为亚优势种；在草害下降的情况下，也可将 $10\% > MDR_2 \geqslant 5\%$ 的种类定为优势种，将 $5\% > MDR_2 \geqslant 1\%$ 的种类定为亚优势种[70,71]。

从表 20 可知，2006 年早稻分蘖盛期杂草以稗草、鸭舌草、双穗雀稗、牛毛毡、矮慈姑等为主，连作 A 处理则以牛毛毡、矮慈姑、鸭舌草为优势种，稗草、双穗雀稗为亚优势种；轮作 B 处理与 C 处理基本相同，稗草、矮慈姑为优势种，牛毛毡和双穗雀稗为亚优势种；D 处理以鸭舌草、牛毛毡、矮慈姑为优势种，稗草为亚优势种。在抽穗期，连作 A 处理以鸭舌草、紫萍、牛毛毡为优势种，以异型莎草、稗草、矮慈姑为亚优势种；轮作 B 和 C 处理以稗草、鸭舌草、矮慈姑为优势种，以牛毛毡为亚优势种；D 处理则以鸭舌草、紫萍为优势种，以异型莎草、稗草为亚优势种。早稻成熟期杂草种类比分蘖盛期多，并且连作处理比轮作处理多。晚稻分蘖盛期以鸭舌草、牛毛毡、稗草、鸭跖草等杂草为主，连作 A 处理的杂草优势种为牛毛毡、稗草、矮慈姑、鸭舌草，鸭跖草为亚优势种；轮作 B 和 C 处理的杂草优势种为鸭舌草和牛毛毡，稗草、鸭跖草为亚优势种；D 处理的杂草优势种为鸭舌草、矮慈姑，稗草和鸭跖草为亚优势种。在抽穗期，连作 A 处理以牛毛毡、矮慈姑、野慈姑为优势种，亚优势种为鳢肠、鸭舌草、稗草；轮作 B 和 C 处理的优势种只有稗草和牛毛毡，而亚优势种则为矮慈姑和野慈姑；D 处理优势种仅有稗草，亚优势种有牛毛毡、鳢肠、野慈姑。

表 20　不同处理杂草优势种的消长动态（2006 年）

处理	调查日期			
	5 月 20 日	6 月 13 日	8 月 20 日	9 月 5 日
A	牛毛毡、矮慈姑、鸭舌草、稗草*、双穗雀稗*	鸭舌草、紫萍、牛毛毡、异型莎草*、稗草*、矮慈姑*	牛毛毡、稗草、矮慈姑、鸭舌草、鸭跖草*	牛毛毡、矮慈姑、野慈姑、鳢肠*、鸭舌草*、稗草*
B	稗草、矮慈姑、牛毛毡*、双穗雀稗*	稗草、鸭舌草、牛毛毡*、矮慈姑、	鸭舌草、牛毛毡、稗草*、鸭跖草*	牛毛毡、稗草、野慈姑*、矮慈姑*
C	稗草、矮慈姑、牛毛毡*、双穗雀稗*	稗草、鸭舌草、牛毛毡*、矮慈姑、	鸭舌草、牛毛毡、稗草*、鸭跖草*	牛毛毡、稗草、矮慈姑*、野慈姑*
D	鸭舌草、牛毛毡、矮慈姑、稗草*	鸭舌草、异型莎草*、稗草*、紫萍、	鸭舌草、矮慈姑、稗草*、鸭跖草*	稗草、牛毛毡*、鳢肠*、野慈姑*

注：*为亚优势种。

总体来看，连作 A 处理杂草种类比轮作处理多，而且杂草生长势较旺盛，发展为优势种的种类也多；轮作处理田间杂草种类少，优势种不超过两种，草害较轻。这表明连作草害相对较严重，轮作能减轻草害。

3.2.4　不同复种方式的经济效益

复种方式的各种效益中，经济效益是最主要的，经济效益的高低是衡量复种方式好坏的关键。2005 年冬至 2006 年秋期间的 4 种复种方式经济效益比较见表 21。

表 21　不同处理的经济效益分析

指　标	A	B	C	D
经济总产值（元/hm²）	16 245.7	17 526.0	20 937.5	16 933.5
物资费用（元/hm²）	4 668	4 758	5 208	4 713
人工费用（元/hm²）	5 010	5 010	6 450	5 010
总成本（元/hm²）	9 678	9 768	11 658	9 723
劳工（d/hm²）	167	167	176	167
纯产值（元/hm²）	6 567.7	7 758.0	9 279.5	7 210.5

（续）

指　　标	A	B	C	D
劳动净产值率（元/d）	39.33	46.46	43.16	43.18
物资费用出益率（元/元）	1.41	1.63	1.78	1.53
产投比	1.68	1.79	1.80	1.74

注：①经济总产值是指各处理作物产值之和，为具有可比性，未还田黑麦草按 0.10 元/kg 折算；②2006 年物资、人工价格：株两优 02 单价 18 元/kg，中优 253 单价 14 元/kg，尿素单价 2.2 元/kg，氯化钾单价 2.2 元/kg，钙镁磷肥单价 0.44 元/kg，人工 40 元/d，早稻单价 1.4 元/kg，晚稻单价 1.7 元/kg。

（1）总成本。总成本的顺序依次为 C＞B＞D＞A，C 处理的投入最高，比 A 处理高 1 980 元/hm²，达 20.46％，主要是黑麦草的施肥和收割人工费用；B 处理和 D 处理成本与 A 处理相差不大，分别高 90 元/hm²、0.93％和 45 元/hm²、0.46％。

（2）总产值。C、B、D 处理均比 A 处理高，平均高 2 219.9 元/hm²，达 13.66％。C 处理的总产值最高，比 A 处理高 4 691.8 元/hm²，达到 28.88％；B 处理次之，比 A 处理高 1 280.3 元/hm²，达 7.88％；D 处理比 A 处理高 687.8 元/hm²，达 4.23％。

（3）纯产值。B、C、D 处理比 A 处理平均高 1514.9 元/hm²，达 23.07％。C 处理的纯产值最高，比 A 处理高 2 711.8 元/hm²，达 41.29％；B 处理比 A 处理高 1 190.3 元/hm²，达 18.12％；D 处理比 A 处理高 642.8 元/hm²，达 9.79％。

（4）物资费用出益率。B、C、D 处理分别比 A 处理高 15.60％、26.24％、8.51％。

（5）劳动净产值率。C、B、D 处理均比 A 处理高，平均高 2.11 元/d。B、C、D 处理分别比 A 处理高 7.13 元/d（18.13％）、3.83 元/d（9.74％）、3.85 元/d（9.79％）。顺序依次为 B＞D＞C，C 处理劳动净产值率较低的原因是黑麦草施肥和刈割用工多。

（6）产投比。C、B、D 处理均比 A 处理高，平均高 0.1，达 5.79％。其中，C 处理最高，比 A 处理高 0.12，达 7.14％；然后依次为 B 和 D 处理，比 A 处理分别高 0.11、6.55％和 0.06、3.57％。

综上所述，黑麦草—早稻—晚稻复种模式的总产值、纯产值、物资费用出益率、产投比最高，为经济效益最佳复种模式；其次是油菜—早稻—晚稻复种模式；再次是油菜×紫云英—早稻—晚稻复种模式；连作的紫云英—早稻—晚稻复种模式各项指标均最低，经济效益最差。此外，黑麦草—早稻—晚稻复种模式总成本和用工数最高，劳动净产值率低，说明其属于高投入类型，需投入较多物力、人工，因此内部结构有待进一步优化。

4 结论与讨论

4.1 结论

4.1.1 直播与抛秧对水稻生长及效益的影响

稻田保护性耕作直播水稻较旱育抛秧水稻株高矮，剑叶性状优良，无效分蘖少，有效分蘖多，成穗率高。与抛秧稻相比，直播稻有效穗数、穗粒数、结实率和千粒重4项指标均有提高，每公顷增产651kg，增幅达10.18%，说明直播有明显增产效果。直播较抛秧节本省工，通过增收节支，直播稻纯产值达5 818 元/hm²，比抛秧（3 919 元/hm²）多1 899 元/hm²，增幅达48.46%，说明直播栽培模式经济效益明显优于抛秧，有大面积推广意义。

4.1.2 轮作对稻田生态系统功能及经济效益的影响

4.1.2.1 稻田轮作系统能促进水稻的生长发育及提高群体质量、生产力水平

稻田轮作能促进水稻的生长发育及群体生长，提高作物产量。轮作水稻的各项生长发育以及群体质量指标，均优于连作处理。本试验轮作水稻灌浆期较连作延长1～2d，有利于水稻灌浆结实。不同时期轮作处理水稻株高均高于连作处理，早稻成熟期轮作处理株高平均高出连作处理8.4cm，达9.43%；晚稻成熟期轮作处理株高平均高出连作处理4.6cm，达4.24%。轮作能促进水稻分蘖的萌发，有效分蘖增加，分蘖成穗率提高，早、晚稻轮作处理水稻最高分蘖数和有效穗数均显著高于连作处理，轮作系统的分蘖成穗率均高于连作。轮作系统早、晚稻各个生育时期LAI均高于连作，齐穗期和成熟期轮作处理LAI均显著高于连作处理，且齐穗后叶片群体LAI下降幅度小于连作处理。轮作能促进水稻有机物的生成，早、晚稻各生育时期干物质积累量轮作处理均显著高于连作处理，早稻成熟期轮作B、C、D处理干物质积累量平均比连作A处理高9.31%，晚稻成熟期轮作B、C、D处理干物质积累量平均比连作A处理高7.68%。轮作的增产效应明显，早、晚稻轮作B、C、D处理产量均显著高于连作A处理。早、晚稻总产量以轮作C处理最高，为1 1580kg/hm²，比连作A处理高10.04%；其次为轮作B处理，为11 355kg/hm²，比连作A处理高7.91%。

4.1.2.2 稻田轮作系统能改善水稻生理生化性状

稻田轮作系统水稻各项生理生化指标，均优于连作处理。依据本试验对水稻生理生化指标的定量分析可知，早、晚稻轮作处理水稻叶片叶绿素含量在抽穗期、齐穗期和成熟期均高于连作处理，齐穗期至成熟期叶片叶绿素含量下降

幅度低于连作处理。这表明轮作对水稻叶片生长有利，能有效抑制叶片早衰，提高后期光合作用效率。轮作水稻根系活力高，根系衰老延缓，生育后期具有较高的根系活力，能促进根系供给植株和籽粒更多的养分。早、晚稻孕穗期以后，轮作 B、C、D 处理水稻根系活力均显著高于连作 A 处理，齐穗期后下降速率比连作慢。两季水稻轮作 B、C、D 处理茎基部伤流强度均显著高于连作处理 A，伤流强度的变化与叶面积指数、叶绿素含量等指标基本吻合。这说明轮作系统能显著增强水稻根系活性，为水稻产量的提高奠定基础。

4.1.2.3 稻田轮作系统能改善土壤理化性状

稻田轮作系统有利于土壤物理性状的改善，各轮作系统随轮作时间的增加，土壤容重下降，总孔隙度增加，并主要是非毛管孔隙度增加，有利于土壤通气透水，改善了土壤团粒结构，对土壤肥力的提高、养分的转化释放有良好的效应。轮作 C 处理的容重下降幅度、总孔隙度和非毛管孔隙度上升幅度均大于 B 和 D 处理，说明黑麦草更有利土壤物理性状改善。黑麦草发达的根系，可以增加土壤孔隙，改良土壤结构和性状。稻田轮作系统能有效提高土壤有机质和有效养分含量，改善土壤酸碱度，使土壤朝着有利于水稻生长的方向发展。

4.1.2.4 稻田轮作系统能减轻稻田病虫草害

稻田轮作改变了病原菌、害虫以及杂草生长的生态环境和食物链组成，使之不能正常生长和繁衍，从而减轻了稻田的病虫草害。2006 年轮作系统的水稻病虫草危害程度均低于连作系统。早稻的纹枯病发病率轮作 B、C、D 处理平均比连作处理 A 低 10.33 个百分点，晚稻的纹枯病发病率轮作 B、C、D 处理平均比连作 A 处理低 20.03 个百分点；轮作处理病情指数低于连作。轮作水稻的稻飞虱和稻纵卷叶螟密度以及二化螟危害率均低于连作处理，C 处理的水稻稻飞虱和稻纵卷叶螟密度以及二化螟危害率均低于其他轮作处理，说明越冬黑麦草可以抑制后作水稻虫害的发生，减少害虫数量。轮作稻田的杂草种类、覆盖度均低于连作系统，杂草生长势也较连作弱，发展为优势种的少。

4.1.2.5 不同复种方式的经济效益比较

黑麦草—早稻—晚稻复种模式的总产值、纯产值、物资费用出益率、产投比最高，为经济效益最佳复种模式；其次是油菜—早稻—晚稻复种模式；再次是油菜×紫云英—早稻—晚稻复种模式；连作的紫云英—早稻—晚稻复种模式各项指标均最低，经济效益最差。黑麦草—早稻—晚稻复种模式总成本和用工数最高，劳动净产值率低，说明其属于高投入类型，需投入较多物力、人工，因此内部结构有待进一步优化。

4.2 讨论

稻田保护性耕作水稻直播和旱育抛秧对比试验结果显示，直播水稻生长性状和产量均优于抛秧水稻，经济效益高。由于试验是在一季水稻生长周期内进行的，试验品种为单一常规稻，选择测定的指标有限，研究具有很大的局限性，需要补充和完善的研究很多，如对稻米品质的影响、田间病虫草害调查等。

通过对 3 年轮作定点试验的总结，从水稻生长发育和群体生长指标、生理生化指标及土壤理化性状、稻田病虫草害与经济效益方面对稻田轮作系统进行了较系统的研究和分析。从试验结果来看，稻田轮作系统能促进水稻生长发育，提高作物产量，减轻病虫草害，改善农田生态环境，是一种综合效益高的可持续发展模式。

产量效益和经济效益好，是推广一种种植模式的前提和保证。4 种不同复种方式的产量不同，经济效益差异较大。水稻和黑麦草都是高投入作物，主要表现在投入的人力、物力较多，产出也多。基于黑麦草的实际经济意义，采用等价换算的方法对不同复种模式之间生产力进行比较。经过等价产量换算，黑麦草—早稻—晚稻复种模式经济收益最高。

稻田轮作系统是一个较为复杂的生态系统，需要研究的问题和方面是非常丰富的，由于时间所限、研究时间较短、涉及范围有限，本研究不够全面，诸多方面未能进行更深研究，如农田小气候变化、土壤微生物动态、稻田生态系统环境指标变化等，有待于做进一步研究。

参考文献

[1] 农业部农业机械化管理司. 保护性耕作技术手册 [M]. [出版者不详], 2002.

[2] 黄国勤. 江西稻田保护性耕作的模式及效益 [J]. 耕作与栽培, 2005 (1): 16 - 18.

[3] 周兴祥, 高焕文, 刘晓峰. 华北平原一年两熟保护性耕作体系试验研究 [J]. 农业工程学报, 2001, 17 (6): 81 - 84.

[4] 闭桂根, 倪秀红, 赵宝明. 稻麦秸秆还田的实践和认识 [J]. 上海农业科技, 2001 (6): 12 - 13.

[5] 贾彦宙, 王俊英, 庞黄亚, 等. 土壤保护性耕作技术应用研究 [J]. 内蒙古农业科技, 2002, 6: 12 - 13.

[6] 赵其斌, 郝强. 漫谈保护性耕作的现状及发展前景 [J]. 农业机械, 2001, 12: 28 - 29.

[7] 享耳. 美国和澳大利亚的保护性耕作 [J]. 农村机械化, 1998 (12): 42.

[8] 孙守民, 孙元波, 何援塔. 保护性耕作法机具的试验研究 [J]. 山东农机, 2003 (3): 6 - 7.

[9] 胡亚玲. 保护性耕作为可持续农业生产带来新的希望 [J]. 四川农机, 2002 (5): 24.

[10] NOEL D. Conservation tillage and the use of energy and other inputs in US agriculture [J]. Energy Economics, 1998 (20): 389 - 410.

[11] 郭建辉, 梅成建, 翟通毅, 等. 美国农业保护性耕作考察报告 [J]. 山西农机, 1998 (5): 38.

[12] 贾延明, 尚长青, 张振国. 保护性耕作适应性试验及关键技术研究 [J]. 农业工程学报, 2002, 18 (1): 78 - 81.

[13] 高志文. 庄稼人的蠢行 [J]. 中国农机化报, 1999, 12 (30): 25.

[14] 高焕文. 可持续机械化旱作农业研究 [J]. 干旱地区农业研究, 1999 (1): 57 - 62.

[15] DEEN W, KATAKI P K. Carbon sequestration in a long - term conventional versus conservation tillage experiment [J]. Soil and Tillage Research, 2003 (74): 143 - 150.

[16] PIETOLA L, TANNI R. Response of seedbed physical properties, soil N and cereal growth to peat application during transition to conservation tillage [J]. Soil and Tillage Research, 2003 (74): 65 - 79.

[17] MAS T M, VERDU A M C. Tillage system effects on weed communities in a 4 - year crop rotation under Mediterranean dry land conditions [J]. Soil and Tillage Research, 2003 (74): 15 - 24.

[18] SZAJDAK L, JEZIERSKI A, CABRERA M L, et al. Impact of conventional and no - tillage management on soil amino acids, stable and transient radicals and properties of humic and folic acids [J]. Organic Geochemistry, 2003, 34 (5): 693 - 700.

[19] 黄明洲. 从战略高度切实抓好保护性耕作 [J]. 农机科技推广, 2003 (1): 6 - 7.

[20] 王婉珠, 陈永成, 刘玉波, 等. 茬地覆盖少耕、免耕播种技术的研究 [J]. 石河子大学学报, 2002, 6 (1): 45 - 48.

[21] 李洪文, 陈君达, 高焕文, 等. 旱地表土耕作效应研究 [J]. 干旱地区农业研究, 2000, 18 (2): 13 - 18.

[22] 王建军. 实施保护性耕作加快畜牧业草原生态建设 [J]. 农村牧区机械化, 2001 (1): 21.

[23] 张源沛, 张益明, 周会成. 半干旱地区春小麦不同种植方式土壤水分变化规律研究初探 [J]. 土壤, 2003 (2): 168 - 170.

[24] 杜兵, 邓健, 李问盈, 等. 冬小麦保护性耕作法与传统耕作法的田间对比试验 [J]. 中国农业大学学报, 2000, 5 (2): 55 - 58.

[25] 杨文革. 大力推广机械化保护性耕作技术促进农业生产和生态建设协调发展 [J]. 农业机械化与电气化, 2001 (6): 3 - 4.

[26] 张旭涛, 娄世忠. 一年两熟地区机械保护怀耕作技术的对比实验 [J]. 中国农机化, 2002 (3): 49 - 50.

[27] 霍新林, 马永康, 张报国. 山西省机械化旱作农业可持续发展的研究 [J]. 山西农业大学学报 [J], 2003, 2 (1): 46 - 48.

[28] 翟通毅. 山西省发展机械化保护性耕作农业的报告 [J]. 农机推广, 2001 (2): 4 - 5.

[29] 宋国臣，李香友，于军. 保护性耕作机械化技术 [J]. 农村牧区机械化，2002 (2)：8-9.

[30] 魏项森. 概述传统机械化旱地耕作与保护性耕作 [J]. 拖拉机与农用运输车，2002 (5)：12-13.

[31] 杨文革. 保护性耕作问答 (VII) [J]. 农业机械化与电气化，2002 (4)：38-39.

[32] 中国耕作制度研究会. 中国少耕免耕与覆盖技术研究 [M]. 北京：北京科学技术出版社，1991

[33] 孙海国，李卫，任图生，等. 保护性耕作小麦—玉米农田生态系统能流特点的研究 [J]. 生态农业研究，1995，3 (2)：13-16.

[34] 王洋，张祖立，张亚双，等. 国内外水稻直播种植发展概况 [J]. 农机化研究，2007 (1)：48-50.

[35] 吴建富，潘晓华. 水稻免耕栽培研究进展 [J]. 中国农学通报，2005，21 (11)：88-91.

[36] 矫江. 对水稻抛秧栽培技术的分析与展望 [J]. 耕作与栽培，1992 (3)：2-5.

[37] 刘巽浩. 耕作学 [M]. 北京：中国农业出版社，1994：10.

[38] 黄国勤，熊云明，钱海燕，等. 稻田轮作系统的生态学分析 [J]. 土壤学报，2006，43 (1)：69-78.

[39] 丁元树，王人民，陈锦新. 稻田年内水旱轮作对土壤微生物和速效养分的影响 [J]. 浙江农业大学学报，1996，22 (6)：561-565.

[40] 庞良玉，吕世华. 不同种植制度对水旱轮作田氮素肥力的影响 [J]. 土壤农化通报，1998，13 (2)：33-36.

[41] 陈福兴，张马祥. 不同轮作方式对培肥地力的作用 [J]. 土壤通报，1996，27 (2)：70-72.

[42] 杨中艺，辛国荣. "黑麦草—水稻"草田轮作系统的根际效应 I 接种稻田土壤微生物对黑麦草生长和氮素积累的影响 [J]. 中山大学学报，1997 (3)：2-7.

[43] STALEY T E. 耕作方式对土壤微生物生物量影响的研究 [J]. 水土保持科技情报，2001 (1)：30-32.

[44] 陈国潮. 土壤固定态 P 的微生物转化和利用研究 [J]. 土壤通报，2001，32 (2)：80-83.

[45] BANIK S，DEY B K. Available phosphorus content of an alluvisl soil as influenced by inoculation of some isolated phosphate - solubilizing microorganisms [J]. Plant and Soil，1982，69：353-364.

[46] JORDAN N. Weed prevention：Priority research for alternative weed management [J]. Journal of Production Agriculture，1996，9 (4)：485-490.

[47] 陈明亮，吕国安. 水旱轮作对土壤物理性状的影响 [J]. 华中农业大学学报，1988 (1)：28-30.

[48] 黄冲平，丁鼎良. 水旱轮作对作物产量和土壤理化性状的影响 [J]. 浙江农业学报，1995，7 (6)：448-450.

[49] 王人民，陈锦新，丁原树．稻田年内水旱轮作的后效应研究［J］．中国水稻科学，1999，13（4）：223-228.

[50] 王人民，丁原树，陈锦新．稻田年内水旱轮作对晚稻产量及生长发育的影响［J］．浙江农业大学学报，1996，22（6）：561-565.

[51] 杨中艺，杨卓睿．稻田冬种黑麦草对后作水稻生长的影响及其机理初探［J］．草业科学，1997，14（4）：20-24.

[52] 杨中艺．"黑麦草—水稻"草田轮作系统的研究 IV 冬种意大利黑麦草对后作水稻生长和产量的影响［J］．草业学报，1996，5（2）：38-42.

[53] 罗兴录．不同复种方式生产力及生态经济效益研究［J］．耕作与栽培，1998（3）：7-9.

[54] 黄国勤，钟树福．中国南方红黄壤旱地多熟制效益的系统分析［J］．资源开发与保护，1992，8（1）：19-21，24.

[55] 辛国荣，岳朝阳，李雪梅．"黑麦草—水稻"草田轮作系统的根际效应 II.冬种黑麦草对土壤物理化学性状的影响［J］．中山大学学报，1998（9）：78-81.

[56] 张卫建，郑建初，江海东，等．稻/草—鹅农牧结合模式的综合效益及种养技术初探［J］．草业科学，2001（10）：17-21.

[57] 黄小洋．稻田保护性耕作的增产增收效应及其生态学机制研究［D］．江西：江西农业大学，2005.

[58] 常新刚．绿肥—双季稻超高产生理生态特征与调控技术研究［D］．江西：江西农业大学，2006.

[59] 山东农学院，西北农学院．植物生理学实验指导［M］．济南：山东科学技术出版社，1980.

[60] 李合生．植物生理生化实验原理和技术［M］．北京：高等教育出版社，2000.

[61] 骆世明，陈聿华，严斧．农业生态学［M］．长沙：湖南科学技术出版社，1987.

[62] 南京农学院．土壤农化分析［M］．北京：农业出版社，1982.

[63] 中国土壤学会农业化学专业委员会．土壤农业化学常规分析方法［M］．北京：科学出版社，1983.

[64] 中国土壤学会农业化学专业委员会．土壤理化分析［M］．上海：上海科学技术出版社，1981.

[65] 吴志强．农业生态学基础［M］．福州：福建科学技术出版社，1986.

[66] 南京农业大学，扬州大学农学院．农业植物病理学［M］．南京：江苏科学技术出版社，1996.

[67] 浙江农业科学编辑部．农作物田间试验记载项目及标准［M］．杭州：浙江科学技术出版社，1982.

[68] 谢联辉．水稻病害［M］．北京：中国农业出版社，1997.

[69] 李云瑞．农业昆虫学（南方本）［M］．北京：中国农业出版社，2002：8.

[70] MARIAPPAN V, YESURAJA I. Viral, mycoplasmal and bacterial diseases of rice and their integrated management. In pathological problems of economic crop plants and their

management [M]. Jodphur: Scientific publishers, 1998: 39 - 70.

[71] 顾明德. 农田杂草优势度目测统计分析法 [J]. 杂草科学, 1991 (2): 36 - 38.

[72] 马晓渊, 顾明德, 吉林. 乘积优势度法的研究进展 [J]. 杂草科学, 1994 (4): 36 - 39.

[73] 马晓渊. 乘积优势度法在农田杂草群落研究中的应用 [J]. 江苏农业学报, 1993, 9 (1): 31 - 35.

[74] 郭水良, 李扬汉. 应用主成分分析法和最小生成树法研究浙中秋旱作物田杂草种间生态关系 [J]. 生态学杂志, 1999, 18 (2): 5 - 9.

[75] 郭水良, 李扬汉. 金华地区早稻田杂草种间生态关系及其图形表示 [J]. 南京农业大学学报, 1999, 22 (1): 16 - 21.

[76] 高英, 蔡香英, 王东. 喀什地区农田杂草危害及化学除草应用 [J]. 新疆农业科学, 2004 (5): 375 - 377.

[77] 李慧. 农田杂草识别教学方法初探 [J]. 生物学杂志, 2001 (4): 27, 45.

[78] 吴万春, 宁洁珍. 农田杂草生态学与农业生产的关系 [J]. 生态科学, 1994 (1).

[79] 唐启义, 冯明光. 实用统计分析及其 DPS 数据处理系统 [M]. 北京: 科学出版社, 2002.

稻田保护性耕作的综合效应研究及评价[*]

摘　要： 为了探索稻田免耕抛秧的综合效应，正确评价其在生产上的适应性及推广应用的可行性，笔者（包括课题组成员）从 2003 年开始在江西农业大学科技园试验田进行了稻田免耕抛秧的田间定位试验研究。现将研究成果总结如下：

（1）免耕、抛秧能促进作物生长和提高作物产量。试验设计的 4 个处理中，早、晚稻产量顺序依次为，处理 D（免耕＋抛秧）、处理 B（免耕＋手插）、处理 C（常耕＋抛秧）、处理 A（CK，常耕＋手插）。其中，在各处理的产量构成因素中，有效穗数对产量贡献最大。早、晚稻各生育时期的株高，从高到低依次为处理 D、处理 B、处理 C、处理 A；有效分蘖数，处理 D＞处理 C、处理 B＞处理 A。免耕处理的水稻叶片叶绿素含量比常耕更早到达其生育期的高峰，并且具有较慢的衰退速度。免耕水稻干物质积累比常耕要多，抛秧相对于手插，在干物质积累上有优势。

（2）免耕能改善土壤物理性状，降低土壤容重，增加总孔隙度。从较长的时间来看，免耕有利于土壤容重的降低和土壤总孔隙度的提高；但免耕数年以后，可能会出现容重的小幅反弹，总孔隙度小幅下降。试验还表明，实行秸秆覆盖能促进稻田土壤耕作层有机质含量的提高、容重的下降、总孔隙度的上升。

（3）免耕能改善土壤养分状况，提高土壤有机碳、速效养分含量。免耕处理有机碳含量增加效果较明显，常耕处理增加不明显。免耕应用年数与土壤有机碳含量有着较好的对数回归关系，回归方程为：$y=1.025\ 5\ln x+16.849$，$R^2=0.827\ 9$。当年碳收集速率和年均碳收集速率呈稳步下降的趋势，免耕第一年碳收集速率最大，以后逐年下降。免耕能有效促进土壤全氮、碱解氮、速效钾、有效磷含量的增长；但免耕多年以后，pH 有下降的趋势。免耕处理的C/N 比免耕前 3 年总体上保持上升，第四年开始有下降的趋势。

（4）免耕相对于常耕有较好的防护稻曲病的作用，免耕对稻纵卷叶螟、二化螟也有较好的防治作用；但免耕处理之间以及常耕处理之间差异均不明显。早稻中，免耕处理在杂草种类和杂草覆盖度上均多于常耕；但晚稻却相反，其原因是免耕处理采取了秸秆覆盖。

* 作者：黄禄星、黄国勤；通讯作者：黄国勤（教授、博导，E-mail：hgqjxes@sina.com）。
本文系第一作者于 2008 年 6 月完成的硕士学位论文的主要内容，是在导师黄国勤教授指导下完成的。

（5）通过对能量转化利用效率的分析表明，4 个处理光能利用率的顺序依次为处理 D＞处理 B＞处理 C＞处理 A；辅助能的产投比依次为处理 D＞处理 B＞处理 C＞处理 A。可见，处理 D 能较好利用光温水土等自然资源，取得较好的辅助能产投效益。

（6）稻田免耕、抛秧有较好的经济效益。从投入、经济效益、生产力水平这 3 项中的各个方面来看，除了资金生产率处理 B 大于处理 D 外，其余都是处理 D 为优，因此处理 D 在经济效益方面是最适合的耕作方式。

（7）综合评价的结果表明，处理 A、B、C、D 的 P_1 值分别为 0.291、0.672、0.414、0.754，综合效益排序的结果为处理 D＞处理 B＞处理 C＞处理 A。因此，免耕抛秧具有较好的经济、生态、社会效益，适合在一定范围内稻田中推广应用。

关键词：免耕抛秧；经济效益、生态效益与社会效益；稻田；土壤有机碳；综合评价

1　文献综述

1.1　引言

20 世纪，美国西部和苏联都发生了大规模"黑风暴"，给农业生产造成了极大的损失。特别是 1935 年 5 月，美国暴发了震惊世界的"黑风暴"，持续了 3d，横扫美国 2/3 国土面积，把 3×10^8 t 土壤卷进大西洋，仅这一年美国就毁掉耕地 300×10^4 km^2，冬小麦减产 510×10^4 t[1]。近年来，我国北方多次出现沙尘暴天气，严重影响北京、天津等城市的生态环境。经陈印军等[2]的研究表明，在我国北方，沙尘主要来自沙化土地、裸露地和农田。这些现象的出现，不合理的耕作制度是主要原因之一。这时，人们才重新思考传统耕作方式中存在的问题，并寻求新的耕作方式，稻田免耕、抛秧作为一种新的耕作方式开始引起人们的重视。

水稻免耕抛秧是指在收获上一季作物后未经任何翻耕犁耙的稻田，先使用灭生性除草剂灭除杂草植株和落粒谷幼苗、抑制再生苗及摧枯稻桩、稻草或绿肥作物后，灌水并施肥沤田，待水层自然落干或排浅水后，将秧苗抛栽到田中的一项新的水稻耕作栽培技术。

1.2　稻田免耕抛秧效应的研究进展

1.2.1　免耕与水稻产量

国内多年的大量研究证明[3-6]，免耕、抛秧可不同程度地提高水稻产量 10%～17%。王昌全等[7]连续 8 年不同免耕方式的试验结果表明，与翻耕相

比，免耕在第一年产量基本持平，第二年产量即开始增加，并随着免耕时间的增加而日趋明显。肖剑英等[8]10年免耕试验结果表明，免耕垄作和厢作分别比常规翻耕高20%和9%。邵达三等[9]对南方水田少、免耕法3年的研究结果显示，在黄黏土、沙壤土实行少、免耕法栽培水稻均有普遍增产的趋势。汪文清[10]对丘陵区麦茬水稻免耕技术研究表明，免耕水稻增产达到极显著水平。

另外，许多学者对免耕抛秧的增产机理进行了研究。陈友荣等[11]研究表明，在同一施肥水平下，免耕抛秧水稻前期分蘖稍慢，但无效分蘖时间短，营养损耗少，个体发育健壮，且群体发育协调。免耕抛秧水稻灌浆期，叶片光合能力较强，后期不易早衰，有利于同化物的转化和结实率的提高。试验结果还表明，水稻免耕抛秧与常规抛秧方式相比，产量无明显差异，但降低了耕作成本，提高了经济效益。免耕抛秧有利于分蘖发生，且具有低位分蘖及成穗优势，生育后期功能叶片和根系的生理活性强，比翻耕移栽增产1.4%～6.5%，降低生产成本22%～44%。张洪程等[12]和王鹤云等[13]研究了麦茬水稻的生育特性发现，免耕抛秧稻比移栽稻干物质积累尤其是抽穗后的干物质积累迅速，抽穗后净同化量增加。刘敬宗等[14]的免耕抛秧与翻耕抛秧同田对比试验结果表明，免耕抛秧田不犁不耙实施全免耕，增产原因主要是低节位分蘖多，有效穗数高，根系发达，千粒重大。Phillips[15,16]等研究也表明，免耕抛秧水稻前期分蘖稍慢，苗数增长速度较慢，够苗时间略迟，但无效分蘖时间短，营养损耗少，个体发育健壮，且群体发育协调，利于提高成穗率、穗型质量。黄小洋等[17]研究了免耕对水稻产量、生长动态及害虫数量的影响，得出了免耕抛秧水稻的产量性状优于对照（常耕移栽）和其他处理，产量比对照高3.95%～11.57%，常耕处理的二化螟和稻纵卷叶螟比免耕处理分别多16%和94%。黄国勤等[18]研究了免耕对水稻根系活力和产量性状的影响得出，与常耕栽培水稻相比，免耕水稻根系活力高7.4%～34.9%，各生育时期的干物质占黄熟期干物质之比高，有效穗数、每穗粒数、千粒重和实际产量分别高1.1%、5.1%、0.6%和10.0%，产量与根系活力和干物质积累的相关系数分别达到0.90和0.87以上。

1.2.2　免耕与土壤物理性状

耕作措施改变了土壤的界面特征，其实质是改变了土壤的孔隙特征。即不同耕作所带来的各种效应都可归结为土壤孔隙的变化以及由此引起的其他性能的改变[19,20]。

目前，已有很多有关长期免耕对土壤容重影响的研究报道[21-23]，但有关保护性耕作对土壤容重的影响研究结论有很大分歧[24]，有的认为免耕仅使表层土壤容重增加[25-27]，或免耕使土壤容重降低[28,29]。黄细喜[30]研究发现，土壤本身对容重具有自调功能，作物种植一段时间后土壤容重小的会逐渐变大，容重大的则逐渐变小，并随时间推移逐渐接近自调点（$1.3g/cm^3$）。还有研究认为，耕作对土壤容重的影响与作物生长关系较小[31]。传统耕作一方面由于耕作对土壤的扰动破坏土壤结构；另一方面由于机械对土壤的压实作用，往往造成表层土壤容重增加，土壤板结，从而影响作物根系的发育。

Ghumna[32]认为，由于农机具对土壤的践踏，传统耕作的表层土壤容重增加14%。免耕由于避免了传统耕作两方面的不利影响，可以改变土壤容重，避免土壤板结，使土壤朝着有利于作物生长的方向转变。Bruce[33]在沙壤土上的试验证明，免耕土壤毛管孔隙较少，土壤容重较大。Unger[34]经过4年的研究表明，免耕条件下的土壤，$5\sim7cm$土层土壤容重减少了$0.10mg/cm^3$。Lal[35]在25年的耕作试验中得出，在不同的耕作措施中，免耕的土壤容重最小。Blake[36]在黏壤土上的试验表明，免耕土壤的容重比犁耕高得多，李洪文等[37]的研究也有同样的结果。朱文珊等[38]的研究则表明，在一年中，免耕的土壤容重基本不变；而对照（传统耕作）则表现为开始小、后期大。还有人认为，免耕仅使表层土壤容重增加[39]。

综上所述，免耕对土壤容重影响的研究结果差异很大，这些不同的研究结果可能是土壤质地的差异或地表覆盖状况及覆盖时间、土壤水分、免耕时间的不同而引起的。在以后的研究中，对土壤容重的界定要注意与其影响因素（如水分、地温、覆盖条件等）相结合。

1.2.3 免耕与土壤养分含量

众多研究表明，免耕可提高表层土壤的N、P、K含量，但下层土壤差别不大。Tracy[40]研究表明，在$0\sim0.25cm$土层中，免耕可增加NO_3-N、PO_4-P、SO_4-S的含量，5cm以下则影响不大。刘鹏程[41]研究表明，免耕3年表层土壤与常耕相比，全氮含量增加14.57%，有效磷含量增加13.86%。余晓鹤[42]研究结果显示，在免耕条件下，表层（$0\sim5cm$）土壤的全氮、NH_4-N含量明显增加，$5\sim15cm$则迅速下降，在不同土壤层次中差异明显；有效磷含量$0\sim15cm$土层免耕高于常规耕作，但$0\sim5cm$显著，$5\sim11cm$差别不大，$11\sim15cm$明显低于常规耕作；由于覆盖致使土壤酸性增强，造成土壤酸性淋洗，所以速效钾含量$0\sim5cm$高于常规耕作，但差别不大，5cm以下明显低于常规耕作。Unger[43]研究表明，免耕土壤中N、NO_3-N、P、K含量高于常规耕作。白大鹏[44]认为，表层（$0\sim5cm$）土壤的有效磷含量，免耕低于常规耕作，且有效磷主要集中在施肥的$5\sim15cm$深度中。刘亚俊[45]等研究了赤峰市松山区连续3年采取保护性耕作各种技术模式下土壤化学指标得出，均高于传统耕作田。通过实施保护性耕作措施，增加了秸秆还田量，秸秆在水分和土壤微生物的作用下，不断腐烂分解，从而培肥了地力，使土壤肥力增加比较明显。宜水地和旱地有机质含量平均提高 73.9% 和 37.8%，全氮含量平均提高 77.6% 和 28.6%。孙海国[46]研究了不同耕作和秸秆还田方式对一年两熟（冬小麦—玉米）条件下壤质潮土养分含量的影响，结果表明，随着土壤耕翻程度的降低，土壤养分含量逐渐增加，免耕表层（0～10cm）土壤有机质、全氮和有效磷含量显著（$P<0.05$）高于常规耕作（浅耕），其速效钾含量也明显高于其他耕作方式。郑家国[47]等针对四川两熟制地区秸秆资源丰富但处理难的现状，研究了在稻田保护性耕作技术体系下秸秆还田种类（麦秸、油菜秸）和还田数量（全量、半量）的稻田生态效应，结果表明，秸秆还田能有效培肥土壤，土壤全氮、磷，速效养分及微量元素含量显著提高。

1. 2. 4　免耕与土壤生物学性状

土壤有机质的活性部分——微生物生物量作为土壤肥力水平的活指标，日渐受到土壤科学工作者的关注[48]。樊丽琴等[49]用氯仿熏蒸法提取测定了不同耕作处理（传统耕作、传统耕作＋秸秆覆盖、免耕、免耕＋秸秆覆盖）下小麦田的土壤微生物生物量碳含量，并探讨了其与土壤有机碳、全氮、小麦产量之间的关系，结果表明，水土保持耕作第三年较传统耕作可以有效增加小麦田土壤微生物生物量碳含量。范丙全等[50]研究保护性耕作与秸秆还田对土壤微生物及其溶磷特性认为，免耕和秸秆还田均能促进土壤麦角固醇的增加，而少耕却显著提高土壤微生物生物量。耕作方式间土壤有机碳水平无明显差异，但秸秆还田可提高土壤有机碳含量。免耕处理土壤微生物生物量显著增加，深耕处理土壤微生物生物量则较低，秸秆还田土壤微生物生量显著高于对照。浅耕处理溶磷细菌数量最高，免耕最少；少耕和免耕处理溶磷微生物的溶磷能力大于深耕及浅耕；秸秆还田对溶磷微生物群体和高效溶磷菌生长均有促进作用。Dumontet 等[51]对位于意大利南部半干旱地区土地进行了研究，结果表明，少耕、免耕比轮作对土壤的有机碳、微生物生物量碳含量影响更大，土壤酶因季节不同有较大的变化。总体来说，土壤有机碳、微生物生物量碳与耕作方式有较大的相关性。Höflich 等[52]长期对壤土、沙质壤土采取保护性耕作和常耕进行了比较研究，结果发现，保护性耕作能明显增加冬小麦、冬燕麦、玉米根际微生物生物量，特别是土壤杆菌、极毛杆菌。Alvarez 等[53]对采取保护性耕作（特别是免耕）的土壤剖面的有机物库的分配进行了研究，结果表明，在土壤剖面最上面（5cm）的土层内，活性微生物生物量和无机碳含量在免耕条件下比常耕高，但总的土壤微生物生物量在不同处理下无差异，活性土壤微生物生物量与秸秆残茬覆盖量呈高度正相关关系（$R^2=0.617$；$P<0.01$）。Acosta - Martínez 等[54]研究了美国得克萨斯州西部半干旱地区土壤酶活性与不同耕作方式的相关性，结论是：相对于常耕，保护性耕作能提高土壤酶活性，并且酶活性与土壤有机碳呈极显著的相关关系（$R^2=0.90$，$P<0.001$）。Steinkellner

等[55]对长期实行常耕和保护性耕作土壤中的镰刀菌属的发生率和多样性进行了研究，结果发现，保护性耕作比翻耕有更多的镰刀菌种数，并且镰刀菌属发生率也得到提高。Langmaack 等[56]研究不同耕作方式土壤中的蚯蚓和蚯蚓穴位的数量得出，保护性耕作相对于常耕有更多的蚯蚓和蚯蚓穴位，这对重造土壤结构有极大的作用。

1.2.5　免耕对土壤中有机碳储量的影响以及对大气中 CO_2 的贡献

土壤有机碳是指存在于土壤中所有含碳的有机物质，它包括土壤中的各种动、植物残体，微生物体及其分解和合成的各种有机物质。尽管土壤有机碳只占土壤总质量的很小一部分，但它在土壤肥力、环境保护、农业可持续发展[57]等方面均起着极其重要的作用。一方面，它含有植物生长所需要的各种营养元素，是土壤生物生命活动的能源，对土壤物理、化学和生物学性状都有深刻的影响。另一方面，土壤有机碳对全球碳平衡起着重要作用，被认为是影响全球"温室效应"的主要因素。

芮雯奕等[58]研究表明，耕作制度对农田土壤有机碳的稳定和积累作用显著，探讨了耕作制度演变下农田土壤碳库动态，有助于农田土壤碳收集技术的选择及政策的制定。利用已发表的田间定位试验数据，构建不同耕作制度下长江三角洲水田耕层土壤有机碳密度的估算模型，依据该区近 20 多年来耕作制度演变动态，对保护性耕作制度的土壤碳收集效应进行了初步估算，结果表明，油菜面积的扩大、小麦的少免耕和作物秸秆的还田分别增加土壤耕层有机碳约 0.94Tg、2.76Tg 和 3.95Tg，其中以麦稻复种转为油稻复种的单位面积碳收集效应最高。最后，就碳收集效应估算的方法进行了相关讨论，并针对土壤碳收集研究和如何提高土壤碳收集潜力提出了一些建议。李琳等[59,60]以保护性耕作长期定位试验为研究对象，分析了保护性耕作对不同层次土壤的总碳、活性炭含量的影响，并计算了各处理的碳库活度、碳库活度指数和碳库管理指数。结果表明，土壤总有机碳和活性炭含量均随土层的增加而减少，0～30cm 土层平均总有机碳含量大小为旋耕＞免耕＞翻耕＞对照，秸秆还田提高耕层土壤总有机碳含量，旋耕和免耕提高表层土壤有机碳含量，且差异达到显著性水平。华北平原 0～30cm 土层的碳库各项指数受表层耕作的影响比较大，其中保护性耕作（少、免耕和秸秆还田）能增加土层的总有机碳、稳态碳和碳库指数；就碳库管理指数来讲，秸秆还田的贡献大于耕作措施。刘守龙等[61]应用自主建立的土壤碳循环模型（SCNC）模拟了中亚热带地区 6 个稻田长期定位试验土壤有机碳 15 年间的变化，结果表明，SCNC 模型较为准确地模拟了各处理土壤有机碳的变化趋势，在所有模拟值与实测值的比较中，相对误差的绝对值＜5％的占 43.89％，＜10％的则占 71.11％。监测点土壤有机碳实测值和模拟值的相关性均达到了极显著水平，二者回归方程曲线的斜率均为

0.95～1.05。这说明 SCNC 模型适合于我国亚热带稻田土壤有机碳的模拟，但模拟结果也表明，模型在一定程度上（＜20％）低估不施肥处理的有机碳积累量，需要进一步改进。Reicosky[62] 对位于美国北部的玉米带壤土开展 5 种耕作方式（翻耕、翻耕＋圆耙、圆耙、深松耕、免耕）的研究，在耕作后的 19d 内进行 CO_2 散失量的测定，结果表明：5 种耕作方式释放的 CO_2 分别占当年秸秆残茬碳的 134％、70％、58％、54％和 27％，在耕作 5 小时后测定短期的 CO_2 散失量时，采取了保护性措施的 4 种耕作方式散失的 CO_2 量只占翻耕的 31％。保护性耕作能提高土壤碳的管理，减少耕作强度，秸秆残茬返田有利于碳在土壤中积累，从而减少温室气体的排放，有利于改善环境质量。

Allmaras 等[63] 认为土壤有机碳占陆地生物圈碳库的 2/3，扣除碳在土壤中的沉积，土壤中的碳每年以 CO_2 的形式分解到大气，占到土壤有机碳的 4％。为了保持土壤中的有机碳和改善大气质量，改土壤有机碳源为碳汇，必须改变耕作方式，经过长期的试验，他认为不同耕作方式对有机碳的储存影响表现为免耕＞不翻耕＞翻耕。自 1970 年后，美国 92％的土地采取了不翻耕，这有利于碳的储存。Lal、伍芬珠等[64-67] 认为，减少陆地上温室气体（主要是 CO_2）排放的措施，除了植树造林以外，加强农田管理，如采取保护性耕作等，也能有效减少温室气体的排放，使陆地成为碳汇。

1.2.6 免耕与稻田病虫草害

保护性耕作与病虫草害的关系，前人得出了许多研究成果。区伟明等[68] 研究发现，水稻不同生育时期害虫及其天敌的数量和比例均不同。在分蘖盛期，免耕抛秧田的天敌数量比常耕抛秧田增加 31％，害虫数量减少 19.45％，平均益害比为 1：0.88，而常耕抛秧田的益害比为 1：1.43；在孕穗期，免耕抛秧田的天敌数量较常耕抛秧田增加 5.53％，害虫数量减少 4.4％，平均益害比为 1：1.48，而常耕抛秧田的益害比为 1：1.62；在齐穗期，免耕抛秧田的天敌数量较常耕抛秧田增加 1.7％，害虫数量减少 4.7％，平均益害比为 1：0.86，而常耕抛秧田的益害比为 1：0.90。这说明免耕抛秧田的生态环境在成熟期以前明显优于常耕抛秧田；而在水稻生长后期，免耕抛秧田的生态环境与常耕抛秧田基本一致。

黄小洋等[17] 在江西农业大学科技园进行保护性耕作试验，调查了水稻主要害虫（二化螟和稻纵卷叶螟）。2004 年对早稻调查发现，二化螟免耕移栽比免耕抛秧多 5 只/蔸，常耕移栽比常耕抛秧多 5 只/蔸，常耕平均比免耕多 16％；稻纵卷叶螟免耕移栽比免耕抛秧多 3 只/蔸，常耕移栽比常耕抛秧多 6 只/蔸，常耕比平均免耕多 94％。由此可见，免耕种植可以减少稻田主要害虫的数量，因此可以少用农药，减少农业环境污染，保护农业生态系统的生物多样性，从而可以获得一定的生态效益。

保护性耕作由于不翻耕，一年禾本科杂草、作物自生苗及多年生杂草可能会造成作物减产。通常的做法是使用除草剂，但这又会增加耕作成本，同时还会导致农田生态环境污染。但增加作物秸秆覆盖，能有效减少杂草的发生量[69-71]。李香菊等[72]研究了麦秸覆盖对玉米田杂草出苗的控制作用，认为覆盖量与杂草出苗数呈负相关关系。当麦秸覆盖量低于 1 500kg/hm² 时，出苗的杂草密度与不覆盖区差异不显著；当麦秸覆盖量增加到 7 500kg/hm² 时，出苗杂草密度仅 3.5～32.3 株/m²，控草效果为 42.8%～96.1%。Blackshaw 等[73]对加拿大的保护性耕作进行多年的研究得出，除草剂的使用量并没有随着免耕的采用而增加，只是除草剂使用的时间变了。在传统耕作制度中，除草剂主要是在作物种植时使用；而在免耕体系下，除草剂在作物播种之前和收获之后均可用来控制杂草。虽然在作物种植时仍使用除草剂来控制杂草，但使用剂量减少了。经过 5～10 年的免耕种植后，杂草总体密度降低。加拿大农民普遍接受免耕制度，这证明免耕并没有使杂草变得难除，杂草防除成本也并没有显著增加。他们还发现，免耕减少了设备及人工成本，提高了作物产量。

1.3　稻田免耕抛秧效应的评价

稻田免耕抛秧是多种耕作制度的一种，它的实行对稻田生态系统的生产力、效益会产生怎样的影响？稻田耕作环境是否可持续？土地生产力是否能长期保持下去？与其他耕作制度相比优劣如何？这些问题的回答需要用一种合理的评价方法进行估量，最终使这些问题得到合理的解答。

近年来，许多学者用不同的方法对稻田保护性耕作进行了评价。李向东等[74]以四川盆地稻田保护性耕作制为研究对象，运用目标取向法对其可持续性进行了系统评价，筛选了 18 个指标作为稻田保护性耕作制的指标集，为优化选择当地最合理的保护性耕作发展模式提供了理论参考。叶桃林等[75]在湖南益阳开展了双季稻主产区稻田不同保护性耕作种植模式下，作物生长发育与经济效益比较研究得出，保护性耕作综合效益显著提高。田淑敏等[76]对京郊农田保护性耕作技术实施效益的评价指标体系进行了研究，并提出了初步的设想。孙利军等[77]对黄土高原半干旱区保护性耕作进行了经济适应性评价得出，实施免耕秸秆覆盖的保护性耕作法不仅能够达到高效、高产的目的，而且有助于该区农业的可持续发展。章熙谷等[78]运用 7 个指标对苏南地区几种种植方式进行了综合评价。黄国勤[79]运用 4 个项目 13 个指标对江西旱地耕作制度进行了综合评价。黄小洋等[80]应用灰色关联分析方法，对不同处理稻田经济效益、生态效益和社会效益的 22 个评价指标进行分析和综合评价得出，免耕抛秧的总效益最佳。

迄今为止，对稻田综合评价的方法主要有：灰色关联分析法、主成分分析法、层次分析法、模糊综合评价及密切值法等[81-84]。

1.4 稻田免耕抛秧的发展前景

稻田免耕抛秧是我国近几年才发展起来的一项新技术，全国只有几个省份（广东、广西、四川、湖北、福建、江西）在进行示范推广；但其发展迅速，2002 年全国推广面积达 12 万多 hm^2，2003 年达 33 万多 hm^2，2007 年全国水稻免耕抛秧面积超过 267 万 hm^2[85]。据农业部门初步测算[86]，应用水稻免耕抛秧技术的稻田每 $667m^2$ 平均能增产 3％～5％，节本增收 35～55 元，2007 年节本增收超过 14 亿元。借用中国工程院院士、中国农业科学院研究员刘更员的话来说，"水稻抛秧是世界农业史上的骄傲，它实现了水稻栽培的三大历史性进步，一是省时省力，二是高产高效，三是节水环保。"可见，免耕抛秧的发展前景十分广阔。

2 材料与方法

2.1 试验设计

2.1.1 试验田的地理位置及气候特点

本试验在江西农业大学科技园试验田进行，地理位置 28°46′N，115°55′E。年均温 17.6℃，日均温≥10℃的活动积温达 5 600℃，持续天数 255d。年均日照总辐射量为 $4.79×10^5 kJ/cm^2$，年均日照时数为 1 820.4h，无霜期约 272d，年降水量 1 624.4mm。复种模式为冬季作物（绿肥）—早稻—晚稻。试验前土壤肥力基本状况为：pH 5.40，有机质含量为 26.32g/kg，全氮 1.42g/kg，有效磷 4.73mg/kg，速效钾 34.05mg/kg。

2.1.2 试验处理

试验设 4 个处理（表 1），每个处理重复 4 次，每个小区面积为 16m^2。

表 1　试验处理

处理	复种方式	耕作方式	插秧方式
A（对照）	绿肥（紫云英）—早稻—晚稻	常耕	手插
B	绿肥（苕子）—早稻—晚稻	免耕	手插
C	混播绿肥（油菜×肥田萝卜×紫云英）—早稻—晚稻	常耕	抛秧
D	绿肥（黑麦草）—早稻—晚稻	免耕	抛秧

注："—"表示年内接茬（复种）；"×"表示混作（混播）。

试验处理的具体操作如下：

（1）处理 A。早稻于移栽前 10d 翻耕，放水腐草，翻耕耙平，手插移栽；晚稻于早稻收割后，翻耕耙平，早稻秸秆不还田，手插移栽。

（2）处理 B。早稻于移栽前 10d、晚稻于收割当天傍晚排干田水，每公顷用 20％百草枯 3L＋氯化钾 30kg，兑水 750kg 均匀喷洒于绿肥、稻桩、杂草茎叶上，早稻喷药后 2～3d（晚稻喷药后 24h）灌深水浸田。晚稻在禾苗返青后，用早稻秸秆均匀覆盖于田间。

（3）处理 C。早稻秸秆半量还田，抛秧，其余同处理 A。

（4）处理 D。除移栽方式不同外，其余同处理 B。

2.1.3 水稻品种及种植密度

早稻品种为金优 213，2007 年 3 月 28 日播种，5 月 3 日移栽，7 月 16 日收割；晚稻品种为金优 284，手插苗于 6 月 25 日播种，抛秧苗于 6 月 30 日播种，7 月 23 日移栽、抛秧，10 月 21 日收割。手插移栽密度为每公顷 27.2 万蔸（移栽行株距为 16cm×23cm）。早稻常耕抛秧密度为每公顷 30.1 万蔸，早稻免耕抛秧密度为每公顷 32.5 万蔸；晚稻常耕抛秧密度为每公顷 28.5 万蔸，晚稻免耕抛秧密度为每公顷 31.0 万蔸。

2.1.4 田间管理

（1）水分管理。分蘖期间，寸水返青，浅水分蘖，够苗（达 80％计划苗数）晒田；拔节期间，继续晒田，在倒二叶露尖时开始复水，做到浅水孕穗打苞；抽穗至成熟期间，浅水抽穗，干湿灌浆壮籽，防止断水过早。

（2）施肥。每公顷施基肥 45％的复合肥 225kg 和碳酸氢铵 150kg；分蘖期间，施促蘖肥，栽后 6～7d，每公顷施尿素 90kg、氯化钾 150kg；拔节至孕穗期间，看苗追施促花保花肥，每公顷施尿素 37.5kg；抽穗至成熟期间，施饱粒肥，每公顷施尿素 37.5kg。

2.2 调查、测定项目与方法

2.2.1 作物生长与生理指标的测定

（1）分蘖株高与动态。每小区定株 10 株，移栽 1 周后，每隔 5d 调查 1 次株高和分蘖。

（2）叶绿素测定。在分蘖期、拔节期、孕穗期、齐穗期和成熟期，用日本柯尼卡美能达（Konica Minolta）公司生产的便携式叶绿素测定仪现场测定。具体做法是：每小区定株 14 株，每株取同一叶片、相同位置进行测定，然后取平均值，作为该小区叶片叶绿素的平均含量。

（3）干物质测定。在分蘖期、孕穗期、抽穗期和成熟期测定，每次每个处理按 40 蔸平均茎蘖数取 5 株，按茎、叶及穗 3 部分烘干称重。

（4）测产和考种。水稻成熟期，在各小区普查 50 蔸作为有效穗数计算的依据，然后用平均数法在各小区中随机选取有代表性的水稻植株 5 蔸，作为考种材料，计算理论产量；收割完后晒干测每个小区的实际产量。

2.2.2 土壤理化性状的测定

（1）土壤物理性状。水稻收获后采集土样（五点法），对每个小区分别取样进行分析。土壤容重用环刀法测定，总孔隙度用环刀浸泡法测定。

（2）土壤化学性质。土壤样品采集后，自然烘干，研磨分别过 1mm、0.25mm 筛，用于相关指标的测定。土壤 pH 用玻璃电极法，全氮用高氯酸-硫酸消化法，碱解氮用扩散吸收法，有效磷用 $NaHCO_3$-钼锑抗比色法，速效钾用火焰光度计法。有机碳：分别于试验前、早晚稻收割后进行分剖面取样，取土层次分别为：0~5cm、5~15cm、15~25cm，测定方法为重铬酸钾-硫酸外加热法。

2.2.3 水稻病虫草害调查

（1）水稻病害调查。调查晚稻稻曲病发病率，于水稻成熟前 2d，每小区选取 5 个点，每点 5 蔸进行计算，按 5 蔸所占面积计算整个小区的发病率。

（2）水稻虫害调查。稻纵卷叶螟的调查时间为水稻黄熟期，二化螟的调查时间为水稻分蘖盛期。每小区取 5 点，每点取 $1m^2$ 进行统计，计算整个小区发病率。

（3）稻田杂草调查。在水稻生长期间，对田间杂草进行一定时间间隔调查，主要针对杂草的种群变化、覆盖度等进行调查分析。

2.2.4 数据处理

试验所得数据采用 Excel、DPS 进行分析，使用 Excel 绘图。

3 结果与分析

3.1 稻田保护性耕作对作物产量及生长的影响

3.1.1 作物产量及构成

（1）绿肥产量。4 个处理冬季绿肥的产量（指鲜草产量，下同），处理 A（紫云英）为 25 500kg/hm²，处理 B（苕子）为 30 210kg/hm²，处理 C（油菜×肥田萝卜×紫云英）为 29 530kg/hm²，处理 D（黑麦草）为 31 050kg/hm²，其顺序依次为处理 D（黑麦草）、处理 B（苕子）、处理 C（油菜×肥田萝卜×紫云英）、处理 A（紫云英）。

（2）水稻产量。水稻的产量与有效穗数、每穗颖花数（粒数）、结实率相关。从表 2 可知，4 个处理中，早、晚稻都是处理 D 的产量最高，早稻分别比处理 B、C、A 高 2.7%、4.5%、11.4%，晚稻分别比处理 B、C、A 高 2.4%、6.5%、10.0%，并且不同处理间差异都达到了 5% 显著水平。对水稻产量贡献最大的是有效穗数，处理 D 在早、晚稻中，有效穗数都最高，其次是处理 C；每穗颖花数、结实率、千粒重各处理之间的差异不显著。

比较发现：①同一耕作方式中，不同的移栽方式对水稻的产量影响达到显著水平，对于早、晚稻，处理 D 与处理 B 差异显著，处理 C 与处理 A 差异显著。②同一移栽方式中，不同的耕作方式对水稻产量的影响也达到了显著水平，处理 D 与处理 C 差异显著，处理 B 与处理 A 差异显著。这说明免耕、抛秧能促进作物有效穗数形成，从而对作物的产量产生影响。

表 2　不同处理水稻产量构成及方差分析

水稻	处理	有效穗数（万个/hm²）	每穗颖花数（个）	每穗粒数（个）	结实率（%）	千粒重（g）	理论产量（kg/hm²）	实际产量（kg/hm²）	理论产量显著性水平 5%	1%
早稻	A (CK)	284.98	120.63	93.25	77.3	24.48	6 505.20	6 310.04	d	C
	B	290.24	124.46	98.57	79.2	24.65	7 052.27	6 840.71	b	B
	C	292.55	123.60	97.15	78.6	24.4	6 934.75	6 726.71	c	B
	D	297.53	123.88	98.86	79.8	24.63	7 244.35	7 027.02	a	A
晚稻	A (CK)	266.42	123.31	94.21	76.4	27.6	6 927.36	6 719.54	d	C
	B	269.21	126.41	99.61	78.8	27.74	7 438.84	7 215.68	b	B
	C	272.91	125.34	95.89	76.5	27.35	7 156.95	6 942.24	c	B
	D	279.24	125.61	98.86	78.7	27.6	7 618.78	7 390.22	a	A

3.1.2　株高动态

从表 3 和图 1 可知：①总体来看，早稻和晚稻株高的变化符合作物生长 Logistic 模型；但具体变化不同。早、晚稻不同处理中，处理 D 的株高最高，成熟期分别达到 98.1cm、100.1cm，分别比处理 A 高出 1.6cm、1.5cm，早、晚稻平均株高从高到低依次为处理 D、B、C、A。②不同移栽方式对水稻株高有影响。抛秧与手插相比，在水稻生长早期，抛秧处理水稻的株高长得较快，并且比移栽处理更早到达一个高峰，然后再保持一个较稳定的生长速度；移栽处理的水稻株高在早期增长相对较慢，中后期生长加快。这可能与育秧处理的不同有关，抛秧的育秧是用塑盘，秧苗抛入田后，不会伤及秧苗的根，秧苗返青快，所以早期抛秧的株高相对较高。③不同的耕作方式对水稻株高的影响。免耕处理 B、D 与常耕处理 A、C 相比，株高在整个生育期都呈现出相对较高的优势。这说明免耕有利于水稻株高的增长，促进水稻的生长势。

表3 不同处理水稻株高动态

单位: cm

处理	早 稻								
	5月8日	5月13日	5月18日	5月23日	5月28日	6月2日	6月7日	6月12日	6月22日
A (CK)	36.4	46.5	54.7	62.5	70.3	78.9	86.4	91.5	96.5
B	36.5	46.7	58.2	68.4	78.7	84.2	91.3	94.8	97.9
C	38.9	48.6	57.6	65.9	73.7	81.6	89.2	94.3	97.6
D	38.7	49.2	58.6	69.3	79.7	85.6	91.5	95.2	98.1

处理	晚 稻								
	7月29日	8月3日	8月8日	8月13日	8月18日	8月23日	8月28日	9月2日	9月7日
A (CK)	41.8	49.7	56.3	63.4	71.5	84.6	89.6	95.4	98.6
B	42.6	50.8	61.5	70.7	80.6	85.4	91.6	96.2	99.4
C	40.9	48.5	57.9	64.2	74.2	85.3	91.4	95.6	98.9
D	41.5	51.6	62.1	71.8	81.6	86.2	92.8	97.5	100.1

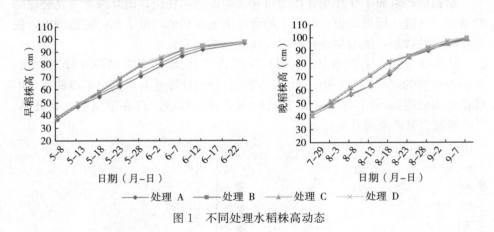

图1 不同处理水稻株高动态

3.1.3 分蘖动态

从图2可以看出，早、晚稻不同处理分蘖数呈不同的变化规律：①抛秧处理C、D的分蘖数相对于移栽处理A、B的要少，并且抛秧处理C、D的最大分蘖数出现的时间比移栽处理A、B早。②免耕处理B、D相对于常耕处理A、C，分蘖数少一些，常耕移栽处理A最多的分蘖数早、晚稻分别为17.0个/穴、17.3个/穴，而免耕抛秧处理D最多的分蘖数早、晚稻均为14.0个/穴；同时，免耕最大分蘖数出现的时间比常耕早。③免耕抛秧处理D、免耕移栽处理B分别与常耕抛秧处理C、常耕移栽处理A相比，最大分蘖数，处理C>处理D，处理C>处理B；而最后有效分蘖数却相反，处理D>处理C，处理B>

处理 A。这说明免耕、抛秧可以减少无效分蘖，促进有效分蘖；免耕、抛秧可以充分利用田间的养分，促进有效分蘖的生长。

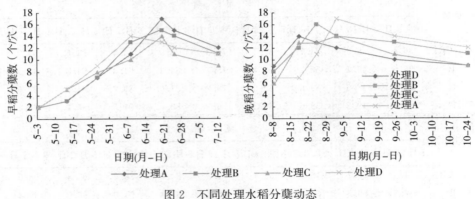

图 2　不同处理水稻分蘖动态

3.1.4　叶绿素含量动态

水稻的产量源于叶片光合作用对光能的固定和转化，而叶绿素是光合作用的基础，从这一层面来说，叶绿素的含量决定水稻的产量。在一定范围内，提高叶绿素的含量，能增加光合作用合成糖类的速率。

从图 3 可知：①处理 B、D 相对处理 A、C，水稻有更高的叶绿素含量，从而为作物的增产打下基础。②早、晚稻各处理叶绿素含量都呈单峰曲线，但峰值出现的时期不同，处理 B、D 叶绿素含量的峰值出现在孕穗期，处理 A、C 叶绿素含量的峰值在齐穗期。

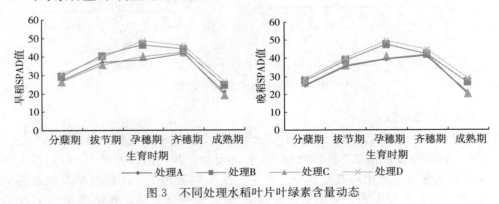

图 3　不同处理水稻叶片叶绿素含量动态

出现以上变化的原因可能与土壤肥力有关。处理 B、D 由于采用免耕，肥力集中在土壤耕作层的中上层，作物在早期吸收养分较快，从而影响叶绿素的含量，使作物的叶绿素含量更早达到峰值；但从图 3 可以看出，孕穗期至齐穗期，处理 B、D 的水稻叶片叶绿素含量并没有很快下降，这又与冬季绿肥、晚稻秸秆覆盖增强了土壤有机碳等养分含量有关。

3.1.5 干物质积累动态

从图 4 可以看出，①总体来看，处理 B、D 的水稻干物质积累量比处理 A、C 的要多，即总体上免耕水稻的干物质积累量比常耕的要多。②处理 C 相对于处理 A，干物质积累多；处理 D 相对于处理 B，干物质积累的也多。这说明抛秧相对于移栽，在干物质积累上有优势。造成以上结果的原因可能是：免耕稻田土壤理化性状得到改善，水稻各种生理功能得到提高，叶片迟衰[78]。光合作用相对于常耕更加旺盛，合成的产物相对要多。另处，抛秧处理水稻的根系受到的损伤小，返青快，有效穗数相对移栽较多，因此干物质积累相对较多。

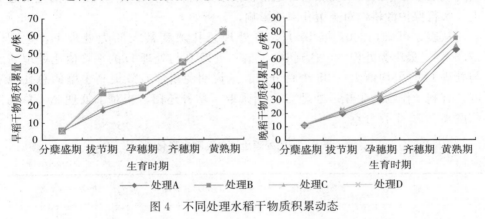

图 4　不同处理水稻干物质积累动态

3.2　稻田保护性耕作对土壤物理性状的影响

3.2.1　土壤容重

容重是土壤的一个重要的物理性状，是衡量土壤坚实度的一个重要指标。土壤容重的增大，会影响到土壤水肥气热条件的变化及作物根系在土壤中的穿插，进而对作物的生长造成影响。

从表 4 可知，经过 1 年的试验，处理 B、D 的土壤容重表现为稳定下降趋

表 4　不同处理土壤容重变化

单位：g/cm^3

处理	2006 年 10 月	2007 年 7 月	2007 年 10 月
A（CK）	1.27	1.26	1.27
B	1.15	1.13	1.13
C	1.21	1.20	1.19
D	1.14	1.12	1.11

势，处理 C 的土壤容重也出现了一定的下降。其原因可能是，处理 C 采取了秸秆还田，间接提高了土壤有机质含量，从而引起土壤容重下降。处理 A 的土壤容重仍保持在一个相对的高度。2007 年 10 月，处理 B、D 的土壤容重分别比处理 A 低 11.02%、12.60%。

3.2.2 土壤总孔隙度

土壤孔隙是土壤物理性状的主要组成部分，它关系着土壤水、肥、气、热的流通和储存以及对植物的供应是否充分和协调。表层土壤孔隙的分布及其连续性还决定着土壤的水力学特性，进而影响如入渗、储存和排水等物理过程；而且表层土壤中的大小孔隙通常是植物根系穿插和水分以及空气运动的主要通道。实行保护性耕作对土壤孔隙的影响，分析如下。

从表 5 可知，2007 年 10 月，各处理总孔隙度最大的为处理 D，达到 57.50%，最小为处理 A，达到 52.90%；处理 B 与处理 D 的平均值比处理 A 与处理 C 的平均值大 3.35 个百分点。这说明免耕能有效提高土壤的总孔隙度，有利于作物的生长。处理 C 由于采取了秸秆还田，相对于处理 A，总孔隙度高 1.72 个百分点。

表 5　不同处理土壤总孔隙度变化

单位：%

处理	2006 年 10 月	2007 年 7 月	2007 年 10 月
A（CK）	52.90	53.40	52.90
B	56.68	56.70	56.72
C	54.10	54.30	54.62
D	56.90	56.94	57.50

3.3　稻田保护性耕作对土壤化学性质的影响

3.3.1　土壤 pH

从表 6 可知，处理 A、C 的 pH 保持在 5.7 左右，变化幅度较小，分别仅

表 6　不同处理土壤 pH 变化

处理	2006 年 10 月	2007 年 7 月	2007 年 10 月
A（CK）	5.72	5.73	5.71
B	5.40	5.36	5.29
C	5.71	5.69	5.68
D	5.41	5.34	5.31

为 0.175％、0.525％；处理 B、D 的 pH 2007 年 10 月分别为 5.29、5.31，下降幅度较大，分别达到了 2.04％、1.85％。土壤 pH 下降的主要原因之一是土壤有机质分解产生有机酸，再者就是大量生理酸性肥料的施用。土壤变酸会影响钙、磷等元素的利用，对作物生长不利。因此，经过一定年限的免耕以后，可以考虑采取一定的措施，如免耕超过一定年限后，适当进行翻耕，或在施肥过程中掺用适量的石灰，避免土壤进一步酸化，影响作物的生长。

3.3.2 土壤有机碳含量

土壤有机碳含量多少与土壤肥力高低呈正相关关系。增加土壤有机碳含量，可改善土壤质量和提高土壤环境容量。土壤质量的改善表现在土壤结构、土体性能、有效水量、土壤生物多样性、元素循环和养分保存等方面。

从表 7 可知：①经过 1 年的试验，处理 A、B、C、D 土壤有机碳平均含量（0～25cm）分别增加了 1.28％、6.94％、8.30％、9.34％，0～5cm 土层土壤有机碳的含量分别增加了 0.61％、11.88％、6.06％、13.12％。从数据来看，免耕处理土壤有机碳含量增加的效果非常明显，而常规耕作土壤有机碳的平均含量只增加 1.28％。这说明，免耕能有效增加土壤有机碳的含量。②处理 A 与处理 C 比较发现，处理 C 土壤有机碳含量增加达到 6％以上。二者不同之处在于处理 C 进行了秸秆还田，这也说明秸秆还田能有效提高土壤有机碳的含量。③发现不同处理比较，免耕主要提高表层（0～15cm）土壤有

表 7 不同处理土壤有机碳含量变化

单位：g/kg

日期（年-月）	层次（cm）	处理 A（CK）	处理 B	处理 C	处理 D
2006 - 10	0～5	16.30	18.86	16.50	18.83
	5～15	15.60	17.67	14.90	17.80
	15～25	14.90	13.60	14.50	13.50
	平均	15.60	16.71	15.30	16.71
2007 - 7	0～5	16.50	19.80	17.20	19.60
	5～15	15.40	18.60	16.50	18.50
	15～25	15.70	13.20	16.80	13.60
	平均	15.87	17.20	16.17	17.23
2007 - 10	0～5	16.40	21.10	17.50	21.30
	5～15	15.90	18.90	16.80	19.50
	15～25	15.10	13.60	15.40	14.00
	平均	15.80	17.87	16.57	18.27

机碳的含量，对 15cm 土层以下的土壤有机碳含量影响不明显；常规耕作＋秸秆还田对土壤各层都有较明显的影响。这主要是因为翻耕以后各层养分混合较均匀；而免耕处理不翻耕，覆盖在表面的稻草腐烂后产生的有机碳难以渗透到土壤的中下层。

3.3.3 土壤全氮含量

氮是土壤中最重要的元素之一，含量的高低直接影响作物产量的高低。

从图 5 可知：①不同处理对土壤全氮含量影响有差异，处理 B、C、D 土壤全氮含量呈上升趋势，但处理 B、D 比处理 C 上升的幅度大；处理 A 全氮含量在早稻收割前小幅上升，晚稻收割完后出现下降。②处理 B 与处理 D 进行比较，二者上升的趋势、幅度几乎一致；处理 A 与处理 C 上升的趋势、幅度都不一致。因此，免耕和秸秆覆盖都能促进土壤全氮含量的上升。

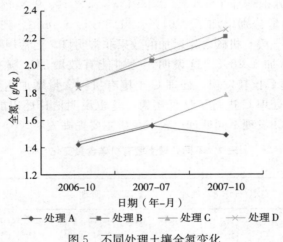

图5 不同处理土壤全氮变化

3.3.4 土壤碱解氮含量、阳离子交换量

碱解氮是指加入强碱，能把结合态的氮以氨气的形式释放出来的那部分氮。笔者测定碱解氮主要是包括铵态氮和硝态氮，它们都能被作物直接吸收，是反映土壤中氮能被作物直接吸收的有用指标之一。阳离子交换量主要包括交换性盐基和水解酸，阳离子交换量可以作为评价土壤保水保肥能力的指标，是改良土壤和合理施肥的重要依据之一。

（1）土壤碱解氮含量。经过 1 年（2006 年 10 月至 2007 年 10 月）的试验（表 8），处理 B、C、D 土壤碱解氮含量都有不同程度的上升，处理 B 上升了53.2mg/kg，处理 C 上升了 37.4mg/kg，处理 D 上升了 58.8mg/kg；处理 A上升不明显，只有 2.2mg/kg。上升幅度最大的是处理 C，达到了 23.6%；然后依次为处理 D、B，分别达到 22.8%、20.4%。出现以上现象的原因可能是，处理 C 为多年常规耕作，碱解氮含量不高，当年进行了绿肥播种和秸秆还田，对碱解氮起到了很大的累积作用。

（2）土壤阳离子交换量。从表 8 可知，阳离子交换量变化最大的是处理 D，经过 1 年试验，提高了 1.67cmol/kg，提高幅度为 20.3%；其次为处理 B，提高幅度为 17.7%；处理 C 达到了 7.6%；而处理 A 只有 0.1%。这说明，免耕能有效提高土壤阳离子交换量，对土壤保水保肥起到很好的作用。

表 8　不同处理土壤碱解氮含量、阳离子交换量变化

处理	碱解氮含量（mg/kg）			阳离子交换量（cmol/kg）		
	2006 年 10 月	2007 年 7 月	2007 年 10 月	2006 年 10 月	2007 年 7 月	2007 年 10 月
A（CK）	141.7	145.3	143.9	7.58	7.64	7.59
B	260.4	284.2	313.6	8.31	9.2	9.78
C	158.4	172.7	195.8	7.62	7.98	8.20
D	257.6	189.8	316.4	8.21	9.06	9.88

3.3.5　土壤有效磷、速效钾含量

从表 9 可知，从 2006 年 10 月至 2007 年 10 月，处理 A、B、C、D 的有效磷含量分别增长-1.9%、10.3%、10.1%、10.1%，速效钾含量分别增长 0.3%、2.0%、2.3%、2.7%，pH 分别下降 0.01、0.11、0.03、0.10。可见，处理 B、C、D 的有效磷、速效钾含量相对于处理 A 有较大的增长。从两种移栽方式来看，免耕的有效磷、速效钾含量保持一个增长趋势；而常耕的有效磷、速效钾含量处于较平稳的状态，变化幅度不大。这说明免耕能促进土壤有效磷、速效钾含量的提高，有利于提高土壤的速效养分，使土壤的理化性状朝着有利于水稻生长的方向改善。

表 9　不同处理土壤有效磷、速效钾变化

单位：mg/kg

处理	有效磷			速效钾		
	2006 年 10 月	2007 年 7 月	2007 年 10 月	2006 年 10 月	2007 年 7 月	2007 年 10 月
A（CK）	7.90	7.80	7.75	35.04	35.10	35.16
B	10.70	11.20	11.80	44.50	45.01	45.40
C	7.90	8.10	8.70	35.08	35.30	35.90
D	10.90	11.40	12.0	44.60	44.80	45.80

3.4 稻田保护性耕作对病虫草害的影响

3.4.1 水稻病害

从表 10 可知：①处理 B、D 相对于处理 A、C 的病穗率和病粒率都较低，处理 B、D 的平均病穗率只有处理 A、C 的 33%，处理 B、D 的平均病粒率只有处理 A、C 的 30%。②处理 B 与处理 D 的发病情况相比差异较小，处理 A 与处理 C 相比有较大的差异。以上结果说明，免耕相对于常耕，对稻曲病的防治有较大作用，抛秧相对于移栽也有一定的防治效果。其原因可能是免耕抛秧具有发根早、根系发达粗壮、长势旺盛、群体结构协调等特点而增强了植株的抵抗力，从而减轻病害。

表 10 不同处理晚稻稻曲病发生情况

单位：%

指标	处理 A（CK）	处理 B	处理 C	处理 D
病穗率	1.81	0.59	1.61	0.53
病粒率	0.062 5	0.018 6	0.043 9	0.013 7

注：稻曲病的调查时间为晚稻黄熟期，具体为 2007 年 10 月 19 日。

3.4.2 水稻虫害

从表 11 可知，不处理稻纵卷叶螟、二化螟危害率差异较大。①从稻纵卷叶螟来看，早稻中，每 100 丛处理 B 比处理 A 少 90 头，处理 D 比处理 C 少 88 头；晚稻中，每 100 丛处理 B 比处理 A 少 69 头，处理 D 比处理 C 少 74 头，早、晚稻发生情况类似。②从二化螟危害率来看，早稻中，处理 B 比处理 A 少 16 个百分点，处理 D 比处理 C 少 18 个百分点；晚稻中，处理 B 比处理 A 少 18 个百分点，处理 D 比处理 C 少 18 个百分点。由此可见，免耕可以减少稻田稻纵卷叶螟和二化螟的数量。

表 11 不同处理水稻虫害发生情况

水稻	处理	每 100 丛稻纵卷叶螟（头）	二化螟危害率（%）
早稻	A（CK）	163	50
	B	73	34
	C	160	53
	D	72	35
晚稻	A（CK）	150	54
	B	81	36
	C	153	56
	D	79	38

注：稻纵卷叶螟的调查时间为水稻黄熟期（早稻为 2007 年 7 月 9 日，晚稻为 2007 年 10 月 17 日），二化螟的调查时间为水稻分蘖盛期（早稻为 2007 年 5 月 18 日，晚稻为 2007 年 8 月 16 日）。

3.4.3 稻田杂草

从表 12 可知，不同处理间杂草种类和覆盖度有较大差别，早、晚稻不同处理杂草种类和覆盖度变化趋势不一致。①早稻中，处理 B、D 的杂草种类比处理 A、C 多，覆盖度也大。这说明免耕处理杂草防治要比常耕处理花费更多的人力、物力。从杂草种类增长幅度来看，免耕处理 B、D 比常耕处理 A、C 大，平均分别为 62.5 个百分点、53.8 个百分点；从覆盖度增长比例来看，免耕处理 B、D 比常耕处理 A、C 小一些，平均分别为 8.0 个百分点、14.0 个百分点。②晚稻中，免耕处理 B、D 与常耕处理 A、C 相比，不论是杂草种类还是覆盖度都少。其主要原因是：免耕处理 B、D 采取了利用早稻秸秆进行覆盖，使杂草不易长出来。同时也说明了免耕过程中可多采取秸秆覆盖进行杂草物理性防治，表中数据也说明了这种防治是有效的。从表中还可以看出，不同的移栽方式，即移栽和抛秧对杂草的防治效果无差别。

表 12　不同处理杂草种类和覆盖度发生情况

处理	5 月 13 日（早稻分蘖盛期）		6 月 21 日（早稻抽穗期）		8 月 12 日（晚稻分蘖盛期）		9 月 5 日（晚稻抽穗期）	
	种类（个）	覆盖度（%）	种类（个）	覆盖度（%）	种类（个）	覆盖度（%）	种类（个）	覆盖度（%）
A（CK）	7	38	10	52	10	40	12	56
B	8	46	13	55	5	10	7	19
C	6	39	10	53	11	43	13	56
D	8	47	13	54	5	10	8	18

3.5　稻田保护性耕作能流分析

从表 13 可知，4 种不同的复种方式中，处理 D 的总初级生产力最高，达到 $562.24 \times 10^9 \mathrm{J/hm^2}$，最小的为处理 A，达到 $442.08 \times 10^9 \mathrm{J/hm^2}$；辅助能投入最高的为处理 A，达到 $140.04 \times 10^9 \mathrm{J/hm^2}$，投入最低的为处理 D，只有 $114.6 \times 10^9 \mathrm{J/hm^2}$。处理 B、C、D 光能利用率都达到了 1% 以上，最小的为处理 A，只有 0.99%，最大的为处理 D，达到 1.26%，4 个处理光能利用率的顺序依次为处理 D、处理 B、处理 C、处理 A；辅助能的产投比顺序依次为处理 D、处理 B、处理 C、处理 A，最大达到 4.91，最小只有 3.16。从以上结果可以看出，处理 D 能较好地利用光温水土等自然资源，取得较好的辅助能产投效益，从而节约了化石能和其他能源的投入。因此，从能流分析来看，免耕、抛秧的效益是最好的。

表 13　不同处理复种系统初级生产者能量输入输出参数

项目		处理 A（CK）	处理 B	处理 C	处理 D
总初级 生产力 （J/hm²）	冬季绿肥	64.40×10^9	83.50×10^9	75.60×10^9	144.70×10^9
	水稻（早晚稻合计）	377.00×10^9	407.00×10^9	395.00×10^9	417.00×10^9
	杂草	0.68×10^9	0.52×10^9	0.65×10^9	0.54×10^9
	总计	442.08×10^9	491.02×10^9	471.25×10^9	562.24×10^9
辅助能 （J/hm²）	化石能	83.25×10^9	80.76×10^9	81.94×10^9	80.46×10^9
	劳力能	40.45×10^9	20.45×10^9	30.17×10^9	16.55×10^9
	其他	16.34×10^9	16.45×10^9	17.50×10^9	17.59×10^9
	总计	140.04×10^9	117.66×10^9	129.61×10^9	114.6×10^9
初级生产力 的生态效率	光能利用率（%）	0.99	1.10	1.05	1.26
	辅助能产投比	3.16	4.19	3.64	4.91

注：折能标准参考《农业生态学》[87]，全年辐射能平均为 4.462×10^{13} J/hm²，人工辅助能的总投入包括农机具、化肥、劳力、畜力、种子等。

3.6　稻田保护性耕作的经济效益分析

3.6.1　投入分析

各处理的种子、农药、化肥、畜力、人工、地膜、塑盘的投入成本列入表 14。

表 14　不同处理成本投入

单位：元/hm²

项目	处理 A（CK）	处理 B	处理 C	处理 D
种子	300	300	420	420
农药	660	660	660	660
化肥	2 045	2 045	2 045	2 045
畜力	900	60	900	60
人工	7 500	6 000	6 750	5 250
地膜	100	100	100	100
塑盘		200		200
合计	11 505	9 365	10 875	8 735

注：人工按 50 元/d 计算，畜力按 30 元/d 计算。

3.6.2　经济效益分析

根据成本投入和产量结果，采用产投比、纯收入、经济效益率、增产率

4 个指标进行分析，结果见表 15。

表 15　不同处理经济效益分析

项目	处理 A（CK）	处理 B	处理 C	处理 D
产出（元/hm²）	21 519.2	23 211.8	22 564.5	23 806.6
投入（元/hm²）	1 505	9 365	10 875	8 735
产投比	1.87	2.48	2.07	2.73
纯收入（元/hm²）	10 014.20	13 846.80	11 689.50	15 071.60
经济效益率（%）	95	148	107	172
增产率（%）	0	8	5	11

注：早稻以 1.6 元/kg，晚稻以 1.7 元/kg 计算。

(1) 产投比（O/I）＝产出量（O）/投入量（I）。

(2) 纯收入（E）＝产出量（O）－投入量（I）。

(3) 经济效益率（E_a）＝纯收入（E）/投入量（I）。

(4) 增产率（Y_a）＝增产量（ΔY）/对照产量（Y）。

3.6.3　生产力水平分析

生产力是指一个经济系统在一定时间、空间、数量、质量等条件下，单位资源投入下所获得的价值。它反映了一个系统的生产能力以及这个系统的经济适应性。笔者选用以下几个指标进行分析，结果见表 16。

$P_1＝O/I_1$，其中 P_1 为单位面积产值，O 为产值，I_1 为土地面积。

$P_2＝O/I_2$，其中 P_2 为劳动生产率，O 为产值，I_2 为投入的劳动数量。

$P_3＝O/I_3$，其中 P_3 为资金生产率，O 为产值，I_3 为投入的物质费用，不包括劳动者的工资。

表 16　不同处理生产力水平分析

项目	处理 A（CK）	处理 B	处理 C	处理 D
P_1（元/hm²）	21 519.20	23 211.80	22 564.50	23 806.60
P_2（元/d）	143.46	193.43	167.14	226.73
P_3（元/元）	6.93	7.48	6.59	6.95

3.7　稻田保护性耕作的综合效应评价

3.7.1　综合效应指标的确立

本文从生态与经济两个方面对稻田免耕抛秧进行综合效应评价，评价过程中，指标的确定是关系到评价结果准确的重要一环。本文经过专家咨询并结合所做的调查和试验，选定了 13 个指标，其中生态指标 8 个，经济指标 5 个，如图 6 所示。初级生产力的生态效率（C_{11}）是综合了光能利用率和辅助能产投比两个指标，并分别取 50% 的权重，然后去量纲后得到评价指标的原始值（表 17）。病虫草危害程度（C_{12}）的确定是病害、虫害、草害分别取权重 0.3、0.3、0.4，然后去量纲后得到评价原始值。病害中的病穗率和病粒率各占病害权重的 50%；虫害中的稻纵卷叶螟和二化螟危害率是早晚稻的平均值，并分别取虫害权重的 50%；杂草种类和覆盖率是各次调查的平均值，并分别取草害权重的 50%。

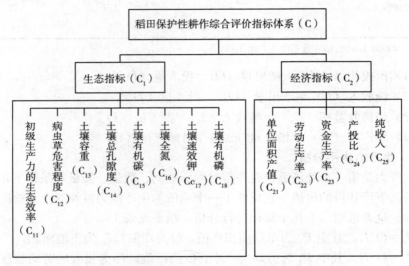

图 6　稻田保护性耕作综合评价指标体系

表 17　不同处理评价指标原始值

指　标	处理 A（CK）	处理 B	处理 C	处理 D
初级生产力的生态效率	0.734 7	0.863 2	0.762 1	1
病虫草危害程度	0.982 9	0.564 8	0.938 8	0.554 7
土壤容重（g/cm³）	1.27	1.13	1.19	1.11
土壤总孔隙度（%）	52.9	56.72	54.62	57.5
土壤有机碳（g/kg）	15.8	17.87	16.57	18.27
土壤全氮（g/kg）	1.49	2.24	1.78	2.26
土壤速效钾（mg/kg）	35.16	45.4	35.9	45.8
土壤有效磷（mg/kg）	7.75	11.8	8.7	12
单位面积产值（元/hm²）	21 519.2	23 211.8	22 564.5	23 806.6

（续）

指　标	处理 A（CK）	处理 B	处理 C	处理 D
劳动生产率（元/hm²）	143.46	193.43	167.14	226.73
资金生产率（元/元）	6.93	7.48	6.59	6.95
产投比（%）	1.87	2.48	2.07	2.73
单位面积土地纯收入（元/hm²）	10 014.2	13 846.8	11 689.5	15 071.6

3.7.2　综合效应评价指标的量化处理

由于各指标的性质、度量单位、代表意义不同，要对指标进行综合评价，必须先进行指标的无量纲处理，即通过数学变换来消除原来指标量纲的影响。本评价采用隶数函数法，将各指标实际值转换为 $0 \sim 1$，优者为 1，差者为 0。首先确定指标的上、下限值，分别记为 A_i（max）和 A_i（min）（表 18）。

表 18　稻田保护性耕作综合评价指标无量纲处理评价值

指　标	最大值	最小值	评价值（U_i） 处理 A(CK)	处理 B	处理 C	处理 D
初级生产力的生态效率	1.5	0.3	0.20	0.30	0.22	0.42
病虫草危害程度	1.5	0.4	0.47	0.85	0.51	0.86
土壤容重（g/cm³）	1.4	1	0.33	0.68	0.53	0.73
土壤总孔隙度（%）	59	50	0.32	0.75	0.51	0.83
土壤有机碳（g/kg）	20	14	0.30	0.65	0.43	0.71
土壤全氮（g/kg）	2.5	1.2	0.22	0.80	0.45	0.82
土壤速效钾（mg/kg）	50	30	0.26	0.77	0.30	0.79
土壤有效磷（mg/kg）	15	6.5	0.15	0.62	0.26	0.65
单位面积产值（元/hm²）	25 000	20 000	0.30	0.64	0.51	0.76
劳动生产率（元/hm²）	250	100	0.29	0.62	0.45	0.84
资金生产率（元/元）	8	5	0.64	0.83	0.53	0.65
产投比（%）	3	1.8	0.19	0.63	0.35	0.78
单位土地面积纯收入（元/hm²）	16 000	9 000	0.27	0.73	0.48	0.88

（1）对于正效指标，适用于数值越大越好的指标。用正效指标量化的生态指标有初级生产力的生态效率、土壤总孔隙度、土壤有机碳、土壤全氮、土壤速效钾、土壤有效磷；经济指标有资金生产率、劳动生产率、单位面积产值、投入比、纯收入。$U_i(\mathrm{I}) = [X_i - A_i(\min)]/[A_i(\max) - A_i(\min)]$，$A_i(\min) \leqslant X_i < A_i(\max)$。当 $X_i < A_i$（min）时，$U_i(\mathrm{I}) = 0$；当 $X_i \geqslant A_i$（max）时，$U_i(\mathrm{I}) = 1$。

（2）对于负效指标，适用于越小越好的指标。用负效指标来量化的指标如土壤容重、病虫草危害程度。

$$U_i(E) = [X_i - A_i(\max)]/[A_i(\min) - A_i(\max)], A_i(\min) \leqslant X_i < A_i(\max)$$。当 $X_i < A_i(\min)$ 时，$U_i(E) = 1$；$X_i \geqslant A_i(\max)$ 时，$U_i(E) = 0$。

式中，X_i 为指标的实际值；$U_i(I)$ 为正效指标无量纲处理后的评价值；$U_i(E)$ 为负效指标无量纲处理后的评价值。

3.7.3 综合效应评价指标权重的确定

评价指标权重的确定[88,89]采用层次分析法。层次分析法是美国 Seaty 教授于 20 世纪 70 年代提出的一种实用的多准则决策方法，具体步骤如下。

（1）构造指标的层次结构。用层次分析法做系统分析，首先把问题层次化，根据问题的性质和要达到的总的目标将问题分解为不同的组成因素，并按照因素间的相互关联影响以及隶属关系将因素按不同层次聚合，形成一个多层次的分析结构模型。

（2）构造判断矩阵。针对上一层次某一指标，对该层相关指标进行两两比较，采用 1～9 及其倒数标度法（表 19）将比较结果量化，建立判断矩阵。构造判断矩阵是层次分析的关键，判断矩阵构造是否合理恰当，直接关系到评价结果的准确与合理性。

表 19　判断矩阵的标度及其含义

标度	含　义
1	两个因素相比，具有同样重要性
3	两个因素相比，前者比后者稍微重要
5	两个因素相比，前者比后者明显重要
7	两个因素相比，前者比后者强烈重要
9	两个因素相比，前者比后者极端重要
2，4，6，8，	上述两相邻判断的中值
倒数	若因素 i 与 j 比较得判断 C_{ij}，则因素 j 与 i 的判断为 $C_{ji} = 1/C_{ij}$

（3）将矩阵的每行元素相乘后开 k 次根，得 $W_j = \sqrt[k]{\prod_j^k C_{ij}}$（$i = 1$，2，…，$n$）。

（4）对方根向量 W_j 做归一化处理，即得到序权向量 ω_j，也即某一指标相对于上一层次某一因素的权重。

$$\omega_j = W_j / \sum W_j$$

根据层次分析法的基本原理，构造矩阵并求出各指标的权重。

（5）计算各层次组合权重。各判断矩阵所得的权重值只是各层次指标子系统相对于上一层的分离权重值，因此要将分离权重值组合为具体指标相对最高层的组合权重值。

设最高层为 G，中间层 C_i 包含 m 个因素 C_1，C_2，…，C_m，对于 C 的权重值为 $w(C_1)$，$w(C_2)$，…，$w(C_m)$；最低层 C_{ij} 包含 n 个因素 C_1，C_2，…，C_n，对于是 C_i 的权重值为 $w(C_{i1})$，$w(C_{i2})$，…，$w(C_{in})$，则 C_{ii} 层对于 G 层的组合权重值为 $\hat{W}(C_{ij}) = w(C_i)w(C_{ij})$，$i = 1$，2，…$m$，$j = 1$，2，…$n$，且有 $\sum w(C_i)w(C_{ij}) = 1$。利用求组合权重的方法，对每个评价因子相对于目标层 G 的组合权重（表 20 至表 23）。

表 20　判断矩阵 C

C	C_i		权重
	C_1	C_2	
C_1	1	1	0.5
C_2	1	1	0.5

表 21　判断矩阵 C_1

C_1	C_{1i}								权重
	C_{11}	C_{12}	C_{13}	C_{14}	C_{15}	C_{16}	C_{17}	C_{18}	
C_{11}	1	2	5	5	1/2	2	2	2	0.205
C_{12}	1/2	1	4	4	1/3	2	2	2	0.155
C_{13}	1/5	1/4	1	2	1/5	1/2	1/2	1/2	0.050
C_{14}	1/5	1/4	1/2	1	1/5	1/2	1/2	1/2	0.042
C_{15}	2	3	5	5	1	2	2	2	0.256
C_{16}	1/2	1/2	2	2	1/2	1	2	2	0.115
C_{17}	1/2	1/2	2	2	1/2	1/2	1	2	0.097
C_{18}	1/2	1/2	2	2	1/2	1/2	1/2	1	0.081

表 22　判断矩阵 C_2

C_2	C_{2i}					权重
	C_{21}	C_{22}	C_{23}	C_{24}	C_{25}	
C_{21}	1	1	1/3	1/2	1	0.122
C_{22}	1	1	1/3	1/2	1	0.122
C_{23}	3	3	1	4	3	0.445
C_{24}	2	2	1/4	1	2	0.189
C_{25}	1	1	1/3	1/2	1	0.122

表 23　评价体系各指标权重

C					
C_1（0.5）			C_2（0.5）		
C_{1i}	权重	组合权重	C_{2i}	权重	组合权重
C_{11}	0.205	0.102	C_{21}	0.122	0.061
C_{12}	0.155	0.077	C_{22}	0.122	0.061
C_{13}	0.050	0.025	C_{23}	0.122	0.061
C_{14}	0.042	0.021	C_{24}	0.445	0.223
C_{15}	0.256	0.128	C_{25}	0.189	0.095
C_{16}	0.115	0.058			
C_{17}	0.097	0.048			
C_{18}	0.081	0.041			

3.7.4　综合效应评价结果

（1）稻田保护性耕作各指标的 P_i 值（表 24）。

表 24　不同处理评价各指标的 P_i 值

指标	处理 A（CK）	处理 B	处理 C	处理 D
初级生产力的生态效率	0.015	0.023	0.017	0.032
病虫草危害程度	0.048	0.087	0.052	0.088
土壤容重	0.008	0.017	0.013	0.018
土壤总孔隙度	0.007	0.016	0.011	0.017
土壤有机碳	0.038	0.083	0.055	0.091
土壤全氮	0.013	0.046	0.026	0.048
土壤有效钾	0.012	0.037	0.014	0.038
土壤有效磷	0.006	0.025	0.011	0.027
单位面积产值	0.018	0.039	0.031	-0.046
劳动生产率	0.018	0.038	0.027	0.051
资金生产率	0.039	0.051	0.032	0.040
产投比	0.042	0.140	0.078	0.174
单位土地面积纯收入	0.026	0.069	0.046	0.084

注：采用公式：$P_i = U_i \cdot W_i$，其中 U_i 表示评价因子去量纲后的评价值，W_i 表示评价因子权重，P_i 表示评价中各因子的评价值。

（2）稻田免耕、抛秧综合评价结果。采用公式 $P_I = P_1 + P_2 + P_3 + \cdots + P_i$（$P_i$ 表示评价各因子在评价中的最终评价值）对每一处理的各因子进行相加，得到保护性耕作生态、经济效益综合评价结果。P_I 值越大，越接近 1，则表示这种处理生态、经济效果越好。

从表 25、图 7 可以看出：对于生态效益指数，处理 A、B、C、D 分别为 0.148、0.335、0.199、0.359，顺序依次为处理 D、处理 B、处理 C、处理 A；对于经济效益指数，处理 A、B、C、D 分别为 0.143、0.337、0.215、0.395，顺序依次为处理 D、处理 B、处理 C、处理 A；对于综合效益指数，处理 A、B、C、D 分别为 0.291、0.672、0.414、0.754，顺序依次为处理 D、处理 B、处理 C、处理 A。由此可以看出，不论是从经济、生态效益，还是综合效益来看，都以处理 D 为最优，其次为处理 B，最差是处理 A。

表 25　不同处理的综合评价指数

处理	生态效益指数	经济效益指数	综合效益指数	综合效益排序
A（CK）	0.148	0.143	0.291	4
B	0.335	0.337	0.672	2
C	0.199	0.215	0.414	3
D	0.359	0.395	0.754	1

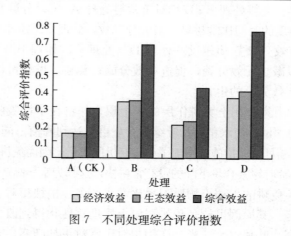

图 7　不同处理综合评价指数

4　小结与讨论

4.1　稻田免耕抛秧对作物产量及生长动态的影响

从 4 个处理结果可以看出，处理 A 的冬季绿肥产量最少，通过改变传统的冬季单一绿肥作物——紫云英，采用混播，改种苕子、黑麦草均能取得较高的绿肥产量。

处理A、B、C、D早稻的产量分别达到 6 310.04kg/hm²、6 840.71kg/hm²、6 726.71kg/hm²、7 027.02kg/hm²，晚稻的产量分别达到 6 719.54kg/hm²、7 215.68kg/hm²、6 942.24kg/hm²、7 390.22kg/hm²。对水稻产量贡献最大的是有效穗数，处理D早、晚稻有效穗数都最高，其次是处理C；每穗颖花数、结实率、千粒重各处理之间的差异不明显。通过方差分析发现：①同一耕作方式，不同的移栽方式对水稻产量的影响达到显著性水平，即抛秧与移栽差异显著，早、晚稻处理D与处理B、处理C与处理A差异显著。②同一移栽方式，不同的耕作方式对水稻产量的影响也达到了显著性水平，即免耕与常耕差异显著，早、晚稻处理D与处理C、处理B与处理A差异显著。

早、晚稻各生育时期株高，从高到低依次为处理D、B、C、A。这可能与育秧处理的不同有关，抛秧的育秧是用塑盘，秧苗抛入田后，不会伤及秧苗的根，秧苗返青快，所以早期抛秧的株高相对较高。免耕处理B、D与常耕处理A、C相比，株高在整个生育期都呈现出相对较高的优势。这说明免耕有利于水稻株高的增长，促进水稻的生长势。

早晚稻不同处理分蘖数呈现不同的变化规律：抛秧处理C、D与移栽处理A、B相比，分蘖数较少，并且抛秧处理C、D的最大分蘖数出现的时间比移栽处理A、B早；免耕处理B、D相对于常耕处理A、C，分蘖数少一些，免耕分蘖数最大值出现的时间比常耕早。最大分蘖数，处理C>处理D，处理A>处理B；而最后有效分蘖数却相反，处理D>处理C，处理B>处理A。因此，免耕、抛秧可以减少无效分蘖，促进有效分蘖；免耕、抛秧可以充分利用田间的养分，促进有效分蘖的生长。

免耕造成肥力集中在土壤耕作层的中上层，作物在早期吸收养分较快，从而影响叶绿素的含量，使水稻叶片叶绿素含量更早达到峰值。同时，免耕处理在晚稻时期采取了秸秆覆盖措施，增加了土壤有机质含量，因而免耕处理的晚稻在孕穗期和齐穗期叶片叶绿素含量下降的没有常耕快，这都为水稻高产打下了基础。

总体来看，免耕的水稻干物质积累比常耕的多。抛秧相对于移栽，在干物质积累上有优势。其原因可能是免耕稻田土壤理化性状得到改善，水稻各种生理功能得到提高，叶片迟衰，光合作用相对于常耕更加旺盛，合成的产物相对要多。另外，抛秧处理水稻的根系受到的损伤小，返青快，有效穗数相对移栽较多，因此干物质积累相对较多。

未来我国粮食问题的解决主要还是依靠耕地和提高单位面积产量，其核心是改革耕作制度，增加复种指数，提高单位面积粮食生产效率和经济效益。保护性耕作措施在水稻株高、有效穗数、光能利用、干物质积累等方面比常规耕作有优势，因此能提高水稻产量、单位面积粮食生产效率和效益，具有广阔的应用前景。

4.2 稻田免耕抛秧对土壤物理性状的影响

2007 年 10 月，处理 B、D 的土壤容重分别比处理 A 低 11.02％、12.60％。处理 B、D 的土壤容重表现为稳定下降趋势，处理 C 的土壤容重也出现了一定的下降。其原因可能是，处理 C 采取了秸秆还田，间接提高了土壤有机质含量，从而引起土壤容重下降。采取保护性耕作，从较长的时间来看，有利于土壤容重的降低；但免耕数年以后，可能会出现容重的小幅反弹。其原因可能是稻田土壤出现一定程度的紧压，这时应加大绿肥的种植，增加秸秆覆盖，使耕层土壤有机质含量增加，降低土壤容重。

2007 年 10 月，土壤总孔隙度最大的为处理 D，达到 57.50％，最小为处理 A，达到 52.90％；处理 B 与处理 D 的平均值比处理 A 与处理 C 的平均值大 3.35％。这说明免耕能有效提高土壤的总孔隙度。

4.3 稻田免耕抛秧对土壤化学性质的影响

从 2006 年 10 月至 2007 年 10 月，处理 A、B、C、D 土壤有机碳的平均含量（0～25cm）分别增加了 1.28％、6.94％、8.30％、9.34％，0～5cm 土层土壤有机碳含量分别增加了 0.61％、11.88％、6.06％、13.12％。免耕处理土壤有机碳含量增加的效果非常明显，常规耕作土壤有机碳的平均含量只增加 1.28％。免耕和秸秆还田均能有效增加土壤有机碳的含量，不同的是：免耕主要提高表层（0～15cm）土壤有机碳的含量，对 15cm 土层以下的土壤有机碳含量影响不明显；常规耕作＋秸秆还田对土壤各层都有较明显的影响。这主要是因为翻耕以后各层养分混合较均匀；而免耕处理不翻耕，覆盖在表面的稻草难以渗透到土壤的中下层。

免耕能有效增加土壤全氮、碱解氮、速效钾、有效磷的含量，但 pH 有下降的趋势；常耕的土壤全氮、碱解氮、速效钾、有效磷含量及 pH 总体平稳或呈下降的趋势。土壤 pH 降低的主要原因之一是土壤有机质分解产生有机酸，再者就是大量生理酸性肥料的施用。

4.4 稻田免耕抛秧对水稻病虫草害的影响

在病害方面，2007 年晚稻，处理 A、B、C、D 的稻曲病的病穗率分别为 1.81％、0.59％、1.61％、0.53％，病粒率分别为 0.062 5％、0.018 6％、0.043 9％、0.013 7％，免耕相对于常耕有较好的防护稻曲病的作用。在虫害方面，从稻纵卷叶螟来看，早稻中，每 100 丛处理 B 比处理 A 少 90 头，处理

D 比处理 C 少 88 头；晚稻中，处理 B 比处理 A 少 69 头，处理 D 比处理 C 少 74 头，免耕处理之间以及常耕处理之间差异均不明显。从二化螟危害率来看，早稻中，处理 B 比处理 A 少 16 个百分点，处理 D 比处理 C 少 18 个百分点；晚稻中，处理 B 比处理 C 少 18 个百分点，处理 D 比处理 C 少 18 个百分点。在草害方面，早稻中，处理 B、D 的杂草种类比处理 A、C 多，覆盖度也大；杂草种类增长幅度，免耕处理 B、D 比常耕处理 A、C 大；覆盖度增长比例，免耕处理 B、D 比常耕处理 A、C 小。晚稻中，免耕处理 B、D 比常耕处理 A、C，不论是杂草种类还是覆盖度都少。其主要原因是免耕处理 B、D 利用早稻秸秆进行了覆盖，杂草不易生长。

免耕水稻病虫害较常耕水稻轻，其原因可能是免耕水稻具有发根早、根系发达粗壮、长势旺盛、群体结构协调等特点而增强了植株的抵抗力，从而减轻病害。在第二、四代二化螟及稻纵卷叶螟发生期间，免耕早、晚稻已处于黄熟期，并已褪色，螟蛾和蚁螟难以侵入产卵；而常耕水稻生育时期相对较迟并处于灌浆期至成熟期，植株颜色较深，加上二化螟和稻纵卷叶螟有趋绿的习性，因此免耕水稻受虫害较常耕水稻轻。免耕水稻的草害在移栽前可用灭生除草剂（如百草枯、草甘膦等）清除田间杂草，移栽后的杂草清除通过加强秸秆覆盖等措施可以有效缓解稻田杂草的危害。

4.5 稻田免耕抛秧能流分析

4 个处理光能利用率的顺序依次为处理 D、处理 B、处理 C、处理 A（CK），辅助能的产投比顺序依次为处理 D、处理 B、处理 C、处理 A（CK），最大达到 4.91，最小只有 3.16。可见，处理 D 能较好地利用光温水土等自然资源，取得较好的辅助能产投效益，从而节约了化石能和其他能源的投入。因此，从能流分析来看，免耕、抛秧的效益是最好的。

4.6 稻田免耕抛秧经济效益分析

投入方面，处理 A、B、C、D 分别达到 11 505 元/hm²、9 365 元/hm²、10 875 元/hm²、8 735 元/hm²，处理 A 比处理 B、C、D 分别多 22.85%、5.79%、31.71%，顺序为处理 A、处理 B、处理 C、处理 D。

经济效益方面，处理 A、B、C、D 的产投比分别为 1.87、2.48、2.07、2.73，最大的为处理 D；处理 A、B、C、D 的纯收入分别为 10 014.20 元/hm²、13 846.80 元/hm²、11 689.50 元/hm²、15 071.60 元/hm²，顺序为处理 D、处理 B、处理 C、处理 A；处理 A、B、C、D 的经济效益率分别为 95%、148%、107%、172%；处理 B、C、D 的增产率分别为 8%、5%、11%。

生产力水平方面，处理 A、B、C、D 的单位面积产值分别为 21 519.20 元/

hm²、23 211.80 元/hm²、22 564.50 元/hm²、23 806.60 元/hm²；处理 A、B、C、D 的劳动生产率分别为 143.46 元/d、193.43 元/d、167.14 元/d、226.73 元/d；处理 A、B、C、D 的资金生产率分别为 6.93 元/元、7.48 元/元、6.59 元/元、6.95 元/元，顺序依次为处理 B、处理 D、处理 A、处理 C。

从投入、经济效益、生产力水平这 3 项的各个方面可以看出，除了资金生产率处理 B 大于处理 D 外，其余都是处理 D 为优，说明免耕抛秧在经济效益方面是最适合的耕作方式。

4.7 稻田免耕抛秧的综合效应评价

本文通过咨询专家，并结合调查与试验分析，选择生态和经济这两大方面进行评价，筛选出 13 个指标。其中，生态指标 8 个，分别为病虫草危害程度、初级生产力的生态效率、土壤容重、土壤总孔隙度、土壤有机碳、土壤全氮、土壤速效钾、土壤有效磷；经济指标 5 个，分别为产投比、纯收入、单位面积产值、劳动生产率、资金生产率。对各指标的原始值进行了量化处理，各指标的权重确定用层次分析法，最后计算出各处理的 P_1 值。结果表明：处理 A、B、C、D 综合效益分别为 0.291、0.672、0.414、0.754，综合效益排序的结果为处理 D＞处理 B＞处理 C＞处理 A。

综合评价的结果表明，免耕抛秧具有最好的生态、经济效益，它能权衡当前稻田环境中存在的各种问题，又能兼顾经济效益，使农民增产、增收，适合在一定范围内推广。

4.8 结语

通过近 5 年的田间定位试验，运用生态学和经济学原理对稻田保护性耕作措施——免耕抛秧进行了系统的分析和研究得出，免耕抛秧具有最好的生态、经济效益。总体来看，免耕能改变土壤物理性状，提高土壤养分含量，较好地防治病虫害；抛秧水稻的根系受到的损伤小，返青快，有效穗数相对移栽较多，干物质积累相对较多，水稻的群体质量较手插移栽的好；免耕抛秧以较少的投入增加作物产量，增加了农民的收入，为当前"三农"问题的解决提供了一条可实践的途径。

由于田间试验时间偏短，研究还不够全面、完善，如在土壤生物学性状方面未进行研究，综合评价指标还存在一定不完善的地方等，这些不足有待在今后的研究工作中加强和充实。

参考文献

[1] 菲利普 S H，杨 H M. 免耕农作制 [M]. 陈士平，译. 北京：农业出版社，1983.

[2] 陈印军，张燕卿，徐斌，等.调整治沙方略抑制沙尘暴危害 [J].中国农业资源区划，2002，3（4）：7-9.

[3] 黄禄星，黄国勤.保护性耕作及其生态效应研究进展 [J].江西农业学报，2007，19（1）：112-115.

[4] 常旭虹.保护性耕作技术的效益及应用前景分析 [J].耕作与栽培，2004（1）：1-3.

[5] 徐世宏，江立庚.免耕抛秧水稻的大穗优势及形成机理研究 [J].中国农学通报，2007，23（10）：118-125.

[6] 魏优亮，黎国富.免耕抛秧等三种栽培方式对水稻生长发育和产量的影响 [J].作物研究，2007（1）：11-13.

[7] 王昌全，魏成明，李廷强，等.不同免耕方式对作物产量和土壤理化性状的影响 [J].四川农业大学学报，2001，19（2）：152-155.

[8] 肖剑英，张磊，谢德体，等.长期免耕稻田的土壤微生物与肥力关系研究 [J].西南农业大学学报，2002，23（2）：84-87.

[9] 邵达三，黄细喜，陶嘉玉，等.南方水田少（免）耕法研究报告 [J].土壤学报，1985，22（4）：305-310.

[10] 汪文清.丘陵区麦茬水稻免耕技术研究初探 [J].绵阳农专学报，1991，8（1）：16-20.

[11] 陈友荣，侯任昭，范仕容，等.水稻免耕法及其生理生态效应的研究 [J].华南农业大学学报，1993，10（2）：10-17.

[12] 张洪程，黄以澄，戴其根，等.麦茬机械少（免）耕旱直播稻产量形成特性及高产栽培技术的研究 [J].江苏农学院学报，1988，9（4）：21-26.

[13] 王鹤云，李义楼，钮志华.麦茬水直播稻高产群体优化栽培技术 [M] //高佩文，谈松.水稻高产理论与实践.北京：中国农业出版社，1994：167-170.

[14] 刘敬宗，李云康.杂交水稻免耕抛秧栽培技术初报 [J].杂交水稻，1999，14（3）：33-34.

[15] PHILLIP S H，YONG H M. No-tillage faming [M]. Milwaukee：Reiman Associates，1973.

[16] 黄庆，李康活，刘怀珍，等.不同规格纸筒育苗对免耕抛秧稻生长发育及产量的影响 [J].广东农业科学，2005（5）：2-5.

[17] 黄小洋，漆映雪，黄国勤，等.稻田保护性耕作研究：I.免耕对水稻产量、生长动态及害虫数量的影响 [J].江西农业大学学报，2005，27（4）：530-534.

[18] 黄国勤，黄小洋，张兆飞，等.免耕对水稻根系活力和产量性状的影响 [J].中国农学通报，2005，21（5）：170-174.

[19] TEASDALE J R. Light transmittance, soil temperature and soil misture under residue of hairy vetch and rye [J]. Agronomy Journal，1993，85（3）：637-680.

[20] 李向东，陈源泉，隋鹏，等.中国南方集约多熟稻田保护性耕作制度 [J].生态学杂志，2007，26（10）：1653-1656.

[21] GAMI S K，LADHA J K. Long-term changes in yield and soil fertility in a twenty-

year rice‐wheat experiment in Nepal [J]. Biology Fertility Soils, 2001, 34: 73‐78.

[22] LAMPRELANES J, CANTERO‐MARTINEZ C. Soil bulk density and penetration resistance under different tillage and crop management system and their relationship with barley root growth [J]. Agronomy Journal, 2003, 95: 526‐536.

[23] WANDER M M. Tillage impacts on depth distribution of total and particulate organic matter in three Illinois soil [J]. Soil Science Society of America Journal, 1998, 62 (6): 1704‐1711.

[24] ILTE F. Soil and crop response to different tillage practices in a ferruginous soil in the Nigeria savanna [J]. Soil and Tillage Research, 1986, 6: 261‐272.

[25] GRANT U A. The effects of tillage systems and crop sequences on soil bulk density and penetration resistance on a clay soil in southern Saskachewan [J]. Canadian Journal of Soil Science, 1993, 73: 223‐232.

[26] WANDER M M, BOLLERO G A. Soil quality assessment of tillage impacts in Illinois [J]. Soil Science Society of America Journal, 2003, 64: 710‐714.

[27] AASE J K. Crop and soil response to long‐term tillage practice in the northern Great Plains [J]. Agronomy Journal, 1995, 87 (4): 652‐661.

[28] KARLEN D L. Twelve‐year tillage and crop rotation effects on yields and soil chemical properties in northeast Iowa [J]. Communication in Soil Science Plant Analysis, 1991, 22: 1895‐2003.

[29] CRORETTO C C. No‐till development in Chequén Farm and its influence on some physical, chemical and biological parameter [J]. Journal of Soil and Water Conservation, 1998, 53: 194‐199.

[30] 黄细喜. 土壤自调性与少免耕法 [J]. 土壤通报, 1987, 18 (3): 111‐114.

[31] 牟正国. 免耕对土壤松紧状况的影响 [C]. 中国少耕免耕与覆盖技术研究. 北京: 北京科学技术出版社, 1991: 34‐40.

[32] GHUMAN P W. Land clearing and use in the humid Nigerian tropics [J]. Soil Science Society of America Journal, 1991, 55 (1): 178‐183.

[33] BRUCE R R. Tillage and crop rotation effect on characteristics of sands surface soil [J]. Soil Science Society of America. Journal, 1990, 54 (6): 1744‐1747.

[34] UNGER P W. Overwinter changes in physical properties of no‐tillage soil [J]. Soil Science Society of America Journal, 1991, 55 (3): 778‐782.

[35] LAL R. No‐tillage effects on soil properties and maize production in Western Nigeria [J]. Plant and Soil, 1974, 40: 321‐331.

[36] BLAKE W M. Influence of temperature and elongation on the radical and shoot of corn [J]. Crop Science, 1972, 12: 647‐650.

[37] 李洪文, 陈君达. 旱地农业三种耕作措施的对比研究 [J]. 干旱地区农业研究, 1997, 15 (1): 7‐11.

[38] 朱文珊, 王坚. 地表覆盖种植与节水增产 [J]. 水土保持研究, 1996 (3):

141 - 145.

[39] IKE L F. Soil and response to different tillage practices in a ferruginous soil in the Nigeria savanna [J]. Soil and Tillage Research, 1996, 88 (5): 812 - 817.

[40] TRACY P W. Carbon, nitrogen, phosphorus, and sulfur mineralization in plow and no - till cultivation [J]. Soil Science Society of America Journal, 1990, 54 (2): 457 - 461.

[41] 刘鹏程. 稻草覆盖还田培肥地力的试验研究 [J]. 土壤肥料, 1993 (1): 35 - 36.

[42] 余晓鹤. 土壤表层管理对部分土壤化学性质的影响 [J]. 土壤, 1990 (2): 158 - 161.

[43] UNGER P W. Organic natter, nutrient and pH distribution in no and conventional - tillage semiarid soils [J]. Agronomy Journal, 1991, 83 (1): 186 - 189.

[44] 白大鹏. 整秸秆覆盖免耕条件下黄土高原旱地的养分消长研究 [J]. 土壤学报, 1997, 34 (1): 103 - 106.

[45] 刘亚俊, 侯国青, 周景奎. 保护性耕作对土壤理化性质的影响分析 [J]. 农村牧区机械化, 2003 (4): 13 - 15.

[46] 孙海国. 保护性耕作和植物残体对土壤养分的影响 [J]. 生态农业研究, 1997, 5 (1): 47 - 51.

[47] 郑家国, 谢红梅, 姜心禄, 等. 南方丘区两熟制稻田保护性耕作的稻田生态效应 [J]. 农业现代化研究, 2005, 26 (4): 295 - 296.

[48] 王芸, 李增嘉, 韩宾, 等. 保护性耕作对土壤微生物量及活性的影响 [J], 生态学报, 2007, 27 (8): 3384 - 3390.

[49] 樊丽琴, 南志标, 沈禹颖, 等. 保护性耕作对黄土高原小麦田土壤微生物量碳的影响 [J]. 草原与草坪, 2005 (4): 51 - 54.

[50] 范丙全, 刘巧玲. 保护性耕作与秸秆还田对土壤微生物及其溶磷特性的影响 [J]. 生态农业学报, 2005, 13 (3): 130 - 132.

[51] DUMONTET S, MAZZATURA A, CASUCCI C, et al. Effectiveness of microbial indexes in discriminating interactive effects of tillage and crop rotations in a Vertic Ustorthens [J]. Biology and Fertility of Soils, 2001, 34 (6): 411 - 416.

[52] HÖFLICH G, TAUSCHKE M, KÜHN G. Influence of long - term conservation tillage on soil and rhizosphere microorganisms [J]. Biology and Fertility of Soils, 1999, 29 (1): 81 - 86.

[53] ALVAREZ C R, ALVAREZ R. Short - term effects of tillage systems on active soil microbial biomass Biology and Fertility of Soils [J]. Biology and Fertility of Soils, 2000, 31 (2): 157 - 161.

[54] ACOSTA - MARTÍNEZ V, ZOBECK T M, GILL T E, et al. Enzyme activities microbial community structure in semiarid agricultural soils [J]. Biology and Fertility of Soils, 2003, 38 (4): 216 - 227.

[55] STEINKELLNER S, LANGER I. Impact of tillage on the incidence of *Fusarium* spp. in soil [J]. Plant and Soil, 2004, 267 (1, 2): 13 - 22.

[56] LANGMAACK M, SCHRADER S, RAPP‑BERNHARDT U, et al. Quantitative analysis of earthworm burrow systems with respect to biological soil‑structure regeneration after soil compaction [J]. Biology and Fertility of Soils, 1999, 28 (3): 219-229.

[57] 邵景安, 唐晓红, 魏朝富, 等. 保护性耕作对稻田土壤有机质的影响 [J]. 生态学报, 2007, 27 (11): 4434-4442.

[58] 芮雯奕, 周博, 张卫建. 长江三角洲水田保护性耕作制度的碳收集效应估算 [J]. 长江资源与环境, 2006, 20 (15): 207-213.

[59] 李琳, 李素娟, 张海林, 等. 保护性耕作下土壤碳库管理指数的研究 [J]. 水土保持学报, 2006, 20 (20): 106-109.

[60] 李琳, 伍芬珠, 张海林, 等. 双季稻区保护性耕作下土壤有机碳及碳库管理工作指数研究 [J]. 农业环境学报, 2008, 27 (1): 248-253.

[61] 刘守龙, 童成立, 吴金水, 等. 稻田土壤有机碳变化的模拟: SCNC 模型检验 [J]. 农业环境科学学报, 2006, 25 (5): 1228-1233.

[62] REICOSKY D C. Tillage‑induced CO_2 emission from soil [J]. Nutrient Cycling in Agroecosystems, 1997, 49 (1-3): 273-285.

[63] ALLMARAS R R, SCHOMBERG H H, DOUGLAS C L, et al. Soil organic carbon sequestration potential of adopting conservation tillage in U. S. cropland [J]. Journal of Soil and Water Conservation, 2000, 55 (3): 365-373.

[64] LAL R, GRIFFIN M, APT J. Managing soil carbon [J]. Science, 2004, 304 (4): 393.

[65] LAL R. Soil carbon sequestration impacts on global climate change and food security [J]. Science, 2004, 304 (11): 1623-1627.

[66] LAL R. Agricultural activities and the global carbon cycle [J]. Nutrient Cycling in Agronomy Ecosystems, 2004, 70 (2): 103-116.

[67] 伍芬珠, 李琳, 张海林, 等. 保护性耕作对农田生态系统净碳释放量的影响 [J]. 生态学杂志, 2007, 26 (12): 2035-2039.

[68] 区伟明, 陈润珍, 黄庆. 水稻免耕抛秧经济效益及生态效益分析 [J]. 广东农业科学, 2000 (6): 5-6.

[69] MORE M J. Effect of cover crop mulches on weed emergence, weed biomass, and soybean (G. max) development [J]. Weed Technology, 1994, 8: 512-518.

[70] 马永清. 不同玉米品种对麦秸覆盖引起的生化他感作用的差异性分析 [J]. 生态农业研究, 1993 (4): 13-17.

[71] 李香菊, 吕德滋, 李扬汉. 小麦对升马唐种子发芽的异株克生作用研究 [J]. 河北农业大学学报, 2000 (2): 74-81.

[72] 李香菊, 王贵启, 李秉华, 等. 麦秸覆盖与除草剂相结合对免耕玉米田杂草的控制效果研究 [J]. 华北农学报, 2003 (18): 99-102.

[73] BLACKSHAW R E, MOYER J R. 保护性耕作制度下的杂草治理 [J]. 中国农技推广, 2006 (3): 18-19.

[74] 李向东，汤永禄，隋鹏，等.四川盆地保护性耕作制可持续性评价研究 [J]. 作物学报，2007，33 (6)：942 - 948.

[75] 叶桃林，李建国，胡立峰.湖南省双季稻主产区关键技术定位研究 [J]. 作物研究，2006 (1)：34 - 40.

[76] 田淑敏，刘瑞涵，侯富强.京郊农田保护性耕作热核实施效益的评价指标体系研究 [J]. 北京农学院学报，2006，21 (4)：50 - 53.

[77] 孙利军，张仁陟，蔡立群.黄土高原半干旱区保护性耕作经济适应性评价 [J]. 干旱地区农业研究，2006，24 (15)：14 - 19.

[78] 章熙谷，李萍萍，卞新民，等.苏南地区几种种植方式的生态经济分析 [J]. 南京农业大学学报，1990，13 (4)：1 - 7.

[79] 黄国勤.江西旱地不同耕作制度的综合评价 [J]. 科技通报，1990，6 (4)：227 - 229.

[80] 黄小洋，黄国勤.稻田种植效益关联度分析 [J]. 江西农业大学学报，2006，28 (2)：187 - 190.

[81] 黄国勤，钟树福.耕作制度的层次分析和模糊综合评判 [J]. 耕作与栽培，1993 (1)：7 - 10，15.

[82] 刘灶长，钟树福.耕作制度的层次分析和模糊综合评价 [J]. 江西农业大学学报，1990，12 (1)：65 - 72.

[83] 罗兴录.应用灰色关联分析综合评估不同复种方式经济、生态效益探讨 [J]. 耕作与栽培，2001 (4)：4 - 5，47.

[84] 黄国勤，黄禄星.稻田玉米复种方式的生态经济效益及其综合评价 [J]. 中国农学通报，2006，22 (12)：127 - 132.

[85] 王莹.桂林将于 8 月初举办水稻免耕抛秧国际研讨会 [EB/OL]. (2005 - 07 - 07). http：//www. gxcounty. com/news/jjyw/20080306/4694. html.

[86] 徐丹.免耕抛秧带来水稻耕作革命.[EB/OL]. (2007 - 01 - 25). http：//scitech. people. com. cn/GB/5320458. html.

[87] 骆世明.农业生态学 [M]. 北京：中国农业出版社，2001.

[88] MARDLE S, PASCOE S, HERRERO I. Management Objective importance in fisheries: an evaluation using the analytic hierarchy process（AHP）[J]. Environmental Management，2004，33 (1)：1 - 11.

[89] MARINONI O, HOPPE A. Using the analytical hierarchy process to support sustainable use of geo - resources in metropolitan areas [J]. Journal of Systems Science and Systems Engineering，2004，15 (2)：154 - 164.

南方双季稻田秸秆厢沟腐熟还田免耕土壤生态效应研究*

摘　要： 对为期 2 年的双季稻田秸秆厢沟腐熟还田免耕试验的土壤理化性状、微生物数量及 3 种土壤酶（脲酶、过氧化氢酶和转化酶）活性变化进行比较研究，结果表明，秸秆厢沟腐熟还田免耕试验 2 年后，土壤容重减小，孔隙度增加，土壤有机质、全氮、碱解氮、速效钾含量增加。与常规翻耕相比，厢沟免耕 0～5cm 土层土壤养分富集不明显，细菌、真菌数量增多，土壤酶活性增强；15～25cm 土层土壤容重显著降低，土壤有机质、全氮和碱解氮含量分别比对照增加 55.23％、44.73％和 43.48％。因此，秸秆厢沟腐熟还田免耕能够提高土壤肥力，为作物生长提供良好的土壤环境。

关键词： 双季稻；秸秆厢沟腐熟还田免耕；理化性状；土壤微生物；土壤酶活性

南方双季稻田长期带水旋耕，土壤次生潜育化面积扩大，理化性状下降[1,2]。稻田免耕对解决水稻节本增收、减少土壤次生潜育化问题有重要作用，但草害、肥料养分表层富集、水稻早衰等问题难以解决[1-6]。秸秆还田对提高土壤肥力有重要意义[7,8]，但稻田秸秆还田方式难以有新的突破。侯光炯等提出的水田自然免耕法，以及针对西南麦稻两熟地区提出固定厢沟秸秆还田免耕栽培制度，把免耕和秸秆还田有机结合起来，解决了多年难以解决的水稻及冬作秸秆还田问题[2]。本研究在固定厢沟秸秆还田免耕耕作制度的基础上提出双季稻秸秆厢沟腐熟还田免耕耕作制度，并对双季稻田秸秆厢沟腐熟还田免耕的土壤理化性状、微生物消长、土壤酶活性等土壤生态效应进行分析。

1　材料与方法

1.1　供试材料和土壤理化性状

试验于 2000 年冬至 2003 年春在江西临川进行。供试作物早稻品种为金优

*　作者：汪金平、何园球、柯建国、黄国勤。

本文原载于《南京农业大学学报》2004 年第 27 卷第 2 期第 21～24 页。

402，晚稻品种为金优 253，油菜品种为中双 4 号。供试土壤为第四纪红色黏土母质发育的潴育性水稻土，土壤基本理化性状见表1。

表 1 供试土壤基本理化性状

土层 (cm)	土壤容重 (g/m³)	pH	有机质 (g/kg)	全氮 (g/kg)	碱解氮 (mg/kg)	有效磷 (mg/kg)	速效钾 (mg/kg)
0～5	0.97	5.49	23.74	1.36	135.80	6.82	52.66
5～15	1.00	5.78	23.06	1.31	124.40	5.08	40.59
15～25	1.27	5.92	12.57	0.73	72.37	3.24	34.79

1.2 试验方法及处理

双季稻秸秆厢沟腐熟还田免耕栽培制度具体方法是小春作物（油菜）和早稻收获后秸秆入沟，晚稻秸秆则覆盖于冬作厢面上；早稻、晚稻均厢面免耕抛秧移栽，冬作免耕播栽；每季作物播栽前都要清沟起淤，将沟中腐熟的秸秆和淤土撒在厢面上。

试验设 6 个处理：免耕全还田（NT＋S_2）、免耕半还田（NT＋S_1）、免耕不还田（NT＋S_0）、翻耕全还田（T＋S_2）、翻耕半还田（T＋S_1）、翻耕不还田（CK）。随机区组设计，每个处理 3 次重复。全还田指油菜秸秆还田 2 250kg/hm²，早、晚稻秸秆各还田 6 000kg/hm²；半还田则相应减半。小区面积 5.2m²，免耕小区厢沟宽 0.35m、深 0.35m，厢面宽 2.3m。种植制度为油菜—早稻—晚稻。早稻、晚稻均采用旱育抛秧移栽，油菜为育苗移栽。各小区施肥量相同，全年施氮（N）600kg/hm²、磷（P_2O_5）195kg/hm²、钾（K_2O）460kg/hm²。其他田间管理措施均相同。

1.3 测定项目及方法

土壤采样于 2002 年 10 月晚稻收割后，共进行了 2 年 6 季免耕试验。①常规土壤农化分析参照相关文献[9]的方法。②土壤微生物测定方法参照文献[10]：土壤微生物计数采用稀释平板法，细菌培养采用牛肉蛋白胨培养基，真菌培养采用马丁氏琼脂培养基，放线菌培养采用高氏 1 号琼脂培养基。③土壤酶活性测定参照文献[11]：土壤过氧化氢酶采用高锰酸钾滴定法，以 20min 后 1g 土壤消耗 $KMNO_4$（0.1mol/L）的质量表示；脲酶采用苯酚次氯酸比色法，以 24h 后 1g 土壤中铵态氮的质量表示；转化酶采用硫代硫酸钠滴定法，以对照与各处理的 NaS_2O_3（0.1mol/L）滴定量之差表示。

2 结果与分析

2.1 不同耕作方式及秸秆还田量对土壤理化性状的影响

2.1.1 对土壤容重及孔隙度的影响

与试验前相比（表 2），免耕土壤容重变小，翻耕变化不明显，均不存在土壤板结现象。与翻耕相比，免耕土壤 0～25cm 土层容重下降，0～5cm 土层略有下降，5～15cm 土层有所增加，15～25cm 土层则显著降低，比试验前平均减少 0.20g/cm³。秸秆还田对免耕土壤的影响主要发生在 0～5cm 土层，随着还田量的增加，土壤容重减小，孔隙度增加。免耕秸秆全还田土壤容重最小，为 0.85g/cm³。

表 2 不同处理土壤的物理性状和化学性状

土壤指标	土层 (cm)	处理					
		$NT+S_2$	$NT+S_1$	$NT+S_0$	$T+S_2$	$T+S_1$	CK
容重 (g/m³)	0～5	0.85a	0.88a	0.90a	0.91a	0.93a	0.94a
	5～15	1.05a	1.04a	1.02a	0.94a	0.97a	0.99a
	15～25	1.06b	1.09b	1.06b	1.26a	1.30a	1.32a
孔隙度 (%)	0～5	0.69a	0.68a	0.67a	0.67a	0.66a	0.66a
	5～15	0.62a	0.62a	0.63a	0.66a	0.65a	0.64a
	15～25	0.61a	0.60a	0.61a	0.54ab	0.53b	0.52b
有机质 (g/kg)	0～5	26.47a	26.83a	26.26a	26.83a	26.57a	26.50a
	5～15	26.26a	26.09a	25.15a	26.09a	25.39a	25.10a
	15～25	19.01a	19.28a	19.16a	16.62ab	13.76b	12.80b
全氮 (g/kg)	0～5	1.60a	1.55a	1.45a	1.61a	1.53a	1.48a
	5～15	1.35a	1.36a	1.34a	1.45a	1.42a	1.43a
	15～25	1.15a	1.13a	1.15a	0.77a	0.78ab	0.79b
碱解氮 (mg/kg)	0～5	126.50a	127.15a	124.62a	142.61a	132.57a	129.03a
	5～15	117.83a	118.43a	116.66a	130.21a	128.44a	125.50a
	15～25	98.98a	96.27a	93.87a	69.52b	67.27b	67.17b
有效磷 (mg/kg)	0～5	9.26a	8.24a	8.76a	5.28ab	5.22b	3.91b
	5～15	4.59a	3.72a	3.55a	3.94a	3.36a	3.59a
	15～25	2.98a	2.69a	2.43a	2.96a	2.87a	3.14a
速效钾 (mg/kg)	0～5	67.76a	62.69a	44.26a	64.35a	57.62ab	43.14b
	5～15	57.60a	54.11a	31.81a	44.72ab	45.54ab	29.04b
	15～25	31.81b	29.50b	25.86b	53.94a	36.50b	27.66b

2.1.2　对土壤有机质的影响

试验结果表明，2 种耕作方式都不同程度地增加了土壤有机质含量，免耕更明显。与翻耕相比，免耕各土层土壤有机质含量都较均匀，0～25cm 土层免耕土壤有机质含量高于翻耕，0～15cm 土层土壤有机质含量与翻耕差异不大，而 15～25cm 土层显著高于翻耕。免耕土壤秸秆适量还田能增加 0～15cm 土层土壤有机质含量，但对 15～25cm 土层作用不明显。翻耕随着秸秆还田量的增加，土壤有机质含量增加。可见，秸秆还田引起的有机质含量增加主要发生在15～25cm 土层。

2.1.3　对土壤全氮、碱解氮的影响

各处理土壤全氮含量均比试验前增加，免耕 0～15cm 土层土壤全氮含量与翻耕相当。碱解氮含量与试验前相比翻耕变化不明显，免耕 0～15cm 土层含量下降，略低于翻耕；而 15～25cm 土层皆显著高于翻耕。全氮、碱解氮含量在各土层的分布免耕比翻耕均匀。翻耕土壤秸秆还田能增加土壤全氮和碱解氮含量。

2.1.4　对土壤有效磷、速效钾的影响

免耕土壤有效磷含量在 0～25cm 土层基本没有变化，在各土层分布上差异显著，0～5cm 土层明显增加，富集效应明显。翻耕土壤有效磷含量比试验前有所减少。秸秆还田对土壤有效磷含量影响不明显。秸秆还田对速效钾含量的增加效应比较明显，与试验前相比，秸秆还田 0～25cm 土层土壤速效钾含量增加，不还田则减少。耕作方式对速效钾含量影响不大，免耕土壤速效钾含量的增加主要发生在 0～15cm 土层，而翻耕 5～25cm 土层增加明显。

2.2　不同耕作方式及秸秆还田量对土壤微生物数量及酶活性的影响

2.2.1　对土壤微生物数量的影响

免耕 0～5cm 土层土壤细菌和真菌数量明显高于翻耕（表3），而放线菌数量则略低于翻耕。耕作方式对 5～25cm 土层细菌和放线菌数量影响不大，但免耕各土层土壤真菌数量皆高于翻耕，差异明显。秸秆还田能增加土壤细菌和真菌数量，对放线菌影响不显著。0～25cm 土层，免耕秸秆全还田的土壤细菌数量是免耕秸秆不还田的 1.67 倍，翻耕秸秆全还田的土壤细菌数量是对照的1.90 倍。

2.2.2　对土壤酶活性的影响

与翻耕相比，免耕能提高土壤酶活性，0～5cm 土层效果显著，5～15cm土层也高于翻耕；15～25cm 土层则差异不明显。秸秆还田能提高土壤酶活性，免耕秸秆还田比翻耕秸秆还田对土壤酶活性的提高效应更显著，所有免耕秸秆还田各土层的 3 种土壤酶活性都高于相应秸秆还田的翻耕土壤。各处理酶活性

顺序依次为 NT+S_2、NT+S_1、T+S_2、T+S_1、NT+S_0、CK。

表 3 不同处理土壤微生物数量和酶活性

项目	种类	土层(cm)	处理					
			NT+S_2	NT+S_1	NT+S_0	T+S_2	T+S_1	CK
土壤微生物（个/g）	细菌	0～5	$4.40×10^6$a	$3.31×10^6$a	$3.50×10^6$ab	$2.73×10^6$b	$2.35×10^6$bc	$1.81×10^6$c
		5～15	$2.38×10^6$a	$1.90×10^6$a	$2.30×10^6$a	$2.31×10^6$a	$1.36×10^6$a	$1.21×10^6$a
		15～25	$2.27×10^6$a	$1.76×10^6$a	$1.06×10^6$a	$2.58×10^6$a	$1.89×10^6$a	$1.50×10^6$a
	真菌	0～5	$17.51×10^6$a	$12.09×10^6$a	$10.76×10^6$a	$12.60×10^6$ab	$8.31×10^6$b	$6.37×10^6$b
		5～15	$6.10×10^6$a	$6.49×10^6$a	$6.87×10^6$a	$4.99×10^6$b	$4.73×10^6$b	$3.41×10^6$b
		15～25	$4.24×10^6$a	$3.29×10^6$a	$2.72×10^6$b	$2.77×10^6$b	$2.83×10^6$b	$2.48×10^6$b
	放线菌	0～5	$5.68×10^6$a	$4.35×10^6$a	$5.18×10^6$a	$7.94×10^6$a	$5.92×10^6$a	$6.15×10^6$a
		5～15	$3.50×10^6$a	$3.11×10^6$a	$3.19×10^6$a	$5.02×10^6$a	$4.93×10^6$a	$5.01×10^6$a
		15～25	$3.16×10^6$a	$2.56×10^6$a	$3.08×10^6$a	$2.59×10^6$a	$2.23×10^6$a	$2.86×10^6$a
土壤酶活性（mg/g）	脲酶(20min)	0～5	15.28a	12.32ab	12.40ab	12.60ab	10.21ab	8.88b
		5～15	9.72a	8.03a	7.90a	9.01a	7.82a	7.88a
		15～25	6.85a	6.72a	6.25a	6.56a	6.01a	6.95a
	过氧化氢酶(24h)	0～5	1.62a	1.57a	1.02b	1.44ab	1.22ab	0.99b
		5～15	1.32a	1.24a	0.94a	1.30a	1.10a	0.91a
		15～25	1.02a	1.08a	0.74a	0.99a	0.96a	0.76a
	转化酶	0～5	2.85a	2.53a	2.03b	2.13b	2.16b	2.01b
		5～15	1.66a	1.55a	1.51a	1.45a	1.52a	1.50a
		15～25	1.35a	1.26a	1.12a	1.28a	1.04a	0.96a

3 结论与讨论

免耕的已有研究发现[5,6]，免耕使表层土壤养分提高，土壤微生物数量增加，酶活性增强，出现表层富集效应。而厢沟式免耕土壤肥力土层间分布相对均匀，0～5cm 土层富集不明显；15～25cm 土层土壤容重明显减小，土壤有机质、全氮和碱解氮含量明显增加，微生物数量增多，酶活性提高。这可能是由于稻田厢沟体系的建立，改变了土壤水分的运行方式，毛管水占据主导作用。土壤孔隙度增加，解决了水、气之间的矛盾，有利于表层养分下移，为作物根系创造了良好的土壤环境，有利根系下扎。根系下扎促进土壤疏松，15～25cm 土层土壤密度减小，肥力得以提高[2]。有效磷在 0～5cm 土层富集则可能是因为在黏性土壤中磷的扩散系数极小，磷酸根离子极易被土壤吸持[12]。0～15cm 土层土壤放线菌数量，免耕处理低于翻耕处理，可能是因为放线菌适合中性土壤，而免耕上层土壤偏酸[1]。秸秆还田对土壤的影响与其他研究结果相似[7]。与传统的免耕覆盖还田不同，秸秆厢沟腐熟还田不存在微生物与水稻争氮现象，有利于水稻前期的生长，解决了秸秆直接还田引起的病虫害防治问题。翻耕秸秆还田以全还田为最佳，免耕秸秆适宜还田量还有待进一步研究。

参考文献

[1] 李天杰，宫世国，潘根兴，等. 土壤环境学 [M]. 北京：高等教育出版社，1995：3 - 5.

[2] 侯光炯. 农业土壤学 [M]. 成都：四川科学技术出版社，2001：178 - 196.

[3] 柯建国. 江苏海安县轻壤土稻麦免耕土壤肥力消长模型初探 [J]. 南京农业大学学报，1992，15（2）：1 - 9.

[4] 李新举，张志国，邓基先，等. 免耕对土壤生态环境的影响 [J]. 山东农业大学学报，1998，12（4）：520 - 526.

[5] AASE J K, PIKUL J L. Crop and soil response to long - term tillage practices in northern great plains [J]. Agronomy Journal，1995，87：652 - 656.

[6] MIELKE L N, DORAN J W, RICHARDS K A. Physical environment near the surface of plowed and no - tilled soils [J]. Soil and Tillage Research，1986，7：355 - 366.

[7] 刘巽浩，高旺盛，朱文珊. 秸秆还田的机理与技术模式 [M]. 北京：中国农业出版社，2001：3 - 34，183 - 193.

[8] 江永红，宇振荣，马永良. 秸秆还田对农田生态系统及作物生长的影响 [J]. 土壤通报，2001，10（5）：209 - 213.

[9] 中国科学院南京土壤研究所. 土壤理化分析 [M]. 上海：上海科学技术出版社，1998：24 - 142.

[10] 李阜棣，喻子牛，何绍江. 农业微生物学实验技术 [M]. 北京：中国农业出版社，1996：37 - 72.

[11] 关松荫. 土壤酶及其研究法 [M]. 北京：农业出版社，1986：274 - 323.

[12] 沈善敏. 中国土壤肥力 [M]. 北京：中国农业出版社，1998：80 - 85.

第三部分

稻田保护性耕作技术与实践

水稻免耕种植技术示范推广
2002 年工作总结[*]

在江西省农业厅和先正达（中国）投资有限公司的大力支持下，笔者于 2002 年在江西全省各市进行了"水稻免耕种植技术示范推广"工作，完成了各项任务，取得了预期效果。

1 面积

从表 1 可以看出，2002 年全省共示范推广水稻免耕种植面积 52 万多亩[**]，其中二晚（中稻、晚稻）占 2/3，主要分布在九江、上饶等市的各县、乡（镇）、村。

表 1 2002 年江西全省各市水稻免耕种植面积

单位：亩

地级市	总面积	早稻面积	一晚面积	二晚面积	备注
南昌	6 548	1 893	2 210	2 445	进贤 2 453 亩，安义 200 亩，新建 1 820 亩，湾里 200 亩，南昌（县）75 亩
景德镇	2 800				
萍乡	62 971	2 010	3 461	57 500	
九江	180 800	13 800	54 800	112 200	湖口 32 500 亩，都昌 60 000 亩，武宁 20 000 亩，瑞昌 1 000 亩
新余	1 556				分宜 1 500 亩，渝水 50 亩，仙女湖 6 亩
鹰潭	5 600	1 200	3 500	900	
赣州	61 890.1	7 168.0	13 181.8	41 540.3	主要分布在兴国、宁都、于都、大余、赣县、上犹、瑞金、会昌等
宜春	17 000	1 200	13 700	2 100	

* 作者：黄国勤、刘宝林、胡恒凯、余冬晖；通讯作者：黄国勤（教授、博导，E‐mail：hgqjxes@sina.com）。

本文原载于《耕作制度通讯》2003 年第 1 期（总第 67 期）第 9～12 页。

** 亩为非法定计量单位，1 亩＝1/15hm^2。——编者注

（续）

地级市	总面积	早稻面积	一晚面积	二晚面积	备注
上饶	140 000	18 000		122 000	全市建立了 186 个示范点，涉及 60 多个乡镇，152 个自然村
吉安	14 048.8	2 063.9	5 941.5	6 043.4	分布在全市所有县（市、区）
抚州	31 030				
合计	524 243.9	47 334.9	96 794.3	344 728.7	

2 品种

水稻免耕种植的品种多以优质杂交稻为主，如南昌市主要种植金优 402、金优 974、优 I 402、9003、育 948、两优培九（65002）、粤优 938 等。都昌县早稻统一采用金优 402，一晚采用金优桂 99，二晚则采用金优 77、金优 12 等。弋阳县早稻品种为金优 402，一晚为岗优 22，二晚为 II 优 3027。湖口县选择分蘖力强、根系发达、茎秆粗壮、抗倒伏的优质水稻品种（组合）用于免耕种植，早稻主要以种植金优 402、中优 402 等为主，一晚主要种植 II 优 3027、两优培九等，二晚则以金优 207、新香优 80 等为主。

3 效果

3.1 增产效果

从全省各市的免耕示范结果（表 2）可以看出，除个别地点外，大部分地区的免耕水稻均具有明显的增产效果，其增产幅度一般为 4%～5%，最高可达 10.93%。

表 2 2002 年江西全省各地水稻免耕种植的增产效果

地点	每 667m² 常耕产量（CK）（kg）	每 667m² 免耕产量（kg）	每 667m² 免耕比常耕增产（kg）	免耕增产率（%）	备注
南昌（市）	346.9	358.6	11.7	3.37	
萍乡	413.4	413.2	−0.2	−0.05	早稻
	518.1	501.5	−16.6	−3.20	中稻
	549.7	585.5	35.8	6.51	晚稻
弋阳	351.0	378.5	27.5	7.83	早稻

（续）

地点	每 667m² 常耕产量 (CK)（kg）	每 667m² 免耕产量（kg）	每 667m² 免耕比常耕增产（kg）	免耕增产率（%）	备注
	437.0	475.0	38.0	8.70	晚稻
都昌	543.6	575.0	31.4	5.78	二晚
奉新	518.5	526.5	8.0	1.54	
会昌			14.0		
新余	366.0	386.0	20.0	5.46	
宜春				5.00	全市平均
大余			50.0		
宁都			15～20		
靖安	307.8	332.8	25.0	8.12	早稻
	506.3	557.5	51.2	10.11	一晚
	397.3	435.0	37.7	9.49	二晚
遂川	420.3	466.3	46.0	10.93	
乐安	402.8	407.8	5.0	1.24	
于都	406.2	428.5	22.3	5.49	早稻
	475.2	512.6	37.5	7.88	中稻
	416.8	451.4	34.6	8.30	晚稻
贵溪	371.0	386.5	15.5	4.18	早稻
	470.8	474.0	3.2	0.68	中稻
	428.7	435.5	6.8	1.59	晚稻

3.2 增收效果

采用水稻免耕种植技术，省去了土地耕翻的工序，节省了劳力和物力，大大减少了生产成本；同时，由于合理使用除草剂和采取其他水稻增产措施，水稻不仅不减产，反而增产，从而使免耕水稻具有显著的节本增收效果。根据据全省各地区示范、推广资料统计，水稻免耕种植平均可节本增收 55.24 元/亩（表 3）。

表 3　2002 年江西全省各地水稻免耕种植的增收效果

单位：元/亩

地点	免耕比常耕节本增收
浮梁	60
临川	25

（续）

地点	免耕比常耕节本增收
鹰潭	25
于都	60～70
乐安	30
玉山	45
遂川	25.5
万安	20～30
修水	60
靖安	95.25
萍乡	39.2
九江	55.2
赣州	30～40
宜春	35
新余	30
上高	70
宜黄	47.67
会昌	64
都昌	50.6
湖口	87.6（早稻）
	144（一晚）
	40（二晚）
弋阳	416.56

3.3　除草效果

根据对水稻免耕种植示范田的观测，喷施除草剂后，水稻田中常见的杂草如牛毛毡、看麦娘、鸭舌草、矮慈姑等很快就被杀灭，可见除草效果明显；但对另外一些杂草，如辣蓼、节节草、莎草、稗草、游草、马鞭草等一年生或多年生杂草的防治效果不是很理想，对这些杂草基本起不到防除的效果。此外，不同田块，除草剂的除草效果也不一样。对田面平整、耕层深厚、保水保肥性能较好的田块除草效果好；相反，对冷浆田、浅瘦田的除草效果就不理想。

4　主要技术

为确保水稻免耕种植取得成功，真正实现高产高效，应采取以下主要技术措施。

4.1 选择适宜田块

这是水稻免耕种植取得成功的关键。不同田块，其地理位置、生态条件和水肥状况等均不一样，对免耕的反应及免耕产生的效果则完全不同。为使免耕效果如意，一般应选取排灌方便、田面平整、耕层深厚、保水保肥性能好的田块，低洼冷浸田则在施除草剂前 1 周深开腰围沟，彻底排干田水，以保证除草效果。

4.2 合理施肥

田水排干后，每 667m² 施氯化钾 2kg 兑水 50kg，施三元复合肥或民星 BB 肥（散装掺混肥料）20～25kg 作基面肥，待水层自然落干后，即可栽插（抛秧或直播）。

4.3 进行二次除草

禾苗返青后或直播稻 3 叶 1 心时，每 667m² 用 35％丁·苄 100g 与分蘖肥或沙土拌匀后全田均匀撒施，进行二次除草。

4.4 做到精细管理

尽管是免耕，但要获得水稻高产高效，仍必须做到精细管理，这一点务必注意。例如，水稻免耕应尽量留低稻桩，秸秆也应在施药后再归还农田；施药时间应选择阴天或晴天的上午和傍晚，并要兑足水量一次性喷透，在施药前田水必须排干；施肥应做到少量多次。其他田间管理措施都应和常规翻耕稻田一样精细管理。

5 配套措施

为确保水稻免耕种植取得高产高效，江西各地采取了以下多项配套措施。

5.1 强化领导

强化领导主要体现在 3 个方面：一是成立机构；二是下发文件；三是明确任务。如都昌县成立了以农业局分管粮油的副局长任组长，粮油、植保等站为成员的领导小组，抽调粮油、植保、种子等专业的技术骨干组成技术小组，并下发了"都农字（2002）第 12 号"文件，提出了推广水稻免耕种植项目的指导计划、工作任务及目标要求。

5.2　加强宣传

各地利用报纸、广播、电影、电视、黑板报、墙报、专栏窗和召开会议等多种形式，有些地区还利用互联网和 VCD（影音光碟）等现代化手段与设备，大力宣传水稻免耕种植的意义、重要性和优越性，使广大干部、群众加强了对水稻免耕重要性的认识，从而为大面积进行水稻免耕种植的示范和推广打下了坚实基础。

5.3　搞好培训

各地采用多种形式搞好水稻免耕技术的培训工作。例如：一是举办培训班，二是印发技术资料，三是现场参观和学习，等等。据不完全统计，2002年全省各地共举办各种类型的水稻免耕技术培训班 840 期左右，培训人员达 8 万人次，印发的技术资料达 36 万份（表4）。

表4　2002 年江西全省各地举办水稻免耕种植技术培训和宣传情况

地点	举办培训班（期）	培训人数（人次）	印发技术资料（份）	其他
南昌（市）	70	3 000	60 000	
玉山	20	7 200	4 500	
于都	52	12 750	40 000	书写技术板报 286 期，在市电视栏目《丰收》中宣传水稻免耕种植
萍乡	41	2 000		
湖口	20	4 000	15 000	
宜黄	12	1 051	1 200	在《江西日报》宣传该县水稻免耕种植技术
兴国	100	9 000	200 000	播放水稻免耕种植宣传录像 100 余场，咨询人员超过 3 万人次
新余	10	1 000		播放 VCD 宣传影碟 20 多场次
上饶（市）	96	28 000		
宜春	多期		40 000	悬挂宣传条幅 600 余条
浮梁	26	800		
吉安（市）	386	8 000		
贵溪	2			
都昌	4	10 000		放映水稻免耕种植技术录像 30 余场次
合计	839	86 801	360 700	

5.4 做好服务

做好服务主要做到"三统一"和"三结合"。"三统一",即统一供种,统一供药,统一供肥。"三结合",即农技人员与科技示范户相结合,以农技人员为主;点与面结合,以示范点为主;物资与技术相结合,以技术为主。各地的实践证明,只有做到"三统一"和"三结合",才能确保水稻免耕种植的高产高效,从而有力地促进全省水稻免耕种植的推广和发展,为江西全面建成小康社会,实现中部地区崛起做贡献。

5.5 抓好样板

一是抓好农村科技带头人;二是抓好科技示范户;三是抓好水稻免耕示范点。做到以"人"带"户",以"户"带"点",以"点"带"面",以"面"带动整个村、整个乡(镇),乃至整个县和整个市。

稻田免耕法的技术特点[*]

1 水稻免耕栽培的技术特点

1.1 省工增效和争取农时

免耕栽培由于不需要进行土壤翻耕，与常规栽培比较，可以节省翻耕犁耙的费用，一般可节省费用 40~60 元/亩，扣除多用的除草剂等费用，仍可节省费用 20~45 元/亩。因此，在目前种稻效益相对较低的情况下，实施免耕是提高种稻面积的有效措施；而且，免耕可缓解栽插季节的畜力和人力矛盾，争取农时，为早熟高产奠定基础。

1.2 保护农业生态环境

稻田翻耕后，特别是经过多犁多耙，导致表层土与水相融，易使土壤随着水流面流失，造成养分损失和河道等抬升，影响生态环境；而免耕不进行翻耕犁耙，不会打乱土壤结构，不易造成土壤流失，具有保土保肥的效果。另外，免耕栽培能增加稻田害虫的天敌数量，减少害虫数量。由此可见，免耕具有保护生态环境的作用。

2 水稻免耕抛秧的技术特点

免耕抛秧综合了耕技术和抛秧技术免的优势，技术特点为：减少用工和劳动强度，减少水土流失、改善土壤结构，缓和季节矛盾，提高水稻单产，提高种稻效益。

2.1 减少用工和劳动强度

与传统犁耙耕作方法相比，免耕抛秧减少了大田耕整和插秧两个劳动强度最大的环节，且无需把大量的作物秸秆搬运出田，取而代之的是喷药进行化学除草。这样男女劳动力都可进行，解决了农民弯腰耕种、拔秧、插秧的"三弯腰"问题，实现了"男人不用扶犁耕田，女人不用弯腰插秧"，因而深受农民欢

---

* 作者：黄国勤、章秀福、张兆飞。

迎。经江西省多点示范表明，与普通移栽稻相比，每 667m² 大田可节省用工 3～5 个。

2.2 减少水土流失、改善土壤结构

免耕对稻田不做翻耕处理，大大减少了水土流失，也有利于保护害虫天敌、土壤微生物群落，改善稻田有益生物环境条件，有利于提高稻田害虫天敌与害虫的比例，促进农田生态平衡。免耕与常耕相比，不会打乱耕作层、切断土壤毛细管，减少耕地结构破坏，有利于提高土壤通透性和土壤团粒结构形成。研究表明，免耕耕作的表层（0～20cm）土壤容重减小，非毛管孔隙度增加。由于稻茬在 20～30cm 表土层腐烂，促进土壤微生物活动，免耕后土壤的有机质、全氮和全磷有富集于表土层的趋势，土壤耕作层全氮和全钾含量有增加的现象，但全钾在各层的含量相关性不大。

2.3 缓和季节矛盾

对于双季稻连作区，早晚稻季节安排比较紧。免耕抛秧不受机械等因素制约，可缩短晚稻备耕时间 3～5d，有利于晚稻季节安排和稻田三熟制、早晚稻双季抛秧等有季节矛盾的耕作制度推广，确保晚稻正常生产和安全齐穗，实现高产稳产。

2.4 提高水稻单产

江西 3 年多点示范表明，免耕抛秧比常耕抛秧每 667m² 增产 15～30kg，增幅 3%～7%。另根据广西 14 个市 1 641 个对比试验点的测产结果比较，2001—2002 年免耕抛秧每 667m² 增产 437.2kg，比常耕抛秧每 667m² 增产 25.2kg。实践表明，搞好免耕抛秧配套技术能够实现高产稳产。

2.5 提高种稻效益

据江西省示范推广测算，免耕抛秧与常耕抛秧和常耕移栽综合比较，每 667m² 可节支（劳动力成本、耕整费等）增收（产量增加）50～70 元。据区伟明等在广东高明进行两年三季的研究表明，免耕抛秧平均每季收入每 667m² 为 110.5 元，而常规抛秧仅为 56.1 元，免耕的效益提高近 1 倍。免耕抛秧省工、省力、省成本，节水、节肥、节农药。据调查，广西水稻免耕抛秧比常规抛秧节肥、节农药各 10%，每 667m² 节耕整费 50～80 元，扣除除草剂和喷药成本 15～25 元，每 667m² 节本增收 50～100 元。

水稻免耕抛秧技术规程[*]

1 免耕抛秧稻田的选择与水稻品种（组合）选择

选择水源充足、排灌方便、地块平整、耕层深厚、保水保肥能力好的田块，易旱、浅瘦和漏水田、沙质田不宜抛秧。若进行双季免耕抛秧，早稻留茬高度以不高于 10cm 为宜。低洼田、山坑田和冷浸田等，在进行化学除草前，要开好环田沟和"十"字沟，排干田水。

抛秧栽培对水稻品种（组合）一般无特殊要求。根据免耕抛秧自身的特点，应选择分蘖力强、根系发达、茎秆粗壮、抗倒伏和抗逆性强的水稻品种（组合）。另外，要注意选择生育期适中或中偏早的品种（组合），搞好熟期搭配，确保二晚安全齐穗。

2 抛秧前的杂草防除与田间管理

2.1 除草剂的选择

选用的除草剂最好具备安全、快速、高效、低毒、残留期短、耐雨性较强等优点。目前，生产上应用的稻田除草剂有两种类型：一类是内吸型的除草剂，如国产草甘膦等；另一类是触杀型的除草剂。内吸型灭生性除草剂除草效果好；但除草速度较慢，喷药后杂草根系先中毒枯死，3～7d 后叶片才开始变黄，喷药后 15d 左右根、茎、叶才全部枯死。触杀型灭生性除草剂除草速度快，晴天喷药后 2h 杂草茎叶开始枯萎，2～3d 后杂草和稻桩地上部大部分枯死；但不能除去地下根茎、匍匐茎和部分双子叶水生杂草。这两类除草剂均属安全高效除草剂，可单独使用，也可配合使用。

2.2 抛秧前的杂草防除

喷施除草剂前 1 周稻田保持薄水层，以利于杂草萌发和土壤软化；施药前 1～2d 排干水。尽量选择晴天喷施除草剂，一般早稻在抛秧前 9～15d，晚稻在早稻收割当天傍晚或第二天上午进行。绿肥田采用草甘膦实施化学除草的预留

---

* 作者：黄国勤、章秀福、张兆飞。

期宜长些。

注意事项：①喷雾器要求雾化程度较好，雾化程度越高，效果越好，严禁使用唧水筒喷药；②早稻田可选用草甘膦类除草剂；③无论使用哪类除草剂，施药前都必须排干田水，保证田面无水，否则无法达到灭生效果；④除草剂必须使用清水配药，不能用污水、泥浆水，否则药效会降低；⑤选用草甘膦类除草剂，喷药后 4h 内降水，效果会受影响，需要重新喷药；⑥喷药要均匀周到，不能漏喷。

2.3　施除草剂后的田间管理

早稻田喷药后 5～7d 回水浸泡田 7～10d，晚稻田喷药后 2～5d 回水浸泡田 2～4d，水深以淹没作物残茬为宜，之后让水层自然落干。

对前茬是绿肥的早稻田，在喷除草剂之后的数天，可施适量石灰（每 1 000kg 绿肥施石灰 30～60kg），加快腐烂。稻田在回水前，可进行秸秆还田。还田稻草量可达前茬稻草的 1/2，要求稻草上基本没有成熟的稻谷残留，还田的稻草要均匀放进稻桩的行间，且贴地着泥，不能随手抛撒造成稻草架空在稻桩上，否则要采取补救措施把稻草拨踩贴地。为加速还田秸秆腐熟，每 667m² 可施腐秆灵 1～2kg。

基肥在抛秧前 2～4d 结合泡田进行。基肥施氮量占全生育期施氮量的 25％～35％。一般施用触杀型灭生性除草剂除草的田块，结合浸田可每 667m² 施腐熟有机肥和过磷酸钙 25kg、碳酸氢铵 20～25kg 或复合肥 25～30kg 作基肥，可加速稻桩、稻草和杂草腐烂；施用草甘膦除草的田块，应排去泡田带药的水，于抛秧前换浅水、施基肥。

2.4　播种育秧技术和秧盘的选择

抛秧播种育秧，可使用壮秧剂育秧，或用育秧专用肥育秧。多效唑处理秧苗，以提高秧苗素质，使其抛后早扎根，早立苗返青。播种期应根据移栽叶龄小、秧龄短的特点，以当地抛秧最佳期向前推算，一般早稻秧龄 20～25d，3 叶 1 心时移植；晚稻秧龄 15～20d，4～5 叶时移植。

目前，常耕抛秧育苗所用的塑料软盘的孔径都较小，561 孔和 504 孔两种规格居多。育出的秧苗带土少，抛到免耕大田中秧苗扎根迟、立苗慢、分蘖迟且少，不利于前期生长。免耕抛秧改用 434 孔和 353 孔等孔径较大的塑盘育苗，可提高秧苗素质，抛栽时直立苗增加，有利于促进秧苗扎根立苗、叶片生长、干物质积累、有效穗数增多、粒数增加及产量的提高。一般要求用于育苗的塑料软盘数量，434 孔每 667m² 大田需 46～55 张，353 孔每 667m² 大田需 55～60 张。

2.5 培育矮壮秧苗的方法

为控制秧苗的高度，达到秧苗矮壮、根系发达与增加分蘖的目的，增加秧龄弹性，提高适抛性，可应用化学调控的措施，如使用壮秧剂、多效唑、烯效唑等。目前，育秧最常用的化学调控剂是壮秧剂和多效唑。使用方法如下：

（1）壮秧剂育秧。①盘底撒施。每张塑盘施壮秧剂 15g，与适量干细泥拌匀后撒施在整好的畦面上，再摆盘播种。②塑盘孔穴施。每张塑盘施壮秧剂 10g，与适量的干细泥或泥浆拌匀后撒施或灌满秧盘，再播种。

（2）多效唑育秧。①浸种。多效唑 5～6g 兑水 3kg，浸种 1kg，浸种 12h 左右，洗净后再用清水浸种催芽。②拌种。播种前用多效唑 2g，兑水 150～200g，与经过处理、催芽破胸露白的种子（1.5～2.0kg）拌匀，拌后晾干 1～2h 即可播种。③喷施。种子未经多效唑处理，可在秧苗 1 叶 1 心期用 0.02%～0.03%多效唑药液喷施。

3 抛秧

根据温度和秧龄确定抛秧时间，在适宜的温度范围内，提倡"迟播早抛"。适当的小苗抛栽，有利于秧苗早扎根，快立苗，早分蘖，延长有效分蘖期，增加有效穗数。适宜的抛秧叶龄为 2.5～3.5，早稻和二晚一般分别不应超过 4.0 和 4.5。

早稻抛秧宜于晴天进行，应避免在大风大雨天抛秧；二晚宜在阴天或晴天 16：00 以后抛秧，以利于秧苗成活。抛栽密度要根据品种特性、秧苗素质、土壤肥力、施肥水平、抛秧期及产量水平等因素确定。高肥力田块，早稻抛 1.8 万～2.0 万蔸，晚稻抛 2.0 万～2.2 万蔸；中等肥力田块，早稻抛 2.0 万～2.2 万蔸，晚稻抛 2.2 万～2.4 万蔸；低肥力田块，早稻抛 2.2 万～2.3 万蔸，晚稻抛 2.4 万～2.5 万蔸。

4 抛秧后的杂草防除与田间管理

抛秧后无法人工耘禾除草，需选用能一次性控制稻田所有杂草且对禾苗无影响的除草剂，如丁·苄、苄嘧磺隆等。尽可能不长期使用一种药剂，且不得随意增加用量。禁止使用含有乙草胺、甲磺隆的除草剂等。对于新型除草剂，应先试验后示范应用。

4.1 化学除草

早稻于抛秧后 5～7d、晚稻于抛秧后 4～5d 结合施返青分蘖肥进行除草，立苗前不能使用除草剂，立苗后不宜迟用药。适宜抛秧稻田用的除草剂与施用方法：每 667m² 可选用 30％丁·苄 100～120g，或 35％苄·喹（又名田青、抛秧净）20～30g，或 53％苯噻酰草胺 35～40g，或 50％二氯喹啉酸可湿性粉剂 20～25g 加 10％苄嘧磺隆可湿性粉剂 15g；拌细土或尿素后撒施灭草，或兑水喷雾，施药时稻田应有水层 3～5cm，喷药后保持水层 5～7d。

4.2 科学管水

免耕抛秧对水分要求较为敏感，在水分管理上要掌握勤灌浅灌、多露轻晒的原则。抛秧后浅水立苗、分蘖（分蘖前期切忌深水）；施用除草剂后（芽前），保持数天水层，缺水要补水；够苗 75％时，实行露田、晒田；幼穗分化期后保持湿润，抽穗扬花期灌浅水层；灌浆结实期保持土壤湿润状态，防止断水过早，以提高结实率和千粒重。

4.3 科学追肥

返青期施氮量占全生育期施氮量的 20％，早稻抛后 4～5d、晚稻抛后 3～4d 施用。分蘖期施氮量占全生育期施氮量的 25％，早稻抛后 10～12d、晚稻抛后 7～8d 施用。够苗期在早稻抛后 20～23d、晚稻抛后 15～18d，或每 667m² 杂交稻苗数达到 13 万苗、常规稻达到 22 万苗时，若水稻禾苗黄弱时可补施少量氮肥。幼穗分化初期抓好露晒田，使叶色褪淡，在倒 2 叶露尖灌水前及时补施穗肥，施氮量占全生育期施氮量的 15％～20％，若叶色褪淡不明显或光照条件较差时，应推迟或分次减量施用。后期适当补施壮籽肥，可在齐穗期施用，施氮量为总量的 5％～10％，防止早衰。齐穗期后，根外追肥 1 次。

4.4 病虫害防治

为了减少稻草返田虫源，应适时施用灭生性除草剂杀草灭茬，及时回水浸田灭螟蛹，减少虫源。注意主要病虫如稻飞虱、稻纵卷叶虫、纹枯病和稻瘟病、白叶枯病、细菌性条斑病等的防治工作，应做好田间观察和预测预报，及时进行病虫害的防治。

水稻直播高产技术规程[*]

1 播种前处理

1.1 品种要求

根据直播稻的生长特点，应选择株型紧凑、茎秆粗壮、耐肥水与抗倒伏能力强的品种。

1.2 直播田的平整

直播田要仔细平整，排水后无低洼积水处是直播成功的前提；开好"三沟"，围沟一般宽 20～30cm、深 15～20cm 利于排灌，确保立针见绿前田面不积水，达到一播全苗的目的。

1.3 浸种和催芽

直播前 6d 进行浸种，用 300 倍强氯精浸种 12h 或 50％多菌灵可湿性粉剂 1 000 倍液和 20％甲基硫菌灵 1 000 倍液浸种 48h，洗净后用清水浸 36h，催芽 4d。

1.4 适期播种和播种量

早稻在 3 月 22 日左右播种，晚稻保证 7 月 15 日前播种。早稻常规品种每 667m² 用种 5kg 左右，杂交稻 4.5kg 左右；晚稻常规 4kg 左右，杂交稻 3.5kg 左右，浸种前要求进行晒种 1d。

1.5 防草和施肥

平整好的直播田每 667m² 喷施 60％丁草胺乳油 100mL，或 50％杀草丹 200～250mL；喷药后保持田间浅水，4～5d 后排干水播种，施肥量按每 667m² 施 25kg 复合肥和 7.5kg 氮肥作基肥。

---

* 作者：黄国勤、章秀福、张兆飞。

2 播种后处理

2.1 肥水管理

播种至 3 叶 1 心期不灌水，保持田间湿润状态即可，如遇降水应尽快通过"三沟"排出，否则容易出现淹水死苗。3 叶 1 心期结合施提苗肥（每 667m² 施 5kg 氮肥和 8kg 钾肥）灌水，之后进行间歇灌溉保持田内有水即可，同时施分蘖肥（7.5kg 氮肥）、穗肥（5kg 氮肥和 8kg 钾肥），在抽穗期间结合病虫害防治喷施 2 次叶面肥（每 667m² 喷施 1kg KH₂PO₄）。

2.2 病虫害防治

（1）防病。选用抗病品种，合理安排品种布局，避免因品种单一造成病菌生理小种变化。加强田间管理，提高植株抗病能力。合理配施氮、磷、钾肥，浅水灌溉，分蘖期适时排水晒田，之后湿润灌溉，避免田间长期积水。田间药剂防治方法：每 667m² 20% 三环唑可湿性粉剂 100g，或 40% 稻瘟灵乳油 100g，或 75% 三环唑可湿性粉剂 30g 兑水 50kg 喷雾。

（2）防虫。重点做好对稻飞虱和螟虫的防治，以预防为主。首先要选用抗病虫的品种，通过合理密植、合理施肥、间歇灌溉、适时晒田等栽培措施改善田间小气候；另外要充分利用植保部门的虫情预报，及早防治。农药防治方法：每 667m² 10% 吡虫啉（防飞虱）可湿性粉剂 10～20g，加 18% 杀虫双（防螟虫、稻蓟马、稻苞虫等害虫）水剂 250g 兑水 50kg 喷雾；或 20% 吡虫啉（康福多浓）可溶剂 5～10g 兑水 50kg 喷雾，加 62% 百虫威可湿性粉剂 60～75g 兑水喷雾。

另外，要加强病虫害的综合防治，喷药时注意混合多种药剂喷施，提高防治效果，防止病虫过早产生抗药性，降低生产成本。

水稻直播栽培技术模式[*]

一、水稻直播栽培技术形成条件

水稻直播是一种原始的稻作栽培技术，在我国古代农书中早有记载。历史上水稻直播多在人口稀少、经济技术相对落后，以及水旱灾害频繁的地区应用，对节省劳力、争取农时、抗御灾害和水稻稳产均有着重要作用。

我国自 20 世纪 90 年代以来，由于工业化、城镇化速度加快，客观上要求大量农村劳动力从"农田"中解放出来，使得省工、节本、节能、节地的"轻型、简化"农业技术（简称"轻简技术"）深受农民欢迎。

水稻直播栽培技术作为一种农业"轻简技术"，近几年在南方稻区得到较快发展。它能有效减轻农业劳动强度，节约水稻生产成本，还能缓和当前由于农村大量劳动力外出务工而造成农村务农劳动力不足的矛盾，是开展适度规模经营、提高水稻生产综合效益的好技术。

二、水稻直播栽培的关键技术与操作规程

（一）播种前处理

1. 品种要求

根据直播稻的生长特点，应选择株型紧凑、茎秆粗壮、耐肥水与抗倒伏能力强的品种。早稻应选用熟期适中、抗性好、分蘖力适中的大穗型品种。晚稻应选用生长期适中（不能选择生长期长）的品种，选择抗倒伏性好的叶片窄、株型紧凑、稻粒紧密的品种。

2. 直播田的平整

直播田要仔细平整，排水后无低洼积水处是直播成功的前提；开好"三沟"，围沟一般宽 20～30cm、深 15～20cm 利于排灌，确保立针见绿前田面不积水，达到一播全苗的目的。

3. 浸种和催芽

直播前 6d 进行浸种，用 300 倍强氯精浸种 12h 或 50% 多菌灵可湿性粉剂 1 000 倍液和 20% 甲基硫菌灵 1 000 倍液浸种 48h，洗净后用清水浸 36h，催芽 4d。

---

* 作者：黄国勤、张兆飞、方登、章秀福。

4. 适期播种和播种量

直播早稻播种期视气温而定，一般日均气温在 15℃ 以上即可播种。江西省春天回暖早的年份在 4 月 10—14 日播种，回暖晚的年份在 4 月 15—16 日播种；一晚在 6 月 22 日左右播种，二晚在 7 月 20—30 日播种，具体要视天气情况好坏和品种生育期长短而定。直播栽培要适当增加用种量，用种量过小会导致基本苗不足，有效穗数明显减少，产量不高；过大会造成群体密度大，根系活力弱，茎秆细易倒伏，穗小粒少、增穗不增产，并会加重纹枯病和稻飞虱的发生，难以获得高产。用种量一般早稻常规品种每 $667m^2$ 5kg，杂交 4.5kg；晚稻常规 4kg，杂交 3.5kg。浸种前选晴天进行晒种 1～2d，要薄摊勤翻，防止谷壳破裂。

5. 防草和施肥

防除杂草是直播成功的关键，主要用化学除草的方法防除。第一次在播前 7d 左右，按平整好的直播田每公顷喷施 60% 丁草胺乳油 1 500mL，或 50% 杀草丹 3 000～3 750mL，喷药后保持田间浅水，4～5d 后排干水播种，待立针见青后每 $667m^2$ 用 50% 杀草丹 200mL 加水喷雾或拌尿素撒施。分蘖期根据田间杂草的种类和数量，必要时可选用二氯喹啉酸等除草剂，再进行 1 次除草。直播稻与常规移栽和抛秧稻相比，要适当增大施肥量，一般每公顷施有机肥 15 000kg、复合肥 375kg 和尿素 112.5kg 作基肥，在播种前一次性施入。

（二）播种

早稻播种一般根、芽长度不超过 1cm 为宜，过短容易烂种，过长则不利于生根且养分消耗过多不利于前期生长；晚稻破胸露白即可播种。播种时要带称下田，按畦定量分次均匀撒播：第一次先播 80% 的谷种，余下 20% 谷种补较稀的地方，要确保均匀到边、不留"死角"。

（三）播种后管理

1. 肥水管理

播种至 3 叶 1 心期一般不灌水，保持田间湿润状态即可，如遇降水应尽快通过"三沟"排出，否则容易出现淹水死苗。如遇连续晴天造成田面开裂时，应灌跑马水。分蘖期降水应通过"三沟"尽快排出，否则容易出现淹水死苗。3 叶 1 心期结合施提苗肥（每 $667m^2$ 施 5kg 氮肥和 8kg 钾肥）灌 1 次水，之后每次灌水后都应露田 1～2d。5 月中旬，当田间达到足苗后，开始搁田，要适度重烤，达到新根露白、老根深扎、叶色褪淡、田边开裂、田中不陷为止。复水后，进行间歇灌溉保持田内有水即可，同时施分蘖肥（7.5kg 氮肥）、穗肥（5kg 氮肥和 8kg 钾肥），在抽穗期间结合病虫害防治喷施 2 次叶面肥（每 $667m^2$ 喷施 1kg KH_2PO_4）。

2. 病虫害防治

（1）防虫。重点做好对稻飞虱和螟虫的防治，以预防为主。首先要选用抗病虫的品种，通过合理密植、合理施肥、间歇灌溉、适时晒田等栽培措施改善田间小气候；另外要充分利用植保部门的虫情预报，及早防治。农药防治方法：每 $667m^2$ 10％吡虫啉（防飞虱）可湿性粉剂 10～20g，加 18％杀虫双（防螟虫、稻蓟马、稻苞虫等害虫）水剂 250g 兑水 50kg 喷雾；或 20％吡虫啉（康福多浓）可溶剂 5～10g 兑水 50kg 喷雾，加 62％百虫威可湿性粉剂 60～75g 兑水喷雾。

（2）防病。选用抗病品种，合理安排品种布局，避免因品种单一造成病菌生理小种变化。加强田间管理，提高植株抗病能力。合理配施氮、磷、钾肥，浅水灌溉，分蘖期适时排水晒田，之后湿润灌溉，避免田间长期积水。田间药剂防治方法：每 $667m^2$ 20％三环唑可湿性粉剂 100g，或 40％稻瘟灵乳油 100g，或 75％三环唑可湿性粉剂 30g 兑水 50kg 喷雾。

另外，要加强病虫害的综合防治，要根据当地病虫防疫部门的虫情预报及时喷药防治，喷药时注意混合多种药剂喷施，提高防治效果，防止病虫过早产生抗药性，降低生产成本。

三、水稻直播栽培的特点和效益

水稻直播是一项不经过育秧环节，直接将处理后的水稻种子播入大田，配套化学除草、配方施肥、薄露灌溉、病虫害防治等综合措施的古老而崭新的农业实用技术。该项技术的推广和应用具有以下特点和成效。

（一）省工节本

水稻常规移栽需要经过做秧田、播种、秧田管理、拔秧、大田耕翻、耙平、人工插秧（抛秧）7 个环节，其费工、费力、费秧田是显而易见的；而水稻直播省去了做秧田、育秧、移栽（抛秧）等多道操作工序，比常规移栽省工节本效果显著（图 1）。

（1）劳工投入少。直播水稻每公顷用工量（165 个工作日）比常规移栽栽培方法（202 个工作日）少 37 个工作日，按每个工 20 元计算，可省工节本 740 元。同时，传统的育秧移栽那种"面朝黄土背朝天"拔秧、插秧劳动可以免除，大大减轻了农民的劳动强度。在农事紧张的情况下，水稻由移栽改直播，对缓和农忙劳动力紧张、加快收种进度具有重要作用，也有利于农村劳动力的转移。

（2）农资消耗低。直播栽培每公顷可省去秧田的农资投入，如农膜、毛竹等，按秧田：大田面积为 1∶8 的比例计算，每公顷可节省费用 209 元。

（二）增产增收

水稻直播可以增加有效穗数，从而达到提高产量的目的。2005 年，黄国

图 1　水稻栽培技术田间情况
a. 抛秧　b. 直播

勤等在余江县平定乡进行的大田试验测产数据表明，直播田每公顷有效穗数277.5万穗，每穗粒数 112 粒，千粒重 24.7g，平均产量达到 7 680kg/hm²；而对照（抛秧）有效穗数为 213 万穗，每穗粒数 130 粒，千粒重 24.7g，平均产量为 6 875kg/hm²。直播稻虽然穗粒数有所下降，但由于有较高的有效穗数，最终产量比对照高 11.7%。谷价按 1.2 元/kg 计算，由于产量增加和投入减少可使农民实际增收 1 921 元/hm²，大大提高了农民种粮积极性。

（三）提高土地利用率

直播水稻没有育秧过程，无需占用秧田面积。育秧移栽早稻一般需要专用秧田与大田面积之比为 1：（8~10），二晚需要专用秧田和大田面积之比为1：（6~8），双季稻全年秧田占用复种面积 30% 以上。直播稻不占秧田，有效提高了土地利用率，提高了农田复种指数。同时，因秧田造成大田作物布局"插花"，育秧过程导致用水耗电的矛盾也可以随之缓解。

四、水稻直播栽培应注意的问题

（一）防止烂秧

烂秧多出现在早稻，其主要原因是直播早稻田苗期温度低，水稻根系吸收力弱、生理机能差，所以特别容易受病原菌的侵染，造成种芽腐烂；田面不平，积水处谷种不易扎根，使种芽生活力降低，在低温条件下更易受土壤和谷种的病菌侵害，造成烂芽。

因此，防止烂秧的主要措施是选择适宜时期播种，要根据当地的气象资料合理确定播期；其次做到大田平整要仔细，田面要平、无积水，开好"三沟"。遇雨要马上排干田中积水，播后至立针见青前不灌水，保持田面湿润即可。

（二）推广化学除草

杂草防除好坏直接影响水稻产量高低，只有在无草害条件下水稻才能获得高产。直播田不像移栽田那样，秧苗和水层淹盖可以抑制杂草滋生；而是水稻、杂草种子一起发芽生长，并且杂草由于抗逆性好，会比谷种先出土，趁水稻播后至齐苗前畦面湿润灌溉的有利机会繁殖生长，为害稻田。此外，直播田不能进行中耕耘田，靠人工除草易伤苗，费工费力，难以除净，造成直播田草害严重。

目前，主要用化学除草剂采取 2 次除草的方法进行防除，操作方法是：一次是在播种前，另一次是在 3 叶 1 心期。第一次防治一般选择丁草胺或杀草丹在播前 4～5d 进行喷施，喷药后要保持田间 5cm 水层 4～5d；第二次一般选择在 3 叶 1 心期，排干田间水后喷施，喷药 2d 后灌水，并保持 4cm 水层 3～4d。喷药时要合理搭配多种药剂进行综合防治，杂草和地面都要喷到，防止漏喷现象发生。另外，长期使用化学除草剂可能产生药害，应根据实际情况改种其他作物，进行合理轮作，以降低杂草的抗药性和对环境的破坏。

除化学除草外，还可以采用加强田间耕作管理方法进行灭草，主要有：①耕翻灭草。前茬作物收获后抓紧翻耕稻田，用水层和泥土淹盖进行灭草。②以苗压草。提高耕作整地质量、种子质量、播种质量，搞好播后苗期灌溉，使水稻早出苗、出壮苗，以壮苗早发抑制杂草生长。③加强稻田水层管理，控制稗草。研究表明，每公顷 100kg 稗属干物质可减产稻谷 46～72kg，是稻田主要杂草。稗草种子由于出苗期可延续很长时间，尤其在黏土中更加突出，使得化学除草剂有时也只能达到一般的防治效果。稗草的萌发期在松软土和高有机质含量的土壤中延续时间较短，稗草萌发也取决于田水状况，通常水稻播种后保持 3～4cm 水层适合稗草种子发芽，随着水层提高会使稗草萌发推迟。所以，稻田水层管理是控制稗草的一个重要环节。

（三）防止倒伏

直播稻谷种于入土浅、发根旺盛，根数比移栽稻多；但根系横向发展主要分布在 13cm 耕层以内，比常规移栽浅 5cm 左右。肥力高或施肥集中的田块容易造成倒伏，加之前期生长发育快、分蘖多，中期群体往往偏大，基部节间细长也是造成倒伏的主要原因；且直播稻群体大，加上稻株生长的无序性使得田间通风透光性差，易发生病虫害，特别是纹枯病与稻飞虱发生较严重。肥力低、基施肥少的田块容易脱肥早衰，茎秆细、群体"落黄"明显，也容易倒伏，严重影响产量。

减少倒伏发生的关键措施：一是选用矮秆耐肥、分蘖力中等、株型紧凑、扎根力强、抗倒伏的品种。二是控制中期施肥量，避免群体过大。三是每 $667m^2$ 茎蘖数达到 40 万左右时及早排水晒田，促进根系下扎，防止徒长、早衰，控制无效分蘖，达到茎秆粗壮、群体密度合适的目的；后期干湿交替，养根保叶，收获前适期断水，防止早衰，增强抗倒伏能力。四是应用烯效唑浸种，培育矮壮秧苗。

（四）早稻直播应注意的问题

早稻直播成功的关键技术是"一播全苗"。由于早春季节播种时气温偏低且不稳定，容易受倒春寒影响，早稻直播芽谷可能出现烂种、烂秧，影响早稻直播的产量。其解决的主要措施有以下几点。

（1）选用耐寒性强的早中熟品种。防止烂种或烂秧，选对品种是关键。早稻应选用抗寒性好的早中熟品种为宜，如丰优丝苗、赣早籼 59、金优系列等。

（2）催芽长度要适宜，不能超过 1cm。播种时芽越长其抗寒、抗病性就会越差，所以要根据播期，合理确定浸种催芽的时间。待芽长达到一定长度后应及时播种，否则容易引起烂种或烂秧。另外，如果芽过长，在撒播时芽谷会相互牵扯，造成播种不均匀。

（3）提高耕作整地质量，早翻耕、田面平，田间开沟作畦，排灌通畅。

（4）减少灌水，实行旱床育秧技术。水分过多或积水也是造成烂种和烂秧的主要原因，3 叶期前只要保证田间湿润即可。确保秧苗期氧气充足，有利于根系的生长和发育。

（5）适时播种。江西省早稻直播一般 4 月 10—15 日播种，春天回暖早的年份可以提前到清明节前后。

（五）一晚直播应注意的问题

一晚不仅有全苗不易壮苗难、杂草滋生快的问题，还有抽穗扬花期与高温天气相遇的问题，所以更应抓住时机适时播种。具体应注意以下问题。

（1）品种选择。一般来说，适于当地一季稻栽培的品种都可以作为一季晚稻的直播品种，但在实际生产中，还需选择适应性强（适应当地生产、生态条件）、抗性好（抗病、抗虫、抗倒伏）、产量高、米质优的品种。

（2）播期安排。根据当地的气象条件和品种生育期确定播种期，一般 5 月中下旬至 6 月上旬播种，可使扬花期错过高温天气。

（3）注意灭鼠。一季晚稻播种期，田间食物少，正是田鼠觅食的时期，应在播种前 1~2d 或播种时，在田埂和靠近田埂的四周投放鼠药，以防止鼠害。

（4）水肥管理。既要满足水稻生长发育对水肥的要求，又要通过水肥管理来促进直播稻根系下扎，增强抗倒伏、抗病虫能力。

苗期要注意田间不能积水，从播种至 1 叶 1 心期，尤其是在现青前，必须保证田间湿润不淹灌；从 2 叶 1 心期至 3 叶 1 心期，应进行旱育，促进生根，但要注意田面不能缺水干裂，做到"湿润出苗"，保证全苗；3 叶期后浅水勤灌，促进早发，达到预定苗数后及时排水搁田，以控制无效分蘖，保证成穗率；幼穗分化期及时复水；灌浆期干湿交替，防止断水过早，达到养根保叶、增粒重。

由于一季稻生育期长，生长量大，需肥量也大。在施足底肥的基础上，还要分期追肥，以满足各阶段水稻生长发育的需要。施足底肥，在分蘖期（4～5叶时）每 667m² 追施尿素 10kg、氯化钾 10～15kg，在孕穗期酌情追施尿素 1～2kg、氯化钾 5kg。

（六）二晚直播应注意的问题

二晚直播由于受茬口限制，生育期相对较短，应结合早稻品种选择合适的品种，以保证晚稻有足够的生育期，达到优质、高产、高效的目的。

（1）品种选择。采用二晚直播的早稻选择高产、优质、早熟、耐肥、矮秆抗倒伏、分蘖中等的品种，一般选用株高 80cm 左右、株型紧凑的早中熟品种为宜；晚稻选择优质、高产、耐肥、抗倒伏、抗病虫的中迟熟品种为宜。

（2）播种期。一般在前茬早稻收割后马上耕翻，抢茬播种，播种时间一般在 7 月中旬至下旬。

（3）肥水管理。氮肥施用掌握前促、中稳、后保的原则，即基肥施用量占总量的 80％，中后期占总量的 20％，并适当配施磷、钾肥。水分管理与早稻基本相同，采取湿润出苗，苗期浅水抑草促蘖，够苗后多次搁田。一是够苗期控苗搁田；二是拔节期适度重搁，控高防倒；三是后期实行干湿交替，养根保叶，防早衰。

五、水稻直播栽培技术适宜区域与推广前景

水稻直播栽培技术操作简单，对外界条件要求不高。一般来讲，凡是适于双季稻生产的地区皆可应用该技术，但在推广过程中首先应对该地区的气候条件进行考察，确定合适播期，保证一播全苗，这是直播成功的关键。

水稻直播栽培技术是一项轻型种植技术，能够弥补由于大量农村劳动力向城市转移而造成的农村劳动力短缺的不足，能够提高农民收入，是一项省工、节本、高效的先进种植技术，其推广前景非常广阔。

参考文献

陈良林，沈利祥，周元霖，等，2004. 机械水直播稻生育特性与高产栽培技术研究［J］.

安徽农业科学，32（3）：425－426.

陈友荣，侯任昭，关日强，等，1985. 水稻少耕撒播试验及其生理生态特征等分析研究 [J]. 华南农业大学学报，6（1）：62－70.

程旺大，陆建贤，1998. 不同类型种衣剂在直播水稻上的应用效果 [J]. 种子（2）：63－65.

黄锦法，俞锦明，陆建贤，2001. 水稻免耕直播超省力栽培技术 [J]. 中国稻米（6）：26－27.

解树荣，杨光，陈娟，2005. 水稻直播的技术关键与具体要求 [J]. 农业装备技术，31（1）：22.

王人豪，罗利敏，2002. 水稻直播的生育特点及主要栽培技术 [J]. 浙江农业科学（1）：12－13.

吴宪章，1996. 谈推广水稻直播技术 [J]. 中国农学通报，12（4）：7－9.

周昌宇，吴庆法，1998. 水稻直播的应用效果、生育特性及高产栽培技术 [J]. 浙江农业科学（4）：151－153.

周易天，沈乃愚，李学正，等，1992. 麦茬水稻旱直播模式研究 [J]. 山东农业大学学报，23（增刊）：167－173.

稻草覆盖种植马铃薯技术规程[*]

稻草覆盖种植马铃薯技术集秸秆全量还田、免耕、省工省力、高效生态、无公害为一体，整个生育期除施用 1 次基肥外，无需除草、喷药、灌水，只需"摆薯播种、稻草覆盖、拣薯收获"。

1. 选地整畦

选择土壤耕层深厚、肥沃疏松，排灌良好，富含有机质的中性或微酸性稻田进行种植。水稻收获后稻桩高度以 10～15cm 为宜。播种前稻田要起畦开沟，畦宽 1.4～1.6m，沟宽 0.2～0.3m，沟深 0.15～0.20m。

2. 种薯选择

选择无病虫害、无冻害，表皮光滑新鲜，大小适中的块茎作种薯。一般选单薯重 20g 以上的块茎作种薯。

3. 种薯切块

催芽或播种前 1～2d 进行切块，大小以每 0.5kg 种薯切成 20～25 块为宜。

4. 种薯催芽

选择地势较高、排水良好、向阳的地点，可在温室、温床、冷床及塑料薄膜小环棚中进行。芽床宽 1.3～1.6m，床面整平，将切好的种薯（芽眼向上）按块挨紧排置于床内。排好后在薯块上覆盖一层准备好的细土，厚度约 3cm。细土要干、湿适度，一般掌握在用手轻捏时成团、放开时能散开为宜。当芽长达到 1cm 时就可取出播种。如果前茬冬作或早稻尚未收获完毕，不能播种时，要将有芽的薯块放在阳光下炼芽，防止薯芽过长。

5. 播种施肥

施肥之前先将种薯直接摆放在畦面上，播种密度一般每畦 4～5 行，行距 30～40cm，株距 20～30cm，每 667m² 播种 4 500～5 500 株为好。每 667m² 施肥量为复合肥（15 - 15 - 15）50kg 左右，直接点施于行间。

6. 盖草和排渍

播种后应立即就地取材，用稻草均匀、全程覆盖在畦面上，厚度一般为 8～10cm，不超过 15cm。然后清沟，将沟中挖起的泥土均匀压在稻草上，以防稻草被大风刮跑，造成种薯外露。注意及时清理排水沟，做好排渍工作。

＊ 作者：章秀福、黄国勤、张兆飞。

7. 适时收获

利用稻草覆盖种植马铃薯，70％的块茎都生长在地面上，块茎很少入土。收获时，只要将稻草拨开，将马铃薯拣起来即可，非常方便，省工省力。茎叶呈现黄色即可收获，收获期秋薯在元旦前后，春薯在 4 月下旬至 5 月初。收获时，应选择晴天早、晚进行，使薯块清洁、耐储藏。

江西双季稻免耕抛秧技术模式[*]

一、双季稻免耕抛秧技术模式形成条件与背景

(一) 气候资源

永修县地处江西省西北部，鄱阳湖西岸（28°53′～29°22′N，115°22′～116°17′E），属北亚热带湿润季风气候，气候温和，冬夏季风明显交替，四季分明。光照充足，年太阳辐射总量为 408.2～448.8kJ/cm²，年均日照时数 1 850h；年均气温 16.9℃，历年≥10℃积温平均值为 5 372.5℃，无霜期达 263d；雨量充沛，平原、丘陵地区年均降水量达 1 480mm 左右，山区为 1 500～1 600mm。气候条件较优越。

(二) 土壤肥力

抛秧试验区分为核心区和示范区，核心区供试土壤基本理化性状见表1。

表 1　供试田块土壤基本理化性状

农户	pH	有机质（%）	碱解氮（mg/kg）	有效磷（mg/kg）	速效钾（mg/kg）
A	5.00	2.43	138.92	21.61	62.51
B	5.40	2.29	153.81	34.34	111.74

(三) 核心区的农户田块情况及前茬简介

试验确定两个农户、两块田块。其中，A 户田块面积 1 867.6m²，前茬作物油菜翻耕还田，翻耕时生物量为 33 600kg/hm²，稻田采用抛秧种植方式，每个处理重复 4 次，早、晚稻品种分别为株两优 02 和国稻一号；B 户田块面积 2 001m²，前茬作物紫云英翻耕还田，翻耕时生物量为 30 000kg/hm²，同样采用抛秧种植方式，每个处理重复 4 次，早、晚稻品种分别为株两优 02 和国稻一号（表2）。

早稻于 3 月 28 日播种，每公顷用种量 30kg，4 月 23 日抛秧，7 月 15 日收获；晚稻于 6 月 12 日播种，每公顷用种量 22.5kg，7 月 18 日抛秧，10 月 25 日收获。早稻底肥每公顷施 750kg 复合肥（12 - 5 - 8），追肥每公顷施

---

* 作者：黄国勤、常新刚、章秀福、张兆飞、彭剑锋、刘隆旺、高旺盛。

135kg 尿素、112.5kg 钾肥、375kg 钙镁磷肥，抽穗后用磷酸二氢钾叶面喷施
2 次；晚稻底肥每公顷施 525kg 复合肥（12 - 5 - 8），追肥每公顷施 120kg 尿
素、90kg 钾肥、375kg 钙镁磷肥，9 月上旬每公顷施保花肥尿素 75kg、氯化
钾 37.5kg，齐穗后用磷酸二氢钾叶面喷肥 2 次。

表 2　田块情况及前茬简介

农户	前茬			早稻品种	晚稻品种	移栽方式
	作物	生物量（kg/hm²）	处理方式			
A	油菜	33 600	压青	株两优 02	国稻一号	抛秧
B	紫云英	30 000	压青	株两优 02	国稻一号	抛秧

二、水稻抛秧技术规程

（一）田块和水稻品种的选择

1. 免耕稻田的选择

选择水源充足、排灌方便、地块平整、耕层深厚、保水保肥能力好的田
块，易旱、浅瘦和漏水田、沙质田不宜抛秧。低洼田、山坑田和冷浸田等，在
进行化学除草前，要开好环田沟和"十"字沟，排干水。

2. 水稻品种（组合）选择

抛秧栽培对品种（组合）一般无特殊要求。根据抛秧自身的特点，应选择
分蘖力强、根系发达、茎秆粗壮、抗倒伏和抗逆性强的水稻品种（组合）。另
外，要注意选择生育期适中或中偏早的品种（组合），搞好熟期搭配，确保二
晚安全齐穗。永修县早稻品种为株两优 02、金优 463、香两优 68 等，晚稻品
种为国稻一号、金优 527、金优桂 99 等。

（二）杂草防除与田间管理

1. 化学除草剂的选择

选用的除草剂最好具备安全、快速、高效、低毒、残留期短、耐雨性较强
等优点。目前，生产上应用的稻田除草剂有两种类型：一类是内吸型的除草
剂，如国产草甘膦等；另一类是触杀型的除草剂。内吸型灭生性除草剂除草效
果好，但除草速度较慢，喷药后杂草根系先中毒枯死，3～7d 后叶片才开始变
黄，喷药后 15d 左右，根、茎、叶才全部枯死。触杀型灭生性除草剂除草速度
快，晴天喷药后 2h 杂草茎叶开始枯萎，2～3d 后杂草和稻桩地上部大部分枯
死；但不能除去地下根茎、匍匐茎和部分双子叶水生杂草。这两类除草剂均属
安全高效除草剂，可单独使用，也可配合使用。

2. 抛秧前的杂草防除与田间管理

（1）施除草剂前的管理。喷药前 1 周稻田保持薄水层，以利于杂草萌发和土壤软化；施药前 1~2d 排干水。

（2）喷施除草剂。尽量选择晴天喷施除草剂，一般早稻在抛秧前 9~15d，晚稻在早稻收割当天傍晚或天上午进行。绿肥田采用草甘膦实施化学除草的预留期宜长些。

施用除草剂应注意：①喷雾器要求雾化程度较好，雾化程度越高，效果越好，严禁使用唧水筒喷药；②早稻田可选用草甘膦类除草剂；③无论使用哪类除草剂，施药前都必须排干田水，保证田面无水，否则无法达到灭生效果；④除草剂必须使用清水配药，不能用污水、泥浆水，否则药效会降低；⑤选用草甘膦类除草剂，喷药后 4h 内降水，效果会受影响，需要重新喷药；⑥喷药要均匀周到，不能漏喷。

3. 施除草剂后的田间管理与施肥

（1）及时回水浸泡稻田。免耕早稻田喷药后 5~7d 回水浸泡田 7~10d，晚稻田喷药后 2~5d 回水浸泡田 2~4d，水深以淹没作物残茬为宜，之后让水层自然落干（浅）。

（2）施肥。对前茬是绿肥的早稻田，在喷除草剂之后的数天，可施适量石灰（每 1 000kg 绿肥施石灰 30~60kg），加快腐烂。稻田在回水前，可进行秸秆还田，还田稻草量可达前茬稻草的 1/2，要求稻草上基本没有成熟的稻谷残留，还田的稻草要均匀放进稻桩的行间，且贴地着泥，不能随手抛撒造成稻草架空在稻桩上，否则要采取补救措施把稻草拔踩贴地。为加速还田秸秆的腐熟，每 667m² 可施腐秆灵 1~2kg。

基肥在抛秧前 2~4d 结合泡田进行。基肥施氮量占全生育期施氮量的 25%~35%。一般施用触杀型灭生性除草剂除草的田块，结合浸田可每 667m² 施腐熟有机肥和过磷酸钙 25kg、碳酸氢铵 20~25kg 或复合肥 25~30kg 作基肥，可加速稻桩、稻草和杂草腐烂；施用草甘膦除草的田块，应排去泡田带药的水，于抛秧前换浅水和施基肥。

（3）少耕和恶性杂草的弥补性灭除。触杀型灭生性除草剂对部分杂草防效较差，在抛秧前如发现少量恶性杂草未除尽时，可进行人工拔除。对于土壤表面软化程度不够的稻田和有一定数量的马鞭草、游草、水花生等恶性杂草及落谷萌发长出秧苗的稻田，采用铁齿耙滚扎 1~2 遍。

（三）播种育秧

抛秧播种育秧，可使用壮秧剂育秧，或用育秧专用肥育秧。多效唑处理秧苗，以提高秧苗素质，使其抛后早扎根，早立苗返青。

1. 播种期

抛秧播种期应根据移植叶龄小、秧龄短的特点，以当地抛秧最佳期向前推算，一般早稻秧龄 20～25d，3 叶 1 心时移植；晚稻秧龄 15～20d，4～5 叶时移植。

2. 育苗

抛秧育苗（图 1）时要注意如下事项。

图 1　抛秧育苗

（1）采用孔径较大的塑盘育苗。目前，常耕抛秧育苗所用的塑料软盘的孔径都较小，561 孔和 504 孔两种规格居多。育出的秧苗带土少，抛到免耕大田中秧苗扎根迟、立苗慢、分蘖迟且少，不利于前期生长。免耕抛秧改用 434 孔和 353 孔等孔径较大的塑盘育苗，可提高秧苗素质，抛栽时直立苗增加，有利于促进秧苗扎根立苗、叶片生长、干物质积累、有效穗数增多、粒数增加及产量的提高。一般要求用于育苗的塑料软盘数量，434 孔每 667m² 大田需 46～55 张，353 孔每 667m² 大田需 55～60 张。

（2）秧龄。水稻免耕抛秧栽培，抛后大部分秧苗倒卧在田中。随着抛栽叶龄的增加，秧苗高度增加，抛栽时直立苗减少，立苗需要的天数增加。因此，适当的小苗抛植，有利于秧苗扎根立苗，较快恢复直生状态，促进早分蘖，延长有效分蘖时间，增加有效穗数。适宜的抛栽叶龄为 2.5～5.0，以 3 叶 1 心期抛栽效果最好。

（3）培育矮壮秧苗。为控制秧苗的高度，达到秧苗矮壮、根系发达与增加分蘖的目的，增加秧龄弹性，提高适抛性，可应用化学调控的措施，如使用壮秧剂、多效唑、烯效唑等。目前，育秧最常用的化学调控剂是壮秧剂和多效唑。

壮秧剂育秧：①盘底撒施。每张塑盘施壮秧剂 15g，与适量干细泥拌匀后撒施在整好的畦面上，再摆盘播种。②塑盘孔穴施。每张塑盘施壮秧剂 10g，与适量的干细泥或泥浆拌匀后撒施或灌满秧盘，再播种。

多效唑育秧：①浸种。多效唑 5～6g 兑水 3kg，浸种 1kg，浸种 12h 左右，洗净后再用清水浸种催芽。②拌种。播种前用多效唑 2g，兑水 150～200g，与经过处理、催芽破胸露白的种子（1.5～2.0kg）拌匀，拌后晾干 1～2h 即可播种。③喷施。种子未经多效唑处理，可在秧苗 1 叶 1 心期用 0.02％～0.03％多效唑药液喷施。

（四）抛秧

1. 秧龄与抛栽期

根据温度和秧龄确定抛秧时间，在适宜的温度范围内，提倡"迟播早抛"。适当的小苗抛栽，有利于秧苗早扎根，快立苗，早分蘖，延长有效分蘖期，增加有效穗数。适宜的抛秧叶龄为 2.5～3.5，早稻和二晚一般分别不应超过 4.0 和 4.5。

早稻抛秧宜于晴天进行，应避免在大风大雨天抛秧；二晚宜在阴天或晴天 16：00 以后抛秧，以利于秧苗成活。

2. 抛栽密度

抛栽密度要根据品种特性、秧苗素质、土壤肥力、施肥水平、抛秧期及产量水平等因素确定。高肥力田块，早稻抛 1.8 万～2.0 万蔸，晚稻抛 2.0 万～2.2 万蔸；中等肥力田块，早稻抛 2.0 万～2.2 万蔸，晚稻抛 2.2 万～2.4 万蔸；低肥力田块，早稻抛 2.2 万～2.3 万蔸，晚稻抛 2.4 万～2.5 万蔸。

3. 水分要求

对实施秸秆还田的免耕稻田，抛秧时保持水层浸没稻草而不飘浮，使稻草处于湿润状态，既能确保秧苗扎根立苗的水分供应，又有利于稻草的腐烂分解。对普通免耕稻田，抛秧时稻田土壤宜处于湿润状态或只保留浅薄水层。

（五）大田管理

1. 抛秧后的杂草防除

抛秧后无法人工耘禾除草，需选用能一次性控制稻田所有杂草且对禾苗无影响的除草剂，如丁·苄、苄嘧磺隆等。尽可能不长期使用一种药剂，且不得随意增加用量。禁止使用含有乙草胺、甲磺隆的除草剂等。对于新型除草剂，应先试验后示范应用。

早稻于抛秧后 5～7d、晚稻在抛秧后 4～5d 结合施返青分蘖肥进行化学除草，立苗前不能使用除草剂，立苗后不宜迟用药。适宜抛秧稻田用的除草剂与施用方法：每 667m² 可选用 30％丁·苄 100～120g，或 35％苄·喹 20～30g，或 53％苯噻·苄 35～40g，或 50％二氯喹啉酸可湿性粉剂 20～25g 加 10％苄嘧磺隆可湿性粉剂 15g；拌细土或尿素后撒施灭草，或兑水喷雾，施药时稻田应有水层 3～5cm，药后保持水层 5～7d。

2. 科学管水

抛秧对水分要求较为敏感，在水分管理上要掌握勤灌浅灌、多露轻晒的原则。抛秧后浅水立苗、分蘖（分蘖前期切忌深水）；施用除草剂后（芽前），保持数天水层，缺水要补水；够苗75％时，实行露田、晒田；幼穗分化期后保持湿润，抽穗扬花期灌浅水层；灌浆结实期保持土壤湿润状态，防止断水过早，以提高结实率和千粒重。

3. 科学追肥

返青期施氮量占全生育期施氮量的 20％，早稻抛后 4～5d、晚稻抛后3～4d 施用。分蘖期施氮量占全生育期施氮量的 25％，早稻抛后 10～12d、晚稻抛后 7～8d 施用。够苗期在早稻抛后 20～23d、晚稻抛后 15～18d，或每 667m² 杂交稻苗数达到 13 万苗、常规稻达到 22 万苗时，若水稻禾苗黄弱时可少量补施肥。幼穗分化初期抓好露晒田，使叶色褪淡，在倒 2 叶露尖灌水前及时补施穗肥，施氮量占全生育期施氮量的 15％～20％，若叶色褪淡不明显或光照条件较差时，应推迟或分次减量施用。后期适当补施壮籽肥，可在齐穗期施用，施氮量为总量的 5％～10％，防止早衰。齐穗期后，根外追肥 1 次。

4. 病虫害防治

为了减少稻草返田虫源，应适时施用灭生性除草剂杀草灭茬，及时回水浸田灭螟蛹，减少虫源。注意主要病虫如稻飞虱、稻纵卷叶虫、纹枯病和稻瘟病、白叶枯病、细菌性条斑病等的防治工作，应做好田间观察和预测预报，及时进行病虫害的防治。

三、双季稻免耕抛秧技术模式的经济效益

（一）稻谷产量

经省内外有关专家现场测产和验收，永修县抛秧田核心区 2005 年早稻每公顷产量 9 133.5kg，比 2004 年平均产量（每公顷 6 750kg）多 2 383.5kg。示范区平均每公顷产量 8 422.4kg，比 2004 年平均产量（每公顷 6 750kg）多1 672.4kg。核心区与示范区的产量及构成因素见表 3。

表 3　永修县超高产核心区与示范区的产量及其构成因素

区域		有效穗数 （万个/hm²）	每穗粒数 （个）	结实率 （％）	千粒重 （g）	理论产量 （kg/hm²）	实测产量 （kg/hm²）
核心区		414.5	120.70	81.68	26.41	10 790.9	9 133.5
示范区	点 1	397.1	116.30	73.73	27.40	9 327.3	8 019.0
	点 2	432.0	125.03	76.45	26.27	10 847.7	9 031.3
	点 3	384.3	118.21	78.96	26.18	9 390.8	8 217.0

（二）经济效益

1. 增产增收

永修县核心区每公顷增收稻谷 2 383.5kg，每公顷增加纯收入 3 575.3 元。示范区每公顷增收稻谷 1 672.4kg，每公顷增加纯收入 2 508.6 元。

2. 节本增收

早稻的田块全部实行抛秧，平均每公顷节省劳动力 12.5 个，节省率为 45.5%，每公顷节省劳动力费用 500 元；除去秧盘每公顷每季费用 299.3 元，每公顷可节本增收 200.7 元。

四、双季稻免耕抛秧技术模式的注意问题

（一）技术落实有折扣

禾苗生长前期和中期灌水太深、晒田不及时、钾肥用量不足、中后期施肥少等基本的技术问题，导致示范田穗数不足、抽穗期基部叶片已早衰变黄等情况发生。有些因水分管理不科学，倒 2 叶拉得很长；有些甚至出现了较严重的病虫害，示范效果不理想。

（二）非技术性因素影响较大

在具体的实施过程中，受到了天气、病虫害的影响。早稻在成熟收获的时期，遇长时间的阴雨及大风天气，早稻大面积倒伏，造成了早稻的减产损失；晚稻又遭遇了罕见的稻飞虱虫害。

五、双季稻免耕抛秧技术模式适宜区域及推广现状与前景

（一）因地制宜选择集成技术

平原地区适合机械化作业，但对于永修县等丘陵多山地区，温度相对较低，雨量充沛，适合密植、平衡施肥、间歇灌溉、病虫害的综合防治等成熟技术的组装集成，实现丰产。所以，超高产要根据区域特点，因地制宜选择集成技术，使科技的作用达到最佳。

（二）加大技术推广

（1）严格技术规程。根据永修县的区域特点，制定了"抛秧技术集成与示范"项目实施方案和相应的技术操作要点，编写了技术资料和实用技术手册，并严格按方案操作。同时，根据土壤特性等选定优良品种。另外，减少化学药剂的使用，防止污染。

（2）开展技术培训。对项目区农民实行包乡、驻村、对点，开展技术培训和技术指导。同时，层层召开基地农户技术培训班，向农户讲解实用技术。

（三）搞好示范

选择山清水秀、地势开阔、土质肥沃、无污染且群众基础好的地区作为项

目实施的核心区，集中建立连片基地 2 000 多亩，确保了项目质量，从而有效推动了项目的实施。

参考文献

昂盛福，谢世秀，熊忠炯，等，1999. 双季两系杂交稻超高产栽培技术初报 [J]. 杂交水稻，14 (6)：25 - 27.

常新刚，黄国勤，黄小洋，等，2004. 江西省永修县水稻生产的历史、现状及发展对策 [J]. 耕作制度通讯 (4)：5 - 7.

戴其根，张洪程，苏宝林，等，2001. 抛秧水稻生长发育与产量形成的生态生理机制：Ⅰ. 活棵立苗及其生态生理特点 [J]. 作物学报，27 (3)：278 - 285.

何海燕，李湘阁，顾显耀，等，1999. 水稻旱育抛秧高产特征及其机制的数值模拟研究 [J]. 南京气象学院学报，22 (1)：39 - 46.

黄国勤，2004. 江西稻田保护性耕作的模式及效益 [J]. 耕作与栽培 (6)：16 - 18.

黄务涛，1996. 水稻旱秧抛栽技术研究与应用 [M]. 北京：中国农业科技出版社：24 - 32.

马国辉，何英豪，张玉烛，等，1998. 三熟制稻区"旱育软盘抛寄两段育秧"方式的研究 [J]. Crop Reseach (4)：4 - 6.

马国辉，黄志农，何英豪，等，1997. 油稻稻三熟制区培两优特青超高产栽培技术研究 [J]. 杂交水稻，12 (3)：22 - 25.

石庆华，潘晓华，黄英金，等，2005. "江西双季稻丰产高效技术集成与示范"项目的实施效果分析 [J]. 江西农业大学学报，27 (3)：371 - 373.

张洪程，1993. 抛秧水稻产量形成及其生态特征研究 [J]. 江苏农业科学，26 (3)：39 - 49.

张兆飞，黄国勤，黄小洋，等，2004. 江西省余江县保护性耕作的调查 [J]. 耕作制度通讯 (3)：31 - 32.

章秀福，王丹英，邵国胜，2003. 垄畦栽培水稻的产量、品质效应及其生理生态基础 [J]. 中国水稻科学，17 (4)：343 - 348.

XIU S J, YAO B Y, WANG X G, et al, 2001. The cultural techniques of Liang you Peijiu in its super high yield demonstration [J]. Hybrid Rice, 16 (20)：33 - 34.

ZOU Y B, 1997. Theory and technique of super high yielding of rice：the cultural method and strong individual plants and weighty panicles [J]. China Agricultural Modernization，18 (1)：30 - 34.

江西省安义县稻田油菜免耕
直播技术的形成与展望[*]

摘 要：本文简要介绍了江西省安义县油菜生产的发展过程，总结了安义县油菜免耕直播技术的形成及关键技术发展体会。

关键词：油菜；稻田；免耕直播；关键技术；江西省安义县

安义县是江西省会南昌市所属郊县，地处江西省西北，全境 666km²，辖 7 镇 3 乡 1 场，115 个村委会，10 个居委会，人口 25.1 万人，其中农业人口 20 万人。全境属中亚热带季风性湿润气候，气候温和，四季分明。大部分地区海拔 200m 以下，属平原区，气候条件基本一致。无霜期年均 258d，全年日照总时数 1 838.8h。年均气温 17.1℃，1 月平均气温 4.2℃，7 月平均气温 28.4℃。年均总降水量 1 515.7mm。气候条件适宜农业生产和多种经营，粮食作物主要为水稻、大豆、小麦和红薯，经济作物主要为油菜、花生、芝麻、棉花和黄麻，瓜果与蔬菜也广为种植。

1 安义县稻田油菜生产发展概况

油菜是安义县主要油料作物，也是安义县具有特色的冬季作物。历年来，一直得到当地各级领导高度重视，始终把油菜生产作为冬季农业重头戏来抓。通过不断更新品种，改良耕作制度，推广先进栽培技术，建立高产示范样板等一系列新措施，全县油菜生产有了突破性发展，油菜品质也发生了质的变化。

1.1 面积增加，产量提高

油菜在安义县潦河两岸的平原地区普遍种植。1949 年以前，已经有较大的种植面积，如 1937 年，种植面积 560hm²，总产量达 46.5t（表 1）。1953 年，种植面积 3 720hm²，总产量达 1 143.1t。之后种植面积时增时减。1961 年下降至 800hm²，总产量仅 100t。1975 年后开始回升，1985 年种植面积 3 152.5hm²，总产量达 2 047.3t。1990—1999 年，每年油菜种植面积 1.3 万 hm² 左右，比

---

    * 作者：彭剑锋、黄国勤、章秀福、刘隆旺、刘光辉、高旺盛。

本文原载于《江西农业学报》2005 年第 17 卷（增刊）第 146～150 页。

1990 年前翻两番。其中，板田移栽 1 万 hm²，平均产量 1 125kg/hm² 左右，比 1990 年前增加 1 倍；年均总产量达 15 000t，是 1990 年前的 10 倍。2000—2002 年，由于农业结构调整，油菜种植面积调减至 1.1 万 hm²，2002 年油菜平均产量达 1 357.5kg/hm²。2004 年，安义县被列为全国油菜基地县，油菜种植面积又恢复至 1.3 万 hm²（其中免耕撒播 1 万 hm²），平均产量 1 680kg/hm²。其中，免耕撒播油菜平均产量达 2 100kg/hm²，最高达 3 030kg/hm²，总产量达 22 400t。

表 1　1937—2004 年安义县油菜种植面积及产量

年份	面积（hm²）	单产（kg/hm²）	总产量（t）
1937	560.0	83.0	46.5
1949	964.7	148.3	143.1
1950	993.1	165.2	164.1
1953	3 720.0	307.3	1 143.1
1955	2 442.8	307.6	751.4
1960	1 189.8	162.6	193.5
1965	1 701.6	278.1	473.3
1970	1 719.2	348.4	598.9
1975	2 020.1	419.9	848.2
1980	2 764.3	345.4	954.9
1985	3 152.5	649.4	2 047.3
2000	10 666.7	1 357.5	14 480
2004	13 333.3	1 680.0	22 400

1.2　品种得到不断改良

全县油菜品种经历了 4 次良种更换：1989 年前以白菜型油菜品种（地方农家品种）为主，产量低，抗性差。1990—1997 年，以甘蓝型油菜品种 79601、中油 821 等为主，彻底淘汰了白菜型油菜品种。1997—2000 年，以双低油菜品种中双 3 号、中双 4 号、中双 5 号为主，当时省部级领导多次到安义县参观，评价安义县是全国第一个"油菜双低化的县"；但因上述品种属常规双低油菜，产量低，价格优势不明显，种植面积有所减少。1999 年，引进了油研 7 号、秦油 2 号、蓉油 4 号、蜀杂 10 号、湘油 15 号、湘杂油 1 号、赣油杂 1 号等 10 多个优质杂交油菜品种进行对比试验。2000—2004 年，从试验中选定了油研 7 号、湘杂油 1 号、赣油杂 1 号、湘油 15 号等为主推品种，油菜单产有较大幅度提高。如 2000 年安义县农业科学研究所一名职工，在一季稻田直播 0.67hm² 湘杂油 1 号，最高单产达 3 015kg/hm²；新民乡尚礼村种植66.7hm² 湘杂油 1 号，平均产量达到 2 437.5kg/hm²。2005 年，又引进了蓉油10 号、蓉油 11 号、史力丰、宁油 12 号等双低杂交油菜品种。

2 安义县稻田油菜免耕直播技术的形成

2000 年以前，油菜栽培均采用直播法。一般 10 月下旬播种，每公顷播种9kg 左右。人粪点籽，不间苗，冬、春各施 1 次催苗肥。锄草 2～3 遍，翌年 4月中旬收割。油菜的种植模式是油—稻—稻。从 20 世纪 70 年代后期开始，栽培技术重点实行"五改"，即改白菜型油菜品种为甘蓝型；改直播为板田育苗移栽；改栽卫生油菜为用营养土壅蔸；改进施硼方法，引进油菜喷硼新技术，结束了油菜梢部有花不结果的历史；改春发为秋发。至 1997 年"五改"结束后，油菜单产增加 1 倍，但单产水平一直徘徊在 1 125kg/hm² 左右，主要原因是移栽费工、劳动强度大、基本蔸不足。

1999 年，安义县开始调整农业种植结构，全县一季稻面积增加至 0.67 万hm²。结合当地实际，改变油菜种植方式，实行油—稻种植模式，在技术上进行创新。为降低油菜生产成本，提高油菜产业的市场竞争力，2000 年尝试在水田进行机械开沟。免耕撒播技术成功后，2001 年开始大面积推广。此后，推广面积逐年扩大，稻田免耕油菜种植面积逐步扩大到 0.67 万 hm² 以上。

安义县作为"江西省双低油菜免耕节本高效栽培技术研究与应用开发"项目实施单位，大力推广油菜免耕直播栽培技术。2004 年，全县油菜种植面积1.33 万 hm²，其中油菜直播面积 1 万 hm²（水田免耕撒播 0.67 万 hm²，旱地0.33 万 hm²）。由于各级领导高度重视油菜生产，市场价格驱动，加上免耕撒播技术的推广应用，农民纷纷加大生产投入，认真搞好油菜栽培管理工作。虽然 2004 年遭受冬前重干旱，2005 年开春后受低温的影响，但仍呈现出少有的好形势。全县油菜平均产量达 1 680kg/hm²，其中免耕撒播油菜平均产量达2 100kg/hm²，总产量达 22 400t。与 10 年前比较，单产提高了 2 倍，总产量增加了 10 倍。

根据 2005 年调查数据，安义县翻耕移栽油菜一般每公顷产量 1 500kg 左右（双低油菜），产值 4 500 元，每公顷投入 2 700 元左右（其中生产成本1 200 元，人工成本 1 500 元左右），每公顷纯收入 1 800 元左右。移栽改为免耕撒播后，油菜平均每公顷产量 1 875kg 左右，每公顷产值 5 625 元、生产成本 1 500 元（其中机械开沟 300 元）、人工成本 600 元，每公顷纯收入 3 525 元左右，比翻耕移栽多近 1 倍。全县因推广稻田油菜免耕直播技术，共增收

1 650万元左右，经济效益极显著。

3　稻田油菜免耕直播技术的关键技术措施

油菜免耕直播要选择适宜的田块和油菜品种。一是选择排灌方便的单季稻田；二是稻田的四周要开好围沟和工作沟，沟泥要打碎，均匀撒在畦上，做到沟沟相通、畦面平坦；三是在田面均匀撒一层干稻草，并顺风点燃烧尽作基肥，兼灭草。品种选择上，宜选用中低熟双低油菜品种，并掌握好3个方面的技术，即油菜播种技术、机械开沟技术和油菜田间管理技术。

3.1　油菜播种技术

3.1.1　田块准备

在晚稻收割前10～15d，把稻田中的水排干，目的是使拖拉机和油菜开沟机能顺利下田作业。土壤湿度以用手抓一把泥土，不结团、一捏就碎为宜。另外，如果稻田中有石块等物应加以清除。

3.1.2　清理稻草

晚稻收割后，应将稻草清除出田，因为稻草会影响机械开沟作业。

3.1.3　施足基肥

稻草清理后，应施足基肥，一般撒施土杂肥30.0～37.5t/hm²、人畜粪尿11.25～15.00t/hm²、钙镁磷肥300～375kg/hm²。

3.1.4　按时播种

秋收冬种是农事紧张的季节。1998年前，全县种植模式90%以上是稻—稻—油（肥），二晚收割后播种油菜，时间紧、任务重。1998年以来，对农业生产结构进行战略性调整，以作物耕作制度改革为重要手段，大幅度调减早稻面积，推行一季晚稻—优质油菜直播的高效耕作模式，油菜播种有了充裕的时间。油菜品种应选用赣油15号或湘油15号等杂交双低优良品种，一般应在10月25—30日前播种，播种量为6.0～7.5kg/hm²。撒播前，可将草木灰与种子混合拌匀，再均匀撒在田中。

3.2　机械开沟技术

油菜种子撒入田后，应立即进行机械开沟。机械开沟不仅是应用该项技术的基础条件，也是节本增效的关键措施，要认真把握。

一般用手扶拖拉机配油菜田开沟机机组进行油菜种子撒播后的开沟覆土作业，一次性完成开沟、碎土、抛土覆盖等作业项目。开沟机安装在旋耕机的旋转轴中部，先把旋耕机上原有的犁刀、罩壳拆掉，再安装开沟机的机件。开沟深度一般以 0.15～0.20m 为宜。调整方法如下：松开旋耕机上的后支承轴两端 6 个螺栓，使开沟铲刀曲面上端面与开沟机上旋转犁刀间的间隙为 5～10mm；铲刀与地面接触时，旋转犁刀与地面间隙为 10～20mm。开沟时，不管用什么行走路线，都应保持垄沟笔直，垄宽以 1.2～1.5m 为好。稻田土壤松软时，开沟机行走速度可用Ⅱ挡；较硬时则用Ⅰ挡。作业过程中，发动机转速宜高不宜低，转速高泥土容易旋碎、抛散。直沟开完后，应沿田块四周开圈沟，圈沟与直沟应相通。机手在操作时应注意安全。机组转移时应切断开沟机的旋转动力，行走速度应慢点。为防止开沟机工作时飞溅的泥土对人造成伤害，机手最好戴防护眼镜。检查、调整和保养拖拉机与开沟机应在发动机熄火停机的情况下进行。

3.3　油菜田间管理技术

3.3.1　防干旱

冬水对油菜生长至关重要，水分不足会使油菜生长缓慢、苗小叶黄。播种后如遇干旱，应适当灌水，确保油菜全面整齐出苗。

3.3.2　间苗定株

出苗后 3 叶或 4 叶期进行间苗。间苗应去小留大，去弱留强。12 月上旬或中旬再次间苗定株，一般要求 90 株/m^2 左右。

3.3.3　除草

播后出芽前，每公顷用 60% 丁草胺乳油 1.5L 兑水 750kg 进行喷雾；12 月中旬，再用吡氟氯禾灵乳油 300～450g 兑水 450kg 进行喷洒。

3.3.4　追肥

出苗后 3 叶或 4 叶期追肥，每公顷用尿素 75kg、氯化钾 90kg 兑水灌施；12 月底，再用尿素 120kg 兑水灌施。施肥时如遇雨天，可于雨中手工撒施。

3.3.5　防病与喷硼

4 月上旬，每公顷用多菌灵 2.25kg 加硼砂 2.40kg 兑水喷洒，对防治油菜菌核病和花而不实症有较好的效果。

3.3.6　排灌水

根据气候和土壤情况，适时灌水或排水。

3.4　注意事项

推广稻田油菜免耕直播技术应注意以下几点。

3.4.1　合理轮作

同一田块种植油菜不能持续 3 年以上。

3.4.2 勤换品种

一般一个品种在同一田块种植年限不能超过 3 年，否则菌核病发病严重。

3.4.3 直播密度不宜大

部分农户油菜直播密度过大，致使无效株数增多，容易造成倒伏。因此，必须严格控制播种量，每公顷不能超过 7.5kg，每公顷株数控制在 22.5 万～30.0 万株。

3.4.4 畦面宽度适中

畦面过宽机械开沟的土不够盖种；过窄畦面上的土又过多，盖种过厚，影响出苗。一般畦面宽 2m（包沟）。

3.4.5 均匀播种

直播时一定要将油菜籽与适量湿润细土灰或磷肥充分拌匀后播种，以保证播种均匀。

3.4.6 一定要间苗

许多农民忽视间苗，造成密的地方过密，稀的地方又过稀，影响油菜生长及产量形成。

3.4.7 严把除草关

除净杂草是直播油菜成功的关键。

3.4.8 水分管理

撒播油菜田块保持一定的水分，有利于油菜出苗。油菜前茬作物（水稻）收割前 10d 左右放干田水，待机械开沟时刚好能把土打细，而又不会过干，这样有利于油菜出苗。

3.4.9 喷速乐硼

喷施速乐硼对油菜生长效果较好。

4 稻田油菜免耕直播技术的展望

油菜免耕直播技术是油菜种植技术中的一项新技术，与传统的人力、畜力种植方法相比，油菜免耕直播技术的优势十分明显。

油菜免耕直播技术的优势：一是操作简便、实用，农民乐意接受；二是省工、省苗床，劳动强度小，一般撒播油菜比移栽油菜每公顷少 45～60 个用工，缓和了当前农村主要劳动力外出打工而造成的农村劳动力缺失的矛盾；三是撒播可确保田间有足够的基本苗，从根本上解决油菜移栽基本苗不足而影响产量的问题；四是有利于农业机械技术（机械开沟、机械收割等）的推广应用；五是免耕稻田的高稻桩有利于油菜安全越冬。

免耕直播油菜比移栽油菜更适合机收作业，当前发展的重点是开发出适应当地小田块的播种机和收割机，进一步提高机械化程度，节省人工，降低生产成本。随着油菜机播、机收技术的成熟、推广，其效益将进一步体现。

实践证明，油菜免耕节本高效栽培技术适应了目前农村劳动力大量转移的形势需要，符合耕作制度改革的客观要求，经济效益和社会效益可观。因地制宜地推广该项技术，对进一步稳定和扩大油菜种植面积、提高油菜种植效益、减少冬季撂荒都具有积极意义，发展前景十分广阔。

参考文献

安义县志编撰领导小组，1990. 安义县志 [M]. 海口：南海出版公司.

童金发，2005. 油菜免耕高产栽培技术 [J]. 安徽农学通报 (1)：29.

江西省统计局，2005. 江西统计年鉴 [M]. 北京：中国统计出版社.

刘开顺，2005. 油菜种植新技术：免耕撒播后开沟覆土 [J]. 农业机械 (1)：95.

王辉，2005. 免耕直播油菜高产栽培技术 [J]. 福建农业科技 (2)：19-20.

长江中下游双季稻区油菜免耕
直播操作规程*

油菜是长江中下游双季稻区重要的冬季作物之一。近年来，随着江西、湖南、湖北等省冬季农业的开发，油菜生产作为冬季农业的主要作物而得到较快发展，尤其是通过不断更新品种、改良种植制度、推广先进技术等一系列配套措施，使长江中下游双季稻区油菜生产在种植面积、单产和总产量等方面均有较大的发展，对农业增产、农民增收，以及培肥改土等发挥了积极作用。

一般来说，稻田种植油菜方式主要有：育苗移栽（包括板田移栽和翻耕移栽）、条播、点播和免耕直播等5种种植方式。其中，油菜免耕直播（撒播）技术近年来得到较快发展。

油菜免耕直播技术是在水稻收割后不需要翻耕大田也不需要育苗，直接把油菜种子撒在收割后的晚稻大田里，然后通过机械开沟把土盖在种子上面的一种轻型耕作栽培技术，是一种典型的保护性耕作技术。该技术是一项把传统农业技术和现代农业技术有机融为一体的新型农业耕作栽培技术。

油菜免耕直播技术主要有以下优点：一是省工、省力、省苗床，一般撒播油菜比移栽油菜每667m² 少3～5个用工，缓和了当前农村主要劳动力外出务工导致农村劳动力紧缺的矛盾；二是撒播可确保田间有足够的基本苗，从根本上解决油菜移栽基本苗不足而影响产量的问题；三是有利于农业机械技术（机械开沟、机械收割等）的推广应用；四是操作简便、实用，深受广大农民群众喜欢，其发展前景广阔。为了加快该技术推广的速度，同时使该技术规范化、模式化，现特制定《长江中下游双季稻区油菜免耕直播操作规程》，仅供参考。

一、品种选择

两熟制田：水稻选用两优培9、Ⅱ优航1号等高产品种，油菜选用赣油杂1号、湘杂油1号、油研7号等杂交迟熟品种。三熟制田：早、晚稻选用中熟偏早的隆平001（早稻）、金优207（晚稻）等早熟品种，油菜选用湘油15号等中早熟品种。

---

* 作者：黄国勤、章秀福、曹开蔚、刘隆旺、刘光辉、高旺盛。

二、开沟作畦，适时播种

在水稻收割前 10d，把稻田里的水放干，使水田收割后土壤保持一定的水分，有利于油菜种子出苗。水稻收割后直接在板田里用机械开沟作畦，畦面宽 150cm 左右，畦沟宽 30cm 左右，同时开好腰沟、围沟，做到三沟配套，防止田间积水。播种具体分 4 步进行：

第一步，施肥。每 667m² 撒施土杂肥 1 500kg 左右、三元复合肥 25kg 左右和 1kg 硼砂或 200g 持力硼，直接撒在畦面上。

第二步，播种。每 667m² 油菜种子用量 150～200g（最多不能超过 250g），用少量的土杂灰和磷肥拌种，然后均匀播在田面上。

第三步，开沟盖种。播种后再用机械按照规定开沟，打出的细土应均匀盖在畦面上，把种子盖好。

第四步，喷施除草剂。盖种后大田每 667m² 用乙草胺 80g 兑水 30kg 均匀喷施在畦面上。

三、科学用药，清除杂草

化学除草是油菜直播技术成功的关键。第一次，芽前除草，这是实现油菜高产的关键之一；第二次，油菜 3 叶期除草，如果田间杂草较多，每 667m² 再用高效吡氟氯禾灵 20～30mL，加水 30kg 均匀喷雾。

四、适时间苗，确保苗全苗壮

直播油菜播种量大，密度较高，如果不及时间苗，会形成细苗、弱苗。当油菜长出 3～4 片真叶时，应及时定苗，移密补稀，每平方米留 36～45 根苗，一般每 667m² 定苗 2 万株左右。

五、合理施肥，早搭"丰产架"

①基肥。要注意施足基肥，播种前每 667m² 将土杂肥 1 500kg、50％三元复合肥 30kg 和 1kg 硼砂（0.25kg 持力硼）混合均匀撒在板田面上。②苗肥。对底肥不足和油菜苗较弱的田块，在油菜长出 3～4 片真叶结合定苗每 667m² 追施尿素 7.5kg，在雨前撒施。③腊肥。冬至前后追施人畜粪、土杂灰等农家肥，防霜防冻，确保油菜安全越冬。④薹肥。开春后在油菜抽薹期，每 667m² 追施尿素和氯化钾各 7.5kg。⑤硼肥。分两次进行：第一次作基肥，第二次在油菜抽薹期或初蕾期各喷施 1 次，每次用 250g 硼砂或速乐硼 30g 加水 30kg 喷雾。

六、综合防治，防病灭虫

冬前主要防治蚜虫和菜青虫，春后主要防治菌核病。①冬前蚜虫主要选用噻嗪酮等防稻虱类的农药进行防治。②春后菌核病防治主要采取以下措施：一是冬季作物进行合理轮作；二是同一个品种在同一田块一般不要连续种植3年；三是三沟配套，清沟排渍，降低田间湿度；四是在初花期和盛花期用菌核净或多菌灵等农药进行防治，确保油菜丰产丰收。

七、适时收获，丰产丰收

油菜花是无限花序，花期长，角果成熟不一致，收获早了种子不充实，菜籽产量、含油量都低；收获迟了角果失水遇外力触击即开裂落子，造成丰产不丰收。油菜成熟过程要经历绿熟—黄熟—完熟3个阶段，一般黄熟期收获最适宜，即农民总结出的"八成熟十成收，十成熟对半丢"经验。收获方法有人工收割和机械收割两种。

南方稻田油菜免耕直播技术模式 *

一、南方稻田油菜免耕直播技术模式的形成条件与背景

传统手工移栽油菜耗时耗工，劳动强度大，效率低。随着农村劳动力大量外出务工，农村劳动力出现短缺，越来越多的农民放弃了冬季油菜的种植，造成稻田冬季出现大面积撂荒，浪费大量宝贵耕地资源。油菜免耕直播技术的出现，解决了这个问题。

油菜免耕直播是油菜种植技术中的一项新技术，与传统的人力、畜力种植方法相比，免耕直播油菜具有简单易行、省工省力、生产成本低、劳动强度低、效率高以及效益好和适合机收等优点。此项新技术解决了南方一季、二季晚稻收割后留茬种植油菜过程中的各种矛盾，是保面积、保产量的一项有效措施，深受农民欢迎。

二、南方稻田油菜免耕直播技术模式的主要关键技术规程

采用稻田免耕直播新技术，要选择适宜的田块与油菜品种，并掌握好 3 方面的技术，即油菜播种技术、机械开沟技术和油菜田间管理技术。

（一）田块选择

免耕直播田，一是选择排灌方便的稻田；二是稻田的四周要开好围沟和工作沟，沟泥要打碎，均匀撒在畦上，做到沟沟相通、畦面平坦；三是在田面均匀撒一层干稻草，并顺风点燃烧尽作基肥，兼灭草。

（二）品种选择

免耕直播的油菜品种宜选用优质、高产、高抗的杂交双低或常规双低油菜品种。一季晚稻免耕直播油菜可选用抗病、扎根力强、抗倒伏、产量潜力大、生育期 200d 左右的优质良种，如华杂 4 号、高油 605、浙双 72、中油 801、福油 4 号、宁油 1 号、湘杂油 1 号、赣油杂 1 号及常规湘油 15 号等；二季晚稻免耕直播油菜以选用湘油 15 号、赣油 17 等早、中熟品种为好。

（三）油菜播种技术

（1）田块准备。在水稻收割前 10～15d，把稻田中的水排干，目的是使拖拉机和油菜开沟机能顺利下田作业。土壤湿度以用手抓一把泥土，不结团、一

---

* 作者：黄国勤、彭剑锋、章秀福、刘光辉、涂怀妹、刘隆旺、高旺盛。

捏就碎为宜。另外，如果稻田中有石块等物应加以清除。

（2）清理稻草。水稻收割后，应将大部分稻草清除出田，再在田面上均匀撒一层干稻草，点火烧尽，因为稻草会影响机械开沟作业。

（3）施足基肥。稻草清理后，应施足基肥，一般撒施土杂肥 30.0～37.5t/hm²、人畜粪尿 11.25～15.00t/hm²、钙镁磷肥 300～375kg/hm²。

（4）按时播种。秋收冬种是农事紧张的季节，应争取在 10 月 25—30 日前播种，用种量为 6.0～7.5kg/hm²。撒播前，应将草木灰或磷肥与种子混合拌匀，再均匀撒在田中。

（四）机械开沟技术

油菜种子撒入田后，应立即进行机械开沟。机械开沟不仅是应用该项技术的基础条件，也是节本增效的关键措施，要认真把握。

一般用手扶拖拉机配油菜田开沟机机组进行油菜种子撒播后的开沟覆土作业，一次性完成开沟、碎土、抛土覆盖等作业项目。开沟机安装在旋耕机的旋转轴中部，先把旋耕机上原有的犁刀、罩壳拆掉，再安装开沟机的机件。

开沟深度一般以 0.15～0.20m 为宜。调整方法如下：松开旋耕机上的后支承轴两端 6 个螺栓，使开沟铲刀曲面上端面与开沟机上旋转犁刀间的间隙为 5～10mm；铲刀与地面接触时，旋转犁刀与地面间隙为 10～20mm。开沟时，不管用什么行走路线，都应保持垄沟笔直，垄宽以 1.2～1.5m 为好。

稻田土壤松软时，开沟机行走速度可用Ⅱ挡；较硬时则用Ⅰ挡。作业过程中，发动机转速宜高不宜低，转速高泥土容易旋碎、抛散。

直沟开完后，应沿田块四周开圈沟，圈沟与直沟应相通。机手在操作时应注意安全。机组转移时应切断开沟机的旋转动力，行走速度应慢点。为防止开沟机工作时飞溅的泥土对人造成伤害，机手最好戴防护眼镜。检查、调整和保养拖拉机与开沟机应在发动机熄火停机的情况下进行。

（五）油菜田间管理技术

（1）防干旱。冬水对油菜生长至关重要，水分不足会使油菜生长缓慢、苗小叶黄。播种后如遇干旱，应适当灌水，确保油菜全面整齐出苗。

（2）间苗定株。间苗宜去密留稀，拔去病、弱、杂苗。第一次间苗在齐苗后进行，第二次间苗在第二片真叶展开时进行。油菜长出 3～4 片真叶时定苗，一般留苗 30.0 万～34.5 万株/hm²。一晚田定苗后，每公顷用 15% 多效唑 0.75kg 兑水 750～900kg 喷雾 1 次，以防高脚苗。二晚田为防稻、油共生期间油菜下胚轴过度伸长而伏地，影响成苗，应化控处理。其方法是：用 5% 烯效唑 10g 加水 10kg（可浸 8kg 种子），浸种 7～8h 后，再拌种、播种。

（3）除草。化学除草是稻田免耕直播油菜成功的关键。油菜播种盖土后，宜用乙草胺 1.2kg/hm² 兑水均匀喷施畦面。油菜长出 3～4 片真叶时，用

10.8％高效吡氟氯禾灵乳油 300～450mL/hm² 兑水 20～30kg 喷洒除草。

（4）合理追肥，注重硼肥。直播油菜播种较迟，越冬前生长较缓慢、生长量小，要通过施足基肥、早施追肥及春后重施早薹肥等措施，促进油菜的冬壮春发，才能获得高产。

油菜施肥分苗期、薹期、花期、荚期 4 个阶段。①苗肥分两次施：第一次在 2～3 叶期，每公顷施尿素 75kg、钙镁磷肥 150kg、硼砂 3.75kg；第二次在 8～9 叶期，施 45％复合肥 225kg/hm²。②薹肥在 1 月中旬，撒施 45％三元复合肥 300kg/hm²。③花肥在 3 月上旬开花前期，每公顷撒施 45％三元复合肥 225kg、硼砂 3.75kg。④荚肥在油菜开花盛期进行两次根外追肥，每次每公顷用磷酸二氢钾（大肥王）3kg、尿素 3kg 兑水 750kg 喷施花荚。

（5）防病虫害与喷硼。油菜害虫以蚜虫、菜青虫、潜叶蝇为主，油菜病害以菌核病为主，要做到综合防治。田间管理的重点是防除湿害，减轻病害。坚持做好雨前理墒，培土护根；雨后清沟，除涝除渍。由于直播油菜密度大，在抽薹盛期，做好打黄叶、脚叶清理工作对增加通风透光、减轻病害侵染尤为重要。在药剂防治上，强调保证防治效果。4 月上旬，用多菌灵 2.25kg/hm² 加硼砂 2.40kg 兑水喷洒，对防治油菜菌核病和花而不实症有较好的效果。

（6）根据气候和土壤情况，适时灌水或排水。

三、南方稻田油菜免耕直播技术模式的生态效益与经济效益

（一）生态效益

稻田油菜免耕直播技术模式有着良好的生态效益：①投资少，肥效高。种植油菜只需少量种子和肥料，就地种植，就地使用，比其他栽培模式节约人力和物力。油菜收割后的秸秆还田，能减少化肥用量。因为油菜秸秆中有机质含量丰富，并含有氮、磷、钾和多种微量元素，分解速度快、肥效迅速。②改良土壤，防止水、土、肥流失。由于油菜含有大量有机质，秸秆还田能改善土壤结构，对减轻土壤板结有重要作用，可提高土壤的保水、保肥和供肥能力。另外，油菜还有茂盛的茎叶覆盖地面，能防止或减少水、土、肥的流失。

（二）经济效益

稻田免耕直播油菜具有明显的经济效益。以江西省安义县为例，根据 2005 年调查数据，安义县翻耕移栽油菜产量每公顷约 1 500kg（油菜籽市场价为 3 元/kg），产值 4 500 元，每公顷投入 2 700 元（其中生产资料成本 1 200 元、人工成本 1 500 元），每公顷纯收入 1 800 元。移栽改为免耕直播后，油菜平均每公顷产量提升至 1 875kg，每公顷产值 5 625 元，而投入减少至 2 100 元（生产资料成本 1 200 元、机械开沟成本 300 元、人工成本 600 元），每公顷纯收入 3 525 元，比翻耕移栽多近 1 倍。全县因推广稻田油菜免耕直播技术，共

增收约 1 650 万元，经济效益极显著。

四、南方稻田油菜免耕直播技术模式需注意的问题

推广稻田油菜免耕直播技术应注意以下几点。

（1）合理轮作。同一田块种植油菜不能持续 3 年。

（2）勤换品种。一般一个品种在同一田块种植年限不能超过 3 年，否则菌核病发病严重。

（3）直播密度不宜大。部分农户油菜直播密度过大，每公顷株数达 3 万株以上，致使无效株数增多，容易造成倒伏。因此，必须严格控制播种量，每公顷不能超过 7.5kg，每公顷株数控制在 22.5 万～30.0 万株。

（4）畦面宽度要适中。畦面过宽机械开沟的土不够盖种；过窄畦面上的土又过多，盖种过厚，影响出苗。一般畦面宽 1.8～2.0m（包沟）。

（5）直播时一定要将油菜籽与适量湿润细土灰或磷肥充分拌匀后播种，以保证播种均匀。

（6）播种后盖土时土层不能盖得太厚，以免影响出苗，不能确保全苗。

（7）一定要间苗。许多农民忽视这一点，造成密的地方过密，稀的地方又过稀，影响油菜生长及产量形成。

（8）严把除草关。除净杂草是直播油菜成功的关键。

（9）撒播油菜田块保持一定的水分，有利于油菜出苗。油菜前茬作物（水稻）收割前 10d 左右放干田水，待机械开沟时刚好能把土打细，而又不会过干，这样有利于油菜出苗。

（10）喷施速乐硼对油菜生长效果较好。

五、南方稻田油菜免耕直播技术模式适宜区域与发展前景

（一）适宜区域

油菜免耕直播栽培技术要求低，在南方水稻产区，除江南丘陵、山地的部分梯田，因坡度过大，农业机械不能到达或进行操作外，其余均可实施该技术。

（二）发展前景

免耕直播油菜比移栽油菜更适合机收作业，当前发展的重点是开发出适应当地小田块的播种机和收割机，进一步提高机械化程度，节省人工，降低生产成本。随着油菜机播、机收技术的成熟、推广，其效益将进一步体现。

油菜免耕直播技术解决了南方晚稻收割后留茬种植油菜过程中的各种矛盾，便于机械化操作（播种、施肥、收获），为土地向生产大户、科技大户集约种植创造了必要条件，是保面积、保产量的一项有效措施，是传统农业向现代农业转变的一个新起点，符合现代农业的发展趋势。

实践证明，油菜免耕节本高效栽培技术适应了目前农村劳动力大量转移的形势需要，符合耕作制度改革的客观要求，经济效益和社会效益可观。因地制宜地推广该项技术，对进一步稳定和扩大油菜种植面积、提高油菜种植效益、减少冬季撂荒都具有积极意义，发展前景十分广阔（图1、图2）。

图1　免耕直播油菜（苗期）

图2　免耕直播油菜（开花期）

参考文献

黄国梁，储木阳，2005. 双低油菜免耕节本高效栽培技术分析 [J]. 现代农业科技（11）：17-18.

李学芳，胡泽友，2004. 水稻—油菜双季免耕直播栽培效益初探作物研究 [J]. 作物研究（S1）：351-352.

刘开顺，2005. 油菜种植新技术：免耕撒播后开沟覆土 [J]. 农业机械（1）：95.

童金发，2005. 油菜免耕高产栽培技术 [J]. 安徽农学通报（1）：29.

王辉，2005. 免耕直播油菜高产栽培技术 [J]. 福建农业科技（2）：19-20.

杨春国，徐明桃，2005. 油菜机开沟覆盖免耕直播技术探索 [J]. 现代农业科技（9）：17.

附　　录

农业部　国家发展和改革委员会
关于印发《保护性耕作工程建设规划
（2009—2015 年)》的通知

有关省（区、市）农业（农牧）厅（局、委）、农机局（办）、农垦局、发展改革委，新疆生产建设兵团农业局、发展改革委：

根据 2005 年、2006 年和 2008 年中央 1 号文件以及党的十七届三中全会通过的《中共中央关于推进农村改革发展若干重大问题的决定》对发展保护性耕作、编制实施相关建设规划提出的要求，农业部、国家发展改革委组织编制了《保护性耕作工程建设规划（2009—2015 年）》，经国务院同意，现印发你们，请结合实际，认真贯彻执行。

附件：《保护性耕作工程建设规划（2009—2015 年）》

农业部　国家发展改革委

二〇〇九年六月二十五

附件：

保护性耕作工程建设规划（2009—2015 年）

保护性耕作是国内外农业可持续发展的主要技术内容之一。保护性耕作作为一项通过对农田实行免耕少耕和秸秆留茬覆盖还田、控制土壤风蚀水蚀和沙尘污染、提高土壤肥力和抗旱节水能力以及节能降耗和节本增效的先进农业耕作技术，已在全球 70 多个国家推广应用，美国、加拿大、澳大利亚、巴西、阿根廷等国的应用面积已占本国耕地面积的 40%～70%。经过多年试验示范，截至 2007 年底，我国保护性耕作应用面积已达 3 000 多万亩。实践证明，保护性耕作是一项生态效益和经济效益同步、当前与长远利益兼顾、利国利民的革命性农耕措施。积极发展保护性耕作是促进农业发展方式转变的有效途径。

近年来，随着我国保护性耕作技术试验研究的深入，形成了较为成熟的适应我国国情的技术模式，研制开发了一批保护性耕作专用机具，初步形成了推广保护性耕作的运行机制，示范应用取得了一定成效。一年一熟区已基本具备推广条件，一年两熟区也已取得较好的效果。但是我国种植模式复杂多样，配套机具更新难度较大，农民认知程度较低，技术支撑服务能力不足等，导致我国保护性耕作普及速度较慢。目前，应用面积仅占全国耕地总面积的 1.5%。

对传统耕作制度进行变革是一项系统工程，需要技术、经济、社会等多方面条件的支撑，是一项长期艰巨的任务。制定保护性耕作工程建设规划，在更大范围开展保护性耕作示范推广和试验示范，完善保护性耕作技术创新和建设保障体系，对促进我国保护性耕作发展有着十分重要的意义。

本规划将我国北方 15 个省（自治区、直辖市）和苏北、皖北地区划分为东北平原垄作、东北西部风沙干旱、西北黄土高原、西北绿洲农业、华北长城沿线、黄淮海两茬平作六个保护性耕作类型区，以县（农场）为项目单元，建设 600 个保护性耕作工程区（共 2 000 万亩）。通过项目建设与辐射带动，新增保护性耕作面积约 1.7 亿亩；建设国家保护性耕作工程技术中心 1 个。同时提出了涉及部门协作、项目管理、农艺措施、科技支撑、社会化服务、培训宣传等一系列保障措施。通过规划的实施，加快保护性耕作普及应用步伐。

第一章 规划背景

一、保护性耕作的起源与发展

保护性耕作是人们遭遇严重水土流失和风沙危害的惨痛教训之后，逐渐研究和发展起来的一种新型土壤耕作模式。20 世纪 20～30 年代，美国利用大型机械大面积、多频次翻耕农田，由于气候持续干旱，土地沙化严重，发生了震惊世界的"黑风暴"。1931 年从美国西部干旱地区刮起的黑风暴横扫美国大平原，厚达 5～30 厘米的表土被吹走，30 多万公顷农田被毁；1935 年的第二次"黑风暴"横扫美国 2/3 国土，3 亿多吨表土被卷进大西洋，毁掉耕地 300 万公顷，当年全美冬小麦减产 510 万吨，南部各州 1/4 多的人口迁移。1935 年美国成立了土壤保持局，组织土壤、农学、农机等领域专家，开始研究改良传统翻耕耕作方法，研制深松铲、凿式犁等不翻土的农机具，推广少耕、免耕和种植覆盖作物等保护性耕作技术。50～70 年代，许多地区的研究应用证实了保护性耕作对减少土壤侵蚀有显著效果，但也出现因技术应用不当导致作物减产的现象，使保护性耕作技术推广较慢。80 年代以来，随着耕作机械改进、除草剂的商业化生产以及作物种植结构调整，保护性耕作推广应用步伐加快，目前美国有近 60% 的耕地实行各种类型的保护性耕作，其中采用作物残茬覆盖耕作方式的占 53%，采用免耕方式的占 44%。

从 20 世纪 60 年代开始，苏联、加拿大、澳大利亚、巴西、阿根廷、墨西哥等国家纷纷学习美国的保护性耕作技术，在半干旱地区广泛推广应用。其中澳大利亚从 80 年代开始大规模示范推广覆盖耕作（深松、表土耕作、机械除草）、少耕（深松、表土耕作、化学除草）、免耕（免耕、化学除草）等保护性耕作技术模式，全面取消了铧式犁翻耕的作业方式，目前北澳 90%～95% 的农田、南澳 80% 的农田、西澳 60%～65% 的农田实行了保护性耕作。加拿大从 60 年代开始引进保护性耕作技术，80 年代开始大规模推广，目前已有 80% 的农田采用了高留茬、少免耕等保护性耕作技术模式。以巴西、阿根廷为代表的南美洲保护性耕作应用面积也超过 70%，主要是为了降低生产成本和增加农民收入。欧洲保护性耕作应用面积也达到 14% 以上，主要是为了减少土壤水蚀，降低生产成本。2001 年 10 月初，FAO 与欧洲保护性农业联合会在西班牙召开了第一届世界保护性农业大会，提出全面推进保护性耕作发展的倡议。目前，保护性耕作在北美洲、南美洲、澳洲、欧洲、非洲、亚洲推广应用总面积达到了 25.35 亿亩，显示出良好的生态经济效果和发展前景。

二、我国保护性耕作发展现状与趋势

20 世纪 70 年代末，我国开始引进和试验示范少免耕、深松、秸秆覆盖等单项保护性耕作技术，但受技术、机具及社会经济发展水平等因素的限制，这些技术只在部分地区进行小规模的示范试验，推广应用面积不大。20 世纪 90 年代以来，随着现代农业技术的进步，保护性耕作研究与示范工作发展速度加快。在西北旱区，以少免耕播种和地表覆盖为主体的保护性耕作技术得到推广

应用；在华北灌溉两熟区，小麦秸秆还田及夏玉米免耕覆盖耕作技术得到了大力发展；在东北一熟旱作区，玉米垄作少耕及留茬覆盖耕作技术开始一定规模的示范应用；在南方稻麦两熟及双季稻区，也开展了以免耕覆盖轻型栽培为主要形式的保护性耕作技术示范工作。进入21世纪，保护性耕作技术研究与示范推广工作得到各级政府高度重视。2002年起中央财政设立专项资金，每年投入3 000万元，开始有组织有计划地加大保护性耕作示范应用力度，通过技术培训、宣传咨询、作业补贴与样机购置等形式，开展保护性耕作示范工程建设。截至2007年底，中央财政累计投入1.7亿元，加上地方投入，保护性耕作技术已在我国北方15个省（自治区、直辖市）的501个县份设点示范，实施面积3 000多万亩，涉及400多万农户。

从近5年的保护性耕作示范工程实施情况看，尽管仍存在一些问题，但总体实施成效还是很明显的，得到了项目区农民认同和当地政府重视。其技术效果主要体现在：①减轻农田水土侵蚀。通过农田免耕和秸秆覆盖有效控制了农田水土流失，并起到抑制农田扬尘作用。②提高农田蓄水保墒能力。免耕覆盖改善了土壤孔隙分布，可以有效地减少土壤水分蒸发和增加土壤蓄水量。③提升农田耕层土壤肥力。秸秆还田及减少动土次数能够提高表层土壤有机质和养分含量。④省工、省时、节本增效。通过减少土壤耕作次数和复式作业，减少机械动力和燃油消耗成本，降低农民劳动强度。同时，示范工程也积极探索了有效的运行机制及服务方式，并初步形成了多种具有区域特色的保护性耕作技术模式。

虽然我国保护性耕作近年来得到了快速发展，取得了显著的经济、社会、环境效果，但仍处于起步阶段。通过对试验示范的总结，在保护性耕作技术示范推广过程中主要存在四个方面的问题：①观念和认识上有待加强。保护性耕作不仅仅是耕作技术的变革，同时带来农作物栽培制度、农田管理措施及传统农耕习惯与管理模式等一系列变化，作物增产和综合效益具有缓释性，多数农民尚习惯于已有的生产方式，更多关注作物产量、近期经济效益和变革带来的风险，对保护性耕作的认识还有个逐步深化和接受的过程。②基层技术推广服务能力总体偏弱，技术推广人员知识结构亟待改善。从国外发展情况看，保护性耕作推广初期均需由政府加以支持、引导。从我国现状看，基层推广机构的服务手段和装备水平较低，技术推广人员认识水平也不够高，在很大程度上成为影响保护性耕作发展的重要因素之一。③技术体系尚需进一步完善，农机农艺结合需进一步加强。保护性耕作技术支撑能力不足，适应不同区域不同农耕制度的技术体系尚未完全建立，一些作物的保护性耕作技术模式和技术路线尚需进一步完善。农机和农艺的结合需进一步加强，与保护性耕作相关联的技术问题如杂草控制、病虫害防治、水肥管理与有效利用等尚需加大统筹协调力度，实现整体推进。农机的适应性和可靠性还需在实践中进一步提高，专用机具供应能力需加快提升。④保护性耕作的长效机制还未建立。农民的主体地位还有待确立，市场机制和服务体系有待培育和发展，农机大户及农机专业服务队、农机作业服务公司等保护性耕作专业服务组织的传、帮、带作用有待充分发挥。

从发展趋势看，保护性耕作技术符合资源节约和环境友好农业发展要求，是国际农业技术发展的主要方向，也是我国可持续农业技术发展的主要趋势。如何从我国国情出发，进一步完善区域保护性耕作技术模式及技术体系，加大保护性耕作技术示范推广力度，促进该项技术的成熟和发展，对于保护与恢复生态环境，发展现代农业、实现可持续发展作用十分重大。因此，科学制定保护性耕作工程建设规划，对大力推进和有效指导各地开展保护性耕作具有重要意义。

三、党中央国务院高度重视保护性耕作发展

《中共中央　国务院关于进一步加强农村工作提高农业综合生产能力若干政策的意见》（中发〔2005〕1 号）要求"改革传统耕作方法，发展保护性耕作"。

《国务院关于做好建设节约型社会近期重点工作的通知》（国发〔2005〕21 号）要求编制实施保护性耕作规划。

《中共中央　国务院关于推进社会主义新农村建设的若干意见》（中发〔2006〕1 号）要求"继续实施保护性耕作示范工程和土壤有机质提升补贴试点"。

国家发展改革委《全国农村经济社会发展"十一五"规划》提出："改革耕作方法，发展保护性耕作"。

《中共中央　国务院关于切实加强农业基础建设进一步促进农业发展农民增收的若干意见》（中发〔2008〕1 号）要求"继续实施保护性耕作项目"。

党的十七届三中全会通过的《中共中央关于推进农村改革发展若干重大问题的决定》中提出，要"鼓励农民开展土壤改良，推广测土配方施肥和保护性耕作，提高耕地质量，大幅度增加高产稳产农田比重"。

第二章　工程建设的意义及必要性

一、发展保护性耕作的意义

对于一个农业和人口大国，粮食安全是直接关系到社会稳定的头等大事。经过改革开放 30 年的发展，农业生产力水平及粮食产量均得到了大幅度提高；但是，长期对土地进行掠夺式经营的生产方式，使得耕地质量下降，水资源紧缺，旱情趋重，农业生态环境恶化，严重影响我国粮食生产和农业可持续

发展。

统计表明，我国耕地总体质量不高，中低产田比重大，主要粮食产区地力下降，土壤有机质含量低；人均水资源占有量仅相当于世界平均水平的 1/4，无灌溉条件的旱地约占耕地面积的 60%，地下水超采严重，全国因干旱减产造成的损失约占各种自然灾害总的的 2/3；土地荒漠化趋势加重，水土流失总面积达 356 万平方公里，每年因风蚀水蚀受损的耕地面积约 1 万平方公里，农田扬尘加重，因风蚀沙化损失的土壤有机质以及氮、磷、钾等有效成分高达 5 590 万吨，土壤养分流失严重；长期大量使用化肥，农家肥和有机肥施用量减少，导致土壤地力不断下降。我国的实践证明，保护性耕作具有保护农田、减少扬尘、抗旱节水、培肥地力、提高单产、降低成本、增加收入等多种作用，在应对和缓解上述问题方面具有明显效果。

在我国加快发展保护性耕作，有利于构建资源节约型、环境友好型社会，对保障农业与农村经济发展任务和战略目标的顺利实现，促进现代农业建设有着重要的意义。

二、实施保护性耕作工程建设的必要性

（一）是引导农民了解和采用保护性耕作技术的有效方式

国内外实践表明，农民接受保护性耕作需要一个过程。发达国家受教育程度较高的农场主一般需要 5～7 年的试验示范，才能将保护性耕作转变为自觉行动。我国农民整体受教育程度较低，接受新事物、掌握新技术的意识不强、能力不足，在一定程度上加大了保护性耕作推广应用的难度。因此，需要建立一批保护性耕作示范区，对农民加以培训、宣传、引导，促进我国保护性耕作走上快速发展道路。本规划通过政府引导，以农民为主体，开展工程区建设，在注重项目区农民采用保护性耕作技术建设工程区的同时，具有向工程区周边农民宣传保护性耕作优越性的作用，引导农民自觉走上保护性耕作发展道路。

（二）是提升保护性耕作技术推广与服务能力的重要措施

农业机械是保护性耕作的技术载体，需要农机农艺等多技术协作。农机和农艺技术公共服务是发展保护性耕作的重要保障，是推广保护性耕作的重要环节，是加快改变农民传统生产观念、引导农民接受保护性耕作技术的重要力量。多年以来，国家在良种繁育、植物保护、中低产田改造、科技入户等方面不断加大投入，但是农机部门尤其是基层农机技术推广与服务能力建设长期滞后，在很大程度上不能满足保护性耕作大规模实施的需求。因此，迫切需要加强各级尤其是县级农机技术推广与服务能力建设，为保护性耕作快速发展提供服务保障。本规划的实施，在注重工程区建设的同时，把国家级的保护性耕作工程技术中心建设和县级农机技术推广能力建设也放到了重要的位置，与此同

时，提出一系列配套保障措施。项目建成后，必将对我国北方 15 个相关省（自治区、直辖市）和苏北、皖北地区的技术推广能力和服务能力产生较大的提升作用，也必将促进我国农业现代化水平的提高。

（三）是加强保护性耕作科技支撑能力的客观要求

经过 10 多年的研究探索，我国已研究成功具有中国特色的保护性耕作技术模式与配套机具，应用效果较好。但是，目前的技术水平不能满足大面积推广保护性耕作的需要，主要表现在以下几个方面：研发力量分散，研究内容重复；农机农艺结合不足，技术模式不能覆盖所有地区，不能发挥最大效益，需要进一步完善；应用技术研究多，基础理论研究少；在应用效果研究方面，手段落后，科学数据采集困难；企业对机具的二次开发水平不足，生产工艺与能力落后，配套机具保障能力弱。强化技术保障体系、社会化服务体系以及长效机制的建立与完善，是保护性耕作技术迅速推广普及的必要条件，同时，保护性耕作的推广普及也必然要求更强大的科技能力作为支撑。因此，需要加强保护性耕作科技支撑能力建设，强化保护性耕作基础理论和原创技术研究、应用效果试验、配套机具开发能力，保障保护性耕作的大面积推广应用，为保护性耕作快速发展提供技术支撑。

第三章 工程建设的可行性

一、形成了较为科学的区域性技术模式

通过十多年大量试验研究和引进、消化吸收国外技术，集成创新了适应不同类型旱作区、具有中国特色的保护性耕作技术体系，包括东北平原区、东北西部干旱风沙区、西北黄土高原区、西北绿洲农业区、黄淮海两茬平作区、华北长城沿线区六大类型区保护性耕作技术模式。试验示范结果表明，这些模式不但农艺上先进可靠，而且机械化作业可行，能够适应我国土地经营规模较小、经济条件比较落后的农业生产现状。

二、研制开发了先进适用的专用机具

先进适用的专用机具是保护性耕作得以有效实施的必要保证。通过与保护性耕作技术模式共同进行的配套研究，我国保护性耕作专用机具研制也取得突破性进展，已经开发成功一批具有自主知识产权并适合我国国情的中小型保护性耕作配套机具。主要包括小麦、玉米免耕播种施肥复式作业机具、秸秆还田粉碎机、稻草旋埋机、深松机、植保机械等，并已形成系列，实现批量生产。目前，我国约有 100 多家企业生产保护性耕作专用机具，许多大型农机企业已储备了一批专用机具的制造技术。农业部每年组织开展保护性耕作专用机具试

验选型，选择推荐一批性能较好的机型，向社会进行公布，为农民购置机具提供指导，国产保护性耕作机具市场占有率达 90％以上。这些机具能够为开展保护性耕作工程建设提供保障。

三、具备了较好的经济社会环境

当前和今后一个时期，是我国推进社会主义新农村建设的关键时期，是建设节约型社会的重要阶段。中央关于资源节约、环境友好、转变农业发展方式等政策导向要求，为加快推广普及保护性耕作提供了有利契机。

我国农机装备总量持续增长，农机作业水平不断提高。2007 年全国耕种收综合机械化水平已达到 42.5％，我国农业机械化发展由初级阶段跨入中级阶段。小麦、水稻、玉米等主要粮食作物关键环节的生产机械化取得了重大突破。近年来，中央强农惠农政策的实施力度不断加大，农民购买农业机械和采用先进农业生产技术的积极性高涨，为积极推进保护性耕作创造了良好机遇。尤其是党的十七届三中全会，对推进农村改革发展的若干重大问题提出了明确的指导方针，也必将为发展保护性耕作提供强大政策动力。

四、积累了较为成熟的建设管理经验

通过长期以来的实践，农业与农机部门不断总结工作经验，制定了一系列保护性耕作项目管理的科学化、规范化和制度化建设措施：①重视建章立制。先后组织制定了《保护性耕作技术实施要点（试行）》《保护性耕作项目实施规范（试行）》《保护性耕作实施效果监测规程（试行）》《保护性耕作项目检查考评办法（试行）》等技术文件和管理规范，加强项目执行情况的监督检查，同时建立专家顾问组，进行巡回技术指导。②加强宣传培训。组织编发了《保护性耕作技术培训教材》《保护性耕作知识问答》《保护性耕作机具参考目录》《保护性耕作宣传片》《保护性耕作宣传画册》等宣传培训材料，采用现场会及各种媒体形式，广泛宣传保护性耕作。③探索运行机制。努力建立政府推动、农民参与，以农机专业组织和农机大户为主体，基层农机推广机构及维修、信息咨询等服务组织为支撑的保护性耕作综合服务体系，不断完善市场化服务机制，促进保护性耕作良性发展。这些管理经验，为实施好保护性耕作工程奠定了很好的基础。

五、构建了国际交流与合作平台

随着全球保护性耕作技术的不断发展，国际保护性耕作的技术交流与合作越来越活跃。近年来，我国先后开展的保护性耕作国际合作主要有：①实施中加合作项目，争取加拿大政府的支持，组织部分省和项目县的技术管理人员赴加进行保护性耕作技术培训。②组织国际交流与研讨，与加方共同组织保护性耕作专家论坛，与联合国亚太农业工程与机械中心共同组织亚太地区保护性耕作国际研讨会。③组织实施瑞士先正达保护性耕作研究项目，支持陕西省农机局和西北农林大学开展黄土高原保护性耕作技术研究。④实施948项目，引进国际先进保护性耕作技术、机具与智力。此外，还编辑出版了中英文对照的《中国保护性耕作》图册，创建中国保护性耕作网站，营造对外交流平台。这些国际交流与合作，为我国实施保护性耕作提供了可供借鉴的先进技术与经验。

总的来看，保护性耕作在我国的试验示范已取得基本成功，社会和农民已有一定的认识基础，国家强农惠农政策力度不断加大，开展保护性耕作工程建设，普及保护性耕作技术的时机、条件基本成熟，大面积推广应用是可行的。

第四章　规划原则与建设目标

一、指导思想

以邓小平理论和"三个代表"重要思想为指导，以科学发展观为统领，按照党的十七大提出的积极发展现代农业、繁荣农村经济的战略部署，认真贯彻落实党的十七届三中全会精神，准确把握保护性耕作在我国处于初级阶段的特征，以保障粮食安全、改善生态环境和增加农民收入为目标，以科技创新和技术集成为先导，针对不同区域特点确定我国保护性耕作主导技术模式。规划以机械化措施为主，加强农机农艺结合，以北方一年一熟区为重点，兼顾黄淮海一年两熟区，坚持循序渐进，按照试点、示范、推广的步骤，建设保护性耕作工程区，强化技术支撑能力和社会化服务能力，构建保护性耕作长效发展机制，引导广大农民群众主动自觉地采用保护性耕作技术，加快推进保护性耕作技术的普及应用。

二、规划原则

（一）因地制宜，分类指导

结合我国土地经营规模小、种植制度复杂、区域发展不平衡、技术需求各异等特点，坚持农机措施、农艺措施、工程措施、生物措施等方面的有机结合，推动技术综合集成，完善创新技术模式，促进形成有中国特色的保护性耕作技术体系。

（二）循序渐进，稳步发展

遵循"试验—示范—推广"的科学程序，准确把握不同区域保护性耕作发展水平和特征，根据试验、示范、推广不同阶段的差异，分区域规划，有步骤地开展保护性耕作工程示范区建设，带动周边地区保护性耕作发展。

（三）依靠科技进步，促进农机农艺有机结合

根据保护性耕作核心内涵，以先进的农业机械为载体，坚持农机与农艺相结合，集成和配套应用良种选择、科学施肥、优化管理等农艺栽培技术，促进形成各具特色的高产高效农业生产制度和模式，保证工程建设的质量和效益。

（四）坚持政府引导与市场化运作相结合，建立长效机制

树立农民是保护性耕作实施主体的意识，工程建设以国家投入为引导，广泛吸引农民及社会各方多元化投入。依托农机大户、农民和农机专业合作社等，尊重市场经济规律，开展市场化、社会化服务，建立保护性耕作发展的长效机制，保证工程长期发挥作用。

三、建设目标

通过工程建设，基本形成我国保护性耕作支撑服务体系，建成 600 个高标准、高效益保护性耕作工程区，总规模 2 000 万亩，占项目县总耕地面积的 3.1％。通过项目建设与辐射带动，新增保护性耕作面积约 1.7 亿亩，占我国北方 15 个相关省（自治区、直辖市）及苏北、皖北总耕地面积的 17％。

项目建成 3 年后，对工程区的经济、生态效果进行监测，与传统耕作相比，达到以下目标值：

粮食综合生产能力提升，平均增产幅度达到 5％以上；

耕地的蓄水保墒抗旱能力增强，耕层土壤含水率提高 15％左右；

土壤团粒结构改善，地力提高，年均增加土壤有机质含量 0.01～0.06 个百分点；

亩均降低综合生产成本 15～30 元；

农业生态环境得到改善，减少耕地表土流失量 40％～80％，减少农田扬尘量 50％左右。

第五章　区域划分与技术模式

按照保护性耕作工程建设规划的总体指导思想及建设原则，以我国西北、东北、华北一熟地区为重点实施区域，并适当兼顾黄淮海两熟地区。根据各地种植制度、自然生态条件等区域特点，将保护性耕作工程建设区域分为六个主要类型区：东北平原垄作区、东北西部干旱风沙区、西北黄土高原区、西北绿洲农业区、华北长城沿线区、黄淮海两茬平作区。按照每个类型区气候、土壤、种植制度特点及保护性耕作技术需求，提出各类型区主体示范推广的保护性耕作技术模式。

一、东北平原垄作区

（一）区域特点

东北平原垄作区主要包括东北中东部的三江平原、松辽平原、辽河平原和大小兴安岭等区域，涉及黑龙江、吉林、辽宁三省的 178 个县（场），总耕地面积 2.06 亿亩。本区年降水量 500～800mm，气候属温带半湿润和半干旱气候类型；年平均气温−5～10.6℃，气温低、无霜期短。东部地区以平原为主，土壤肥沃，以黑土、草甸土、暗棕壤为主；西部地形以漫岗丘陵为主，间有沙地、沼泽，土壤以栗钙土和草甸土为主。种植制度为一年一熟，主要作物为玉米、大豆、水稻，是我国重要的商品粮基地，机械化程度较高。

（二）技术需求

东北平原垄作区的主要问题是雨养农业为主，季节干旱尤其春季干旱仍是作物生产的重要威胁；土壤耕作以垄作为主体，但形式比较复杂，近年来耕层变浅、土壤肥力退化现象比较严重。本区域保护性耕作的主要技术需求包括：以传统垄作为基础有效解决土壤低温及作物安全成熟问题；蓄水保墒，有效应对春季干旱威胁问题；通过秸秆根茬覆盖及少免耕等措施，解决土壤肥力下降问题；通过地表覆盖，解决农田风蚀、水蚀问题。

（三）主要技术模式

1. 留高茬原垄浅旋灭茬播种技术模式

该模式通过农田留高茬覆盖越冬，既有效减少冬春季节农田土壤侵蚀，又可以增加秸秆还田量，提高土壤有机质含量。其技术要点：玉米、大豆秋收后农田留 30cm 左右的高茬越冬；翌年春播时浅旋灭茬，并尽量减少灭茬作业的动土量，采用旋耕施肥播种机进行原垄精量播种；保持垄形，苗期进行深松培垄、追肥及植保作业。

2. 留高茬原垄免耕错行播种技术模式

该模式适用于宽垄种植模式，通过留高茬覆盖越冬减少农田土壤风蚀、水蚀，并提高农作物秸秆还田量。其技术要点：垄宽一般在 70～100cm，秋收后农田留 30cm 左右的残茬越冬；翌年春播时在原垄顶错开前茬作物根茬进行免耕播种；保持垄形，苗期进行深松培垄、追肥及植保作业。

3. 留茬倒垄免耕播种技术模式

该模式通过留茬覆盖越冬控制农田土壤风蚀，并增加农作物秸秆还田量。其技术要点：秋收后农田留 20～30cm 的残茬越冬；翌年春播时，采用免耕施肥播种机，错开上一茬作物根茬，在垄沟内免耕少耕播种；苗期进行中耕培垄、追肥及植保作业，深松作业可结合中耕或收获后进行。

4. 水田少免耕技术模式

该模式适用于重黏土、草炭土、低洼稻田，秋季免耕板茬越冬，春季轻耙或浅旋少耕整地，通过秸秆及根茬还田增加土壤有机质含量，并节约稻田灌溉用水。其技术要点：在灌水轻耙前撒施底肥或原茬不动旋耕施肥，沿整地苗带进行插秧；插秧后免耕轻耙；加强生育期管理，尤其重视免耕轻耙前期生育稍缓问题。

二、东北西部干旱风沙区

（一）区域特点

本区主要包括东北三省西部和内蒙古东部四盟 83 个县（场），总耕地面积 1.28 亿亩。区内地形以漫岗丘陵为主，间布沙地、沼泽，土壤以栗钙土和草甸土为主。年降水量 300～500mm，气候属温带半干旱气候类型，年平均气温 3～10℃。种植制度为一年一熟，主要作物为玉米、大豆、杂粮和经济林果。

（二）技术需求

东北西部干旱风沙区土地资源丰富，面临的主要问题是受地形和干旱、大风气候影响，春季干旱严重，土地退化和荒漠化趋势加剧，生态脆弱。本区域保护性耕作的主要技术需求包括：通过留茬覆盖，提高地表覆盖度和粗糙度，解决冬春季节的农田风蚀问题；蓄水保墒，有效应对春季干旱威胁问题，提高作物出苗率；通过秸秆还田及耕作措施调节，提高土壤肥力。

（三）主要技术模式

1. 留茬覆盖免耕播种技术模式

该模式通过留茬覆盖越冬控制农田土壤风蚀，并增加农作物秸秆还田量，提高土壤蓄水保墒能力。其技术要点：采用免耕施肥播种机进行茬地播种；苗期进行水肥管理及病虫草害防治；作物收获后，留高茬覆盖越冬，留茬高度 30cm 左右。

2. 旱地免耕坐水种技术模式

该模式应用免耕措施减少秋季和早春季节动土，有效控制冬春季节农田土壤风蚀，并保障播前土壤水分良好，并通过人工增水播种，提高作物出苗率。其技术要点：采用免耕施肥坐水播种机进行破茬带水播种；苗期进行中耕追肥培垄，以及病虫草害防治；作物收获后，秸秆覆盖以留高茬形式为主，留茬高度 30cm 左右。

三、西北黄土高原区

（一）区域特点

本区西起日月山，东至太行山，南靠秦岭，北抵阴山，主要涉及陕西、山西、甘肃、宁夏、青海等省（自治区）的 195 个县（场），总耕地面积 1.17 亿亩。该区域海拔 1 500～4 300m，地形破碎，丘陵起伏、沟壑纵横；土壤以黄绵土、黑垆土为主；年降水量 300～650mm，气候属暖温带干旱、半干旱类型；种植制度主要为一年一熟，主要作物为小麦、玉米、杂粮。

（二）技术需求

本区坡耕地比重大，是我国乃至世界上水土流失最严重、生态环境最脆弱的地区，其中黄土高原沟壑区的侵蚀模数高达 4 000～10 000t/km²；降雨少且季节集中，干旱是农业生产的严重威胁。本区域保护性耕作的主要技术需求包括：以增加土壤含水率和提高土壤肥力为主要目标的秸秆还田与少免耕技术；以控制水土流失为主要目标的坡耕地沟垄蓄水保土耕作技术、坡耕地等高耕种技术；以增强农田稳产性能为主要目标的农田覆盖抑蒸抗蚀耕作技术。

（三）主要技术模式

1. 坡耕地沟垄蓄水保土耕作技术模式

该模式主要针对在黄土旱塬区坡耕地的水土流失问题，采用沟垄耕作法及沟播模式，提高土壤透水贮水能力，拦蓄坡耕地的地表径流，促进降水就地入渗，减轻农田土壤冲刷和养分流失。其技术要点：沿坡地等高线相间开沟筑垄，采用免耕沟播机贴墒播种；加强苗期水肥管理，控制病虫害；作物收获后秸秆还田，并进行深松。

2. 坡耕地留茬等高耕种技术模式

该模式主要适用于黄土丘陵沟壑区坡耕地，通过等高耕作法（横坡耕作）减轻与防止坡耕地水土流失和沙尘暴危害，控制坡耕地地表径流，强化土壤水库集蓄功能。其技术要点：采用小型免耕沟播机沿等高线播种，苗期追肥和植保；收获后留茬免耕越冬，留茬高度 15cm 以上。

3. 农田覆盖抑蒸抗蚀耕作技术模式

该模式主要应用秸秆覆盖、地膜覆盖、沙石覆盖等形式，主要在作物生长期、休闲期与全程覆盖等不同覆盖时期，促进雨水聚集和就地入渗、增加农田地表覆盖、抑制土壤水分蒸发、减轻农田水蚀与风蚀。其技术要点：因地制宜选择适合的覆盖材料和覆盖数量；免耕施肥播种或浅松播种，保证播种质量；进行杂草及病虫害防治。

四、西北绿洲农业区

（一）区域特点

本区主要包括新疆和甘肃河西走廊、宁夏平原的 164 个县（场），总耕地面积 0.57 亿亩。本区地势平坦，土壤以灰钙土、灌淤土和盐土为主。海拔700～1 100m，气候干燥，年降水量 50～250mm，属中温干旱、半干旱气候区；光热资源和土地资源丰富，但没有灌溉就没有农业，新疆、河西走廊地区依靠周围有雪山及冰雪融溶的大量雪水资源补给，而宁夏灌区则可引黄灌溉。种植制度以一年一熟为主，是我国重要的粮、棉、油、糖、瓜果商品生产基地。

（二）技术需求

西北绿洲农业区主要问题是灌溉水消耗量大，地下水资源短缺，并容易造成土壤次生盐渍化；干旱、沙尘暴等灾害频繁，土地荒漠化趋重，制约农业生产的可持续发展。本区域保护性耕作的主要技术需求包括：以维持和改善农业生态环境为主要目标，通过秸秆等地表覆盖及免耕、少耕技术应用，有效降低土壤蒸发强度，节约灌溉用水，增加植被和土壤覆盖度，控制农田水蚀和荒漠化。

（三）主要技术模式

1. 留茬覆盖少免耕技术模式

该模式利用作物秸秆及残茬进行覆盖还田，采用免耕施肥播种或旋耕施肥播种，有效减少频繁耕作对土壤结构造成的破坏，控制土壤蒸发，增加土壤蓄水性能，并减轻农田土壤侵蚀。其技术要点：前茬作物收获时免耕留茬覆盖或秸秆粉碎还田，土壤封冻前灌水，休闲覆盖越冬；次年春季根据地表茬地情况进行免耕播种或带状旋耕播种，一次完成播种、施肥和镇压等作业；生育期根据需要进行病虫草害防治和灌溉。

2. 沟垄覆盖免耕种植技术模式

该模式利用作物残茬等覆盖，采用沟垄种植并结合沟灌技术，应用免耕施肥播种，有效减少耕作次数和动土量，在控制土壤蒸发同时减少灌溉水用量，并控制农田土壤侵蚀。其技术要点：冬季灌水，春季采用垄沟免耕播种机或采用垄作免耕播种机在垄上免耕施肥播种，苗期追肥、植保、灌溉，采用沟灌方式进行灌溉。

五、华北长城沿线区

（一）区域特点

本区属风沙半干旱区的农牧交错带，主要包括河北坝上、内蒙古中部和山西雁北等地区的66个县，总耕地面积0.64亿亩。每年春季在强劲的西北风侵蚀下，少有植被的旱作农田，土壤起沙扬尘而成为危害华北生态环境的重要沙尘源地。本区地势较高，海拔700～2 000m，天然草场和土地资源丰富；土壤以栗钙土、灰褐土为主；气候冷凉，干旱多风，年均温1～3℃，年均风速4.5～5.0m/s，年降水量250～450mm。种植制度一年一熟，主要作物为小麦、玉米、大豆、谷子等。

（二）技术需求

华北长城沿线区主要问题是冬春连旱，风沙大，土壤沙化和风蚀问题严重，生态环境非常脆弱，造成农田生产力低而不稳。本区域保护性耕作的主要技术需求包括：增加地表粗糙度，减少裸露，减少或降低风蚀、水蚀，抑制起沙扬尘，遏制农田草地严重退化、沙化趋势；覆盖免耕栽培，减少或降低农田水分蒸发，蓄水保墒、培肥地力、提高水分利用效率等。

（三）主要技术模式

1. 留茬秸秆覆盖免耕技术模式

该模式利用作物秸秆及残茬进行冬季还田覆盖，有效控制水土流失和增加土壤有机质，采用免耕施肥播种减少动土并保障春播时土壤墒情。其技术要点：秋收后留茬秸秆覆盖，播前化学除草，免耕施肥播种；生育期病虫害防治，机械中耕及人工除草。

2. 带状种植与带状留茬覆盖技术模式

该模式主要适用于马铃薯种植区，重点针对马铃薯种植动土多、农田裸露面积大及风蚀沙尘严重问题，通过马铃薯与其他作物条带间隔种植技术与带状留茬覆盖技术减少土壤侵蚀。其技术要点：马铃薯按照常规种植方式，其他作物采用免耕施肥播种机在秸秆或根茬覆盖地免耕播种；苗期管理中重点采用人工、机械及化学措施进行草害防控；作物收获后，留高茬免耕越冬，留茬高度20cm以上。

六、黄淮海两茬平作区

（一）区域特点

本区主要包括淮河以北、燕山山脉以南的华北平原及陕西关中平原，涉及北京、天津、河北中南部、山东、河南、江苏北部、安徽北部及陕西关中平原8个省份480个县（场），总耕地面积3.8亿亩。本区气候属温带—暖温带半湿润偏旱区和半湿润区，年降水量450～700mm，灌溉条件相对较好。农业土壤类型多样，大部分土壤比较肥沃，水、气、光、热条件与农事需求基本同步，可满足两年三熟或一年两熟种植制度的要求，主要作物为小麦、玉米、花生和棉花等，是我国粮食主产区。

（二）技术需求

本区域农业生产面临的主要问题是"小麦—玉米"两熟制的秸秆利用问题已为农业生产的一大难题，发生大量秸秆焚烧现象；化肥、灌溉、农药的机械作业投入多，造成生产成本持续加大；用地强度大，农田地力维持困难；灌溉用水多，水资源短缺，地下水超采严重。本区域保护性耕作的主要技术需求包括：农机农艺技术结合，有效解决小麦、玉米秸秆机械化全量还田的作物出苗及高产稳产问题；改善土壤结构，提高土壤肥力，提高农田水分利用效率，节约灌溉用水；利用机械化免耕技术，实现省工、省力、省时和节约费用等。

（三）主要技术模式

1. 小麦—玉米秸秆还田免耕直播技术模式

该模式将小麦机械化收获粉碎还田技术、玉米免耕机械直播技术、玉米秸秆机械化粉碎还田技术，以及适时播种技术、节水灌溉技术、简化高效施肥技术等集成，实现简化作业、减少能耗、降低生产成本，以及培肥地力、节约灌溉用水目的。其技术要点包括：采用联合收割机收获小麦，并配以秸秆粉碎及抛撒装置，实现小麦秸秆的全量还田；玉米秸秆粉碎机将立秆玉米秸秆粉碎1～2遍，使玉米秸秆粉碎翻压还田；小麦、玉米实行免耕施肥播种技术，播种机要有良好的通过性、可靠性、避免被秸秆杂草堵塞、影响播种质量；进行病、虫、草害防治，用喷除草剂，机械锄草、人工锄草相结合的方式综合治理杂草。

2. 小麦—玉米秸秆还田少耕技术模式

该模式同样以应用小麦机械化收获粉碎还田技术、玉米秸秆机械化粉碎还田技术为主，但在玉米秸秆处理及播种小麦时，采用旋耕播种方式，实现简化作业、降低生产成本，及秸秆全量还田培肥地力、节约灌溉用水。其技术要点包括：采用联合收割机收获小麦，并配以秸秆粉碎及抛撒装置，实现小麦秸秆的全量还田，免耕播种玉米，机械、化学除草；秋季玉米收获后，秸秆粉碎旋耕翻压还田并播种小麦；进行病、虫、草害防治和合理灌溉。

第六章　建设方案与布局

一、建设方案

根据工程建设指导思想、原则和目标，确定建设方案如下：

（一）工程区建设方案

保护性耕作兼具生产性、生态性和公益性，在大面积推广初期，需要以国家投入为主导，在各类型区典型县份，选择具有代表性的乡镇，采用集中连片、整村推进的方法，建成一批具有一定规模的高标准工程区。近期，以机械化为主体的保护性耕作可作为全国保护性耕作的突破口，在东北和黄淮海平原玉米和小麦种植区的示范推广应注重完善和提高保护性耕作的关键技术和体系，在西北水土流失地区加强农艺与农机相结合的研究和试点示范。中期，在东北、黄淮海农艺与农机已初步成龙配套的地区，在进一步完善耕作模式和技术体系、认真做好经验和成果总结的基础上，加大示范与推广的力度。

工程区建设以农机大户、种粮大户和农机专业服务组织为主要依托力量，集成配套运用各类农艺措施，规范实施保护性耕作技术，切实发挥示范作用，带动县域及周边地区，促进区域保护性耕作的发展。

工程区建设以配置保护性耕作专用机具、维修机耕道、平整土地以及机具棚库等附属设施建设为主要内容，同时配置相应的示范培训样机和仪器设备。中央和地方财政将对专用机具购置等给予适当补助。

(二) 技术支撑能力建设方案

根据保护性耕作发展形势和过程建设需要，规划建设技术支撑服务体系。除继续利用好现有省市农机推广、试验鉴定单位以及农业技术推广单位的技术力量外，重点依托中国农业大学和部级农机推广、鉴定机构，进行国家保护性耕作工程技术中心建设。

功能定位：技术研发和理论研究，跟踪、吸收和消化国外先进技术，完成数据采集，情报收集；特定技术与机具研究，保护性耕作专用机具试验鉴定、选型推荐，技术规范和标准制定等；总结我国实践经验的基础上进行技术创新、优化组装和集成配套，建立信息处理与服务、技术交流与合作，技术熟化和转移、特定技术创新与研究等技术创新研究平台。

主要职能：建立技术创新研究平台，整合研究力量，解决制约保护性耕作带有普遍性的技术"瓶颈"问题，提供保护性耕作技术与发展研究服务；开展技术模式研究，完善和定型适合我国不同类型区域不同农艺和耕作特点的保护性耕作推广技术模式、机具系统和综合技术体系；开展推广机制研究，探索有中国特色的保护性耕作推广应用的路子，研究保护性耕作有效载体和建立长效机制的理论体系；开展基础理论和应用理论研究，不断总结实践中的经验和教训，加强项目管理的科学化、规范化和制度化。

工程技术中心下设科研开发部、培训推广部、机具试验检测部。

科研开发部以中国农业大学为主建设，基于整合发挥校内所有保护性耕作研究力量的作用，基于建立我国保护性耕作发展研究龙头，支持开展必要的实验室改扩建，配套野外观测、室内试验、信息处理等科研仪器设备，承担保护性耕作机具研发、技术模式研究、农机农艺措施优化、实施效果监测等任务。

培训推广部以农业部农机化技术推广总站为主建设，配置图文音像教材编制、信息服务、田间试验等设备，开展推广机制研究，保护性耕作应用理论创新，承担保护性耕作技术培训宣传、信息服务、推广机制研究、标准制订、合作交流等任务。

机具试验检测部以农业部农机试验鉴定总站为主建设，改造试验室，配置机具性能试验、田间测试、制造质量检验等仪器设备，承担保护性耕作机具性能试验、质量检测、机具选型等任务。

国家保护性耕作工程技术中心建成后，总体上由农业部统一协调运行，按照各自任务要求，积极开展工作，加强信息互通、协作配合，为保护性耕作工程建设和普及应用提供指导。

二、建设布局

在六个类型区内，从生态环境、耕地规模、保护性耕作社会认知程度、机械化基础等方面考虑，提出了可操作性较强的项目县确定原则。主要有：

项目县耕地面积原则上不低于 40 万亩（农垦国有农场作为项目实施单位，耕地面积标准宜适当放宽，原则上应在 5 万亩以上）。同时还要考虑北京、天津等大中城市周边县市的特殊性。

项目县的综合机械化水平原则上应达到 40% 以上（经济落后、农业生态环境问题突出等地区可适当调减），项目县所在区域以平原或半丘陵地区为主。

生态脆弱区、沙尘尘源区、土地退化区等治理任务较大的地区要重点考虑。

已开展过保护性耕作试验示范，农民对改革传统耕作方式、实施保护性耕作有一定认识。当地政府重视，对推广保护性耕作有积极性。

根据以上原则，经各省推荐，规划选择了北方 600 个县（场）开展保护性耕作工程建设，约占区域内县（场）总数的 51%。其中：一年一熟区 437 个，一年两熟区 163 个。

分区布局：东北平原垄作区 126 个，东北西部干旱风沙区 74 个，西北黄土高原区 114 个，西北绿洲农业区 78 个，华北长城沿线区 45 个，黄淮海两茬平作区 163 个。

第七章　建设内容与规模

本规划建设内容包括保护性耕作工程区和国家工程技术中心建设两个方面。

一、保护性耕作工程区建设

工程区建设内容主要包括四部分：①更新配置保护性耕作专用机具。②实施机耕道修缮、土地平整等田间工程。③建设机具停放场、库棚等附属设施。④项目县保护性耕作技术推广服务能力建设。

共计配置各类保护性耕作专用机具 9.1 万台，示范样机 4 674 台，仪器设备 2.88 万台件，修建机库棚、备料间、维修间等 218 万平方米，技术培训业务用房 6 万平方米，平整土地 3 078 万立方米，修缮机耕道 2.5 万千米。

上述工程区建设内容中，更新配置保护性耕作专用机具因各区所实施的技术模式及实施环境条件的不同，机具类别、品种、型号互不相同。其他三项建设内容按统一模式设计，待实施前进行可行性研究时，按工程建设区的实际情况，予以区别和细化。

（一）东北平原垄作区

在本区域 178 个县（场）中选择 126 个县（场），建设保护性耕作工程区，每个工程区面积 4 万亩，总面积 504 万亩。

每个工程区配置 100 马力[*]左右拖拉机、破茬复垄施肥播种机、大型深松机、除草机、机载式植保机械等专用机具 164 台，示范样机 7 台，配置培训宣传、效果监测、信息采集、交通工具等仪器设备 48 台件。修建机库棚等 4 300 平方米，培训用房 100 平方米，修缮机耕道 50 千米。

（二）东北西部干旱风沙区

在本区域 83 个县（场）中选择 74 个县（场），建设保护性耕作工程区，每个工程区面积 4 万亩，总面积 296 万亩。

每个工程区配置 80～100 马力拖拉机、免耕施肥补水播种机、秸秆还田机、大型深松机、除草机、机载式植保机械等专用机具 180 台，示范样机 8 台，配置培训宣传、效果监测、信息采集、交通工具等仪器设备 48 台件。修建机库棚等 4 300 平方米，培训用房 100 平方米，修缮机耕道 50 千米。

（三）西北黄土高原区

在本区域 195 个县（场）中选择 114 个县（场），建设保护性耕作工程区，每个工程区面积 3 万亩，总面积 342 万亩。

每个工程区配置 60～70 马力拖拉机、免耕施肥沟播机、秸秆还田机、大型深松机、除草机、机载式植保机械等专用机具 138 台，示范样机 8 台，配置培训宣传、效果监测、信息采集、交通工具等仪器设备 48 台件。修建机库棚等 3 300 平方米，培训用房 100 平方米，修缮机耕道约 38 千米，平整土地 27 万方^{**}。

（四）西北绿洲农业区

在本区域 164 个县（场）中选择 78 个县（场），建设保护性耕作工程区，每个工程区面积 3 万亩，总面积 234 万亩。

每个工程区配置 70～80 马力拖拉机、免耕施肥沟播机、秸秆还田机、大型深松机、除草机、机载式植保机械等专用机具 138 台，示范样机 8 台，配置培训宣传、效果监测、信息采集、交通工具等仪器设备 48 台件。修建机库棚等 3 300 平方米，培训用房 100 平方米，修缮机耕道约 38 千米。

（五）华北长城沿线区

在本区域 66 个县（场）中选择 45 个县（场），建设保护性耕作工程区，每个工程区面积 3 万亩，总面积 135 万亩。

每个工程区配置 70～80 马力拖拉机、免耕施肥沟播机、秸秆还田机、大型深松机、除草机、机载式植保机械等专用机具 140 台，示范样机 8 台，配置培训宣传、效果监测、信息采集、交通工具等仪器设备 48 台件。修建机库棚

---

* 马力为非法定计量单位，1 马力＝0.74 千瓦。——编者注

** 方为非法定计量单位，1 方＝1 立方米。——编者注

等 3 300 平方米，培训用房 100 平方米，修缮机耕道约 38 千米。

（六）黄淮海两茬平作区

在本区域 480 个县（场）中选择 163 个县（场），建设保护性耕作工程区，每个工程区面积 3 万亩，总面积 489 万亩。

每个工程区配置 70～80 马力拖拉机、免耕施肥沟播机、秸秆还田机、大型深松机、除草机、机载式植保机械等专用机具 149 台，示范样机 8 台，配置培训宣传、效果监测、信息采集、交通工具等仪器设备 48 台件。修建机库棚等 3 300 平方米，培训用房 100 平方米，修缮机耕道约 38 千米。

二、技术支撑能力建设

根据保护性耕作发展形势和过程建设需要以及现有基础，规划只进行国家级的保护性耕作工程技术中心建设。根据建设方案，国家保护性耕作工程技术中心建设内容包括：

（一）土建工程

改扩建实验室 700 平方米。其中：科研开发部改扩建实验室 500 平方米；机具试验检测部改造试验室 200 平方米。

（二）仪器设备

配置各类仪器设备共 65 台件。其中：

科研开发部：配置仪器设备 31 台件。包括：机具开发与试验设备 6 台；水蚀风蚀仪器 2 台；土壤水分、水势、导水率等仪器设备 9 台件；农田温室气体排放测试设备 3 台；其他仪器设备 11 台件。

培训推广部：配置仪器设备 18 台件。包括：编辑排版、速印等培训教材编印系统 5 台件；电视录像采编系统 4 台件；网络服务器、数据收集及影像处理等信息网络平台设备 9 台件。

机具试验检测部：配置仪器设备 16 台件。包括：功率、油耗、牵引力等动力机械测试仪器 6 台；零部件可靠性、检测等仪器 3 台；地表平整度、土壤蓬松度、播种性能综合试验台等田间测试仪器设备 7 台。

第八章　效益分析

本规划实施后，将建成高标准的保护性耕作工程区 2 000 万亩，并辐射带动周边地区发展保护性耕作。工程区农业装备水平大幅提高，传统耕作习惯得到改变，具有中国特色的农机农艺等多学科农业技术相结合的保护性耕作技术模式普遍应用，农业生态环境得到改善，粮食综合生产能力和农业可持续发展能力显著增强；三级保护性耕作技术支撑服务体系框架基本形成，推动发展保护性耕作的支撑能力得到较大提高。预计至 2015 年，通过项目建设与辐射带动，新增保护性耕作面积约 1.7 亿亩，占我国北方 15 个相关省（自治区、直辖市）及苏北、皖北总耕地面积 9.8 亿亩的 17％左右。

一、社会效益

通过规划的实施，可有效提高广大农民群众对保护性耕作技术的认知水平和接受能力，农民主动采用保护性耕作的步伐将大大加快，同时也可提高农民科学种田的意识，促进形成学知识、用技术的良好氛围，提高农业劳动力的整体素质。保护性耕作工程的实施将进一步推进农业机械的应用，提高农机化水平，大大减轻农民的劳动强度，提高劳动生产率，并有效缓解农村劳动力结构性短缺压力，进而促进农业农村经济健康协调发展。保护性耕作工程的实施能够促进农业专业化服务组织和中介服务组织的发展，提高农业社会化服务水平和组织化程度，推动优势农产品规模化、专业化和标准化生产，加快现代农业建设步伐。

二、生态效益

工程实施后，可以有效减少工程区及周边地区地表裸露，减轻风蚀强度，平均减少农田扬尘量 50％左右，降低空气中浮尘含量，降低沙尘天气发生的强度和频率；减少耕地表土流失量 40％～80％，减少有机质和氮、磷、钾等养分的流失，可持续提高土壤蓄水能力；减少二氧化碳排放，改善大气环境。

三、经济效益

工程实施后，每个生产周期平均可减少田间作业工序 1～4 次，每年可减少柴油消耗 4 万～5 万吨，节省化肥投入 50 万～70 万吨，节水 3 亿～6 亿立方米，亩均降低生产成本 15～30 元，与传统耕作相比粮食增产 5％以上；经测算，2 000 万亩工程区每年降低各类生产成本 3 亿～6 亿元；增产粮食 2.5 亿千克以上；工程区内每年节本增效总收益达 5.5 亿元以上。

第九章　环境技术风险评价及规避措施

尽管保护性耕作技术已经被许多国家采用并取得良好效果，但在我国仍作为一项正处于发展过程中的新型耕作技术。在保护性耕作建设工程实施过程中，需要加强技术与农业生产环境变化趋势的分析研究，认真总结国外推行保护性耕作过程中的问题和经验，以及前一时期我国实施保护性耕作示范工程的经验模式，逐步加以完善，积极采取切实可行的应对措施进行风险防范。

一、病虫草害问题及其规避措施

根据国外保护性耕作技术应用实践看，免耕措施可能导致农田滋生杂草和某些病虫害加重。从我国的多年实践看，草害主要是在长城沿线农牧交错区表现比较明显，病虫害的影响程度与常规耕种模式相比并不突出。因此，对实行保护性耕作农田的杂草控制是主要矛盾。美国、加拿大等国家就是在解决了化学除草后，保护性耕作才得以大面积普及。我国在示范应用保护性耕作技术的同时，也非常重视病虫草害防治，不同区域针对杂草类别及其不同生理阶段已选择出相应的除草药剂及灭杀时机；同时，还结合区域特点，推广机械除草技术，主要是使用带有除草翼刀的松土机械，结合中耕等作业切断草根，干扰和抑制杂草的生长，达到控制或清除杂草的目的。从我国近年来的应用实际看，效果比较显著，基本可以有效控制杂草发生。

从国内外保护性耕作技术体系中杂草控制措施看，化学除草是一种效率很高，但对环境可能产生的污染已引起有关人士的关注。从国外的经验看，一是开发新的低毒、低残留高效专用除草剂。二是机械除草，减少除草剂的使用。美国就是通过采用这两种措施，使除草剂的使用量减少了2/3。借鉴国外的经验，我国也在积极开发新型除草剂，同时，也在引进国外机具的基础上，开发出两大系列多种型号的深松、浅松除草机，并已批量生产。另外，一些地方在试点实践中，还总结出许多结合倒茬、接茬作业进行除草的经验，效果很好。

二、土壤耕层紧实和板结问题及解决措施

关于免耕技术对土壤耕层容重变化及土壤板结问题，在我国一直是有争议的问题。出现争议的原因是免耕技术应用区域及土壤类型不同而引起的。国外保护性耕作技术的应用实践已证实：免耕技术可以有效避免传统长年翻耕形成的"犁底层"，采用深松深耕等少耕技术也可以有效打破犁底层。我国部分地区采用保护性耕作发生土壤耕层紧实及土壤板结问题，主要原因有两个：一是应用区域有问题，保护性耕作适宜气候相对干旱、农田水分含量相对不高的地区，如果在降水量大、土壤含水量经常保持很高的区域可能出现土壤板结问题。二是应用土壤类型有问题，在地势低洼、土壤黏重的农田，不适宜保护性耕作技术，否则可能出现土壤板结问题。

当前我国推行保护性耕作的区域主要是北方地区，选择的农田主要是风蚀水蚀严重的轻质土壤。此外，我国应用的保护性耕作技术是将少免耕技术与秸秆还田和覆盖技术结合，不会出现土壤耕层紧实、土壤板结问题。为避免此类风险，本工程将在实施区域选择上严格把关，确保项目区的技术适宜性。

三、技术模式适应性问题及优化措施

保护性耕作不仅仅是耕作技术的变革，还同时带来农作物栽培制度、农田管理措施及传统农耕习惯与管理模式等一系列变化，必须针对各地区具体的自

然条件、种植制度、经济水平，建立适应不同类型区、不同作物的保护性耕作技术模式、病虫草害防治方法及配套机具等方面的综合技术体系，解决当前示范推广中的机具、植保、水肥高效利用、技术模式等瓶颈问题，并加快技术的组装、集成、配套和保护性耕作技术的广泛应用。

规划中推荐了一批具有较强通用性的技术模式，这些模式是经过多年的研究和试验示范形成的，实践证明这些模式能够适应各区域的生产要求。但是从近年来示范应用情况看，在大面积推广时，个别地方可能会因为模式不适应或实施中农民掌握不好、专用农机具的适应性可靠性不够、农机农艺结合不够紧密等问题，影响实施效果，甚至造成产量波动。

应对措施，一是加强实施中的技术指导和效果监测。规划中的模式是推荐模式，而不是强制模式，各地可以在保护性耕作原则下，结合推荐模式，因地制宜的创新适合本地特点的技术模式。与此同时，拟建的国家保护性耕作工程中心将组织技术力量及时总结实施过程中产生的问题、形成的新模式，集成推荐给所在区域农民。二是加强示范引导。针对目前我国农民的科技文化素质状况，在保护性耕作发展的初始阶段，以国家为主导来示范推动，引导农民正确采用这一先进技术。三是进一步强化农机和农艺的结合，重视保护性耕作技术体系中农艺的基础地位，加强作物秸秆管理、作物轮作、播种质量、除草灭虫、水肥利用、机具选择和操作等关键技术环节的把握，切实保障保护性耕作技术集成配套的质量和效果。四是加强机具的研发改进，重点在专用农机具的适应性和可靠性提高、播种质量保证、免耕施肥技术改进等进行完善。五是加强宣传和培训。使农民掌握保护性耕作技术路线和操作规范，提高实际操作技能。

第十章　保障措施

一、加强组织领导，积极建立部门协作机制

保护性耕作技术是一个系统工程，涉及农机、农艺等多部门和农作物栽培、土肥、种子、植保等多个技术领域，关系到农作物整个生长周期各个环节。要建立健全责任制和协调机制，明确各部门、各单位和相关人员职责。农业部负责制定《保护性耕作工程建设管理办法》，并对工程建设进度和质量进行动态性追踪与检查监督。落实工程建设任务，建立健全目标考核制度和机制。

项目县的农业、农机、发展改革、财政等部门要强化部门协作机制，切实解决项目建设和运行过程中的各方面问题，为农民群众采用推广保护性耕作技术创造良好发展环境。农机和农业管理部门承担项目建设任务的组织管理工作，要采取有效措施，组织机手、村民参与项目实施。同时，制定、推行适合当地条件的保护性耕作模式，保证粮食稳产增产，提高效益。

二、严格项目管理，确保工程建设质量和投资效益

各级农机和农业管理部门要在同级发展改革部门的指导下，按照基本建设项目管理程序，认真组织开展工程项目的基础调研、可行性研究、初步设计、项目申报立项和衔接准备等前期工作。工程建设期内，项目承担单位要严格按照批复后的初步设计和基本建设相关管理规定，执行项目法人责任制、招投标制、工程监理制、合同管理制等制度。承担单位要做好基本建设财务管理的基础工作，建立健全内部财务管理制度，保证专款专用，并自觉接受财政、审计部门的监督，认真搞好项目竣工验收，及时移交固定资产，确保项目长期发挥效益。项目建设单位法人代表对项目申报、实施、质量、资金管理及建成后的运行等负总责，对工程质量负终身责任。

项目建成后，要积极推进项目运行机制的改革创新，探索项目资产管理和运营模式的新思路新方法，要从运作机制上确立农民的主体地位，依靠农民实现技术的普及与应用。为确保项目投入的农业机械和场库棚等国有资产保值增值，充分发挥作用，项目建设要充分依托农机大户、种粮大户和各类农民专业合作社，承担项目建设和示范任务，直接向农民提供保护性耕作作业服务。国家补助投资购置的各类新型保护性耕作专用机具产权归项目承担单位所有，使用若干年以后，可根据相关规定，将产权移交给合作组织或合作社，确保项目所购置机具形成真正的生产能力。各有关省应根据相关项目管理规定，在制定本省具体实施方案中对固定资产产权及其移交问题予以进一步明确。

三、依托各类农民专业合作社，探索建立保护性耕作发展的长效机制

项目县农业农机主管部门要从农机社会化服务组织的扶持、保护性耕作经纪人队伍的稳定发展、农民认识程度的提高、政府督导等几方面入手，借助行政力量的推动作用、项目资金的引导作用、技术推广部门的支撑作用，建立健全社会化、市场化运行机制，努力构建保护性耕作的长效机制。要制定相关政策和管理办法，继续引导开展保护性耕作适应性试验与示范，推进技术熟化和转移。要强化各类政策、项目资金的引导作用，农机购置补贴、测土配方施肥等政策和项目对农民主动购置保护性耕作专用机具、采用保护性耕作技术等要重点倾斜。鼓励开展跨区作业、订单作业、承包服务、租赁服务等社会化、市场化作业服务，加快构建保护性耕作市场化运行机制，提高农机装备利用率和经济效益。通过以上措施，逐步建立起以农机专业组织和农机大户为主体，农机经营户为基础，基层农机和农业技术推广、培训、维修、信息服务和投诉监督等组织为支撑，政府支持为保障的社会化服务体系。

四、突出农机农艺相结合，创新发展有中国特色的保护性耕作技术体系

实施保护性耕作离不开农机农艺的紧密结合。保护性耕作作为一种先进的耕作模式，需要全面掌握秸秆管理、作物轮作、播种质量、除草灭虫、水肥利用、机具选择和操作等技术；需要统筹安排作物种植模式、全程机械化生产工艺流程及配套机具系统。考虑到各地区自然条件、作物品种、栽培模式、耕作制度的多样性，以及国家在支农项目和资金的扩大趋势，各项目县在实施保护性耕作工程建设项目时，要充分利用其他相关项目和资金，加强农艺技术服务体系建设。要联合多种技术服务力量，强化对推广实施保护性耕作的支撑作用，更好地满足保护性耕作技术条件下品种改良、草害控制、施肥措施优化等方面的需求，解决好推广实施过程中的各类问题。

要在项目建设和实践的基础上，组织农机和农艺技术推广机构、科研院所、生产企业进行联合攻关，发挥作物栽培、植保、土肥等专家的作用，总结研究成果，制定技术标准，加大对成熟技术的推广力度，推进区域内保护性耕作技术模式规范化、标准化发展，创新发展有中国特色的保护性耕作技术体系。

五、加强技术集成创新，充分发挥科技支撑作用

发展保护性耕作是一项长期的战略任务，近期以机械化为主体的保护性耕作作为全国保护性耕作的突破口要加快推进，要以实现技术集成创新为目标，加强技术、组织管理的信息交流与服务，使不同区域、不同类型技术模式的生产应用相互借鉴，不断深入。要重视国际间的技术交流与合作，扩大技术模式试验领域，创新工作实践。要充分发挥国家工程技术中心和有关省农机推广、鉴定机构的技术优势，加强产、学、研、推等部门协作，加强重点机具攻关、试验选型和质量监督，不断创新和完善保护性耕作关键技术，制订保护性耕作主导技术模式和技术操作规程。分级组建保护性耕作专家组，加强技术指导和论证，确保工程建设应用技术的先进性，提高工程建设项目质量和水平。鼓励引导和支持国内大中型农机制造企业，进行保护性耕作专用机具设备创新、技术升级、中间试验等，为工程建设提供性能好、质量高、可靠性好的保护性耕作专用机具。南方稻麦区特别是双季稻区尚处于保护性耕作的多样性与适应性研究阶段，全面实施保护性耕作的条件尚不成熟，相关地方政府要从提高地力、防止病虫害、降低成本和保护环境等角度出发，鼓励相关教学与科研单位先期开展试验和研究。

六、加强培训宣传，努力创造推动发展保护性耕作的社会氛围

加强宣传培训是大面积推广应用的基础，是项目实施的基本保障。各级农

业、农机主管部门要加强各层面的培训工作，举办多层次、多形式的培训活动，在培训各级项目管理人员的基础上，注重培养一批能够熟练掌握保护性耕作技术和机具操作规程的技术骨干和机手，为农民提供标准化作业服务。充分利用各种媒体和群众喜闻乐见的宣传形式，大力宣传保护性耕作对农业增效、农民增收和保护生态环境的重要意义，提高农民群众对保护性耕作的认知度。

结合其他方面的建设，深入宣传中央和地方出台的一系列强农惠农政策，规范惠农政策落实机制，强化监督检查，确保政策落实不走样，给农民的实惠不缩水。认真对照工程建设目标，针对性地开展现场考察、交流与总结工作，适时表彰在推动发展保护性耕作过程中涌现出来的先进单位和个人，积极营造推动发展保护性耕作的良好氛围，加快保护性耕作推广普及。